有机化学
理论及发展研究

主　编　贾志坚　武宇芳　李文娟

副主编　袁廷香　段希焱　赵　艳

中国原子能出版社

图书在版编目(CIP)数据

有机化学理论及发展研究 / 贾志坚，武宇芳，李文娟主编. -- 北京：中国原子能出版社，2018.1

ISBN 978-7-5022-8827-3

Ⅰ. ①有… Ⅱ. ①贾… ②武… ③李… Ⅲ. ①有机化学 Ⅳ. ①O62

中国版本图书馆 CIP 数据核字(2018)第 023770 号

内 容 简 介

本书在阐述有机化合物性质时，将最基本的和应用性比较广的反应作为重点，并适时与生产实际结合。另外，在此基础上还介绍了有机化学在材料、生命科学等领域的应用和发展。本书主要内容包括：立体化学，链烃，环烃，卤代烃，醇、酚和醚，醛、酮和醌，羧酸及其衍生物，含氮有机化合物，杂环化合物和生物碱，类脂化合物，碳水化合物，氨基酸、蛋白质和核酸，有机化合物的波谱分析，有机化学发展选论等。本书论述严谨，结构合理，条理清晰，内容丰富新颖，是一本值得学习研究的著作。

有机化学理论及发展研究

出版发行　中国原子能出版社(北京市海淀区阜成路 43 号　100048)
责任编辑　张　琳
责任校对　冯莲凤
印　　刷　三河市铭浩彩色印装有限公司
经　　销　全国新华书店
开　　本　787mm×1092mm　1/16
印　　张　26.25
字　　数　672 千字
版　　次　2018 年 4 月第 1 版　2024 年 9 月第 2 次印刷
书　　号　ISBN 978-7-5022-8827-3　　定　价　98.00 元

网址：http://www.aep.com.cn　E-mail：atomep123@126.com
发行电话：010－68452845　　　版权所有　侵权必究

前　言

有机化学又称为碳化合物的化学,是研究有机化合物的结构、性质、制备的学科,是化学中极其重要的一个分支。有机化合物与人类的日常生活密切相关,是化工、环境、轻工、生物、制药等学科的重要基础。有机化学工业作为支柱产业,在国民经济的发展中发挥着重要作用。因此,对有机化合物的了解和研究具有非常重要的意义。

进入21世纪,有机化学发展已呈现出新的发展趋势。现代生命科学和生物技术的崛起给有机化学注入了新的活力。为了更新知识、与时俱进,特编写了《有机化学理论及发展研究》一书。本书研究和吸纳了国内外经典著作的优点,并结合编者多年来的教学经验和取得的科研成果编写而成,是集体智慧的结晶。

本书在编写时的指导思想为:以有机化学的基础理论和知识为主,并结合有机化学的新发展,内容以"基本知识和新成果、新内容和新技术"为原则,力争做到理论与实践并举,力求达到基础性、新颖性和科学性的统一。本书编写时由易到难、深入浅出,由基础知识到综合应用,文字力求简明扼要,通俗易懂,并注重把握内容的深度、广度和实用性。

全书共分15章:第1章论述了有机化学的基础知识,包括有机化合物和有机化学、有机化合物的特点、有机化合物中的共价键、有机化学中的酸碱理论、有机化合物的分类等;第2章重点介绍了分子模型的平面表示方法和化合物分子的立体异构(如顺反异构、对映异构和构象异构等);第3~13章以官能团为主线,系统介绍了链烃、环烃、卤代烃、醇、酚、醚、醛、酮、醌、羧酸及其衍生物、含氮有机化合物、杂环化合物、生物碱、类脂化合物、碳水化合物、氨基酸、蛋白质、核酸的结构、性质和反应规律等,对有机物的结构及官能团决定性质这一规律进行了很好的阐述,有利于掌握有机物性质变化及其应用;第14章对有机化合物的波谱进行了分析;第15章对有机化学的发展进行了研究,包括组合化学、材料化学、能源化学等。

本书在编写过程中,参考了大量有价值的文献与资料,吸取了许多人的宝贵经验,在此向这些文献的作者表示敬意。此外,本书的编写还得到了出版社领导和编辑的鼎力支持和帮助,同时也得到了学校领导的支持和鼓励,在此一并表示感谢。由于编者自身水平及时间有限,书中难免有错误和疏漏之处,敬请广大读者和专家给予批评指正。

编　者

2017 年 9 月

目　　录

第1章 绪 论

1.1 有机化合物与有机化学

有机化合物,简称"有机物",最初是从有生机之物——动植物有机体中得到的物质,故命名为"有机物"。随着科学的发展,越来越多的由生物体中取得的有机物,可以用人工的方法来合成,而无须借助生命体,但"有机"这个名称仍被保留了下来。由于有机化合物数目繁多,且在性质和结构上又有许多共同特点,使其逐渐发展成为一门独立的学科。

有机化合物在结构上的共同点是:它们都含有碳原子,因此,有机化合物被定义为"碳化合物",有机化学即是研究碳化合物的化学。但有机化合物中,除了碳,绝大多数还含有氢,且许多有机物分子中还常含有氧、氮、硫、卤素等其他元素,因此,更确切地说,有机化合物是碳氢化合物及其衍生物,有机化学是研究碳氢化合物及其衍生物的化学。

随着社会的不断发展,有机化学已呈现出新的发展趋势,具体如下所示。

①建立在现代物理学和物理化学基础上的物理有机化学,可定量地研究有机化合物的结构、反应活性和反应机理,这不仅指导了有机合成化学,而且对生命科学的发展也有重大意义。

②有机合成化学在高选择性反应方面的研究,特别是不对称催化方法的发展,使得更多具有高生理活性、结构新颖分子的合成成为可能。

③金属有机化学和元素有机化学的丰富,为有机合成化学提供了高选择性的反应试剂和催化剂及各种特殊材料和加工方法。

④近年来,计算机技术的引入,使有机化学在结构测定、分子设计和合成设计上如虎添翼,发展更为迅速。

此外,组合化学的发展不仅为有机化学提出了一个新的研究内容,也使高能量的自动化合成成为现实。

有机化学从它的诞生之日起就是为人类合成新物质服务的,如今由化学家们合成并设计的数百万种有机化合物,已渗透到了人类生活的各个领域。在对重要的天然产物和生命基础物质的研究中,有机化学取得了丰硕的成果。

①维生素、抗生素、甾体和萜类化合物、生物碱、糖类、肽、核苷等的发现、结构测定和合成,为医药卫生事业提供了有效的武器。

②高效低毒农药、动植物生长调节剂和昆虫信息物质的研究和开发,为农业的发展提供了重要的保证。

③自由基化学和金属有机化学的发展,促使了高分子材料特别是新的功能材料的出现。

④有机化学在蛋白质和核酸的组成与结构的研究、序列测定方法的建立、合成方法的创建等方面的成就为生物学的发展奠定了基础。

有机化合物的天然来源有石油、天然气、煤和农副产品,其中最重要的是石油。

①石油。石油是从地底下开采出来的深褐色黏稠液体,也称原油。其主要成分是烃类,包括烷烃、环烷烃、芳烃等,此外还含有少量烃的氧、氮、硫等衍生物。原油的组成复杂,因产地不同或油层不同而有所差别。

石油是工业的血液,是现代工业文明的基础,是人类赖以生存与发展的重要能源之一。原油通常不能直接使用,经过常压或减压分馏,可以得到不同沸点范围的多种产品,由这些产品经进一步加工,可制备一系列重要的化工原料,以满足橡胶、塑料、纤维、染料、医药、农药等不同行业的需要。

②天然气。天然气是蕴藏在地层内的可燃性气体,其主要成分是甲烷。根据甲烷含量的不同,可分为干气和湿气两类。干气甲烷的含量为 $86\% \sim 99\%$(体积分数);湿气除含 $60\% \sim 70\%$(体积分数)的甲烷外,还含有乙烷、丙烷和丁烷等低级烷烃以及少量氮、氩、硫化氢、二氧化碳等杂质。

③煤。煤是埋藏在地底下的可燃性固体。通过对煤的干馏,即将煤在隔绝空气的条件下加热到 $950 \sim 1\,050\,℃$,就可得到焦炭、煤焦油和焦炉气。由煤焦油可以制得苯、二甲苯、联苯、酚类、萘、蒽等多种芳香族化合物及沥青。焦炉气的主要成分是甲烷、一氧化碳和氢气,还含有少量苯、甲苯和二甲苯。焦炭可用于钢铁冶炼和金属铸造及生产电石。

④农副产品。许多农副产品是制备有机化合物的原料。如淀粉发酵可制乙醇;玉米芯、谷糠可制糠醛;从植物中可提取天然色素和香精;由天然植物经过加工可制得中成药;从动物内脏可提取激素;用动物的毛发可制取胱氨酸等。

从长远来看,农副产品是取之不尽的资源。我国农产品极其丰富,因地制宜综合利用农副产品,必将使天然有机化合物的提取大有可为。

1.2 有机化合物的特点

1.2.1 有机化合物的结构特点

有机化合物都含有碳元素。碳原子的最外层有四个电子,碳原子既不容易得到电子也不容易失去电子,在结合成键时,往往和其他原子通过共用电子对的方式形成共价键,同时碳原子相互结合的能力很强,结合的方式很多,碳原子与碳原子既可连成链状,也可连成环状;两个碳原子既可形成一个共价键,也可以形成两个或三个共价键。这是有机化合物数量如此之多的原因之一。

此外,有些有机化合物,虽然分子组成相同,但分子结构不同,其性质不同,就形成了不同物质。例如,分子式同为 C_2H_6O,就会有甲醚和乙醇两种物质,它们有不同的结构,具有完全不同的物理及化学性质。

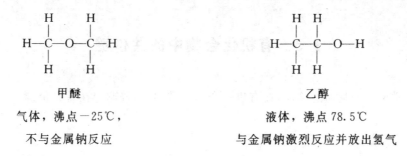

甲醚

气体,沸点−25℃,

不与金属钠反应

乙醇

液体,沸点 78.5℃

与金属钠激烈反应并放出氢气

这种分子组成相同而结构不同的现象,称为同分异构现象。有机化合物中普遍存在着同分异构现象。同分异构现象是有机化合物数目众多的主要原因之一。

1.2.2 有机化合物的性质特点

有机化合物在性质上和无机化合物有一定的差别,主要表现在以下几个方面。

1. 难溶于水

有机化合物一般难溶于水而易溶于有机溶剂。这是因为有机化合物大多是非极性或弱极性分子,根据"相似相溶"原则,有机化合物易溶于非极性或弱极性的有机溶剂,如四氯化碳、苯、乙醚等,而难溶于极性溶剂水中。

2. 易燃性

除少数有机化合物外,一般的有机化合物都容易燃烧。有机化合物燃烧时生成二氧化碳、水和分子中所含碳氢元素以外的其他元素的氧化物。可根据生成物的组成和数量来进行元素的定性和定量分析。无机化合物一般不燃烧,可以利用这一性质来区别无机物和有机物。

3. 熔点、沸点较低

有机化合物的熔点一般在 400℃ 以下,沸点也较低,这是因为有机化合物分子是共价分子,分子间是以范德华力结合而成的,破坏这种晶体所需的能量较少。也正因为如此,许多有机化合物在常温下是气体、液体。而无机化合物通常是由离子键形成的离子晶体,破坏这种静电引力所需的能量较高,所以无机化合物的熔点、沸点一般也较高。例如,苯酚的熔点为 43℃,沸点为 182℃;氯化钠的熔点为 801℃,沸点为 1 413℃。

4. 反应速率慢,反应复杂,常伴有副反应发生

有机化合物分子中的共价键,在进行反应时不像无机化合物分子中的离子键那样容易解离成离子,因此反应速率比无机化合物慢。有机化合物进行反应时,通常需要用加热、搅拌或使用催化剂等方法来加快反应速率。有机化合物进行反应时,由于键的断裂可以发生在不同的部位,因而有机化合物的反应可能不只是一个部位参加反应,而是多部位参加反应,常伴有副反应发生,反应产物为多种生成物的混合物。

1.3 有机化合物中的共价键

物质的性质取决于物质的结构,在有机化合物的结构中,普遍存在着共价键。

1.3.1 共价键的本质

现代价键理论认为:共价键是由成键的两个原子间自旋方向相反的未成对电子所处的原子轨道的重叠或电子云的交盖而形成的。即当两个含有自旋相反的未成对原子相互接近到一定距离时,不仅受自身原子核的吸引,同时也受另一原子核的吸引,使得相互配对的电子均可出现在两个原子轨道上,同时这两个原子轨道相互重叠,重叠的程度越大,核间排斥力越小,系统能量越低,形成的共价键越稳定。

一般来说,原子核外未成对的电子数就是该原子可能形成的共价键的数目。例如,氢原子外层只有 1 个未成对电子,所以它只能与另 1 个氢原子或其他一价的原子结合形成双原子分子,而不能再与第 2 个原子结合,这就是共价键的饱和性。

而共价键又是由参与成键原子的原子轨道的最大重叠而形成的,根据这一原理,共价键形成时将尽可能采取轨道最大重叠方向,这就是共价键的方向性。

共价键的饱和性和方向性决定了每一个有机分子都是由一定数目的某几种元素的原子按特定的方式结合而成的,这使得每个有机物分子都有特定的大小及立体形状。

1.3.2 共价键的基本属性

共价键的属性可通过键长、键角、键能以及键的极性等物理量表示。

1. 键长

形成共价键的两个原子,其原子核之间的距离称为键长。不同的共价键具有不同的键长,同一共价键由于所在的分子不同,受其他共价键的影响不同,键长也有所不同。通常键长越短,共价键越牢固。一些常见共价键的键长见表 1-1。

表 1-1 常见共价键的键长

键型	键长/nm	键型	键长/nm
C—C	0.154	C—F	0.142
C—H	0.110	C—Cl	0.178
C—O	0.143	C—Br	0.101
C—N	0.147	C—I	0.213
C=C	0.134	C≡C	0.120

2. 键角

共价键有方向性,故任何一个二价以上的原子,与其他原子所形成的两个共价键之间都有一个夹角,这个夹角就叫作键角。例如,甲烷分子 H—C—H 键之间的夹角为 $109°28'$。键长和键角决定着分子的立体形状。

3. 键能

共价键的形成或断裂都伴随着能量的变化。原子成键时需释放能量使体系的能量降低,断键时则必须从外界吸收能量。气态原子 A 和气态原子 B 结合成气态 A—B 分子所放出的能量,也就是 A—B 分子(气态)离解为 A 和 B 两个原子(气态)时所需吸收的能量,这个能量叫作键能。1 个共价键离解所需的能量也叫离解能。但应注意,对多原子分子来说,即使是一个分子中同一类型的共价键,这些键的离解能也是不同的。

所谓离解能指的是离解特定共价键的键能,而键能则泛指多原子分子中几个同类型键的离解能的平均值。键能是化学强度的主要标志之一,在一定程度上反映了键的稳定性,在相同类型的键中,键能越大,键越稳定。

4. 键的极性

两个相同的原子形成共价键时(如 H—H、Cl—Cl),成键的共用电子对对称地分布在两个原子核的中间,这样的共价键是没有极性的,称为非极性共价键。

两个不同的原子形成的共价键,由于成键原子的电负性不同,它们对共用电子对的吸引力就不同,共用电子对偏向电负性较大的原子,这就使分子的一端带正电荷多些,另一端带负电荷多些,这样的键具有极性,称为极性共价键。例如,

$$\overset{\delta^+}{H} \rightarrow \overset{\delta^-}{Cl} \qquad\qquad \overset{\delta^+}{CH_3} \rightarrow \overset{\delta^-}{Cl}$$

δ^- 表示带有部分负电荷;δ^+ 表示带有部分正电荷。

共价键的极性大小是由原子电负性大小和键长决定的。两个原子电负性差值越大,键越长,共价键的极性就越大。

共价键的极性是共价键的很重要的性质,它和化学键的反应性能有着密切的关系。

1.3.3 共价键的断裂方式和有机反应类型

有机反应总是伴随着旧键的断裂和新键的生成,按照共价键断裂的方式可将有机反应分为相应的类型。共价键的断裂主要有两种方式,下面以碳与另一非碳原子之间共价键的断裂说明这一问题。

一种方式称为共价键的均裂,是成键的一对电子平均分给两个原子或基团。

$$C : Z \xrightarrow{均裂} C \cdot + Z \cdot$$

均裂生成的带单电子的原子或基团称为自由基或游离基,如 $\cdot CH_3$ 叫作甲基自由基。常用 $R \cdot$ 表示烷基自由基。

共价键经均裂而发生的反应叫自由基反应。这类反应一般在光和热的作用下进行。

另一种方式称为共价键的异裂,是共用的一对电子完全转移到其中的一个原子上。

$$C:Z \xrightarrow{异裂} \begin{cases} \rightarrow C^+ \quad +:Z^- \\ \quad \text{碳正离子} \\ \rightarrow :C^- \quad +Z^+ \\ \quad \text{碳负离子} \end{cases}$$

异裂生成了正离子或负离子,如 CH_3^+ 叫作甲基碳正离子,CH_3^- 叫作甲基碳负离子。常用 R^+ 表示碳正离子,R^- 表示碳负离子。

共价键经异裂而发生的反应叫作离子型反应。这类反应一般在酸、碱或极性物质(包括极性溶剂)催化下进行。

1.4 有机化学中的酸碱理论

随着科学的发展,酸碱的含义和范围在不断扩大,很多化学物质都包含其中,因而对它们的认识尤为重要。

1.4.1 酸碱质子理论

酸碱质子理论又称为布朗斯特酸碱理论,该理论认为:凡是能给出质子的物质(分子或离子)都是酸,凡是能与质子结合的物质都是碱。酸失去质子后生成的物质就是它的共轭碱;碱得到质子生成的物质就是它的共轭酸。例如,乙酸溶于水的反应。

$$CH_3COOH + H_2O \rightleftharpoons H_3O^+ + CH_3COO^-$$
$$\text{酸} \qquad \text{碱} \qquad \text{酸} \qquad \text{碱}$$

在有机化合物中常含有与电负性较大的原子相连的氢原子,如乙酸、苯磺酸等,容易给出质子得到共轭碱;还有一些含有 O、N 等原子的分子或带负电荷的离子,如乙醚、甲氧负离子等。能够接受质子得到共轭酸;另外,有些化合物既能给出质子又能接受质子,它们既是酸又是碱,如水、乙醇、乙胺等。

酸的强度取决于给出质子能力的强弱,给出质子能力强的是强酸,反之为弱酸。同样,接受质子能力强的碱是强碱,反之为弱碱。此外,在共轭酸碱中,酸的酸性越强,其共轭碱的碱性就越弱。例如,HCl 是强酸,而 Cl^- 则是弱碱。

$$HCl + H_2O \rightleftharpoons H_3O^+ + Cl^-$$
$$\text{强酸} \qquad\qquad \text{弱碱}$$

酸碱反应是可逆反应,可用平衡常数 K_{eq} 来描述反应的进行。例如,

$$HA + H_2O \rightleftharpoons H_3O^+ + A^-$$

$$K_a = K_{eq}[H_2O] = \frac{[H_3O^+][A^-]}{[HA]}$$

$$pK_a = -\lg K_a$$

酸的强度通常用解离平衡常数 K_a 或解离平衡常数的负对数 pK_a 表示。强酸具有低的 pK_a 值,弱酸具有高的 pK_a 值。

1.4.2 酸碱电子理论

酸碱电子理论又称为路易斯酸碱理论,该理论认为:能够接受未共用电子对者为路易斯酸,即酸是电子对的接受体;能够给出电子对者为路易斯碱,即碱是电子对的给予体。酸和碱的反应是通过配位键生成酸碱络合物。

$$A+:B \longrightarrow A:B$$
$$酸 \quad 碱 \qquad 酸碱络合物$$

路易斯酸的结构特征是具有空轨道原子的分子或正离子。例如,H^+ 的空轨道,可以接受一对电子,故 H^+ 是酸。由此可见,路易斯酸包括全部布朗斯特酸。又如,BF_3 中的硼原子,价电子层有六个电子,可以接受一对电子,所以 BF_3 也是酸。路易斯碱的结构特征是具有未共用电子对原子的分子或负离子。例如,$:NH_3$ 和 $:OH^-$ 能够提供未共用电子对,它们是碱。常见的路易斯酸碱如下所示:

路易斯酸:BF_3、$AlCl_3$、$SnCl_4$、$LiCl$、$ZnCl_2$,H^+、R^+、Ag^+ 等。

路易斯碱:H_2O、NH_3、CH_3NH_2、CH_3OH、CH_3OCH_3、X^-、OH^-、CN^-、NH^{2-}、RO^-、R^- 等。

路易斯碱就是布朗斯特碱,但路易斯酸则比布朗斯特酸范围广泛。布朗斯特酸碱理论和路易斯酸碱理论在有机化学中均有重要用途。

1.5 有机化合物的分类

有机化合物的数量非常庞大,但结构相似的化合物很多,其性质也相似。为便于系统地研究,现将有机化合物按结构特征进行分类。常用的分类方法有两种:一种是根据分子中碳原子的连接方式(即按碳架)分类;另一种是按官能团分类。

1.5.1 按碳架分类

目前所涉及的有机化合物均是以碳元素为主体,因此按碳架分类是十分重要的。分子中的碳原子可以通过碳碳、碳氮、碳氧之间的连接来形成碳架。当然,在连接的过程中将按照它们各自的化合价进行。碳架可以根据其不同的连接方式所构成的形状分为如下两大类。

1. 链状碳架

由于有机分子是以碳原子为主体,因而碳碳间的连接就成为分子的骨架,它们又可以分为饱和碳链和不饱和碳链。

(1)饱和碳链

分子中各个碳原子均以单键相连,所剩下的价键则与氢原子或其他元素结合,由此形成一系列的饱和碳氢化合物及其衍生物。例如,

$$-C-C-C-C-C- \qquad -C-\overset{\overset{\displaystyle C}{|}}{C}-C- \qquad C-\overset{\overset{\displaystyle C}{|}}{C}-C-\overset{\overset{\displaystyle C}{|}}{C}-C-$$

当碳原子数超过四个时,就可形成叉链或支链,见上式。

(2)不饱和碳链

如果两个碳原子以两个价键或三个价键相结合,则将形成双键和三键。例如,

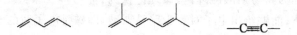

2.环状碳架

分子两端的碳原子再各以一个价键相连接,此时就形成了各种形状的环,它可以分成三大类。

(1)单环碳架

单环碳架包括三角形、四边形、五边形、六边形以及由七个以上碳原子所形成的大环化合物。当然,它们可以是饱和的或不饱和的,见下列各式。

(2)稠环碳架

两个以上的环稠合在一起所形成的碳架,它们可以由四元环与五元环,也可以由四元环与六元环,六元环与六元环之间稠合,还可以是三个以上环之间的稠合。稠合碳架也存在饱和的与不饱和的化合物。具体例子见下列各式。

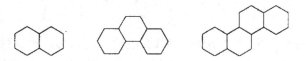

(3)杂环碳架

如果有其他元素的原子参与成环,则此类环就称为杂环。它们也同样存在单环和稠环,也有饱和的和不饱和的化合物。具体例子见下列各式。

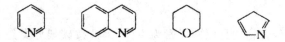

1.5.2 按官能团分类

有机化合物的化学性质主要取决于官能团。由于含有相同官能团的化合物的化学性质基本相似,所以可将含有同样官能团的化合物归为一类。表1-2列出了一些常见有机化合物的类别及其官能团。

表1-2 常见有机化合物的类别及其官能团

有机化合物类别	官能团	官能团名称	化合物举例
烯烃	$\diagup C = C \diagdown$	碳碳双键	$H_2C = CH_2$ 乙烯

续表

有机化合物类别	官能团	官能团名称	化合物举例
炔烃	$-C\equiv C-$	碳碳三键	$H-C\equiv C-H$ 乙炔
卤代烃	$-X(Cl,Br,I)$	卤素	CH_3CH_2-Cl 氯乙烷
醇、酚	$-OH$	羟基	CH_3CH_2-OH 乙醇 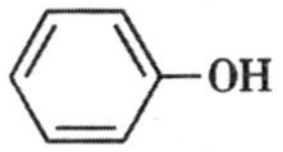 ⬡$-OH$ 苯酚
醚	$-\overset{\|}{\underset{\|}{C}}-O-\overset{\|}{\underset{\|}{C}}-$	醚键	$CH_3CH_2-O-CH_2CH_3$ 乙醚
醛、酮	$>C=O$	羰基	$CH_3-\overset{O}{\overset{\|\|}{C}}-H$ 乙醛 $CH_3-\overset{O}{\overset{\|\|}{C}}-CH_3$ 丙酮
羧酸	$-\overset{OH}{\overset{\|}{C}}=O$	羧基	$CH_3-\overset{O}{\overset{\|\|}{C}}-OH$ 乙酸
硝基化合物	$-NO_2$	硝基	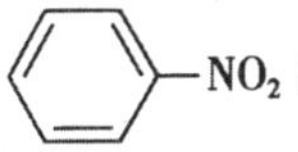 ⬡$-NO_2$ 硝基苯
胺	$-NH_2$	氨基	$CH_3CH_2-NH_2$ 乙胺
偶氮化合物	$-N=N-$	偶氮基	$C_6H_5-N=N-C_6H_5$ 偶氮苯
腈	$-C\equiv N$	氰基	$CH_3-C\equiv N$ 乙腈
硫醇	$-SH$	巯基	CH_3CH_2-SH 乙硫醇
磺酸	$-SO_3H$	磺酸基	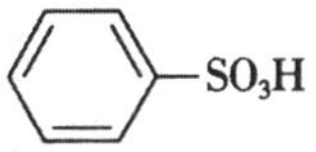 ⬡$-SO_3H$ 苯磺酸

第 2 章 立体化学

2.1 分子模型的平面表示方法

由于分子是以一定的空间形象存在的,很多情况下,特别是在研究分子的立体化学行为时,分子结构必须用立体形式来表达。虽然可以借助分子模型来描述分子的立体形象,但是不可能在任何情况下总用分子模型来讨论立体化学问题。因此必须学会用平面结构来表达分子的立体形象,并且能从平面结构中辨认出分子中原子或基团的相对位置和空间关系。下面讨论几种常用的分子模型的平面表示方法。

2.1.1 费歇尔投影式

费歇尔投影式也称为十字式,是德国化学家费歇尔(E. Fischer)1891 年提出的一种平面表达式。

1. 投影规则

下面以乳酸分子模型为例介绍投影规则。

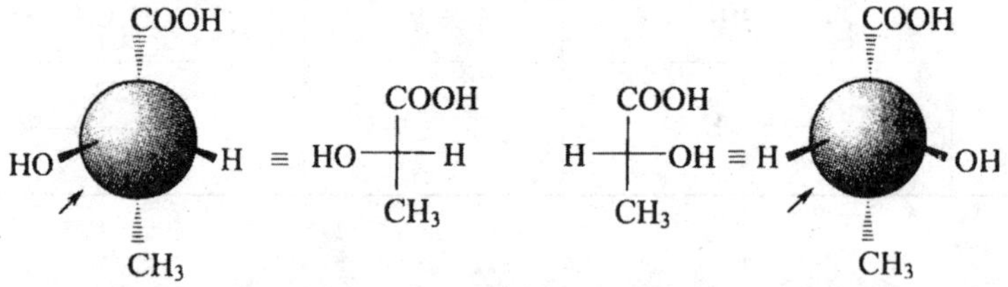

①把球棒模型所代表的分子碳链竖立放置,将命名时编号最小的碳原子放在上面,编号最大的碳原子放在下方。

②中心碳原子在纸平面上,竖键指向纸平面的后方,横键指向纸平面的前方,由前向后投影。投影式中的 OH 与 H 在横键上,表示向前,COOH 与 CH_3 竖键上,表示朝后。"+"交叉处为中心碳原子。

2. 使用规则

在不需要强调命名顺序时,分子模型可以改变位置,按其他方式放置(但左右指向的原子或基团必须朝前,上下指向的朝后)和投影。如乳酸的分子模型可有多种放置方法,每种放置都会得到原子或基团位置不同的平面投影式。下述四个投影式代表的是同一个构型的乳酸分子。

如何识别出同一个分子模型所得的不同投影式呢？下面介绍几种有关费歇尔投影式的使用规则。

（1）旋转规则

费歇尔投影式在纸平面上旋转 180°，得到的平面投影式与原来的构型相同，如图 2-1 中第一和第二个投影式表示同一构型。

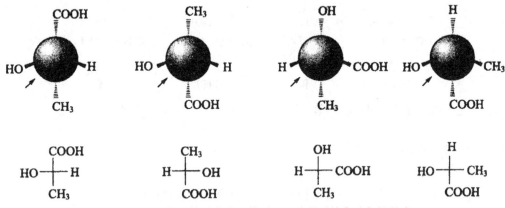

图 2-1　同一构型的乳酸分子模型不同放置时的费歇尔投影式

（2）交换规则

将费歇尔投影式中心碳原子上任何两个原子或基团交换一次位置，得到的平面表达式其构型发生改变，如图 2-2 所示；但费歇尔投影式中的原子或基团经两次交换位置，得到的平面表达式构型相同，如图 2-1 中第三和第四个投影式代表同一种构型。在费歇尔投影式中固定其中任意一个原子或基团的位置，将其他三个原子或基团的位置依次交换，所得到平面表达式其构型不变，如图 2-1 中第一和第三个投影式、第二和第三个投影式均代表同一构型。

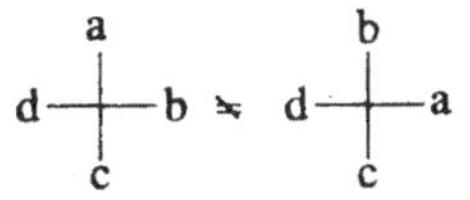

图 2-2　a 与 b 交换，构型改变

费歇尔投影式不能在纸平面上旋转 90°或 270°，因为这样会改变原子或基团的前后关系（图 2-3），此时的横键已经不再朝前，违背了投影规则。

图 2-3　前后关系改变

费歇尔投影式也不能离开纸平面反转过来，因为这样操作同样会改变原子的前后关系，横键也不再朝前，如图 2-4 所示。

$$\begin{array}{ccc} & a & \\ d & -\!\!\!+\!\!\!- & b \\ & c & \end{array} \xrightarrow{\text{翻转}} \begin{array}{ccc} & a & \\ b & -\!\!\!+\!\!\!- & d \\ & c & \end{array}$$

图 2-4　前后关系改变

按照上述使用规则,下列四个投影式中(Ⅰ)与(Ⅲ)不是同一种构型;(Ⅰ)与(Ⅱ)和(Ⅳ)为同一种构型。

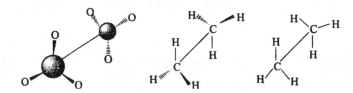

习惯上总是把主链写在竖线上,官能团写在上方,因此,(Ⅰ)式最常见。

2.1.2　萨哈斯投影式

萨哈斯投影式也称为锯架式,它是从分子碳链的侧面进行观察和投影。

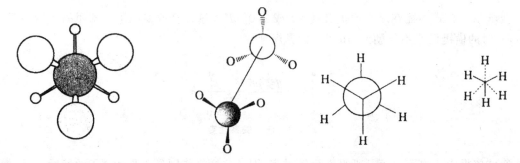

式中,实线表示在纸平面上的价键,虚线表示伸向纸后面的价键,黑色的楔形线表示伸向纸平面前方的价键。该投影式主要用于表示相邻两个碳原子上所连原子或基团的空间关系。

2.1.3　纽曼投影式

纽曼投影式是纽曼(Newman)1955 年提出的一种平面表达式,也是用来表示相邻两个碳原子上所连原子或基团的空间关系。它要求把碳链水平放置,从前面沿碳碳键轴进行观察和投影。

上述三种投影式分别是在不同的角度对分子模型进行观察和投影,它们之间可以相互转换(以 2,3-丁二醇为例):

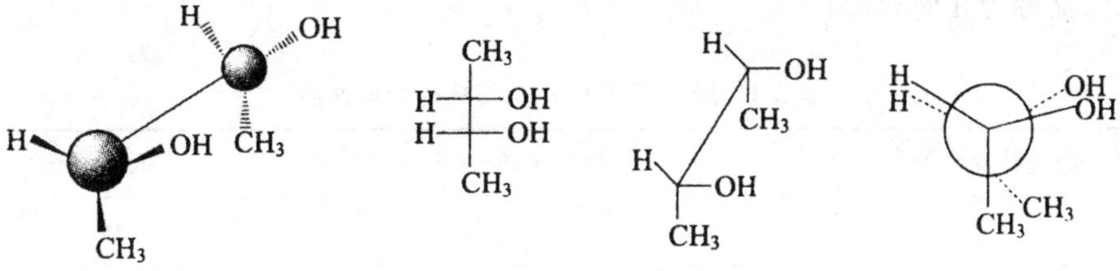

（Ⅰ）　　　　　（Ⅱ）　　　　　（Ⅲ）

以左侧分子模型为例，（Ⅰ）为它的费歇尔投影式，（Ⅱ）为萨哈斯投影式，（Ⅲ）为纽曼投影式。

2.1.4　透视式

透视式也称为立体结构式，是按照分子的几何形象，将分子中的原子或基团在空间伸展方向表示出来。例如，乳酸。

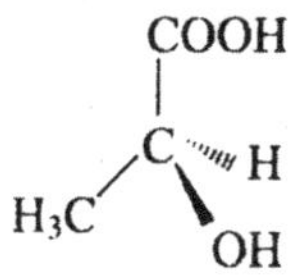

式中，实线表示与纸同平面，楔线表示在纸平面前面，虚线表示在纸平面后面。

2.2　顺反异构

2.2.1　顺反异构的概念

当分子中存在限制原子自由旋转的双键时，与双键碳原子直接相连的原子或原子团在空间的相对位置是被固定的。当双键两端的原子各连有 2 个不同的原子或原子团时，分子就可能存在两种不同的空间排列方式，产生两种异构体。这种具有相同构造化合物的不同空间排列方式被称为构型。

例如，2-丁烯的两种构型如下：

顺-2-丁烯　　　　　　反-2-丁烯

它们的物理性质（如熔点、沸点和相对密度）也有所不同，见表 2-1。

相同的原子或原子团在双键的同一侧。称为顺式构型（可用 *cis-*表示）；相同的原子或原子团分别位于双键的不同侧，则称为反式构型（可用 *trans-*表示）。这种分子构造相同，只是由于双键旋转受阻而产生的原子或原子团的空间排列方式不同而引起的异构称为顺反异构（*cis-trans* isomerism)，又称为几何异构。

表 2-1　顺-2-丁烯和反-2-丁烯的物理性质

物理特性	顺-2-丁烯	反-2-丁烯
熔点	$-139.3℃$	$-105.4℃$
沸点	$4℃$	$1℃$
相对密度	0.621	0.604

2.2.2　顺反异构产生的原因和条件

双键中的 π 键是两个 p 轨道相互平行重叠而成，只有当两个 p 轨道的对称轴平行时，才能发生最大重叠形成 π 键，若双键的一个碳原子沿键轴旋转，平行将被破坏，π 键势必被削弱或断裂，如图 2-5 所示。

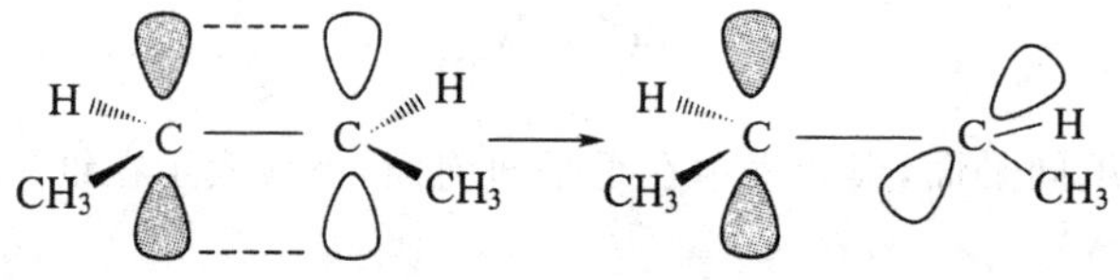

图 2-5　π 键的断裂

因此，这两个不能自由旋转的碳原子上所连接的原子或基团在空间就有不同的排列方式（构型）。可见，顺反异构就是由于 π 键的存在限制了碳碳双键的自由旋转，使分子中各原子和基团的空间相对位置"固定"而引起的一种立体异构。

需要指出的是，并非所有含碳碳双键的化合物都具有顺反异构体。能产生顺反异构体的必须是每个双键碳原子上各自连接的两个原子或基团不相同。例如，

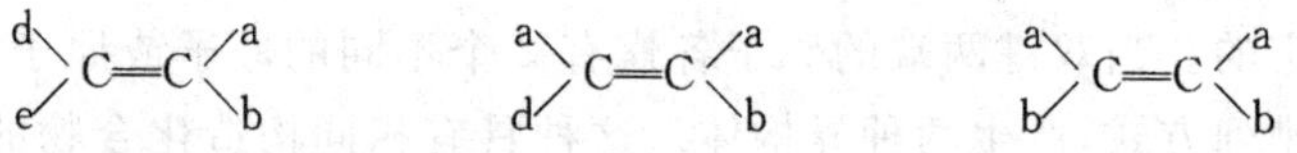

（1）　　　　（2）　　　　（3）

若同一个双键碳原子上所连接的两个基团相同，则没有顺反异构体。例如，

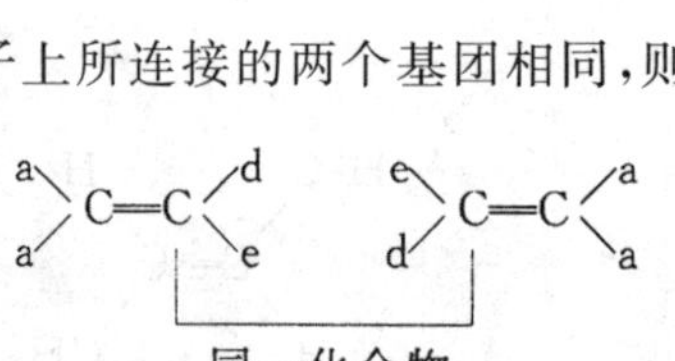

同一化合物

另外，在脂环类化合物中，由于环的存在，使环上碳碳 σ 键的自由旋转受到阻碍。当环上两个或两个以上的碳原子各自连有两个不相同的原子或基团时，就有顺反异构现象。与烯烃相似，当两个（或两个以上）相同基团在环的同一侧时，称为顺式；当两个（或两个以上）相同基团在环的异侧时，称为反式。例如，

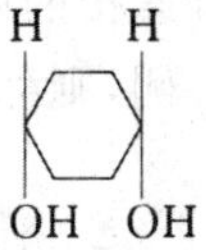

顺-1,4-环己二醇(熔点 161℃) 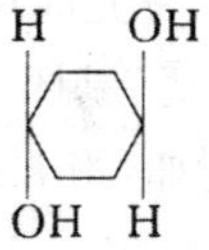　　　　　　反-1,4-环己二醇(熔点 300℃)

综上所述,形成顺反异构体必须具备以下两个条件:

①分子中必须存在旋转受阻的结构因素,如碳碳双键或环等。

②双键的两个碳原子或脂环上的两个或两个以上的碳原子上,各自连有两个不同的原子或基团。

2.2.3　顺反异构体的命名

1.习惯命名法

有机化合物的顺反异构体的习惯命名法就是在有机化合物的构造式名称前面加"顺"或"反"字。它是常用的表示顺反异构体构型的一种方法,其具体规定为:比较 C=C 双键原子或成环原子上所连的基团,相同的基团在双键或环平面同侧的异构体称为顺式;相同的基团在双键或环平面异侧的异构体称为反式。如图 2-6 所示。

（a）顺式　　　　（b）反式

图 2-6　顺反异构

例如,

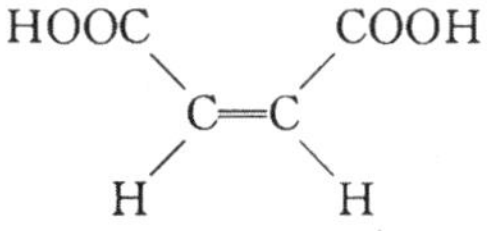

顺-丁烯二酸 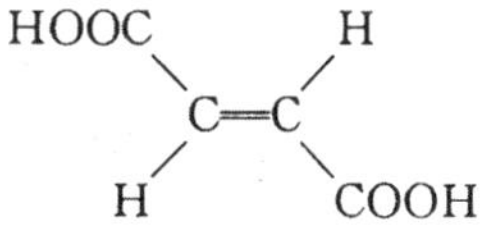　　　　　　　　　　反-丁烯二酸

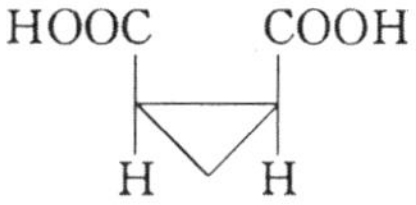

顺-1,2-环丙二甲酸 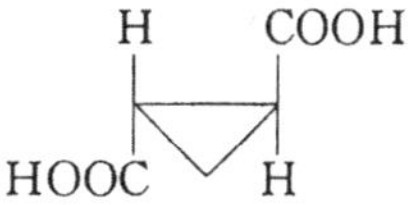　　　　　　　反-1,2-环丙二甲酸

习惯命名法是有局限性的,只适用于 C=C 双键或脂环上至少有一对原子或原子团是相同的情况,当双键或脂环上所连接的四个原子或原子团都不相同时,用习惯命名法就有困难。

2.系统命名法(Z、E 标记法)

系统命名法规定用 Z、E 来标记顺反异构体的构型。Z 为德语 Zusammen 的字头(是"在一起"的意思);E 为德语 Entgegen 的字头(是"相反"的意思)。其命名方法是用取代基"次序规则"

来确定 Z 和 E 构型。首先应用"次序规则"比较每个双键碳原子所连接的两个原子或基团的相对次序,从而确定"较优"基团。如果两个"较优"基团在双键的同一侧,则称为 Z 型。反之,在异侧的则称为 E 型。例如,当 a 优于 b,d 优于 e 时:

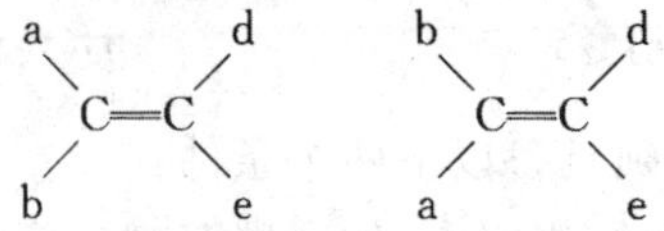

Z-构型　　　　E-构型

次序规则的主要内容如下:

①将与双键碳直接相连的两个原子按原子序数由大到小排出次序,原子序数较大者为优先基团。则一些常见的原子或原子团的优先次序为:$-I>-Br>-Cl>-SH>-OH>-NH_2>-CH_3>-H$。

②如果原子团中与双键原子直接相连的原子相同而无法确定次序时,则比较与该原子相连的其他原子的原子序数,直到比出大小为止。例如,$-CH_3$ 和 $-CH_2CH_3$,第一个原子都是碳,比较碳原子上所连的原子,在 $-CH_3$ 中,与碳原子相连的是 3 个 H;而 $-CH_2CH_3$ 中,与碳原子相连的是 1 个 C,2 个 H,C 的原子序数大于 H,所以 $-CH_2CH_3>-CH_3$。

同理推得:$-C(CH_3)_3>-CH(CH_3)_2>-CH_2CH_2CH_3>-CH_2CH_3>-CH_3$

③如果原子团中含有不饱和键时,将双键或三键原子看作是以单键和 2 个或 3 个相同原子相连接。例如,

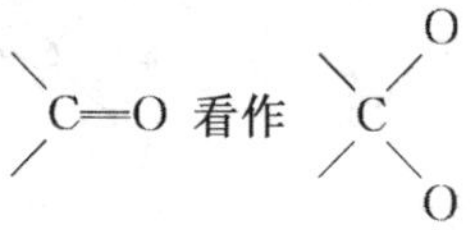

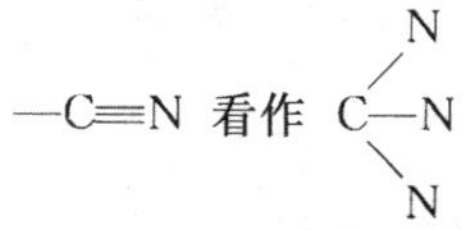

Z、E 标记法只是顺反异构体的一种构型表示形式,它和习惯命名法没有任何固定联系,只不过在命名时使用的规则不同而已,因此,有些顺反异构体的命名两种方法都可以用。

2.2.4　顺反异构体在性质上的差异

1.物理性质差异

顺反异构体在物理性质上,如偶极矩、熔点、溶解度、沸点、相对密度、折射率等方面都存在差异。例如,顺-1,2-二氯乙烯的偶极矩为 1.89 D,熔点 60.3℃;反-1,2-二氯乙烯的偶极矩为 0 D,熔点 48.4℃。顺丁烯二酸的熔点为 130℃,反丁烯二酸的熔点为 300℃。

2.化学性质差异

顺反异构体在化学性质上也存在某些差异,如顺丁烯二酸在 140℃可失去水生成酸酐,反丁烯二酸在同样温度下不反应,只有在温度增加至 275℃时,才有部分反丁烯二酸转变为顺丁烯二

酸,然后再失水生成顺丁烯二酸酐。

3.生理活性差异

顺反异构体不仅理化性质不同,而且生理活性也不相同。例如,女性激素合成代用品己烯雌酚的生理活性,反式异构体活性较大,顺式则很低;维生素 A 的结构中具有 4 个双键,全部是反式构型,如果其中出现顺式构型,则生理活性大大降低;具有降血脂作用的亚油酸和花生四烯酸则全部为顺式构型。

2.3 对映异构

对映异构是立体异构的一种,它是指空间构型非常相似却不能重合,相互间呈实物与镜像对映关系的异构现象。它们就像人的左、右手,非常相似而不能重叠,互为实物与镜像对映关系,因此又把这种特征称为手性。对映异构体都能表现出一种特殊的物理性质,即能改变平面偏振光的振动方向,或者说它们都具有旋光性。

2.3.1 物质的旋光性

1.偏振光与物质的旋光性

光是一种电磁波,光波的振动方向垂直于光波前进的方向,普通光是由各种波长的,由垂直于其前进方向的各个平面内振动的光波所组成。如图 2-7 圆圈表示一束朝着我们眼睛直射过来的光的横截面。光波的振动平面可以是 A、B、C、D 等无数垂直于前进方向的平面。当普通光通过具有特殊光学性质的尼可尔(Nicol)棱镜,一部分光线将被阻挡不能通过,只有与尼可尔棱镜的晶轴平行振动的光才能通过。通过尼可尔棱镜的光只在一个平面上振动。这种只在一个平面上振动的光称为平面偏振光。简称偏振光。偏振光振动的平面称为偏振面(图 2-8)。此时,若使所得偏振光射在偏振光的传播方向上的第二个尼可尔棱镜上,只有第二个棱镜与第一个棱镜的晶轴平行,偏振光才能通过第二个棱镜;若互相垂直,则不能通过(图 2-9)。

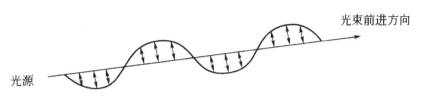

(a)光的前进方向与振动方向

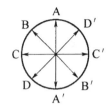

(b)普通光的振动平面

图 2-7 光波振动的示意图

若在两个晶轴平行的棱镜之间放置一个盛满乙醇的测定管,则偏振光能通过第二个棱镜,见到最大强度的光;若将乙醇换成乳酸或葡萄糖溶液,所见到的光,其亮度减弱;如将第二个棱镜向左或向右旋转一定角度,又能见到最大强度的光亮。其现象说明乳酸或葡萄糖能使偏振光的振动平面发生了改变,这种能使偏振光的振动平面发生改变的性质称为旋光性或光学活性。

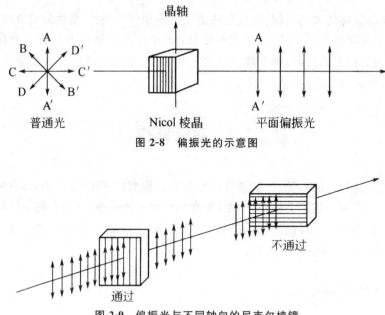

图 2-8　偏振光的示意图

图 2-9　偏振光与不同轴向的尼克尔棱镜

这样,根据是否具有旋光性,物质可分为两类:

①像乳酸、葡萄糖等具有旋光性,能使偏振光的振动平面发生改变的物质,称为旋光性物质或光学活性物质。

②像酒精、丙酮等不具有旋光性,不能使偏振光的振动平面发生改变的物质,称为非旋光性物质。

旋光性物质使偏振光的振动平面旋转的角度称为旋光度,能使偏振光的振动平面按顺时针方向旋转的旋光性物质称为右旋体;相反则称为左旋体。用来测定物质旋光性及旋光度大小的仪器称为旋光仪。

2.旋光仪

旋光仪由晶轴平行的两个尼科尔棱镜和普通光源三部分组成,如图 2-10 所示。第一个棱镜叫起偏镜,第二个棱镜叫检偏镜,这两个棱镜的晶轴是互相平行的。当在两个棱镜之间放上非旋光性物质时,平面偏振光的偏振面不发生旋转,从第一个棱镜透出的光可完全透过第二个棱镜。

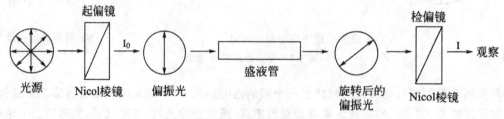

图 2-10　旋光仪的组成

当把旋光性物质放在平面偏振光的光路上时,偏振光的偏振面会发生一定的旋转,从第一个棱镜透出的光不能透过第二个棱镜,必须把检偏镜向左或向右旋转同样的角度,光线才能够通过,如图 2-11 所示。检偏镜旋转的角度刚好等于旋光度。

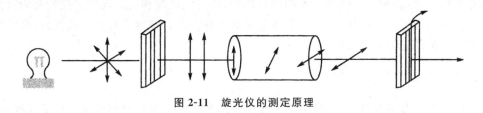

图 2-11 旋光仪的测定原理

3.旋光度与比旋光度

旋光度的大小、旋光方向不仅与旋光性物质的分子结构有关,还与测定时溶液的浓度、测定管长度、溶液的性质、温度、光的波长等有关。在一定条件下,旋光性物质不同,旋光度也不一样。当其他条件不变时,物质的旋光度与溶液的浓度、测定管长度成正比,其比值称为比旋光度,常用 $[\alpha]_{\lambda}^{t}$ 表示。比旋光度与旋光度的关系如下:

$$[\alpha]_{\lambda}^{t}=\frac{\alpha}{cl}$$

式中,α 为测定的旋光度;λ 为波长;t 为测定时的温度;c 为溶液的浓度,以每毫升溶液中所含溶质的质量(g)表示;l 是测定管的长度,以分米(dm)表示。

一般测定旋光度时,多用钠光灯作光源,波长是 588 nm,通常用 D 表示。例如,由肌肉中取得的乳酸的比旋光度 $[\alpha]_{D}^{20}=+3.8°$,表示 20℃ 时,以钠光灯做光源,乳酸的比旋光度是右旋 3.8°。

在一定条件下,旋光性物质的比旋光度是一个物理常数,同物质的熔点、沸点、密度等一样,可在手册和文献中查到。

若待测的旋光性物质是液体而非溶液,则计算时将公式中的 c 换成该液体的密度 ρ 即可。

2.3.2 旋光性与化学结构的关系

1.分子的对称性、手性与旋光性

有些物质具有旋光性,而有些物质没有旋光性。大量事实表明,凡是具有手性的物质都具有旋光性。下面以乳酸为例说明什么是手性物质。通常从肌肉组织中分离出的乳酸是右旋乳酸,而从葡萄糖发酵得到的乳酸是左旋乳酸,这两种乳酸分子的构型如图 2-12 所示。

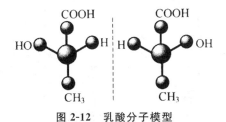

图 2-12 乳酸分子模型

通过观察乳酸分子的模型可知,这两种乳酸分子,就好像人的左手和右手一样,虽然分子构造相同,却不能重叠,如果把其中一个分子看成实物,则另一个分子恰好是它的镜像。这种与其镜像不能重叠的分子,叫作手性分子。

凡是手性分子,必有互为镜像关系的两种构型,如左旋乳酸和右旋乳酸。这种互为镜像关系的构型异构体叫作对映异构体。可见,手性分子必然存在着对映异构现象。或者说,分子的手性是产生对映异构的充分必要条件。

2.分子的对称因素

一个分子可能有多种对称因素,但与分子手性或旋光性相关的对称因素有以下几种,主要是对称面和对称中心。下面通过一些实例来说明对称因素。

(1)对称面

一个假想的平面能把分子分割成两半,而这两半互为实物与镜像的关系,则此假想的平面就是分子的对称面。例如,2—丙醇分子,由于中间碳原子同时连有 2 个相同的基团(—CH_3),所以分子存在一个对称面,如图 2-13(a)所示。如果分子中所有的原子都处在某个平面上,这个平面也是该分子的对称面。例如,反-1,2-二溴乙烯分子是平面结构,所有的原子均处在同一平面上,这个平面就是该分子的对称面,如图 2-13(b)所示。

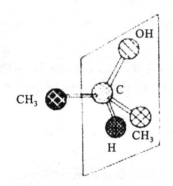
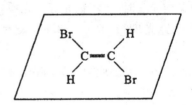

(a)2-丙醇分子存在一个对称面　　(b)反-1,2-二溴乙烯分子的平面即为其对称面

图 2-13　对称面

(2)对称中心

当假想分子中有一个点与分子中的任何一个原子或基团相连线后,在其连线反方向延长线的等距离处遇到一个相同的原子或基团,这个假想点即为该分子的对称中心。图 2-14 中箭头所指处即为分子的对称中心,因此它们也不是手性分子。

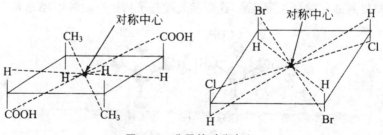

图 2-14　分子的对称中心

（3）对称轴

如果通过分子画一直线,当分子以它为轴旋转一定角度后,可以得到和原来分子相同的形象,这条直线就是分子的对称轴。当分子绕轴旋转 $360°/n(n=1,2,3,4,\cdots)$ 之后,得到的分子与原来的形象完全重叠,这个轴就是该分子的 n 重对称轴。

例如,环丁烷[图 2-15(a)]分子绕轴旋转 90°后和原来分子的形象一样,由于 $360°/90°=4$,这是四重对称轴。苯分子[图 2-15(b)]绕轴旋转 60°,即和原来分子形象相同,为六重对称轴($360°/60°=6$)。

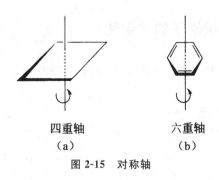

四重轴　　　　　六重轴
（a）　　　　　（b）

图 2-15　对称轴

（4）交替对称轴

分子绕中心轴旋转一定角度后,得到一种立体形象,此形象通过一个与轴垂直的镜面得到的镜像若与原分子的立体形象相同,此轴为交替对称轴,如图 2-16 所示。此化合物有一个二重交替对称轴,因为 $360°/180°=2$。

交替对称轴常和其他对称因素同时存在,如图 2-16 除具有二重交替对称轴外,还有对称中心。

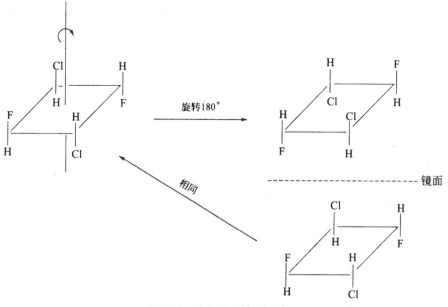

图 2-16　交替对称轴（二重轴）

3. 手性碳原子

在乳酸($\underset{\underset{OH}{|}}{CH_3CHCOOH}$)分子中,有一个饱和碳原子连接了—H、—CH₃、—OH 和—COOH 四个不同的原子或基团。这种连有四个不同的原子或基团的饱和碳原子,叫作手性碳原子或不对称碳原子,通常用 C* 表示。只含一个手性碳原子的分子没有任何对称因素,所以是手性分子。

2.3.3 含一个手性碳原子的化合物

在有机化合物中,含一个手性碳原子的分子,一定是手性分子,并具有旋光性和对映异构现象,例如,乳酸和甘油醛。

凡是含一个手性碳原子的化合物都有一对对映体,其中一个是左旋体,另一个是右旋体,两者旋光度相同,但旋光方向相反。例如,D-乳酸能使偏振光的振动平面向左旋转,称为左旋乳酸,用(—)-乳酸表示。L-乳酸能使偏振光的振动平面向右旋转,称为右旋乳酸,用(＋)-乳酸表示。将这两种异构体等量混合,由于它们的旋光角度相同,旋光方向相反,所以混合物是没有旋光性的。即等量的对映体的混合物无旋光性,称为外消旋体。常以(±)或(dl)表示外消旋体。通常,人工合成或用乳酸杆菌使乳糖发酵制得的乳酸为外消旋乳酸。

2.3.4 对映异构体的表示方法和构型标记

1. 对映异构体的表示方法

对映异构是立体异构的一种,最好用立体图式表示对映异构体,但是很不方便,对映异构常用的表示方法是费歇尔投影式。下面以乳酸为例来说明费歇尔投影式。

费歇尔投影式是由立体模型投影到平面上得到的。它的投影方法如下所示。

①把含有手性碳原子的主链直立,编号最小的基团放在上端。

②用十字交叉点代表手性碳原子。

③手性碳原子的两个横键所连的原子或原子团,表示伸向纸平面的前方;两个竖键所连的原子或原子团,表示伸向纸平面的后方。

按照上面的规定,将乳酸的模型投影到纸平面,便得到相应的乳酸的费歇尔投影式。如图 2-17 所示。

需要注意的是,投影式是用平面式代表立体结构的。为保持构型不变,投影式只能在纸平面上旋转 180°或 90°的偶数次,不能离开纸平面翻转。否则就改变了基团的前后关系,不能代表同一种构型。若将任意基团两两交换偶数次,得到的投影式与原投影式表示的是同一构型。

2. 对映异构体的构型标记

构型的标记法,一般采用 D、L 标记法和 R、S 标记法。

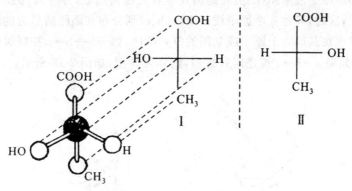

图 2-17 乳酸的费歇尔投影式

(1)D、L 标记法

1950 年以前,人们只知道旋光性不同的一对对映体,分别属于两种不同的构型,但无法确定这两种构型中哪个是左旋体,哪个是右旋体,于是人为规定:在费歇尔投影式中,以甘油醛为标准,右旋甘油醛的手性碳原子上的羟基写在右侧,为 D 型;左旋甘油醛的手性碳原子上的羟基写在左侧,为 L 型。

$$\begin{array}{cc} & \text{CHO} \\ \text{H}\!\!-\!\!|\!\!-\!\!\text{OH} \\ & \text{CH}_2\text{OH} \end{array} \qquad \begin{array}{cc} & \text{CHO} \\ \text{HO}\!\!-\!\!|\!\!-\!\!\text{H} \\ & \text{CH}_2\text{OH} \end{array}$$

D-(+)-甘油醛   L-(−)-甘油醛

D、L 构型因为是人为规定的,其他手性分子的构型是根据甘油醛的构型而定的,所以称为相对构型。1950 年测得了甘油醛的真实构型与人为规定的构型恰巧完全符合,因此原来的相对构型也是真实构型,这种真实构型又称绝对构型。

D、L 只表示构型,(+)、(−)表示旋光方向,两者之间没有必然的联系。

$$\begin{array}{cc} & \text{CHO} \\ \text{H}\!\!-\!\!|\!\!-\!\!\text{OH} \\ & \text{CH}_2\text{OH} \end{array} \xrightarrow{\text{HgO}} \begin{array}{cc} & \text{CHO} \\ \text{H}\!\!-\!\!|\!\!-\!\!\text{OH} \\ & \text{CH}_2\text{OH} \end{array}$$

D-(+)-甘油醛   D-(−)-甘油酸

若有几个手性碳原子,在费歇尔投影式中以标号高的手性碳确定 D、L。例如,

$$\begin{array}{cc} & \text{CHO} \\ \text{HO}\!\!-\!\!|\!\!-\!\!\text{H} \\ \text{H}\!\!-\!\!|\!\!-\!\!\text{OH} \\ & \text{CH}_2\text{OH} \end{array} \qquad\qquad \begin{array}{cc} & \text{CHO} \\ \text{HO}\!\!-\!\!|\!\!-\!\!\text{H} \\ \text{HO}\!\!-\!\!|\!\!-\!\!\text{H} \\ & \text{CH}_2\text{OH} \end{array}$$

D-构型   L-构型

(2)R、S 标记法

考虑到 D、L 构型标记法的局限性,1970 年 IUPAC 建议采用 R、S 构型标记法来表示手性分子的构型。R 是拉丁文 Rectus(右)的缩写,S 是拉丁文 Sinister(左)的缩写。R、S 构型标记法是一种绝对构型标记法,不需要选用化合物做参考标准。基本程序如下:

①把手性碳上的四个原子或基团(a、b、c、d)按顺序规则进行排序,即 a>b>c>d。

②将次序最小的原子或基团(d)放在距离观察者视线最远处,并令其(d)和手性碳原子及眼睛三者成一条直线,这时,其他 3 个原子或基团(a、b、c)则分布在距眼睛最近的同一平面上。

③按优先次序观察其他 3 个原子或基团的排列顺序,如果 a→b→c 按顺时针排列,该化合物的构型称为 R 型,如果 a→b→c 按逆时针排列,则称为 S 型,如图 2-18 所示。

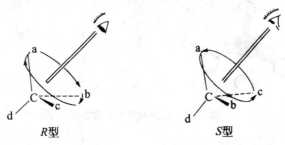

R型   S型

图 2-18   R、S 标记法

当化合物的构型以费歇尔投影式表示时,确定其构型的方法是:当优先次序中最小原子或基团处于投影式的竖线上时,若其他 3 个原子或基团按顺时针由大到小排列,则该化合物的构型是 R 型;若按逆时针排列,则是 S 型。例如,

$$CH_3CH_2 \underset{OH}{\overset{H}{+}} CH_3 \qquad CH_3CH_2 \underset{H}{\overset{OH}{+}} CH_3$$

R-2-丁醇   S-2-丁醇

当优先次序中最小的原子或基团处于投影式的横线上时,若其他 3 个原子或基团按顺时针由大到小排列,则该化合物的构型是 S 型;若按逆时针排列,则是 R 型。例如,

$$H \underset{CH_2OH}{\overset{CHO}{+}} OH \qquad HO \underset{CH_2OH}{\overset{CHO}{+}} H$$

R-甘油醛   S-甘油醛

2.3.5   含两个手性碳原子的化合物

1.含两个不同的手性碳原子的化合物

这种类型的化合物最典型的是 2,3,4-三羟基丁醛(丁醛糖):

$$\underset{OH}{\overset{4}{CH_2}} - \underset{OH}{\overset{3}{CH}} - \underset{OH}{\overset{2}{CH}} - CHO$$

在分子中有两个手性碳原子 C_2 和 C_3;两个手性碳原子上所连基团不完全相同,C_2 上连接的是—H、—OH、—CHO 和—CH(OH)—CH_2OH;C_3 上连接的是—H、—OH、—CH_2OH 和—CH(OH)—CHO。它可以形成四种旋光异构体,现用费歇尔投影式分别表示如下:

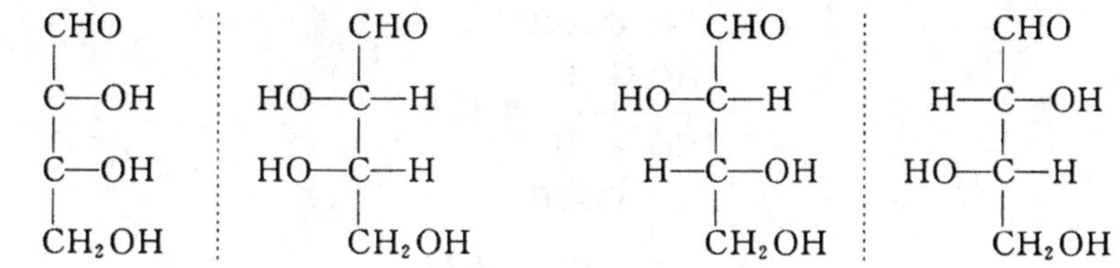

CHO	CHO	CHO	CHO
C—OH	HO—C—H	HO—C—H	H—C—OH
C—OH	HO—C—H	H—C—OH	HO—C—H
CH₂OH	CH₂OH	CH₂OH	CH₂OH

D-(一)-赤藓糖　　L-(＋)-赤藓糖　　D-(一)-苏阿糖　　L-(＋)-苏阿糖

$(2R,3R)$　　　　$(2S,3S)$　　　　$(2S,3R)$　　　　$(2R,3S)$

（Ⅰ）　　　　　（Ⅱ）　　　　　（Ⅲ）　　　　　（Ⅳ）

对于有多个不对称碳原子的旋光异构体，为方便起见，使用 D、L 构型标记法时，只看最后一个手性碳原子(C_3)的构型，并用最后一个手性碳原子的构型作为这种异构体的构型。

上述四个异构体中，（Ⅰ）和（Ⅱ）是对映体，（Ⅲ）和（Ⅳ）是对映体，而（Ⅰ）和（Ⅲ）、（Ⅰ）和（Ⅳ）、（Ⅱ）和（Ⅲ）、（Ⅱ）和（Ⅳ）之间不存在物体与镜像之间的关系。这种不具有物体与镜像关系的旋光异构体称为非对映体。非对映体之间旋光度不同，其他物理性质也不相同。在化学性质上，它们虽然有相类似的反应，但反应速率、反应条件都不相同。在生理作用上也是不相同的。

在含多个不对称碳原子的旋光异构体中，如果只有一个不对称碳原子的构型不同，称为差向异构体。如（Ⅰ）和（Ⅲ）为 C_2 差向异构体，（Ⅱ）和（Ⅲ）为 C_3 差向异构体。差向异构体是非对映体的一种，其特点与非对映体一样。

2. 含两个相同手性碳原子的化合物

这种类型的化合物中最典型的是酒石酸：

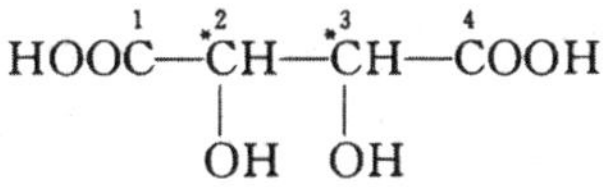

$$HOOC\overset{1}{—}\overset{2}{C}H\overset{3}{—}\overset{4}{C}H—COOH$$
$$\quad\quad\quad |\quad\ \ |$$
$$\quad\quad\quad OH\ \ OH$$

在酒石酸分子中，C_2^*、C_3^* 上都连有—H、—OH、—COOH、—CH(OH)COOH，是含两个相同的手性碳原子的化合物。它只有三种光学异构体，现用费歇尔投影式分别表示如下：

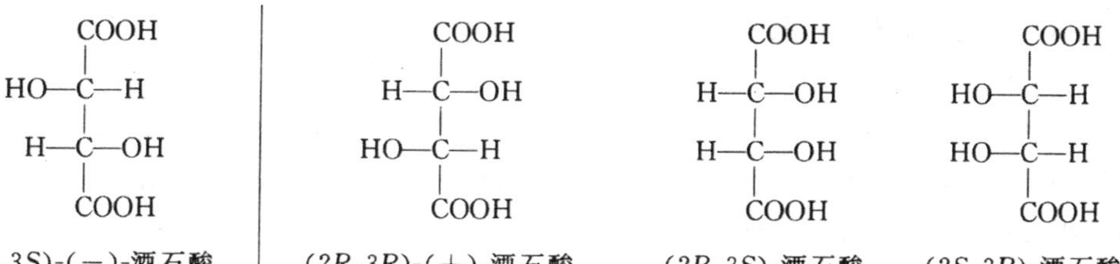

COOH	COOH	COOH	COOH
HO—C—H	H—C—OH	H—C—OH	HO—C—H
H—C—OH	HO—C—H	H—C—OH	HO—C—H
COOH	COOH	COOH	COOH

$(2S,3S)$-(一)-酒石酸　$(2R,3R)$-(＋)-酒石酸　$(2R,3S)$-酒石酸　$(2S,3R)$-酒石酸

（Ⅰ）　　　　　（Ⅱ）　　　　　（Ⅲ）　　　　　（Ⅳ）

（Ⅰ）和（Ⅱ）为对映体，其等量混合物为外消旋体。（Ⅲ）和（Ⅳ）似乎也为对映体，其实不然。因为将（Ⅲ）不离开纸平面旋转 180°，就得到（Ⅳ），所以（Ⅲ）和（Ⅳ）是同一种物质。同时不难看出，（Ⅲ）和（Ⅳ）分子中有对称面（如下图），所以整个分子不是手性分子。分子中虽有手性碳原子，但因有对称平面而使旋光性在分子内相互抵消，整个分子不显旋光性的化合物，称为内消旋体，通常用"meso"或"i"表示。

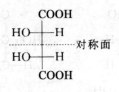

$$(2S，3R)\text{-酒石酸}$$

内消旋体虽然没有旋光性,但仍然是光学异构体的一种。因此酒石酸有三种异构体:(＋)-酒石酸;(－)-酒石酸和(i)-酒石酸。

内消旋体与外消旋体虽都无旋光性,但是有本质的区别,内消旋体是纯净化合物,而外消旋体是等量的对映体的混合物,可拆分成具有旋光性的左旋体和右旋体。

对映异构体之间,除了旋光方向相反外,其他物理性质如熔点、沸点、溶解度及旋光度等都相同;而非对映异构体之间,不仅旋光性不同,而且其他物理性质也不相同(表2-2)。

表 2-2　酒石酸异构体的物理性质

物质	熔点/℃	$[\alpha]_D$(水)	溶解度/(g/100 mL)	pK_a
(＋)-酒石酸	170	+12.0°	139	2.98
(－)-酒石酸	170	−12.0°	139	2.98
(±)-酒石酸(dl)	206	0	20.6	2.96
meso-酒石酸	140	0	125	3.11

对映异构体之间更为重要的区别在于它们对生物体的作用不同,不同构型的一对对映异构体对人体的生理和药理作用的差异往往很大。例如,左旋麻黄碱在升高血压方面的作用比右旋麻黄碱大 20 倍,左旋-肾上腺素的生理活性比右旋肾上腺素强 14 倍;左旋氯霉素可以用于治疗伤寒等疾病,而右旋氯霉素几乎无效;左旋抗坏血酸有抗坏血病的作用,而右旋的则没有;L-型氨基酸、D-型糖是人体所需要的,但它们的对映体对人体却没有营养价值。

2.3.6　外消旋体的拆分

许多旋光性物质都是从自然界中分离得到的,虽然可以合成旋光性物质,但在大多数情况下,合成的常常是外消旋体。为了得到光活性的对映体,需要把外消旋体拆分开来——外消旋体的拆分。拆分的方法很多,一般有以下几种.

1.机械拆分法

机械拆分法是利用外消旋体中对映体的结晶形态上的差异,借肉眼或通过放大镜进行辨认,而把两种结晶体挑拣分开。此法要求结晶形态有明显的不对称性,且结晶大小适宜。此法比较原始,不仅操作麻烦,而且不能用于液态的化合物,只在实验室中少量制备时偶然采用。

2.结晶拆分法

结晶拆分法的原理是先将需要拆分的外消旋体溶液制成过饱和溶液,再加入一定量的同样

左旋体或右旋体的晶种,与晶种相同构型的异构体立即析出结晶而拆分。其拆分过程如下:

$$外消旋体 \xrightarrow[\triangle]{右旋体} 右旋体饱和溶液 \xrightarrow{冷却} \begin{cases} 右旋体结晶 \\ 母液 \end{cases} \xrightarrow[\triangle]{外消旋体} 左旋饱和溶液 \xrightarrow{冷却} \begin{cases} 右旋体结晶 \\ 母液 \end{cases} \xrightarrow[\triangle]{外消旋体} 反复上述操作$$

此法成本低,效果好。但要求外消旋体的溶解度大于纯对映体,因而应用受到一定限制。

3. 微生物拆分法

某些微生物或它们产生的酶,对于对映体中的一种异构体有选择性的分解作用。利用微生物或酶的这种性质可以从外消旋体中把一种旋光体拆分出来。此法缺点是在分离过程中外消旋体至少有一半被消耗,而且加入的培养微生物或酶的原料在后继的纯化处理中带来麻烦。

4. 选择吸附法

选择吸附法是用某种旋光性物质做吸附剂,使之选择性地吸附外消旋体中的一种异构体,从而达到拆分目的的方法。

5. 化学拆分法

化学拆分法的原理是将对映体转变成非对映体,然后用一般方法分离。外消旋体与无旋光性的物质作用并结合后,得到的仍是外消旋体。但若使外消旋体与旋光性物质作用,得到的是非对映体的混合物料。非对映体具有不同的物理性质,可以用一般的方法把它们分开。最后再把分离所得到的两种衍生物分别变回原来的旋光化合物,即达到拆分目的。用于拆分对映体的旋光性物质通常称为拆分剂。很多拆分剂是从天然产物中分离提取的。化学拆分法最适用于酸或碱的外消旋体的拆分。例如,对于酸,拆分的步骤可用通式表示如下:

$$\begin{matrix} (+)\text{-RCOOH} \\ (-)\text{-RCOOH} \end{matrix} + 2(-)\text{-R}'\text{NH}_2 \longrightarrow \begin{matrix} (+)\text{-RCOOH} \cdot (-)\text{-R}'\text{NH}_2 \\ (-)\text{-RCOOH} \cdot (-)\text{-R}'\text{NH}_2 \end{matrix} \xrightarrow{重结晶}$$

外消旋体　　　　　　　　　　　非对映体混合物

$$(+)\text{-RCOOH} \cdot (-)\text{-R}'\text{NH}_2 \longrightarrow (+)\text{-RCOOH} + (-)\text{-R}'\text{NH}_2 \cdot \text{HCl}$$
$$(-)\text{-RCOOH} \cdot (-)\text{-R}'\text{NH}_2 \longrightarrow (-)\text{-RCOOH} + (-)\text{-R}'\text{NH}_2 \cdot \text{HCl}$$

拆分酸时,常用的旋光性碱为生物碱,如(一)-奎宁、(一)-马钱子碱、(一)-番木鳖碱等。拆分碱时,常用的旋光性酸为酒石酸、樟脑-β-磺酸等。

拆分既非酸又非碱的外消旋体时,可以设法在分子中引入酸性基团,然后按拆分酸的方法拆分。也可选用适当的旋光性物质与外消旋体作用形成非对映体的混合物,然后分离。例如,拆分醇时,可使醇先与丁二酸酐或邻苯二甲酸酐作用生成酸性酯。

再将这种含有羧基的酯与旋光性碱作用生成非对映体后分离。或者使醇与如下的旋光性酰氯作用,形成非对映的酯的混合物,然后分离。

$$(-)- \quad \text{—NSO}_2\text{—}\text{—COOCl}$$

6.色谱分离法

色谱分离法是利用光活性吸附剂与一对对映体形成的两个非对映吸附物,其稳定性不同,被吸附剂吸附的强弱不同而依次进行洗脱。

2.4 构象异构

由于单键可以自由旋转,分子中的原子或基团在空间产生不同的排列,这种特定的排列形式称为构象。由单键旋转而产生的异构体称为构象异构体或旋转异构体。

2.4.1 乙烷的构象

乙烷分子的构象可以用"双三脚架"比喻。六个 H 是六个脚底,C—C 键连接两个三角。由于 C—C 单键可以自由旋转,因此这三个脚像电风扇一样可以自由转动。为了便于观察,使一个甲基固定不动,另一个甲基绕 C—C 键轴转动,则分子中氢原子在空间的排列形式将不断改变,从而有无数种排布。这种由于原子或原子团绕单键旋转而产生的分子中各原子或原子团的不同的空间排布,称为构象。乙烷分子最典型的两种构象是交叉式和重叠式,可用三种最常使用的投影式表示,如图 2-19 所示。

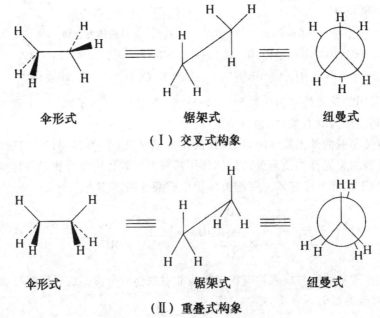

伞形式　　　　　　锯架式　　　　　　纽曼式

（Ⅰ）交叉式构象

伞形式　　　　　　锯架式　　　　　　纽曼式

（Ⅱ）重叠式构象

图 2-19　乙烷不同构象的三种表示方法

纽曼(Newman)投影式在研究构象上非常有用。其画法是,将乙烷分子平放,眼睛对准 C—C 键轴的延长线,用圆圈表示远离眼睛的碳原子,其上连接的三个氢原子画在圆外,而圆圈上的三个氢原子表示离眼睛较远的甲基。

从上面投影式可以看出:

(Ⅰ)式中两组氢原子处于交错的位置,这种构象称为交叉式。在交叉式构象中,两个碳原子上两组氢原子相距最远,相互间的排斥力最小,因而分子的热力学能最低,是较稳定的构象。

(Ⅱ)式中两组氢原子相互重叠,这种构象称为重叠式。在重叠式构象中两个碳原子上的氢原子两两相对,距离最近,由于它们的空间相互作用,分子的热力学能最高,也就是最不稳定。

交叉式与重叠式是乙烷的两种极端构象。介于这两者之间还可以有无数种构象,称为扭曲式。

如图 2-20 所示为当绕 C—C 单键旋转时,乙烷分子各种构象的能量关系。图中曲线上任意一点代表一种构象对应的能量。位于曲线中最低的一点即谷底,能量最低,它所代表的构象最稳定(交叉式)。只要稍离开谷底一点,就意味着能量的升高,分子的构象就变得不稳定一些。这种不稳定性使分子中产生一种"张力",这种张力是由于键的扭转要恢复最稳定的交叉式构象而引起的,通常称为扭转张力。与交叉式排列的任何偏差都会引起扭转张力。交叉式与重叠式的能量虽然不同,但能量差不太大,约为 12 kJ/mol,也就是说,由交叉式转变为重叠式只需吸收 12 kJ/mol 的能量即可完成。而室温时分子的热运动即可产生 83.6 kJ/mol 的能量,所以在常温下乙烷的各种构象之间迅速互变。乙烷分子在某一构象停留的时间(寿命)很短($< 10^{-6}$ s),因此不能把某一构象"分离"出来。

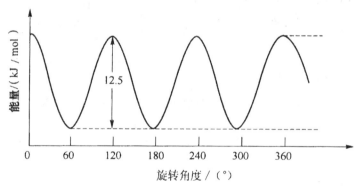

图 2-20　乙烷分子各种构象的能量关系

从乙烷分子构象的分析中可知,由于不同构象的热力学能不同,要想彼此互变,必须越过一定的能垒才能完成。因此,所谓单键的自由旋转并不是完全自由的。

2.4.2　正丁烷的构象

正丁烷分子可以看作乙烷的二甲基衍生物。如图 2-21 所示,当绕 σC_2—C_3 键轴旋转时,情况较乙烷要复杂,用纽曼投影式可表示四个典型构象表示。

正丁烷分子随着绕 σC_2—C_3 键轴旋转,它的构象变化情况如图 2-22 所示,而由图 2-23 可知,能量最低的构象为(Ⅰ)对交叉式,能量最高的构象为(Ⅳ)全重叠式。从能量上看,(Ⅱ)与

（Ⅵ）相同，（Ⅲ）与（Ⅴ）相同。所以，四种典型的构象能量高低顺序：对交叉式＜邻位交叉式＜部分重叠式＜全重叠式，它们的稳定性顺序正好相反。从图 2-23 中还可以看到构象为（Ⅰ）、（Ⅲ）、（Ⅴ）的分子能量最低。通常说来，相当于最低能量的各构象称为构象异构体。

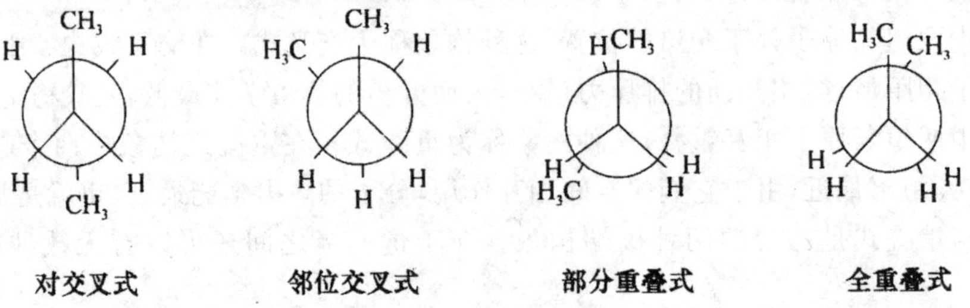

对交叉式　　　　邻位交叉式　　　　部分重叠式　　　　全重叠式

图 2-21　正丁烷的构象

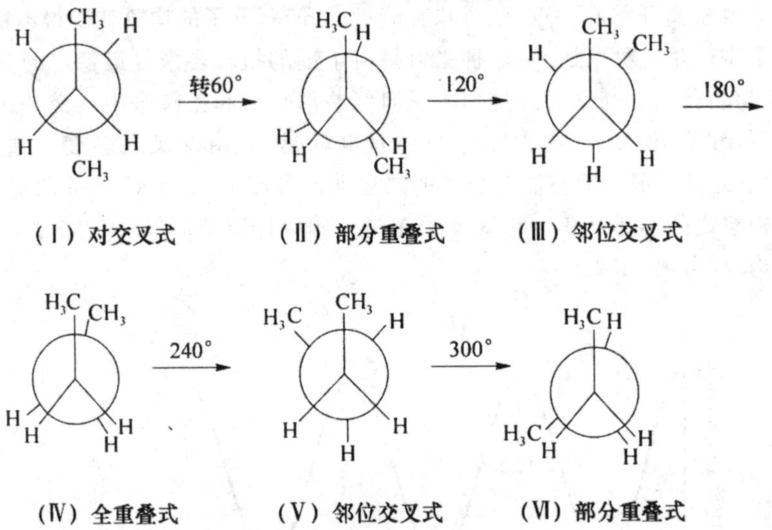

（Ⅰ）对交叉式　　　（Ⅱ）部分重叠式　　　（Ⅲ）邻位交叉式

（Ⅳ）全重叠式　　　（Ⅴ）邻位交叉式　　　（Ⅵ）部分重叠式

图 2-22　正丁烷的构象变化图

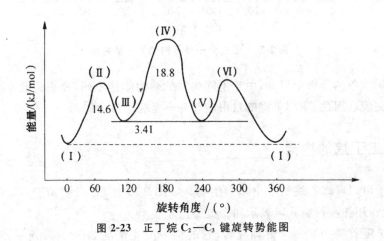

图 2-23　正丁烷 C_2—C_3 键旋转势能图

正丁烷有两种不同的稳定构象,三个稳定的构象异构体:一个对交叉式和两个邻位交叉式。邻位交叉式构象异构体(Ⅲ)和(Ⅴ)互为镜像和实物的关系,因此是(构象)对映体,它们是两个不相同的不对称分子。所以正丁烷实际上是一个构象异构体的平衡混合物。该混合物的组成取决于不同构象异构体之间的能量差别。在室温下约 68% 为对交叉式,约 32% 为邻位交叉式,部分重叠式和全重叠式极少。

因为正丁烷各构象之间能量差(能垒)不大,最大不超过 25.1 kJ/mol,所以分子的热运动就可使各种构象迅速互变,这些异构体也不能分离出来。易于相互转换是构象异构体的特性(当然也有一些构象异构体不易互换的),也是这种异构体与今后要学习的其他立体异构体最不同的性质。

脂肪族化合物的构象都与正丁烷的构象相似,占优势的构象通常是全交叉式,即分子中两个最大的基团处于对位呈 180° 的排布。

2.4.3 环己烷的构象

1. 环己烷的椅式构象和船式构象

环己烷是自然界存在最广泛的脂环烃。它是由六个碳原子所组成的环状碳氢化合物。它有两种空间排列方式,即椅式构象和船式构象。

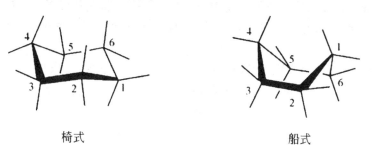

椅式　　　　　　　　　　　船式

在椅式构象中,C_1、C_3、C_5 在一个平面上,C_2、C_4、C_6 在另一个平面上,分子中所有的碳原子和氢原子的相对距离都最远,原子间相互排斥力最小,因而能量较低,稳定。而在船式构象中,C_2、C_3、C_5、C_6 也在同一平面上,但 C_1 及 C_4 上的两个氢原子相距较近,相互间的排斥力较大,内能较高不稳定。

在环己烷的构象中,椅式构象是最稳定的构象,是环己烷的优势构象,所以环己烷及其取代物,在一般情况下几乎都是以椅式构象存在。

2. 椅式构象中的直立键和平伏键

在环己烷的椅式构象中,12 个碳氢键可以分成两种情况:一种是 6 个碳氢键与环己烷分子的对称轴平行,叫作直立键,简称为 a 键;另一种是 6 个碳氢键与对称轴成 109°28′ 的夹角,叫作平伏键,简称 e 键。环己烷的 6 个 a 键中,3 个向上 3 个向下,交替排列,6 个 e 键中,3 个向上斜伸,3 个向下斜伸,交替排列。

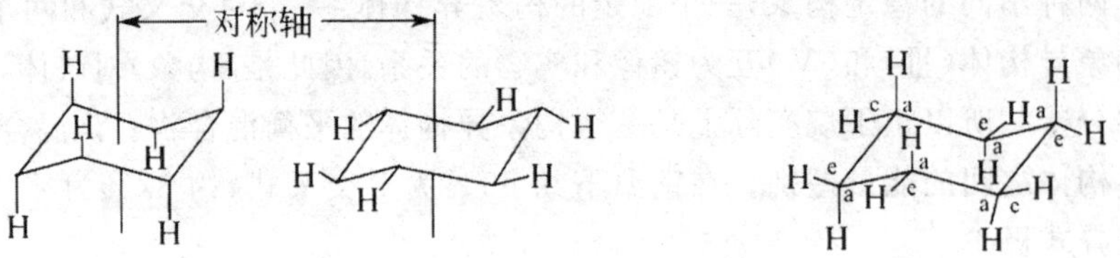

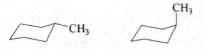

(a-H)　　　　　　(e-H)

3.取代环己烷的构象

环己烷上的氢原子,被其他原子或原子团取代后,取代基可处于直立键或平伏键。如甲基环己烷可以有两种不同的典型的椅式构象,一种是甲基处于直立键,一种是甲基处于平伏键。

甲基处于平伏键构象　　甲基处于直立键构象

当甲基处于直立键的构象时,甲基上的氢原子与 C_3、C_5 上的氢原子距离较近,能量较高,不稳定。而甲基处于平伏键时,它与 C_3、C_5 上的氢原子距离较远,斥力较小,较稳定。在室温下,甲基在平伏键上的构象占平衡混合物的95%。

当取代基体积增大时,两种椅式构象的能量差也增大,平伏键上取代的构象所占的比例就更高。如室温下,异丙基环己烷平衡混合物中异丙基处于平伏键的构象约占97%,叔丁基取代环己烷几乎完全以一种构象存在。可见,取代环己烷中大基团处于平伏键的构象较稳定,为优势构象。

当环己烷环上有不止一个取代基时,其优势构象遵从如下规律:取代基相同,e 键最多的构象最稳定;取代基不同,大基团在 e 键的构象最稳定。

4.十氢化萘的构象

十氢化萘较稳定构象可以看作是由两个椅式环己烷稠合而成。但稠合方式仅有两种,一种是稠合边的两个碳原子上的C—H键处于环的异侧,叫作反十氢化萘;另一种是稠合边的两个碳原子上的C—H原子处于同侧,叫作顺十氢化萘。如果一个环己烷看作是另一个环己烷的取代基,则反式十氢化萘是 ee 键型,顺式十氢化萘是 ea 键型的。显然,反式十氢化萘比顺式十氧化萘稳定。

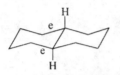 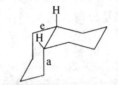

反式十氢化萘(ee)稠合　　顺式十氢化萘(ea)稠合

第3章 链 烃

3.1 烷烃

由碳、氢两种元素组成的有机化合物称为碳氢化合物,简称烃。分子中碳原子连接成链状的烃,称为链烃,又称脂肪烃。根据分子中所含碳和氢两种原子比例的不同,链烃可分为烷烃、烯烃和炔烃,其中烷烃是饱和烃,烯烃和炔烃为不饱和烃。在脂肪烃分子中,如果碳和碳都以单键(C—C)相连,其余的价键都为氢原子所饱和,称为饱和烃,即烷烃。

3.1.1 烷烃的同系列及同分异构现象

1. 烷烃的同系列

只含一个碳原子的烷烃是最简单的烷烃。其他烷烃随分子中碳原子数的增加,氢原子数也增加。表 3-1 列举几种简单烷烃的表示式。

表 3-1　几种烷烃的表示式

名称	分子式	简写式	结构式
甲烷	CH_4	CH_4	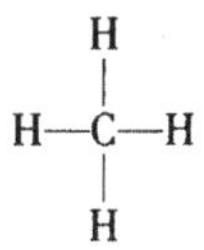 H|H—C—H|H
乙烷	C_2H_6	CH_3CH_3	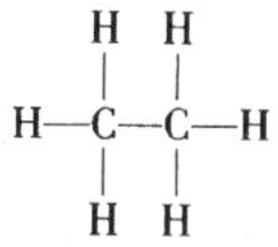 H H| |H—C—C—H| |H H
丙烷	C_3H_8	$CH_3CH_2CH_3$	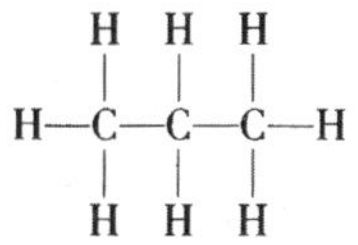 H H H| | |H—C—C—C—H| | |H H H
丁烷	C_4H_{10}	$CH_3CH_2CH_2CH_3$	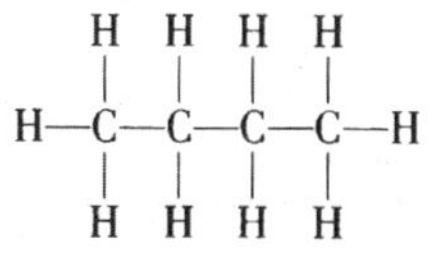 H H H H| | | |H—C—C—C—C—H| | | |H H H H

从以上烷烃的结构可以看出,烷烃分子之间都是相差一个或几个 CH_2 而形成碳链的,因此可用 C_nH_{2n+2} 表示烷烃的通式。CH_2 是烷烃的系差。具有同一通式、结构和化学性质相类似、在组成上相差一个或几个 CH_2 的一系列化合物,称为同系列。同系列中的各化合物之间互称同系物,如甲烷、乙烷、丙烷、丁烷等。

同系物的结构和化学性质相似,物理性质随着分子中碳原子数目的增加而呈规律性的变化,因此讨论典型的代表物甲烷的化学性质,就可以推知其他化合物的化学性质,从而为学习和研究有机化合物提供了方便。

2.烷烃的同分异构现象

烷烃的同分异构体是由于碳原子连接的顺序和排布方式不同,从而产生直链的和带有支链的化合物,即碳链的骨架不同,这种异构体称为碳链异构。在烷烃中除甲烷、乙烷和丙烷没有同分异构体外,其他的烷烃都存在同分异构现象。

例如,丁烷(C_4H_{10})有两种同分异构体。

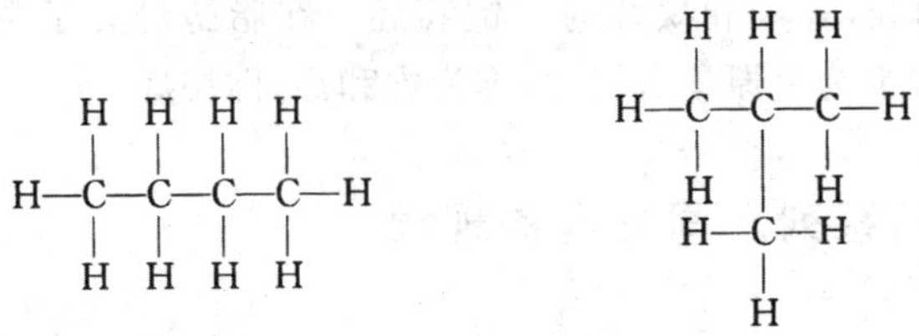

结构简式为

$$CH_3CH_2CH_2CH_3 \qquad CH_3-CH-CH_3 \atop \qquad\qquad\qquad |\quad CH_3$$

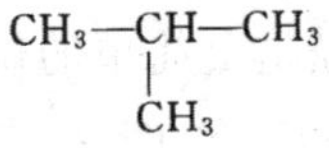

戊烷(C_5H_{12})有三种同分异构体,结构简式为

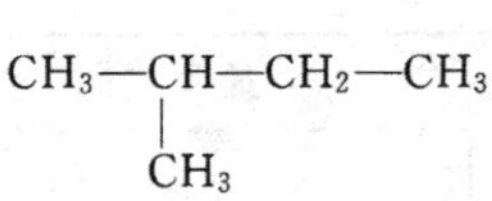

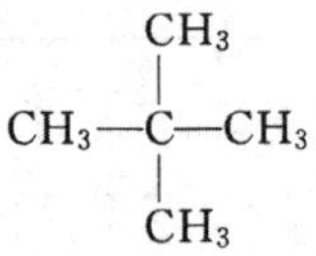

随着烷烃中碳原子数目的增加,其同分异构体的数目增加得很快。一些烷烃的同分异构体数目见表 3-2。

表 3-2　烷烃的同分异构体数目

烷烃	异构体数目	烷烃	异构体数目
C_4H_{10}	2	C_9H_{20}	35
C_5H_{12}	3	$C_{10}H_{22}$	75
C_6H_{14}	5	$C_{11}H_{24}$	159
C_7H_{16}	9	$C_{20}H_{42}$	366 319
C_8H_{18}	18	$C_{30}H_{62}$	4 111 646 763

根据烷烃结构中碳碳原子间连接方式不同,可看出碳原子有四种不同的类型。一般将碳原子按它所直接结合的其他碳原子的数目,把碳原子分为四类:

①只与一个碳原子直接相连的碳原子称为伯碳原子(或一级碳原子),可用 1° 表示。

②与两个碳原子直接相连的碳原子称为仲碳原子(或二级碳原子),可用 2° 表示。

③与三个碳原子直接相连的碳原子称为叔碳原子(或三级碳原子),可用 3° 表示。

④与四个碳原子直接相连的碳原子称为季碳原子(或四级碳原子),可用 4° 表示。

例如,

$$\overset{1°}{CH_3}-\overset{2°}{CH_2}-\overset{3°}{CH}-\overset{4°}{\underset{\underset{\underset{1°}{CH_3}}{|}}{\overset{\overset{1°}{CH_3}\ \overset{1°}{CH_3}}{|\ \ \ |}{C}}}-\overset{1°}{CH_3}$$

3.1.2 烷烃的命名

有机化合物种类繁多、数目庞大,同分异构体也多,因此,给每一种有机物一个科学而又不与其他物质重复的名称尤为重要。烷烃的命名法是其他有机物命名的基础。常用的烷烃命名法有普通命名法、衍生物命名法和系统命名法。但前两者只适用于较简单的烷烃,对结构复杂的烷烃则不适用。

1. 烷基

烷烃分子中去掉一个氢原子后剩下的基团称为烷基。烷基的通式为 C_nH_{2n+1},常用 R— 表示。例如,

$$CH_3— \qquad\qquad CH_3CH_2— \qquad\qquad CH_3CH_2CH_2— \qquad\qquad (CH_3)_2CH—$$

甲基   乙基   正丙基   异丙基

$$CH_3CH_2CH_2CH_2— \qquad (CH_3)_2CHCH_2— \qquad CH_3CH_2\underset{\underset{CH_3}{|}}{CH}— \qquad (CH_3)_3C—$$

正丁基   异丁基   仲丁基   叔丁基

烷基不是由于 C—H 键的断裂形成的,而是用来表示分子中的某一部分而人为设立的定义,烷基不能独立存在。

2. 普通命名法

普通命名法又称习惯命名法。对碳原子数不超过 10 个的烷烃,用甲、乙、丙、丁、戊、己、庚、辛、壬、癸表示碳原子数目,碳原子数超过 10 个的以中文数字十一、十二、十三等表示,称为"某烷"。

对有特定结构的同分异构体,在"某烷"前加词缀"正""异""新"来区别:"正"表示直链烷烃,"异"表示在链端第二个碳原子上有一个甲基支链,"新"表示在链端第二个碳原子上有两个甲基支链。例如,

$$CH_3CH_2CH_2CH_2CH_3 \qquad CH_3CH_2CHCH_3 \qquad CH_3-\underset{\underset{CH_3}{|}}{\overset{\overset{CH_3}{|}}{C}}-CH_3$$

$$\qquad\qquad\qquad\qquad\qquad \underset{CH_3}{|}$$

正戊烷 　　　　　　异戊烷 　　　　　　新戊烷

$$CH_3-\underset{\underset{CH_3}{|}}{\overset{\overset{CH_3}{|}}{C}}-CH_2CH_3 \qquad CH_3(CH_2)_8CH_3 \qquad CH_3(CH_2)_{18}CH_3$$

新己烷 　　　　　　正癸烷 　　　　　　正二十烷

3.衍生物命名法

烷烃的衍生物命名法就是把所有的烷烃看作甲烷的烷基衍生物来命名。命名时把烷烃分子中含氢最少的碳原子作为甲烷的碳原子,与其相连的烃基作为甲烷氢原子的取代基。如乙烷可看作甲烷中的一个氢原子被甲基取代的产物,称为甲基甲烷。例如,

$$CH_3CH_2CH_3 \qquad (CH_3)_3CH \qquad (CH_3)_4C \qquad CH_3CH_2CH_2CH_3$$

二甲基甲烷 　　　　三甲基甲烷 　　　　四甲基甲烷 　　　甲基乙基甲烷

$$(CH_3)_2CHCH_2CH_3 \qquad\qquad CH_3CH_2C(CH_3)_2CH(CH_3)_2$$

二甲基乙基甲烷 　　　　　　　　　二甲基乙基异丙基甲烷

衍生物命名法只适用于简单的烯烃。

4.系统命名法

系统命名法又称为国际命名法,是我国根据 1892 年日内瓦国际化学会议首次拟定的系统命名原则,国际纯粹与应用化学联合会(简称 IUPAC)几次修改补充后的命名原则,结合我国文字特点而制定的命名方法。

系统命名法中的直链烷烃的命名与普通命名法一致,只是省去"正"字。对于结构复杂的烷烃,其命名步骤如下:

①选择分子中最长的碳链为主链,根据主链碳原子数目称为某烷,作为母体。例如,

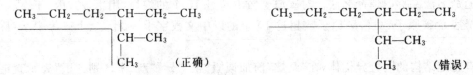

主链 6 个碳原子,母体为己烷

②如果有几条碳链等长,选择含取代基最多的碳链为主链。例如,

$$CH_3-CH_2-CH_2-\underset{\underset{\underset{CH_3}{|}}{CH-CH_3}}{\overset{|}{CH}}-CH_2-CH_3 \text{(正确)} \qquad CH_3-CH_2-CH_2-\underset{\underset{\underset{CH_3}{|}}{CH-CH_3}}{\overset{|}{CH}}-CH_2-CH_3 \text{(错误)}$$

③支链作为取代基。烷基是指烷烃分子中去掉一个氢原子后剩余的部分,通常用 R—表示。例如,

CH_3-	CH_3CH_2-	$CH_3CH_2CH_2-$	$\underset{\mid}{CH_3}CH-$ (CH_3)	$CH_3CH_2CH_2CH_2-$	$\underset{\mid}{CH_3}CH_3CHCH_2-$ (CH_3)
甲基	乙基	正丙基	异丙基	正丁基	异丁基
(methyl)	(ethyl)	(propyl)	(isopropyl)	(butyl)	(isobutyl)

$CH_3CH_2CHCH_3$ $CH_3\underset{\mid}{\overset{CH_3}{C}}-$ $CH_3CH_2\underset{\mid}{\overset{CH_3}{C}}-$ $CH_3-\underset{\mid}{\overset{CH_3}{C}}-CH_2-$ $CH_3\overset{CH_3}{CHCH_2CH_2}-$

仲丁基	叔丁基	叔戊基	新戊基	异戊基
(sec-butyl)	(tert-butyl)	(tert-pentyl)	(neopentyl)	(isopentyl)

④从靠近取代基的一端开始,将主链碳原子用阿拉伯数字编号,将取代基的位次、名称写在母体名称之前,阿拉伯数字与汉字之间用短线"-"隔开。例如,

$$\overset{1}{CH_3}-\overset{2}{CH_2}-\overset{3}{CH}-\overset{4}{CH_2}-\overset{5}{CH_2}-\overset{6}{CH_3}$$
$$\underset{\mid}{}$$
$$CH_2CH_3$$

3-乙基己烷

⑤如果有相同取代基应合并,并用汉字"二"或"三"等表示出取代基的数目。各取代基位次数字之间要用逗号","隔开。例如,

$$\overset{5}{CH_3}-\overset{4}{CH_2}-\overset{3}{CH}-\overset{2}{CH}-\overset{1}{CH_3}$$
$$\underset{CH_3}{\mid}\quad\underset{CH_3}{\mid}$$

2,3-二甲基戊烷

⑥如果主链有几种编号可能,按"最低系列"编号方法。即逐个比较两种编号的取代基位次数字,最先遇到位次较小者为"最低系列"。例如,

$$\overset{CH_3}{\mid}$$
$$\overset{11}{CH_3}-\overset{10}{CH}-\overset{9}{CH_2}-\overset{8}{CH}-\overset{7}{C}-\overset{6}{CH_2}-\overset{5}{CH_2}-\overset{4}{CH_2}-\overset{3}{CH}-\overset{2}{CH}-\overset{1}{CH_3}$$

2,3,7,7,8,10-六甲基十一烷(正确)

2,4,5,5,9,10-六甲基十一烷(错误)

逐个比较以上两种编号的每个取代基的位次,从右边编号和从左边编号第一个—CH_3都在 2 位,但第二个—CH_3从右边编号在 3 位,从左边编号在 4 位,故从右边编号为"最低系列"。

⑦主链上有几种不同取代基时,取代基在名称中的排列顺序按"次序规则",将"较优"基团列在后面。例如,

$$\overset{1}{CH_3}-\overset{2}{CH}-\overset{3}{CH_2}-\overset{4}{CH}-\overset{5}{CH_2}-\overset{6}{CH_3}$$
$$\underset{CH_3}{\mid}\qquad\underset{CH_2CH_3}{\mid}$$

2-甲基-4-乙基己烷

在 IUPAC 命名中,取代基的排列顺序是按取代基英文名称的首字母,以 a、b、c、…的顺序排

列。例如,甲基英文名称为 methyl,乙基英文名称为 ethyl,根据首字母,乙基排在甲基之前。

⑧如果支链中还有取代基,即取代基较为复杂时,可将取代基再次编号。编号从与主链直接相连的碳原子开始,命名时支链全名用括号括上,也可用带"'"的数字编号,以示与主链编号有别。例如,

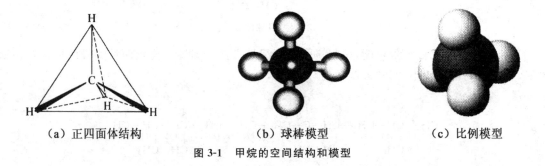

2-甲基-5-1′,1′-二甲基丙基癸烷或 2-甲基-5-(1,1-二甲基丙基)癸烷

3.1.3 烷烃的结构

1.甲烷的分子结构

用物理方法测得,甲烷分子是正四面体结构,碳原子位于正四面体的中心,四个氢原子位于正四面体的四个顶点上。四个碳-氢键(C—H)键长都为 0.110 nm,所有 H—C—H 键角都是 109.5°。甲烷的空间结构和模型如图 3-1 所示。

（a）正四面体结构　　　（b）球棒模型　　　（c）比例模型

图 3-1　甲烷的空间结构和模型

2.碳原子的 sp^3 杂化轨道和 σ 键

杂化轨道理论认为,碳原子的外层电子排布式为 $2s^2 2p^2$,甲烷分子中的碳原子是以激发态的 1 个 2s 轨道和 3 个 2p 轨道进行杂化,形成 4 个能量完全相同的 sp^3 杂化轨道。其 sp^3 杂化过程可表示如下:

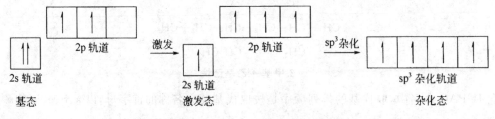

碳原子在成键时,首先由一个 2s 电子吸收能量受到激发,跃迁到 2p 的空轨道中,形成 $2s^1 2p^3$ 的电子排布。然后,1 个 2s 轨道和 3 个 2p 轨道混合,重新组合成 4 个具有相同能量的新轨道,称为 sp^3 杂化轨道。

每个 sp^3 杂化轨道均含有 1/4s 轨道和 3/4p 轨道成分。sp^3 杂化轨道的形状是不对称的葫芦形,一头大一头小,大的一头表示电子云偏向的一边。4 个 sp^3 杂化轨道在碳原子核周围对称分布,2 个相邻轨道的对称轴间夹角为 109.5°,相当于由正四面体的中心伸向 4 个顶点,如图 3-2 所示。

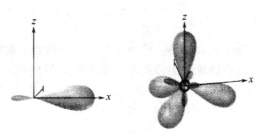

图 3-2 sp^3 杂化轨道的形状及空间分布

碳原子的每个 sp^3 杂化轨道上的 1 个电子再分别与氢原子 1s 轨道上的 1 个电子成键,形成甲烷分子。甲烷分子中的 C—H 键是由氢原子的 s 轨道,沿着碳原子的 sp^3 杂化轨道对称轴方向正面重叠("头对头"重叠)而成 σ 键,如图 3-3 所示。

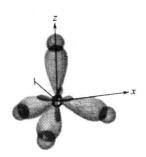

图 3-3 甲烷分子结构

其他烷烃分子中所有碳原子都是 sp^3 杂化轨道形成 C—C σ 键和 C—H σ 键。由于烷烃分子的键角保持正常键角 109.5°,因此除乙烷外,其他烷烃分子中碳链的立体形状不是直线形,而是呈锯齿形,如图 3-4 所示。

图 3-4 丁烷的分子结构

虽然烷烃分子中的碳链排列是曲折的,但在书写构造式时,为方便起见,还是将其写成直链形式。

3.1.4 烷烃的物理性质

有机化合物的物理性质通常包括状态、颜色、气味、沸点、熔点、溶解度、相对密度、折射率和偶极矩等。对有机化合物的鉴定、分离、提纯具有重要意义。

(1)物质状态

在常温常压(25℃,0.1 MPa)下,$C_1 \sim C_4$ 的直链烷烃是气体,$C_5 \sim C_{16}$ 的烷烃是液体,C_{17} 以上的烷烃是固体。

(2)沸点

一个化合物的沸点就是这个化合物的蒸汽压与外界压力达到平衡时的温度。化合物的蒸汽压与分子间的引力大小有关。直链烷烃的沸点随分子中碳原子数目的增加而呈规律性的升高。在同分异构体中,直链烷烃的沸点高于支链烷烃,且支链越多,沸点越低。例如,正戊烷的沸点为36.1℃,异戊烷的沸点为27.9℃,新戊烷的沸点为9.5℃。

(3)熔点

烷烃的熔点的变化基本也是随相对分子质量的增加而增加的,熔点是随分子对称性增加而升高,分子越对称它们在晶格中的排列越紧密,熔点也越高。因此含奇数碳原子的烷烃和含偶数碳原子的烷烃构成两条熔点曲线,偶数碳原子的烷烃熔点曲线在上,奇数碳原子的烷烃熔点曲线在下,随着相对分子质量的增加,两条曲线逐渐接近。例如,戊烷的三个同分异构体中,新戊烷因对称性最好,故熔点最高。

(4)相对密度

烷烃的相对密度都小于1,随着分子量的增加而增加,最后接近于0.8(20℃)。

(5)溶解度

烷烃是非极性化合物,不溶于水,易溶于氯仿、四氯化碳、乙醚等有机溶剂中,且在非极性溶剂中的溶解度比在极性溶剂中的溶解度要大,符合"相似相溶"的经验规律。

常见直链烷烃的物理常数见表 3-3。

表 3-3　常见直链烷烃的物理常数

名称	分子式	沸点/℃	熔点/℃	相对密度 d_4^{20}
甲烷	CH_4	−161.7	−182.6	0.424
乙烷	C_2H_6	−88.6	−172.0	0.546
丙烷	C_3H_8	−42.2	−187.1	0.582
丁烷	C_4H_{10}	−0.5	−135.0	0.579
戊烷	C_5H_{12}	36.1	−129.7	0.626
己烷	C_6H_{14}	68.7	−94.0	0.659
庚烷	C_7H_{16}	98.4	−90.5	0.684
辛烷	C_8H_{18}	125.6	−56.8	0.703

名称	分子式	沸点/℃	熔点/℃	相对密度 d_4^{20}
壬烷	C_9H_{20}	150.7	−53.7	0.718
癸烷	$C_{10}H_{22}$	174.0	−29.7	0.730
十一烷	$C_{11}H_{24}$	195.8	−25.6	0.740
十二烷	$C_{12}H_{26}$	216.3	−9.6	0.749
十三烷	$C_{13}H_{28}$	230.0	−6.0	0.757
十四烷	$C_{14}H_{30}$	251.0	5.5	0.764
十五烷	$C_{15}H_{32}$	268.0	10.0	0.769
十六烷	$C_{16}H_{34}$	280.0	18.1	0.775
十七烷	$C_{17}H_{36}$	303.0	22.0	0.777
十八烷	$C_{18}H_{38}$	308.0	28.0	0.777
十九烷	$C_{19}H_{40}$	330.0	32.0	0.778
二十烷	$C_{20}H_{42}$	—	36.4	0.778
三十烷	$C_{30}H_{62}$	—	66.0	—
四十烷	$C_{40}H_{82}$	—	81.0	—

3.1.5 烷烃的化学性质

在烷烃分子中,C—C键和C—H键都是结合比较牢固的 σ 键(键能比较大),分子都没有极性,极化度也小,所以烷烃在常温下化学性质比较稳定,不与强酸、强碱、强氧化剂、强还原剂及金属钠等反应,因此,在通常情况下烷烃常用作反应中的溶剂、润滑油。但是,烷烃的这种稳定性是相对的,在一定条件下,如光照、加热或在催化剂等的作用下,烷烃也会显示出一定的反应能力。

1.卤代反应

在高温或光照条件下,烷烃与卤素(氯或溴)作用,烷烃中的氢原子能被卤原子取代生成卤代烷,这个反应称为烷烃的卤代反应。

(1)甲烷的氯代反应

烷烃与氯气在室温和无光照的条件下不发生反应。在强烈的阳光直射下,烷烃与氯气发生剧烈反应,生成氯化氢和炭黑。如甲烷与氯气的反应。

$$CH_4 + 2Cl_2 \xrightarrow{\text{直射光}} 4HCl + \underset{\text{炭黑}}{C}$$

此反应进行得非常剧烈,放出大量的热,属于爆炸性反应,实际意义不大。但在漫射光、热或催化剂的作用下,甲烷和氯气可以发生较缓和的反应,甲烷的氢原子被氯原子取代,生成一氯甲烷。但反应难以停留在一氯甲烷的步骤,其他氢原子会被氯原子逐步取代,生成四种氯代产物的混合物。

$$CH_4 \xrightarrow[]{Cl_2,\ 漫射光} CH_3Cl \xrightarrow[]{Cl_2,\ 漫射光} CH_2Cl_2 \xrightarrow[]{Cl_2,\ 漫射光} CHCl_3 \xrightarrow[]{Cl_2,\ 漫射光} CCl_4$$

一氯甲烷　　　　　二氯甲烷　　　　　三氯甲烷(氯仿)　　　四氯化碳

四种氯代甲烷都是常用的溶剂和有机合成的基本原料。在工业生产中常用高温法生产卤代烃。在高温下控制甲烷和氯气的比例,可使某一种氯代产物成为主要产物。例如,在 $400 \sim 500℃$ 下,$n(CH_4):n(Cl_2)=10:1$ 时,主产物为一氯甲烷;$n(CH_4):n(Cl_2)=0.26:1$ 时,主产物为四氯化碳。

(2)其他烷烃的氯代反应

其他烷烃在相似条件下也可以发生氯代反应,但产物更复杂。例如,丙烷氯代,可以得到两种一氯代产物。

$$CH_3CH_2CH_3+Cl_2 \xrightarrow[25℃,\ CCl_4]{光} CH_3CH_2CH_2Cl + CH_3CHCH_3$$
$$\underset{Cl}{|}$$

正丙基氯 43%　　异丙基氯 57%

在丙烷分子中一共有六个 $1°H$,二个 $2°H$,如果从氢原子被取代的概率讲,$1°H$ 和 $2°H$ 被取代的概率应为 $3:1$,但实验得到的两种一氯丙烷产物分别为 43% 和 57%,这说明丙烷分子中两类氢的反应活性是不相同的。$1°H$ 和 $2°H$ 的相对反应活性比大致为 $(43/6):(57/2)=1:3.7$。

异丁烷的一氯代反应:

$$CH_3-\underset{\underset{CH_3}{|}}{CH}-CH_3+Cl_2 \xrightarrow{光} CH_3-\underset{\underset{CH_3}{|}}{CH}-CH_2Cl + CH_3-\underset{\underset{CH_3}{\overset{\overset{CH_3}{|}}{|}}}{C}-Cl$$

异丁基氯 64%　　　　叔丁基氯 36%

在异丁烷分子中有九个 $1°H$ 和一个 $3°H$,$1°H$ 和 $3°H$ 被取代的概率为 $9:1$。而实际上这两种产物分别为 64% 和 36%。$1°H$ 和 $3°H$ 的相对反应活性大致为 $(64/9):(36/1)=1:5.1$。通过大量烷烃氯代反应的实验表明,烷烃分子中氢原子的活性次序为 $3°H>2°H>1°H>CH_3—H$。

(3)烷烃与其他卤素的取代反应

烷烃也可以发生溴代反应,条件和氯代反应相似。由于溴代反应活性比氯代小,故反应比较缓慢。但溴代更具有选择性。例如,异丁烷与溴反应,叔氢原子几乎完全被溴取代。

$$CH_3-\underset{\underset{CH_3}{|}}{CH}-CH_3+Br_2 \xrightarrow[127℃]{光} CH_3-\underset{\underset{Br}{\overset{\overset{CH_3}{|}}{|}}}{C}-CH_3 + CH_3-\underset{\underset{CH_3}{|}}{CH}-CH_2Br$$

99%　　　　　　痕量

溴原子的活性小于氯原子,溴原子只能取代烷烃中较活泼的氢原子($3°H$ 和 $2°H$)而氯原子有能力夺取烷烃中的各种氢原子。通常反应活性大的,选择性差,反应活性小的,选择性强。因此,溴代反应在有机合成中更有用。

氟很活泼,故烷烃与氟反应非常剧烈并放出大量热,不易控制,甚至会引起爆炸,所以往往采用惰性气体稀释并在低温下进行反应,因此,烷烃氟代在实际应用中用途不大。

烷烃碘代是吸热反应,活化能也很大,同时反应中产生的 HI 是还原剂,可把生成的 RI 还原成原来的烷烃,若使反应顺利进行,需要加入氧化剂以破坏生成的 HI,因此,碘烷不易用此法制备。

由此可见,卤代反应中卤素的相对反应活性顺序是:氟＞氯＞溴＞碘,其中有实际意义的卤代反应只有氯代和溴代。

(4)甲烷卤代的反应历程

反应历程是指反应物转变为产物所经历的途径,也称反应机理。反应机理是根据很多实验事实总结后提出的,它有一定的适用范围,能解释很多实验事实,并能预测反应的发生。如果发现新的实验事实无法用原有的反应机理来解释,就要提出新的反应机理。反应机理已成为有机结构理论的一部分。

对于取代反应来说,如果反应是按共价键均裂的方式进行的,即由于分子经过均裂产生自由基而引发的,则称其为自由基型取代反应。烷烃的卤化反应是一个自由基型的取代反应,也称为自由基链反应。自由基链反应一般分为 3 个阶段:链引发、链增长、链终止。以甲烷的氯代反应为例说明如下。

①链引发。氯分子在光照或加热条件下,吸收能量,均裂成氯原子(氯自由基)。

$$Cl_2 \xrightarrow{\text{光照或加热}} Cl \cdot + Cl \cdot , \Delta H = 242.7 \text{ kJ/mol}$$

反应开始时,波长较大的光能提供大约 253 kJ/mol 的能量,恰能解离氯分子的 Cl—Cl 键,不能解离甲烷分子的 C—H 键(部分物质化学键解离能见表 3-4。不太高的温度也能解离氯分子。

链的引发是自由基的生成过程。

表 3-4　部分物质化学键解离能(E_d)

化学键	E_d/(kJ/mol)	化学键	E_d/(kJ/mol)
H—H	435.1	$CH_3CH_2CH_2$—H	410.0
H—F	569.0	$CH_3CH_2CH_2$—F	443.0
H—Cl	431.0	$CH_3CH_2CH_2$—Cl	343.1
H—Br	368.2	$CH_3CH_2CH_2$—Br	288.7
H—I	297.1	$CH_3CH_2CH_2$—I	224.0
F—F	159.0	$(CH_3)_2CH$—H	397.5
Cl—Cl	242.7	$(CH_3)_2CH$—F	439.0
Br—Br	192.5	$(CH_3)_2CH$—Cl	338.9
I—I	150.6	$(CH_3)_2CH$—Br	284.5

化学键	E_d/(kJ/mol)	化学键	E_d/(kJ/mol)
CH_3-H	435.1	$(CH_3)_2CH-I$	222.0
CH_3-F	452.9	$(CH_3)_3C-H$	380.7
CH_3-Cl	351.4	$(CH_3)_3C-Cl$	330.5
CH_3-Br	292.9	$(CH_3)_3C-Br$	263.6
CH_3-I	234.3	$(CH_3)_3C-I$	207.0
CH_3CH_2-H	410.0	CH_3-CH_3	368.2
CH_3CH_2-F	443.0	$CH_3CH_2-CH_3$	355.6
CH_3CH_2-Cl	339.0	$CH_3(CH_2)_2-CH_3$	355.6
CH_3CH_2-Br	288.7	$(CH_3)_2CH-CH_3$	351.4
CH_3CH_2-I	224.0	$(CH_3)_3C-CH_3$	334.7

②链增长。氯自由基非常活泼,与甲烷分子反应夺取其中的一个氢原子,生成甲基自由基和氯化氢。

$$CH_4+Cl\cdot \longrightarrow \cdot CH_3+HCl, \Delta H_1=4.1 \text{ kJ/mol}$$

活泼的甲基自由基与氯分子反应夺取氯原子,生成一氯甲烷和氯自由基。

$$\cdot CH_3+Cl_2 \longrightarrow CH_3Cl+Cl\cdot, \Delta H_2=-108.7 \text{ kJ/mol}$$

新生成的氯自由基继续与甲烷作用,生成甲基自由基;甲基自由基又与氯作用,生成一氯甲烷和氯自由基,不断重复这样的反应。当反应进行到一定程度,氯自由基与一氯甲烷碰撞的概率加大,可发生下列反应。

$$CH_3Cl+Cl\cdot \longrightarrow \cdot CH_2Cl+HCl$$
$$\cdot CH_2Cl+Cl_2 \longrightarrow CH_2Cl_2+Cl\cdot$$
$$CH_2Cl_2+Cl\cdot \longrightarrow \cdot CHCl_2+HCl$$
$$\cdot CHCl_2+Cl_2 \longrightarrow CHCl_3+Cl\cdot$$
$$CHCl_3+Cl\cdot \longrightarrow \cdot CCl_3+HCl$$
$$\cdot CCl_3+Cl_2 \longrightarrow CCl_4+Cl\cdot$$
$$\cdots$$

链的增长是自由基的传递过程。

③链终止。随着反应逐步进行,自由基之间相互结合,形成分子。

$$Cl\cdot +Cl\cdot \longrightarrow Cl_2$$
$$\cdot CH_3+Cl\cdot \longrightarrow CH_3Cl$$
$$\cdot CH_2Cl+Cl\cdot \longrightarrow CH_2Cl_2$$
$$\cdot CH_3+\cdot CH_3 \longrightarrow CH_3CH_3$$
$$\cdots$$

反应中甚至有其他氯代烷烃生成,如氯代乙烷。链的终止是自由基的消失过程。

自由基反应一旦开始,就会连续不断地进行下去,因此又称为"连锁反应"。

2.氧化反应

氧化反应分完全氧化和不完全氧化两种情况,燃烧属于完全氧化反应。

(1)燃烧

烷烃在空气中燃烧,生成二氧化碳和水,并放出大量的热能。

$$C_nH_{2n+2}+\frac{3n+1}{2}O_2 \xrightarrow{\text{燃烧}} nCO_2+(n+1)H_2O+\text{热能}(Q)$$

$$C_6H_{14}+9\frac{1}{2}O_2 \longrightarrow 6CO_2+7H_2O+4\ 138\ kJ/mol$$

就沼气、天然气、液化石油气、汽油、柴油等燃料燃烧的化学反应来说,主要是烷烃的燃烧,大量的热能被释放。烷烃常用作内燃机的燃料。

(2)控制氧化

在控制氧供给的情况下,使其氧化反应不彻底,就不会生成二氧化碳和水,而生成炭黑、甲醛、乙炔、合成气、羧酸等多种重要的化工原料。

3.裂化反应

在高温且没有氧气的情况下,分子中的 C—C 键和 C—H 键会发生断裂,形成较小的分子,这种烷烃在高温或无氧条件下进行的热分解反应称为裂化反应或者裂解反应。

$$CH_3-CH_3 \xrightarrow{600℃} \begin{cases} CH_2=CH_2+H_2 \\ CH_4+CH_4+H_2 \end{cases}$$

$$CH_3-CH_2-CH_2-CH_3 \xrightarrow{500℃} \begin{cases} CH_4+CH_3-CH=CH_2 \\ C_2H_6+CH_2=CH_2 \\ CH_3-CH_2-CH=CH_2+H_2 \end{cases}$$

根据生产目的不同可采用不同的裂化工艺。

(1)热裂化

烷烃在隔绝空气的条件下加热(500～600℃,5 MPa),发生裂化,生成小分子烷烃、烯烃和氢。通过裂化重油,可以增加汽油的产量。

(2)催化裂化

在较低的温度(400～500℃)下,使用催化剂(如硅酸铝)使烷烃裂化,反应过程中除发生键的断裂外,还伴有异构化、环化和芳构化等反应发生,生成带有支链的烷烃、烯烃、芳香烃、环烷烃等多种化工原料。该反应可用于提高汽油的产量和质量(生产高辛烷值的汽油)。

(3)深度裂化(裂解)

在高于 700℃ 的条件下进行深度裂化,得到更多的低级烯烃(乙烯、丙烯、丁二烯、乙炔)。

3.1.6　重要的烷烃

1.甲烷

甲烷（CH_4）是一种可燃性、无色无嗅的气体，在自然界分布很广，是天然气和石油气的主要成分。甲烷的闪点为$-188℃$，引燃温度$538℃$，爆炸极限为$5.3\%\sim14\%$。

甲烷的制备常采用菌分解法和合成法。菌分解法是在一定的温度和湿度下，利用甲烷菌分解有机质，产生甲烷、二氧化碳、氢、硫化氢、一氧化碳等，其中甲烷占$60\%\sim70\%$。再经过低温液化，提纯出甲烷。合成法是将二氧化碳与氢在催化剂作用下，生成甲烷和氧，再进行提纯。

$$CO_2+2H_2 \xrightarrow{\text{催化剂}} CH_4+2O_2$$

实验室制备甲烷是利用无水乙酸钠（CH_3COONa）和氢氧化钠（$NaOH$）反应。反应式为

$$CH_3COONa+NaOH \xrightarrow{\triangle,\text{CaO 干燥剂}} Na_2CO_3+CH_4$$

采用排水法或向下排空气法收集甲烷。

2.乙烷

乙烷（CH_3CH_3）是最简单的含碳碳单键的烃，具有易燃的特性，其引燃温度为$472℃$，与空气混合能形成爆炸性混合物，其爆炸极限为$3.05\%\sim16.0\%$。遇热源和明火有燃烧爆炸的危险。与氟、氯等接触会发生剧烈的化学反应。乙烷燃烧会产生有害产物一氧化碳、二氧化碳等。

$$2C_2H_6+7O_2 \xrightarrow{\text{点燃}} 4CO_2+6H_2O$$

乙烷存在于石油气、天然气、焦炉气及石油裂解气中，可利用深冷法分离制得。乙烷不溶于水，微溶于乙醇、丙酮，溶于苯。乙烷主要用于制备乙烯、氯乙烯、氯乙烷、冷冻剂等。

3.丙烷

丙烷（$CH_3CH_2CH_3$）可作为生产乙烯和丙烯的原料或炼油工业中的溶剂使用，在有机合成中具有重要地位。通常条件下，丙烷为气体状态，为了满足运输和贮存的需要，经常会压缩成液态，因此丙烷也被称为液化石油气，其中混有少量的丙烯、丁烷和丁烯等，可作为民用燃料。丙烷主要来源于石油或天然气，可从油田气和裂化气中分离得到。

丙烷属于易燃气体，与空气混合形成爆炸性混合物（引燃温度$450℃$），遇热源和明火有燃烧爆炸的危险，与氧化剂接触猛烈反应。其蒸气比空气重，能在较低处扩散到相当远的地方，遇明火会燃烧回燃。

低温条件下，丙烷容易与水生成固态水合物，引起管道的堵塞。较高温度下，丙烷与过量氯气作用，可生成四氯化碳和四氯乙烯 $Cl_2C=CCl_2$；与硝酸作用，可生成硝基丙烷、硝基乙烷和硝基甲烷的混合物。

丙烷作为一种常用燃料，通常用于发动机中。丙烷具有价格低廉，且温度范围宽，燃烧只形成 CO_2 和 H_2O 的特点，是一种绿色燃料。但是产生的 CO_2 气体是典型的温室气体，可能造成全

球环境变暖,引发自然灾害。

4.石油醚

石油醚是低级烷烃的混合物,透明无色的液体,含碳原子数 5～8 个,主要用作溶剂,它极易燃烧,使用和贮存时要特别注意防火措施。

5.石蜡

固体石蜡是 C_{25}～C_{34} 烷烃的混合物,为白色蜡状固体,在医药上用于蜡疗和调节软膏的硬度,工业上是制造蜡烛的原料。

液态石蜡是 C_{18}～C_{24} 烷烃的混合物,为无色透明的液体,不溶于水,易溶于醚和氯仿。医药上用作配制滴鼻剂和喷雾剂的基质,也可用作缓泻药。

6.凡士林

凡士林是液体石蜡和固体石蜡的混合物,呈软膏状的半固体,不溶于水,溶于乙醚和石油醚。因为它不被皮肤吸收,化学性质稳定,不与软膏中的药物起变化,无刺激性,因此常用作软膏的基质。凡士林一般呈黄色,经漂白或用骨炭脱色,可得白色凡士林。

3.2　烯烃

分子中含有碳碳双键的烃称为烯烃。含一个双键的烯烃为单烯烃,含有两个或两个以上双键的烯烃为多烯烃。通常所说的烯烃是指单烯烃,它比同碳数的烷烃少两个氢原子,是不饱和烃,通式为 C_nH_{2n}。

3.2.1　烯烃的同分异构现象

1.构造异构

烯烃的构造异构比烷烃复杂,不仅有碳架异构还有双键的位置异构,例如,丁烷只有两种构造异构体,而丁烯则有以下五种构造异构体。

$$CH_3CH_2CH{=}CH_2 \qquad CH_3CH{=}CHCH_2 \qquad \begin{matrix} H_3C \\ H_3C \end{matrix}C{=}CH_2$$

　　　　1-丁烯　　　　　　　　　　2-丁烯　　　　　　　　　2-甲基丙烯

$$\begin{matrix} & CH_3 \\ & | \\ & CH \\ CH_2 & \!\!\!\!-CH_2 \end{matrix} \qquad \begin{matrix} CH_2{-}CH_2 \\ |\qquad\ | \\ CH_2{-}CH_2 \end{matrix}$$

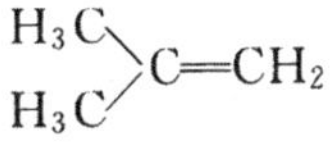

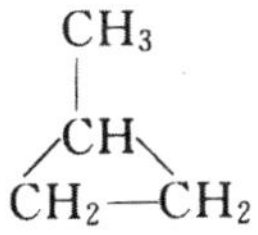

　　　　甲基环丙烷 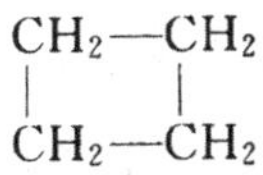　　　　　　　　　环丁烷

2. 几何异构

对于烯烃来说,由于 π 键不能绕轴自由旋转,而且两个双键碳原子上连接的四个基团(原子或原子团)处于同一平面,因此,当两个双键碳原子各连有两个不同的基团时,这四个基团就有两种不同的空间排列方式。如果两个双键碳原子各连有一个相同的基团,则存在顺反异构。两个相同基团在双键同侧时称为顺式异构体;反之,两个相同基团在双键异侧时称为反式异构体。

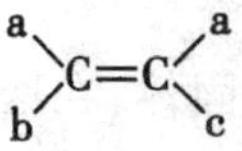

顺式 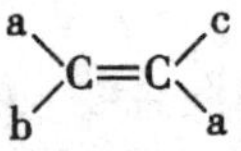　　　　　　　　反式

b 和 c 可以是相同基团,也可以是不同基团。例如,

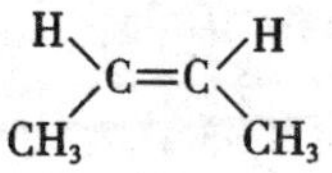

顺式-2-丁烯 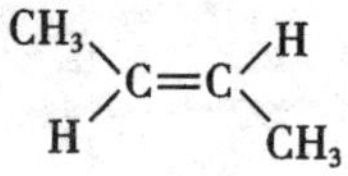　　　　　　　　反式-2-丁烯

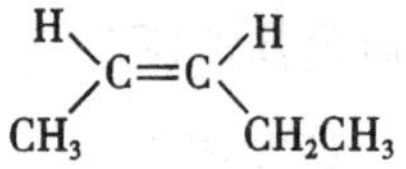

顺式-2-戊烯 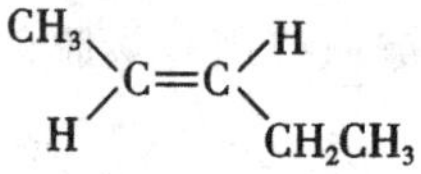　　　　　　　　反式-2-戊烯

顺反异构体具有不同的物理性质,化学性质上也存在一定差异,相互之间不能随意转化。这种由于 π 键不能绕轴自由旋转,而使烯烃产生的几何形象异构称为几何异构。几何异构属于立体异构中的平面异构,是构型异构,但并不是所有烯烃都存在几何异构。只有两个双键碳原子都连有不同的基团时,才会产生几何异构。如果其中一个双键碳上所连两个基团相同,则不存在异构。例如,

同一化合物,不是几何异构

当烯烃的两个双键碳原子连接的四个基团完全不同时,同样存在几何异构,用顺反异构显然不能确定其几何构型,国际上统一用 Z、E 标记法。在烯烃的命名中详细介绍。

3.2.2　烯烃的命名

1. 烯基

烯基的名称是命名的基础。常见的烯基如下:

$$CH_2{=}CH{-} \qquad CH_3{-}CH{=}CH{-} \qquad CH_2{=}CH{-}CH_2{-}$$

乙烯基　　　　　　　丙烯基　　　　　　　　烯丙基

带有两个自由键的基团称为亚某基。例如,

$$H_2C=\qquad CH_3-CH=\qquad (CH_3)_2C=$$

亚甲基　　　　　亚乙基　　　　　亚异丙基

2. 普通命名法

与烷烃相似,普通命名法仅适用于简单的烯烃。直链烯烃称为正某烯(某是指分子中的碳原子数),末端有甲基支链的称为异某烯。其他烯烃按系统命名法命名。

3. 衍生物命名法

烯烃的衍生物命名法是以乙烯为母体,其他烯烃看作是乙烯的烷基衍生物。例如,

$$CH_3CH=C(CH_3)_2 \qquad CH_2=C(CH_3)_2 \qquad CH_3-CH=CH-CH_2CH_3$$

三甲基乙烯　　　　　不对称二甲基乙烯　　　　　对称甲基乙基乙烯

衍生物命名法只适用于简单的烯烃。

4. 系统命名法

系统命名法是绝大多数的烯烃都采用的一种命名方法。由于烯烃分子中存在 $C=C$ 官能团,因此命名方法与烷烃有所不同。

①选主链,选择含有双键的最长碳链作为主链(母体),支链为取代基。按主链碳原子数称为"某烯"。

②编号,从靠近双键的一端将主链碳原子依次编号。如果双键恰好在主链的中间,从靠近取代基的一端开始对主链碳原子编号。

③书写名称,取代基在前、母体在后。取代基名称前面标出取代基的位次、数目,母体(某烯)前面标出双键位次。

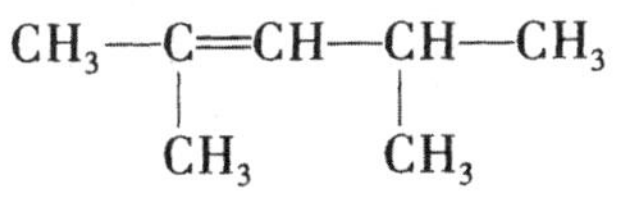

CH₃—C═CH—CH—CH₃
　　　|　　　　|
　　　CH₃　　CH₃

2,4-二甲基-2-戊烯

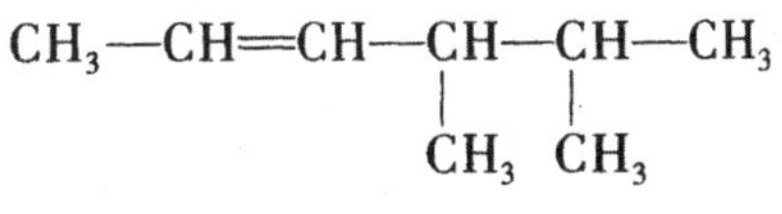

CH₃—CH═CH—CH—CH—CH₃
　　　　　　　|　　|
　　　　　　　CH₃　CH₃

4,5-二甲基-2-己烯

　　　　CH₃　CH₃
　　　　|　　|
CH₂═C—CH—CH—CH₃
　　　|
　　　CH₂CH₃

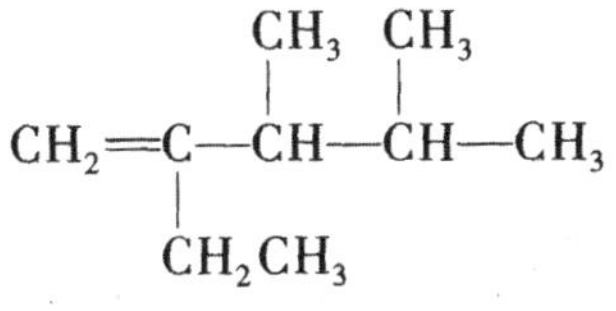

3,4-二甲基-2-乙基-1-戊烯

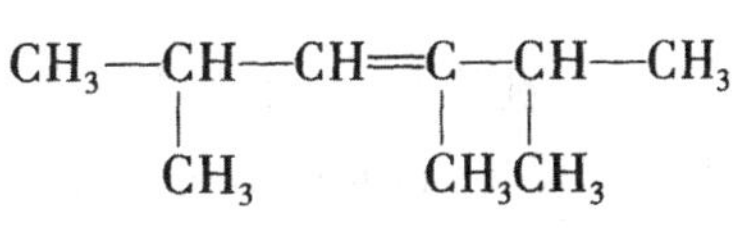

CH₃—CH—CH═C—CH—CH₃
　　　|　　　　|　|
　　　CH₃　　CH₃CH₃

2,3,5-三甲基-3-己烯

含有 10 个碳以上的烯烃在命名时应在"烯"字之前加上"碳"字:

$$CH_3(CH_2)_{15}CH=CH_2 \qquad CH_3-CH=CH-(CH_2)_8-CH_3$$

1-十八碳烯　　　　　　　　　2-十二碳烯

当烯烃的碳碳双键在 C_1 和 C_2 之间,也即是碳碳双键处于端位时,统称为 α-烯烃。例如,

$$CH_2{=}CH{-}CH_2{-}CH_2{-}CH_3$$

1-戊烯

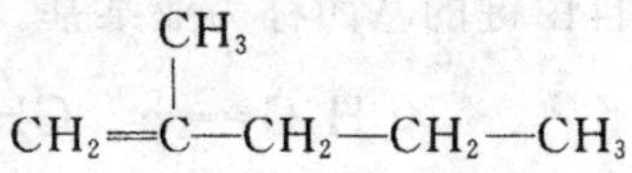

$$CH_2{=}\overset{\overset{\displaystyle CH_3}{|}}{C}{-}CH_2{-}CH_2{-}CH_3$$

2-甲基-1-戊烯

$$CH_2{=}\overset{\overset{\displaystyle CH_3}{|}}{C}{-}CH_2{-}\overset{\overset{\displaystyle CH_3}{|}}{CH}{-}CH_2{-}CH_3$$

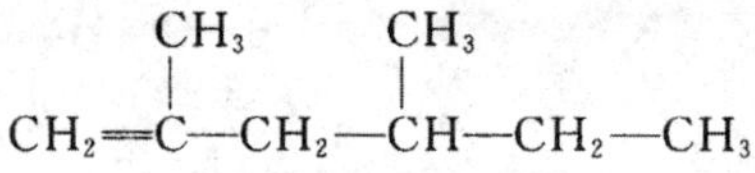

2,4-二甲基-1-己烯

5.顺反异构体命名法

顺反异构体命名时以每个双键上两个碳原子的取代基的关系进行命名,即只需在系统命名之前加上"顺"或"反"字。

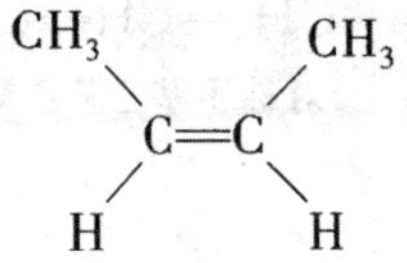

顺-2-丁烯

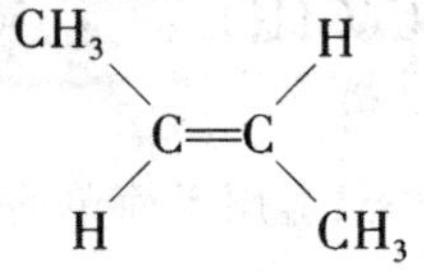

反-2-丁烯

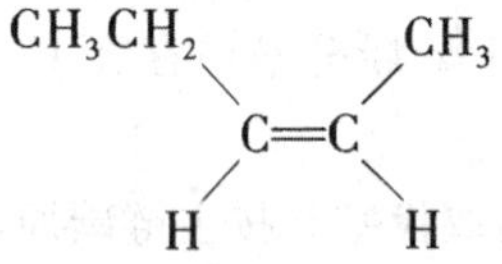

顺-2-戊烯

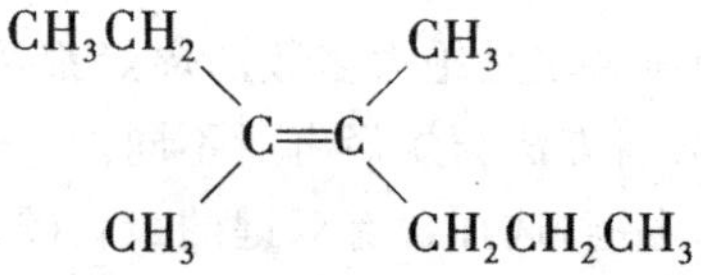

反-3,4-二甲基-3-庚烯

6.Z、E 命名法

Z、E 命名法又称为 Z、E 标记法。规定按照次序规则,两个双键碳原子上次序较大的原子或基团在双键同一侧的称为 Z 型;两个双键碳原子上次序较大的原子或基团在双键两侧的称为 E 型。

采用 Z、E 命名法的步骤如下:

(1)按一定的次序规则排序

①与双键碳原子相连的原子按照其原子序数大小排列,同位素则按原子量的大小次序排列。

$$I > Br > Cl > S > F > O > N > C > D > H$$

②如果与双键碳原子直接相连的第一个原子相同,则应比较与第一个碳原子相连的原子序数,按照大小加以排列,如仍相同,则比较第三个、第四个,以此类推。

常见的基团次序为

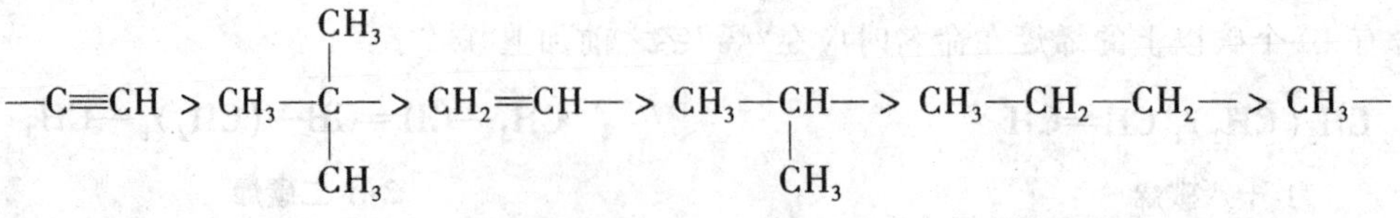

$$-C{\equiv}CH > CH_3{-}\overset{\overset{\displaystyle CH_3}{|}}{\underset{\underset{\displaystyle CH_3}{|}}{C}}{-} > CH_2{=}CH{-} > CH_3{-}\overset{\overset{\displaystyle CH_3}{|}}{CH}{-} > CH_3{-}CH_2{-}CH_2{-} > CH_3{-}$$

③如果与双键碳原子相连的是含有双键和三键的基团,则可以认为连有两个或三个相同的原子,以此排序。例如,$-OH > -CHO > -CH_2OH$。

(2)确定 Z、E 构型

两个原子序数大的原子或基团在双键的同一侧,称为 Z 式构型。两个原子序数大的原子或基团在双键的异侧,称为 E 式构型。

Z 式　　　　　　　　　　　　　E 式

$(a>b,c>d)$

(3)确定构型后按系统命名法命名

例如,

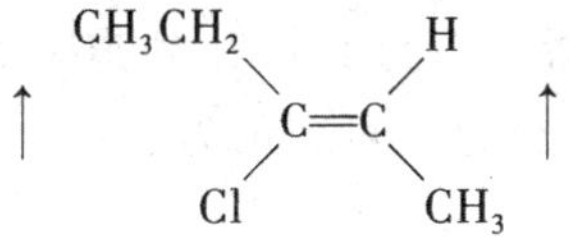

(Z)-3-氯-2-戊烯 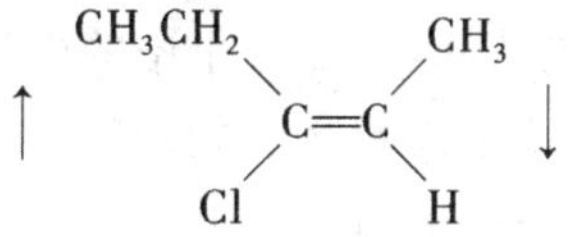　　　　　　　　　　　(E)-3-氯-2-戊烯

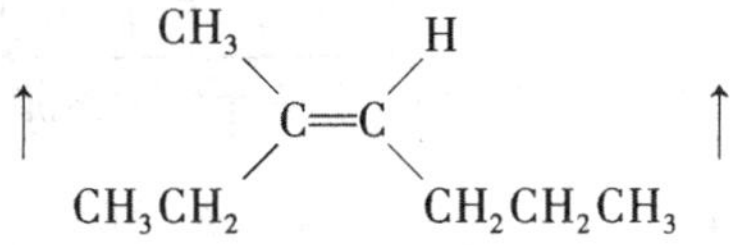

(Z)-3-甲基-3-庚烯 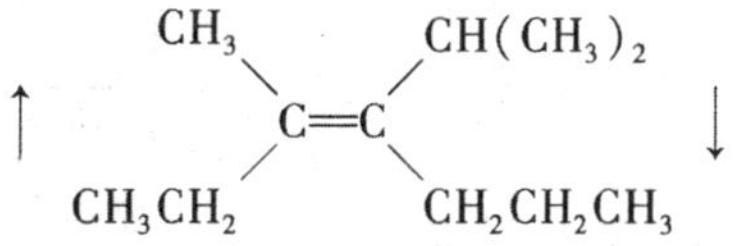　　　　　　　　　(E)-3-甲基-4-异丙基-3-庚烯

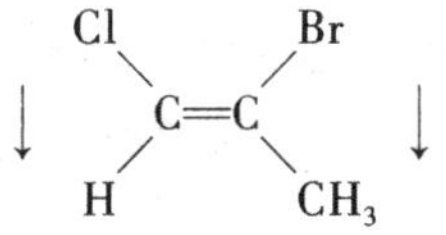

(Z)-1-氯-2-溴丙烯 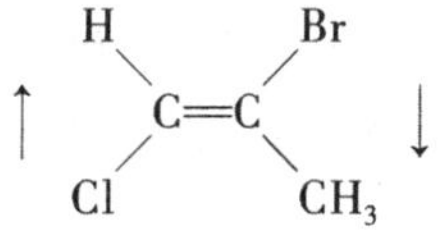　　　　　　　　　　(E)-1-氯-2-溴丙烯

需要注意的是,Z、E 命名法与顺反异构体命名法并不完全一致。Z 式不一定就是顺式,E 式也不一定就是反式。

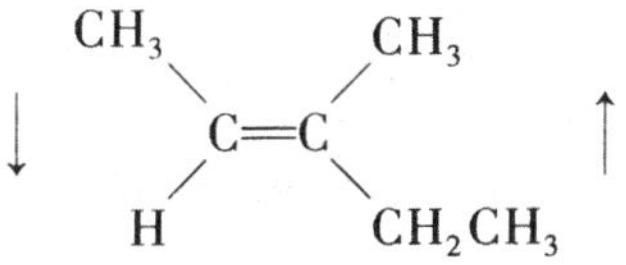

顺-3-甲基-2-戊烯

或 (E)-3-甲基-2-戊烯

3.2.3　烯烃的结构

1.乙烯的分子结构

乙烯的分子式为 C_2H_4,结构简式为 $CH_2\!=\!CH_2$。经现代物理方法测定,乙烯分子的所有碳

原子和氢原子都分布在同一平面上,它的空间结构和模型如图 3-5 所示。

（a）乙烯分子结构　　　（b）球棒模型　　　（c）比例模型

图 3-5　乙烯的空间结构和模型

2. 碳原子的 sp^2 杂化轨道和 π 键

杂化轨道理论认为,乙烯分子中的碳原子在成键时,是以激发态的 1 个 2s 轨道和 2 个 2p 轨道进行杂化,形成 3 个能量完全相同的 sp^2 杂化轨道,其 sp^2 杂化过程可表示为

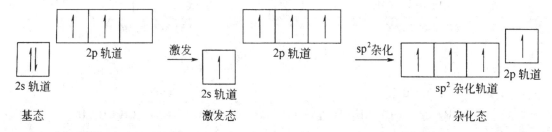

形成的 3 个 sp^2 杂化轨道每个均含有 1/3 的 s 轨道成分和 2/3 的 p 轨道成分,所以比 sp^3 杂化轨道要稍微收缩而短胖一些。3 个 sp^2 杂化轨道的对称轴在同一平面,并以碳原子为中心,分别指向正三角形的三个顶点,杂化轨道对称轴之间的夹角为 120°,如图 3-6 所示。此外,每个碳原子还剩余 1 个 2p 轨道未参与杂化,它的对称轴垂直于 3 个 sp^2 杂化轨道所处的平面,如图 3-7 所示。

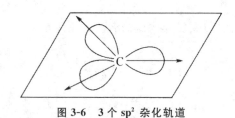

图 3-6　3 个 sp^2 杂化轨道

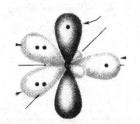

图 3-7　未参加杂化的 p 轨道

形成乙烯分子时,每个碳原子的 3 个 sp^2 杂化轨道分别与 2 个氢原子的 s 轨道和另一个碳原子的 sp^2 杂化轨道沿轴向相互正面重叠,形成 5 个 σ 键,这 5 个 σ 键都在同一平面上,故乙烯分子为平面分子。乙烯分子中 σ 键的形成如图 3-8 所示。

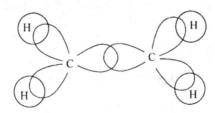

图 3-8　乙烯分子中 σ 键的形成

2 个碳原子上未参加杂化的 2p 轨道,垂直于 5 个 σ 键所在的平面,而互相平行,这两个平行的 p 轨道,可从侧面重叠形成 π 键,乙烯分子中 π 键的形成如图 3-9 所示。

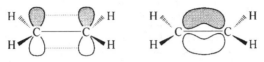

图 3-9　乙烯分子中 π 键的形成

由此可见,乙烯分子中的碳碳双键是由 1 个 σ 键和 1 个 π 键组成的。由于 π 键电子云分布于键轴上下,受原子核的束缚力弱,所以 π 键不稳定。

3.2.4　烯烃的物理性质

同烷烃相似,烯烃也是无色物质。常温下,丁烯以下为气体,从戊烯开始是液体,高级烯烃为固体。烯烃不易溶于水,易溶于非极性或弱极性有机溶剂。相对密度小于 1。表 3-5 列出了常见烯烃的物理常数。

表 3-5　常见烯烃的物理常数

名称	结构式	熔点/℃	沸点/℃	相对密度 d_4^{20}
乙烯	$CH_2{=}CH_2$	−169.1	−103.7	0.001 26(0℃)
丙烯	$CH_2{=}CHCH_3$	−185.2	−47.4	0.519 3
1-丁烯	$CH_2{=}CHCH_2CH_3$	−184.3	−6.3	0.595 1
(E)-2-丁烯	(E)-$CH_3CH{=}CHCH_3$	−106.5	0.9	0.604 2
(Z)-2-丁烯	(Z)-$CH_3CH{=}CHCH_3$	−138.9	3.7	0.621 3
异丁烯	$CH_2{=}C(CH_3)_2$	−140.3	−6.9	0.594 2
1-戊烯	$CH_2{=}CH(CH_2)_2CH_3$	−138.0	30.0	0.640 5
(E)-2-戊烯	(E)-$CH_3CH{=}CHCH_2CH_3$	−136.0	36.4	0.648 2

续表

名称	结构式	熔点/℃	沸点/℃	相对密度 d_4^{20}
(Z)-2-戊烯	(Z)-CH₃CH=CHCH₂CH₃	−151.4	36.9	0.655 6
2-甲基-1-丁烯	CH₂=C(CH₃)CH₂CH₃	−137.6	31.1	0.650 4
3-甲基-1-丁烯	CH₂=CHCH(CH₃)₂	−168.5	20.7	0.627 2
2-甲基-2-丁烯	(CH₃)₂C=CHCH₃	−133.8	38.5	0.662 3
1-己烯	CH₂=CH(CH₂)₃CH₃	−139.8	63.3	0.673 1
2,3-二甲基-2-丁烯	(CH₃)₂C=CH(CH₃)₂	−74.3	73.2	0.708 0
1-庚烯	CH₂=CH(CH₂)₄CH₃	−119.0	93.6	0.697 0
1-辛烯	CH₂=CH(CH₂)₅CH₃	−101.7	121.3	0.714 9
1-壬烯	CH₂=CH(CH₂)₆CH₃	−81.7	146.0	0.730 0
1-癸烯	CH₂=CH(CH₂)₇CH₃	−66.3	170.5	0.740 8

在常温下，$C_2 \sim C_4$ 的烯烃为气体，$C_5 \sim C_{18}$ 的烯烃是液体，C_{18} 以上的高级烯烃为固体。烯烃一般不溶于水而溶于非极性有机溶剂。烯烃的熔点、沸点和相对密度都随分子量的增加而升高。直链烯烃的沸点比带有支链的同系物高一些。而对于顺反异构体，顺式异构体一般具有较大的偶极矩、密度、溶解度和较高的沸点；反式异构体有较高的熔点。

3.2.5　烯烃的化学性质

烯烃的化学性质比烷烃活泼，因为烯烃分子中的碳碳双键中有 π 键，由于 π 键电子云分布于键轴上下，受原子核的束缚力弱，易被极化，受反应试剂的进攻，易断裂，故烯烃的反应主要发生在 π 键上。

1.加成反应

双键中的 π 键断裂，试剂分子的两部分分别加到断开 π 键的两个碳原子上，形成新化合物的反应就称为加成反应。

（1）催化加氢

在催化剂作用下，烯烃与氢发生加成反应生成相应烷烃的反应称为催化加氢反应。催化加氢反应常用的催化剂为镍、钯、铂等。例如，

$$CH_2{=\!=\!=}CH_2 + H_2 \xrightarrow{Ni} CH_3{-}CH_3$$

$$CH_3{-}CH{=\!=\!=}CH_2 + H_2 \xrightarrow{Pt} CH_3{-}CH_2{-}CH_3$$

不同的烯烃和催化剂发生催化加氢反应的条件各不相同。用 Pt 或 Pd 催化时，常温即可加氢。工业上用镍催化，要在 200～300℃进行加氢，目前主要采用 Raney 镍催化剂。这种催化剂

是用铝镍合金由碱处理,滤去铝后余下多孔的镍粉(或海绵状物),具有表面积较大、催化活性较高、吸附能力较强和价格低廉等优点。

(2)与卤素加成

卤素与烯烃的反应活性为:$F_2 > Cl_2 > Br_2 > I_2$。除碘以外,卤素均能与烯烃加成。其中,氟与烯烃的加成反应剧烈,往往使烯烃分解。氯与烯烃的加成比溴容易,反应一开始,就比较猛烈不易控制。工业上常采用既加催化剂又加溶剂稀释的办法,使反应顺利进行。例如,工业上生产1,2-二氯乙烷时,是在无水的情况下用1,2-二氯乙烷作稀释剂,用三氯化铁作催化剂,从而保证反应能顺利进行。

烯烃与卤素发生加成反应,生成邻二卤代烃。例如,

$$CH_2=CH_2 + Cl_2 \longrightarrow \underset{\underset{Cl}{|}}{CH_2} - \underset{\underset{Cl}{|}}{CH_2} \qquad 1,2\text{-二氯乙烷}$$

$$CH_2=CHCH_3 + Br_2 \longrightarrow \underset{\underset{Br}{|}}{CH_2} - \underset{\underset{Br}{|}}{CHCH_3} \qquad 1,2\text{-二溴丙烷}$$

烯烃与溴的四氯化碳溶液或溴水加成时,溴的棕红色消失,这是检验烯烃的一种方法。

(3)与卤化氢加成

烯烃与卤化氢发生加成反应,生成相应的卤代烷烃。

$$CH_2=CH_2 + HCl \longrightarrow \underset{\underset{H}{|}}{CH_2} - \underset{\underset{Cl}{|}}{CH_2} \qquad 氯乙烷$$

$$CH_3CH=CHCH_3 + HBr \longrightarrow \underset{\underset{H}{|}}{CH_3CH} - \underset{\underset{Br}{|}}{CHCH_3} \qquad 2\text{-溴丁烷}$$

在这两个反应中,乙烯和 2-丁烯这样的对称烯烃,与卤化氢这样的不对称试剂加成时,只生成一种产物。但对于不对称的烯烃如丙烯,与卤化氢这样的不对称试剂发生加成反应,则可能产生两种加成物。

$$CH_2=CHCH_3 + HCl \longrightarrow \begin{cases} \underset{\underset{Cl}{|}}{CH_2} - \underset{\underset{H}{|}}{CHCH_3} \qquad 1\text{-氯丙烷} \\[3mm] \underset{\underset{H}{|}}{CH_2} - \underset{\underset{Cl}{|}}{CHCH_3} \qquad 2\text{-氯丙烷} \end{cases}$$

对于该反应的主要产物,俄国化学家马尔可夫尼可夫根据大量实验事实,总结出一条经验规则:当不对称烯烃与不对称试剂发生加成反应时,不对称试剂中的带正电部分,主要加到含氢较多的双键碳原子上。这就是马尔可夫尼可夫规则,简称马氏规则。按此规律,以上反应主要产物为 2-氯丙烷。

(4)与硫酸加成

烯烃可与硫酸发生反应,生成烷基硫酸。一分子硫酸可以和两分子烯烃加成。烯烃与硫酸的加成反应也是亲电加成反应,反应机理与 HX 的加成一样。第一步是烯烃双键与质子的加成,生成碳正离子。第二步是碳正离子与硫酸氢根结合,生成加成产物。例如,

$$\begin{array}{ccc} \diagdown & \diagup & O \\ C=C & + & HO-\overset{\displaystyle \|}{\underset{\displaystyle \|}{S}}-OH \\ \diagup & \diagdown & O \end{array} \longrightarrow \begin{array}{c} | \quad | \\ -C-C- \\ | \quad | \\ H \quad OSO_2OH \end{array}$$

$$CH_2=CH_2 + HO-\overset{\displaystyle \|}{\underset{\displaystyle \|}{S}}-OH \longrightarrow CH_3CH_2O-\overset{\displaystyle \|}{\underset{\displaystyle \|}{S}}-OH$$

$$CH_3CH_2O-\overset{\displaystyle \|}{\underset{\displaystyle \|}{S}}-OH + CH_2=CH_2 \longrightarrow CH_3CH_2O-\overset{\displaystyle \|}{\underset{\displaystyle \|}{S}}-OCH_2CH_3$$

不对称烯烃与硫酸的加成符合马氏规则。例如,

$$CH_3CH=CH_2 + H_2SO_4 \longrightarrow CH_3-\underset{\displaystyle OSO_2OH}{\underset{\displaystyle |}{C}}H-CH_3$$

一分子烯烃加硫酸的产物水解后生成醇,这是从烯烃制备醇的一种方法,称为烯烃的间接水合法。例如,

$$CH_3\underset{\displaystyle OSO_2OH}{\underset{\displaystyle |}{C}}HCH_3 + H_2O \longrightarrow CH_3-\underset{\displaystyle OH}{\underset{\displaystyle |}{C}}H-CH_3$$

(5)与水加成

在酸的催化作用下,烯烃可与水直接加成而得到醇。

$$\begin{array}{cc} \diagdown & \diagup \\ C=C & + H_2O \xrightarrow{H^+} \\ \diagup & \diagdown \end{array} \begin{array}{c} | \quad | \\ -C-C- \\ | \quad | \\ H \quad OH \end{array}$$

烯烃   醇

常用的催化剂是磷酸和硫酸。不同烯烃与水加成的活性次序和烯烃与卤化氢、卤素的加成次序一样。不对称烯烃与水的加成符合马氏规则。例如,

$$CH_3CH_2-CH=CH_2 + H_2O \xrightarrow{\text{磷酸-硅藻土}} CH_3CH_2-\underset{\displaystyle OH}{\underset{\displaystyle |}{C}}H-\underset{\displaystyle H}{\underset{\displaystyle |}{C}}H_2$$

烯烃与水的加成反应在工业上的主要应用是制备乙醇、异丙醇等低级醇。例如,
乙醇的制备

$$CH_2=CH_2 + H_2O \xrightarrow[300℃,7\,MPa]{\text{磷酸-硅藻土}} \underset{\displaystyle OH}{\underset{\displaystyle |}{C}}H_2-\underset{\displaystyle H}{\underset{\displaystyle |}{C}}H_2$$

异丙醇的制备

$$CH_3-CH=CH_2 + H_2O \xrightarrow[195℃,2\,MPa]{\text{磷酸-硅藻土}} CH_3-\underset{\displaystyle OH}{\underset{\displaystyle |}{C}}H-\underset{\displaystyle H}{\underset{\displaystyle |}{C}}H_2$$

（6）与次卤酸加成

烯烃与卤素（氯或溴）的水溶液作用，可生成邻卤代醇，相当于在双键上加了一分子次卤酸。

$$>C=C< \ + X_2 \ \xrightarrow{H_2O} \ -\overset{|}{\underset{X}{C}}-\overset{|}{\underset{OH}{C}}-$$

该反应也是分两步进行，第一步先生成卤𬓷离子中间体，第二步 H_2O 分子从三元环的背面进攻形成质子化的醇，然后脱去质子，得到反式加成产物。这说明是 X^+ 和 OH^- 分别对双键进行加成，而不是先生成 HOX 再反应。

不对称烯烃与次卤酸加成，卤素原子加到含氢较多的双键碳原子上。例如，

$$(CH_3)_2C=CH_2 + Br_2 \ \xrightarrow{H_2O} \ (CH_3)_2\overset{|}{\underset{OH}{C}}-\overset{|}{\underset{Br}{CH_2}}$$

该反应可能的副产物是邻二卤化物，为了减少其生成，可采取控制卤素在水溶液中的浓度或加入银盐除去 X^- 的办法。

碘很难与烯烃加成，但氯化碘（ICl）和溴化碘（IBr）比较活泼，可以定量地与烯烃加成，这些化合物称为卤间化合物。反应时 IX 中的 I 相当于次卤酸中的卤素。

$$>C=C< \ + \ IX \ \longrightarrow \ >\overset{|}{\underset{I}{C}}-\overset{|}{\underset{X}{C}}<$$

这一反应常用于测定油脂和石油中不饱和化合物的含量。

（7）硼氢化反应

烯烃与硼氢化物发生的加成反应称为硼氢化反应。硼氢化反应是美国化学家 H. C. Brown 发现的极其重要而有广泛应用的有机反应，他因此获得了 1979 年诺贝尔化学奖。

最基本的硼氢化反应是烯烃和乙硼烷的加成反应，得到三烷基硼。乙硼烷由硼氢化钠和三氟化硼反应制得。

$$3NaBH_4 + 4BF_3 \longrightarrow 2B_2H_6 + 3NaBF_4$$

它实际上是甲硼烷的二聚体。乙硼烷在空气中会自燃，通常应用它的四氢呋喃溶液，在这种溶液中它以甲硼烷配合物的形式存在，它与烯烃的反应非常迅速。除非烯烃的位阻很大，否则不能分离得到单取代或双取代烷基硼烷的中间体，而只能分解出最终产物三烷基硼，氢接在一个双键碳上，硼接在另一个双键碳上。

烷基硼接着进行氧化反应，氧化剂一般是在碱性溶液中的过氧化氢，硼由—OH取代，生成

醇,这相当于烯烃与水的加成,但是,这个反应的加成方向与马氏规则正好相反,硼原子只加在取代基较少和位阻较小的双键碳原子上,因此,经氧化后得到的醇的位向与烯烃直接水合反应所得到的醇的位向正好相反。此反应的产率很高。

$$6R-CH=\!\!=CH_2+B_2H_6 \longrightarrow 2(R-CH_2CH_2)_3B \xrightarrow[H_2O_2]{NaOH} R-CH_2-CH_2-OH$$

反应的特点如下所示。

①顺式加成。烯烃的硼酸氢化反应是一个顺式加成过程,例如,1,2-二甲基环戊烯烃硼氢化反应后生成顺 1,2-二甲基环戊醇。

②反马氏规则。除了电子因素外,硼氢化反应中的立体位阻也是一个很重要的因素,硼原子较易和双键上不太拥挤的那个碳作用。在硼氢化反应中的电子效应和立体效应的作用方向正好又是一致的,因此,硼氢化反应表现出很好的位置选择性且与马氏规则所指出的方向相反。

③无重排产物。反应过程中并未检测到有重排产物生成,因此,碳正离子不是反应中间体。

(8)亲电加成反应历程

烯烃和卤素、卤化氢、硫酸等的加成反应都属于亲电加成反应,具有相似的反应历程。现以烯烃与溴的加成反应为例来说明亲电加成反应历程。

第一步是当溴分子与烯烃接近时,溴分子的电子受烯烃 π 电子的排斥,使溴分子极化,两端出现极性,极化了的溴分子带正电荷的一端,靠近 π 键,极化进一步加深,溴分子的共价键发生异裂,产生中间体环状溴鎓离子和溴负离子。

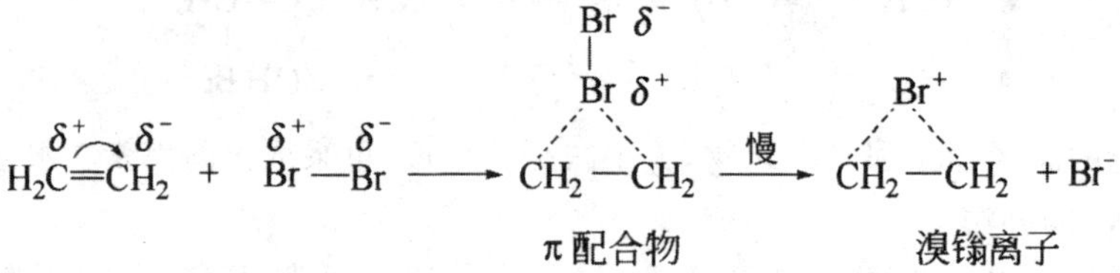

第二步是溴负离子从溴鎓离子的反面与碳原子结合而完成加成反应。

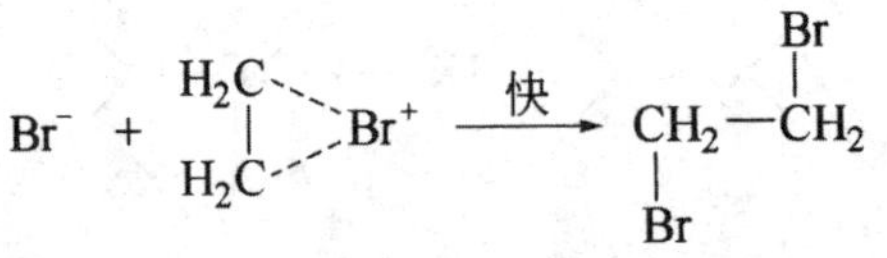

第一步反应时,π 键的断裂,溴分子共价键的异裂,都需要一定的能量,所以反应速率较慢;第二步反应,是正负离子间的反应,是放热反应,反应容易进行,速率快。在分步反应中整个反应的速率取决于最慢的一步。因此反应的第一步是主要的,这一步是试剂中带正电部分进攻烯烃分子中电子云密集的双键而引起的加成反应,称为亲电加成反应。进攻的试剂称为亲电试剂。卤素、卤化氢、硫酸等都是亲电试剂。亲电加成反应是由于试剂共价键异裂产生离子而出现的反应,因此属于离子型反应。

2.氧化反应

烯烃的双键很容易被氧化。在氧化剂作用下,首先是双键中的 π 键发生断裂,如果在强烈的氧化条件下,双键中的 σ 键也遭破坏,因此,在不同的氧化剂和反应条件下可得到不同的氧化产物。

(1)高锰酸钾氧化

用适量的稀冷(质量分数小于5%)高锰酸钾溶液作氧化剂,在中性或碱性溶液中,烯烃双键中的 π 键断开,氧化生成顺式邻二醇。

$$R-CH=CH-R' + KMnO_4 \xrightarrow[\text{冷、稀}]{OH^-} R-\underset{\underset{OH}{|}}{C}H-\underset{\underset{OH}{|}}{C}H-R'$$

如果用酸性浓高锰酸钾或温度较高时氧化烯烃,则双键完全断裂,不同结构的烯烃氧化产物不同。双键碳上有两个氢($CH_2=$)生成 CO_2;有一个氢($RCH=$)生成酸;无氢($RR'C=$)则生成酮。

$$R-CH=CH_2 + KMnO_4 \xrightarrow{H^+} R-COOH + CO_2$$

$$\underset{R'}{\overset{R}{\diagup}}C=CH-R'' + KMnO_4 \xrightarrow{H^+} \underset{\underset{酸}{R'}}{\overset{R}{\diagup}}C=O + \underset{酸}{R''-COOH}$$

在反应中,紫红色的高锰酸钾溶液迅速褪色,因此,可利用此反应来鉴别不饱和键的存在。另外,通过分析氧化产物,可推测原烯烃的结构。

(2)臭氧氧化

烯烃经臭氧(O_3)氧化,在锌粉存在下水解,可得到双键断裂后形成的两种羰基化合物(醛或酮)。例如,

$$CH_2=CH_2 \xrightarrow[2.\ Zn,H_2O]{1.\ O_3} \underset{甲醛}{2HCHO}$$

$$\underset{CH_3}{\overset{CH_3}{\diagup}}C=CHCH_3 \xrightarrow[2.\ Zn,H_2O]{1.\ O_3} \underset{\underset{丙酮}{CH_3}}{\overset{CH_3}{\diagup}}C=O + \underset{\underset{乙醛}{H}}{\overset{}{O=C-CH_3}}$$

$$\text{(环戊烯)} \xrightarrow[2.\ Zn,H_2O]{1.\ O_3} \underset{戊二醛}{CH_2\diagdown CH_2-C\overset{H}{\underset{O}{=}}O \atop CH_2-C\underset{H}{\overset{}{=}O}}$$

臭氧化反应的水解产物之一是过氧化氢(H_2O_2),过氧化氢在溶液中可以将刚生成的醛氧化,为了避免副反应发生,可在反应液中加入锌粉或在催化剂(Pt,Pd,Ni)存在下向溶液通入氢气。

由于烯烃结构与臭氧化反应产物之间有很好的对应关系,所以可通过对产物醛、酮的结构测定,推导出原料烯烃的结构。例如,某烃分子式 C_6H_{12},能使四氯化碳的溴溶液褪色。经臭氧化水解反应可得到一分子丙酮和一分子丙醛,试推测该烃的结构。

依据分子式的不饱和度及能使溴水褪色可以确定该化合物为烯烃,经臭氧化水解反应得到

一分子酮和一分子醛,根据产物与烯烃结构的对应关系,可推知烯烃结构为(1),结合臭氧化分解产物可得出原烯烃的结构式为(2)。

酮　　醛
(1)

2-甲基-2-戊烯
(2)

(3)催化氧化

工业上,乙烯在银或氧化银催化作用下,可被空气中的氧氧化,双键中的 π 键断裂,生成环氧乙烷。

$$CH_2=CH_2 + 1/2O_2 \xrightarrow[250℃]{Ag} H_2C\!-\!CH_2\ (O)$$

由于氧化后产物是一个含氧的环状化合物,因此也称环氧化反应,是工业上生产环氧乙烷的方法之一。该反应必须严格控制反应温度,如果温度超过 300℃,则双键中的 π 键也会断裂,最后生成二氧化碳和水。

改用 H_2O_2 或过氧酸催化氧化烯烃,可得到收率很高的环氧化物。

$$(CH_3)_2C=CHCH_3 + H_2O_2 \xrightarrow[n\text{-}C_4H_9OH]{SeO_2/吡啶} (CH_3)_2C\!-\!CHCH_3\ (O) + H_2O$$

乙烯或丙烯在氯化钯和氯化铜的水溶液中,也能被催化氧化,产物为乙醛或丙酮,它们都是重要的化工原料。

$$CH_2=CH_2 + \frac{1}{2}O_2 \xrightarrow[100\sim125℃]{PdCl_2\text{-}CuCl_2} CH_3CHO$$

$$CH_3CH=CH_2 + \frac{1}{2}O_2 \xrightarrow[120℃]{PdCl_2\text{-}CuCl_2} CH_3COCH_3$$

3.α-H 的卤代反应

在有机化合物分子中,与官能团相连的碳原子称为 α-碳原子,其上所连的氢原子称为 α-氢原子(α-H)。烯烃分子中的 α 位也称为烯丙位,在烯烃分子中 α-H 受双键的影响,较其他位置上的氢原子活泼,在高温或光照条件下,可发生自由基型卤代反应。例如,

$$CH_3CH=CH_2 + Cl_2 \xrightarrow{500℃} ClCH_2CH=CH_2$$

烯烃与卤素(如 Br_2)既能发生离子型的亲电加成反应(室温下);又能发生自由基的 α-H 卤代反应(高温下),这说明有机反应的复杂性,即相同的原料在不同的条件下反应,其反应历程不同,所得的产物不同。因此,严格控制反应条件对于有机反应进行的方向十分重要。

N-溴代丁二酰亚胺(NBS)是实验室常用的针对烯烃分子中的仅—H 进行溴代的试剂(氯代

则用N-氯代丁二酰亚胺,NCS)。反应在光或引发剂(如过氧苯甲酰)作用下,在惰性溶剂中(如CCl_4)中进行,选择性高,副反应(双键的加成)少。例如,

$$CH_3CH_2CH_2CH_2CH{=}CHCH_3 \xrightarrow[CCl_4,\ \triangle]{NBS,\ RCOOOH} CH_3CH_2CH_2\underset{\displaystyle Br}{\underset{|}{C}}HCH{=}CHCH_3$$

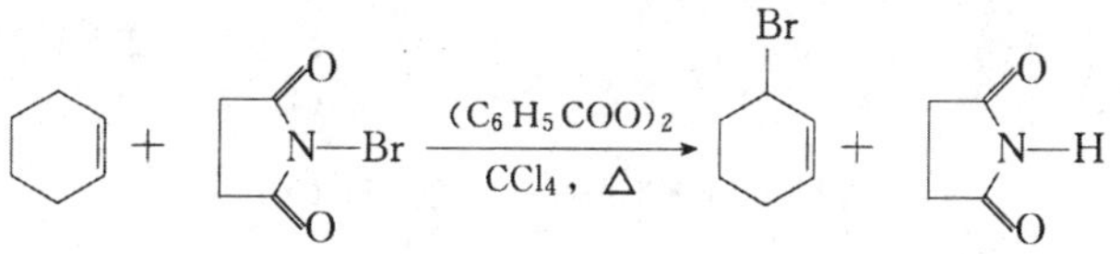

在反应中,首先NBS与体系中极少量的水汽或痕量酸作用,缓慢释放出溴,并使整个反应阶段始终保持低浓度的溴。引发剂的作用是引发溴产生自由基,然后按自由基机理发生溴代反应。

4. 聚合反应

在一定的条件下,烯烃分子中的π键断裂,彼此相互加成形成高分子化合物的反应,称为聚合反应。这是烯烃的一个重要的反应性能。例如,乙烯的聚合:

$$\underset{\text{乙烯（单体）}}{nCH_2{=}CH_2} \xrightarrow[150\sim250℃,150\sim300\ MPa]{\text{少量引发剂}} \underset{\text{聚乙烯（高分子）}}{[CH_2-CH_2]_n}$$

聚乙烯是一种电绝缘性能好,耐酸碱,抗腐蚀,用途广的高分子材料(塑料)。

$$nCH_3CH{=}CH_2 \xrightarrow[50℃,10\ MPa]{TiCl_4\text{-}Al(C_2H_5)_3} \underset{\text{聚丙烯}}{[\underset{\displaystyle CH_3}{\underset{|}{C}}H-CH_2]_n}$$

$TiCl_4$-$Al(C_2H_5)_3$称为齐格勒(Ziegler德国人)-纳塔(Natta意大利人)催化剂。

由许多相同的单个分子互相加成,生成高分子化合物的反应称为加聚反应。由两种不同的单体互相加合生成高分子化合物的反应称为共聚反应。

5. 自由基加成——过氧化物效应

在过氧化物(用R—O—O—R表示)存在时,不对称烯烃与溴化氢加成,得到的是违反马式规则的产物。例如,

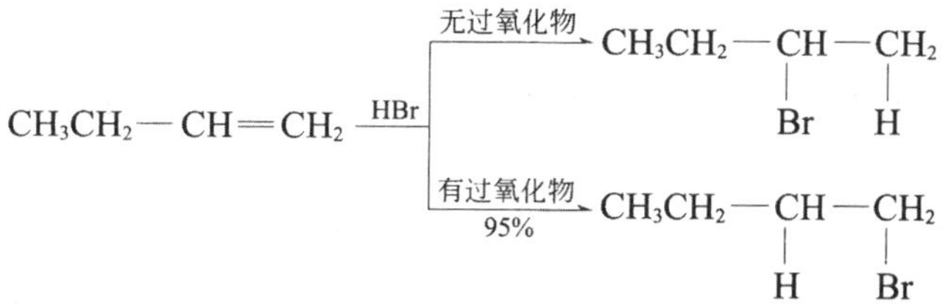

这种生成违反马氏规则产物的反应,称为反马氏加成反应。而由于过氧化物的存在引起烯烃加成取向的改变现象,称为过氧化物效应。

溴化氢之所以会存在过氧化物效应,主要是由于过氧化物的存在影响到了溴化氢加成反应

的机理;无过氧化物存在时,烯烃与溴化氢的加成是离子型亲电加成。而有过氧化物存在时,则是按自由基机理进行的,也是一个链反应,是自由基加成反应。反应机理如下所示。

(1)链引发

$$C_6H_5\overset{\overset{O}{\|}}{C}OO\overset{\overset{O}{\|}}{C}C_6H_5 \longrightarrow 2C_6H_5\overset{\overset{O}{\|}}{C}O\cdot$$

$$C_6H_5\overset{\overset{O}{\|}}{C}O\cdot + HBr \xrightarrow{\text{放热}} C_6H_5\overset{\overset{O}{\|}}{C}OH + Br\cdot$$

$$(\text{或 } HBr \xrightarrow{\text{光照}} H\cdot + Br\cdot)$$

(2)链增长

$$CH_3-CH=CH_2 + Br\cdot \longrightarrow CH_3-\overset{\cdot}{C}H-CH_2-Br$$

$$CH_3-\overset{\cdot}{C}H-CH_2-Br + HBr \longrightarrow CH_3-CH_2-CH_2-Br + Br\cdot$$

(3)链终止

在链增长阶段,若溴原子加到 CH_2 双键碳原子上,将生成仲烷基自由基,而加到 CH 双键碳原子上,则生成伯烷基自由基,反应历程如下:

$$CH_3-CH=CH_2 + Br\cdot \begin{cases} \longrightarrow CH_3-\overset{\cdot}{C}H-\underset{\underset{Br}{|}}{C}H_2 \xrightarrow[-Br\cdot]{HBr} CH_3-\underset{\underset{H}{|}}{C}H-\underset{\underset{Br}{|}}{C}H_2 \quad \text{反马氏产物} \\ \longrightarrow CH_3-\underset{\underset{Br}{|}}{C}H-\overset{\cdot}{C}H_2 \xrightarrow[-Br\cdot]{HBr} CH_3-\underset{\underset{Br}{|}}{C}H_2-\underset{\underset{H}{|}}{C}H_2 \quad \text{马氏产物} \end{cases}$$

这样就有两种产物生成。而烷基自由基的稳定性与烷基正离子相同,即 $3°>2°>1°$。

$$CH_3\underset{\underset{CH_3}{|}}{\overset{\cdot}{C}}CH_3 > CH_3\overset{\cdot}{C}HCH_3 > CH_3\overset{\cdot}{C}H_2 > \overset{\cdot}{C}H_3$$

叔烷基自由基   仲烷基自由基   伯烷基自由基 甲基自由基

越稳定的自由基越容易生成,因此反应过程中主要生成了仲烷基自由基,后者与溴化氢反应,得到反马氏加成产物。氯化氢、碘化氢没有过氧化物效应,因为氯化氢键强,不易均裂成自由基;而碘化氢虽易均裂成自由基,但碘自由基不活泼,不能使链按传递顺利进行,因此不能发生自由基加成。它们与不对称烯烃的加成,只是亲电加成,产物符合马氏规则。

3.2.6 重要的烯烃

1.乙烯

乙烯是最简单的烯烃,也是最重要的烯烃之一。它是一种稍带甜味的无色气体,沸点为 $-103.7℃$,难溶于水,易溶于有机溶剂。乙烯在空气中易燃,呈明亮的光焰。乙烯主要来源于石油裂解,自然界中的植物体内有微量的乙烯存在。乙烯的产量是衡量石油化工水平与综合国力的重要指标。

由于乙烯的双键活泼,可与许多物质起反应,可以合成各种各样的有机产品。目前,乙烯用量最大的是用来制备聚乙烯(塑料)。此外,乙烯还可用于水果的催熟剂。在未成熟的果实中乙烯含量很少,而成熟的果实中含量较多,因此利用人工方法提高水果中乙烯的含量可以加速果实的成熟。

2. 丙烯

常温下,丙烯是一种无色、无臭、低毒、稍带有甜味的气体。易燃,爆炸极限为 2％～11％。不溶于水,溶于有机溶剂。人吸入丙烯可引起意识丧失并引起呕吐。长期接触可引起头昏、乏力、全身不适、思维不集中,会使胃肠道功能发生紊乱。丙烯对环境有危害,对水体、土壤和大气可造成污染。

丙烯是三大合成材料的基本原料,主要用于生产丙烯腈、异丙烯、丙酮和环氧丙烷等。丙烯在硫酸或无水氢氟酸等存在下聚合,生成二聚体、三聚体和四聚体的混合物,可用作高辛烷值燃料。在齐格勒催化剂存在下丙烯聚合生成聚丙烯。丙烯与乙烯共聚生成乙丙橡胶。丙烯与硫酸可起加成反应,生成硫酸氢异丙酯,后者水解生成异丙醇;丙烯与氯和水起加成反应,生成 1-氯-2-丙醇,后者与碱反应生成环氧丙烷,加水生成丙二醇;丙烯在酸性催化剂存在下与苯反应,生成异丙苯,它是合成苯酚和丙酮的原料。丙烯在催化剂存在下与氨和空气中的氧起氨氧化反应,生成丙烯腈,它是合成塑料、橡胶、纤维等高聚物的原料。丙烯在高温下氯化生成的烯丙基氯,是合成甘油的原料。在工业上大量地用丙烯来制备异丙醇和丙酮。另外,可用空气直接氧化丙烯生成丙烯醛。

3.3   共轭二烯烃

分子中含有两个或两个以上碳碳双键的不饱和链烃称为多烯烃。多烯烃中最重要的是分子中含有两个碳碳双键的二烯烃。二烯烃的通式为 C_nH_{2n-2}。

3.3.1   二烯烃的分类和命名

1. 二烯烃的分类

根据分子中两个双键相对位置的不同,二烯烃可以分为以下三类。

(1)累积二烯烃

累积二烯烃是指分子中两个双键合用一个碳原子,即含有—C＝C＝C—结构的二烯烃,如丙二烯 $H_2C＝C＝CH_2$。其中间碳原子为 sp 杂化,两侧碳原子为 sp^2 杂化。这类二烯烃势能较高,不稳定,数量少且实际应用也不多。

(2)孤立二烯烃

孤立二烯烃是指分子中两个双键被一个以上的单键隔开,即含有—C＝C—$(CH_2)_n$—C＝C—结构的二烯烃,如 1,5-己二烯 $H_2C＝CH—CH_2CH_2—CH＝CH_2$。这类二烯烃的性质与单烯烃相似。

(3)共轭二烯烃

共轭二烯烃是指分子中两个双键被一个单键隔开,即含有—C=C—C=C—结构的二烯烃,如 1,3-丁二烯 $H_2C=CH—CH=CH_2$。所谓共轭就是指单、双键相互交替的意思。共轭二烯烃具有特殊的结构和性质,它除了具有烯烃双键的性质外,还具有特殊的稳定性和加成规律,在理论研究和实际工业应用上都有重要地位。这里主要讨论共轭二烯烃的性质。

2.二烯烃的命名

二烯烃命名时,首先选择含有两个双键的最长的碳链为主链,从距离双键最近的一端主链上的碳原子开始编号,以"某二烯"命名。两个双键的位置用阿拉伯数字标明在前,中间用短线隔开。若有取代基时,则将取代基的位次和名称加在前面。

$$CH_2=CH—\underset{\underset{CH_3}{|}}{C}=CH_2 \qquad CH_3CH_2CH=CH—CH_2—CH=CHCH_2CH_2CH_2CH_2CH_3$$

2-甲基-1,3-丁二烯   3,6-十二碳二烯

二烯烃由于存在两个双键,因此,顺反异构现象较单烯烃更为复杂,在命名时要逐个标明其构型。例如,2,4-己二烯的三种顺反异构体如下:

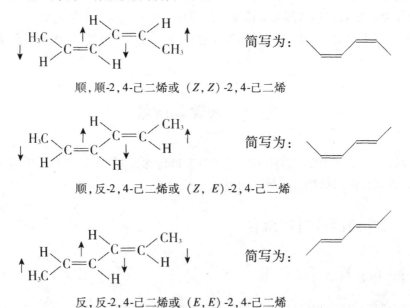

顺,顺-2,4-己二烯或 (*Z*, *Z*) -2,4-己二烯

顺,反-2,4-己二烯或 (*Z*, *E*) -2,4-己二烯

反,反-2,4-己二烯或 (*E*,*E*) -2,4-己二烯

3.3.2 共轭二烯烃的结构

最简单的共轭二烯烃是 1,3-丁二烯,近代研究结果表明,它分子中的四个碳原子均是 sp^2 杂化,三个 C—Cσ 键和六个 C—Hσ 键都在同一平面上,每个碳原子上各有一个 p 轨道,它们与该平面垂直。分子中的两个 π 键是由 C_1 和 C_2 的两个 p 轨道及 C_3 和 C_4 的两个 p 轨道分别侧面重叠形成的。这两个 π 键靠得很近,在 C_2 和 C_3 间也可发生一定程度的重叠,这样使两个 π 键不是

孤立存在,而是相互结合成一个整体,称为 π-π 共轭体系,通常也把这个整体称为大 π 键,如图 3-10 所示。

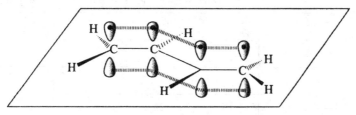

图 3-10 1,3-丁二烯分子中的 π 键

从图 3-10 可看出,π 电子不再局限(定域)在 C_1 和 C_2 或 C_3 和 C_4 之间,而是在整个分子中运动,即 π 电子发生了离域,每个 π 电子不只受两个原子核而是受四个核的吸引,使分子内能降低。由于电子离域使分子降低的能量叫作离域能,离域能的大小可通过测定分子氢化热来衡量。

实验测得,1,3-丁二烯的氢化热为 239 kJ/mol,比 1-丁烯的氢化热(126.6 kJ/mol)的两倍低 14.2 kJ/mol,说明了 1,3-丁二烯的能量较低,较稳定。同样,1,3-戊二烯的氢化热为 226 kJ/mol,比 1,4-戊二烯的氢化热 254 kJ/mol 低 28 kJ/mol。这都说明共轭体系能量较低,较稳定。在共轭体系中,由于电子的离域也使得单、双键键长出现平均化趋势,如 1,3-丁二烯分子中,C—C 键长(146 pm)比乙烷的 C—C 键长(154 pm)短;C=C 双键键长(137 pm)比乙烯分子中 C=C (134 pm)长。

3.3.3 共轭二烯烃的物理性质

共轭二烯烃的物理性质和烷烃、烯烃相似。碳原子数较少的二烯烃为气体,例如,1,3-丁二烯为沸点 −4℃ 的气体。碳原子数较多的二烯烃为液体,如 2-甲基 1,3-丁二烯为沸点 34℃ 的液体。它们都不溶于水而溶于有机溶剂。与一般的烯烃相比,共轭二烯烃的紫外吸收光谱会向长波方向移动。下面是乙烯、1,3-丁二烯及 1,3,5-己三烯的紫外吸收光谱数据。

$$CH_2=CH_2 \quad CH_2=CH-CH=CH_2 \quad CH_2=CH-CH=CH-CH=CH_2$$
$$185 \text{ pm} \qquad\qquad 217 \text{ pm} \qquad\qquad\qquad\qquad 258 \text{ pm}$$

从该数据可以看出,分子中增加了共轭双键,分子的紫外吸收光谱会向长波方向移动,共轭双键的数目越多,吸收光谱向长波方向移动得也越多。共轭二烯烃的折射率明显高于孤立二烯烃。例如,1,4-戊二烯的折射率 $n_D^{20}=1.3888$,1,3-戊二烯的折射率 $n_D^{20}=1.4284$。

$$CH_2=CH-CH_2-CH=CH_2 \qquad\qquad CH_3-CH=CH-CH=CH_2$$
$$n_D^{20}=1.3888 \qquad\qquad\qquad\qquad n_D^{20}=1.4284$$

这是由于折射率是和分子的可极化性直接联系的,共轭二烯烃分子中的共轭作用使得其电子体系更容易被极化,因而折射率增大。此外,共轭二烯烃的这种特殊结构使其具有较高的热力学稳定性。这可以从它们的氢化热数据反映出来,具体可见表 3-6。

表 3-6　几种烯烃的氢化热数据

化合物	平均每个双键的氢化热/(kJ/mol)	分子的氢化热/(kJ/mol)
$CH_3CH=CH_2$	125.2	125.2
$CH_3CH_2CH=CH_2$	126.8	126.8
$CH_2=CH-CH=CH_2$	238.9	119.5
$CH_3CH_2CH_2CH=CH_2$	125.9	125.9
$CH_2=CH-CH_2-CH=CH_2$	254.4	127.2
$CH_3-CH=CH-CH=CH_2$	226.4	113.2

从表 3-6 中的数据可以看出,孤立二烯烃的氢化热约为单烯烃氢化热的两倍,因此孤立二烯烃中的两个双键可以看作各自独立。共轭二烯烃的氢化热比孤立二烯烃的氢化热低,这说明共轭二烯烃比孤立二烯烃稳定,共轭体系越大,稳定性越好。

3.3.4　共轭二烯烃的化学性质

共轭二烯烃具有烯烃的通性,但由于是共轭体系,因此,又具有自身的特性。

1.亲电加成反应

$$CH_2=CHCH=CH_2 \xrightarrow[HBr]{Br_2}$$

$$\underset{Br\ Br}{CH_2CHCH=CH_2} + \underset{Br}{CH_2CH=CHCH_2} \text{（}Br\text{）}$$

$$\underset{H\ Br}{CH_2CHCH=CH_2} + \underset{H\quad Br}{CH_2CH=CHCH_2}$$

共轭烯烃与亲电试剂的加成,也分两步进行。以 1,3-丁二烯与 HBr 反应为例,相关反应式如下：

$$CH_2=CHCH=CH_2 \xrightarrow{HBr}$$

$$\overset{+}{\underset{H}{CH_2}}CHCH=CH_2 + Br^- \qquad (a)$$

$$\overset{+}{CH_2}\underset{H}{CHCH}=CH_2 + Br^- \qquad (b)$$

相应生成碳正离子(a)和(b)。对于生成的碳正离子(a),由于带正电荷的碳原子直接与双键碳原子相连,从而使这个碳原子的空 p 轨道与 π 键的 p 轨道互相平行,侧面重叠,生成三原子两电子的缺电子体系,由于 π 电子的离域,导致整个体系带有部分正电荷：

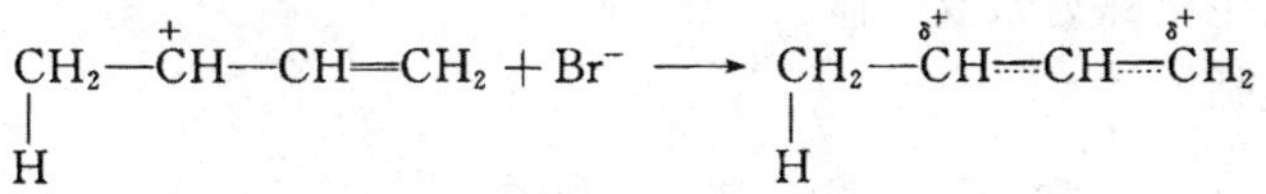

$$CH_2-\overset{+}{C}H-CH=CH_2 + Br^- \longrightarrow CH_2-\overset{\delta+}{C}H\cdots CH\cdots\overset{\delta+}{C}H_2$$
$$\qquad | \qquad\qquad\qquad\qquad\qquad |$$
$$\qquad H \qquad\qquad\qquad\qquad\qquad H$$

而在碳正离子(b)中,π 电子只定域在 π 轨道上,正电荷也只局限在 1 位碳原子上,因此,碳正离子(a)比碳正离子(b)稳定。

所以,加成反应的第一步主要是通过 H⁺ 加到 1 位碳原子上,形成碳正离子(a)来进行的。

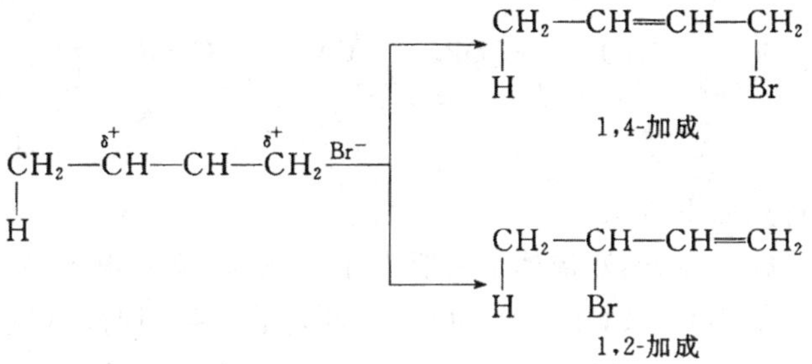

通过对共轭二烯烃的 1,2-加成与 1,4-加成产物的相对数量之比,得出一个很重要的结论:反应温度对两个反应产物的比例有明显的影响。

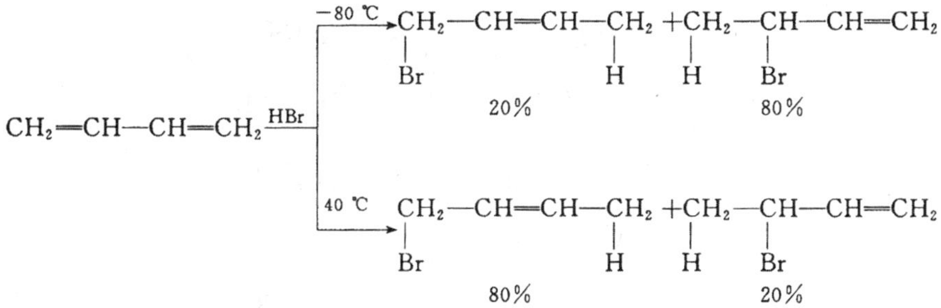

低温时,1,2-加成速率快,产物含量高。40℃ 时,1,2-加成的逆反应速率也加快,达到平衡时,因 1,4-加成产物较稳定,所占比例大,反应为平衡控制。

2. 双烯合成反应

共轭二烯烃与某些具有碳碳双键的或不饱和的化合物发生 1,4-加成反应,生成环状化合物,这种反应称为双烯合成反应,也叫作狄尔斯-阿尔德(Diels-Alder)反应。这是共轭二烯烃特有的反应,它将链状化合物转变成环状化合物,因此又叫环合反应,此反应是制备六元环化合物的重要反应。例如,1,3-丁二烯和顺丁二烯酸酐在 100℃ 时共热,生成白色产物,反应产率接近 100%。

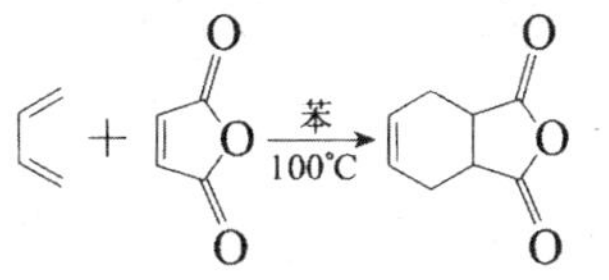

双烯体　亲双烯体　～100%产率

一般把进行双烯合成的共轭二烯烃及其衍生物称作二烯体或双烯体,另一个含不饱和烯键或炔键的烃类或其衍生物称为亲双烯体。

常见的双烯体包括：

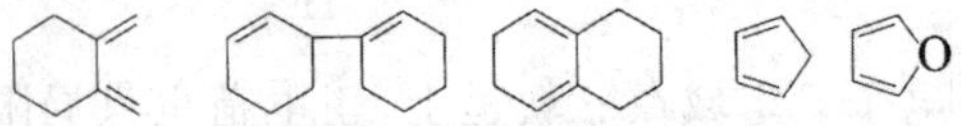

常见的亲双烯体包括：

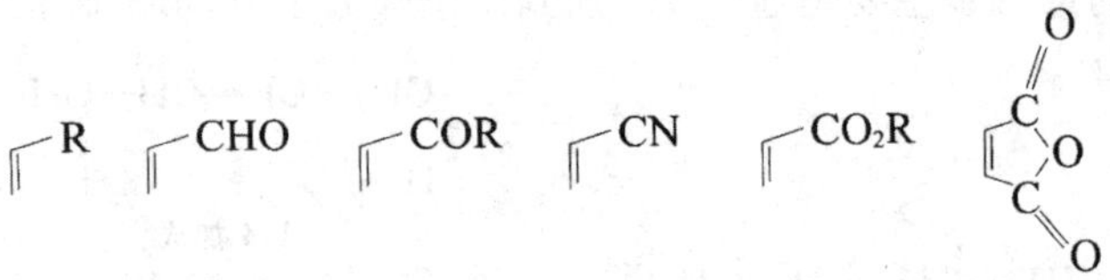

双烯合成反应的特点如下所示。

①共轭二烯的电子密度高,亲双烯体上有吸电子基团时,反应很容易进行,如当亲二烯体上连有—CN、—COOR、—CHO、—COR、—COOH 等吸电子的基团时,对反应有利。在通常的加热或室温条件下,产率可达到 90% 以上。双烯体(共轭二烯)可是链状,也可是环状,如环戊二烯,环己二烯等。

②双烯合成反应是顺式加成反应,加成产物仍保持二烯和亲双烯体原来的构型。

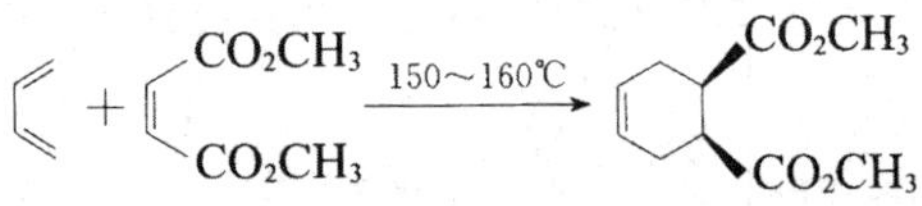

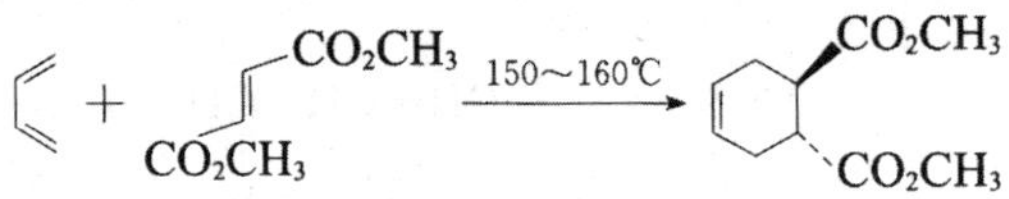

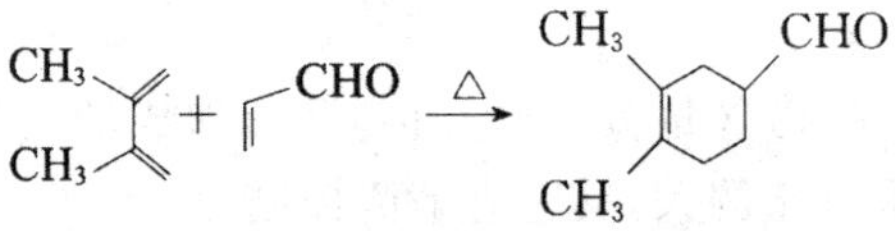

③反应无须酸碱的催化,为协同反应,一步完成的反应,无反应中间体产生,有一个六元环状过渡态。

双烯合成反应的产量高,应用范围广,是有机合成的重要反应之一,在理论上和实际应用上都占有重要的地位。

3.聚合反应

在催化剂存在下,共轭二烯烃可以聚合成高分子化合物。例如,1,3-丁二烯在金属钠催化下聚合成聚丁二烯。这种聚合物具有橡胶的性质,即有伸缩性和弹性,是最早发明的合成橡胶,又称为丁钠橡胶。

$$n\mathrm{CH_2}\!=\!\mathrm{CH}\!-\!\mathrm{CH}\!=\!\mathrm{CH_2} \xrightarrow[60℃]{\mathrm{Na}} \{\!-\!\mathrm{CH_2CH}\!=\!\mathrm{CHCH_2}\!-\!\}_n$$

丁钠橡胶

3.4　炔烃

分子中含有碳碳三键(—C≡C—)的烃称为炔烃。碳碳三键是炔烃的官能团。炔烃比相应的单烯烃分子少两个氢原子。分子通式为 C_nH_{2n-2}。

3.4.1　炔烃的同分异构现象

炔烃的异构与烯烃相似,既有碳链异构又有三键位置异构。由于三键对侧链位置的限制,炔烃异构体的数目比同数碳原子的烯烃要少些。例如,丁烯有三个异构体,丁炔只有两个异构体:

$$CH\equiv CCH_2CH_3 \qquad\qquad CH_3C\equiv CCH_3$$
　　　　1-丁炔　　　　　　　　　　　　2-丁炔

同碳原子数的炔烃和二烯烃分子式相同,但结构式不同,二者也属于同分异构体。这种异构是由于这两种烃的官能团不同造成的,这种异构称为官能团异构。

在烃类化合物的异构类型中常见的有:碳链异构、位置异构和官能团异构三种。

3.4.2　炔烃的命名

炔烃的命名规则与烯烃类似。简单炔烃的命名可采用普通命名法。例如,

$$CH\equiv CH \qquad\quad CH_3C\equiv CH$$
　　　乙炔　　　　　　丙炔

简单炔烃的命名还可采用衍生物命名法,衍生物命名法是以乙炔为母体,其他的看作是乙炔的衍生物。例如,

$$CH_3C\equiv CCH_3 \qquad CH_3CH_2C\equiv CCH_3 \qquad CH_2=CH-C\equiv CH$$
　　二甲基乙炔　　　　　　甲基乙基乙炔　　　　　　　乙烯基乙炔

$$CH_3CH=CH-C\equiv CH \qquad CH_2=CHCH_2-C\equiv CH$$
　　　丙烯基乙炔　　　　　　　　　烯丙基乙炔

对于复杂的炔烃,则需要用系统命名法进行命名,命名遵循以下原则:

①选择含有碳碳三键在内的最长碳链作为主链,侧链作为取代基,按主链碳原子的数目,母体称为某炔。

②从距离三键最近的一端给主链进行编号。

③书写时和烯烃类似,将取代基的位次与名称写在母体名称前面。如果有不同的取代基,按"次序规则"不优先的基团在前,优先基团在后靠近母体。

④三键的位置不同,则存在官能团的位置异构,因而需标明三键的位次。以三键碳原子中编号较小的数字表示三键的位次,置于母体之前,并与母体及前面的取代基名称用"-"相隔。

$$\overset{5}{C}H_3\overset{4}{C}H_2\overset{3}{C}H_2\overset{2}{C}{\equiv}\overset{1}{C}H$$
1-戊炔

$$\overset{5}{C}H_3\overset{4}{C}H_2\overset{3}{C}{\equiv}\overset{2}{C}\overset{1}{C}H_3$$
2-戊炔

$$\overset{4}{C}H_3\overset{3}{C}H\overset{2}{C}{\equiv}\overset{1}{C}H$$
$$\qquad\;\;CH_3$$
3-甲基-1-丁炔

$$\overset{1}{C}H_3\overset{2}{C}H_2\overset{3}{C}{\equiv}\overset{4}{C}\overset{5}{C}HCH_3$$
$$\qquad\qquad\quad CH_2CH_3$$
$$\qquad\qquad\qquad\;\;6\quad7$$
5-甲基-3-庚炔

如果分子中同时有双键及三键时,应选择含有双键和三键在内的最长碳链作为主链,并将其命名为烯炔(烯在前,炔在后)。对主链进行编号时,应使双键和三键所在位次和最小。

$$\overset{5}{C}H_3\overset{4}{C}H{=}\overset{3}{C}H\overset{2}{C}{\equiv}\overset{1}{C}H$$
3-戊烯-1-炔

$$\overset{7}{C}H_3\overset{6}{C}{\equiv}\overset{5}{C}\overset{4}{C}H\overset{3}{C}H_2\overset{2}{C}H{=}\overset{1}{C}H_2$$
$$\qquad\qquad CH_3$$
4-甲基-1-庚烯-5-炔

但当双键和三键处在相同的位次时,应优先考虑双键。

$$\overset{5}{C}H{\equiv}\overset{4}{C}\overset{3}{C}H_2\overset{2}{C}H{=}\overset{1}{C}H_2$$
1-戊烯-4-炔

3.4.3 炔烃的结构

1.乙炔的分子结构

炔烃中最简单的是乙炔,分子式 C_2H_2,结构式 $HC{\equiv}CH$。现代物理方法测定,乙炔是一个直线形分子,两个碳原子和两个氢原子排列在一条直线上,其空间结构和模型如图 3-11 所示。

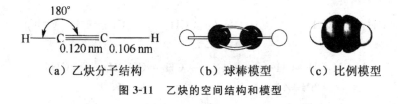

(a)乙炔分子结构　　　　　(b)球棒模型　　　　　(c)比例模型
图 3-11　乙炔的空间结构和模型

2.碳原子的 sp 杂化轨道

杂化轨道理论认为,乙炔分子中的碳原子在成键时,是以激发态的 1 个 2s 轨道和 1 个 2p 轨道进行杂化,形成 2 个能量完全相同的 sp 杂化轨道,其 sp 杂化过程可表示为

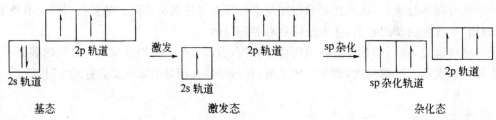

sp 杂化轨道每个均含有 1/2 的 s 轨道成分和 1/2 的 p 轨道成分,形状与 sp^2、sp^3 杂化轨道相似,也是葫芦形,2 个 sp 杂化轨道的对称轴在同一条直线上,互成 180°角,如图 3-12 所示。

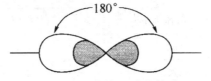

图 3-12　乙炔的 sp 杂化轨道

当两个 sp 杂化碳原子接近和成键时,两个碳原子的 sp 杂化轨道正面互相重叠,形成 C—Cσ 键,同时两个碳原子又各自以另外一个 sp 杂化轨道与氢原子的 s 轨道互相重叠,形成 C—Hσ 键。分子中的三个 σ 键的对称轴在同一条直线上,如图 3-13 所示。

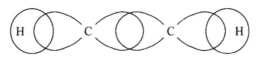

图 3-13　乙炔的 σ 键

每个碳原子上还各有两个未参与杂化而又互相垂直的 2p 轨道。两个碳原子的 4 个 p 轨道,其对称轴两两平行,侧面"肩并肩"地重叠,形成两个互相垂直的 π 键,两个 π 键的电子云围绕在两个碳原子的上下、前后对称地分布在 C—Cσ 键键轴的周围,呈圆筒形,如图 3-14 所示。

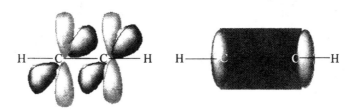

图 3-14　乙炔的 π 键

炔烃的 π 键与烯烃相似,具有较大的反应活性。但三键比双键多一个 π 键,增加了成键电子云对两个原子核的吸引力,使三键键长小于双键键长,三键上碳氢键的键长也较双键上碳氢键的键长短,三键的键能大于碳碳双键,因而三键的活性不如双键。

3.4.4　炔烃的物理性质

炔烃的物理性质与烷烃、烯烃相似。在常温常压下,低级炔烃是气体,中级炔烃是液体,高级炔烃是固体。炔烃的沸点、熔点随碳原子数的增加而升高。对于含相同数目碳原子的化合物而言,炔烃的沸点和熔点大于烯烃。三键在链端的炔烃比三键位于碳链中间的炔烃具有更低的沸点。炔烃不溶于水,易溶于有机溶剂。一些常见炔烃的物理常数见表 3-7。

表 3-7　常见炔烃的物理常数

名称	熔点/℃	沸点/℃	相对密度 d_4^{20}
乙炔	−80.8(压力下)	−84.0(升华)	0.618 1(−32℃)
丙炔	−101.5	−23.2	0.706 2(−50℃)
1-丁炔	−125.7	8.1	0.678 4(0℃)
2-丁炔	−32.3	27.0	0.691 0
1-戊炔	−90.0	40.2	0.690 1
2-戊炔	−101.0	56.1	0.710 7
3-甲基-1-丁炔	−89.7	29.3	0.666 0
1-己炔	−132.0	71.3	0.715 5
1-庚炔	−81.0	99.7	0.732 8
1-辛炔	−79.3	125.2	0.747 0
1-壬炔	−50.0	150.8	0.760 0
1-癸炔	−36.0	174.0	0.765 0

3.4.5　炔烃的化学性质

炔烃和烯烃分子结构中都含有 π 键,因而有相似的化学性质,如加成、氧化和聚合等反应,但炔烃的活泼性不如烯烃,且某些炔烃有弱酸性。

1.加成反应

(1)催化加氢
在铂、钯等催化剂的存在下,炔烃与氢加成,首先生成烯烃,进一步加成生成相应的烷烃。

$$R-C \equiv C-R' + H_2 \xrightarrow{\text{Pt 或 Pd}} \begin{array}{c} R \\ H \end{array} C = C \begin{array}{c} R' \\ H \end{array} \xrightarrow[\text{Pt 或 Pd}]{H_2} R-CH_2CH_2-R'$$

加氢是分步进行,但第二步烯烃的加氢非常快,采用一般的催化剂无法使反应停留在烯烃阶段。若采用特殊催化剂如林德拉(Lindlar)催化剂,则能使反应停留在烯烃阶段,得到收率较高的顺式加成产物。林德拉催化剂是将金属钯附着在碳酸钙(或硫酸钡)上,再用醋酸铅(或喹啉)处理。醋酸铅和喹啉的作用是降低钯的活性。例如,

$$CH_3(CH_2)_7 C \equiv C(CH_2)_7COOH \xrightarrow[\text{Pd/CaCO}_3 \text{ 醋酸铅}]{H_2} \begin{array}{c} CH_3(CH_2)_7 \\ H \end{array} C = C \begin{array}{c} (CH_2)_7COOH \\ H \end{array}$$

硬脂炔酸　　　　　　　　　　　　　　　　　油酸(顺式)

炔烃在液氨中用金属钠还原,只加一分子氢可得到反式烯烃。例如,

$$CH_3CH_2CH_2C\equiv CCH_3 + H_2 \xrightarrow{\text{Na,NH}_3\ \text{液}} \begin{array}{c} CH_3CH_2CH_2 \\ \diagdown \\ H \end{array} C=C \begin{array}{c} H \\ \diagup \\ CH_3 \end{array}$$

（反式）

上述两种还原方法,可分别将炔烃还原成顺式和反式烯烃,在制备具有一定构型的烯烃时很有用。

（2）与卤素加成

炔烃与卤素发生加成反应先生成二卤化合物,继续反应得四卤化合物。例如,

$$HC\equiv CH \xrightarrow{Br_2} HC=CH \xrightarrow{Br_2} \underset{Br\ \ Br}{\overset{Br\ \ Br}{HC-CH}}$$

乙炔 　　　　1,2-二溴乙烯 　　　1,1,2,2-四溴乙烷

炔烃与溴发生加成反应使溴很快褪色,以此可检验碳碳三键的存在。炔烃与氯、溴加成具有立体选择性,主要生成反式加成产物。例如,

$$CH_3CH_2C\equiv CCH_2CH_3 + Br_2 \longrightarrow \begin{array}{c} H_3CH_2C \\ \diagdown \\ Br \end{array} C=C \begin{array}{c} Br \\ \diagup \\ CH_2CH_3 \end{array} \quad 90\%$$

3-己炔 　　　　　　　　E-3,4-二溴-3-己烯

在与卤素加成时,碳碳三键没有碳碳双键活泼,因此,如果分子中同时存在三键和双键,卤素一般优先加到双键上。

$$H_2C=\overset{H_2}{\underset{H}{C}}-C\equiv CH + Br_2 \xrightarrow{\text{等物质的量}} H_2C-CH-CH_2-C\equiv CH \\ \qquad\qquad\qquad\qquad\qquad\qquad\qquad \underset{Br\ \ Br}{}$$

1-戊烯-4-炔 　　　　　　　　　4,5-二溴-1-戊炔

（3）与卤化氢加成

炔烃与等物质的量卤化氢加成,生成卤代烯烃,继续加成形成偕二卤代物(偕表示两个卤素连在同一个碳原子上),加成方向符合马氏规则。

$$\underset{3\ \ \ 2\ \ \ 1}{H_3C-C\equiv CH} + HCl \longrightarrow \underset{Cl}{H_3C-C=CH_2} \xrightarrow{\text{过量 HCl}} \underset{Cl}{\overset{Cl}{H_3C-C-CH_3}}$$

2-氯丙烯 　　　　　　　2,2-二氯丙烷

常见碳正离子的稳定性次序为

$$R_3\overset{+}{C} > R_2\overset{+}{C}H > R\overset{+}{C}H_2 > R\overset{+}{C}=CH_2 > HR\overset{+}{C}=CH$$

炔烃与卤化氢的加成大多为反式加成。例如,

$$CH_3CH_2C \equiv CCH_2CH_3 + HCl \longrightarrow \underset{H}{\overset{H_3CH_2C}{>}} C = C \underset{CH_2CH_3}{\overset{Cl}{<}} \qquad 97\%$$

3-己炔   (Z)-3-氯-3-己烯

在过氧化物存在下,溴化氢和炔烃的加成反应与烯烃相似,加成方向也符合反马氏规则。

$$H_3C(H_2C)_3-C \equiv CH \begin{cases} \xrightarrow[\text{等物质的量}]{HBr} H_3C(H_2C)_3\underset{Br}{C} = CH_2 \\ \xrightarrow[\text{过氧化物}]{HBr(\text{等物质的量})} H_3C(H_2C)_3HC = \underset{Br}{CH} \end{cases}$$

(4)与水加成

炔烃在酸性条件下不能与水加成,需要汞盐催化。如乙炔与水加成是在10%硫酸和5%硫酸汞的水溶液中进行。首先水与三键加成生成乙烯醇,然后再通过异构化转变为乙醛。

$$HC \equiv CH + H_2O \xrightarrow[H_2SO_4]{HgSO_4} \left[\begin{array}{c} CH = CH_2 \\ | \\ OH \end{array} \right] \longrightarrow CH_3CHO$$

乙烯醇   乙醛

羟基直接连在双键碳原子上的化合物称为烯醇。烯醇很不稳定,会很快发生异构化形成稳定的羰基化合物(酮式),烯醇式和酮式处于动态平衡中,两者互为互变异构体。

$$>C = C - O - H \Longleftrightarrow \overset{H}{\underset{}{-C} - C = O}$$

烯醇式   酮式

不对称炔烃与水的加成反应遵循马氏规则。除乙炔加水得到乙醛外,其他炔烃都生成相应的酮。例如,

$$CH_3(CH_2)_5C \equiv CH + H_2O \xrightarrow[H_2SO_4]{HgSO_4} CH_3(CH_2)_5\underset{\underset{O}{\parallel}}{C}CH_3 \quad (91\%)$$

(5)硼氢化反应

炔烃的硼氢化反应停留在含双键产物。

$$CH_3C \equiv CCH_3 \xrightarrow{BH_3-THF} \left[\underset{H}{\overset{H_3C}{>}} C = C \underset{}{\overset{CH_3}{<}} \right]_3 B$$

产物用酸处理过的得到烯,氧化得到醛、酮。

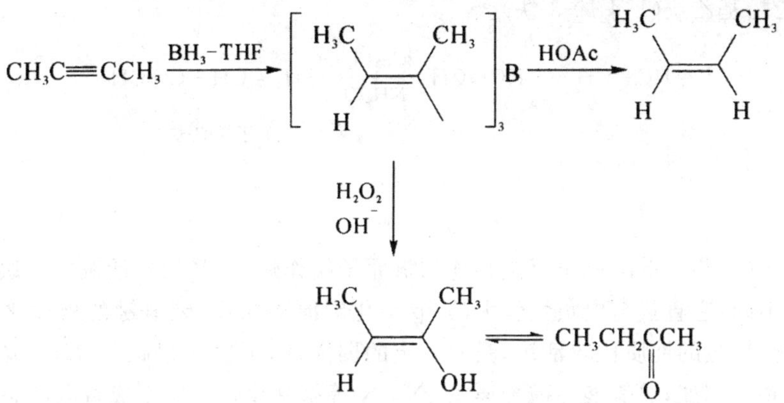

2. 氧化反应

炔烃被高锰酸钾氧化：

$$CH\equiv CH + KMnO_4 + H_2O \longrightarrow CO_2 + MnO_2\downarrow + KOH$$

反应后高锰酸钾溶液的紫色褪去，生成褐色的二氧化锰沉淀。

$$CH_3-C\equiv CH \xrightarrow[KMnO_4]{H_2O} CH_3COOH + CO_2$$

$$CH_3-C\equiv C-CH_3 \xrightarrow[KMnO_4]{H_2O} 2CH_3COOH$$

$$CH_3-C\equiv C-CH_2CH_3 \xrightarrow[KMnO_4]{H_2O} CH_3COOH + CH_3CH_2COOH$$

由于氧化产物保留了原来烃中的部分碳链结构，因此通过一定的方法，测定氧化产物的结构，便可推断炔烃的结构。

炔烃与烯烃相似，能被臭氧氧化裂解，水解产物是羧酸，根据生成的羧酸的结构可确定三键的位置。

$$RC\equiv CH \xrightarrow[②H_2O]{①O_3} RCOOH + HCOOH$$

$$RC\equiv CH \xrightarrow{KMnO_4} RCOOH + CO_2\uparrow$$

$$RC\equiv CR' \xrightarrow[②H_2O]{①O_3} RCOOH + R'COOH$$

$$RC\equiv CR' \xrightarrow{KMnO_4} RCOOH + R'COOH$$

烷烃、环烷烃不能被高锰酸钾氧化，这是区别烷烃、环烷烃与不饱和烃的一种方法。

3. 聚合反应

炔烃的聚合反应与烯烃不同，它一般不聚合成高聚物，而是在不同的催化剂作用下，发生二聚、三聚、四聚等低聚反应。

乙炔在一定条件下，可以发生双分子聚合。例如，将乙炔通入氯化亚铜和氯化铵的强酸性溶液中,可得到乙烯基乙炔(1-丁烯-3-炔)。

$$HC\equiv CH + HC\equiv CH \xrightarrow[NH_4Cl]{Cu_2Cl_2} CH_2=CH-C\equiv CH$$

$$\text{1-丁烯-3-炔}$$

4. 炔氢反应

在炔烃分子中,与三键碳原子直接相连的氢原子叫作炔氢,又叫作活泼氢。炔氢与炔烃分子中其他氢原子不同,它直接与电负性较大的 sp 杂化碳原子相连,碳氢键的极性比其他碳氢键的极性要大,因此,炔氢的性质比较活泼,具有一定的弱酸性,可以在强碱条件下,被金属原子取代生成金属炔化物。例如,炔氢能与碱金属 Li、Na、K 等氨基化物反应生成碱金属炔化物。

$$RC\equiv CH \xrightarrow[\text{或 Na/NH}_3]{NaNH_2/\text{液 NH}_3} RC\equiv CNa$$

$$HC\equiv CH + NaNH_2 \xrightarrow{\text{液 NH}_3} HC\equiv CNa + NH_3$$

$$HC\equiv CH + NaNH_2 \xrightarrow{\text{液 NH}_3} NaC\equiv CNa + NH_3$$

利用金属炔化物和卤代烃反应可得到碳链增长的炔烃,因此,炔化物是个很有用的有机合成中间体。例如,

$$RC\equiv CH \xrightarrow{NaNH_2/\text{液 NH}_3} RC\equiv CNa \xrightarrow{R'X} RC\equiv CR'$$

含有炔氢的炔烃还可以与银和铜等过渡金属原子形成金属炔化物,这些炔化物都不溶于水,以沉淀的形式生成。例如,含有炔氢的炔烃分别与硝酸银的氨溶液或氯化亚铜的氨溶液作用,生成白色的炔化银沉淀或棕红色的炔化亚铜沉淀。利用这两个反应可鉴别炔烃,同时还可以鉴别末端炔烃和非末端炔烃。

$$RC\equiv CH \begin{cases} \xrightarrow{AgNO_3 + NH_4OH} RC\equiv CAg\downarrow + NH_4NO_3 + H_2O \\ \qquad\qquad\qquad \text{白色沉淀} \\ \xrightarrow{Cu_2Cl_2 + NH_4OH} RC\equiv CCu\downarrow + NH_4Cl + H_2O \\ \qquad\qquad\qquad \text{砖红色沉淀} \end{cases}$$

过渡金属炔化物在干燥状态下受热或受震动容易爆炸,实验后,要立即用稀酸分解。避免发生事故。例如,

$$HC\equiv CH + 2AgNO_3 + 2NH_4OH \longrightarrow AgC\equiv CAg\downarrow + 2NH_4NO_3 + 2H_2O$$
$$\text{白色沉淀}$$

$$AgC\equiv CAg + 2HNO_3 \longrightarrow HC\equiv CH + 2AgNO_3$$

$$HC\equiv CH + Cu_2Cl_2 + 2NH_4OH \longrightarrow CuC\equiv CCu\downarrow + 2NH_4Cl + 2H_2O$$
$$\text{砖红色沉淀}$$

$$CuC\equiv CCu + 2HCl \longrightarrow HC\equiv CH + Cu_2Cl_2$$

3.4.6　重要的炔烃

乙炔是最简单的炔烃。煤、石油和天然气是生产乙炔的主要原料。生产乙炔的重要方法有碳化钙(电石)法、甲烷法(电弧法)和等离子法等。过去乙炔是重要的有机合成原料,但由于生产

成本高,近年来已经逐步被其他原料(如乙烯、丙烯等)代替。

　　纯净的乙炔是无色无味的气体,燃烧时能够产生明亮的火焰。乙炔在氧气中燃烧所形成的火焰温度高达 3 000℃,可用来焊接和切割金属材料。

　　此外,乙炔也是制造乙醛和其他有机产品的重要化工原料。

第4章 环 烃

4.1 脂环烃

具有环状结构,性质与链烃相似的烃类,称为脂环烃。脂环烃及其衍生物广泛存在于自然界。

4.1.1 脂环烃的同分异构现象

由于碳原子连成环,环上 C—C 单键不能自由旋转。因而,在环烷烃分子中,只要环上有两个碳原子各连有不同的子基团,就存在构型不同的顺反异构体。如 1,4-二乙基环己烷就有顺式和反式两种异构体。两个乙基在环平面同一边的是顺式异构体,两个乙基分布在环平面两边的是反式异构体。因此,脂环烃的异构有构造异构和顺反异构两种。如 C_5H_{10} 的环烷烃的异构有:

顺式 bp37℃   反式 bp37℃

4.1.2 脂环烃的分类和命名

1.脂环烃的分类

根据脂环烃的饱和程度不同分为环烷烃、环烯烃和环炔烃。例如,

环戊烷   环戊烯   环辛炔

根据脂环烃中的碳环数目不同分为单环、双环和多环脂环烃。

单环脂环烃,根据成环碳原子数目不同可再分为小环(3～4 个碳原子)、普通环(5～7 个碳原子)、中环(8～12 个碳原子)和大环(12 个碳原子以上)。例如,

小环脂环烃   普通环脂环烃   中环脂环烃   大环脂环烃

在双环和多环脂环烃中,根据分子内两个碳环共用的碳原子数目不同可再分为螺环烃、桥环烃和稠环烃。两个碳环共用一个碳原子的称为螺环烃;两个碳环共用两个碳原子的称为稠环烃;两个碳环共用两个以上碳原子的称为桥环烃。例如,

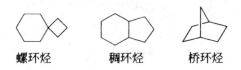

螺环烃　　　　稠环烃　　　桥环烃

2.脂环烃的命名

(1)单环脂环烃的命名

单环烷烃的命名与烷烃相似。以碳环为母体,环上侧链为取代基。环状母体的名称是在同碳数直链烷烃的名称之前加一个"环"字。例如,三个碳原子的环烷烃叫作环丙烷。环上有一个简单烷基取代的,叫作"某烷基环某烷"。例如,甲基环丙烷。若侧链烷基为复杂烷基,则以侧链为母体,环烷基为取代基。

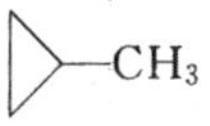

甲基环丙烷 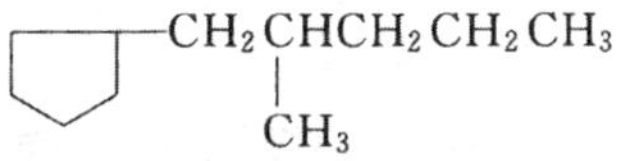　　　　　　2-甲基-1-环戊基戊烷

如果环上有两个或更多的取代基,命名时应把取代基的位置标出,环碳原子编号应遵循"最低系列原则",使取代基所在的位次和最小。例如,

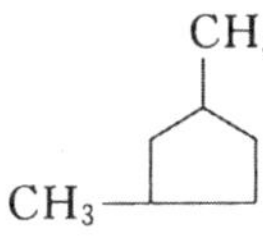

1,3-二甲基环戊烷 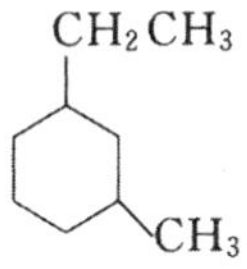　　　1-甲基-3-乙基环己烷

由于碳原子连成环,环上 C—C 单键不能自由旋转,因此在环烷烃分子中,只要环上有两个碳原子各连有不同的原子或基团,就有构型不同的顺反异构体存在。例如,1,4-二甲基环己烷就有顺反异构。两个甲基位于环平面同侧的是顺式异构体,两个甲基位于环平面异侧的是反式异构体。在书写环状化合物的结构式时,为了表示出环上碳原子的构型,可以把碳环表示为垂直于纸面,将朝向前面(即向着读者)的三个键用粗线或楔形线表示,把碳原子上的基团排布在环的上面和下面(如果碳原子上没有取代基只有氢原子,也可以省略不写)。或者把碳环表示为在纸面上,把碳原子上的基团排布在环的前方和后方,用实线表示伸向环平面前方的键,虚线表示伸向后方的键。1,3-二甲基环丁烷的顺反异构体可分别表示如下:

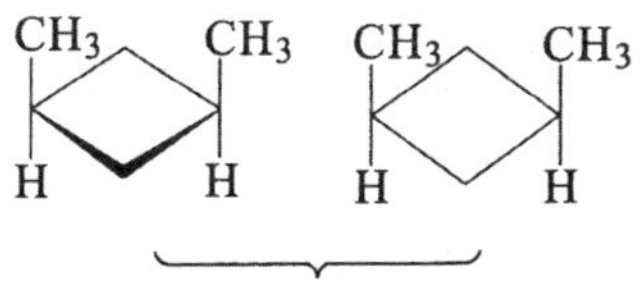

顺-1,3-二甲基环丁烷 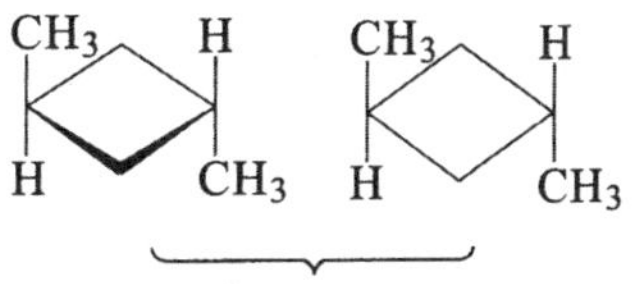　　　　反-1,3-二甲基环丁烷

单环烯(或炔)烃的命名也与相应的开链烯烃相似。以不饱和碳环为母体,侧链作为取代基。

环上碳原子的编号顺序应使不饱和键所在位置的号码最小。对于只有一个不饱和键的环烯(或炔)烃,因不饱和键总是位于 C₁—C₂ 之间,故命名时可把双键(或三键)的位置省略不写。例如,

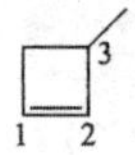

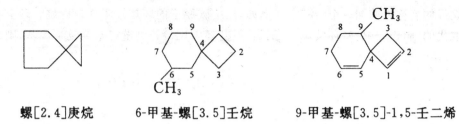

3-甲基环丁烯 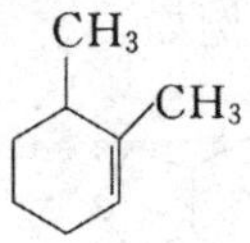　　　　2,3-二甲基环己烯 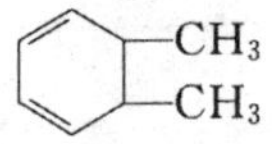　　　　5,6-二甲基-1,3-环己二烯

(2)螺环烃的命名

命名螺环烃时,按母体烃中碳原子总数称为"螺[　]某烃",方括号中分别用阿拉伯数字标出两个碳环除螺原子外的碳原子数目,数字之间的右下角用圆点隔开,顺序是从小环到大环。有取代基时,要将螺环编号,编号从小环邻接螺原子的碳原子开始,通过螺原子绕到大环。例如,

螺[2.4]庚烷　　　6-甲基-螺[3.5]壬烷　　　9-甲基-螺[3.5]-1,5-壬二烯

(3)桥环烃的命名

命名桥环烃时根据成环总碳原子数,称为"二环[　]某烷",再把各"桥"所含的碳原子数目,按由大到小的顺序写在方括号中,数字之间用圆点隔开。例如,

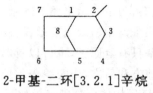

二环[4.4.0]癸烷　　　二环[4.1.0]庚烷　　　二环[4.3.0]-7-壬烯

环上如有取代基,可将环编号:从一个"桥头"开始,沿最长"桥"经第二个"桥头"到次长"桥",再回到第一个"桥头",最短的"桥"最后编号。例如,

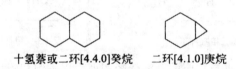

2-甲基-二环[3.2.1]辛烷

(4)稠环烃的命名

稠环烃可当作相应芳烃的氢化物来命名,或将其看作桥环烃的特例,按照桥环烃的方法命名。例如,

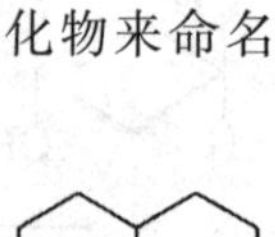

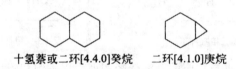

十氢萘或二环[4.4.0]癸烷 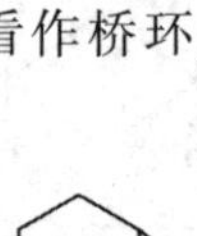　　　二环[4.1.0]庚烷

4.1.3 脂环烃的结构

环烷烃的碳原子是 sp^3 杂化,其杂化轨道之间的夹角应为 109.5°。但是环丙烷成环的三个碳原子组成平面三角形,夹角为 60°。因此每个 C—C 键就得向内扭转一定的角度,这就产生了张力,又称为拜尔张力。经物理方法测定,环丙烷中两个碳原子的 sp^3 杂化轨道形成 σ 键时,C—C—C 单键之间的夹角为 105.5°,不能沿键轴方向最大重叠,只能弯曲着部分重叠形成"弯曲键"(图 4-1)。分子内张力大,体系内能高,结构就不稳定,容易开环。

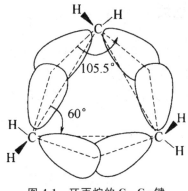

图 4-1 环丙烷的 C—Cσ 键

环丁烷的四个碳原子不在同一平面,成"蝶"形,键角为 90°,所以也有较大的"角张力"而趋于不稳定。环戊烷和环己烷的成环碳原子不在同一平面上,碳碳键之间的夹角接近 109.5°,也就是说,碳原子的 sp^3 杂化轨道形成 C—Cσ 键时,不必扭偏而能沿键轴方向最大程度重叠,不存在角张力,环系稳定不易开环。

4.1.4 脂环烃的物理性质

在常温常压下,脂环烃中小环为气态,普通环为液态,中环及大环为固态。环烷烃不溶于水,易溶于有机溶剂。环烷烃的熔点、沸点和相对密度都较含同数碳原子的开链烃高。这是由于环烷烃的结构较对称,排列较紧密,分子间的作用力较大的缘故。常见环烷烃的物理常数见表 4-1。

表 4-1 常见环烷烃的物理常数

名称	熔点/℃	沸点/℃	相对密度 d_4^{20}
环丙烷	−127.4	−32.9	0.720(−79℃)
环丁烷	−50	12	0.703(0℃)
环戊烷	−93.8	49.3	0.745
甲基环戊烷	−142.5	71.82	0.748 6

名称	熔点/℃	沸点/℃	相对密度 d_4^{20}
环己烷	6.5	80.7	0.779
甲基环己烷	−126.4	100.3	0.79
环庚烷	−12	118.5	0.810
环辛烷	14.7	140	0.830

4.1.5 脂环烃的化学性质

脂环烃的化学性质与相应的脂肪烃相似,环烷烃性质类似烷烃,环烯烃性质类似烯烃。但小环的环烷烃即环丙烷和环丁烷因结构上存在角张力,不稳定,从而具有某些不同于烷烃的反应活泼性,容易发生开环加成反应。因而从结构上考虑,环烷烃的环越稳定,化学性质就越像烷烃。

1. 环烷烃的反应

1) 取代反应

环烷烃与烷烃一样,都是饱和烃。在光照或热的引发下环烷烃可发生自由基型的卤代反应,生成相应的卤代物。例如,

$$\text{□}+Cl_2 \xrightarrow{\text{光}} \text{□}-Cl + HCl$$

$$\text{□}-CH_3 + Br_2 \xrightarrow{\text{光}} \text{□}\overset{Br}{\underset{}{|}}CH_3 + HBr$$

2) 开环加成反应

环烷烃中的环丙烷、环丁烷,特别是环丙烷,具有与双键类似的化学性质,易与一些试剂作用发生环破裂而结合得到链烃,这些反应称开环加成反应。环戊烷以上的则比较困难。开环反应是离子型反应,极性条件有利于反应的发生(反应速率:三元环>四元环>普通环)。

(1) 催化加氢

环烷烃在催化剂作用下与氢作用,可以开环与两个氢原子相结合生成烷烃。但由于环的大小不同,催化加氢的难易不同。环丙烷很容易开环加氢,环丁烷需在高温下加氢,而环戊烷和环己烷则必须在更强烈的条件下才能加氢,如 300℃以上用钯催化加氢。例如,

$$\triangleright + H_2 \xrightarrow[80℃]{Ni} CH_3CH_2CH_3$$

$$\square + H_2 \xrightarrow[200℃]{Ni} CH_3CH_2CH_2CH_3$$

$$\text{⬠} + H_2 \xrightarrow[>300℃]{Pd} CH_3CH_2CH_2CH_2CH_3$$

从催化加氢的反应条件可以看出,环丙烷和环丁烷比较容易开环加成,它们由于存在环张力,都不太稳定,尤其是环丙烷。

（2）与卤素加成

环丙烷和环丁烷除了能和氢加成外，在溶液中还能与溴发生加成反应，生成开链的二溴代物，环丙烷的反应活性大于环丁烷。例如，

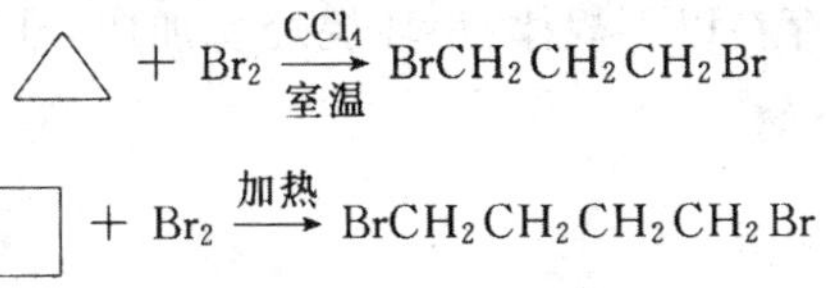

$$\triangle + Br_2 \xrightarrow[\text{室温}]{CCl_4} BrCH_2CH_2CH_2Br$$

$$\square + Br_2 \xrightarrow{\text{加热}} BrCH_2CH_2CH_2CH_2Br$$

五元环以上的环烷烃一般不与卤素进行加成反应，而是进行取代反应，所以可以用环丙烷与溴的加成反应（溴水褪色）来鉴别小环（环丙烷）和大环。

（3）与卤化氢加成

环丙烷在常温下，可与卤化氢加成而开环。例如，

$$\triangleright + HBr \longrightarrow CH_3CH_2CH_2Br$$

环丁烷及以上的环烷烃常温下不与卤化氢起加成反应。例如，

$$\square + HBr \longrightarrow \text{不反应}$$

环丙烷的烷基衍生物与卤化氢加成时，遵从马氏规则，环的破裂发生在含氢最多和含氢最少的两个碳原子之间，且卤化氢中的氢原子加成在含氢多的断裂碳原子上，卤素原子加成在含氢少的断裂碳原子上。例如，

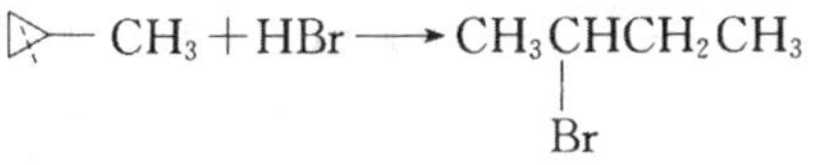

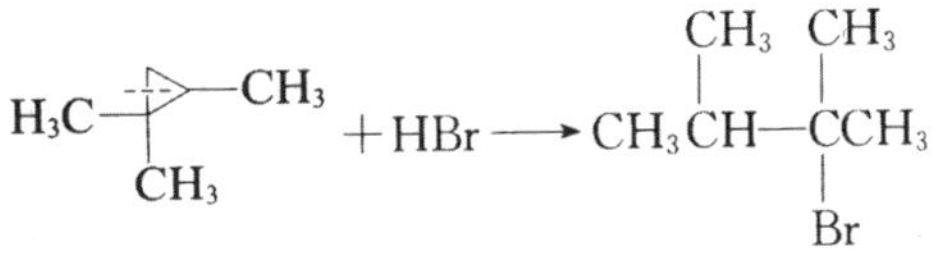

$$\triangleright\!\!-\!CH_3 + HBr \longrightarrow CH_3CHCH_2CH_3$$
$$\underset{Br}{\mid}$$

（4）与稀硫酸加成

环丙烷及其烷基衍生物可与稀硫酸发生开环加成反应，环的破裂与加成规则同卤化氢的反应一样，其产物经水解生成醇。例如，

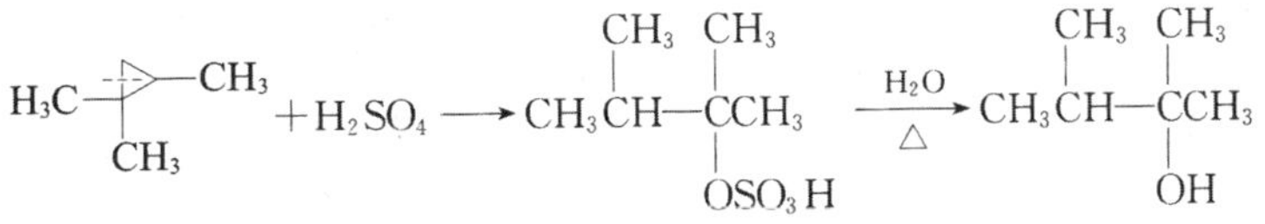

3）氧化反应

在常温下环烷烃与一般的氧化剂（如 $KMnO_4$ 等）不发生反应，但在高温和催化剂的作用下，某些环烷烃可和强氧化剂或被空气氧化生成各种含氧化合物，产物因氧化反应条件不同而不同。例如，

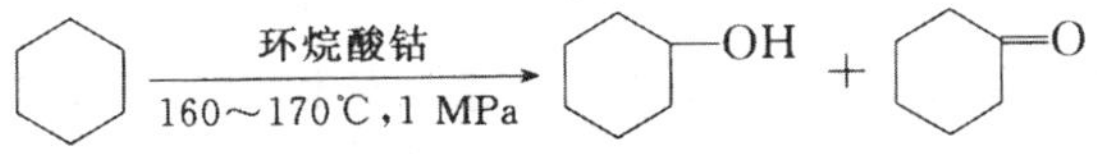

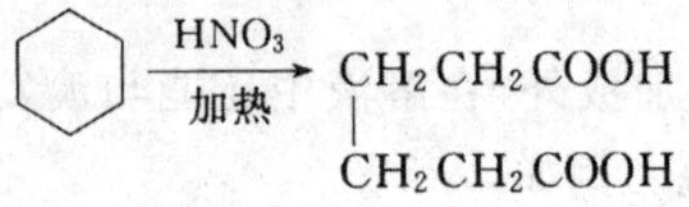

$$\text{环己烷} \xrightarrow[\text{加热}]{HNO_3} \begin{array}{l} CH_2CH_2COOH \\ | \\ CH_2CH_2COOH \end{array}$$

综上所述,环烷烃的性质存在以下规律:小环烷烃易加成,难氧化,似烯;常见环以上的环烷烃难加成,难氧化,易取代,似烷。

2. 环烯烃和环二烯烃的反应

环烯烃、共轭环二烯烃,各自具有其相应烯烃的通性。

1)环烯烃的加成反应

环烯烃同烯烃一样,不饱和碳碳键容易发生加氢、加卤素、加卤化氢、加硫酸等反应。例如,

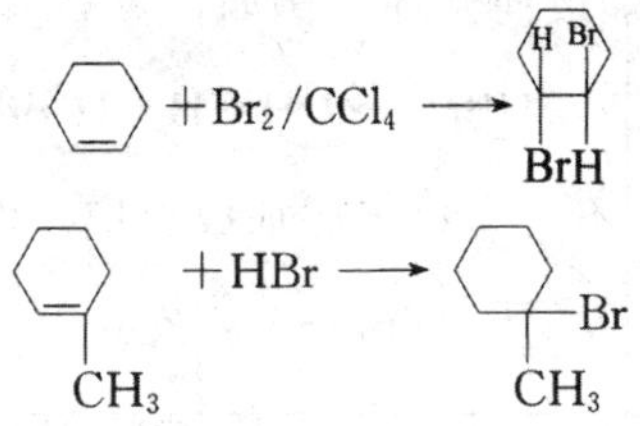

2)环烯烃的氧化反应

环烯烃中的不饱和碳碳键容易被高锰酸钾、臭氧等氧化断裂生成开链的氧化产物。例如,

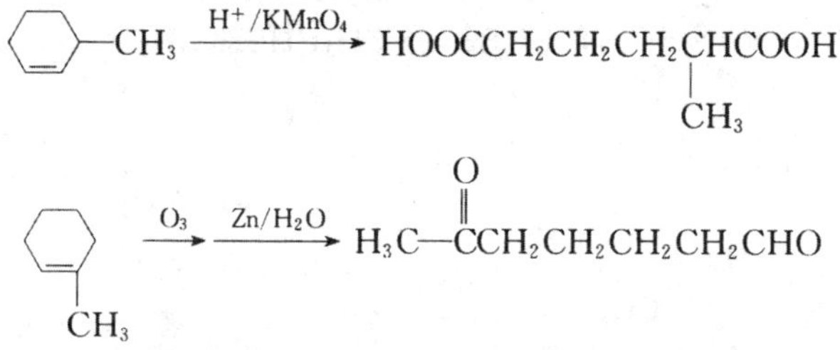

$$\text{甲基环己烯} \xrightarrow[]{O_3 \quad Zn/H_2O} H_3C\overset{\displaystyle O}{\overset{\|}{C}}CH_2CH_2CH_2CH_2CHO$$

3)共轭环二烯烃的双烯合成反应

具有共轭双键的环二烯烃具有共轭二烯烃的一般性质,能与某些不饱和化合物发生双烯合成反应。例如,

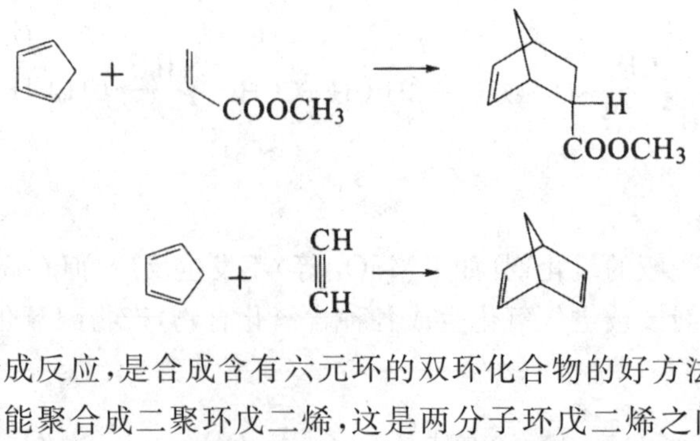

环戊二烯的双烯合成反应,是合成含有六元环的双环化合物的好方法。

环戊二烯在常温下能聚合成二聚环戊二烯,这是两分子环戊二烯之间发生了双烯合成的结果。一分子环戊二烯作为双烯体,另一分子则作为亲双烯体参加了反应。二聚环戊二烯受热又分解成环戊二烯。

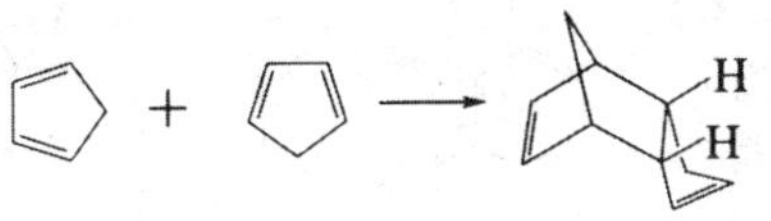

4.1.6 重要的脂环烃

松节油是一种无色至深棕色液体，具有特殊气味，溶于乙醇、乙醚、氯仿等有机溶剂。其主要成分为蒎烯（一种环烯烃），医药中用作搽剂，能促进血液循环，用于治疗肌肉痛、风湿痛和神经痛。

4.2 芳香烃

芳香烃简称芳烃，是芳香族化合物的母体。“芳香”两字的来源是由于最初从天然香树脂、香精油中提取的一些物质具有芳香气味，于是把这类化合物定名为“芳香”族化合物。后来发现芳香族化合物多数具有苯环结构，因而把含苯环的化合物称为芳香族化合物。实际上许多芳香族化合物并没有香气，有的还具有令人不愉快的臭气，所以“芳香”两字早已失去原来的含义。

4.2.1 芳烃的分类和命名

1. 芳烃的分类

根据芳香烃分子中是否含有苯环以及所含苯环的数目，可把芳香烃分为以下几类。

(1)单环芳烃

单环芳烃是指分子中只包含一个苯环的烃类化合物。例如，

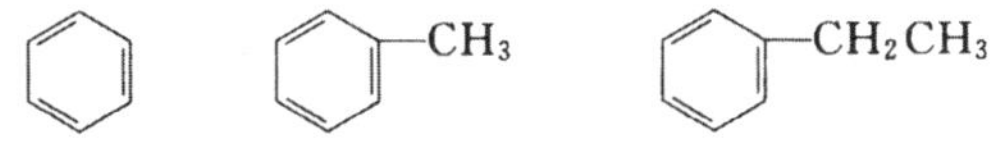

苯　　甲苯　　乙苯

(2)多环芳烃

多环芳烃是指分子中包含两个或两个以上独立苯环的烃类化合物，例如，

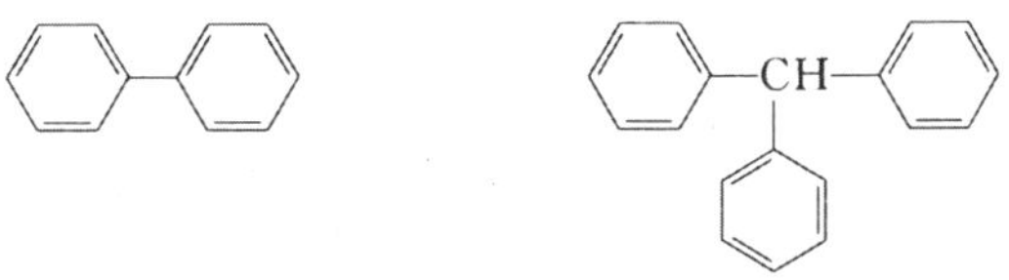

联苯　　三苯甲烷

(3)稠环芳烃

稠环芳烃是指分子中含有由两个或两个以上的苯环彼此间通过共用两个相邻的碳原子稠合而成的烃类化合物。例如，

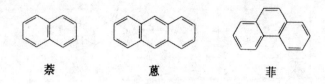

萘　　　　　　蒽　　　　　　菲

(4)非苯芳烃

分子中不包含苯环,但具有芳香性的烃类化合物称为非苯芳烃,非苯芳烃主要是一些芳香离子和轮烯类化合物。例如,

环戊二烯负离子　　　　环庚三烯正离子　　　　薁

2.单环芳烃的命名

苯是单环芳香烃的母体,苯分子中氢原子被烃基取代的衍生物就是苯的同系物。其通式为 $C_nH_{2n-6}(n \geqslant 6)$。

(1)芳基

芳烃分子去掉一个氢原子所剩下的基团称为芳基,用 Ar 表示。重要的芳基有:

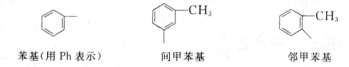

苯基(用 Ph 表示)　　　　间甲苯基　　　　邻甲苯基

(2)一元取代苯的命名

当苯环上连的是烷基—R,—NO_2,—X 等基团时,则以苯环为母体,称为"某基苯"。例如,

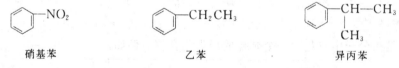

硝基苯　　　　　　乙苯　　　　　　异丙苯

当苯环上连有—COOH,—SO_3H,—NH_2,—OH,—CHO,—CH=CH_2 或—R 等较复杂基团时,则把苯环作为取代基。例如,

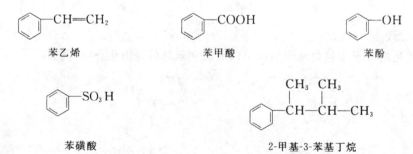

苯乙烯　　　　　　苯甲酸　　　　　　苯酚

苯磺酸　　　　　　2-甲基-3-苯基丁烷

(3)二元取代苯的命名

二元取代苯有三种异构体。取代基的位置用邻(o-)、间(m-)、对(p-)或 1,2-、1,3-、1,4-表示。例如,

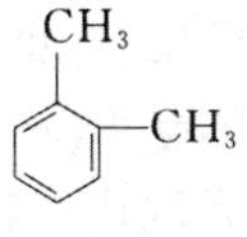

邻二甲苯　　　　　　　　间二甲苯　　　　　　　　对二甲苯

o-二甲苯　　　　　　　*m*-二甲苯　　　　　　　*p*-二甲苯

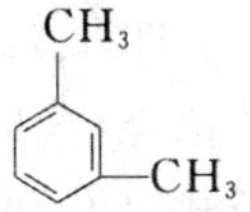

1,2-二甲苯　　　　　　　1,3-二甲苯　　　　　　　1,4-二甲苯

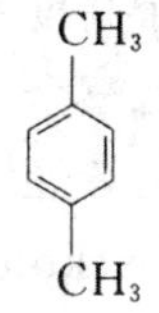

（4）多元取代苯的命名

取代基相同时,其位置用连、偏、均命名,或用 1,2,3,4,…表示取代基所在位置,规则与链烃的相同。

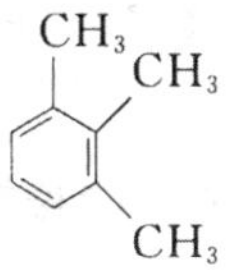

连三甲苯　　　　　　　　偏三甲苯　　　　　　　　均三甲苯

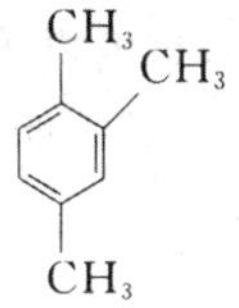

1,2,3-三甲苯　　　　　　1,2,4-三甲苯　　　　　　1,3,5-三甲苯

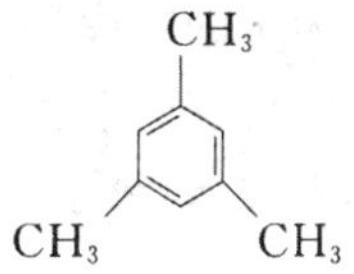

母体选择原则（按以下排列次序,排在后面的为母体,排在前面的作为取代基。）选择母体的顺序如下:—NO_2、—X、—OR（烷氧基）、—R（烷基）、—NH_2、—OH、—COR、—CHO、—CN、—$CONH_2$（酰胺）、—COX（酰卤）、—COOR（酯）、—SO_3H、—COOH、—N^+R_3 等。例如,

对氯苯酚　　　对氨基苯磺酸　　　间硝基苯甲酸　　　3-硝基-5-羟基苯甲酸　　　2-甲氧基-6-氯苯胺

此外,系统命名原则规定,甲苯、邻二甲苯、异丙苯、苯乙烯等少数几个芳烃也可作为母体来命名,例如,下面化合物叫对叔丁基甲苯,而不叫 1-甲基-4-叔丁基苯。

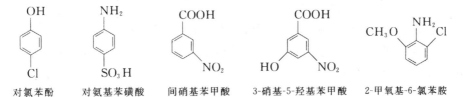

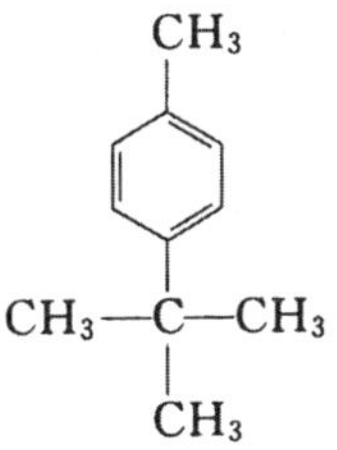

4.2.2　苯的结构

1.凯库勒结构式

苯是芳烃中最典型的代表物,而且苯系芳烃分子中都含有苯环。苯的分子式为 C_6H_6,从苯

的分子式来看,它是一个高度不饱和的化合物。但从它的一些反应,如苯催化加氢,可生成环己烷,从而确定苯环中含有三个双键,但它不与 HCl、HBr 发生加成反应,也不能被高锰酸钾等氧化,说明苯不同于一般的烯烃和环状不饱和化合物,具有很好的稳定性。

1865 年凯库勒(A. Kekulé)从苯的分子式出发,根据苯的一元取代产物只有一种,说明苯分子中的六个氢原子是等同的事实,首先提出了苯的环状对称构造式,然后根据碳原子为四价,把苯写成:

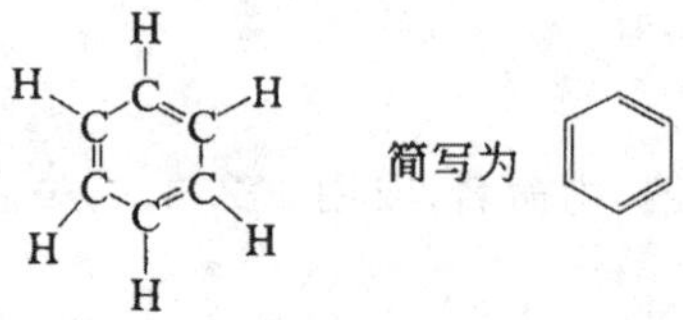

简写为

该式通常称为苯的凯库勒式,这个式子虽然可以说明苯的分子组成、原子间的连接次序,但它不能解释苯异常稳定的事实。其存在的不足之处如下:

①按照凯库勒式,苯分子内有三个双键,是一个环己三烯,应具有烯烃的特性,但苯不发生类似烯烃的加成反应。

②按照凯库勒式,苯的邻位二元取代物应有两种(a)和(b):

(a)   (b)

而实际上只有一种。为了解决这一难题,凯库勒曾用两个式子来表示苯的结构,并且假定苯分子中的双键不是固定的,而是在不停地、迅速地来回移动,所以有了下面的两种结构存在,因其处于快速平衡中,不能分离出来。

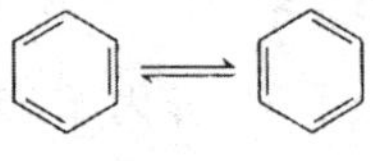

③按照凯库勒式,苯分子中的碳碳单键和碳碳双键是交替排列的,而单键和双键的键长是不等的,因此,苯分子应该是一个不规则六边形的结构,但事实上苯分子中的碳碳键的键长是完全相等的,都是 0.140 nm,即比一般碳碳单键短,又比一般碳碳双键长,其是一个等边六角环。

由此可见,凯库勒式并不能确切地反映苯分子的真实结构。

2.杂化轨道理论

应用现代物理方法证明,苯分子的结构是一个平面六边形构型,键角为 120°,C—C 键长都是 0.139 7 nm,如图 4-2 所示。虽然键角与预测的完全相同,但键长数据说明苯分子中不存在双键(0.133 nm)和单键(0.154 nm)之分。所以不能用所谓的 1,3,5-环己三烯来表示苯分子的真实结构。

杂化轨道理论认为:在苯分子中六个碳原子都是采用 sp² 杂化的,各碳原子均以 sp² 杂化轨道相互沿对称轴的方向正面重叠形成六个 C—Cσ 键,组成一个平面正六边形,每个碳原子再以一个 sp² 杂化轨道与氢原子的一个 s 轨道沿对称轴正面重叠,形成六个 C—Hσ 键。由于是 sp²

杂化,所以键角是 120°,分子中所有的碳原子和氢原子都在同一平面上,C—C 的键长都相同,为 0.139 7 nm。每个碳原子剩下一个未参加杂化的 p 轨道,其对称轴都垂直于碳环平面,且相互平行,结果这些相互平行的 p 轨道从侧面进行重叠,形成一个环状共轭体系 π_6^6,如图 4-3 所示。大 π 键的电子云对称地分布于六碳环平面的上、下两侧,如图 4-4 所示。

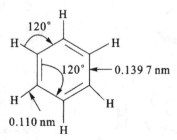

图 4-2　苯分子的结构

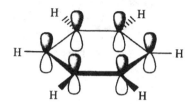

图 4-3　苯分子中的 p 轨道

图 4-4　苯分子中的 π 电子云

　　由于六个碳原子完全等同,所以大 π 键电子云在六个碳原子之间均匀分布,即电子云分布完全平均化,因此,C—C 键长完全相等,不存在单、双键之分。苯环共轭大 π 键的高度离域,使分子能量大大降低,因此,苯环具有高度的稳定性。

　　3.分子轨道理论

　　分子轨道理论认为,苯分子形成 σ 键后,苯环中六个碳原子的六个 p 轨道将组合成六个分子轨道,分别用 ψ_1、ψ_2、ψ_3、ψ_4、ψ_5 和 ψ_6 表示。这些分子轨道都有一共同节面,即苯环的平面,除此之外,ψ_1 没有节面,能量最低,ψ_2 和 ψ_3 分别有一个节面,它们是简并的,能量相等,其能量比 ψ_1 高。ψ_1、ψ_2 和 ψ_3 都是成键轨道。与此相应,ψ_4 和 ψ_5 各有两个节面,也是简并的,其能量更高,ψ_6 有两(三)个节面,能量最高。ψ_4、ψ_5 和 ψ_6 都是反键轨道。当苯分子处于基态时,六个 p 电子分成三对,分别填入成键轨道 ψ_1、ψ_2 和 ψ_3 中,反键轨道 ψ_4、ψ_5 和 ψ_6 则是空的。苯的分子轨道能级如图 4-5 示。

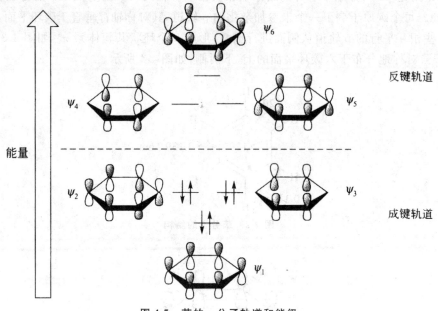

图 4-5 苯的 π 分子轨道和能级

4.共振理论

共振论是化学家鲍林在 20 世纪 30 年代提出的一种分子结构理论。他从经典的价键构造式出发,应用量子力学的变分法近似地计算和处理像苯那样难以用价键构造式代表结构的分子能量,从而认为像苯那样,不能用经典构造式圆满表示其结构的分子,它的真实结构可以有多种假设,其中每一种假设各相当于某一价键构造式共振而形成的共振杂化体来代表。这些参与了结构组成的价键构造式称为共振构造式,也称为参与构造式。

共振方法的基本原则:各共振构造式中原子核的相互位置必须相同,各式中成对或不成对的电子数必须相同,只是在电子的分布上可以有所变化。

共振构造式对真实结构的贡献用下列方法判断:共振构造式中共价键数目越多,共振构造式的稳定性越好,对真实结构的贡献越大。

在具有不同电荷分布的共振构造式中,电荷的分布要符合元素电负性的要求,分离成不同电荷的共振构造式,如碳原子上带正电荷的共振构造式更能表示羰基官能团的结构和性质。

在共振构造式中,具有结构上相似和能量上相同的两个或几个参与构造式组成的分子的真实结构一般都较稳定。

共振论在解释芳香化合物的结构和性质上非常重要。共振论认为,苯的结构是两个或多个经典结构的共振杂化体。

（Ⅰ）　　　　（Ⅱ）　　　　（Ⅲ）　　　　（Ⅳ）　　　　（Ⅴ）

苯的真实结构不是其中任何一个,而是它们的共振杂化体。各共振构造式之间的差异在于电子分配情况的不同,因而各共振构造式的能量是不同的。其中(Ⅲ)、(Ⅳ)、(Ⅴ)三个极限结构的键长和键角不等,贡献小,(Ⅰ)和(Ⅱ)是键长和键角完全相等的等价结构,贡献大,因此(Ⅰ)和(Ⅱ)共振构造式共振而得到的共振杂化体最接近苯的真实结构,所以苯的极限结构通常用(Ⅰ)和(Ⅱ)表示。

由于共振的结果,苯分子中的碳碳键,既不是单键也不是双键,而是介于单键与双键之间,六个碳碳键完全相等,因此,苯的邻位二取代物只有一种,这与实验完全相符。

4.2.3 单环芳烃的物理性质

单环芳烃一般为具有特殊的气味的无色液体。苯蒸气可通过呼吸道对人体产生损害,高浓度的苯蒸气主要作用于中枢神经,引起急性中毒,长期接触低浓度的苯蒸气损害造血器官。在苯的同系物中,沸点随着相对分子量的增加而升高,一般每增加一个 CH_2 沸点升高 $20 \sim 30 ℃$,含同数碳原子的各种异构体,其沸点相差不大,而结构对称的异构体,却具有较高的熔点。苯及其同系物的密度小于 1。苯及其同系物都不溶于水,是许多有机化合物的溶剂。常见单环芳烃的物理常数见表 4-2。

表 4-2 常见单环芳烃的物理常数

名称	熔点/℃	沸点/℃	相对密度 d_4^{20}
苯	5.3	80.1	0.877
甲苯	−95	110.6	0.867
邻二甲苯	−25.2	144.4	0.880
间二甲苯	−47.9	139.1	0.864
对二甲苯	13.26	138.4	0.861
乙苯	−95	136.3	0.867
正丙苯	−99.5	159.2	0.862
异丙苯	−96	152.4	0.8618
连三甲苯	−25.5	176.1	0.894
偏三甲苯	−43.8	169.4	0.876
均三甲苯	−44.7	164.7	0.864
苯乙烯	−30.6	145.14	0.906
苯乙炔	−44.8	142.1	0.928

4.2.4 单环芳烃的化学性质

苯环的特殊结构使苯的化学性质比较稳定,较难发生加成反应和氧化反应,而一定条件下容易发生取代反应。

1.亲电取代反应

芳烃的重要亲电取代反应有卤代、硝化、磺化、傅-克以及氯甲基化反应等。这些反应都是由缺电子的试剂或带正电荷的基团首先进攻苯环上的 π 电子所引发的取代反应,故称亲电取代反应。

芳烃亲电取代反应历程分两步进行:首先亲电试剂 E^+ 进攻苯环与离域的 π 电子作用形成 π-络合物,π-络合物仍保持着苯环结构。然后亲电试剂从苯环夺取两个电子,与苯环的一个碳原子形成一个 C—Eσ 键,称为 σ-络合物。

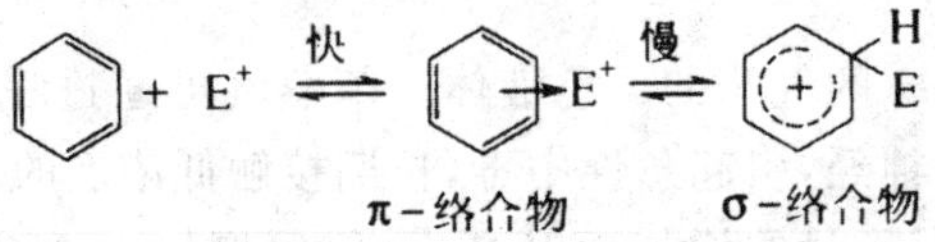

在 σ-络合物中,跟 E 相连的碳原子由 sp^2 杂化转变为 sp^3 杂化,苯环原有的六个 π 电子中给出了两个,剩下四个 π 电子离域在五个碳原子上,形成一个共轭体系,所以 σ-络合物不是原来的苯环结构,它是一个环状的碳正离子,可用以下三个共振式表示:

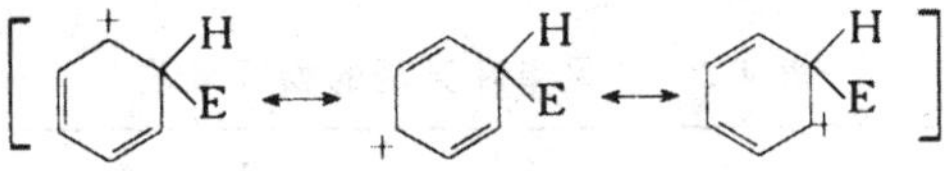

σ-络合物的能量比苯高因而不稳定,它迅速从 sp^3 杂化碳原子上失去一个质子转变为 sp^2 杂化碳原子,又恢复了稳定的苯环结构。

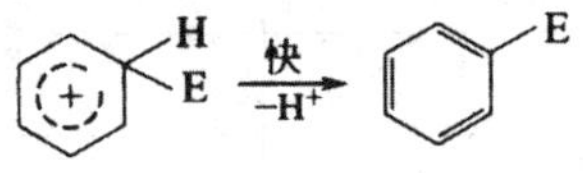

(1)卤代反应

在铁粉或三卤化铁的催化下,苯与卤素作用生成卤代苯。由于氟代反应太剧烈不易控制,而碘不活泼难以反应,所以苯的卤代反应通常是氯代和溴代。

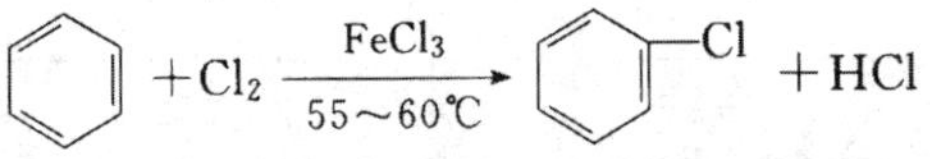

甲苯发生卤代反应较苯容易,生成邻位和对位卤代产物。

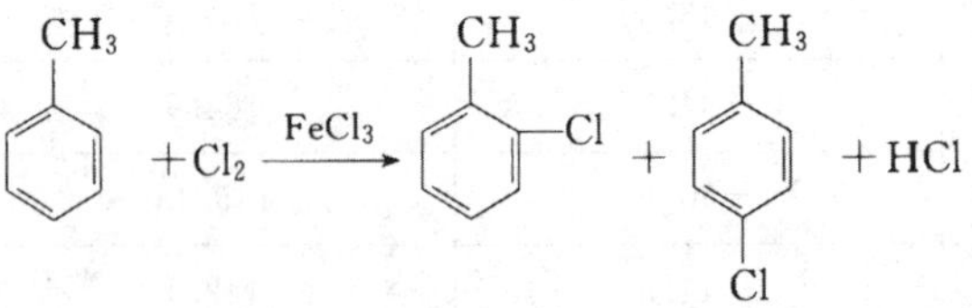

烷基苯的卤代反应条件不同,获得的产物则不同。在光照或加热的条件下,卤代反应发生在侧链上。例如,

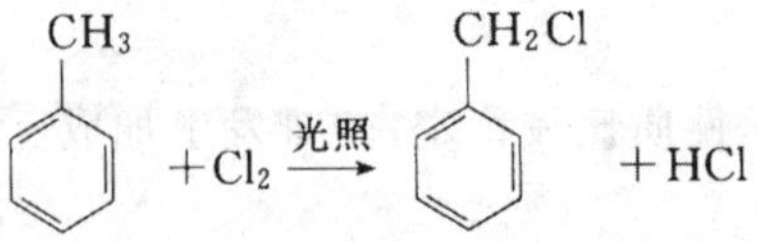

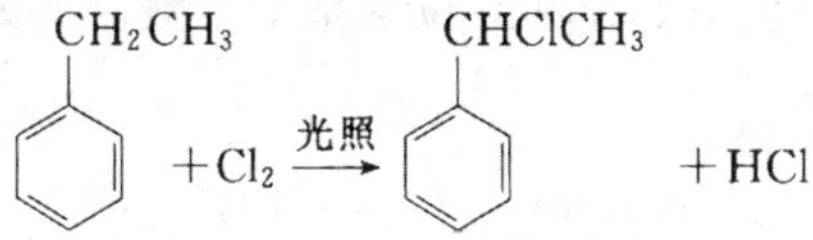

(2)硝化反应

苯与浓硫酸和浓硝酸(通常称为混酸),在50～60℃条件下反应,生成硝基苯。

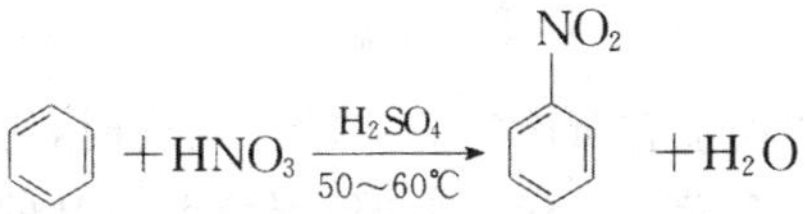

该反应中,进攻苯环的亲电试剂是硝酰正离子NO_2^+,同卤化反应中X^+作为亲电试剂一样,硝酰正离子首先与苯环结合生成σ-络合物,然后这个碳正离子失去一个质子生成硝基苯。

硝酰正离子的生成缘于浓硫酸的作用。

$$2H_2SO_4 + HONO_2 \rightleftharpoons NO_2^+ + H_3O^+ + 2HSO_4^-$$

硝基苯不容易继续硝化,但在更高温度下或发烟硫酸和发烟硝酸的作用下,也能引入第二个硝基,且主要生成间二硝基苯。

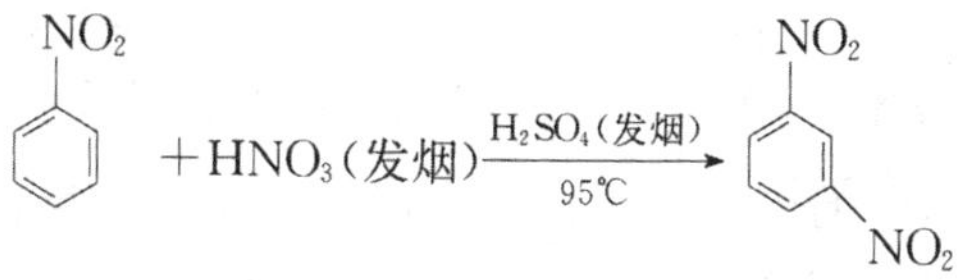

烷基苯在混酸的作用下,发生环上的亲电取代反应,不仅比苯容易,而且主要生成邻位和对位的取代产物。

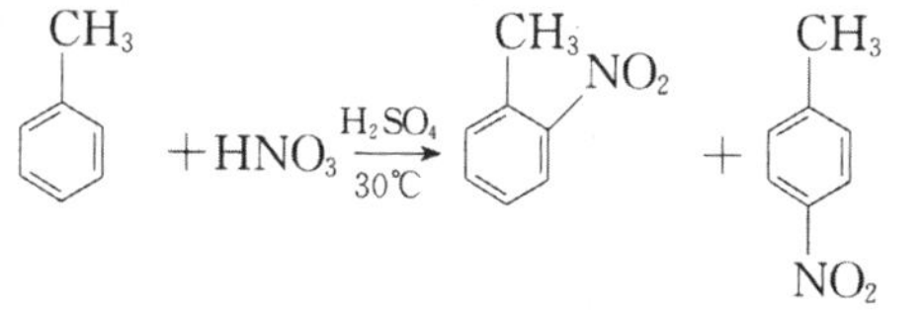

58%　　38%

(3)磺化反应

苯与浓硫酸或发烟硫酸作用,苯环上的氢原子被磺酸基($-SO_3H$)取代生成苯磺酸的反应称为磺化反应。例如,

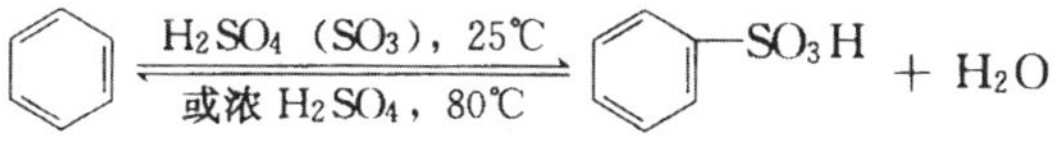

苯磺酸

苯磺酸在较高温度下可以继续磺化,生成间苯二磺酸。

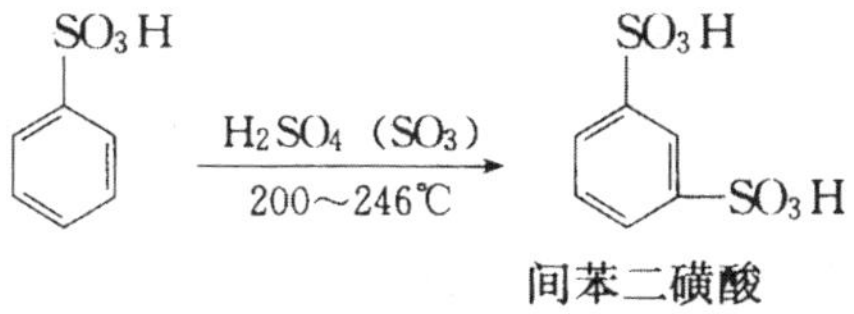

间苯二磺酸

烷某苯比苯容易磺化，主要生成邻位和对位烷基苯磺酸。例如，

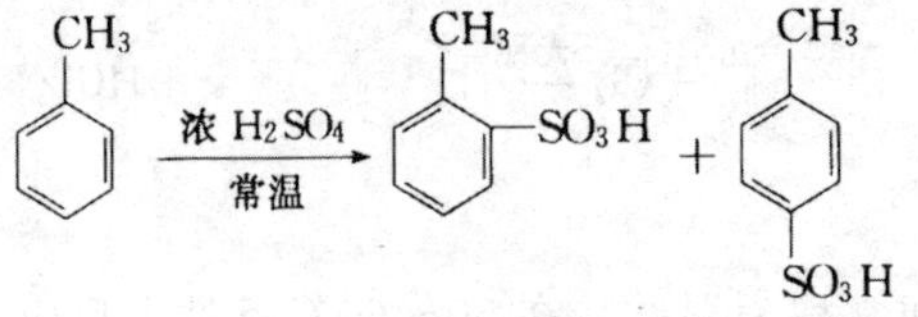

邻甲苯磺酸 30%　　对甲苯磺酸 62%

磺化反应的温度不同时，产物也有所改变。在较低温度时，生成的邻位和对位产物的数量相差不多。但由于磺基体积较大，在发生取代反应时，邻位取代基的空间位阻较大。在较高温度反应达到平衡时，没有空间位阻的对位，将是取代的主要位置，因此，对位异构体为主要产物。这种空间效应也称为邻位效应。

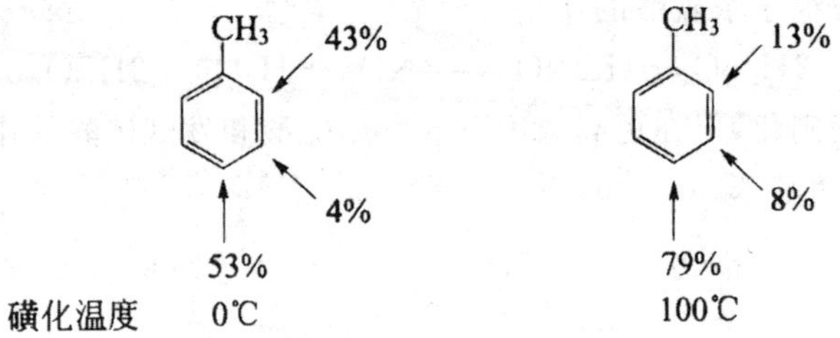

与卤化和硝化反应不同，苯的磺化反应是一个可逆反应。如果将苯磺酸与稀硫酸共热或在磺化产物中通入过热水蒸气时，可使苯磺酸发生水解反应而又变成苯。

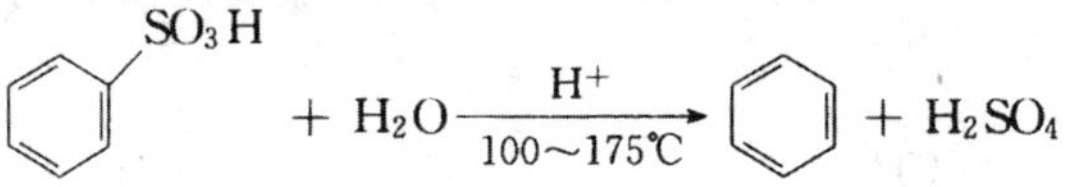

磺化反应的逆反应称为水解，该反应的亲电试剂是质子，因此，又称为质子化反应（或称去磺基反应）。

由于磺化反应是可逆反应，同时磺酸基又可以被硝基、卤素等取代，因此，在有机合成上可以利用磺酸基占据苯环上的一个位置，再进行其他反应，待反应完成后，再除去磺酸基。例如，

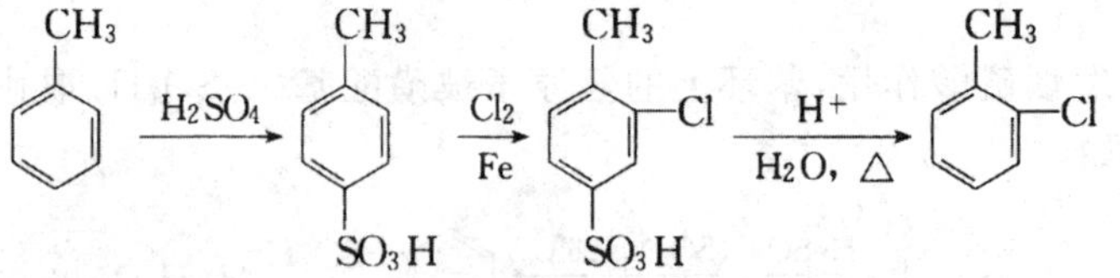

用磺酸基占位的方法，避免了甲苯直接氯化生成对氯甲苯。

(4)傅-克反应

傅瑞德尔-克拉夫茨(Friedel-Crafts)反应简称傅-克反应，苯在路易斯酸催化下，苯环上的氢原子被烷基或酰基取代，分别称为傅-克烷基化反应或傅-克酰基化反应。这是一种制备烷基苯和芳香酮的方法。

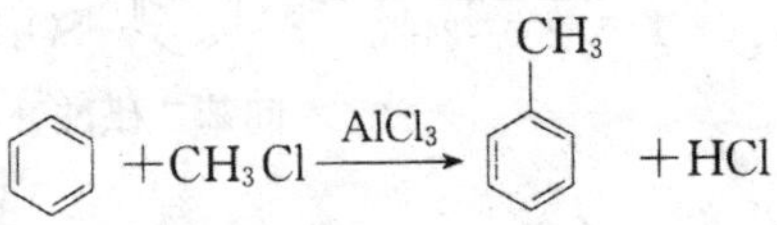

$$\text{苯} + CH_3CCl \xrightarrow{AlCl_3} \text{苯}CCH_3 + HCl$$

常用的烷基化试剂有卤代烷、烯烃和醇；酰基化试剂有酰卤、酸酐和羧酸。

无水氯化铝是催化剂,其催化作用是促进亲电试剂烷基碳正离子或酰基碳正离子的生成。除无水氯化铝外,还可使用氯化铁、氯化锌、氯化锡、氟化硼和硫酸等,它们的催化能力与反应物的性质有关。例如,当烷基化试剂是卤代烃或酰卤时,常用 $AlCl_3$ 作催化剂;而 H_2SO_4 常用于醇、烯烃与苯的烷基化反应。

$$C_2H_5Cl + AlCl_3 \longrightarrow C_2H_5^+ + AlCl_4^-$$

$$CH_3CH_2CCl + AlCl_3 \longrightarrow CH_3CH_2C^+ + AlCl_4^-$$

$$C_2H_5OH + H_2SO_4 \longrightarrow C_2H_5^+ + HSO_4^- + H_2O$$

当苯环上连有一些强吸电子基,如硝基、磺酸基、酰基和氰基等时,不能发生傅-克烷基化反应或傅-克酰基化反应。因为强吸电子基使苯环电子云密度减小而钝化,而烷基碳正离子或酰基碳正离子又都是弱亲电试剂。

当苯环上连有一些碱性基团(如—NH_2、—NHR、—NR_2、—OH 等),也不能发生傅-克烷基化反应或傅-克酰基化反应。因为这些基团会与催化剂路易斯酸反应成盐,使催化剂失去活性。

傅-克烷基化反应与傅-克酰基化反应有许多相似之处:催化剂相同;反应机理类似,都属于亲电取代反应;环上连有吸电子基或碱性基团时,不发生傅-克反应。但两者也有不同之处,傅-克烷基化反应比较复杂,有一些特性。

①烷基化反应一般得不到单取代的烷基苯,通常有多元取代产物生成。这是由于烷基苯的苯环被烷基活化后,比苯较易进行烷基化反应,还可以发生多烷基化反应生成多烷基苯。

$$\text{苯} + CH_3CH_2Cl \xrightarrow{AlCl_3} \text{乙苯} + \text{二乙苯}$$

多元取代物的混合物

②烷基化反应是可逆反应,在催化剂作用下还会发生歧化反应,即一分子烷基苯脱烷基,另一分子增加烷基。

$$2\ \text{甲苯} \xrightarrow{AlCl_3} \text{苯} + \text{二甲苯}$$

(o , m , p)-二甲苯的混合物

③当所用烷基化试剂含三个或三个以上碳原子时,主要得到带支链的烷基苯。这是由于烷基碳正离子重排而发生异构化反应的缘故。仲碳正离子比伯碳正离子稳定是重排的推动力。

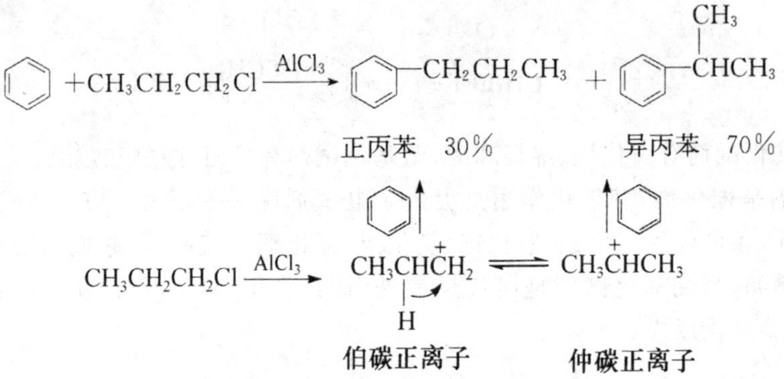

制备三个或三个以上直链烷基苯时,可采取先进行酰基化反应,然后将羰基还原的方法。

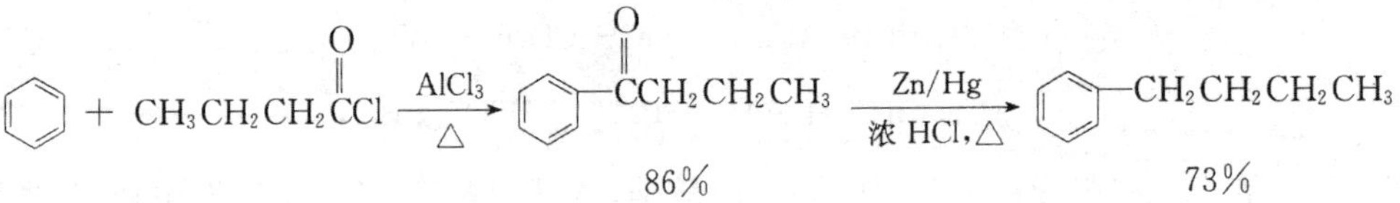

酰基化反应没有上述特点,但催化剂用量(如 $AlCl_3$)要比烷基化反应多。

(5)氯甲基化反应

在无水氯化锌存在下,芳烃与甲醛及氯化氢作用,环上的氢原子被氯甲基(—CH_2Cl)取代,该反应称为氯甲基化反应。实际应用中,可用三聚甲醛代替甲醛。

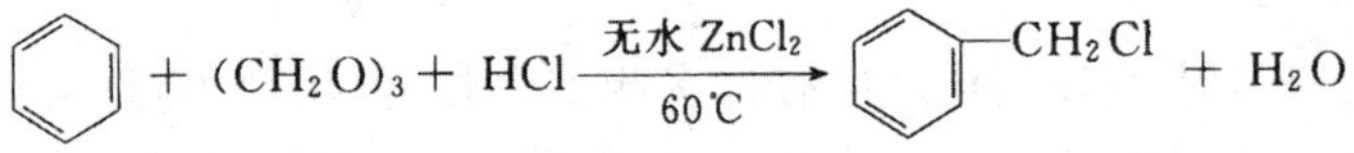

氯甲基化反应对于苯、烷基苯和稠环芳烃等都是成功的,但当环上有钝化基团时,产率很低甚至不反应。氯甲基化反应的应用很广,氯甲基(—CH_2Cl)可以顺利地转变为烷烃(—CH_3)、醇(—CH_2OH)、腈(—CH_2CN)、羧酸(—CH_2COOH)等。

2.加成反应

由于苯环具有特殊的稳定性,难以发生加成反应。只有在特殊的条件下(如光照、高温、高压、催化剂等)才能发生加成反应。

(1)加氢

由于苯环较稳定,如果要进行加成则必须在强烈的条件下才有可能,但是加成反应一经开始,苯的闭合环共轭体系就被破坏,加成容易进行下去,所以不能停留在加成打开一个或两个双键的阶段上。例如,

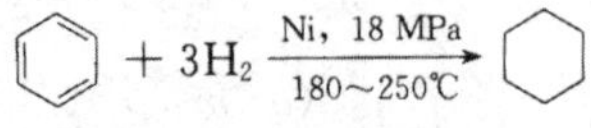

这是工业上制备环己烷的方法,也可以采用均相催化剂 2-乙基己酸镍/三乙基铝进行催化加氢反应,反应条件相对较温和。

苯在液相中用碱金属和乙醇还原,通常生成 1,4-环己二烯,这个反应称为伯奇(Birth)反应。

$$\text{（苯）} \xrightarrow[\text{液 NH}_3]{\text{Na/C}_2\text{H}_5\text{OH}} \text{（环己二烯）}$$

（2）加氯

在紫外线照射下，苯与氯发生游离基加成反应，生成六氯化苯。例如，

$$\text{（苯）} + 3Cl_2 \xrightarrow[40℃]{\text{紫外光}} \text{六氯化苯}$$

六氯化苯也称为六氯环己烷，俗称六六六。它是 20 世纪 70 年代以前应用最广泛的一种杀虫剂，但由于它的化学性质稳定，残留严重而逐渐被淘汰，我国于 1983 年停止生产六六六。

不论加氢还是加氯，反应都不容易停留在加一分子或两分子氢或氯的阶段，因为加一分子或两分子氢或氯的产物比苯更容易进行加成反应。

3. 氧化反应

（1）苯环的氧化

通常情况下，苯环很难被氧化，只有在高温和特殊催化剂的存在下才能发生苯环被破坏的氧化反应。例如，在高温和五氧化二钒作催化剂的条件下，苯可以被空气中的氧氧化成顺丁烯二酸酐，顺丁烯二酸酐也叫马来酸酐。

$$\text{（苯）} + O_2 \xrightarrow[450\sim550℃]{V_2O_5} \text{顺丁烯二酸酐} + CO_2 + H_2O$$

顺丁烯二酸酐（马来酸酐）

（2）侧链的氧化

烷基苯的氧化反应总是发生在烷基上，伯烷基不论侧链多长，都氧化为羧基（即氧化成苯甲酸类化合物），仲烷基可氧化成其他产物。叔烷基无 α-H，很难氧化，若剧烈氧化，则苯环会破坏。常用的氧化剂是 $KMnO_4$、$K_2Cr_2O_7$ 或 $Na_2Cr_2O_7$ 和 HNO_3 等，也可采用催化氧化。例如，

$$\text{甲苯} \xrightarrow[\text{或 K}_2\text{Cr}_2\text{O}_7/\triangle]{\text{KMnO}_4/\triangle} \text{苯甲酸}$$

$$\text{乙苯} \xrightarrow[\text{或 K}_2\text{Cr}_2\text{O}_7/\triangle]{\text{KMnO}_4/\triangle} \text{苯甲酸}$$

$$\text{对二甲苯} \xrightarrow[150\sim160℃,1\sim1.5\ MPa]{\text{稀 HNO}_3} \text{对苯二甲酸}$$

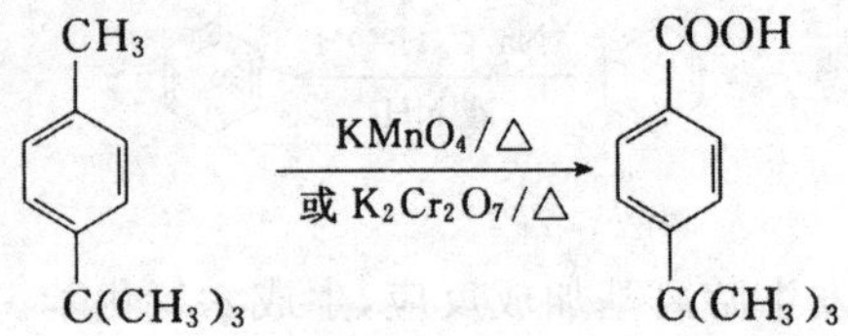

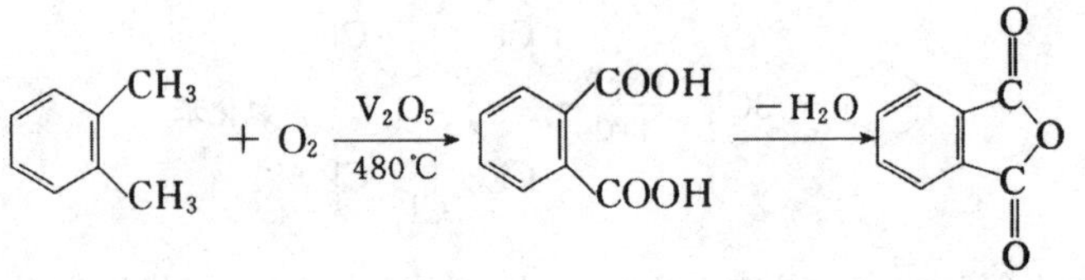

邻苯二甲酸酐

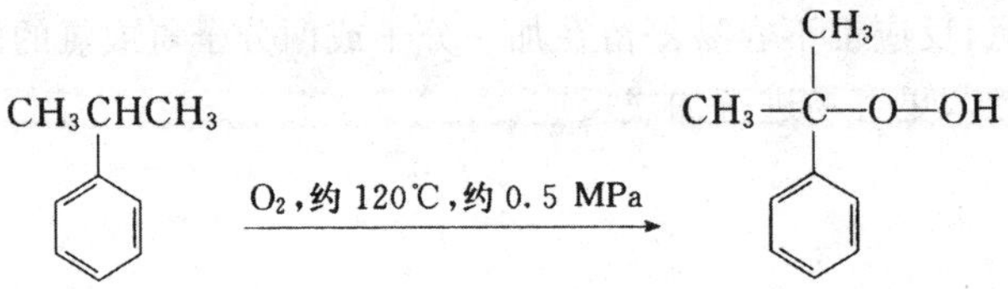

过氧化氢异丙苯

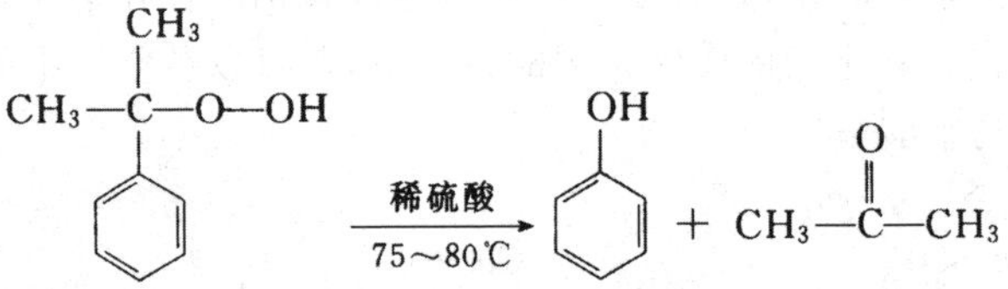

苯酚　　　丙酮

(3)侧链的取代

烷基苯卤代时,根据反应条件不同可得到不同的取代产物。例如,甲苯在光照或加热条件下与卤素作用,此时并不发生环上的亲电取代反应,而是发生烷基苯的侧链取代,与甲烷的卤代反应相似也是按自由基历程进行。且一般总是 $\alpha\text{-C}$ 上的氢原子被取代。例如,

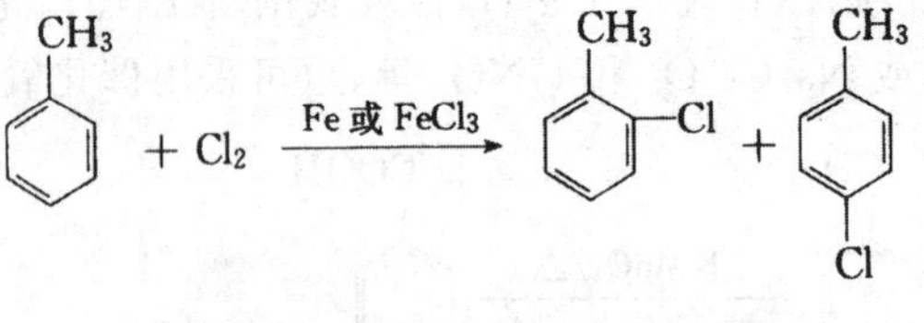

由此可见,反应条件不同,产物也就不同,两者的反应历程也不同。

4.2.5　苯环上亲电取代反应的定位规律

1.苯的一元取代产物的定位规律

在苯环上引入一个取代基时,产物只有一种。但当苯环上已经有了一个取代基,再进行亲电取代反应时,按照苯结构式中可能进入的位置来看,应有三种异构体,即邻位、对位和间位异构体。

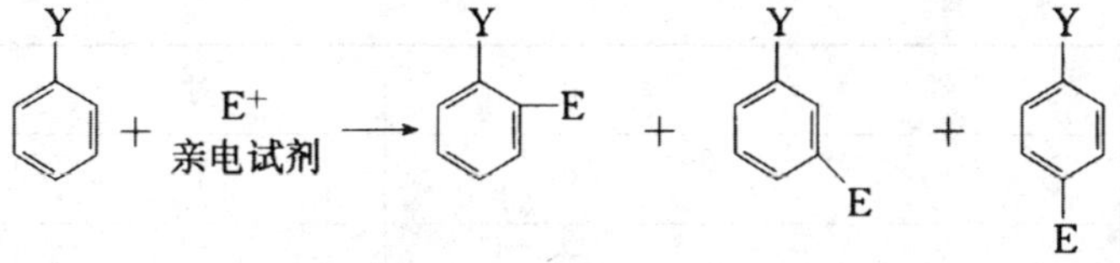

一元取代苯　　邻位二元取代苯　间位二元取代苯　对位二元取代苯

这三个不同的位置,被取代的概率是不相等的,第二个取代基进入的位置主要取决于苯环上原有的取代基的性质。例如,

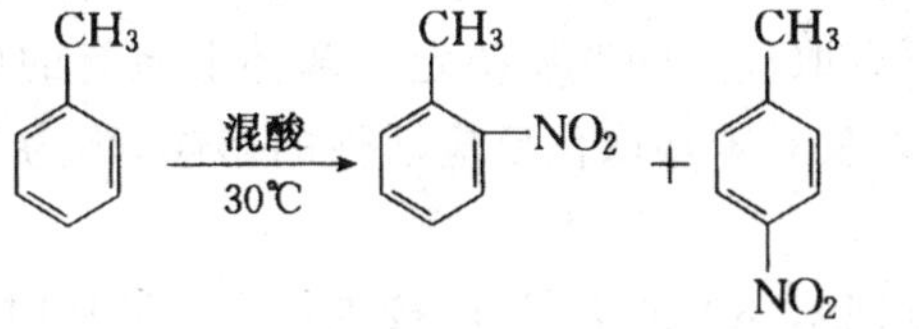

邻硝基甲苯　　对硝基甲苯
58%　　　　38%

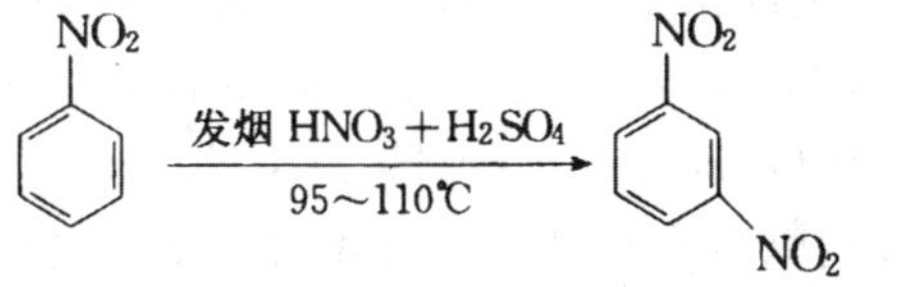

间二硝基苯　93.3%

由此可见,同样是硝化反应,由于苯环上原有的取代基不同,所得的主要产物也不同。

实验结果表明:不同的一元取代苯在进行同一取代反应时,所得产物的比例不同。例如,各种一元取代苯进行硝化反应,得到表 4-3 所示的结果。

表 4-3　一元取代苯硝化反应的产物

Y	邻	间	对	邻＋对
—OH	50～55	微量	45～50	100
—NHCOCH$_3$	19	2	79	98
—CH$_3$	58	4	38	96
—F	12	微量	88	100
—Cl	30	微量	70	100
—Br	37	1	62	99
—I	38	2	60	98
—(H)				
—N$^+$(CH$_3$)$_3$	0	100	0	0
—NO$_2$	6.4	93.3	0.3	6.7
—CN	约17	约81	约2	约19

Y	邻	间	对	邻＋对
—COOH	19	80	1	20
—SO₃H	21	72	7	28
—CHO	19	72	9	28

从大量的实验事实可归纳出一元取代苯亲电取代反应的定位规律如下：苯环上新导入的取代基的位置，主要由苯环上原有取代基的性质决定。苯环上原有的取代基称为定位基。定位基对新取代基进入苯环的位置以及对苯环取代反应活性的影响，称为苯环上的取代定位效应或定位规律。

根据许多实验结果，可以把苯环上的取代基，按进行亲电取代时的定位效应，大致分为两类。

(1)邻、对位定位基(第一类定位基)

邻、对位定位基又叫作第一类定位基，它使新进入的基团主要进入它的邻位和对位(邻位和对位产物之和大于 60%)，同时使苯环活化。第一类定位基主要包括：$—O^-$、$—N(CH_3)_2$、$—NH_2$、$—OH$、$—OCH_3$、$—NHCOCH_3$、$—OCOCH_3$、$—CH_3$、$—X(卤素)$、$—Ph$ 等。第一类定位基与苯环直接相连的原子带有负电荷或有孤电子对或为烃基。这类基团除卤素以外，都具有供电子作用，它的存在使苯环上的电子云密度增加，活化了苯环，增加了苯环进行亲电取代反应的能力。

(2)间位定位基(第二类定位基)

间位定位基又叫作第二类定位基，它使新进入的基团主要进入它的间位(间位产物大于 40%)，同时使苯环钝化。第二类定位基主要包括：$—N^+(CH_3)_3$、$—NO_2$、$—CF_3$、$—C≡N$、$—SO_3H$、$—CHO$、$—COCH_3$、$—COOH$、$—COOCH_3$、$—CONH_2$ 等。第二类定位基与苯环直接相连的原子带有正电荷或以不饱和键与电负性大的原子相连或连有多个吸电子基团(如 CF_3)。这类基团都具有吸电子作用，它的存在使苯环上的电子云密度降低，钝化了苯环，降低了苯环进行亲电取代反应的能力。

上述两类定位基的定位能力强弱是不同的，其定位能力由强到弱的次序，基本上符合上述排列次序。

利用定位规律可以判断苯环取代反应的主要产物。通常情况下，还有少量进入其他位置的产物生成；定位基的空间效应，对异构体的分布也有影响，原有基团的体积越大，空间位阻越大，其邻位异构体越少，对位异构体越多，见表 4-4。

表 4-4　各种取代苯在取代反应中二元取代产物异构体的比例

反应物	反应	反应产率/%		
		邻位	对位	间位
甲苯	硝化(0℃)	43	53	4
甲苯	硝化(100℃)	13	79	8

反应物	反应	反应产率/%		
		邻位	对位	间位
乙苯	硝化	45	48.5	6.5
异丙苯	硝化	30	62.3	7.7
叔丁苯	硝化	15.8	72.7	11.5
硝基苯	硝化	6.4	0.3	93.3

由此可见,影响反应的因素往往是很复杂的,温度、催化剂、介质等反应条件及原有取代基的空间位阻等,对反应生成各种异构体的比例也有一定的影响。

2.定位规律的解释

苯环上亲电取代反应的定位规律,即取代基的定位效应,与取代基的诱导效应及其与苯环形成的共轭效应和超共轭效应等电子效应有关,还与取代基及新引入基团的空间效应有关。

1)电子效应

从一取代苯进行亲电取代反应,也就是 σ-络合物的稳定性进行分析。

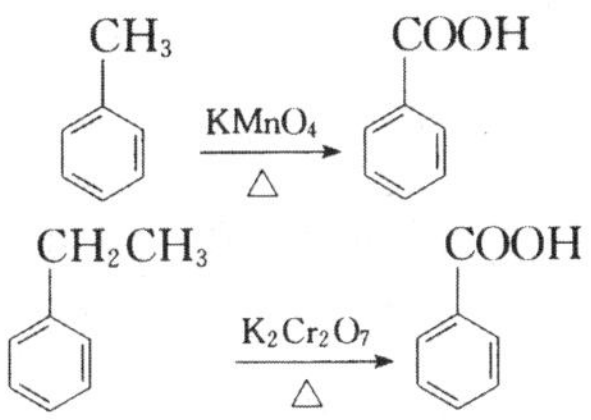

当亲电试剂进攻一取代苯的邻位、间位和对位时,由于生成的碳正离子稳定性不同,所以各位置被取代的难易程度也不同。

(1)邻、对位定位基的影响

通常来说,邻、对位定位基是供电子基(卤素除外),使苯环上的电子云密度增加(使苯环活化),尤其是邻、对位上的电子云密度增加较大。所以,亲电取代主要发生在邻、对位上。现以甲基、羟基和卤原子为代表来说明。

①甲基。甲基与苯环相连时,可通过其诱导效应(+I)和超共轭效应(+C)对苯环供电子,使整个苯环的电子云密度增加。甲基的这种供电子性,可使中间体 σ-络合物上的正电荷得到分散,电荷越分散体系越稳定,因此,甲基能使苯环活化,甲苯比苯容易进行亲电取代反应。但亲电试剂进攻甲基的邻、对位与进攻间位相比,生成的 σ-络合物的稳定性是不同的。进攻邻位所生成的 σ-络合物,从共振观点看,它是(Ⅰ)、(Ⅱ)、(Ⅲ)三种共振结构式共振形成的共振杂化体。

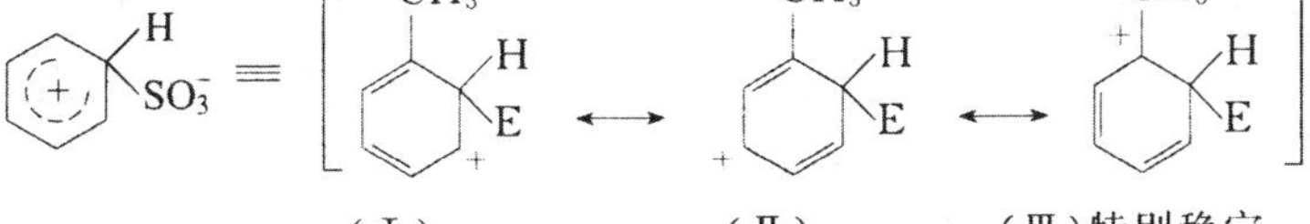

在三种共振结构式中,(Ⅲ)是叔碳正离子,并且带正电荷的碳原子直接和甲基相连,尽管甲基的供电子效应可以影响整个苯环,但和甲基直接相连的碳原子上的正电荷能够更好地被中和而分散,因此,这个共振式具有较低的能量,是一个特别稳定的共振式,由于它的贡献,使邻位取代物容易生成。

进攻对位所生成的 σ-络合物,可看作是(Ⅳ)、(Ⅴ)和(Ⅵ)三种共振结构式共振形成的共振杂化体。与进攻邻位的情况相似,(Ⅴ)是叔碳正离子,为一特别稳定共振式。由于(Ⅴ)的贡献,使对位取代物也比较容易生成。

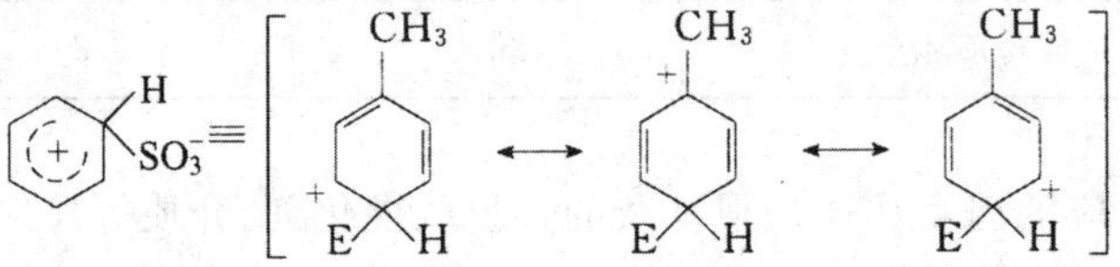

（Ⅳ）　　　（Ⅴ）特别稳定　　　（Ⅵ）

进攻间位所生成的 σ-络合物,可用(Ⅶ)、(Ⅷ)和(Ⅸ)三种共振式表示,这三种共振式都是仲碳正离子,带正电荷的碳原子都不直接和甲基相连,因而正电荷的分散较差,能量较高,故间位取代物较难生成。

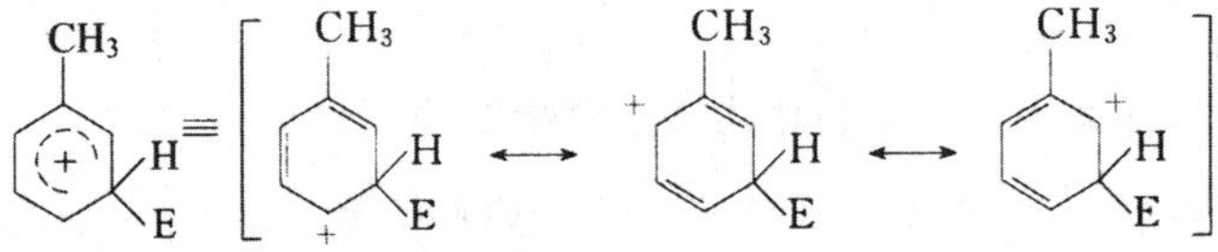

（Ⅶ）　　　　（Ⅷ）　　　　（Ⅸ）

因此,甲苯的邻、对位取代反应所需活化能小,反应速度快,而间位取代反应所需活化能大,反应速度慢,所以甲苯的亲电取代反应主要得到邻、对位产物。

②羟基。羟基与苯环相连时,氧上的未共用电子对和苯环 π 电子云形成 p-π 共轭体系,电子离域的结果使苯环上的电子云密度增大,苯环被活化,亲电取代比苯容易。当亲电试剂进攻酚羟基的邻位、对位或间位时,所生成的 σ-络合物可分别用以下共振式表示:

进攻邻位:

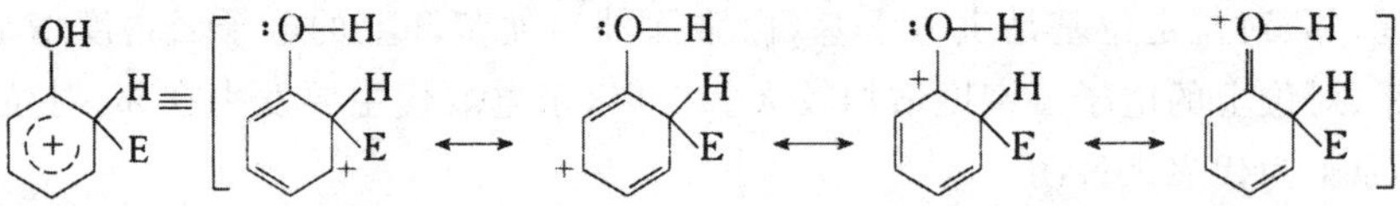

（Ⅰ）特别稳定

进攻对位:

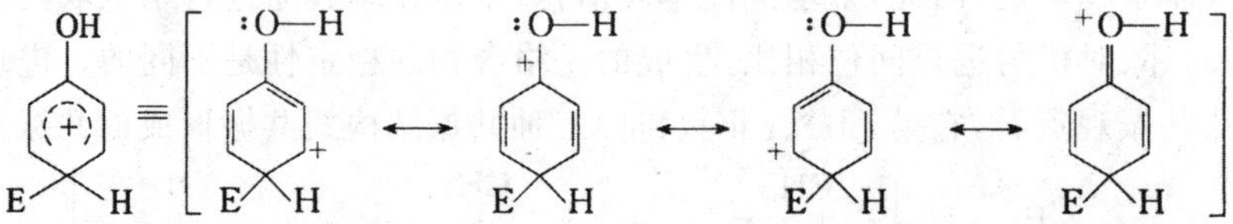

（Ⅱ）特别稳定

进攻间位：

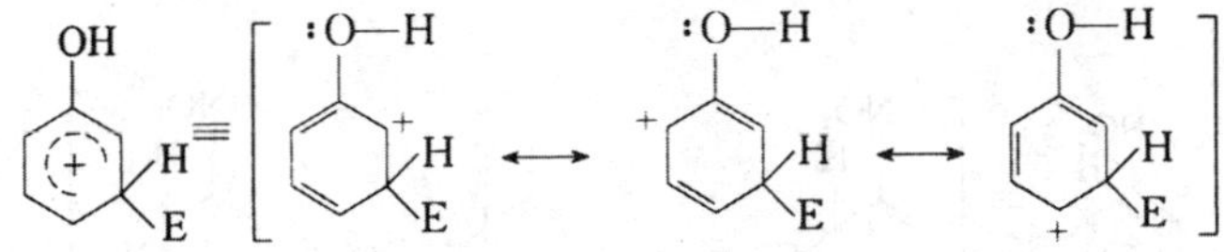

从以上共振式可以看出，苯酚的邻、对位受亲电试剂进攻时，可以生成两个特别稳定的共振式（Ⅰ）和（Ⅱ），在（Ⅰ）和（Ⅱ）中，每个原子（除氢原子外）都有完整的八偶体结构，这样的共振式特别稳定，对杂化体的贡献最大，而进攻间位则得不到这种特别稳定的共振式，所以羟基的存在不仅使亲电反应比苯容易进行，而且反应主要发生在羟基的邻、对位上。

③卤原子。卤原子的定位效应比较特殊，它能使苯环钝化，却又是邻、对位定位基。卤素是强吸电子基，通过吸电子诱导效应可增强中间体 σ-络合物的正电性，从而降低 σ-络合物的稳定性，使苯环钝化，反应变慢。但另一方面，卤原子上未共用电子对可以和苯环上的大 π 键发生p-π共轭，使电子云向苯环离域，但是此时的共轭效应（+C）较诱导效应（-I）弱。

当亲电试剂进攻卤原子的对位时，生成的中间体 σ-络合物可看作是由四种共振式共振形成的杂化体，其中（Ⅰ）式具有完整的八偶体结构，此式对杂化体贡献大，因此比较稳定，容易形成。

进攻对位：

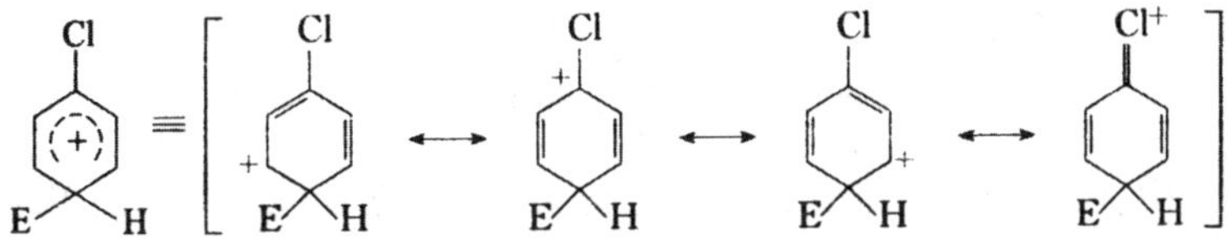

（Ⅰ）比较稳定

进攻邻位时也可以得到一个类似（Ⅰ）式的特别稳定的共振式，但进攻间位则不能得到稳定的共振式。

进攻间位：

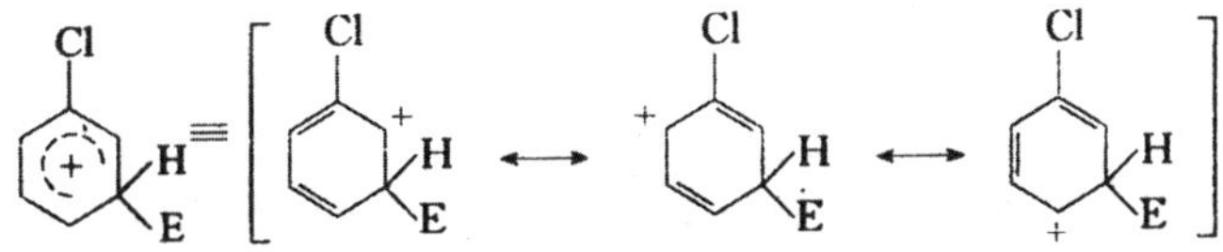

因此进攻邻、对位所形成的中间体 σ-络合物比较稳定，容易生成，所以取代反应主要发生在卤原子的邻位和对位上。由此可见，卤原子的较强吸电子诱导效应控制了反应活性，使苯环钝化，使亲电取代比苯难；而定位效应则是由共轭效应所控制，两种效应综合的结果使卤原子成为一个致钝的邻、对位定位基。

（2）间位定位基的影响

当苯环上连有间位定位基时，由于它们的吸电诱导效应和吸电共轭效应，使苯环的电子云密度降低，尤其是邻、对位上电子云密度降低更为显著。因此，亲电取代反应比苯难以进行，且取代主要发生在间位。

以硝基为例来说明。硝基是间位定位基，这类定位基的特点是对苯环有吸电子效应，使苯环电子云密度降低，因此苯环被钝化，其亲电取代比苯难。但是间位定位基对苯环上不同位置的影响并不相同，例如，硝基对苯环有吸电子诱导效应（—I）和吸电子共轭效应（—C），当硝基苯受亲

电试剂进攻时,亲电试剂进攻邻位、对位或间位所形成的 σ-络合物可用下列共振式表示:

进攻邻位:

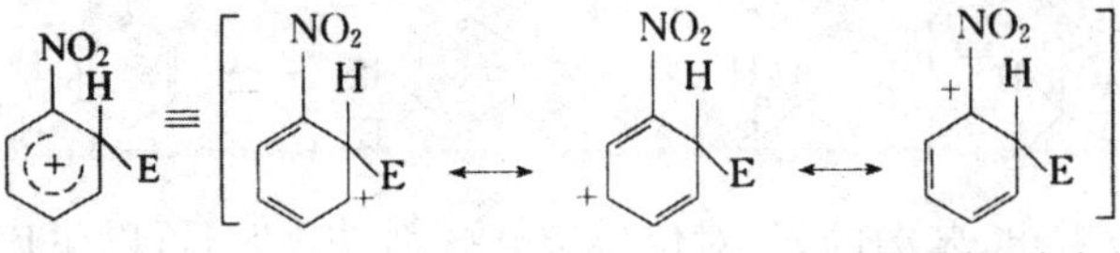

（Ⅰ）　　　　　（Ⅱ）　　　（Ⅲ）特别不稳定

进攻对位:

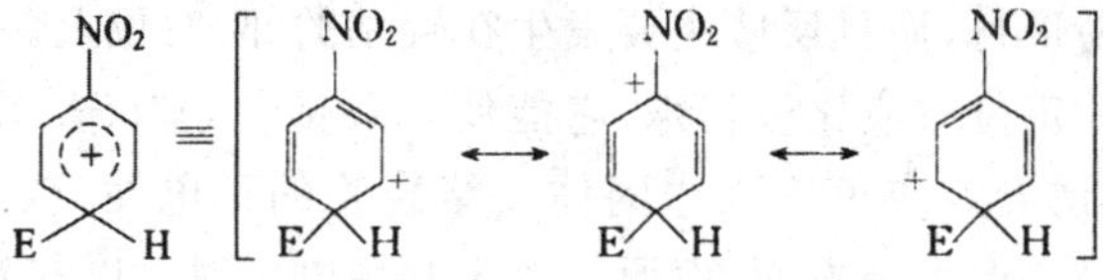

（Ⅳ）　　　　（Ⅴ）特别不稳定　　　（Ⅵ）

进攻间位:

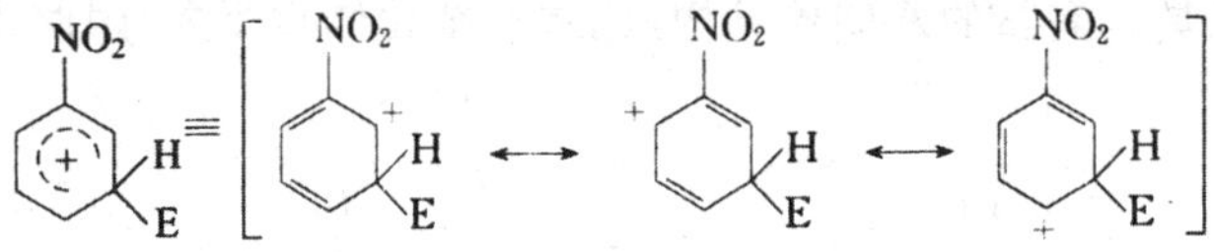

（Ⅶ）　　　　　（Ⅷ）　　　　　（Ⅸ）

在上述共振式中,（Ⅲ）和（Ⅴ）带有正电荷的碳原子都直接和强吸电子的硝基相连,这样使得正电荷更加集中,能量特别高,体系不稳定,故不容易形成。但在亲电试剂进攻间位的共振结构式中,带正电荷的碳原子都不直接和硝基相连,因此进攻硝基间位生成的 σ-络合物中间体比进攻邻、对位生成的 σ-络合物中间体的能量低,相对稳定。所以,硝基苯的亲电取代主要发生在间位上,并且反应速度比苯慢。

2）空间效应

当苯环上有第一类定位基时,它可以指导后引入的基团进入它的邻、对位,但邻、对位的比例将随原取代基空间效应的大小不同而变化。空间效应越大,其邻位异构体也就越少。如甲苯、乙苯、异丙苯和叔丁苯在同样条件下硝化会产生不同比例的异构体,见表 4-5。另外,邻对位异构体的比例,也与新引入基团的空间效应有关。一般来说,随着取代基体积的增大,空间效应增强,邻位产物的比例降低。

表 4-5　一烷基苯硝化时异构体的分布

化合物	环上原有取代基（—R）	异构体比例/%		
		邻位	对位	间位
甲苯	—CH$_3$	58.45	37.15	4.40
乙苯	—CH$_2$CH$_3$	45.0	48.5	6.5
异丙苯	—CH(CH$_3$)$_2$	30	62.3	7.7
叔丁苯	—C(CH$_3$)$_3$	15.8	72.7	11.5

3. 苯的二元取代产物的定位规律

当苯环上已有两个取代基团时,第三个取代基团进入的位置由原来两个基团的种类来决定,一般有如下几种情况。

①苯环上已有的两个取代基定位效应一致时,则按原有基团的定位规律来确定第三个基团进入的位置。例如,

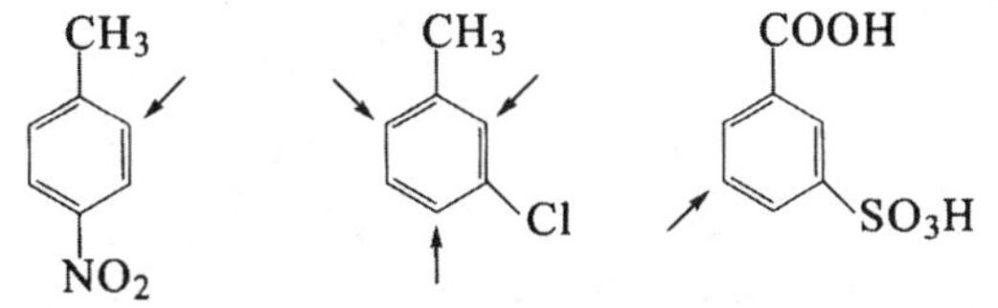

第三个基团主要进入箭头所指位置

②苯环上已有的两个取代基定位效应不一致,但属于同类定位基时,由定位能力强的来确定第三个基团进入的位置。例如,

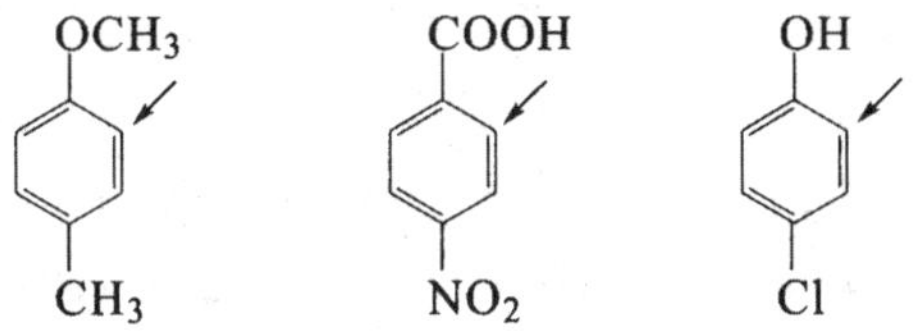

第三个基团主要进入箭头所指位置

③苯环上已有的两个取代基定位效应不一致,但属于不同类定位基时,由第一类定位基来确定第三个基团进入的位置。例如,

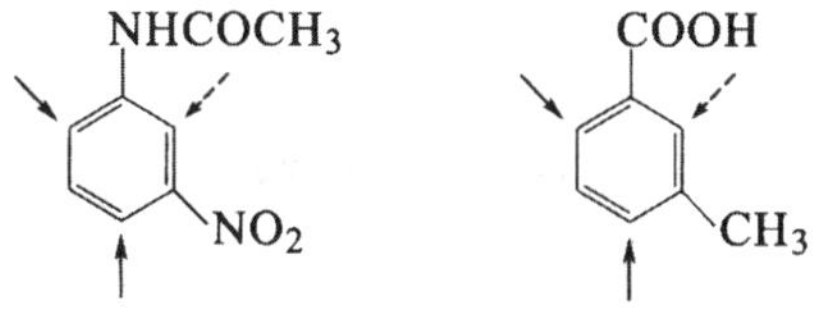

第三个基团主要进入箭头所指位置
(虚线箭头所指位置空间位阻大,较难进入)

4. 定位规律的应用

苯环上取代反应的定位规律不仅可以用于解释某些现象,而且可以为科学研究和生产服务。其主要应用有两个方面:一是可以相当准确地预测芳香取代反应的主要产物,只要根据定位基的性质,就可以判断所引入取代基的位置;二是选择适当的合成路线。在合成一个待定的芳香化合物时,必须注意两点,首先是特定取代基引入苯环的各种方法,其次是必须知道苯环上原有取代基的定位效应,否则难以达到预期的目的。

(1)预测反应的主要产物

苯环上有两个或两个以上取代基时,第三个取代基进入苯环的位置由苯环上原有的定位基共同决定。主要有以下几种情况。

①原有两个基团的定位效应一致时,第三个取代基进入位置由上述取代基的定位规则来决

定。如下面三个化合物,式中箭头所指位置表示第三个取代基进入的位置。

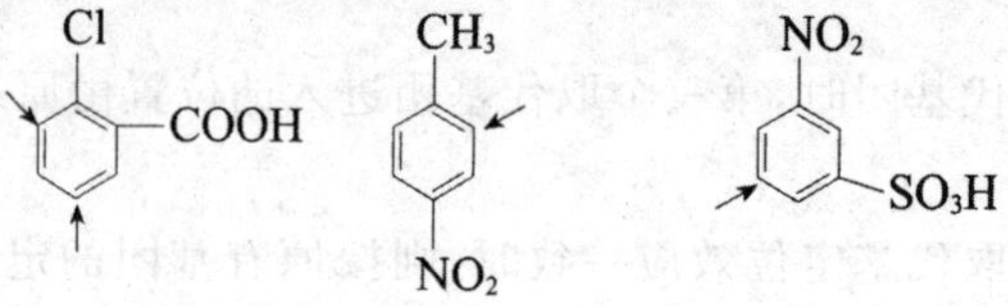

②原有两个取代基同类,而定位效应不一致,则主要由强的定位基指导新引入的基团进入苯环的位置。例如,

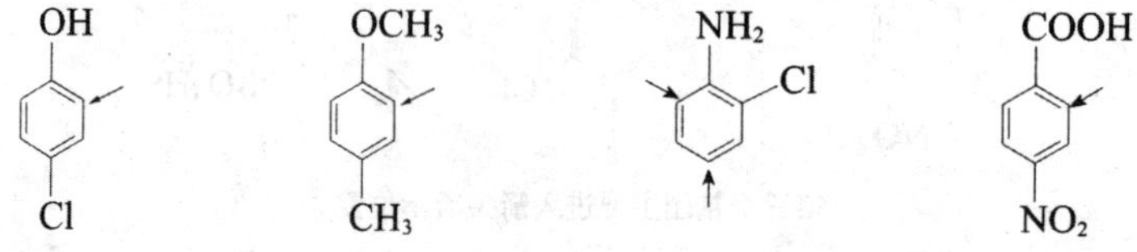

定位基
强弱 —OH>—Cl CH₃O—>—CH₃ —NH₂>—Cl —NO₂>—COOH

③原有两个取代基不同类,且定位效应不一致时,新引入的基团进入苯环的位置由邻、对位定位基决定。例如,

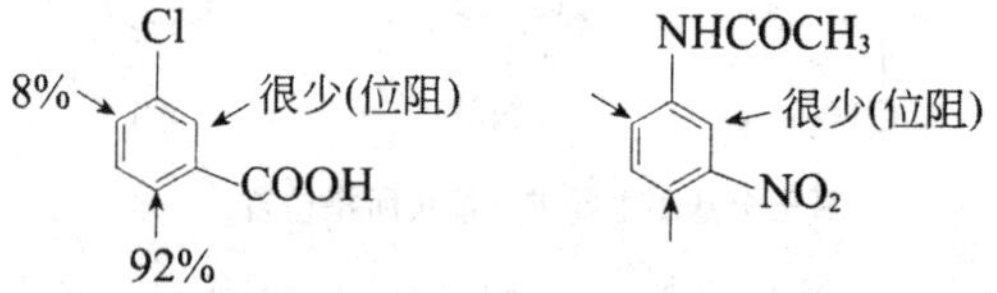

(2)选择适当的合成路线

苯环上亲电取代定位规则的意义,不仅可以用来解释某些现象,而且可通过它来指导多取代苯的合成。如实现下述的转变:

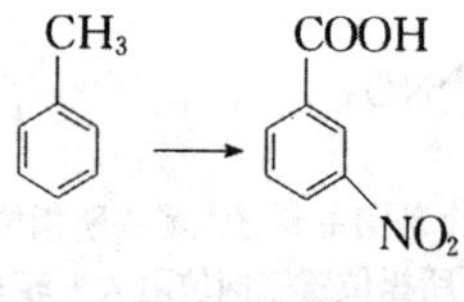

分析可知,该反应有两步,羧基为甲基所氧化,硝基为硝化反应。这两步反应的先后路线不同,导致结果不同。

路线①:先硝化,再氧化。由于甲基是邻、对位定位基,所以硝基进入甲基的邻位和对位,再氧化甲基则不能得到目标产物。

路线②:先氧化,后硝化。甲基氧化形成羧基后,原来的邻、对位定位基转变成间位定位基,此时,再硝化,则得到间位取代产物,即为目标产物。

再如,

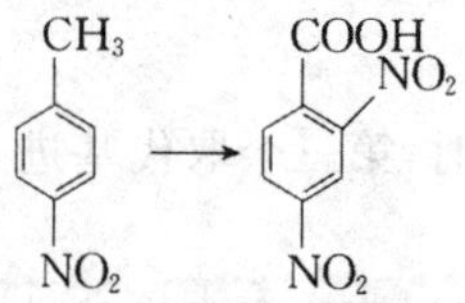

路线①:先硝化,后氧化。

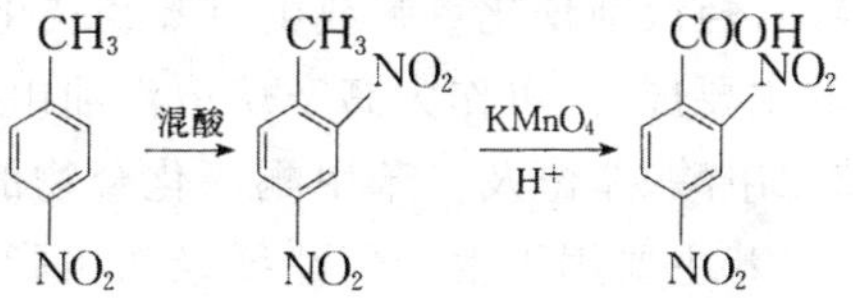

路线②:先氧化,后硝化。

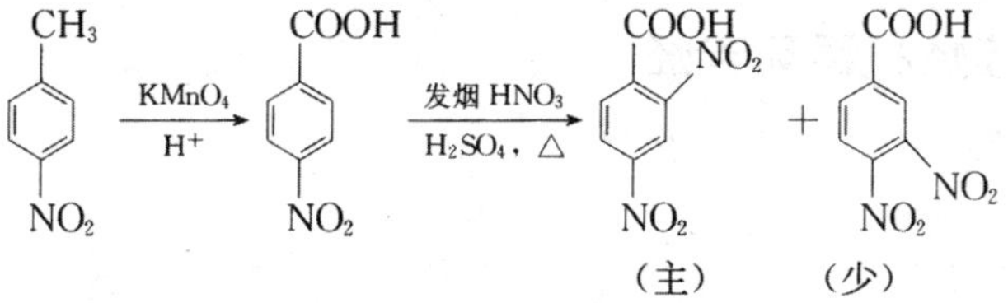

路线②有两个缺点:一是反应条件高,原因是第二步反应中苯环原有的活化基团甲基变成钝化基团羧基,使硝化反应不易进行;二是有副产物生成。所以路线①为优选路线。

4.2.6 重要的单环芳烃

1.苯

苯是无色液体,具有特殊芳香气味,熔点为 5.5℃,沸点为 80.1℃,易燃,不溶于水,易溶于有机溶剂,其蒸气有毒,苯中毒时以造血器官及神经系统受损伤最为严重,急性中毒常表现为头痛、头晕、无力、嗜睡、肌肉抽搐或机体痉挛等症状,很快即会昏迷死亡。

苯主要来源于煤焦油和石油的芳构化。它是一种良好的溶剂,溶解有机分子和一些非极性的无机分子的能力很强。苯能与水生成恒沸物,沸点为 69.25℃,含苯 91.2%。因此,在有水生成的反应中常加苯蒸馏,以将水带出。

苯也是基本有机化工原料,可通过取代、氧化等反应制备多种重要的化工产品或中间体。

2.甲苯

甲苯是无色液体,气味与苯相似,沸点为 110.6℃,易燃,易挥发,不溶于水,但可以和二硫化碳、乙醇、乙醚以任意比例混溶,在氯仿、丙酮和大多数其他常用有机溶剂中也有很好的溶解性。甲苯有毒,其毒性小于苯,但刺激症状比苯严重,通过呼吸道对人体造成危害。

甲苯主要来源于煤焦油和石油的铂重整。甲苯易发生氯化,生成的苯一氯甲烷和苯三氯甲烷都是工业上很好的溶剂;可用于萃取溴水中的溴;易发生硝化反应,产物对硝基甲苯和邻硝基甲苯是合成染料的原料,也是制造炸药三硝基甲苯(俗名 TNT)的原料;甲苯磺化,生成物邻甲苯磺酸和对甲苯磺酸是合成染料或制备糖精的原料;也可用于制备化工原料苯甲醛、苯甲酸等重要物质。

3.二甲苯

二甲苯是无色液体,有邻、间、对 3 种异构体,有芳香气味,沸程为 137~140℃,易燃,易挥发,不溶于水,与乙醇、氯仿或乙醚能任意混合。二甲苯有毒,毒性小于苯。

二甲苯由分馏煤焦油的轻油、轻汽油催化重整或由甲苯经歧化而制得,工业品为 3 种异构体的混合物。二甲苯是 C_8 芳烃的主要成分,可作为高辛烷值汽油组分及溶剂,也是有机化工的重要原料。邻二甲苯是合成邻苯二甲酸、苯酐及二苯甲酮等化合物的原料;间二甲苯是合成树脂、染料、医药和香料的原料;对二甲苯主要用于生产聚酯纤维和树脂,是合成涤纶、涂料、染料和农药的原料。

4.2.7 多环芳烃和稠环芳烃

1.联苯

分子中两个苯环直接以单键相连接的多环芳烃称为联苯。

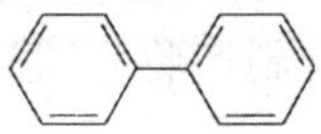

联苯为无色晶体,熔点为 71℃,沸点为 255.9℃,不溶于水而溶于有机溶剂。联苯的化学性质与苯相似,进行亲电取代反应时,由于苯基是邻、对位定位基,因此,主要生成对位产物,同时也有少量的邻位产物生成。例如,联苯硝化时:

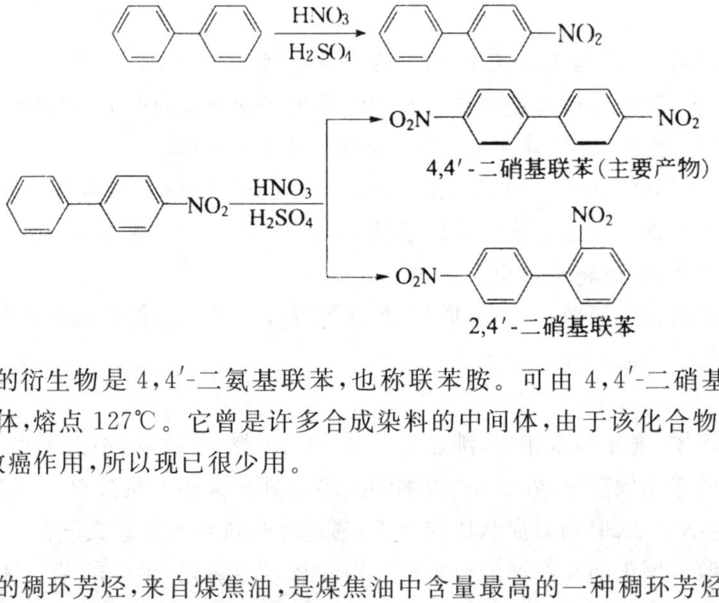

联苯最重要的衍生物是 $4,4'$-二氨基联苯,也称联苯胺。可由 $4,4'$-二硝基联苯还原得到。联苯胺是无色晶体,熔点 127℃。它曾是许多合成染料的中间体,由于该化合物对人体有较大的毒性,且可能有致癌作用,所以现已很少用。

2.萘

萘是最简单的稠环芳烃,来自煤焦油,是煤焦油中含量最高的一种稠环芳烃(约 5%～6%)。由两个苯环稠合而成,分子式为 $C_{10}H_8$。

1)萘的结构和命名

萘的结构与苯相似,也是一个平面分子。萘分子中所有的碳原子和氢原子都在同一个平面,每个碳原子均以 sp^2 杂化轨道与相邻的碳原子形成碳碳 σ 键,每个碳原子还有一个未参与杂化的 p 轨道,这些对称轴平行的 p 轨道侧面重叠形成一个闭合共轭大 π 键,因此和苯一样具有芳香性。但萘和苯的结构不完全相同,萘分子中两个共用碳上的 p 轨道除了彼此重叠外,还分别与相邻的另外两个碳上的 p 轨道重叠,因此闭合大 π 键的电子云在萘环上不是均匀分布的,导致碳碳键长不完全等同。

萘的 π 分子轨道   萘的键长

萘分子中不仅各个键的键长不同,各碳原子的位置也不完全相同,其中 1、4、5、8 四个碳原子的位置是等同的,称为 α 位;2、3、6、7 四个碳原子的位置也是等同的,称为 β 位。因此萘的一元取代物有两种:α-取代物(1-取代物)和 β-取代物(2-取代物)。

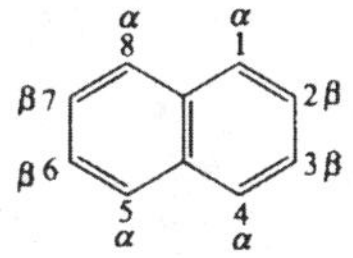

萘的一元取代物可用 α、β 来命名;二元或多元取代物的异构体很多,必须用阿拉伯数字标明取代基的位置。例如,

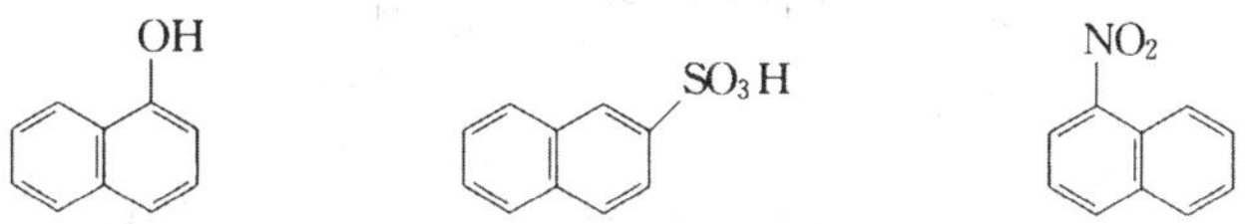

α-萘酚 β-萘磺酸 α-硝基萘

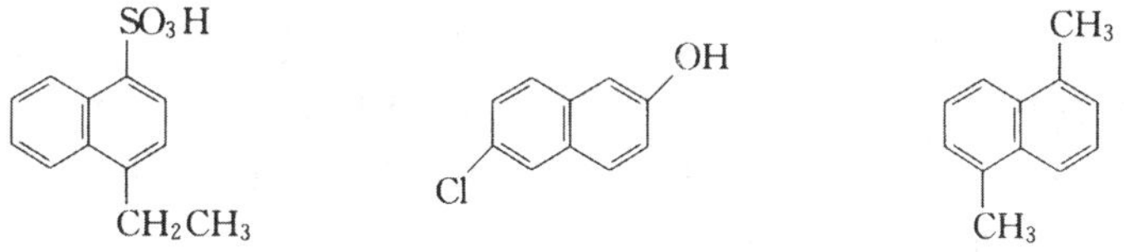

4-乙基-1-萘磺酸   6-氯-2-萘酚   1,5-二甲基萘

2)萘的物理性质

萘来自煤焦油,白色晶体,熔点为 80.6℃,沸点为 218℃,有特殊气味,易升华,不溶于水,易溶于乙醇、乙醚、苯等有机溶剂,是重要的有机化工原料。过去曾用它做卫生球以防衣物虫蛀,因毒性大现已禁止使用。

3)萘的化学性质

萘的化学性质活泼,容易发生亲电取代反应、氧化反应和还原反应。

(1)亲电取代反应

亲电取代反应中,萘的 α 位活性大于 β 位,一般也可以用中间体碳正离子的稳定性及其形成过渡态时的活化能高低予以解释。当萘的 α 位被取代时,中间体碳正离子的结构可以用下列共振结构式来表示:

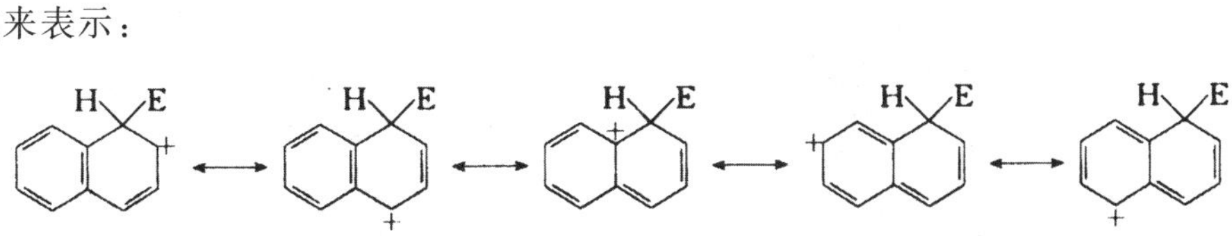

如果 β 位被取代,则中间体碳正离子的结构可以用下列共振结构式表示:

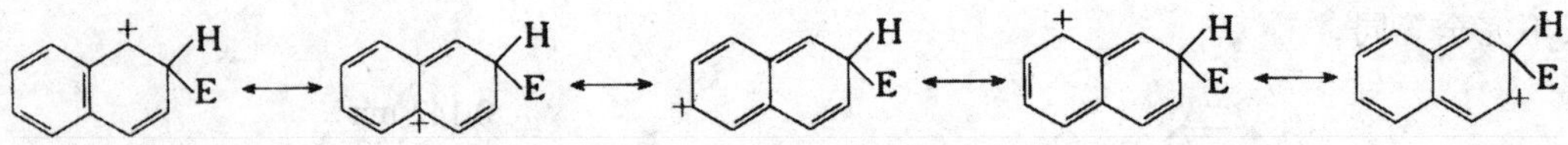

在 α 位取代所得的共振结构式中,第一、第二两个共振结构式仍保持了一个苯环的结构,它们的能量比较低,在共振杂化体的组成中贡献比较大。在 β 位取代的共振结构式中,只有第一个共振结构式保留了苯环的结构,它的能量低,贡献大,其余四个共振结构式能量都比较高,所以就整个共振杂化体来说,β 位取代的能量高,β 位取代的中间体碳正离子在形成过渡态时,活化能也高,因此,萘的亲电取代一般发生在 α 位。

①卤代反应。萘与溴在四氯化碳溶液中加热回流,在不加催化剂的情况下,反应即可进行,主要得到 α-溴萘。

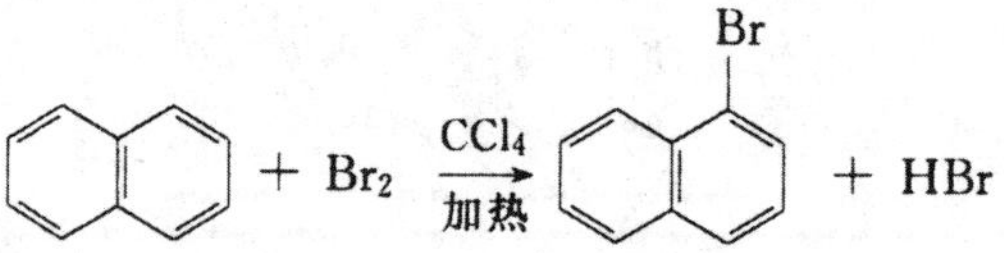

α-溴萘 72%~75%

②硝化反应。萘用混酸硝化,主要得到 α-硝基萘,反应速度比苯的硝化快得多,室温即可进行。

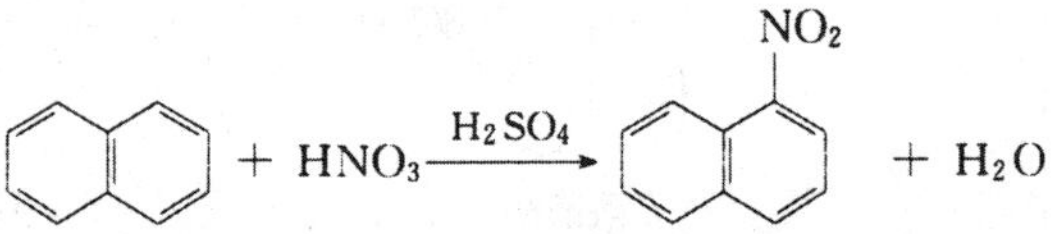

α-硝基萘 79%

α-硝基萘是黄色针状结晶,熔点为 61℃,不溶于水,溶于有机溶剂,用于制备 α-萘胺。

③磺化反应。萘的磺化反应与苯相似也是一个可逆反应,低温磺化时,主要生成 α-萘磺酸,高温磺化主要生成 β-萘磺酸。例如,

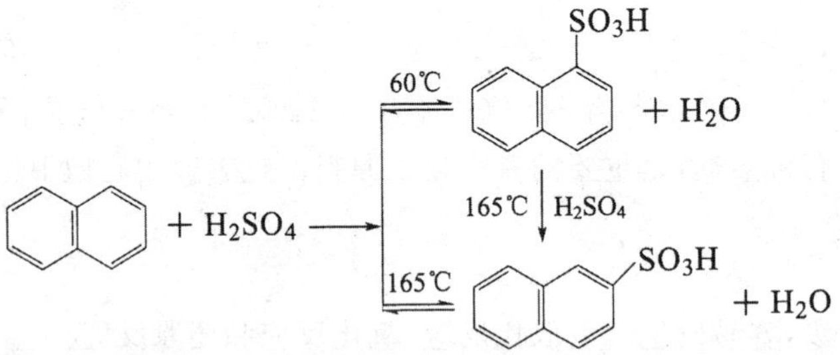

出现以上现象的原因是:α 位磺化的活化能低,较易进行,但 β-萘磺酸的稳定性好。在高温下稳定性较差的 α-萘磺酸也可以经可逆反应转变成稳定性好的 β-萘磺酸。由于磺酸基容易被其他的基团取代,所以高温磺化制备 β-萘磺酸可以用来当作制备某些萘的 β-取代物的桥梁。

α-萘磺酸,相邻基团空间拥挤 相互作用大,稳定性小

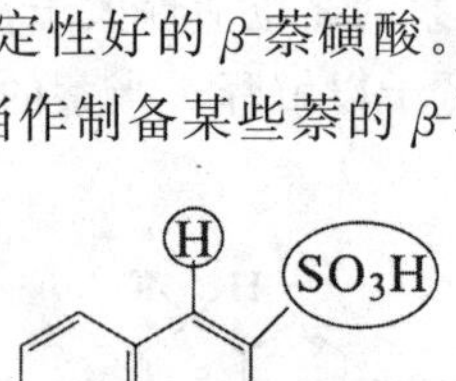

β-萘磺酸,相邻基团相互作用 小,稳定性好

④傅-克反应。由于萘比苯活泼,进行傅氏反应时,通常是生成多种产物的混合物,所以要选择适宜的条件才能得到预期的产物。例如,

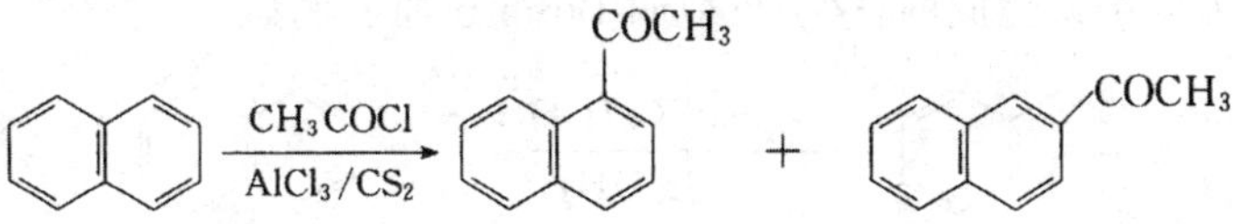

用硝基苯代替二硫化碳作溶剂,主要生成 β 位酰化产物,这是因为 CH_3COCl、$AlCl_3$ 和硝基苯($C_6H_5NO_2$)可以生成体积较大的络合物亲电试剂,而体积大的试剂不易进攻空间位阻较大的 α 位。

(2)氧化反应

萘比苯容易被氧化,在不同条件下氧化,可得到不同的产物。例如,萘在醋酸溶液中用氧化铬进行氧化,其中一个环被氧化成醌,生成 1,4-萘醌(也叫作 α-萘醌)。

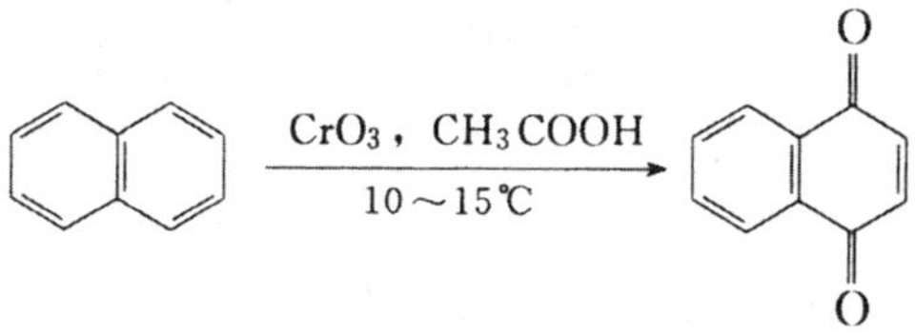

1,4-萘醌(α-萘醌)

在强烈条件下氧化,其中一个环破裂,生成邻苯二甲酸酐。

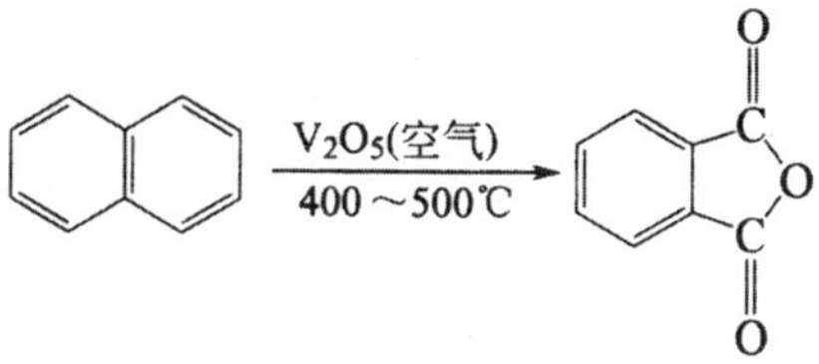

邻苯二甲酸酐是一种重要的化工原料,它是许多合成树脂、增塑剂、染料等的原料。

取代的萘氧化时,哪一个环被氧化,取决于环上取代基的性质。氧化是个失电子过程,因此,电子云密度比较大的环容易被氧化开环。例如,

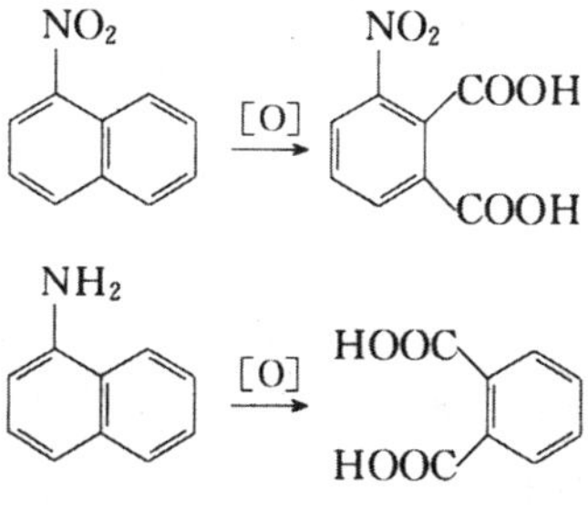

这是因为硝基是吸电子基,使苯环钝化,而氨基是斥电子基,能使苯环活化。

（3）还原反应

萘比苯更容易加氢,在不同的条件下,萘可以发生部分加氢或全部加氢的反应。部分加氢是用金属钠和乙醇在液氨中来完成的,这个反应叫 Birch 还原。例如,

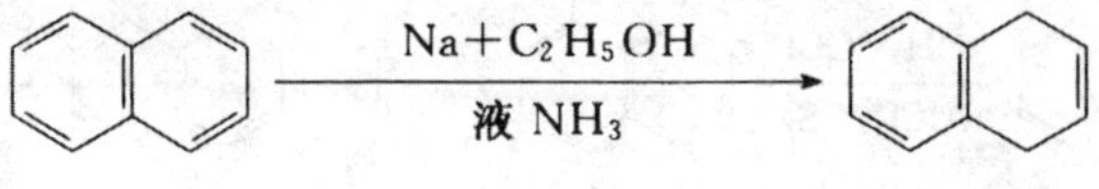

1,4-二氢萘

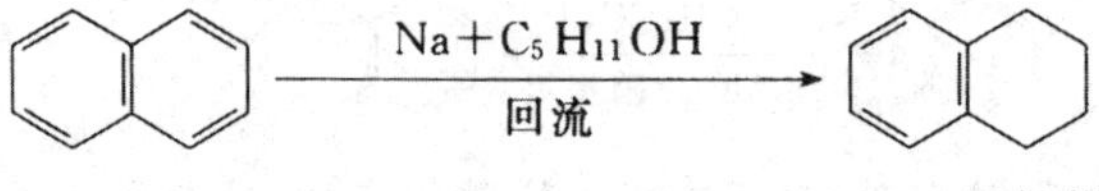

1,2,3,4-四氢萘

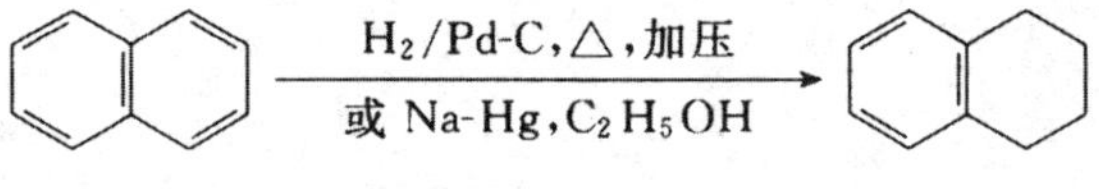

1,2,3,4-四氢萘

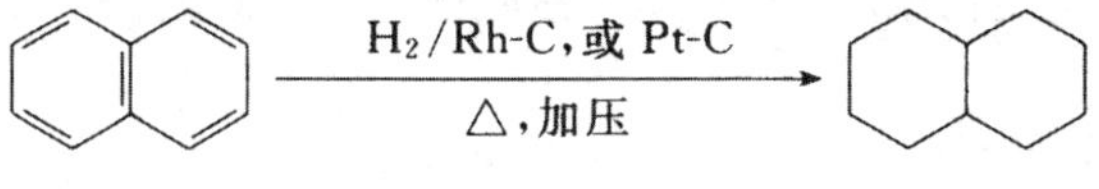

十氢萘

（4）加成反应

萘比苯容易发生加成反应。萘在乙醇和金属钠的作用下,很容易被还原成 1,4-二氢萘或 1,2,3,4-四氢萘。

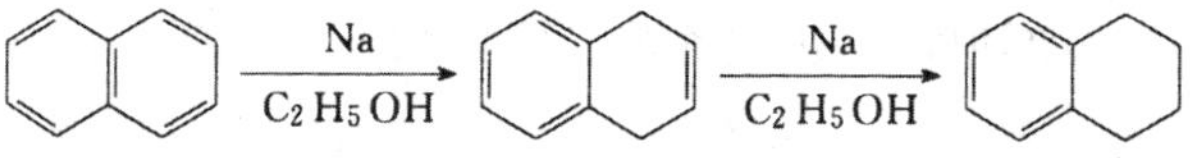

1,4-二氢萘　　1,2,3,4-四氢萘（四氢化萘）

如果进一步还原,则需要强烈的条件,如在加压条件下,用催化氢化法可直接得到十氢萘。

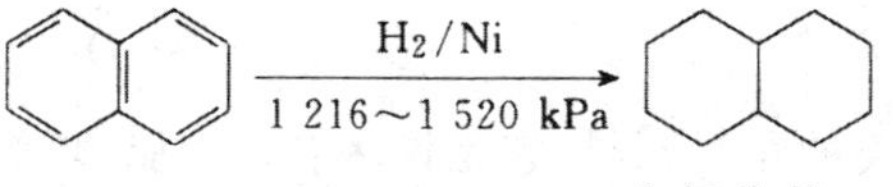

十氢化萘

四氢萘又叫作萘满,是沸点为 270.2℃ 的液体,十氢萘又叫作萘烷,是沸点为 171.7℃ 的液体。它们都是良好的高沸点溶剂。十氢萘有两种构象异构体,两个环己烷分别以顺式或反式相稠合。顺式沸点为 194℃,反式沸点为 185℃,电子衍射证明两个环都以椅式构象存在。

3.蒽

蒽的分子式为 $C_{14}H_{10}$,是由三个苯环稠合而成的,三个苯环在同一个平面上,环上相邻碳原子的 p 轨道侧面重叠,形成了包含 14 个碳原子的 π 分子轨道。与萘相似,蒽的碳碳键键长也不完全等同。蒽的结构和键长可表示如下:

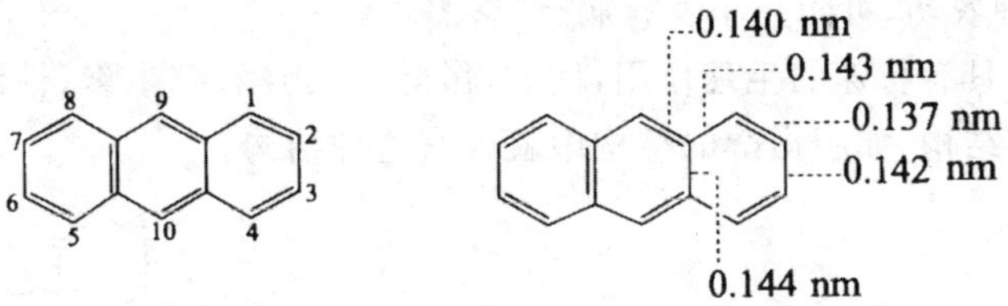

在蒽分子中,1、4、5、8位相同,称为 α-位;2、3、6、7位相同,称为 β 位;9、10位相同,称为 γ 位或称中位。因此蒽的一元取代物有 α、β 和 γ 三种异构体。

蒽在煤焦油中含量约为 0.25%,将蒽油冷却过滤,得到粗蒽。蒽为带有淡蓝色荧光的白色片状晶体,熔点为 $217℃$,沸点为 $342℃$,不溶于水,难溶于乙醇和乙醚,较易溶于热苯。

蒽比萘更容易发生氧化和还原反应,无论氧化或还原,反应都发生在9、10位,反应产物分子中都具有两个完整的苯环。

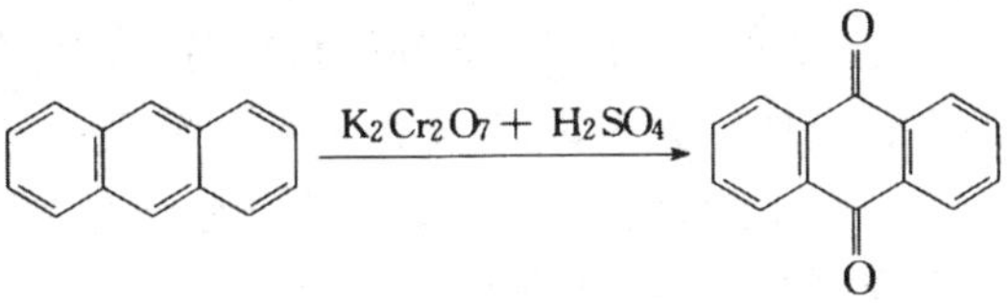

9,10-蒽醌

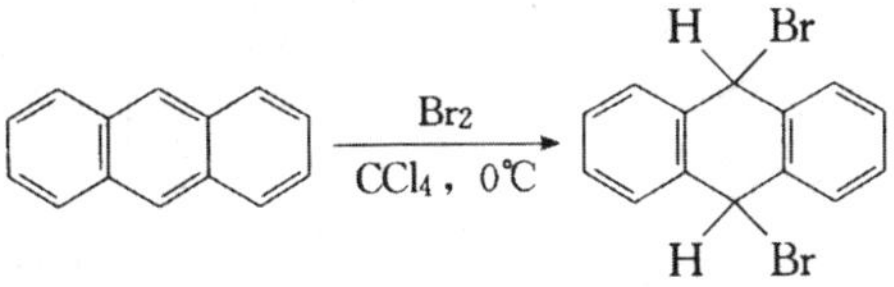

9,10-二溴蒽

4. 菲

菲是蒽的同分异构体,分子式为 $C_{14}H_{10}$。与蒽相似,它也是由三个苯环稠合而成的,但与蒽不同的是,三个苯环不是处在一条直线上。

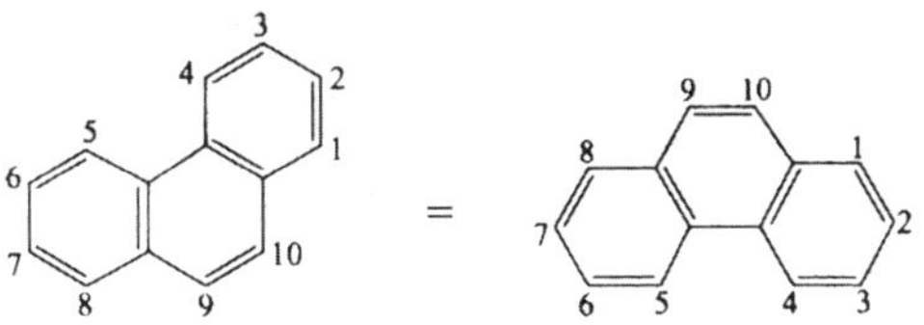

菲也存在于煤焦油的蒽油馏分中。菲为无色有荧光的晶体,熔点为 $101℃$,沸点为 $340℃$,不溶于水,稍溶于乙醇,易溶于苯和乙醚等。

菲的共振能为 $381.6\ kJ/mol$,比蒽大,因此菲比蒽稳定,化学性质介于萘与蒽之间。它也可以在9、10位发生化学反应,但反应比蒽难些。例如,将菲氧化可得9,10-菲醌。

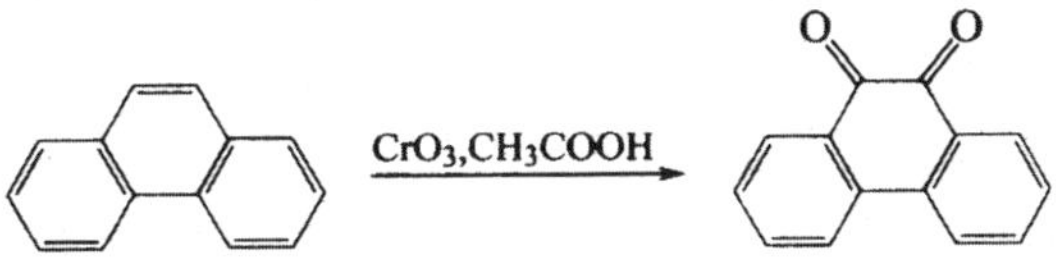

9,10-菲醌

9,10-菲醌是一种农药,可防止小麦莠病、红薯黑斑病。

菲的某些衍生物具有特殊的生理作用,例如,甾醇、生物碱、维生素、性激素等分子中都含有环戊烷(并)多氢菲的结构,如胆甾醇的结构中就含有这种结构。

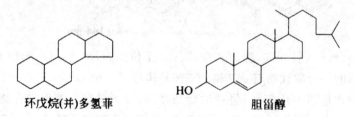

环戊烷(并)多氢菲　　　　　　胆甾醇

5. 致癌芳烃

致癌芳烃主要是稠环芳烃及其衍生物。3 环(苯环)稠合的稠环芳烃(蒽、菲)本身不致癌,若分子中某些碳上连有甲基时就有致癌性。4 环和 5 环的稠环芳烃和它们的部分甲基衍生物有致癌性。6 环的稠环芳烃有的有致癌性。其中,1,2-苯并芘是一种强致癌物。煤的燃烧、干馏以及有机物的燃烧、焦化等都可以产生此致癌物质。目前已知,其致癌作用是由于代谢产物能够与DNA 结合,从而导致 DNA 突变,增加了致癌的可能。

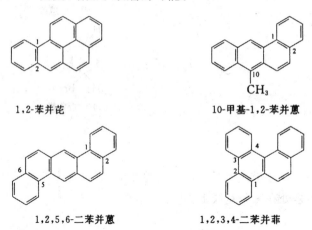

1,2-苯并芘　　　　　　　　10-甲基-1,2-苯并蒽

1,2,5,6-二苯并蒽　　　　　　1,2,3,4-二苯并菲

4.2.8　非苯芳烃

1.休克尔规则

一百多年前,凯库勒就预见到,除了苯外,可能存在其他具有芳香性的环状共轭多烯烃。1931 年,休克尔(E. Hückel)用简单的分子轨道计算了单环多烯烃的 π 电子能级,从而提出了一个判断芳香性体系的规则,称为休克尔规则。休克尔提出,单环多烯烃要有芳香性,必须满足以下三个条件:

①成环原子共平面或接近于平面,平面扭转张力不大于 0.01 nm。

②环状闭合共轭体系。

③环上 π 电子数为 $4n+2(n=0,1,2,3,\cdots)$。

符合上述三个条件的环状化合物,就有芳香性,这就是著名的休克尔规则。例如,

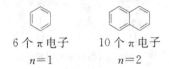

6 个 π 电子　　　10 个 π 电子
$n=1$　　　　　　$n=2$

其他不含苯环,π 电子数为 $4n+2$ 的环状多烯烃,具有芳香性,称为非苯芳烃。

2.重要的非苯芳烃

(1)轮烯

通常将 $n \geqslant 10$ 的单环共轭多烯(C_nH_n)称为轮烯。命名时将成环碳原子的数目写在方括号中,如[10]轮烯、[14]轮烯、[18]轮烯。

[10] 轮烯

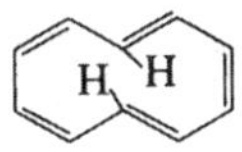

π电子=10,$n=2$,
但由于轮内氢原子间的斥力大,使环发生扭转,
不能共平面,故无芳香性

[14] 轮烯

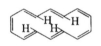

π电子=14,$n=3$,
但由于轮内氢原子间的斥力大,使环发生扭转,
不能共平面,故无芳香性

[18] 轮烯

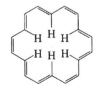

π电子=18,$n=4$,
轮内氢原子间的斥力微弱,环接近于平面,
故有芳香性

上述轮烯的 π 电子数都符合 $4n+2$ 规则,但并不都具有芳香性。这是因为[10]轮烯和[14]轮烯的环比较小,环内氢原子之间距离近,相互干扰作用大,这样就使环碳原子不能处于同一平面上,破坏了共轭体系,所以[10]轮烯和[14]轮烯没有芳香性。[18]轮烯的环比较大,环内氢原子之间排斥作用小,整个分子基本上处于同一平面上,所以[18]轮烯有芳香性。

与环辛四烯相似,[16]轮烯和[20]轮烯的 π 电子数也是 $4n$ 个,也是非平面分子,因而都是非芳香性化合物。

(2)芳香离子

有些环状烃类化合物虽然没有芳香性,但在某些条件下转变成离子(正离子或负离子)后就显示出芳香性。通常将一种物质转变成芳香离子的反应是较容易发生的。以下简要介绍一些芳香离子:

①环丙烯正离子。

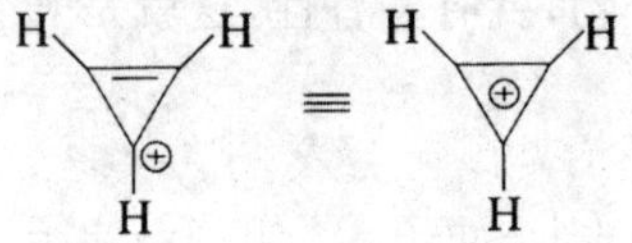

2个π电子($4n+2, n=0, \pi_3^2$键)

②环辛四烯二价负离子。

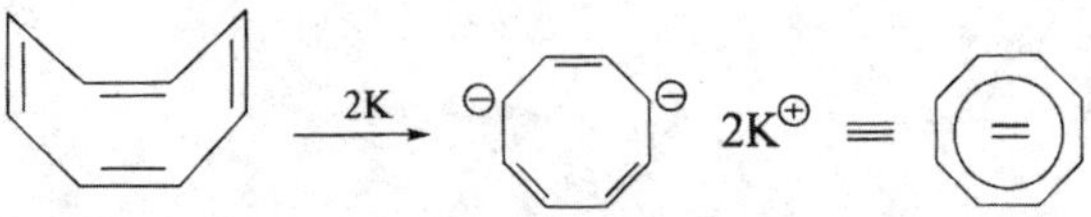

10个π电子($4n+2, n=2, \pi_8^{10}$键)

③环丁二烯二价负离子和二价正离子。

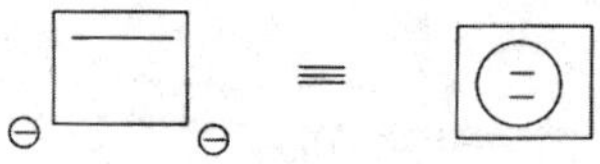

6个 π 电子($4n+2, n=1, \pi_4^6$键)

2个 π 电子($4n+2, n=0, \pi_4^2$键)

④环庚三烯正离子。

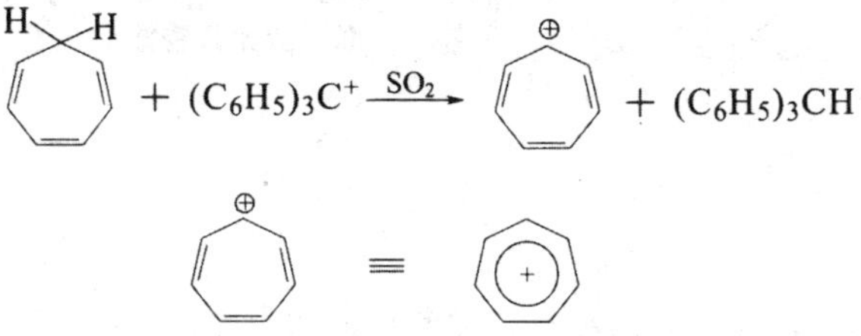

6个 π 电子($4n+2, n=1, \pi_7^6$键)

⑤环戊二烯负离子。

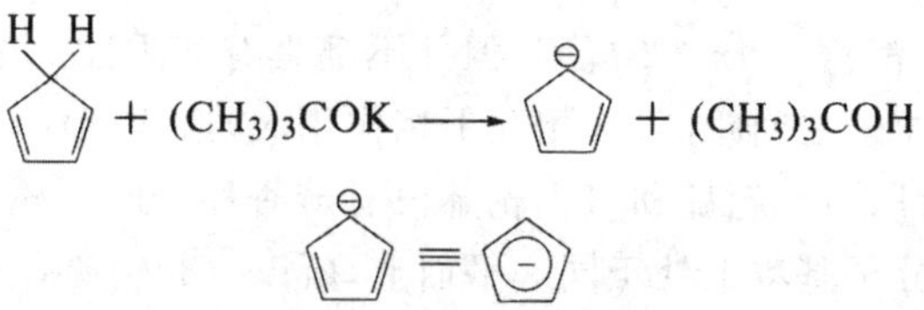

6个 π 电子($4n+2, n=1, \pi_5^6$ 键)

（3）并联环系

与苯相似，萘、蒽、菲等稠环芳烃的成环碳原子都在同一平面上，且 π 电子数都符合休克尔 $4n+2$ 规则，具有芳香性。虽然萘、蒽、菲是稠环芳烃，但构成环的碳原子都处在最外层的环上，可以看成是单环共轭多烯，故可用休克尔规则来判断其芳香性。

对于非苯系的稠环化合物，也可考虑其成环原子外围 π 电子，运用休克尔规则判断其芳香性。蓝烃——薁，是萘的同分异构体，由一个五元环和一个七元环稠合而成，其成环原子的外围

π 电子数为 10，符合 $4n+2$ 规则（$n=2$），也具有芳香性。

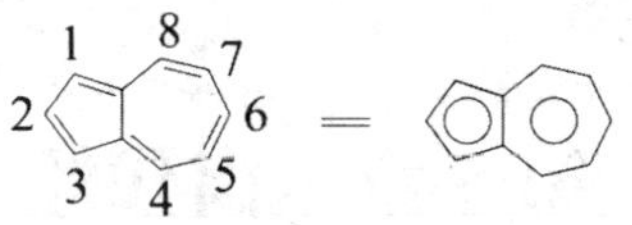

奠因为具有芳香性，也可以发生卤化、硝化等同苯类似的亲电取代反应。由于奠的五元环具有较高的电子云密度，因此它不仅比较活泼，而且亲电取代反应主要发生在五元环的 1 位和 3 位上。例如，

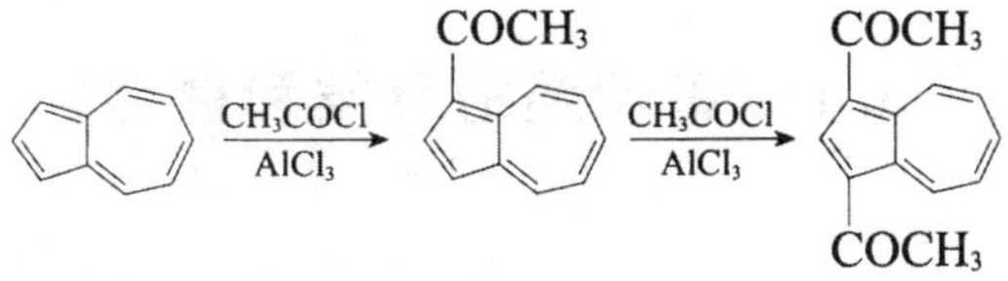

第5章 卤代烃

5.1 卤代烃的分类和命名

烃分子中的氢原子被卤素取代后所生产的产物称为卤代烃,简称卤烃。卤代烃的通式为RX,R代表烃基,X代表卤素(X＝F、Cl、Br、I),卤代烃的官能团为卤原子。

5.1.1 卤代烃的分类

根据卤代烃分子中烃基结构的不同,可分为饱和卤代烃(卤代烷烃)、不饱和卤代烃、卤代脂环烃和卤代芳香烃。例如,

$CH_3CH_2CH_2Cl$	$CH_2{=}CHCl$	环己基—CH_2Br	苯环—CH_3 / Cl
1-氯丙烷	氯乙烯	环己基—溴甲烷	邻氯甲苯
(卤代烷烃)	(不饱和卤代烃)	(卤代脂环烃)	(卤代芳香烃)

根据卤代烃分子中所含卤素原子的种类,可分为氟代烃、氯代烃、溴代烃和碘代烃。例如,

$CF_2{=}CF_2$	CH_3CH_2Cl	CH_3CH_2Br	CH_3CH_2I
四氟乙烯	氯乙烷	溴乙烷	碘乙烷
(氟代烃)	(氯代烃)	(溴代烃)	(碘代烃)

根据卤代烃分子中所含卤素原子数目的不同,可分为一卤代烃、二卤代烃和多卤代烃。例如,

C_6H_5Br	CH_2Cl_2	CHI_3
溴苯	二氯甲烷	三碘甲烷（碘仿）
(一卤代烃)	(二卤代烃)	(多卤代烃)

根据卤代烃分子中与卤素原子相连的碳原子的种类,可将卤代烃分为伯卤代烃(1°卤代烃)、仲卤代烃(2°卤代烃)和叔卤代烃(3°卤代烃)。例如,

伯卤代烃	仲卤代烃	叔卤代烃
$CH_3CH_2CH_2CH_2$ $\mid$ X	$CH_3CH_2CHCH_3$ $\mid$ X	$CH_3CH_2\overset{\displaystyle CH_3}{\underset{\displaystyle X}{\overset{\mid}{\underset{\mid}{C}}}}CH_3$
1-卤代丁烷	2-卤代丁烷	2-甲基-2-卤代丁烷

5.1.2　卤代烃的命名

最常用的卤代烃的命名方法有两种:普通命名法和系统命名法。前者常用于烃基结构较简单的卤代烃,后者则适合结构复杂的卤代烃。

1.普通命名法

普通命名法是按与卤素原子相连的烃基的名称来命名的,称为"某基卤"的命名方法。例如,

$$CH_3CH_2-Cl \qquad CH_3\underset{\displaystyle Cl}{\overset{\displaystyle CH_3}{\underset{|}{\overset{|}{C}}}}CH_3 \qquad \text{环戊基} - Br$$

乙基氯　　　　　　　　叔丁基氯　　　　　　　环戊基溴

也可在母体烃名称前面加上"卤代",称为"卤代某烃","代"字常省略。例如,

$$CH_3-\underset{\displaystyle CH_3}{\overset{\displaystyle CH_3}{\underset{|}{\overset{|}{C}}}}-Br \qquad CH_2=CHCl \qquad \text{苯}-Br$$

溴代叔丁烷　　　　　　　氯乙烯　　　　　　　　　溴苯

多卤代烃有沿留下来的特殊名称。例如,

$$CHX_3 \qquad CHCl_3 \qquad CHBr_3 \qquad CHI_3 \qquad CCl_4$$

卤仿　　　　　　氯仿　　　　　　溴仿　　　　　　碘仿　　　　四氯化碳

2.系统命名法

复杂卤代烃的命名,采用系统命名法。命名卤代烷时选择含有卤素原子所连碳原子在内的最长碳链为主链,按取代基及卤素原子"序号和最小"原则给主链碳原子编号;当出现卤素原子与烷基的位次相同时,应给予烷基以较小的位次编号;不同卤素原子的位次相同时,给予原子序数较小的卤素原子以较小的编号。例如,

$$CH_3CHCH_2CH_2Cl \qquad CH_3CH-CHCH_3 \qquad CH_3CH-CHCH_3$$
$$\;\;\;\;\;\;|\qquad\qquad\qquad\quad\; |\;\;\; |\qquad\qquad\qquad |\;\;\; |$$
$$\;\;\;\;CH_3\qquad\qquad\qquad\; CH_3\; Cl\qquad\qquad\quad\; Br\;\; Cl$$

3-甲基-1-氯丁烷　　　　2-甲基-3-氯丁烷　　　　2-氯-3-溴丁烷

不饱和卤代烃应选择含有不饱和键和卤素原子所连碳原子在内的最长碳链作为主链,编号时使不饱和键的位次最小。例如,

$$CH_2=CH-CH_2CH_2Cl \qquad ClCH_2CH=CHCH_3$$

4-氯-1-丁烯　　　　　　　1-氯-2-丁烯

芳香卤代烃一般以芳香烃为母体,卤素原子作为取代基。例如,

$$
\begin{array}{c}
Br \\
\end{array}
$$

2-溴甲苯

在实际应用中,对于简单卤代烃,常用俗名。例如,

$CHCl_3$ CHI_3 $PhCH_2Cl$

氯仿   碘仿   氯苄

5.2 卤代烃的物理性质

室温下,四个碳以下的氟代烷、两个碳以下的氯代烷以及溴代烷为气体,其他常见的卤代烃为液体,十五个碳以上的卤烃为固体。

卤代烃的沸点变化具有规律性。R 相同时,RX>RH,RCl 最低,RI 最高;X 相同时,其沸点随 R 的增大而增高,同分异构体中,支链越多沸点越低。RF 特殊,不少 RF 的沸点与相同 R 的烷烃相近。

卤代烃的密度与 R 的大小和 X 类型有关。R 相同时,RCl 最小,RI 最大;X 相同时,其密度随 R 的增大而减小。大多数卤代烃的密度都大于水,但 RF 和多数一元 RCl 的密度比水小。

多数卤代烃分子难溶于水,而易溶于醇、醚、烃等有机溶剂中。氯代烷和氯代烯对多数有机物有很强的溶解性,而且有高蒸气密度(低挥发性)和理想的低沸点及低可燃性,因此是性能良好的有机溶剂,如 $CHCl_3$、CCl_4、$CHCl=CCl_2$ 等。

卤代烃有一定毒性,尤其是对肝脏。氯代烃和碘代烃的蒸气可通过皮肤吸收而对人体造成损害,所以应尽量避免这类化合物与人体的直接接触。

如果将卤代烃放在铜丝上灼烧,会出现绿色的火焰,可作为鉴别卤代烃的简单方法。常见卤代烃的物理常数见表 5-1。

表 5-1 常见卤代烃的物理常数

名称	结构式	熔点/℃	沸点/℃	相对密度 d_4^{20}
氯甲烷	CH_3Cl	−97.6	−23.76	0.920
溴甲烷	CH_3Br	−93	3.59	1.732
碘甲烷	CH_3I	−66.1	42.5	2.279
氯乙烷	C_2H_5Cl	−138.7	13.1	0.902 8
溴乙烷	C_2H_5Br	−119	38.4	1.461 2
碘乙烷	C_2H_5I	−111	72.3	1.933
1-氯丙烷	$CH_3CH_2CH_2Cl$	−123	46.4	0.890
1-溴丙烷	$CH_3CH_2CH_2Br$	−110	71.0	1.353

续表

名称	结构式	熔点/℃	沸点/℃	相对密度 d_4^{20}
1-碘丙烷	$CH_3CH_2CH_2I$	-101	102.5	1.747
2-氯丙烷	$CH_3CHClCH_3$	-117.6	34.8	0.859 0
2-溴丙烷	$CH_3CHBrCH_3$	—	59.4	1.310
2-碘丙烷	CH_3CHICH_3	—	89.5	1.705
氯仿	$CHCl_3$	63.5	61.2	1.491 6
溴仿	$CHBr_3$	8.3	149.5	2.889 9
碘仿	CHI_3	119	在沸点升华	4.008
氯乙烯	$CH_2=CHCl$	-160	-13.9	0.912 1
溴乙烯	$CH_2=CHBr$	-138	15.8	1.517
3-氯丙烯	$CH_2=CHCH_2Cl$	-134.5	45.0	0.938 2
3-溴丙烯	$CH_2=CHCH_2Br$	-119	70.0	—
3-碘丙烯	$CH_2=CHCH_2I$	-99	102.0	1.848
氯苯	C_6H_5Cl	-45	132	1.106 4
溴苯	C_6H_5Br	-30.6	155.5	1.499
碘苯	C_6H_5I	-29	188.5	1.832
邻氯甲苯	$o\text{-}CH_3—C_6H_4Cl$	-36	159	1.081 7
邻溴甲苯	$o\text{-}CH_3—C_6H_4Br$	-26	182	1.422
邻碘甲苯	$o\text{-}CH_3—C_6H_4I$	—	211	1.697
间氯甲苯	$m\text{-}CH_3—C_6H_4Cl$	-48	162	1.072 2
间溴甲苯	$m\text{-}CH_3—C_6H_4Br$	-40	184	1.409 9
间碘甲苯	$m\text{-}CH_3—C_6H_4I$	—	204	1.698
对氯甲苯	$p\text{-}CH_3—C_6H_4Cl$	7	162	1.069 7
对溴甲苯	$p\text{-}CH_3—C_6H_4Br$	28	184	1.389 8
对碘甲苯	$p\text{-}CH_3—C_6H_4I$	35	211.5	—
苄基氯	$C_6H_5CH_2Cl$	-43	179.4	1.100

5.3　卤代烃的化学性质

　　卤代烃的化学性质主要是由官能团卤素原子决定的。由于卤素原子的电负性比碳原子强，C—X 键为极性共价键，容易断裂，所以卤代烃的化学性质比较活泼。在外界电场的影响下，

C—X 键可以被极化,极化性强弱的顺序为 C—I＞C—Br＞C—Cl。极化性强的分子在外界条件影响下,更容易发生化学反应,所以卤代烃发生化学反应的活性顺序为:R—I＞R—Br＞R—Cl。

5.3.1 亲核取代反应

卤代烷烃分子存在碳卤极性共价键,带正电荷的碳原子易被带负电荷或未共用电子对的亲核试剂进攻,卤素原子带一对电子离去,发生亲核取代反应,反应通式如下:

$$Nu^-(Nu:) + \overset{\delta^+}{R} \overset{\delta^-}{—} X \longrightarrow R—Nu + X^-$$

| 亲核 | 反应 | 亲核取 | 离去 |
| 试剂 | 底物 | 代产物 | 基团 |

反应中受试剂进攻的物质叫作反应底物,如上述反应中的卤代烃。负离子或带未共用电子对的分子,此类试剂称为亲核试剂。卤素原子被取代,以负离子形式离去,称为离去基团。这种由亲核试剂的进攻而发生的取代反应,称为亲核取代反应。

1.水解反应

卤代烷与水作用发生水解反应,生成醇和氢卤酸。由于离去基团 X^- 的亲核性及碱性比水强,所以该反应为可逆反应。

$$RX + H_2O \rightleftharpoons ROH + HX$$

此反应进行得很慢,但如果加入 NaOH(或 KOH)并加热,则反应速率加快且反应进行完全,反应为不可逆反应,主要原因是加入的 OH^- 是比水更强的亲核试剂,且中和了反应生成的 HX,从而加速反应并提高产率。

$$RX + NaOH \longrightarrow ROH + NaX$$

卤代烷在碱性下水解是强碱取代弱碱,所以反应能够顺利进行。离去基团 X^- 的碱性越弱越易被 HO^- 取代。相同烷基不同卤素的卤代烷水解反应活性顺序为:RI＞RBr＞RCl＞RF。

一般卤代烷可由相应的醇制备,这使得该反应好像没有应用价值,但实际上要在复杂的分子中引入一个羟基通常比引入一个卤原子困难,因此在合成上可以先引入卤原子,然后通过水解从而间接引入羟基。例如,从石油分馏得到 C_5 馏分,氯化后生成 $C_5H_{11}Cl$(一氯戊烷异构体混合物),然后水解得到戊醇的混合物(杂油醇),杂油醇用作溶剂。

$$C_5H_{11}Cl + NaOH \xrightarrow{H_2O} C_5H_{11}OH + NaCl$$

2.醇解反应

卤代烷和醇反应生成醚,称为卤代烷的醇解反应。醇解反应和卤代烷水解反应相似,也是可逆反应,比较难进行。如果采用醇钠代替醇作为亲核试剂,醇为溶剂,则反应可以顺利进行。

$$R—X + NaOR' \longrightarrow ROR' + NaX$$

这种方法常用于合成不对称醚,称为威廉森(Williamson)法。例如,溴乙烷和叔丁基醇钠反应生成乙基叔丁基醚。

$$CH_3CH_2Br + NaO-\overset{\overset{\displaystyle CH_3}{|}}{\underset{\underset{\displaystyle CH_3}{|}}{C}}-CH_3 \longrightarrow CH_3CH_2O-\overset{\overset{\displaystyle CH_3}{|}}{\underset{\underset{\displaystyle CH_3}{|}}{C}}-CH_3 + NaBr$$

该反应一般不能使用叔卤代烷,否则,叔卤代烷在醇钠(强碱)下主要发生消除反应得到烯。

如果分子内同时含有卤素原子和羟基时,在碱作用下可发生分子内的亲核取代反应生成环醚。例如,2,3-二氯丙醇用碱处理可获得 3-氯-1,2-环氧丙烷。

$$\overset{\overset{\displaystyle OH}{|}}{CH_2}-\overset{\overset{\displaystyle Cl}{|}}{CH}-CH_2Cl \xrightarrow{Ca(OH)_2} CH_2\overset{O}{\overset{\diagdown\diagup}{}}CH-CH_2Cl$$

3. 氰解反应

伯或仲卤代烷与氰化钠(或氰化钾)在醇溶液中加热反应生成腈(RCN)。反应通式如下:

$$RX + NaCN \longrightarrow RCN + NaX$$

生成的腈比原来的卤代烷增加了一个碳原子,这是有机合成中增长碳链的重要方法之一。腈中的氰基(—CN)可以进一步转化为其他官能团,如羧基(—COOH)等。

该反应中的 NaCN 是以 CN^- 负离子作为亲核试剂。叔卤代烷与氰化钠(或氰化钾)反应时,主要产物是烯烃。如叔丁基氯和氰化钠反应主要生成 2-甲基-1-丙烯。

$$H_3C-\overset{\overset{\displaystyle CH_3}{|}}{\underset{\underset{\displaystyle CH_3}{|}}{C}}-Cl \xrightarrow{NaCN} H_3C-\overset{\overset{\displaystyle CH_2}{\|}}{\underset{\underset{\displaystyle CH_3}{|}}{C}} + HCl$$

氰化物是剧毒物质,使用时应注意安全,并严格遵守国家相关法律规定。

4. 氨解反应

卤代烷与氨作用,卤原子被氨基取代生成胺,称为卤代烷的氨解。

$$R-X + NH_3 \xrightarrow{ROH} R-NH_2 + HX$$

$$CH_3CH_2CH_2Cl + NH_3 \longrightarrow CH_3CH_2CH_2NH_2 + HCl$$

由于生成的伯胺仍是亲核试剂,可继续与卤代烷进一步发生氨解反应,得仲胺、叔胺,叔胺再与一卤代烷作用得到季铵盐。

$$CH_3CH_2CH_2Br + CH_3CH_2CH_2NH_2 \longrightarrow (CH_3CH_2CH_2)_2NH + HBr$$

$$CH_3CH_2CH_2Br + (CH_3CH_2CH_2)_2NH \longrightarrow (CH_3CH_2CH_2)_3N + HBr$$

$$CH_3CH_2CH_2Br + (CH_3CH_2CH_2)_3N \longrightarrow (CH_3CH_2CH_2)_4N^+Br^-$$

卤代烷的氨解很难停留在一取代阶段,如想制备伯胺需氨大大过量。

5. 与硝酸银醇溶液反应

卤代烷和硝酸银的醇溶液反应,生成硝酸酯和卤化银沉淀,由于卤代烷不溶于水,所以用醇作溶剂。

$$R-X + AgNO_3 \longrightarrow RONO_2 + AgX \downarrow$$

其他类型的卤代烃与卤代烷一样也能反应,它们的反应活性不相同。实验表明,反应时各类卤代烃的活性次序为

$$R—I>R—Br>R—Cl$$

$$叔卤代烃>仲卤代烃>伯卤代烃>CH_3X$$

卤代烷与硝酸银醇溶液的反应常用于各类卤代烃的鉴别。例如,

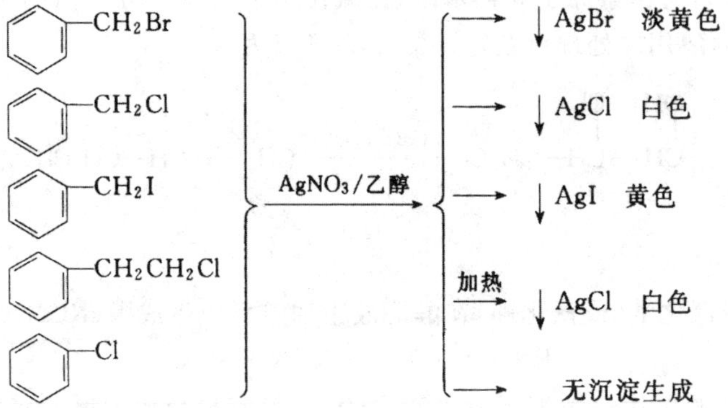

6.亲核取代反应机理

1937 年英国伦敦大学休斯(Hughes)和英果尔德(Ingold)教授通过对卤代烷水解反应进行系统的研究发现,卤代烷的水解反应是按两种不同的反应机理进行的,即单分子亲核取代反应机理(S_N1)和双分子亲核取代反应机理(S_N2)。

(1)单分子亲核取代反应(S_N1)

实验证明,叔卤代烷在碱性溶液中水解反应的历程为 S_N1,反应分两步进行。例如,叔丁基溴的水解反应历程如下:

第一步:叔丁基溴的碳溴键发生异裂,生成叔丁基碳正离子和溴负离子,此步反应的反应速率很慢。

$$(CH_3)_3C—Br \xrightarrow{慢} (CH_3)_3C^+ +Br^-$$
$$叔丁基碳正离子$$

第二步:生成的叔丁基碳正离子很快地与进攻试剂结合生成叔丁醇。

$$(CH_3)_3C^+ +OH^- \xrightarrow{快} (CH_3)_3C—OH$$
$$叔丁醇$$

该反应在动力学上属于一级反应,决定整个反应速率的是第一步,反应速率只与叔丁基溴的浓度有关,反应速率表达为:$v=K[(CH_3)_3CBr]$,所以称为单分子亲核取代反应。

S_N1 反应机理的特点如下:

①反应速率只与卤代烷的浓度有关,不受亲核试剂浓度的影响。

②反应分步进行。

③决定反应速率的一步中有活性中间体碳正离子生成。

不同结构的卤代烷按 S_N1 反应时的活性顺序为

$$叔卤代烷>仲卤代烷>伯卤代烷>卤代甲烷$$

（2）双分子亲核取代反应（S_N2）

实验证明,溴甲烷水解反应的机理为 S_N2,反应是一步完成的:

$$CH_3Br + OH^- \longrightarrow CH_3OH + Br^-$$

该反应动力学上属于二级反应,反应速率与溴甲烷和碱的浓度有关,反应速率表达式为 $v = K[CH_3Br][OH^-]$,所以称为双分子亲核取代反应。在该反应过程中,OH^- 从 Br 的背面进攻带部分正电荷的 α-碳原子,形成一个过渡状态。$C—O$ 键逐渐形成,$C—Br$ 键逐渐变弱:

S_N2 反应机理的特点如下:

①反应速率与卤代烷及亲核试剂的浓度均有关。

②旧键的断裂与新键的形成同时进行,反应一步完成。

不同结构的卤代烷按 S_N2 反应时的活性顺序为

卤代甲烷＞伯卤代烷＞仲卤代烷＞叔卤代烷

通常情况下,这两种机理总是同时并存,并相互竞争,只是在某一特定条件下哪个占优势的问题。一般伯卤代烷主要按 S_N2 机理进行,叔卤代烷主要按 S_N1 机理进行,仲卤代烷则可按两种机理进行。反应条件（催化剂、溶剂的极性及亲核试剂的亲核性等）的改变对反应机理都有一定的影响,甚至起决定性作用。例如,由于银离子的催化作用,使得所有卤代烃与 $AgNO_3$ 的反应均按 S_N1 机理进行。通常来说,强极性溶剂、亲核试剂的弱亲核性有利于 S_N1 反应;反之,有利于 S_N2 反应。例如,各种溴代烃与 KI/丙酮作用生成 RI 的反应均按 S_N2 机理进行。

5.3.2　消除反应

卤代烷分子中脱去一个小分子,同时形成不饱和键的反应称为消除反应,简称 E。脱去的小分子有 H_2O、NH_3、HX 等。

1.脱卤化氢

含有 β-H 原子的卤代烷在强碱作用下,发生分子内消去一分子卤化氢,同时形成烯烃,由于这个反应是脱去卤素原子和 β-氢原子,因此也叫作 β-消除反应。

β-消除反应活性:$(3°)R_3C—X > (2°)R_2CH—X > (1°)RCH_2—X$。

当卤代烷分子中含有不同的 β-氢原子时,卤代烷消去卤化氢时,氢原子总是优先从含氢较少的 β-碳上脱去,得到双键上连有最多取代基的烯烃,这个经验规则叫作 Saytzeff 规则。卤代烷在碱性条件下的消除反应都符合 Saytzeff 规则。例如,

$$CH_3-\underset{\underset{H}{|}}{\overset{\beta}{C}}H-\underset{\underset{Br}{|}}{C}H-\underset{\underset{H}{|}}{\overset{\beta'}{C}}H_2 \xrightarrow[\text{乙醇}]{KOH} CH_3CH=CHCH_3 + CH_3CH_2CH=CH_2$$
$$\qquad\qquad\qquad\qquad\qquad\qquad\quad 81\% \qquad\qquad\qquad 19\%$$

$$CH_3CH_2-\underset{\underset{Br}{|}}{\overset{\overset{CH_3}{|}}{C}}-CH_3 \xrightarrow[\text{乙醇}]{KOH} CH_3CH=C(CH_3)_2 + CH_3CH_2-\overset{\overset{CH_3}{|}}{C}=CH_2$$
$$\qquad\qquad\qquad\qquad\qquad\qquad\qquad 71\% \qquad\qquad\qquad\qquad 29\%$$

2.脱卤素

邻二卤化物除了能够脱卤化氢生成炔烃或稳定的共轭二烯烃外,在锌粉的作用下,邻位二卤化物能够脱去卤素生成烯烃。

$$R-\underset{\underset{X}{|}}{C}H-\underset{\underset{X}{|}}{C}H-CH_3 + Zn \xrightarrow[\triangle]{\text{醇}} R-CH=CH-CH_3 + ZnX_2$$

邻二碘化物在加热下可脱去碘分子生成烯,这也是烯烃难和碘发生加成反应的原因之一。

$$R-\underset{\underset{I}{|}}{C}H-\underset{\underset{I}{|}}{C}H-CH_3 \xrightarrow[\triangle]{\text{醇}} R-CH=CH-CH_3 + I_2$$

3.消除反应机理

卤代烃的消除反应和亲核取代反应一样也有两种反应机理,即单分子消除反应(E1)和双分子消除反应(E2)。

(1)单分子消除反应(E1)机理

单分子消除反应机理与单分子亲核取代反应机理相似,反应分两步进行。第一步与 S_N1 反应机理相似,首先碳卤键发生异裂,生成碳正离子,由于需要较高的能量,反应速率较慢。反应的第二步是进攻试剂进攻 β-碳原子上的氢,这步是快步骤。由于反应速率由第一步决定,所以只是与卤代烃的浓度有关,此反应机理称为单分子消除反应(E1 反应)机理。

$$-\underset{\underset{H}{|}}{\overset{\beta}{C}}-\underset{\underset{}{|}}{\overset{\alpha}{C}}X \underset{\text{慢}}{\rightleftharpoons} \left[-\underset{\underset{H}{|}}{C}-\overset{\delta+}{C}\cdots\overset{\delta-}{X}\right] \rightleftharpoons -\underset{\underset{H}{|}}{C}-C^+ + X^-$$

$$-\underset{\underset{H}{|}}{C}-C^+ + OH^- \xrightarrow{\text{快}} -C=C- + H_2O$$

(2)双分子消除反应(E2)机理

与 S_N2 一样,E2 也是一步完成的反应,但双分子消除反应机理中碱试剂进攻卤代烷分子中的 β-氢原子,使氢原子以质子形式与试剂结合而离去,同时卤原子则在溶剂作用下带着一对电子以负离子的形式离去,形成碳碳双键,C—H 键和 C—X 键的断裂和 π 键的生成是协同进行的,反应一步完成。由于卤代烃和碱试剂都参与过渡态的生成,所以称为双分子消除。

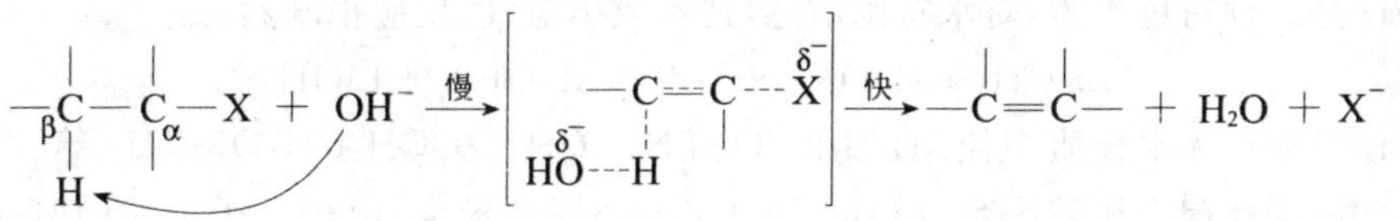

$$-\underset{\underset{H}{|}}{\underset{\beta}{C}} - \underset{\alpha}{\overset{|}{C}} - X + OH^- \xrightarrow{\text{慢}} \left[\overset{\delta^-}{\underset{HO---H}{-C=C-}} \overset{\delta^-}{\underset{}{X}} \right] \xrightarrow{\text{快}} -C=C- + H_2O + X^-$$

E2 反应机理与 S_N2 反应机理相似,反应速率也与卤代烃和进攻试剂两者的浓度成正比,反应不发生重排。不同的是,在 S_N2 反应中,进攻试剂作为亲核试剂进攻中心碳原子,而在 E2 消除反应中,试剂进攻 β-碳上的氢原子,氢原子以质子形式与试剂结合而离去。可见,S_N2 反应和 E2 反应是两个彼此相互竞争的反应。

5.3.3 还原反应

卤代烃可还原成烃,主要还原方法如下所示。

1. 催化氢化

$$R-X + H_2 \xrightarrow{\text{催化剂}} R-H + HX$$

反应中断裂的是 C—X 键,并在碳原子和卤原子上各加上一个氢原子的反应称为氢解。常用的催化剂是 Pd、Ni 等。催化氢化是氢解卤代烃最常用的方法,Pd 为首选催化剂,相比之下,Ni 易受卤离子的毒化,一般需增大用量比。氢解后的卤素离子,特别是氟离子,可使催化剂中毒,故通常不用催化氢化的方法氢解氟代烃。

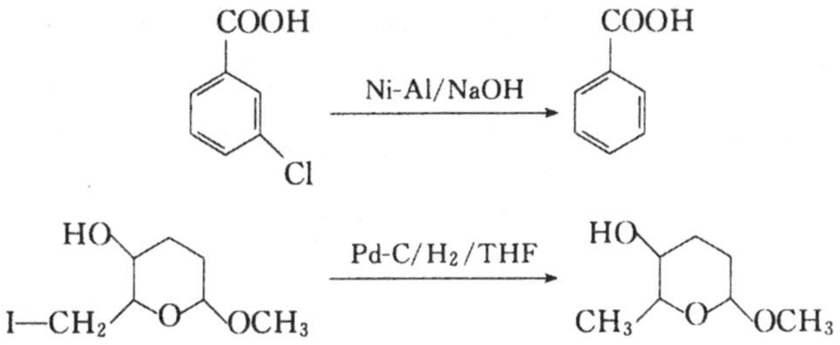

R 相同时,X 的活性顺序为:I>Br>Cl>F。烃基的结构对反应活性也有很大影响,烯丙基型和苯甲基型卤代烃更易氢解,如 C—F 键较难氢解,但苯甲基型氟代烃可被氢解。

2. 氢化锂铝

氢化锂铝($LiAlH_4$)作为还原剂提供氢负离子,具有很强的还原性,所有卤代烃均可被还原为相应的烃,包括乙烯型卤代烃。X 相同时,各种卤代烷的活性顺序如下:

$$1° > 2° > 3°$$

$$n\text{-}C_8H_{17}-Br + LiAlH_4 \xrightarrow[\text{回流,1 h}]{\text{THF}} n\text{-}C_8H_{18} + AlH_3 + LiBr$$

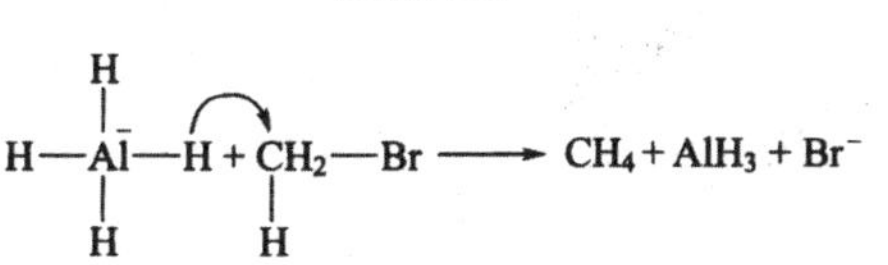

LiAlH$_4$ 是一种白色固体,对水特别敏感,遇水放出氢气,反应很剧烈:

$$LiAlH_4 + H_2O \longrightarrow H_2 \uparrow + Al(OH)_3 + LiOH$$

LiAlH$_4$ 只能在无水介质中使用,如 Et$_2$O、THF、CH$_3$—OCH$_2$CH$_2$O—CH$_3$ 等,贮藏时必须密封防潮,实际操作起来比较困难,而且 LiAlH$_4$ 的还原性极强,卤烃分子中如同时含有其他不饱和基团,也会被还原(但 C—C 保留)。

5.3.4　与活泼金属的反应

卤代烷与某些活泼金属反应,生成有机金属原子与碳原子直接相连的化合物,这种化合物称为有机金属化合物,也称金属有机化合物。有机金属化合物性质活泼,在有机合成中具有重要用途。近年来有机金属化合物在有机化学和有机化工中日益发挥着重要作用,已发展成为有机化学的一个重要分支。

1. 与碱金属反应

卤代烷可与金属钠反应,生成的有机钠化合物进一步与卤代烷反应,生成碳原子数增加一倍的烷烃。

$$RX + Na \longrightarrow RNa + NaX$$
$$RNa + RX \longrightarrow R—R + NaX$$

该反应主要用来将伯卤代烷制备成含偶数碳原子、结构对称的烷烃,这个反应称为孚兹(Wurtz)反应。此反应也可用来制备芳烃,称为孚兹-菲蒂希反应。

卤代烷与金属锂在非极性溶剂(无水乙醚、石油醚、苯)中作用生成有机锂化合物:

$$C_4H_9X + 2Li \xrightarrow{石油醚} C_4H_9Li + LiX$$

有机锂化合物的性质很活泼,遇水、醇、酸等即分解,故制备和使用时都应注意避免这些物质。有机锂化合物可与金属卤化物作用生成各种有机金属化合物。有机锂化合物还可以与卤化亚铜反应生成二烷基铜锂。

$$2RLi + CuI \xrightarrow{无水乙醚} R_2CuLi + LiI$$
$$二烷基铜锂$$

二烷基铜锂在有机合成中是一种重要的烃基化试剂,称为有机铜锂试剂,它能制备复杂结构的烷烃,此反应称为科瑞(Corey)-豪斯(House)烷烃合成法。

$$R_2CuLi + R'X \longrightarrow R—R' + RCu + LiX$$
R 可是 1°、2°、3°　　R'X 是最好是 1°
也可是不活泼的卤代烃,如 RCH=CHX

例如，

$$(CH_3)_2CuLi+CH_3(CH_2)_3CH_2I \longrightarrow CH_3(CH_2)_4CH_3+CH_3Cu+LiI$$

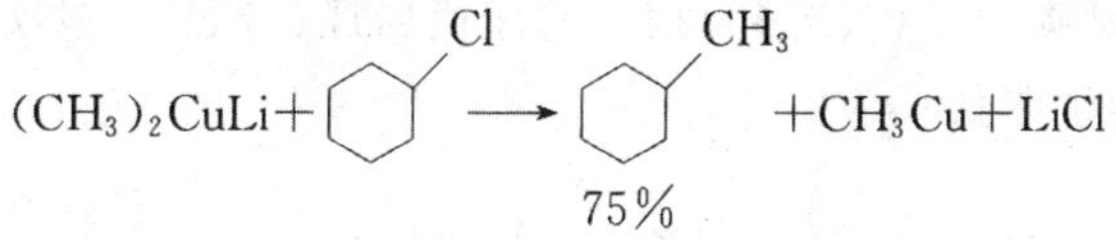

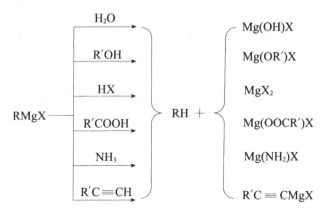

75%

$$(CH_3CH_2CH)_2CuLi \xrightarrow{CH_3(CH_2)_3CH_2Br} CH_3CH_2CHCH_2CH_2CH_2CH_2CH_3$$

$$\quad\quad\quad |\ CH_3 \quad\quad\quad\quad\quad\quad\quad\quad\quad\quad |\ CH_3$$

84%

2. 与金属镁的反应

卤代烷与金属镁反应，生成有机镁化合物 RMgX，由法国化学家格利雅（Grignard）在 1900 年发现，于是 RMgX 就被人们命名为格利雅试剂，简称格氏试剂。RMgX 的性质非常活泼，可与水、二氧化碳、羰基化合物反应，通常需保存在无水乙醚中。制取格氏试剂时，不同卤代烷的反应活性次序为：RI＞RBr＞RCl。

$$RX+Mg \xrightarrow[\triangle]{干醚} RMgX$$

在格氏试剂中，碳的电负性比镁大，碳原子带有负电荷，是良好的亲核试剂，其性质非常活泼，可与许多含活泼氢的化合物反应。

（图：RMgX 与 H_2O、$R'OH$、HX、$R'COOH$、NH_3、$R'C\equiv CH$ 反应生成 RH + $Mg(OH)X$、$Mg(OR')X$、MgX_2、$Mg(OOCR')X$、$Mg(NH_2)X$、$R'C\equiv CMgX$）

5.4　卤代烯烃和卤代芳烃

5.4.1　卤代烯烃和卤代芳烃的分类和命名

1. 卤代烯烃和卤代芳烃的分类

卤代烯烃和卤代芳烃分子中含有卤素原子及双键（或芳环）。卤素原子和双键（或芳环）的相对位置不同时，相互影响也不同。从而使卤素原子的活泼性也有显著的差别。通常根据它们的相对位置把常见的一元卤代烯烃和卤代芳烃分为三类。

(1)乙烯(苯基)型卤代烃

卤素原子直接与双键碳原子(或芳环)相连的卤代烯烃(芳烃)。这类化合物的卤素原子很不活泼,在一般条件下不发生取代反应。

$$RCH{=}CH{-}X \qquad 例如, \quad CH_2{=}CH{-}X$$

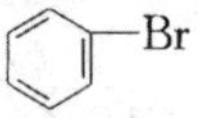

(2)烯丙基(苄基)型卤代烃

卤素原子与双键(或芳环)相隔一个饱和碳原子的卤代烯烃(芳烃)。这类化合物的卤素原子很活泼,很容易进行亲核取代反应。

$$RCH{=}CH{-}CH_2Cl \qquad 例如, \quad CH_2{=}CH{-}CH_2Cl$$

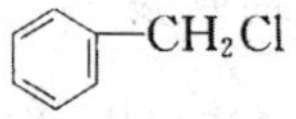

(3)孤立型卤代烯(芳)烃

卤素原子与双键(或芳环)相隔两个或两个以上饱和碳原子的卤代烯烃(芳烃)。这类化合物的卤素原子活泼性基本和卤烷中的卤素原子相同。

$$RCH{=}CH(CH_2)_nX \quad n \geq 2$$

2.卤代烯烃和卤代芳烃的命名

卤代烯烃通常采用系统命名法命名,即以烯烃为母体,编号时使双键位置最小。例如,

$$CH_2{=}CHCH_2Cl \qquad CH_3CHCH{=}CCH_3$$

3-氯丙烯　　　　2-甲基-4-溴-2-戊烯　　　3-氯环己烯

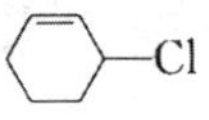

卤代芳烃的命名有两种方法:一是卤素原子连在芳环上时,把芳环当作母体,卤素原子作为取代基;二是卤素原子连在侧链上时,把侧链当作母体,卤素原子和芳环均作为取代基。例如,

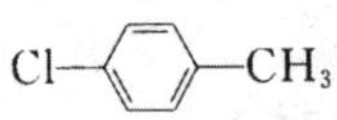

4-氯甲苯 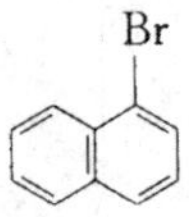　　　1-溴萘(α-溴萘) 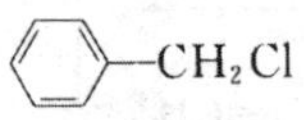　　　氯化苄(苄基氯) 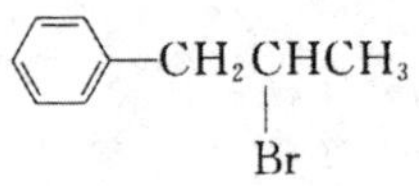　　　1-苯基-2-溴丙烷

5.4.2 双键位置对卤原子活泼性的影响

在卤代烯烃分子中同时含有碳碳双键和卤原子(X)两个官能团,因此它们同时具有烯烃和卤代烃的性质。但由于碳碳双键和卤原子的相对位置不同,它们之间的相互影响也不一样,也表现出化学性质的差异。不同结构的卤代烯烃其卤原子的活性次序为

$$RCH{=}CHCH_2X > RCH{=}CH(CH_2)_nX > RCH{=}CHX$$
烯丙型　　　　　　孤立型　　　　　　乙烯型

例如,以 $AgNO_3$ 为亲核试剂与不同结构的卤代烯烃进行 S_N1 反应,反应如下:

$$CH_2=CHCl \atop CH_2=CHCH_2Cl \atop CH_2=CHCH_2CH_2Cl \Bigg\} + AgNO_3 \xrightarrow{\text{醇}} \begin{cases} \text{不反应} \\ AgCl\downarrow(\text{快}) + CH_2=CHCH_2ONO_2 \\ AgCl\downarrow(\text{慢}) + CH_2=CHCH_2CH_2ONO_2 \end{cases}$$

　　结果表明,烯丙型的卤代烯烃在室温下能够很快和硝酸银作用生成卤化银沉淀;孤立型卤代烯烃生成卤化银沉淀速度较慢,一般要在加热情况下才能顺利进行;乙烯型卤代烯烃即使在加热情况下也不和硝酸银的醇溶液发生反应。

　　不仅和硝酸银反应有如此情况,不同类型的卤代烯烃与氢氧化钠水溶液作用,其反应速率也存在明显的差异。

$$CH_2=CHCH_2X \xrightarrow[H_2O]{NaOH} CH_2=CHCH_2OH(\text{反应速率快于饱和卤代烃})$$

$$CH_2=CHCH_2CH_2X \xrightarrow[H_2O]{NaOH} CH_2=CHCH_2CH_2OH(\text{反应速率与饱和卤代烃相当})$$

$$CH_2=CHX \xrightarrow[H_2O]{NaOH} (\text{难反应})$$

　　下面就三种类型的卤代烯烃进行讨论。

　　(1)乙烯型卤代烯烃

　　乙烯型卤代烯烃的卤原子直接连接在碳碳双键的碳原子上,卤原子的 p 轨道内未成键电子对与相邻 π 键的一对电子之间存在 p-π 共轭作用(图 5-1),使得碳卤键比正常的碳卤键短,键的解离能增大,偶极矩减小,导致碳卤键的化学活性下降,如在加热情况下也不能和硝酸银的醇溶液发生反应,且碳碳双键也不易发生亲电加成反应。

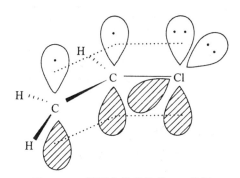

图 5-1　乙烯型卤代烯烃的 p-π 共轭

　　乙烯型卤代烯烃中卤原子的不活泼性是相对的,在一定条件下,也可发生反应,只不过反应条件相对苛刻一些。如溴乙烯和金属镁在四氢呋喃存在下共热,可获得格式试剂。

$$CH_2=CH-Br + Mg \xrightarrow{\overset{O}{\triangle}} CH_2=CH-MgBr$$

　　1-溴-1-丁烯在碱极强的条件下也能脱去卤化氢,生成炔。

$$CH_3CH_2CH=CH-Br \xrightarrow[\text{液 } NH_3]{NaNH_2} CH_3CH_2C\equiv CH + HBr$$

乙烯型分子中的碳碳双键不易发生亲电加成反应也是相对的,如氯乙烯可发生加成和聚合反应。

$$CH_2=CH-Cl + HBr \longrightarrow CH_3-\overset{\overset{\displaystyle Br}{|}}{CH}-Cl$$

$$nCH_2=CH-Cl \xrightarrow{\text{引发剂}} \left[CH_2-\overset{\overset{\displaystyle }{|}}{\underset{\underset{\displaystyle Cl}{|}}{CH}}\right]_n$$

(2)烯丙型卤代烯烃

当卤原子连接在烯烃的 α-C 原子上时,卤原子的活泼性非常高,C—X 键易断。例如,烯丙基氯在碱性中水解速率要比正丙基氯快约 80 倍。

$$CH_2=CHCH_2Cl \xrightarrow[H_2O]{NaOH} CH_2=CHCH_2OH \text{(快)}$$

$$CH_3CH_2CH_2Cl \xrightarrow[H_2O]{NaOH} CH_3CH_2CH_2OH \text{(慢)}$$

烯丙型卤代烯烃的特殊活泼性是由于亲核取代反应的中间体或过渡态稳定。对于双分子 S_N2 反应,由于过渡态时中心碳原子与邻位的 π 键有一定的共轭稳定作用(图 5-2),有利于降低活化能;对于单分子 S_N1 反应,由于生成的中间体碳正离子存在着 p-π 共轭体系(图 5-3),α-C 上正电荷得以分散,有相当的稳定性,所以它容易形成,使反应按 S_N1 机理进行并且速率相当快。

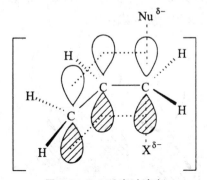

图 5-2 S_N2 反应过渡态

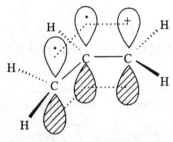

图 5-3 S_N1 烯丙型碳正离子

由于烯丙位卤代烯烃易发生 S_N1 反应,所以可发生重排反应,得到重排反应的产物。

$$CH_3CH=CHCH_2Cl \xrightarrow[NaOH]{H_2O} CH_3CH=CHCH_2OH + CH_3\underset{\underset{OH}{|}}{C}HCH=CH_2$$

如果分子中既含有烯丙型又含有乙烯型卤原子时,则两种卤素反应活性有明显差异。

$$CH_3CCl=CHCH_2Cl \xrightarrow[Na_2CO_3]{H_2O} CH_3CCl=CHCH_2OH \xrightarrow[C_2H_5OH, \triangle]{KOH} CH_3C\equiv CCH_2OH$$

(3)孤立型卤代烯烃

孤立型卤代烯烃分子中的碳碳双键和卤原子相隔较远,相互之间的影响较弱,所以显示出各自官能团的性质,即显示出烯烃和卤代烷的性质。

5.4.3 卤原子在苯环不同位置的活泼性

卤代芳烃中,卤原子的位置不同,其化学活性也存在较大差异。不同类型卤代芳烃和硝酸银醇溶液反应,呈现出不同的反应速率:

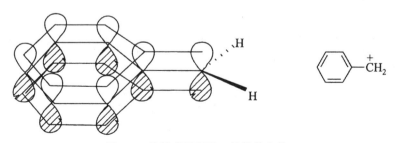

其中,卤苯型卤代芳烃即使加热也不反应,这和乙烯型卤代烯烃相似;孤立型卤代芳烃要在加热情况下才有氯化银沉淀,这和孤立型卤代烯烃相似;苄基型卤代芳烃在室温下很快就有卤化银沉淀产生,这和烯丙型卤代烯烃相似。

苄基型卤代芳烃中卤原子具有较大的活泼性,S_N1 和 S_N2 反应都易于进行。如苄基氯中氯原子具有相当高的活性,是因为在进行 S_N1 反应时,苯氯甲烷易于离解成较稳定的苄基碳正离子。这时亚甲基上的碳正离子是 sp^2 杂化,它的空 p 轨道与苯环上的 π 轨道发生交盖(图 5-4),造成电子离域,使得正电荷得到分散,因而这个离子趋于稳定。

图 5-4 苄基碳正离子 p 轨道的交盖

苄基型卤代芳烃除了容易和硝酸银醇溶液反应外,还可发生水解、醇解、氨解等反应,也容易生成格氏试剂。

5.5　重要的卤代烃

5.5.1　三氯甲烷

三氯甲烷($CHCl_3$)俗称氯仿,为一种无色透明易挥发液体,稍有甜味,沸点为 $61.2℃$,d_4^{20} 为 $1.484\ 2$,微溶于水,溶于乙醇、乙醚、苯、石油醚等,不易燃烧,是一种良好的不燃性溶剂,能溶解油脂、蜡、有机玻璃和橡胶等,常用作脂肪酸、树脂、橡胶、磷及碘等的溶剂和精制抗生素。还广泛用作合成原料。有麻醉作用。可以从甲烷氯化或四氯化碳还原制备。

$$CH_4 \xrightarrow{Cl_2} CH_3Cl \xrightarrow{Cl_2} CH_2Cl_2 \xrightarrow{Cl_2} CHCl_3$$

光作用下,氯仿能被空气中的氧氧化成氯化氢和有剧毒的光气。

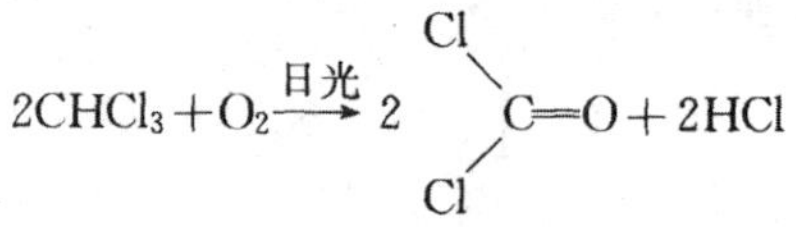

$$2CHCl_3 + O_2 \xrightarrow{日光} 2\ \underset{Cl}{\overset{Cl}{C}}{=}O + 2HCl$$

光气

加入 $1\% \sim 2\%$ 乙醇,可以使生成的光气与乙醇作用而生成碳酸二乙酯,以消除其毒性。

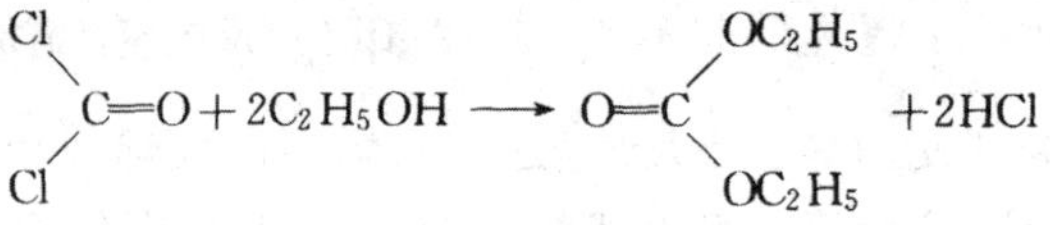

$$\underset{Cl}{\overset{Cl}{C}}{=}O + 2C_2H_5OH \longrightarrow \underset{OC_2H_5}{\overset{OC_2H_5}{C}}{=}O + 2HCl$$

碳酸二乙酯

试剂级氯仿要保存在棕色瓶中,装满到瓶口加以封闭,防止与空气接触。工业级氯仿采用内层镀锌或衬酚醛涂层铁桶包装,加 5% 无水乙醇作为稳定剂。置于干燥阴凉处。为防止生成光气应避光、隔热储存。

5.5.2　四氟乙烯

四氟乙烯为无色气体,沸点为 $-76.3℃$,不溶于水,溶于有机溶剂。四氟乙烯在过硫酸铵引发下,经加压可用于制备聚四氟乙烯。

$$nCF_2{=}CF_2 \xrightarrow[\text{加压}]{\text{过硫酸铵}} {\leftmoon}CF_2{-}CF_2{\rightmoon}_n$$

聚四氟乙烯是一种性能优良的塑料,化学稳定性高,不与强酸、强碱作用,不与王水反应,可耐高温 $250℃$,耐低温 $-269℃$,耐腐蚀又具有较好的机械强度,有"塑料王"之称。聚四氟乙烯的商品名为 Toflon,可用作人造血管等医用材料、实验室中电磁搅拌磁心的外壳,以及不粘锅底的材料等。

5.5.3 氟利昂

氟利昂(Freon)是多种含氟含氯的烷烃衍生物的总称,常见的有氟利昂-11(CFCl$_3$)、氟利昂-12(CF$_2$Cl$_2$)等。他们无色,无臭,无毒,易挥发,化学性质极稳定,被大量用于制冷剂和烟雾分散剂等。但在大量使用氟利昂后,由于它们性质稳定,挥发后漂流聚积于大气层的上部,在日光辐射下,C—Cl 键可被均裂产生氯原子,生成的氯原子能破坏臭氧的循环反应,后果是严重破坏了能吸收紫外辐射的臭氧层,使太阳对地球上紫外线辐射增强,从而对动植物的生存与生长引起一系列的问题。所以,现在世界各地已纷纷立法禁止使用氟利昂。

5.5.4 氟烷

氟烷(F$_3$C—CHClBr)又称为三氟氯溴乙烷,是无色流动性液体,沸点为 49～51℃,无刺激性,性质稳定,用于全身麻醉和诱导麻醉。它的蒸气对黏膜无刺激,麻醉的诱导时间短,苏醒快,麻醉作用强。氟烷在长期光照下能分解生成卤化氢(溴化氢、氯化氢、氟化氢),因此应盛于棕色瓶中,密闭置于阴凉处(30℃以下)保存。

5.5.5 二氟二氯甲烷

二氟二氯甲烷(CCl$_2$F$_2$),无色无臭气体,沸点为 -29.8℃,易压缩为液体,无毒、无腐蚀、不燃烧、性质稳定,在过去的很长时间广泛用作制冷剂,是氟利昂的代表物。20 世纪 80 年代后被认为会破坏臭氧层,已逐渐被禁止使用。其可由四氯化碳和三氟化锑制备:

$$CCl_4 + SbF_3 \xrightarrow{SbCl_5} CCl_2F_2 + SbCl_3$$

生成的 SbCl$_3$,可被 HF 还原为 SbF$_3$,重新使用。

$$SbCl_3 + HF \longrightarrow SbF_3 + HCl$$

5.5.6 氯乙烷

氯乙烷是带有甜味的气体,沸点为 12.2℃,低温时可液化为液体;工业上用作冷却剂,在有机合成上用以进行乙基化反应;施行小型外科手术时,用作局部麻醉剂,将氯乙烷喷洒在要施行手术的部位。因氯乙烷的沸点低,能很快蒸发,吸收热量,温度急剧下降,使局部暂时失去知觉。

5.5.7 氯乙烯

氯乙烯(C$_2$H$_3$Cl),无色气体,沸点为 -13.9℃,12～14℃时为液体,不溶于水,易溶于乙醚和四氯化碳。

氯乙烯是塑料工业的重要生产原料,是生产聚氯乙烯塑料的单体;与醋酸乙烯、丙烯腈制成的共聚物,可用作黏合剂、涂料、绝缘材料和合成纤维,也用作化学中间体或溶剂。

氯乙烯的制备方法目前有乙炔法、乙烯法和乙烯的氧氯化法。

1. 乙炔法

乙炔与氯化氢一步加成可得氯乙烯。如：

$$CH \equiv CH + HCl \xrightarrow[150\sim160℃]{HgCl_2/活性炭} CH_2 = CHCl$$

乙炔法具有收率高、流程短、技术成熟的优点，但是耗电量大、成本高、催化剂有毒。该法逐渐被淘汰，只有 20 世纪 80 年代前创建的老厂在沿用。

2. 乙烯法

乙烯与 Cl_2 加成得中间产物 1,2-二氯乙烷，1,2-二氯乙烷再脱一分子氯化氢得到氯乙烯。过程如下：

$$CH_2 = CH_2 + Cl_2 \xrightarrow[40℃]{FeCl_3} ClCH_2CH_2Cl \xrightarrow[\triangle]{-HCl} CH_2 = CHCl + HCl$$

乙烯法对氯化氢的利用率仅 50%，生产成本大。

3. 乙烯的氧氯化法

石油化工的迅速发展，乙烯来源丰富，价格低廉，加速了氯乙烯生产工艺的改进，以乙烯为原料的氧氯化法有很大优势。

该法与氯碱工业相结合，利用电解所得氯气与乙烯加成，先得二氯乙烷，然后加热消除一分子氯化氢得氯乙烯。副产物氯化氢和空气（氧气）混合，在催化剂作用下加热得氯气，再与乙烯作用。其反应式为

$$CH_2 = CH_2 + Cl_2 \longrightarrow ClCH_2CH_2Cl \xrightarrow[\triangle]{-HCl} CH_2 = CHCl + HCl$$

$$HCl + O_2 \longrightarrow Cl_2 + H_2O$$

总反应式为

$$2CH_2 = CH_2 + Cl_2 + \frac{1}{2}O_2 \longrightarrow 2CH_2 = CHCl + H_2O$$

5.5.8　氯苯

氯苯（C_6H_5Cl），无色透明液体，沸点为 132℃，不溶于水，密度比水大，溶于醇、醚、氯仿及苯等有机溶剂。

氯苯可由苯直接氯化制得。

氯苯主要用作有机溶剂，是合成化学药物及染料中间体的重要原料。

5.5.9　氯化苄

氯化苄（$C_6H_5CH_2Cl$）也称为苄基氯或氯苯甲烷，工业上可由甲苯的侧链取代及苯的氯甲基化制得。例如，

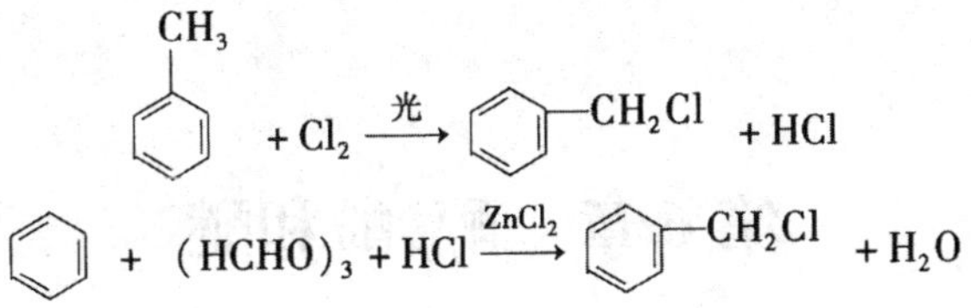

$$CH_3\text{-}C_6H_5 + Cl_2 \xrightarrow{\text{光}} C_6H_5\text{-}CH_2Cl + HCl$$

$$C_6H_6 + (HCHO)_3 + HCl \xrightarrow{ZnCl_2} C_6H_5\text{-}CH_2Cl + H_2O$$

苄基氯是重要的医药化工中间体,可制备苯甲醇、苯甲胺、苯乙腈等。

5.5.10　血防 846

血防 846 的分子式为 $C_8H_4Cl_6$ 又称为六氯对二甲苯,是白色、有光泽的结晶粉末,无味,熔点为 107~112℃,易溶于氯仿,可溶于乙醇和植物油,不溶于水。

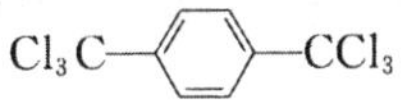

$$Cl_3C\text{-}C_6H_4\text{-}CCl_3$$

血防846

血防 846 作为一种广谱抗寄生虫病药,临床上用于治疗血吸虫病和肝吸虫病等。

第6章 醇、酚和醚

6.1 醇

醇可以看成是脂肪烃分子中的氢原子被羟基(—OH)取代的生成物,醇的官能团是(醇)羟基。脂肪醇的通式为 R—OH。

6.1.1 醇的分类、命名和结构

1.醇的分类

按羟基所连接的碳原子种类不同,醇可分为伯醇(1°醇)、仲醇(2°醇)和叔醇(3°醇)。例如,

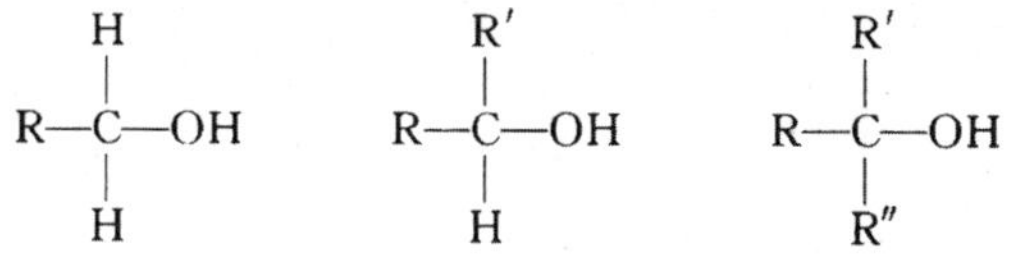

伯醇（1°醇）　　仲醇（2°醇）　　叔醇（3°醇）

按羟基所连接的烃基不同,醇可以分为脂肪醇、脂环醇和芳香醇。脂肪醇进一步可分为饱和醇与不饱和醇。例如,

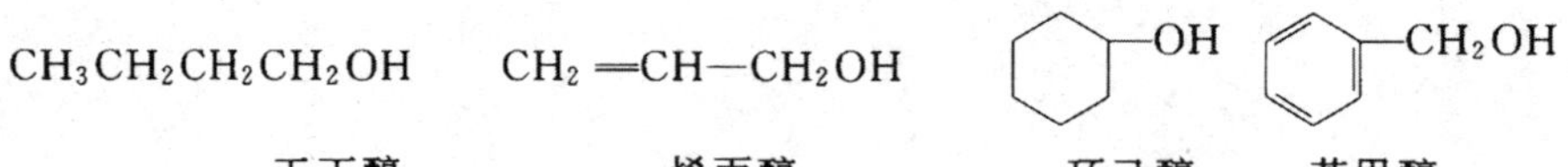

$$CH_3CH_2CH_2CH_2OH \qquad CH_2=CH-CH_2OH$$

正丁醇　　　　　　烯丙醇　　　　　　　环己醇　　苯甲醇

饱和醇　　　　　　不饱和醇　　　　　　脂环醇　　芳香醇

按羟基数目的多少,醇可分为一元醇、二元醇和三元醇等。例如,

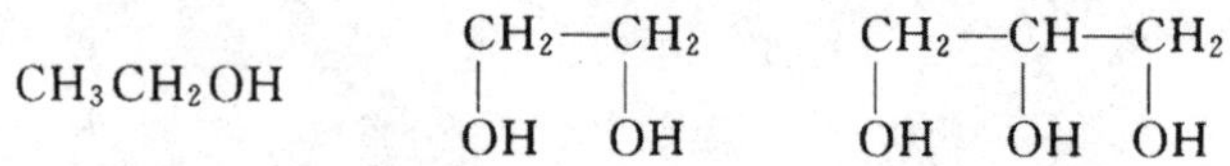

$$CH_3CH_2OH \qquad \begin{matrix} CH_2-CH_2 \\ | \quad\quad | \\ OH \quad OH \end{matrix} \qquad \begin{matrix} CH_2-CH-CH_2 \\ | \quad\quad | \quad\quad | \\ OH \quad OH \quad OH \end{matrix}$$

乙醇　　　　　　　乙二醇　　　　　　　丙三醇

一元醇　　　　　　二元醇　　　　　　　三元醇

一般分子中含两个以上羟基的醇称为多元醇。

2.醇的命名

(1)普通命名法

普通命名法主要用于结构简单的醇。命名时在烃基的名称后面加上"醇"字,"基"字一般省去。

$$CH_3CH_2CH_2OH$$
正丙醇

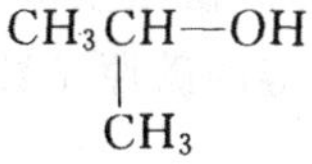

$$CH_3CH{-}OH \atop {|} \atop CH_3$$
异丙醇

$$CH_3CH_2CH_2CH_2OH$$
正丁醇

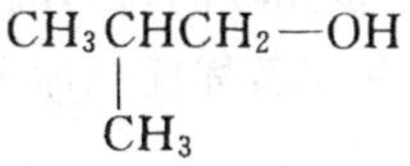

$$CH_3CHCH_2{-}OH \atop {|} \atop CH_3$$
异丁醇

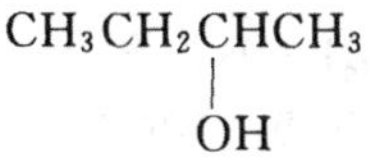

$$CH_3CH_2CHCH_3 \atop {|} \atop OH$$
仲丁醇

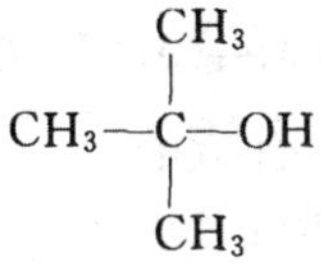

$$CH_3{-}C{-}OH$$ （上CH₃，下CH₃）
叔丁醇

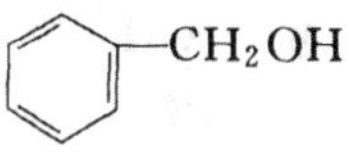

（苯环-CH₂OH）
苄醇

(2)系统命名法

系统命名法适用于各种结构醇的命名。命名的基本原则如下。

①选主链。选择连有羟基的碳原子在内的最长碳链为主链,根据主链上碳原子的数目称为"某醇"(母体)。

②编号。从靠近羟基的一端将主链碳原子依次用阿拉伯数字编号,使羟基所连碳原子的位次尽可能小。

③写名称。把取代基的位次、名称及羟基的位次写在母体名称"某醇"的前面。在阿拉伯数字及汉字之间用半字线隔开。例如,

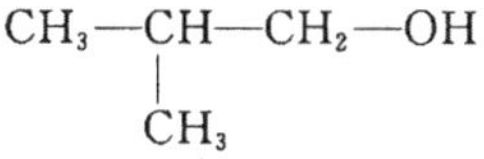

$$CH_3{-}CH{-}CH_2{-}OH \atop {|} \atop CH_3$$
2-甲基-1-丙醇

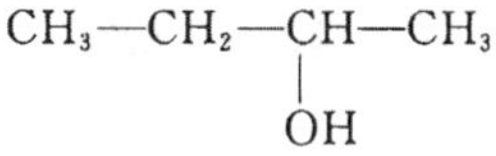

$$CH_3{-}CH_2{-}CH{-}CH_3 \atop {|} \atop OH$$
2-丁醇

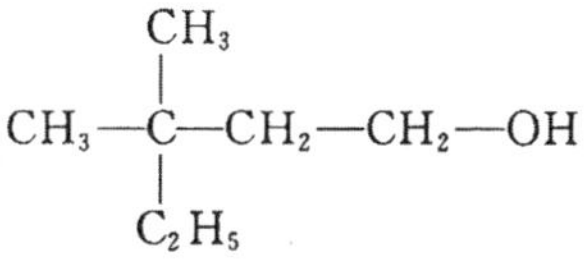

$$CH_3{-}C{-}CH{-}CH_2{-}OH$$ （上CH₃，下C₂H₅）
3,3-二甲基-1-戊醇

④命名脂环醇时是以醇为母体,并从羟基所连的碳原子开始对碳环编号,尽量使环上其他取代基处于较小位次。

命名芳香醇时则以侧链的脂肪醇为母体将芳香基作为取代基。例如,

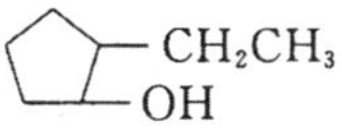

（环戊烷-CH₂CH₃，-OH）
2-乙基环戊醇

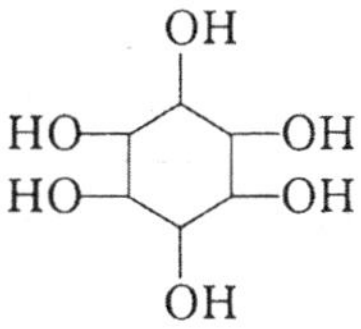

（环己烷六个OH）
环己六醇(肌醇)

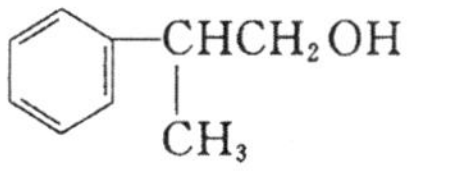

（苯-CHCH₂OH，-CH₃）
2-苯基-1-丙醇

⑤命名不饱和醇时,应选择连有羟基和含不饱和键在内的最长碳链做主链,从靠近羟基的一端开始编号。根据主链碳原子的数目称为某烯(或某炔)醇,标明不饱和键的位次。例如,

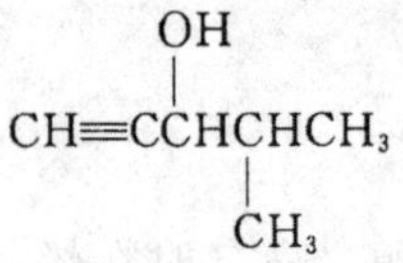

$$
\begin{array}{c}
\overset{\displaystyle OH}{|}\\
CH\!\equiv\!CCHCHCH_3\\
\underset{\displaystyle CH_3}{|}
\end{array}
$$

4-甲基-1-戊炔-3-醇

⑥多元醇的命名应选择包括连有尽可能多的羟基的碳链做主链,依羟基的数目称为二醇、三醇等,并在名称前面标上羟基的位次。当羟基数目与主链的碳原子数目相同时,可不标明羟基的位次。例如,

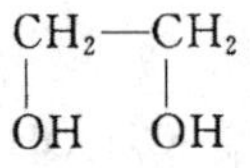

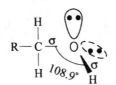

乙二醇 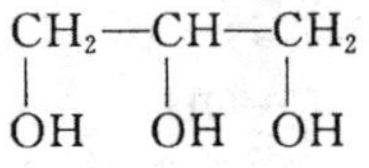　　　　丙三醇(甘油) 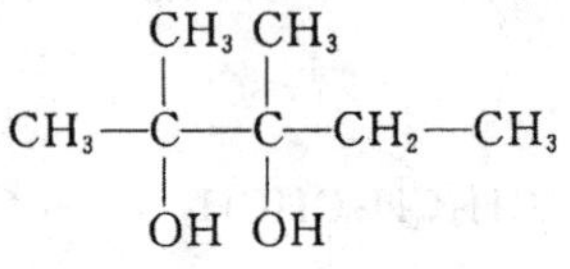　　　2,3-二甲基-2,3-戊二醇

3.醇的结构

醇分子中,羟基的氧原子和与羟基相连的碳原子都是 sp^3 杂化。氧原子的两个 sp^3 杂化轨道分别与碳原子和氢原子结合形成 C—O 键和 H—O 键。此外,氧原子还有两对未共用电子对分别占据其他两个杂化轨道。由于醇分子中有未共用电子对,可以看作是路易斯碱,能溶于浓的强酸中。醇的分子结构如图 6-1 所示。

图 6-1　醇的分子结构

6.1.2　醇的物理性质

4 个碳原子以下的直链饱和一元醇是具有酒味的液体;含 $C_5 \sim C_{11}$ 的是有不愉快气味的油状液体;C_{12} 以上的醇为无臭、无味的蜡状固体。常见醇的物理常数见表 6-1。

表 6-1　常见醇的物理常数

名称	熔点/℃	沸点/℃	相对密度 d_4^{20}	溶解度/[g/(100 g H_2O)]
甲醇	−97.8	64.7	0.791 4	∞
乙醇	−117.3	78.3	0.789 3	∞
1-丙醇	−126.0	97.4	0.803 5	∞
2-丙醇	−88.5	82.4	0.785 5	∞

名称	熔点/℃	沸点/℃	相对密度 d_4^{20}	溶解度/[g/(100 g H$_2$O)]
1-丁醇	−89.5	117.2	0.809 8	7.9
2-丁醇	−115	99.5	0.808 0	9.5
2-甲基-1-丙醇	−108	108	0.801 8	12.5
2-甲基-2-丙醇	25.5	82.3	0.788 7	∞
1-戊醇	−79	137.3	0.814 4	2.7
1-己醇	−46.7	158	0.813 6	0.59
1-庚醇	−34.1	175	0.821 9	0.2
1-辛醇	16.7	194.4	0.827 0	0.05
1-十二醇	26	259	0.830 9	—
烯丙醇	−129	97.1	0.854 0	∞
环己醇	25.1	161.1	0.962 4	3.6
苯甲醇	15.3	205.3	1.041 9	4
乙二醇	11.5	198	1.108 8	∞
丙三醇	20	290(分解)	1.261 3	∞

直链饱和一元醇的沸点随着碳原子数的增加而有规律地上升,每增加一个系差(CH$_2$),沸点将升高 18～20℃;碳原子数相同的醇含支链越多,沸点越低。低级醇的沸点比和它相对分子质量相近的烷烃、卤代烃和醛高许多,这是因为醇分子间可以形成氢键而缔合,如图 6-2 所示。随碳原子数目的增大,羟基在分子中占的比例降低,烃基的位阻作用越来越明显,因此高级醇的沸点与相应的烷烃的沸点越来越接近。

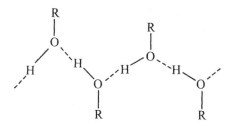

图 6-2　醇分子间的氢键

甲醇、乙醇、丙醇能与水以任意比例混溶。从正丁醇起在水中的溶解度降低,到癸醇以上则不溶于水;低级醇能与水形成氢键,是其与水混溶的原因,如图 6-3 所示。

高级醇不溶于水,这是因为烃基越大,醇羟基形成氢键的能力越弱,越不易与水形成氢键的缘故。低级醇能溶解有机物,所以乙醇是一种常用的有机溶剂;醇也能溶于多种有机溶剂中。此外,低级醇还能与一些无机盐(如 MgCl$_2$、CuSO$_4$、BaCl$_2$ 等)形成结晶状的分子化合物(也称醇化合物或结晶醇)。这些分子化合物不溶于有机溶剂,能溶于水,利用这一性质使醇与其他有机物分开或从混合物中去除醇。

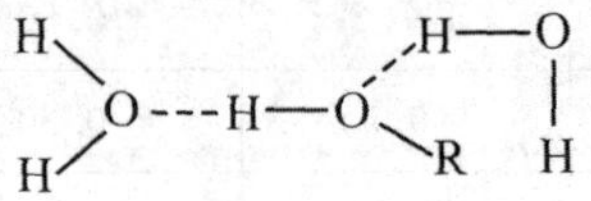

图 6-3   醇与水分子间的氢键

6.1.3   醇的化学性质

醇的化学性质主要由它所含的羟基官能团决定。醇分子中,氧原子的电负性较强,使与氧原子相连的键都有极性。

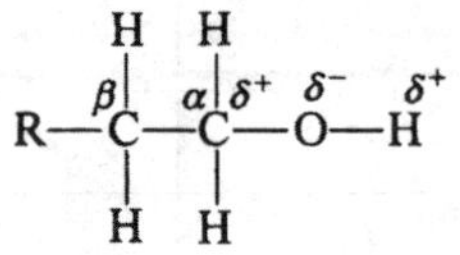

这样 H—O 键和 C—O 键都容易断裂发生反应。由于羟基的影响,α-碳原子上的氢原子和 β-碳原子上的氢原子也比较活泼。

1. 与活泼金属的反应

醇分子中的 O—H 键是极性键,具有一定的解离出氢质子的能力,因此醇是质子酸。与水类似,醇可与活泼的金属钾、钠、镁等反应,生成金属醇化物(醇钠或醇钾),同时放出氢气。但由于烷基的给电子诱导效应,使得醇羟基氢原子的活性要比水分子的氢原子弱,所以醇的酸性比水还要弱,与金属钠反应缓和,放出的热也不足以使生成的氢气自燃。实验室常利用此性质来销毁残余的金属钠。

$$2ROH + 2Na \longrightarrow 2RONa + H_2 \uparrow$$

$$2CH_3CH_2OH + 2Na \longrightarrow 2CH_3CH_2ONa + H_2 \uparrow$$

反应所得到的醇钠可水解得到原来的醇。

$$CH_3CH_2ONa + H_2O \longrightarrow CH_3CH_2OH + NaOH$$

醇钠的化学性质活泼,在有机合成中用作强碱性试剂和缩合剂,也常用作分子中引入烷氧基(RO—)的试剂。

随着醇分子中烃基的增大,和金属钠反应的速率随之减慢。

醇的反应活性次序为

甲醇＞伯醇＞仲醇＞叔醇

其他活泼的金属,如镁、铝等也可与醇作用生成醇镁和醇铝。异丙醇铝和叔丁醇铝在有机合成上有重要的应用。

类似于一元醇,邻二醇类化合物(如乙二醇、丙三醇)也具有酸性,因为两个—OH 处于相邻碳原子上,可使酸性增强。在碱性溶液中,邻二醇类化合物可与新配制的氢氧化铜反应生成深蓝色的铜盐溶液。

2. 与无机酸的反应

(1) 与氢卤酸的反应

醇与氢卤酸反应,羟基被卤原子取代,生成卤代烃和水。这是制备卤代烃的重要方法之一。

$$ROH + HX \longrightarrow RX + H_2O$$

此反应是可逆的,常通过增加一种反应物的用量或移去某一生成物使平衡向正反应方向移动,以提高产量。

醇与氢卤酸的反应快慢与氢卤酸的种类及醇的结构有关。

不同的氢卤酸与同一种醇反应的活性次序为

$$HI > HBr > HCl$$

不同的醇与同一种氢卤酸反应的活性次序为:

烯丙醇、苄醇 > 叔醇 > 仲醇 > 伯醇 > 甲醇

某些醇与氢卤酸反应,也会发生重排,生成与反应物结构不一样的卤代烃。例如,

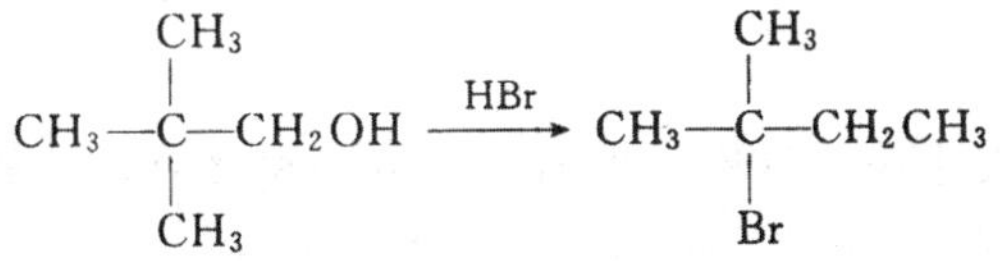

这主要是由于反应过程中生成的伯正碳离子不稳定,重排为较稳定的叔正碳离子,再与卤离子作用得产物。

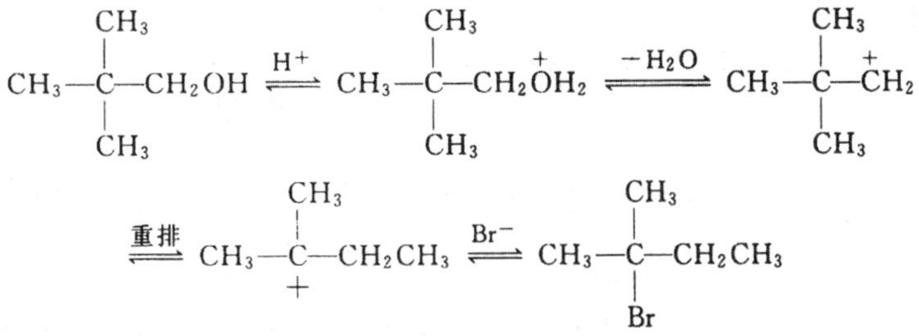

三卤化磷或亚硫酰氯($SOCl_2$)也可与醇反应制卤代烃,且不发生重排,因此是实验室制卤代烃的一种重要方法。例如,

$$CH_3CH_2CH_2OH \xrightarrow[85\sim90℃]{P/I_2(PI_3)} CH_3CH_2CH_2I$$

$$CH_3CH_2CH_2CH_2OH + SOCl_2 \xrightarrow{\triangle} CH_3CH_2CH_2CH_2Cl + SO_2\uparrow + HCl\uparrow$$

(2) 与含氧无机酸的反应

醇可与 H_2SO_4、HNO_3、HNO_2、H_3PO_4 等含氧无机酸反应生成无机酸酯。这些酯中有的是有机合成中的重要试剂,有的是药物。例如,

$$C_2H_5—OH + H—OSO_3H \rightleftharpoons CH_3CH_2OSO_3H + H_2O$$

硫酸氢乙酯

$$2CH_3CH_2OSO_3H \xrightarrow{减压蒸馏} C_2H_5OSO_2OC_2H_5 + H_2SO_4$$

硫酸二乙酯

$$2CH_3OSO_3H \xrightarrow{减压蒸馏} CH_3OSO_2OCH_3 + H_2SO_4$$

硫酸二甲酯

硫酸二甲酯和硫酸二乙酯是有机合成中常用的甲基化试剂和乙基化试剂。硫酸二甲酯对呼吸器官和皮肤有强烈的刺激作用,使用时应在通风橱中进行。

此外,醇还可与 HNO_3 发生酯化反应。例如,

$$\begin{array}{c} CH_2OH \\ | \\ CHOH \\ | \\ CH_2OH \end{array} + 3HNO_3 \longrightarrow \begin{array}{c} CH_2ONO_2 \\ | \\ CHONO_2 \\ | \\ CH_2ONO_2 \end{array} + 3H_2O$$

三硝酸甘油酯

同其他的硝酸酯一样,三硝酸甘油酯易爆炸,是一种烈性炸药。同时,也是一种临床上用作扩张血管和缓解心绞痛的药物。

3.脱水反应

醇和浓硫酸一起加热发生脱水反应。根据醇的结构和反应条件的不同,脱水方式有分子内脱水和分子间脱水两种。

(1)分子内脱水

将乙醇和浓硫酸加热到170℃,或将乙醇的蒸气在360℃下通过氧化铝,乙醇可经分子内脱水(消除反应)生成乙烯。

$$\begin{array}{c} CH_2-CH_2 \\ | \quad\;\; | \\ OH \quad H \end{array} \xrightarrow{H_2SO_4,170℃} CH_2=CH_2 + H_2O$$

与卤代烃的消除反应一样,仲醇和叔醇分子内脱水时,遵循扎依采夫规则。

$$\begin{array}{c} CH_3CH-CH_2CH_3 \\ | \\ OH \end{array} \xrightarrow[\triangle]{H_2SO_4,\,-H_2O} \begin{cases} CH_3CH=CHCH_3 & 主要产物 \\ CH_3CH_2CH=CH_2 & 次要产物 \end{cases}$$

(2)分子间脱水

乙醇与浓硫酸加热到140℃,或将乙醇的蒸气在260℃下通过氧化铝,可经分子间脱水生成乙醚。

$$2CH_3CH_2OH \xrightarrow[或\,Al_2O_3,260℃]{H_2SO_4} CH_3CH_2OCH_2CH_3 + H_2O$$

在上面反应中,相同的反应物,相同的催化剂,反应条件对脱水方式的影响很大。在较高温度时,有利于分子内脱水生成烯烃,发生消除反应;而相对较低的温度则有利于分子间脱水生成醚。此外,醇的脱水方式还与醇的结构有关,在一般条件下,叔醇容易发生分子内脱水生成烯烃。

4.氧化与脱氢反应

在伯醇、仲醇分子中,与羟基直接相连的碳原子上的氢原子,因受羟基的影响,比较活泼,能被氧化剂氧化或在催化剂(Cu)作用下脱氢。

（1）氧化反应

常用的氧化剂有重铬酸钾、高锰酸钾等。伯醇先被氧化成醛，醛很容易继续被氧化成羧酸；仲醇则被氧化成酮，叔醇很难被氧化。

$$CH_3CH_2OH \xrightarrow{(O)} CH_3-\underset{\underset{OH}{|}}{C}H-OH \longrightarrow CH_3CHO \xrightarrow{(O)} CH_3COOH$$

伯醇　　　　　　　　　　　　　　　　　乙醛　　　　乙酸

$$CH_3-\underset{\underset{CH_3}{|}}{C}H-OH \xrightarrow{(O)} CH_3-\underset{\underset{CH_3}{|}}{\overset{\overset{OH}{|}}{C}}-OH \xrightarrow{-H_2O} CH_3-\underset{\underset{CH_3}{|}}{C}=O$$

仲醇　　　　　　　　　　　　　　　　丙酮

（2）脱氢反应

伯醇、仲醇在高温和催化剂作用下脱氢生成醛或酮。

$$R-CH_2-OH \xrightarrow[\triangle]{Cu} R-\overset{\overset{O}{\|}}{C}-H$$

伯醇　　　　　　　　醛

$$R-\underset{}{\overset{\overset{OH}{|}}{C}}H-R' \xrightarrow[\triangle]{Cu} R-\overset{\overset{O}{\|}}{C}-R'$$

仲醇　　　　　　　　酮

在有机化学中，常把加氧或去氢的反应称为氧化反应，加氢或去氧的反应称为还原反应，所以醇的氧化和脱氢反应都是氧化过程，它们之间的区别在于实现氧化的方式不同，前者采用的是氧化剂氧化，而后者采用的是催化脱氢氧化。

生物体内的氧化还原反应是在酶的作用下常以脱氢或加氢方式进行的。

5.二元醇的特殊反应

根据二元醇分子中两个羟基的相对位置，可分为1,2-二醇（α-二醇或邻二醇），1,3-二醇（β-二醇或间二醇）和1,4-二醇（γ-二醇），邻二叔醇通称为频哪醇（pinacol）。例如，

$$CH_3-\underset{\underset{OH}{|}}{C}H-\underset{\underset{OH}{|}}{C}H_2$$

1,2-丙二醇（α-二醇）

$$\underset{\underset{OH}{|}}{C}H_2-CH_2-\underset{\underset{OH}{|}}{C}H_2$$

1,3-丙二醇（β-二醇）

$$\underset{\underset{OH}{|}}{C}H_2-CH_2-CH_2-\underset{\underset{OH}{|}}{C}H_2$$

1,4-丁二醇（γ-二醇）

$$\underset{\underset{OH}{|}}{C}H_2-\underset{\underset{OH}{|}}{\overset{\overset{CH_3}{|}}{C}}-\underset{\underset{OH}{|}}{\overset{\overset{CH_3}{|}}{C}}-CH_3$$

2,3-二甲基-2,3-丁二醇（频哪醇）

同一个碳原子上连有两个或三个羟基的醇不稳定，很容易脱水生成相应的醛、酮或羧酸。邻二醇由于两个羟基相距较近，相互影响较大，与一元醇相比显示出一些特性。

（1）邻二醇的酸性反应

邻二醇的酸性比一元醇大，不但能与碱金属氢氧化物反应，还能与 $Cu(OH)_2$ 反应，生成的产物水溶液呈深蓝色，此反应可以用来鉴别邻二醇。

$$CH_2\!-\!OH \atop CH_2\!-\!OH \quad + \quad {HO \atop HO}\!\!\diagdown Cu \longrightarrow {CH_2\!-\!O \atop CH_2\!-\!O}\!\!\diagdown Cu \ + \ 2H_2O$$

乙二醇铜
（水溶液呈深蓝色）

（2）邻二醇与 HIO_4 的反应（定量反应）

邻二醇可被高碘酸氧化成酮或醛，这个反应是定量进行的，生成的碘酸可与硝酸银溶液反应产生白色沉淀，因此这个反应可用于邻二醇的分析鉴定，β-和 γ-二醇不发生此氧化反应。

$$R\!-\!\underset{OH}{\underset{|}{C}}\!-\!\underset{OH}{\underset{|}{CH}}\!-\!R' + HIO_4 \longrightarrow R\!-\!\overset{O}{\overset{\|}{C}}\!-\!R'' + R'\!-\!\overset{O}{\overset{\|}{C}}\!-\!H + HIO_3 + H_2O$$

$$\xrightarrow{AgNO_3} AgIO_3\downarrow$$
白色沉淀

（3）邻二醇与四醋酸铅的反应

邻二醇也可被四醋酸铅氧化成酮或醛，β-和 γ-二醇同样也不发生此氧化反应。

$$R\!-\!\underset{OH}{\underset{|}{C}}\!-\!\underset{OH}{\underset{|}{CH}}\!-\!R' + Pb(OAc)_4 \longrightarrow R\!-\!\overset{O}{\overset{\|}{C}}\!-\!R'' + R'\!-\!\overset{O}{\overset{\|}{C}}\!-\!H + Pb(OAc)_2 + CH_3COOH$$

（4）频哪醇（pinacol）重排反应

频哪醇（邻二叔醇）在酸的催化作用下脱水并重排生成酮（频哪酮）的反应叫作频哪醇重排反应。例如，

$$CH_3\!-\!\underset{OH}{\underset{|}{\overset{CH_3}{\overset{|}{C}}}}\!-\!\underset{OH}{\underset{|}{\overset{CH_3}{\overset{|}{C}}}}\!-\!CH_3 \xrightarrow{H_2SO_4} CH_3\!-\!\underset{CH_3}{\underset{|}{\overset{CH_3}{\overset{|}{C}}}}\!-\!\underset{O}{\underset{\|}{C}}\!-\!CH_3$$

2,3-二甲基-2,3-丁二醇
（频哪醇）

3,3-二甲基丁酮
（频哪酮）

频哪醇重排机理如下：

6.1.4　重要的醇

1. 甲醇

甲醇为无色透明有酒精味的液体,最初由木材干馏得到,因此俗称木醇。近代工业是以合成气或天然气为原料,在高温高压和催化剂的作用下合成。甲醇能与水及许多有机溶剂混溶。甲醇有毒,内服 10 mL 可致人失明,30 mL 可致死。这是因为它的氧化产物甲醛和甲酸在体内不能同化利用所致。

甲醇是优良的溶剂,也是重要的化工原料,可用于合成甲醛、羧酸甲酯等其他化合物,也是合成有机玻璃和许多医药产品的原料。

2. 乙醇

乙醇是应用最广的一种醇,又称为酒精。目前,用淀粉或糖类物质通过发酵来生产乙醇仍为重要的方法之一。但由于发酵制作乙醇要消耗大量的粮食,所以现在一般都以石油裂解气中的乙烯为原料,通过水合法制备乙醇。

乙醇为无色透明的液体,沸点为 78.3℃。乙醇的用途很广泛,在医药上,因它能使细菌蛋白质脱水变性,在临床上常用 70% 或 75% 的乙醇溶液作外用消毒剂。乙醇也常用作溶剂,用来溶解某些难溶于水的物质。在药剂上,将生药或化学药品用不同浓度的乙醇浸泡或溶解而制成的液体称为酊剂。如碘酊(俗称碘酒)就是碘和碘化钾(助溶剂)溶于乙醇而成的。在制取中草药浸膏和提取其中的有效成分时,也经常用到乙醇。在化妆品中,如香水、花露水、生发水等利用乙醇水溶液作为溶剂,增大香精等成分的溶解度而使其清澈透明,并增大挥发度。

乙醇也有毒,长期服用或服用量过大时,可使肝、心、脑等器官发生病变。按规定在工业用乙醇中添加少量的甲醇,成为变性酒精,这种酒精不可饮用。近几年来,我国规定在汽油中添加一定比例的乙醇,以缓解能源缺乏或减少汽车尾气对环境的污染。

乙醇与 $CaCl_2$ 或 $MgCl_2$ 生成结晶状化合物(结晶醇),例如,$CaCl_2 \cdot 3C_2H_5OH$。结晶乙醇可溶于水,但不溶于有机溶剂。利用这一性质可使乙醇与其他化合物分离,或从反应产物中除去少量乙醇杂质。在实验室也不能用无水氯化钙来干燥乙醇。

乙醇是重要的化工原料,可用作消毒剂、溶剂、燃料等。

3. 乙二醇

乙二醇俗称甘醇,是带有甜味且有毒性的黏稠液体,是多元醇中最简单、工业上最重要的二元醇。因分子中含有两个羟基以氢键相互缔合,所以沸点高(197℃),是高沸点溶剂。乙二醇可与水混溶,但不溶于乙醚。含 40%(体积)乙二醇的水溶液的冰点为 -25℃,60%(体积)的水溶液的冰点为 -49℃,是优良的防冻剂。乙二醇主要用于合成树脂、增塑剂、合成纤维,也可用于医药及化妆品的生产。工业制备方法主要是环氧乙烷水合法。

4. 丙三醇

丙三醇俗称甘油,无色,无臭,为有甜味的黏稠液体,可与水混溶,由于分子中羟基数目更多,其熔、沸点也更高,熔点为 20℃,沸点为 290℃（分解）。甘油是油脂的组成部分,是制肥皂的副产品。

甘油可以吸收空气中的水分,起到吸湿作用,在化妆品、皮革、烟草、食品以及纺织品中用作吸湿剂。

甘油与浓硝酸浓硫酸作用得到硝化甘油。硝化甘油进行加热或撞击,即猛烈分解,瞬间产生大量气体而引起爆炸,因此硝化甘油可以用作炸药。硝化甘油有扩张冠状动脉的作用,在医药上用来治疗心绞痛。

甘油与氢氧化铜作用,生成深蓝色液体,可用来鉴定邻位多元醇。

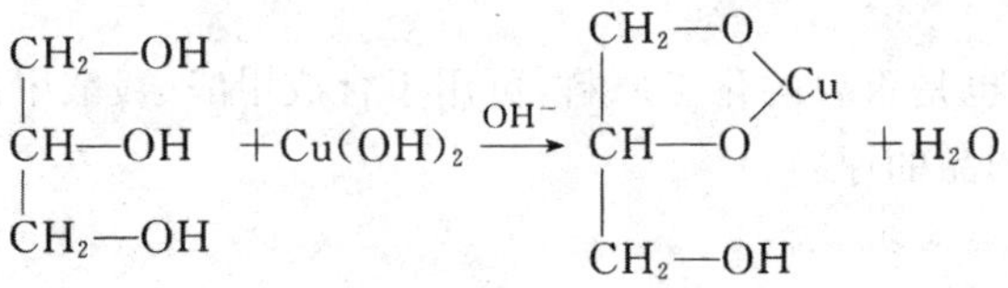

$$\begin{array}{c} CH_2-OH \\ | \\ CH-OH \\ | \\ CH_2-OH \end{array} + Cu(OH)_2 \xrightarrow{OH^-} \begin{array}{c} CH_2-O \\ | \quad\quad\ \ Cu \\ CH-O \\ | \\ CH_2-OH \end{array} + H_2O$$

5.苯甲醇

苯甲醇为无色液体,有芳香气味,能溶于水,极易溶于乙醇等有机溶剂。它因有微弱的麻痹作用,常用作注射剂中的止痛剂,如其 20% 注射液曾用作青霉素的溶剂,但由于有溶血作用并对肌肉有刺激性,已不用。

此外,许多存在于自然界的较复杂的醇,也已被人工合成,例如,

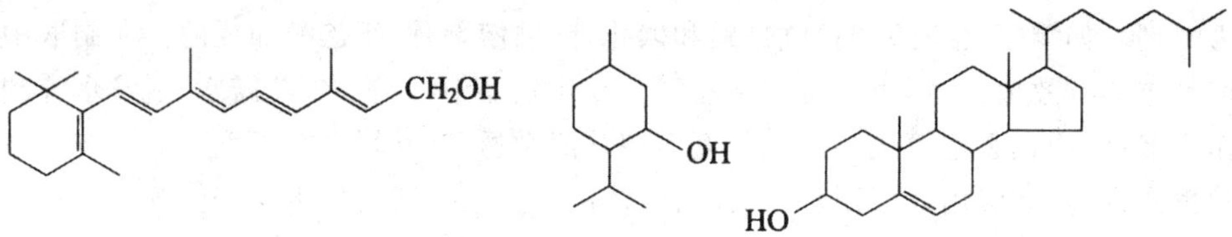

维生素A   薄荷醇   胆固醇

都具有重要的生理作用。

6.环己六醇

环己六醇最初是从动物肌肉中分离得到的,又称为肌醇、六羟基环己醇、环己糖醇、肉肌糖,是无色结晶状粉末,无臭,味甜。环己六醇在空气中稳定,熔点为 225～227℃,相对密度为 1.752,能溶于水,微溶于乙醇,几乎不溶于乙醚和其他一般的有机溶剂。

环己六醇能促进细胞的新陈代谢,改善细胞的营养,能帮助生长发育,增进食欲,恢复体力。环己六醇能阻止肝脏中脂肪的积存,加速去除心脏中过多的脂肪,因此可用于治疗肝脂肪过多症、肝硬化症。

卫生部颁布的《食品安全国家标准食品营养强化剂使用标准》(GB 14880—2012)规定,环己六醇可用于婴幼儿食品及强化饮料,其用量均为 210～250 mg/kg。

7.甘露醇和山梨醇

甘露醇和山梨醇都是具有甜味的粉末状结晶,广泛分布于植物及梨、苹果、葡萄等果实中。

两者的差异仅是立体结构的不同。其结构式如下：

$$
\text{HOCH}_2\text{—}\overset{\overset{\displaystyle OH}{|}}{\underset{\underset{\displaystyle H}{|}}{C}}\text{—}\overset{\overset{\displaystyle OH}{|}}{\underset{\underset{\displaystyle H}{|}}{C}}\text{—}\overset{\overset{\displaystyle H}{|}}{\underset{\underset{\displaystyle OH}{|}}{C}}\text{—}\overset{\overset{\displaystyle H}{|}}{\underset{\underset{\displaystyle OH}{|}}{C}}\text{—CH}_2\text{OH}
$$

甘露醇

$$
\text{HOCH}_2\text{—}\overset{\overset{\displaystyle H}{|}}{\underset{\underset{\displaystyle OH}{|}}{C}}\text{—}\overset{\overset{\displaystyle OH}{|}}{\underset{\underset{\displaystyle H}{|}}{C}}\text{—}\overset{\overset{\displaystyle H}{|}}{\underset{\underset{\displaystyle OH}{|}}{C}}\text{—}\overset{\overset{\displaystyle H}{|}}{\underset{\underset{\displaystyle OH}{|}}{C}}\text{—CH}_2\text{OH}
$$

山梨醇

甘露醇在医药上用于渗透性利尿药，以降低颅内压，预防和减轻脑水肿。山梨醇因代谢时转化为果糖，不受胰岛素的控制，可作为糖尿病患者的甜味剂。

6.2　酚

羟基直接与芳环相连的化合物叫作酚。结构通式为 ArOH。酚的官能团也是羟基，称为酚羟基。

6.2.1　酚的分类、命名和结构

1.酚的分类

根据芳基的不同，可分为苯酚和萘酚等，其中萘酚因羟基位置不同，有 α-萘酚和 β-萘酚之分。根据芳环上含羟基的数目不同，可分为一元酚、二元酚和三元酚，含有两个以上酚羟基的酚称为多元酚。

苯酚　　　　　α-萘酚　　　　　间苯二酚　　　　　均苯三酚

一元酚　　　　　　　　　　　二元酚　　　　　　三元酚

2.酚的命名

简单酚的命名，一般是在"酚"字前面加上芳环的名称作母体。对于多元酚的命名，常用邻、间、对（o-、m-、p-）表示取代基的位置，也可用阿拉伯数字标明，并采取最小编号原则；对于结构比较复杂的酚，命名时通常以烃基为母体，羟基作为取代基。

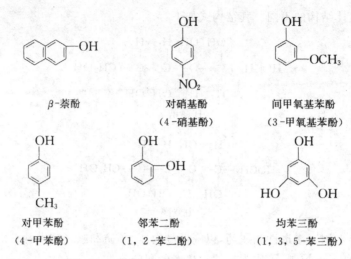

β-萘酚　　　　　对硝基酚　　　　　间甲氧基苯酚

　　　　　　　　　（4-硝基酚）　　　　（3-甲氧基苯酚）

对甲苯酚　　　　　邻苯二酚　　　　　均苯三酚

（4-甲苯酚）　　（1，2-苯二酚）　　（1，3，5-苯三酚）

此外,还有些酚可以用俗名表示。

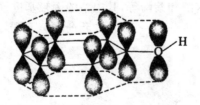

邻羟基苯甲酸（水杨酸）　邻苯二酚（儿茶酚）　2,4,6-三硝基苯酚（苦味酸）

3.酚的结构

酚是具有 Ar—OH 通式的化合物,羟基是酚的官能团,也称酚羟基。酚羟基中的氧原子为 sp^2 杂化,氧原子上有两对孤对电子,一对占据 sp^2 杂化轨道,另一对占据未杂化的 p 轨道,并与苯环的大 π 键形成 p-π 共轭体系,如图 6-4 所示。

图 6-4　苯酚分子中的 p-π 共轭体系

酚分子中的 p-π 共轭效应,使氧原子的 p 电子云向苯环移动,苯环电子云密度增加,受到活化而更易发生取代反应;另一方面,p 电子云的转移导致了氢氧之间的电子云进一步向氧原子转移,使氢更易离去。

6.2.2　酚的物理性质

酚大多数为无色晶体,少数烷基酚为高沸点液体(如间甲苯酚)。酚容易被空气氧化带有不同程度的黄色或红色。由于酚分子中含有羟基,它的物理性质与醇相似,酚分子之间或酚与水分子之间可发生氢键缔合。因此,酚的沸点和熔点都比相对分子质量相近的烃高,在水中也有一定的溶解度,但溶解度不大,加热可促进酚的溶解。酚能溶于乙醇、乙醚、苯等有机溶剂。酚具有特殊的气味,有毒,对皮肤有腐蚀性,具有杀菌能力,曾是外科手术中使用最早的消毒药品。酚类在水中的溶解度随分子中羟基数目的增多而增大。常见酚的物理常数见表 6-2。

表 6-2　常见酚的物理常数

名称	熔点/℃	沸点/℃	溶解度/[g/(100 g H_2O)]	pK_a(20℃)
苯酚	40.8	181.8	8.0	9.98
邻甲苯酚	30.5	191.0	2.5	10.29
间甲苯酚	11.9	202.2	2.6	10.09
对甲苯酚	34.5	201.8	2.3	10.26
邻硝基苯酚	44.5	214.5	0.2	7.21
间硝基苯酚	96.0	194.0(70 mmHg)	1.4	8.39
对硝基苯酚	114.0	295.0	1.7	7.15
邻苯二酚	105.0	245.0	45.0	9.85
间苯二酚	110.0	281.0	123.0	9.81
对苯二酚	170.0	285.2	8.0	10.35
1,2,3-苯三酚	133.0	309.0	62.0	—
α-萘酚	96.0	279.0	难	9.34
β-萘酚	123.0	286.0	0.1	9.01

6.2.3　酚的化学性质

在结构上,酚的羟基与苯环直接相连,由于两者存在 p-π 共轭作用,因此酚类化合物具有许多不同于醇的化学性质,如酚的酸性比醇强;酚的 C—O 键不易发生断裂;环上易发生亲电取代反应等。

1.酚羟基的反应

(1)弱酸性
苯酚能与氢氧化钠等强碱的水溶液作用形成盐,说明其具有酸性。

从以下 pK_a 值可以看出,苯酚的酸性比水、醇强,但比碳酸弱。

	H_2CO_3	C_6H_5OH	H_2O	ROH
pK_a	~6.35	10	15.7	16~19

因此,将二氧化碳通入苯酚钠的水溶液,可使苯酚游离出来。

$$\text{C}_6\text{H}_5\text{—ONa} + \text{CO}_2 + \text{H}_2\text{O} \longrightarrow \text{C}_6\text{H}_5\text{—OH} + \text{NaHCO}_3$$

大部分酚类化合物在水中的溶解度有限,但更易溶于碱性溶液,又能被酸从碱液中析出。因此,可利用这一性质分离和纯化酚类化合物。

(2)酚醚的生成

与醇相似,酚也可以生成醚。但酚醚不能通过酚分子之间脱水制得,可在碱性溶液中与烃基化试剂反应生成醚。例如,

$$\text{C}_6\text{H}_5\text{—OH} \xrightarrow{\text{NaOH}} \text{C}_6\text{H}_5\text{—ONa} \xrightarrow{\text{CH}_3\text{CH}_2\text{CH}_2\text{Br}} \text{C}_6\text{H}_5\text{—OCH}_2\text{CH}_2\text{CH}_3 + \text{NaBr}$$

$$\text{C}_6\text{H}_5\text{—OH} \xrightarrow{\text{NaOH}} \text{C}_6\text{H}_5\text{—ONa} \xrightarrow{\text{(CH}_3\text{)}_2\text{SO}_4} \text{C}_6\text{H}_5\text{—OCH}_3 + \text{CH}_3\text{OSO}_3\text{Na}$$

目前可用无毒的碳酸二甲酯$(\text{CH}_3\text{O})_2\text{C}=\text{O}$代替硫酸二甲酯制备苯甲醚。二苯醚可用酚钠与芳卤制得,因芳环上卤原子不活泼,故需催化加热。

$$\text{C}_6\text{H}_5\text{—ONa} + \text{C}_6\text{H}_5\text{—Br} \xrightarrow[210℃]{\text{Cu}} \text{C}_6\text{H}_5\text{—O—C}_6\text{H}_5 + \text{NaBr}$$

二苯醚

酚醚的化学性质较稳定,但与氢碘酸作用可分解为原来的酚。

$$\text{C}_6\text{H}_5\text{—OCH}_3 + \text{HI} \xrightarrow{\triangle} \text{C}_6\text{H}_5\text{—OH} + \text{CH}_3\text{I}$$

在有机合成上,常用酚醚来"保护酚羟基",以免羟基在反应中被破坏,待反应终了后,再将醚分解为相应的酚。

(3)酚酯的生成

由于酚羟基与芳环共轭,降低了氧原子上的电子云密度,因此酚的亲核性比醇弱,酚的成酯反应比醇困难。酚很难与羧酸直接发生酯化作用,而在酸(H_2SO_4、H_3PO_4)或碱(吡啶、K_2CO_3)的催化下,可与酰氯或酸酐反应生成酯。

$$\text{C}_6\text{H}_5\text{—OH} + \text{C}_6\text{H}_5\text{—COCl} \xrightarrow{\text{K}_2\text{CO}_3} \text{C}_6\text{H}_5\text{—COO—C}_6\text{H}_5 + \text{HCl}$$

苯甲酰氯   苯甲酸苯酯

$$\text{C}_6\text{H}_4(\text{COOH})(\text{OH}) + (\text{CH}_3\text{CO})_2\text{O} \xrightarrow[85℃]{\text{H}_3\text{PO}_4} \text{C}_6\text{H}_4(\text{COOH})(\text{O—C(O)—CH}_3) + \text{CH}_3\text{COOH}$$

乙酰水杨酸(阿司匹林)

此外,酚羟基不能与氢卤酸发生取代反应,PX_3虽然能与酚作用,但要比醇困难得多。

(4)与FeCl_3的显色反应

大多数酚与FeCl_3溶液能生成有色的配离子,不同酚产生的颜色不同,常用于鉴定酚。不同酚与FeCl_3反应产生的颜色见表6-3。

$$6C_6H_5OH + FeCl_3 \longrightarrow [Fe(C_6H_5O)_6]^{3-} + 3H^+ + 3HCl$$

表 6-3 不同酚与 $FeCl_3$ 反应产生的颜色

各种酚	产生的颜色	各种酚	产生的颜色
苯酚	紫色	间苯二酚	紫色
邻甲苯酚	蓝色	对苯二酚	暗绿色
间甲苯酚	蓝色	1,2,3-苯三酚	淡棕色
对甲苯酚	蓝色	1,3,5-苯三酚	紫色沉淀
邻苯二酚	绿色	α-萘酚	紫色沉淀

除酚类能与 $FeCl_3$ 溶液生成有色物质外,具有烯醇式结构的化合物也能发生这样的反应。

2. 氧化反应

酚类化合物很容易被氧化,如长时间与空气接触可被空气中的氧所氧化而生成醌。这就是苯酚在空气中久置后颜色逐渐加深的原因。

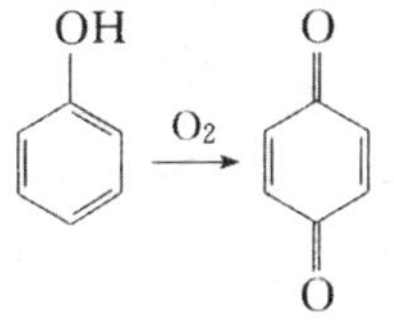

对苯醌

酚类化合物可用作抗氧剂被添加到化学试剂中。空气中的氧首先与酚类作用,这样可防止化学试剂因被氧化而变质。例如,2,6-二叔丁基-4-甲基苯酚就是一个常用的抗氧剂,俗称"抗氧246"。在医药上一些含酚类结构的药物在存储时要注意防氧化。

3. 还原反应

苯酚可以通过催化加氢的方法还原成环己醇类化合物,这是工业上生产环己醇的主要方法。环己醇是制备尼龙-6的原料。

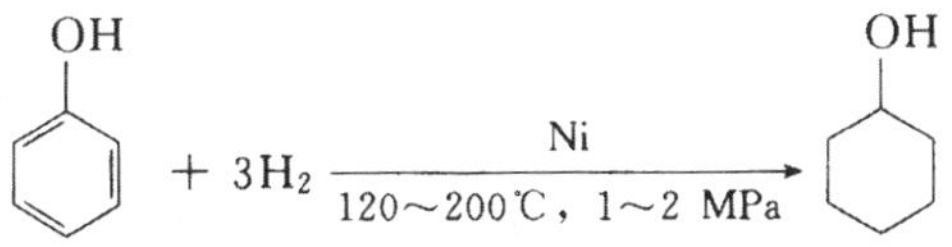

4. 芳环上的亲电取代反应

由于酚羟基与苯环形成了 p-π 共轭体系,使苯环上电子云密度增加,尤其是在羟基的邻位、对位。因此,酚羟基是邻位、对位定位基,并使苯环活化,比苯易发生亲电取代反应。

(1)卤代反应

苯酚卤代非常容易,在室温下,苯酚能与溴水作用,立即生成 2,4,6-三溴苯酚的白色沉淀,此反应非常灵敏,故常用于苯酚的定性和定量分析。

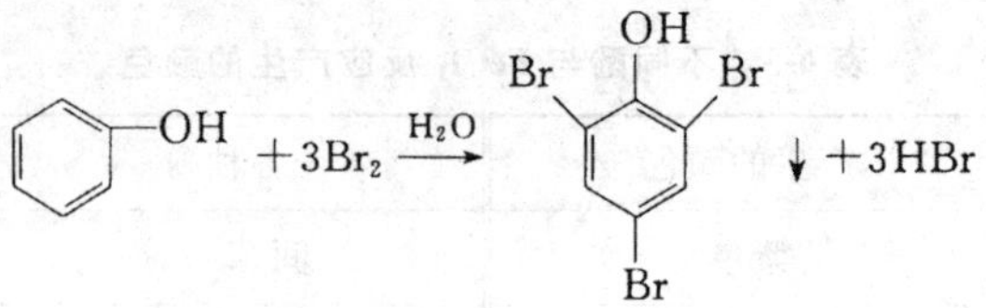

如需要制取一溴苯酚,则要在非极性溶剂(CS_2、CCl_4)和低温下进行。

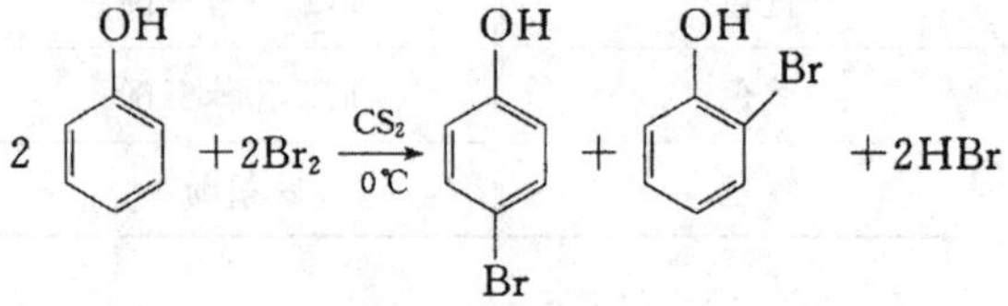

(2)硝化反应

苯酚在室温下就可被稀硝酸硝化,生成邻硝基苯酚和对硝基苯酚的混合物。

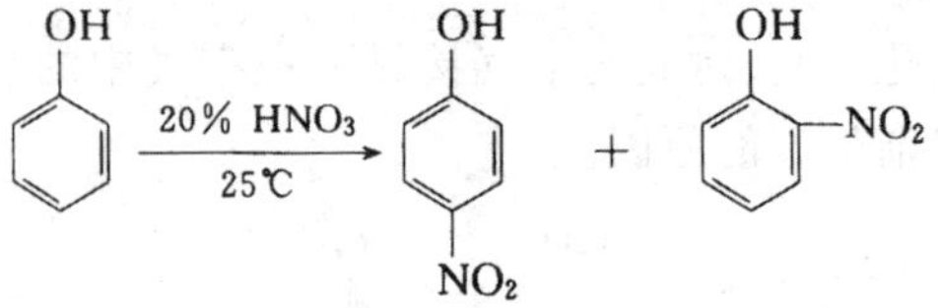

邻硝基苯酚可形成分子内氢键,与对硝基苯酚相比,邻硝基苯酚的沸点较低,挥发性强,在水中的溶解度小,因此可用水蒸气蒸馏法使之随水蒸气一起蒸出,将两种异构体分开。

对硝基苯酚是无色或淡黄色晶体,能溶于水和乙醇,有毒,在医药上为合成非那西丁和扑热息痛的中间体。邻硝基苯酚是浅黄色针状晶体,是化工及医药原料。

(3)磺化反应

苯酚很容易磺化,温度不仅影响磺化反应的速率,同时也影响磺酸基引入的位置。在室温下,浓硫酸可使苯酚发生磺化反应,产物主要是邻羟基苯磺酸;在100℃时,产物主要是对羟基苯磺酸。邻羟基苯磺酸和硫酸在100℃共热,也转位生成对羟基苯磺酸。

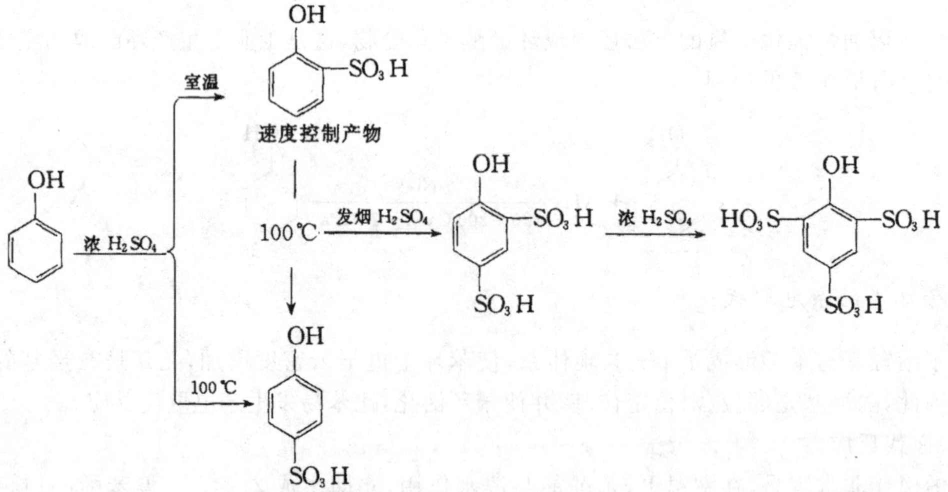

这是由于磺化反应是一个可逆反应。低温时,反应受反应速率控制;高温时,对位空间阻碍小,较邻位稳定,反应受平衡控制而有利于对位产物的生成。

(4)傅-克反应

苯酚与 $AlCl_3$ 会形成不溶于有机溶剂的苯酚氯化铝盐,所以苯酚的傅氏反应一般不用金属盐作催化剂,而用 HF、H_2SO_4 等。例如,

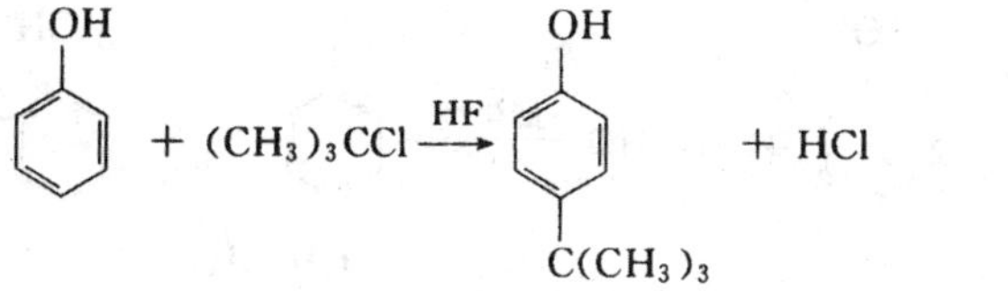

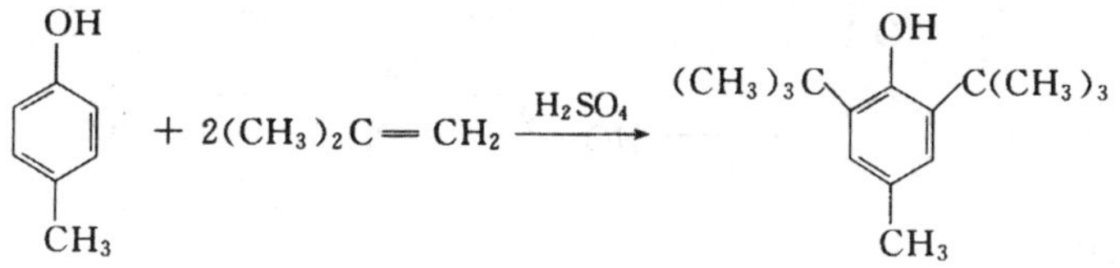

(5)瑞穆尔-蒂曼(Reimer-Timann)反应

酚的碱性水溶液与氯仿共热,苯环上的氢被醛基取代,醛基主要进入酚羟基的邻位,邻位已有取代基时,则进入对位。

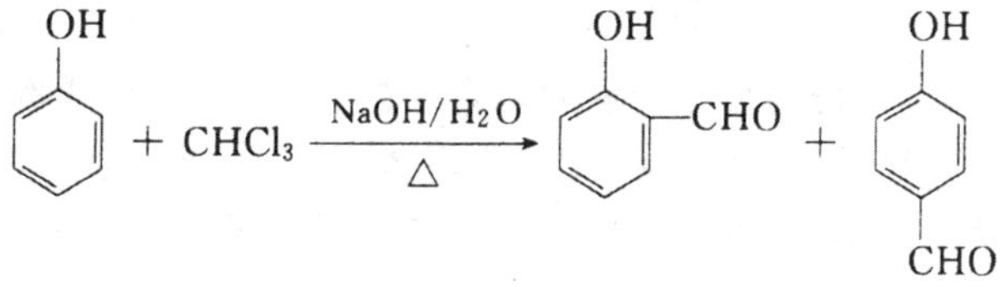

邻羟基苯甲醛　　　对羟基苯甲醛

（水杨醛）

这是工业上生产水杨醛的方法。常用调味品香兰素,也可用瑞穆尔-蒂曼反应合成。

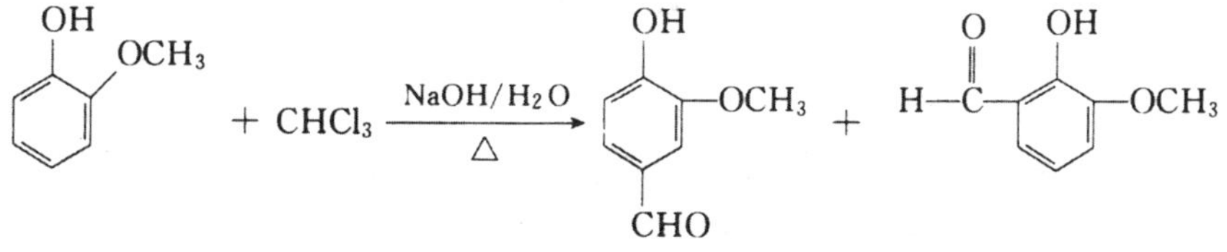

邻甲氧基苯酚　　　　　　　　香兰素　　　　　　　邻香兰素

（愈创木酚）　　　　　　（m. p. 81℃）　　　　（m. p. 45℃）

瑞穆尔-蒂曼反应的收率不高,一般不超过 50%;且苯环上有吸电子基时,对反应不利。

(6)柯尔柏-施密特(Kolbe-Schmidt)反应

苯酚钠与二氧化碳在一定温度和压力下反应,可在苯环上引入羧基。

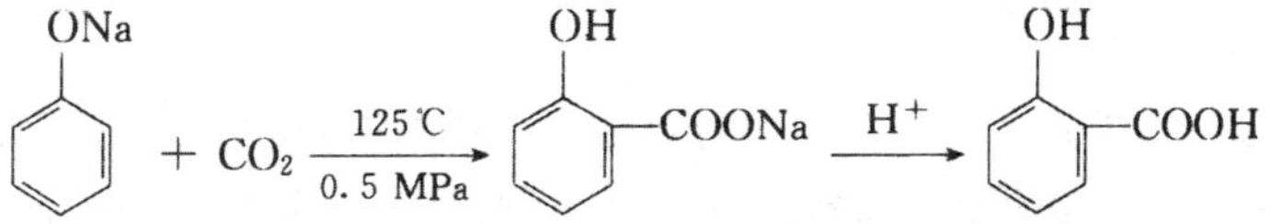

水杨酸

柯尔柏-施密特反应是制备酚酸的重要方法。反应中羧基主要进入邻位,虽然也会有部分对位取代产物,但可用水蒸气蒸馏法将二者分离。

(7)与甲醛的缩合反应

苯酚和甲醛作用,首先在酚羟基的邻位和对位引入羟甲基,所得到的产物可进一步缩合,最后生成高分子化合物酚醛树脂。例如,

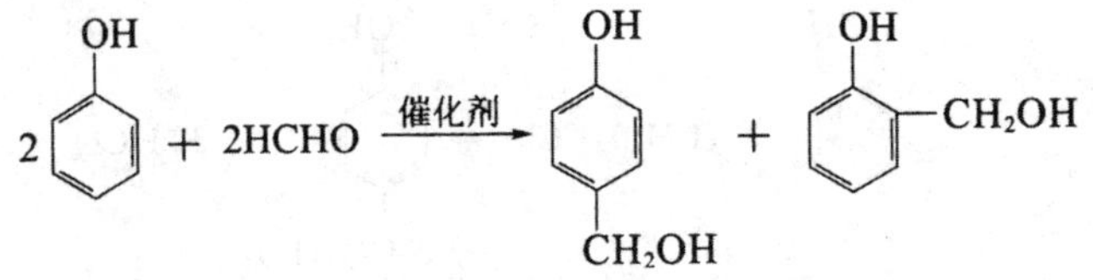

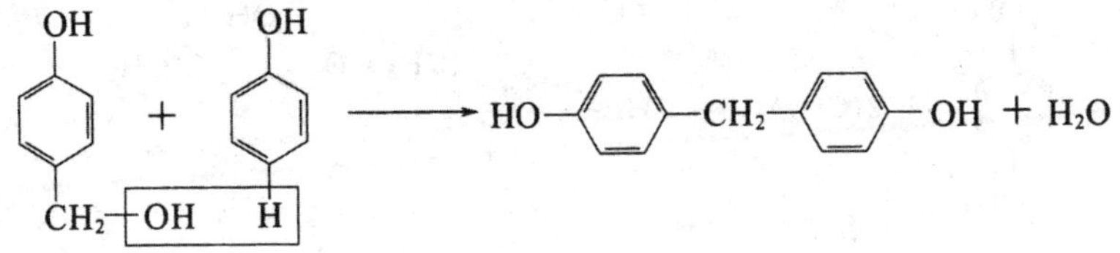

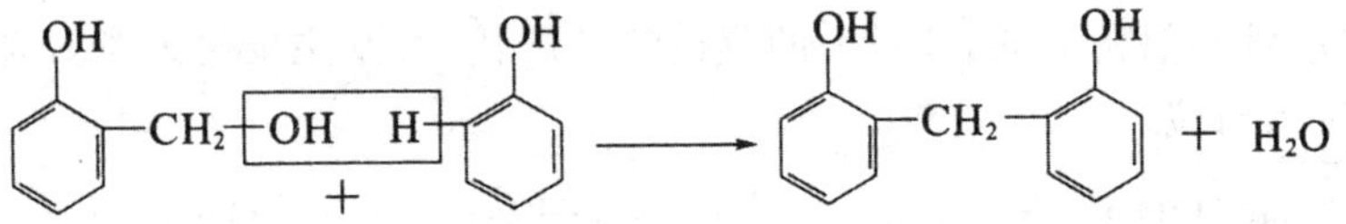

上述产物经多次缩合后,可得到高分子量的化合物酚醛树脂(线形或网状酚醛树脂)。酚醛树脂是重要的工业原料,酚醛树脂用途广泛,可用作涂料、胶黏剂、酚醛塑料等,如果在酚醛树脂中引入磺酸基或羧基等负性基团,则可得到酚醛型阳离子交换树脂。

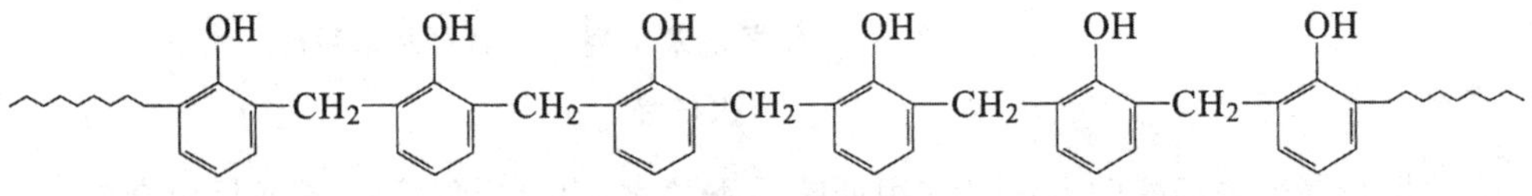

线形酚醛树脂

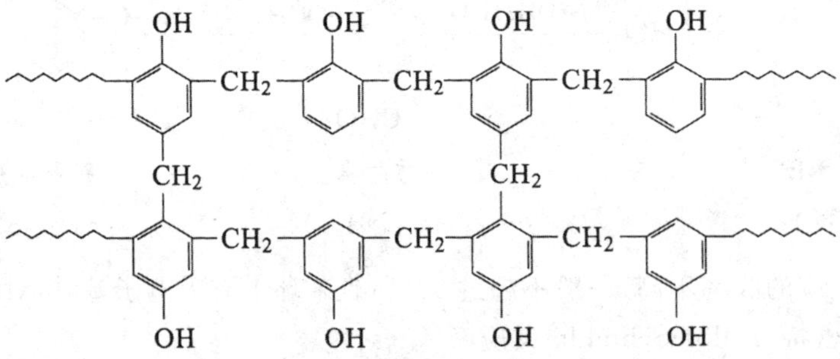

网状酚醛树脂

(8)与丙酮的缩合反应

在酸的催化作用下,两分子苯酚在羟基的对位和丙酮缩合,生成 2,2-二对羟苯基丙烷,俗称双酚 A。双酚 A 是一种重要的化工原料,它可和环氧氯丙烷反应生成高分子化合物环氧树脂。

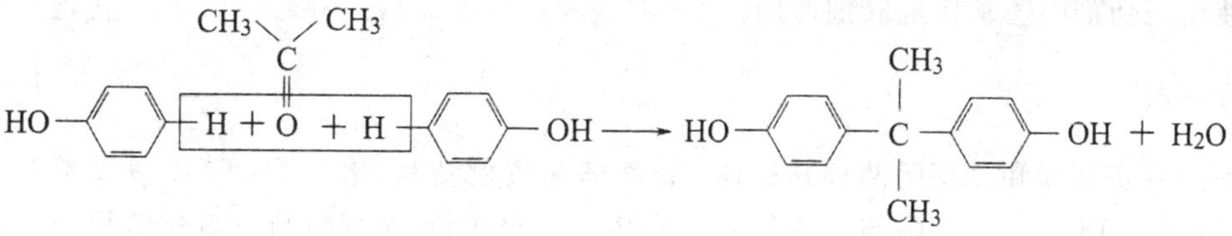

双酚A

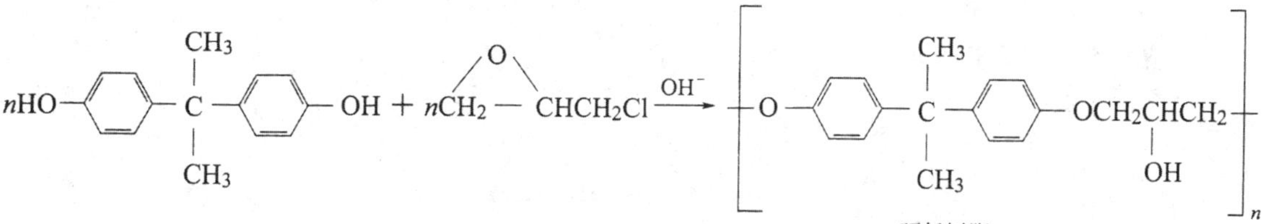

环氧树脂

环氧树脂与多元胺或多元酸酐等固化剂作用后,可形成网状体型、交联结构的高分子,具有很强的黏接力,俗称"万能胶"。

6.2.4 重要的酚

1. 苯酚

苯酚俗称石炭酸,无色针状晶体,有特殊气味,在空气中易氧化变为粉红色渐至深褐色。苯酚微溶于冷水,易溶于乙醇、乙醚等有机溶剂。酚有毒性,可用作防腐剂和消毒剂。苯酚是有机合成的重要原料,大量用于制造酚醛树脂以及其他高分子材料、药物、染料、炸药等。

2. 甲苯酚

甲苯酚又称为甲酚,来源于煤焦油,有邻、间、对三种异构体,它们的沸点相差不多,不易分离,所以在实际应用时常用其混合物,这种混合物称为煤酚。煤酚在水中难溶,能溶于肥皂溶液中。47%~53%的煤酚的肥皂溶液俗称"来苏儿",其杀菌作用比苯酚强,使用时需加水稀释。

3. 苯二酚

苯二酚有邻、对、间苯二酚三种异构体,三者都是无色晶体,溶于水和乙醇。

邻苯二酚又名儿茶酚,其重要衍生物是肾上腺素,有兴奋心肌、收缩血管和扩张支气管作用,是较强的心肌兴奋药、升高血压药和平喘药。

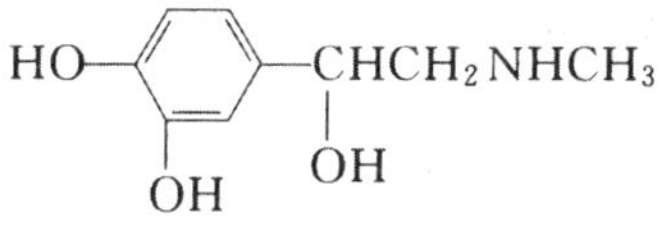

肾上腺素

间苯二酚药名叫作雷锁辛,具有杀灭细菌和真菌的作用,2%~10%洗剂或软膏剂在医药上用于治疗皮肤病。

对苯二酚又名氢醌,是一种强还原剂,其很容易被氧化成黄色的对苯醌,故在照相业上作显影剂使用。药剂中还常作抗氧剂使用。

4. 萘酚

萘酚有 α-萘酚和 β-萘酚两种异构体。α-萘酚为黄色结晶,熔点为 96℃。β-萘酚为无色片状结晶,熔点为 122℃。α-萘酚与三氯化铁反应生成紫色沉淀,β-萘酚与三氯化铁反应生成绿色沉淀,由此可加以区别。萘酚是制备偶氮染料的重要原料,β-萘酚还可用作杀菌剂和抗氧剂。

5. 麝香草酚(百里酚)

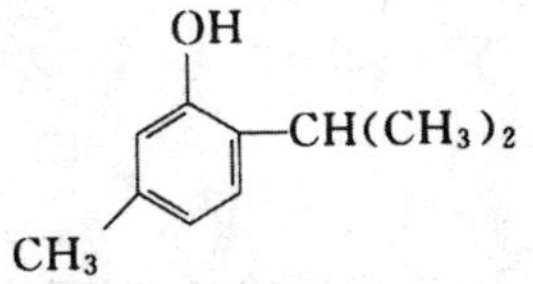

麝香草酚是百里草和麝香草中的香气成分。为无色晶体,微溶于水,熔点为 51℃,在医药上用作防腐剂、消毒剂和驱虫剂。

6. 维生素 E

维生素 E 又名生育酚,广泛存在于植物中,在小麦胚芽油中含量最丰富,豆类及蔬菜中的含量也较多。临床上用于治疗先兆性流产和习惯性流产,胃、十二指肠溃疡等。维生素 E 在自然界中有多种异构体,其中 α-生育酚活性最高,其结构式为

α-生育酚

6.3　醚

醚的通式是 R—O—R、Ar—O—R 或 Ar—O—Ar,可以看作醇或酚羟基中的氢原子被取代形成的化合物。醚分子中的"—O—"称为醚键,是醚的官能团。

6.3.1　醚的分类、结构和命名

1. 醚的分类

在醚分子中,氧原子所连的两个烃基相同时称为单醚(如 CH₃—O—CH₃);两个烃基不同时称为混醚(如 CH₃—O—CH₂CH₃)。两个烃基都是脂肪烃基为脂肪醚;一个或两个烃基是芳香烃基,称为芳香醚。烃基与氧形成环状结构的醚称为环醚。

2. 醚的命名

(1) 普通命名法

简单的醚一般都用普通命名法,即在"醚"字前冠以两个烃基的名称。饱和单醚的命名是在烃基名称前加"二"字(一般可省略,但芳醚和某些不饱和醚除外)。混醚的命名是将次序规则中较优的烃基放在后面,芳醚的命名则是芳基放在前面。例如,

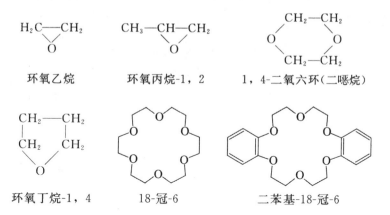

$CH_3CH_2—O—CH_2CH_3$　　　　　　　　　　$CH_3—O—CH_2CH=CH_2$

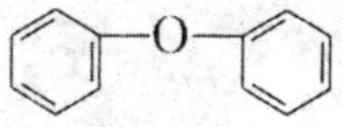

(二)乙醚　　　　　　　二苯醚　　　　　　甲基烯丙基醚　　　苯甲醚(茴香醚)

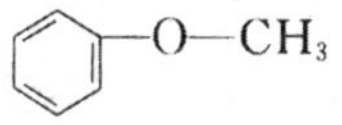

(2) 系统命名法

结构复杂的醚,可看作烃的烃氧基衍生物来命名,大烃基作母体,剩下的—OR 部分作取代基。

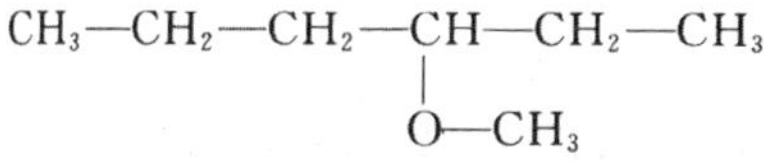

3-甲氧基己烷 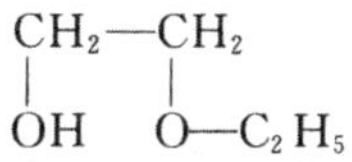　　　　　　2-乙氧基乙醇 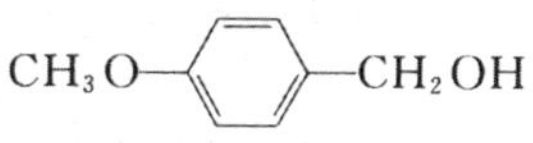　　　　对甲氧基苯甲醇

环醚一般叫作环氧某烃,标出与氧原子相连的碳原子的编号。也可按杂环化合物命名的方法来命名。

环氧乙烷　　　　环氧丙烷-1,2　　　　1,4-二氧六环(二噁烷)

环氧丁烷-1,4　　　　18-冠-6　　　　二苯基-18-冠-6

冠醚以"m-冠-n"表示,m 是所有的成环原子数,n 为环中氧原子数。

多元醚命名时,先写出多元醇的名称,再写出另一部分烃基的数目和名称,再加上"醚"字。

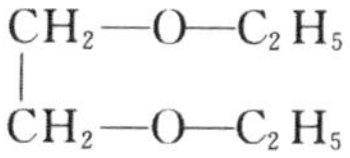

乙二醇-[1,2]-二乙醚　　　　乙二醇一甲醚

3. 醚的结构

醚是由氧原子通过两个单键分别与两个烃基结合的分子。醚的官能团为醚键,(—O—)醚键中氧为 sp^3 杂化(酚醚除外),两个未共用电子对分别处在两个 sp^3 杂化轨道中,分子为"V"字形,分子中无活泼氢原子,性质较稳定。如图 6-5 所示为乙醚分子的结构。

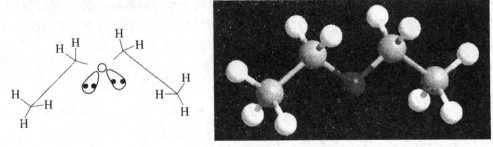

图 6-5　乙醚的分子结构

6.3.2　醚的物理性质

大多数醚为液体,只有简单的醚如甲醚、乙醚为气体,易挥发,易燃。因不存在氢键,醚的沸点比分子量相近的醇要低得多。因醚分子中的氧原子仍能与水分子中的氢原子形成氢键,在水中的溶解度与同碳数的醇相近。醚是弱极性分子,是良好的有机溶剂。

需要注意的是,醚具有高度的挥发性,易着火,其蒸气与空气混合易爆,使用时要小心。表6-4 列出了常见醚的物理常数。

表 6-4　常见醚的物理常数

名称	熔点/℃	沸点/℃	相对密度 d_4^{20}
甲醚	−140.0	−24.0	0.661
乙醚	−116.0	34.5	0.713
正丙醚	−12.2	91.0	0.736
正丁醚	−95.0	142.0	0.773
正戊醚	−69.0	188.0	0.774
乙烯醚	−30.0	28.4	0.773
乙二醇醚	−58.0	82.0～83.0	0.836
苯甲醚	−37.3	155.5	0.996
二苯醚	28.0	259.0	1.075
β-萘甲醚	72.0～73.0	274.0	1.064(25℃)

6.3.3　醚的化学性质

除某些环醚外,醚分子中的醚键很稳定,其稳定性接近烷烃,与稀酸、强碱、氧化剂、还原剂或金属钠等都不发生反应。故在常温下可用金属钠来干燥醚。但由于醚键 C—O—C 中氧原子上含有未共用电子对以及氧的电负性影响,在一定条件下,醚也能起某些化学反应。

1.镁盐的生成

由于醚上的氧原子具有未共用电子对,能接受强酸中的 H^+ 而生成镁盐,因此醚能溶解于冷的强酸。镁盐在浓酸中稳定,在水中容易水解,醚即重新分出,而烷烃不与冷的浓酸反应,也不溶于其中,因此可以利用此性质分离鉴别醚。

$$R—O—R + 浓\ HCl \longrightarrow R—\overset{+}{\underset{|}{O}}—R + Cl^-$$
$$\overset{}{\underset{H}{}}$$

$$CH_3CH_2—O—CH_2CH_3 + 浓\ H_2SO_4 \longrightarrow CH_3CH_2—\overset{+}{\underset{|}{O}}—CH_2CH_3 + HSO_4^-$$
$$\overset{}{\underset{H}{}}$$

$$R—\overset{+}{\underset{|}{O}}—R\ \ Cl^- + H_2O \longrightarrow R—O—R + H_3\overset{+}{O} + Cl^-$$
$$\overset{}{\underset{H}{}}$$

由于醚键上的氧原子带有未共用电子对,所以醚是一种路易斯碱,能和缺电子的路易斯酸(三氟化硼等)络合生成络合物。

$$\begin{matrix} R \\ \backslash \\ O + BF_3 \longrightarrow \\ / \\ R \end{matrix} \quad \begin{matrix} R & F \\ \backslash & | \\ O:B—F \\ / & | \\ R & F \end{matrix}$$

2.醚键断裂

醚与浓的氢卤酸或路易斯(Lewis)酸加热,可使醚键断裂,生成醇(酚)和卤代烷。其中,氢碘酸的效果最好。

$$CH_3—O—CH_2CH_3 + HI \xrightarrow{\triangle} CH_3CH_2OH + CH_3I$$

$$\text{〇}—OCH_3 + HI \xrightarrow{\triangle} \text{〇}—OH + CH_3I$$

反应中若氢碘酸过量,则生成的醇可进一步转化为另一分子碘代烃。若生成酚,则无此转化。

$$CH_3CH_2OH + HI \longrightarrow CH_3CH_2I + H_2O$$

醚键在断裂时,通常是含碳原子较少的烷基形成碘代烷。若是芳香基烷基醚与氢碘酸作用,总是烷氧键断裂,生成酚和碘代烷。

3.过氧化物的生成

醚对氧化剂较稳定,但和空气长期接触,会缓慢地被氧化,生成醚的过氧化物。通常因 α-碳氢键较活泼,故被氧化的主要是 α-碳氢键。例如,

$$CH_3-\underset{\underset{CH_3}{|}}{CH}-O-\underset{\underset{CH_3}{|}}{CH}-CH_3 + O_2 \longrightarrow CH_3-\overset{\overset{OOH}{|}}{\underset{\underset{CH_3}{|}}{C^{\alpha}}}-O-\underset{\underset{CH_3}{|}}{CH}-CH_3$$

$$CH_3CH_2OCH_2CH_3 + O_2 \longrightarrow CH_3\underset{\underset{OOH}{|}}{CH}-O-CH_2CH_3$$

过氧化物和氢过氧化物没有挥发性,受热后容易发生爆炸。因此,蒸馏乙醚时,应先检验有无过氧化物存在,如果有过氧化物存在必须除去才能蒸馏,同时蒸馏时不能完全蒸完,以免出现意外。常用检验过氧化物的方法是用 KI 淀粉试纸,如果存在过氧化物则试纸显蓝色。除去乙醚中过氧化物的方法是向其中加入 Na_2SO_3 或 $FeSO_4$ 等还原剂,以破坏过氧化物。

4. 环氧化合物的反应

环氧乙烷为无色液体,能溶于水、乙醇、乙醚。环氧乙烷为三元环,在酸性碱性条件下易与含活泼氢的试剂发生反应,C—O 键断裂,从而开环。在酸的催化下,环氧乙烷可以和水发生反应,生成乙二醇。

$$\underset{\underset{O}{\diagdown\diagup}}{CH_2-CH_2} + H_2O \xrightarrow[50\sim70℃]{0.5\%H_2SO_4} \underset{\underset{OH}{|}\quad\underset{OH}{|}}{CH_2-CH_2}$$

此反应在工业上用于生产乙二醇,乙二醇分子中也有活泼氢原子,能继续与环氧乙烷反应,生成一缩二乙二醇(二甘醇)。二甘醇也可以和环氧乙烷反应,生成二缩三乙二醇(三甘醇)。

$$\underset{\underset{O}{\diagdown\diagup}}{CH_2-CH_2} + \underset{\underset{OH}{|}\quad\underset{OH}{|}}{CH_2-CH_2} \xrightarrow[50\sim70℃]{0.5\%H_2SO_4} \underset{\underset{OH}{|}\qquad\qquad\underset{OH}{|}}{CH_2CH_2OCH_2CH_2}$$

$$\xrightarrow{\underset{\underset{O}{\diagdown\diagup}}{CH_2-CH_2}} \underset{\underset{OH}{|}\qquad\qquad\qquad\qquad\qquad\underset{OH}{|}}{CH_2CH_2OCH_2CH_2OCH_2CH_2OCH_2CH_2}$$

同样,在酸的催化下,还可以和醇发生化学反应生成乙二醇烷基醚。

$$\underset{\underset{O}{\diagdown\diagup}}{CH_2-CH_2} + ROH \xrightarrow{H^+} \underset{\underset{OH}{|}\quad\underset{OR}{|}}{CH_2-CH_2}$$

生成的乙二醇烷基醚中也有—OH,可以继续和环氧乙烷反应,生成二甘醇烷基醚。

$$\underset{\underset{O}{\diagdown\diagup}}{CH_2-CH_2} + \underset{\underset{OH}{|}\quad\underset{OR}{|}}{CH_2-CH_2} \xrightarrow{H^+} \underset{\underset{OR}{|}\qquad\qquad\underset{OH}{|}}{CH_2CH_2OCH_2CH_2}$$

环氧乙烷可以和氨水发生反应生成 2-氨基乙醇(一乙醇胺),一乙醇胺上也有氢原子,也可以与环氧乙烷反应生成二乙醇胺,进一步反应生成三乙醇胺。此反应是工业上合成三乙醇胺的方法之一。

$$CH_2—CH_2 + NH_3 \xrightarrow{30\sim50℃} \underset{\underset{OH}{|}\ \underset{NH_2}{|}}{CH_2—CH_2} \xrightarrow{\overset{CH_2—CH_2}{\diagdown O\diagup}} \underset{\underset{OH}{|}\ \underset{H}{|}\ \underset{OH}{|}}{CH_2CH_2NCH_2CH_2}$$

一乙醇胺　　　　　　二乙醇胺

$$\xrightarrow{\overset{CH_2—CH_2}{\diagdown O\diagup}} \underset{\underset{OH}{|}\ \underset{CH_2CH_2OH}{|}}{CH_2CH_2NCH_2CH_2OH}$$

三乙醇胺

环氧乙烷还可以和格氏试剂反应,产物水解后得到伯醇。

$$H_2C—CH_2 + RMgX \xrightarrow[\triangle]{\text{酐醚}} R_2CH_2CH_2OMgX \xrightarrow[H_2O]{H^+} R_2CH_2CH_2OH$$
　　　$\diagdown O\diagup$

此反应用于制备伯醇。还可以通过此反应使碳链增加两个碳原子,在合成中可以用来增长碳链。

6.3.4　重要的醚

1. 乙醚

乙醚为无色、有香味、易挥发的液体。熔点为 $-116.2℃$,沸点为 $34.5℃$,相对密度为 $0.713\ 8$。乙醚易燃,其蒸气与空气混合到一定比例时会发生爆炸,遇热也会着火,使用时应避开火源,注意安全。乙醚微溶于水,能溶解多种有机物,是良好的有机溶剂。乙醚还有麻醉作用。乙醚久置会产生过氧化物,故用前须检查、处理。另外,乙醚中还常含微量水和醇,除去的方法通常是加入无水氯化钙放置一定时间后蒸馏,再用金属钠干燥,得到绝对乙醚。

乙醚的制备可由乙醇在硫酸或氧化铝催化下脱水:

$$2CH_3CH_2OH \xrightarrow[(\text{或}\ H_2SO_4)]{Al_2O_3 \atop \triangle} CH_3CH_2OCH_2CH_3 + H_2O$$

乙醚也可由石油工业副产物乙烯制备。用硫酸吸收乙烯,形成硫酸酯,再水解得到醇和醚。

2. 环氧乙烷

环氧乙烷是最简单的环醚,常温下为无色有毒气体,可与水互溶,也能溶于乙醇、乙醚等有机溶剂,沸点为 $11℃$,可与空气形成爆炸混合物,常储存于钢瓶中。

环氧乙烷的性质非常活泼,在酸或碱的作用下,可与许多含活泼氢的试剂发生开环反应,开环时,C—O 键断裂。例如,

$$\underset{\diagdown O\diagup}{CH_2—CH_2} + H—Cl \longrightarrow \underset{\underset{OH}{|}\ \underset{Cl}{|}}{CH_2—CH_2}$$

$$CH_2—CH_2 + H—NH_2 \longrightarrow \underset{OH}{CH_2}—\underset{NH_2}{CH_2}$$

此外,环氧乙烷还可与格氏试剂反应,产物经水解后,可得比格氏试剂中的烷基多两个碳原子的伯醇。

$$CH_2—CH_2 + RMgBr \xrightarrow{\text{干醚}} RCH_2CH_2OMgBr \xrightarrow[H^+]{H_2O} RCH_2CH_2OH$$

3.硫醚

硫醚可看作是醚分子中氧原子被硫置换的产物。通式为:(Ar)R—S—R′(Ar)。硫醚的命名与相应的醚相似,只是在"醚"字前加一个"硫"字即可。

$$CH_3—S—CH_3 \qquad CH_3CH_2—S—CH_2CH_3 \qquad \text{（苯基）}—S—CH_3$$

甲硫醚 　　　　　 乙丙硫醚 　　　　　　　 苯甲硫醚

硫醚是有臭味的无色液体,不溶于水,可溶于醇和醚中,其沸点比相应的醚高。硫醚容易被氧化,首先生成亚砜,进一步被氧化生成砜。

$$CH_3—S—CH_3 \xrightarrow{[O]} \underset{}{CH_3—\overset{O}{\overset{\uparrow}{S}}—CH_3} \xrightarrow{[O]} \underset{O}{\overset{O}{CH_3—\overset{\uparrow}{S}—CH_3}}$$

二甲基亚砜 　　　　　　 二甲基砜

二甲基砜(DMSO)不仅是一种良好的溶剂和试剂,而且具有镇痛消炎作用。由于它渗透皮肤能力强,可作为某些药物的渗透载体,以加强组织的吸收。

4.冠醚

冠醚是分子中含有多个—OCH_2CH_2—结构单元的大环多醚。由于它们的形状像皇冠,故称为冠醚。冠醚的命名比较特殊:"X-冠-Y",X代表环上的原子总数,Y代表氧原子数。例如,

或

18-冠-6

冠醚的大环结构中间留有"空穴",由于氧原子上具有未共用电子对,故可通过配位键与金属离子形成配合物。各种冠醚的空穴大小不同,可以选择性结合不同的金属离子。利用冠醚的这一重要特点,可以分离金属离子。

冠醚的另一个重要用途是作为相转移催化剂(PTC),冠醚可以使仅溶于水相的无机物因其中的金属离子被冠醚配合而转溶于非极性的有机溶剂中,从而使有机与无机两种反应物借助冠醚而共处于有机相中,加速了无机试剂与有机物之间的反应。

第7章 醛、酮和醌

7.1 醛和酮

醛和酮是分子中含有羰基(碳氧双键)的化合物(也称为羰基化合物)。醛的羰基上连有一个氢原子,酮的羰基上直接与两个烃基相连。醛简写为 RCHO,其中—CHO 为醛的官能团,称为醛基。酮简写为 RCOR′,—CO— 为酮的官能团,称酮基。由于羰基是醛、酮共有的官能团,因此在化学性质上醛、酮有许多共同之处。但又因醛基和酮基的差异,也使醛和酮在化学性质上有所不同。

醛和酮是一类非常重要的化合物。它们广泛分布于自然界中,在生物体内起着重要的作用,更重要的是含羰基化合物具有较强的反应活性,是有机合成中极为重要的原料和中间体。

7.1.1 醛和酮的分类、命名和结构

1.醛和酮的分类

根据羰基所连烃基的类别,可分为脂肪族醛、酮和芳香族醛、酮。羰基嵌在环内的为环内酮。

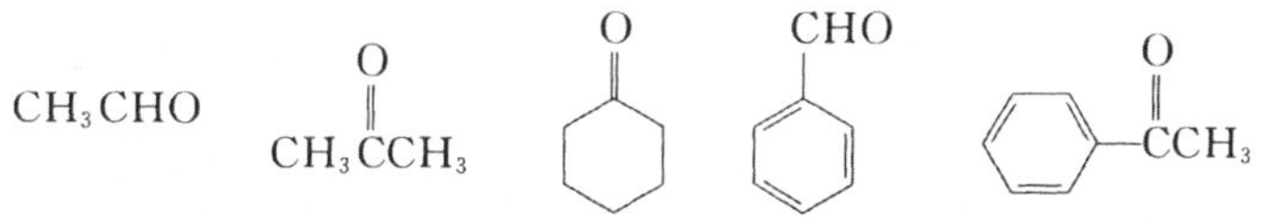

脂肪醛	脂肪酮	脂环酮	芳香醛	芳香酮

根据脂肪烃基中是否含有不饱和键,脂肪醛、酮又可分为饱和醛、酮与不饱和醛、酮。

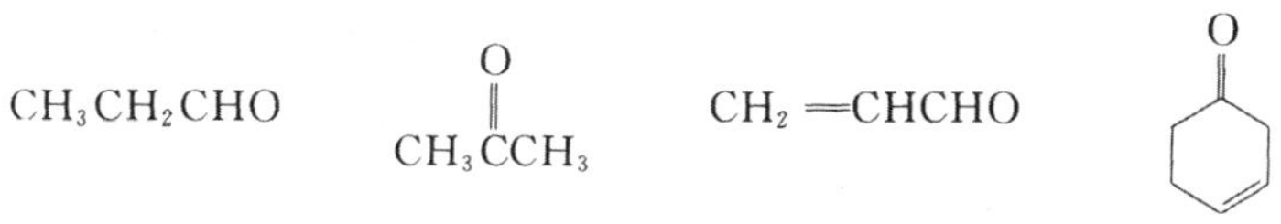

饱和醛	饱和酮	不饱和醛	不饱和环酮

根据分子中羰基的数目,可分为一元醛、酮和二元醛、酮。

一元醛	一元酮	二元醛	二元酮

最简单的醛是甲醛,两个烃基相同的酮为简单酮,不相同的为混合酮。

$$
\underset{\text{简单酮}}{CH_3\overset{\displaystyle O}{\overset{\|}{C}}CH_3} \qquad \underset{\text{混合酮}}{CH_3\overset{\displaystyle O}{\overset{\|}{C}}CH_2CH_3}
$$

2.醛和酮的命名

(1)普通命名法

醛的普通命名法和伯醇相似,只要把"醇"字改为"醛"字即可。例如,

$$
\underset{\text{正丁醛}}{CH_3CH_2CH_2CHO} \quad \underset{\text{异丁醛}}{(CH_3)_2CHCHO} \quad \underset{\text{苯甲醛}}{Ph\!-\!CHO}
$$

有些醛还有俗名,是由相应酸的名称演化而来的。例如,

$$
\underset{\text{月桂醛}}{CH_3(CH_2)_{10}CHO} \quad \underset{\text{巴豆醛}}{CH_2CH\!=\!CHCHO} \quad \underset{\text{肉桂醛}}{C_6H_5CH\!=\!CHCHO}
$$

酮的普通命名法,则是根据羰基所连的两个烃基的名称来命名的。脂肪混酮命名时,要把"次序规则"中较优的烃基写在后面,但芳烃基和脂肪烃基的混酮要把芳烃基写在前面。例如,

$$
\underset{\text{二甲酮}}{CH_3COCH_3} \quad \underset{\text{甲乙酮}}{CH_3COC_2H_5} \quad \underset{\text{苯基甲基酮}}{PhCOCH_3}
$$

(2)系统命名法

脂肪族醛和酮命名时,选择包含羰基的最长碳链为主链,支链作为取代基,从靠近羰基的一端开始编号,依次标明碳原子的位次。在名称中要注明羰基的位置。在醛分子中,醛基总是处于第一位,命名时可不加以标明。酮分子中羰基的位次(除丙酮、丁酮外)必须标明。

醛、酮碳原子的位次,除用 $1,2,3,4,\cdots$ 表示外,有时也用 $\alpha,\beta,\gamma,\cdots$ 希腊字母表示。α 是指官能团羰基旁第一个位置,β 是指第二个位置……酮中一边用 $\alpha,\beta,\gamma,\cdots$,另一边用 $\alpha',\beta',\gamma',\cdots$,此时的编号是从与官能团直接相连的碳原子开始的。

不饱和醛、酮命名时,要从靠近羰基的一端给主链编号。命名为某烯醛(酮)或某炔醛(酮)。

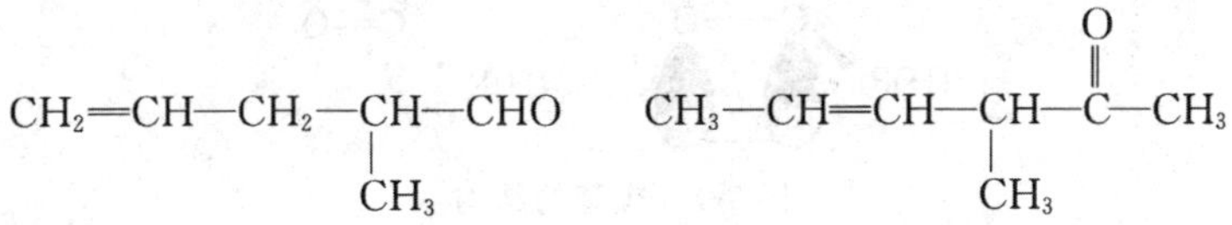

$$CH_2=CH-CH_2-CH-CHO$$
$$|$$
$$CH_3$$

2-甲基-4-戊烯醛

$$CH_3-CH=CH-CH-\overset{O}{\overset{\|}{C}}-CH_3$$
$$|$$
$$CH_3$$

3-甲基-4-己烯-2-酮

芳醛和芳酮命名时,是以脂肪醛、酮为母体,芳基作为取代基。

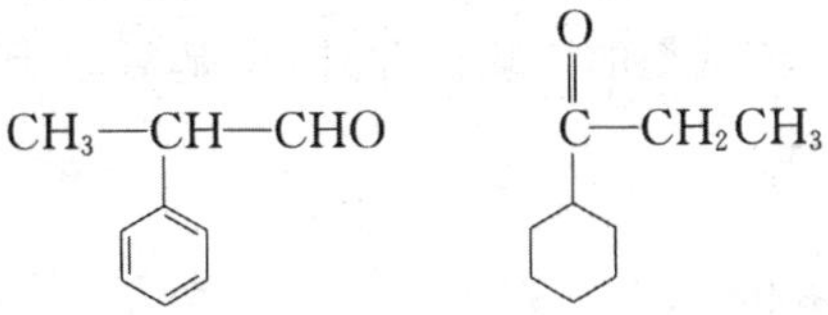

$$CH_3-CH-CHO$$

2-苯丙醛

$$\overset{O}{\overset{\|}{C}}-CH_2CH_3$$

1-环己基-1-丙酮

醛基与芳环、脂环或杂环上的碳原子直接相连时,命名时可在相应的环系名称之后加上"醛"字。

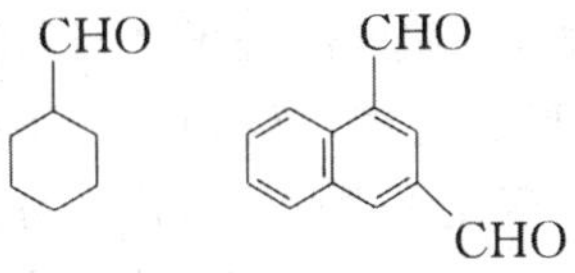

CHO

环己醛

CHO ... CHO

1,3-萘二醛

多元醛、酮命名时,含有两个以上羰基的化合物可用二醛、二酮等,醛作取代基时,可用词头"甲酰基"或"氧代"表示;酮作取代时,用词头"氧代"表示。

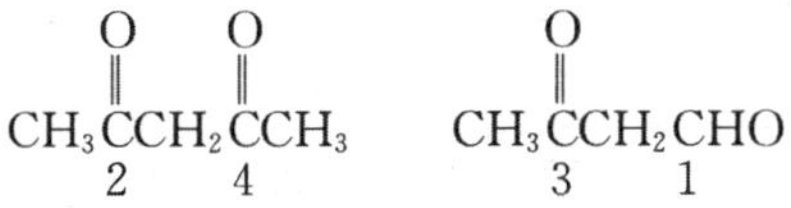

$$\overset{O}{\overset{\|}{CH_3}}\overset{O}{\overset{\|}{CCH_2}}\overset{O}{\overset{\|}{CCH_3}}$$
2 4

2,4-戊二酮

$$\overset{O}{CH_3\overset{\|}{C}CH_2CHO}$$
3 1

3-氧代丁醛

多官能团化合物命名时,若芳环上不但连有醛基,而且连有其他优先主官能团,则醛基可视作取代基,用"甲酰基"做词头来命名。

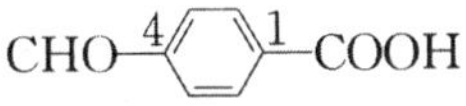

CHO—4⬡1—COOH

4-甲酰基苯甲酸

3.醛和酮的结构

羰基中的碳原子以 sp^2 杂化形成三个轨道,其中两个 sp^2 杂化轨道分别与两个其他原子以单键(σ 键)相连,另一个 sp^2 杂化轨道与氧原子形成一个 σ 键,三个 σ 键处于同一个平面,它们之间的夹角大约 120°。未参加杂化的碳原子和氧原子的 p 轨道与三个 σ 键所在的平面垂直,它们彼此侧面重叠形成 π 键。因此羰基的碳氧双键是由一个 σ 键和一个 π 键构成的。其结构如图 7-1 所示。

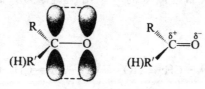

图 7-1　羰基的结构

由于羰基氧原子的电负性比碳原子的电负性大,碳氧之间成键电子偏向氧原子,所以羰基具有极性,其偶极矩为 $2.3\sim2.8\,D$,其中的碳原子带部分正电,氧原子带部分负电。因而羰基碳具有相当强的亲电性,容易受到亲核试剂的进攻。此外,羰基氧原子有两对孤电子,这一结构特征使得羰基表现出弱的路易斯碱性。

7.1.2　醛和酮的物理性质

室温下,除甲醛是气体外,C_{12} 以下的脂肪醛、酮为液体,高级脂肪醛、酮和芳香酮多为固体。酮和芳香醛具有令人愉快的气味,低级醛具有强烈的刺激气味,中级醛具有果香味,所以含有 $C_9\sim C_{10}$ 个碳原子的醛可用于配制香料。醛和酮分子之间不能形成氢键,因此其沸点比相应的醇低得多。醛和酮的羰基能与水分子形成氢键,所以 C_4 以下的低级醛和酮易溶于水,如甲醛、乙醛、丙醛和丙酮可与水互溶,其他醛、酮在水中的溶解度随分子量的增加而减小。高级醛、酮微溶或不溶于水,易溶于一般的有机溶剂。常见醛和酮的物理常数见表 7-1。

表 7-1　常见醛和酮的物理常数

名称	熔点/℃	沸点/℃	相对密度 d_4^{20}	溶解度/[g/(100 g H₂O)]
甲醛	−92	−21	0.815(−20℃/4℃)	55
乙醛	−121	20.8	0.783 4(18℃/4℃)	溶
丙醛	−81	48.8	0.805 8	20
丁醛	−99	75.7	0.817 0	微溶
戊醛	−91	103	0.809 5	微溶
苯甲醛	−26	178.1	1.041 5(10℃/4℃)	0.33
丙酮	−94.6	56.5	0.789 8	溶
丁酮	−86.4	79.6	0.805 4	溶
2-戊酮	−77.8	102	0.806 1	几乎不溶
3-戊酮	−39.9	101.7	0.813 8	4.7
环己酮	−16.4	155.7	0.947 8	微溶
苯乙酮	19.7	202.3	1.028 1	微溶

7.1.3　醛和酮的化学性质

醛与酮分子中都含有羰基,所以具有许多相似的化学性质,主要表现在亲核加成反应、α-H 的反应以及氧化还原反应。但它们在结构上又有差异,所以化学性质也有所不同。一般是醛较活泼,某些反应只有醛能发生,而酮则不能。醛与酮的化学性质如图 7-2 所示。

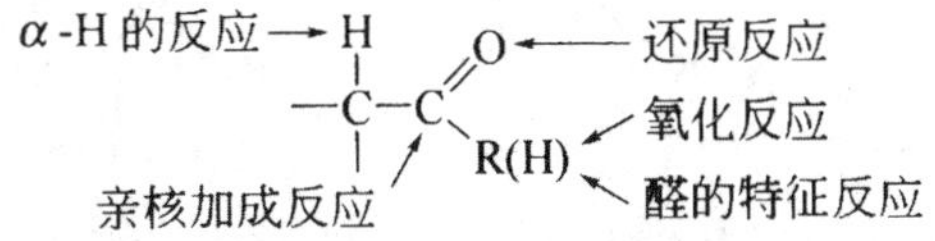

α-H 的反应 ⟶ 　　　　　O ⟵ 还原反应
　　　　　　H　‖
　　　　　　∣　　 ⟵ 氧化反应
　　　　　-C-C
　　　　　　∣　R(H) ⟵ 醛的特征反应
亲核加成反应

图 7-2　醛与酮的化学性质

1. 亲核加成反应

醛、酮亲核加成反应的难易,取决于羰基碳原子上所带正电荷的多少。例如,醛比酮容易进行亲核加成反应,是因为酮连有两个供电子的烷基,降低了羰基碳上的正电荷密度,它的亲电能力减弱,所以酮羰基碳的亲电能力比醛羰基的弱。不同结构的醛、酮进行亲核加成时,按下列顺序由易到难:

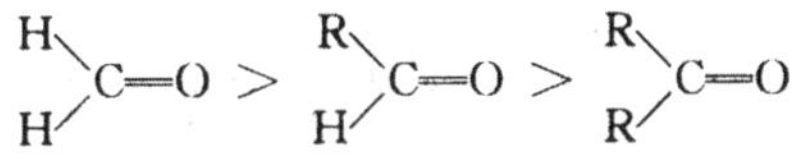

$$\begin{array}{c} H \\ H \end{array}C{=}O \ > \ \begin{array}{c} R \\ H \end{array}C{=}O \ > \ \begin{array}{c} R \\ R \end{array}C{=}O$$

亲核加成反应的难易还与烷基的结构有关,烷基越大或分支越多,羰基的空间位阻越大,亲核试剂越难以接近,从而影响了反应速度。其易难顺序如下:

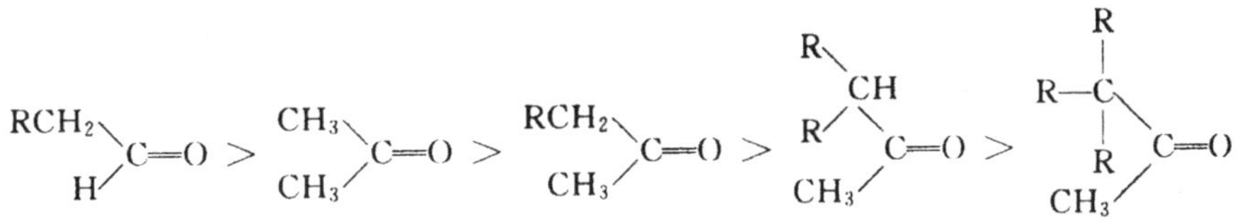

$$\begin{array}{c} RCH_2 \\ H \end{array}C{=}O > \begin{array}{c} CH_3 \\ CH_3 \end{array}C{=}O > \begin{array}{c} RCH_2 \\ CH_3 \end{array}C{=}O > \begin{array}{c} \begin{array}{c}R\\CH\\R\end{array} \\ CH_3 \end{array}C{=}O > \begin{array}{c} \begin{array}{c}R\\R{-}C\\R\end{array} \\ CH_3 \end{array}C{=}O$$

此外,试剂亲核能力的强弱,对反应也有影响,亲核能力越强,反应越易进行。亲核试剂的种类很多,通常含有 C、O、S、N 等原子且带负电性的极性试剂。

在醛、酮亲核加成中,还必须考虑到的一个问题是中心碳原子由 sp^2 杂化转变为 sp^3 杂化,产物中心碳原子为四面体立体结构,从而引出了立体化学问题。亲核试剂对 C=O 的亲核加成没有顺式或反式的立体选择性问题,因为对 C=O 的加成产物由于 C—O 键的自由旋转,它们是没有区别的。

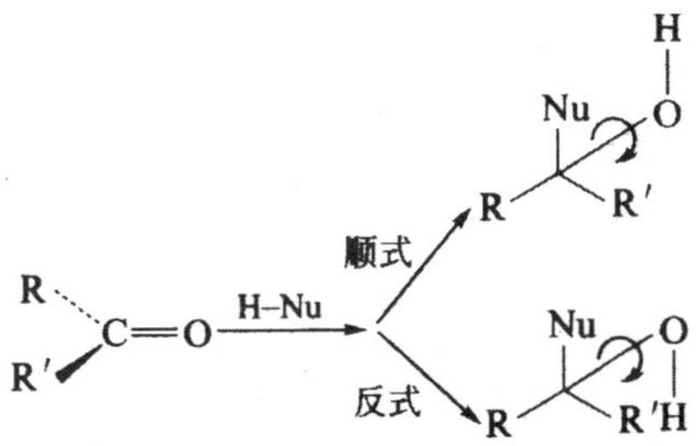

亲核试剂对 RCOR′的加成，则在产物中引入一个手性中心，由于 Nu^- 从羰基平面的上面或下面进攻机会是均等的，因此，其产物总是外消旋的：

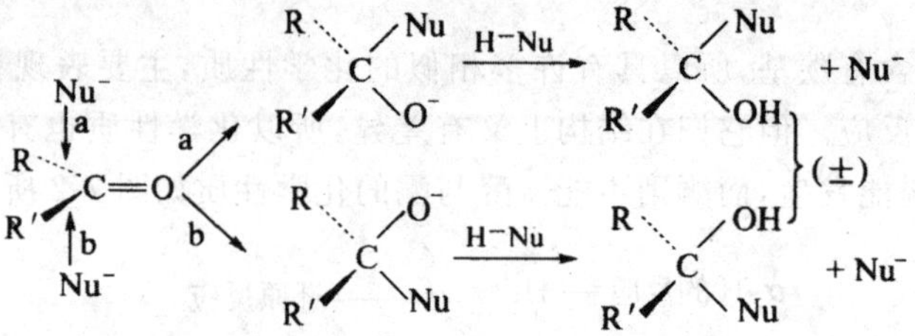

(1)与氢氰酸的加成反应

在少量碱催化下，醛和大多数甲基酮及少于 8 个碳的环酮能与氢氰酸作用生成 α-羟基腈，也称为 α-氰醇。

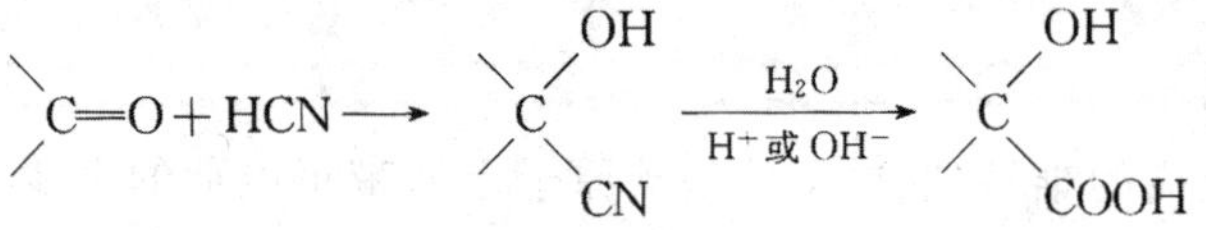

α-烃基腈　　α-烃基酸

反应生成的 α-羟基腈是有机合成中重要的中间体，可以转变为多种化合物。

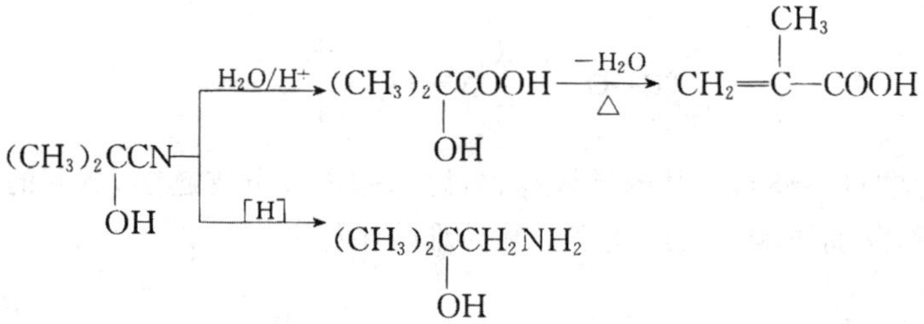

但由于氢氰酸有剧毒，并且挥发性很大（沸点 26℃），所以在实验和生产过程中必须在通风橱内进行。

羰基与氢氰酸加成是增长碳链的方法之一，又因为加成产物羟基腈是一类较活泼的化合物，可以进一步转化为其他化合物，因此在有机合成上有很大用处。例如，羟基酸还可以进一步失水，变为 α，β-不饱和酸。有机玻璃的成分是聚甲基丙烯酸甲酯，工业上就是利用这个反应合成的。用丙酮和氢氰酸在氢氧化钠的水溶液中反应，首先得到丙酮的羟腈，然后和甲醇在硫酸作用下，即发生失水及酯化作用，氰基即变为甲氧酰基（$—COOCH_3$），反应过程可用下式表示。

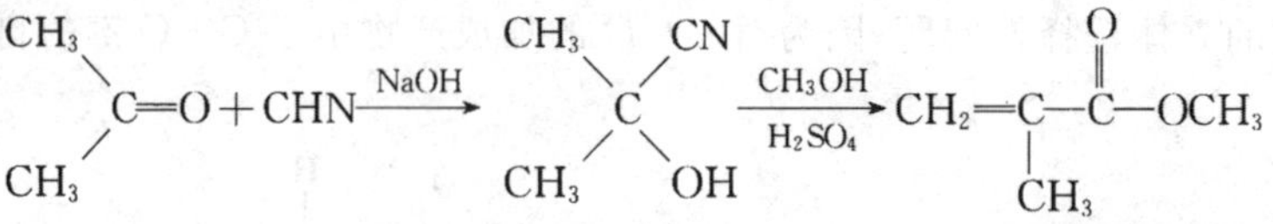

丙酮烃腈 78%　　甲基丙烯酸甲脂 90%

这一反应是具有普遍应用价值的，但是当酮所连接的两个基团太大时，由于空间位阻的关系，产率大大地降低。

(2)与亚硫酸氢钠的加成反应

醛、酮在室温下和饱和的亚硫酸氢钠（40%）溶液一起振荡，不需要催化剂即可发生加成反应,生成 α-羟基磺酸钠,并有结晶析出。

$$R-\overset{O}{\overset{\|}{C}}-H(CH_3) + NaHSO_3 \rightleftharpoons R-\overset{OH}{\underset{H(CH_3)}{\overset{|}{C}}}-SO_3Na$$

α-羟基磺酸钠

α-羟基磺酸钠易溶于水,不溶于乙醚,也不溶于饱和的亚硫酸氢钠中,所以析出沉淀。此反应可以用来鉴别醛和某些酮。

在加成时,醛、酮羰基碳原子与亚硫酸氢根中的硫原子相结合,生成磺酸盐。由于亚硫酸氢根离子体积相当大,因而羰基碳原子所连的基团越小,反应越容易进行,所连的基团太大,反应就难以进行。醛、酮与亚硫酸氢钠加成反应与 HCN 反应基本相似。即所有的醛、脂肪甲基酮和八个碳以下环酮可与亚硫酸氢钠发生反应,因此,非甲基酮一般难以和亚硫酸氢钠发生加成反应。下列醛、酮与 1 mol/L 亚硫酸氢钠溶液反应 1 h,其加成物产率随取代基体积的增大而降低。

CH₃CHO	CH₃CCH₃ (O)	CH₃CCH₂CH₃ (O)	CH₃CCH₂CH₂CH₃ (O)	环己酮 (O)
89%	56%	36%	23%	35%

CH₃CCH(CH₃)₂ (O)	CH₃CC(CH₃)₃ (O)	C₂H₅CC₂H₅ (O)	C₆H₅CCH₃ (O)
12%	6%	2%	1%

最后两种酮的反应产率太低,实际上可以看成与亚硫酸氢钠不反应。

亚硫酸氢根离子的亲核性与氰酸根离子相似,羰基与亚硫酸氢钠亲核加成反应历程也和 HCN 相似。可以表示如下:

$$\underset{H}{\overset{R}{C}}=O + :\overset{OH}{\underset{O^-Na^+}{\overset{\|}{S}}}OH \rightleftharpoons R-\overset{ONa}{\underset{H}{\overset{|}{C}}}-SO_3H \rightleftharpoons R-\overset{OH}{\underset{H}{\overset{|}{C}}}-SO_3Na$$

由于醛、酮与亚硫酸氢钠的加成反应会析出白色晶体沉淀,因而可以用来提纯或分离醛、酮。具体做法是将醛、酮混合物与饱和的亚硫酸氢钠溶液一起混合摇匀,立即析出沉淀,过滤后用乙醚洗涤,再用稀酸或稀碱分解,即得到纯的原来的醛、酮。其反应过程如下:

$$R-\overset{SO_3Na}{\underset{OH}{\overset{|}{C}}}(R')H \quad \xrightarrow[H_2O]{HCl} \quad \overset{R}{\underset{(R')H}{C}}=O + NaCl + SO_2 + H_2O$$
$$\xrightarrow[H_2O]{Na_2CO_3} \quad \overset{R}{\underset{(R')H}{C}}=O + Na_2SO_3 + NaHCO_3$$

此外,通过醛、酮与 NaHSO₃ 加成反应还可以制备 α-氰醇。

$$\underset{(R')H}{R}\!\!-\!\!\underset{OH}{\overset{SO_3Na}{C}} + NaCN \longrightarrow \underset{(R')H}{R}\!\!-\!\!\underset{OH}{\overset{CN}{C}} + Na_2SO_3$$

α-羟基醇

  具体做法是先将醛、酮与亚硫酸氢钠加成反应,再用等物质的量的 NaCN 处理,这样制备 α-羟基醇的方法可以避免直接使用高毒性 HCN,安全性较高。例如,

$$C_6H_5CHO \xrightarrow[H_2O]{NaHSO_3} C_6H_5\underset{OH}{\overset{|}{C}}HSO_3Na \xrightarrow[H_2O]{NaCN} C_6H_5\underset{OH}{\overset{|}{C}}HCN \xrightarrow[\triangle]{HCl} C_6H_5\underset{OH}{\overset{|}{C}}HCOOH$$

（3）与醇的加成反应

  醛在无水氯化氢的催化下,能与醇发生亲核加成反应,生成不稳定的半缩醛,半缩醛再与醇进一步缩合,生成缩醛。

$$\underset{}{\overset{O}{\overset{\|}{R\!-\!C\!-\!H}}} + R'OH \xrightarrow{\text{干 HCl}} R\!-\!\underset{H}{\overset{OH}{\overset{|}{C}}}\!-\!OR' \xrightarrow[\text{干 HCl}]{R'OH} R\!-\!\underset{H}{\overset{OR'}{\overset{|}{C}}}\!-\!OR'$$

半缩醛（不稳定）   缩醛（稳定）

  生成的半缩醛不稳定,很难分离出来。在酸的催化下,醛与醇反应生成半缩醛的反应是亲核加成反应。酸性条件下,质子进攻羰基中的氧原子,使氧带上正电荷,带正电荷的氧原子电负性增加,从而使羰基中碳原子的正电性更强,这就使羰基更容易被亲核试剂进攻从而发生亲核加成反应。醛和醇发生亲核加成的机理表示为

$$\underset{H}{\overset{R}{\overset{\delta+}{C}}}\!\!=\!\!\overset{\delta-}{O} \underset{\text{快}}{\overset{H^+}{\rightleftharpoons}} \underset{H}{\overset{R}{C}}\!\!=\!\!\overset{+}{O}H \underset{\text{慢}}{\overset{R'\overset{..}{O}H}{\longrightarrow}} R\!-\!\underset{H}{\overset{OH}{\overset{|}{\underset{|}{C}}}}\!\!-\!\!\overset{+}{O}R' \overset{-H^+}{\rightleftharpoons} R\!-\!\underset{H}{\overset{OH}{\overset{|}{\underset{|}{C}}}}\!-\!OR'$$

半缩醛

  半缩醛在酸性条件下,与醇进一步缩合是按 S_N1 反应历程进行的。

$$R\!-\!\underset{H}{\overset{OH}{\overset{|}{\underset{|}{C}}}}\!-\!OR' \underset{\text{快}}{\overset{H^+}{\rightleftharpoons}} R\!-\!\underset{H}{\overset{\overset{+}{O}H_2}{\overset{|}{\underset{|}{C}}}}\!-\!OR' \underset{+H_2O}{\overset{-H_2O}{\rightleftharpoons}} R\!-\!\underset{H}{\overset{|}{\underset{|}{C}}}\!-\!OR' \overset{R'\overset{..}{O}H}{\rightleftharpoons} R\!-\!\underset{H}{\overset{H^+OR'}{\overset{|}{\underset{|}{C}}}}\!-\!OR'$$

$$\overset{-H^+}{\rightleftharpoons} R\!-\!\underset{H}{\overset{OR'}{\overset{|}{\underset{|}{C}}}}\!-\!OR'$$

缩醛

  缩醛具有双醚结构,对碱、氧化剂和还原剂稳定,但遇酸迅速水解为原来的醛和醇。

$$R\!-\!\underset{H}{\overset{OR'}{\overset{|}{\underset{|}{C}}}}\!-\!OR' \xrightarrow[H^+]{H_2O} \overset{O}{\overset{\|}{R\!-\!C\!-\!H}} + 2R'OH$$

  这也是制备缩醛时必须用干燥的 HCl 气体、体系中不能含水的原因。醛可与二元醇生成环状

缩醛。

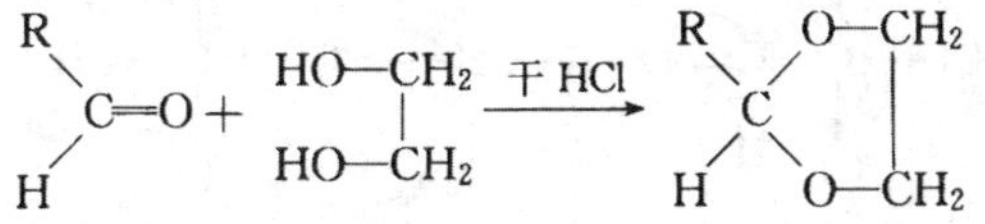

$$R-CHO + HO-CH_2-CH_2-OH \xrightarrow{\text{干 HCl}} \text{（环状缩醛）}$$

酮只能与二元醇生成环状缩酮,因为五元、六元环有特殊稳定性:

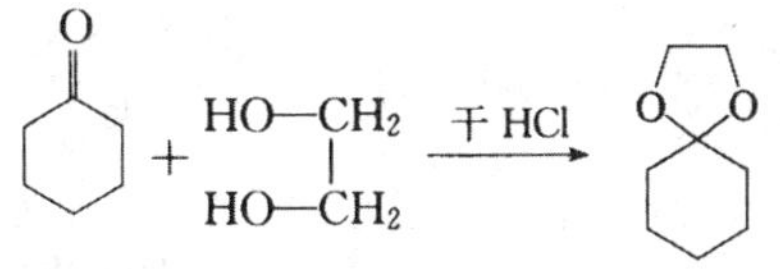

$$\text{（环己酮）} + HO-CH_2-CH_2-OH \xrightarrow{\text{干 HCl}} \text{（环状缩酮）}$$

由于缩醛对碱、氧化剂和还原剂稳定,但遇酸迅速水解为原来的醛和醇的缘故,因此,有机合成中常利用此反应来保护醛基。例如,

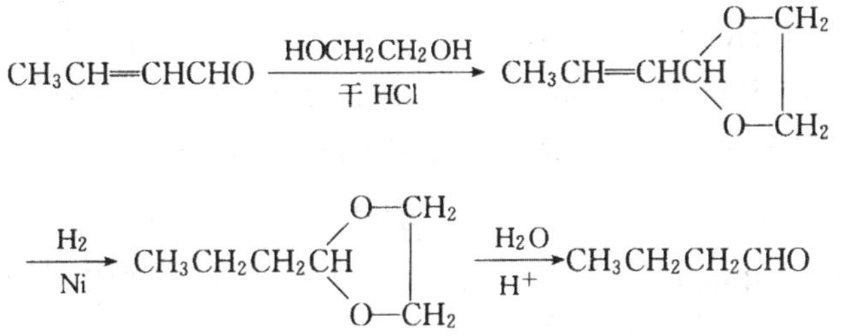

$$CH_3CH=CHCHO \xrightarrow[\text{干 HCl}]{HOCH_2CH_2OH} CH_3CH=CHCH\text{（缩醛）}$$

$$\xrightarrow[Ni]{H_2} CH_3CH_2CH_2CH\text{（缩醛）} \xrightarrow[H^+]{H_2O} CH_3CH_2CH_2CHO$$

也可用于合成"维尼纶"。聚乙烯醇和甲醛进行缩醛化反应,可以提高产品的耐水性。

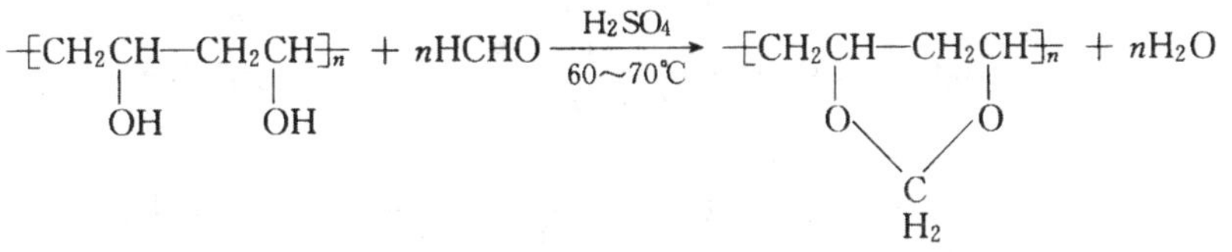

$$\text{（}CH_2CH-CH_2CH\text{）}_n + nHCHO \xrightarrow[60\sim70℃]{H_2SO_4} \text{（}CH_2CH-CH_2CH\text{）}_n + nH_2O$$

聚乙烯醇　　　　　　　　**"维尼纶"**

(4)与水的加成反应

醛、酮与水加成反应生成偕二醇。由于水是比醇更弱的亲核试剂,所以只有极少数活泼的羰基化合物才能与水加成生成相应的水合物。

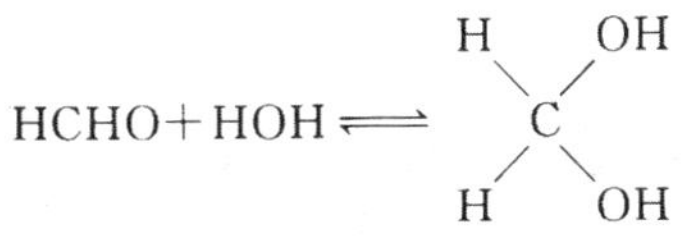

$$HCHO + HOH \rightleftharpoons \text{（水合甲醛）}$$

水合甲醛

甲醛溶液中有 99.9% 都是水合物,乙醛水合物仅占 58%,丙醛水合物含量很低,而丁醛的水合物可忽略不计。

醛、酮的羰基碳原子上连有强吸电子基团时,羰基碳原子的正电性增强,可以形成稳定的水合物。如三氯乙醛和茚三酮容易与水形成稳定的水合物:

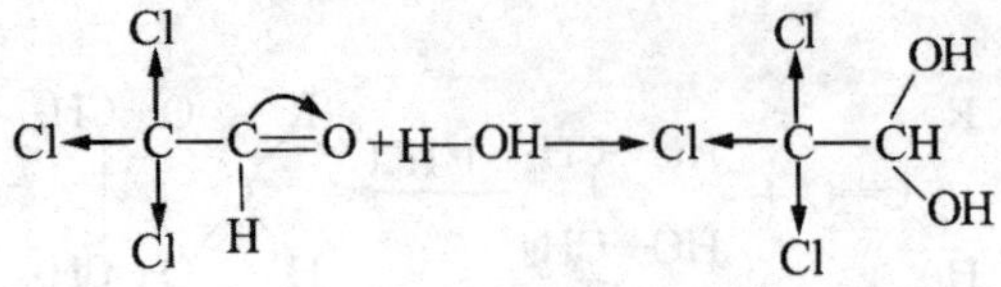

水合三氯乙醛

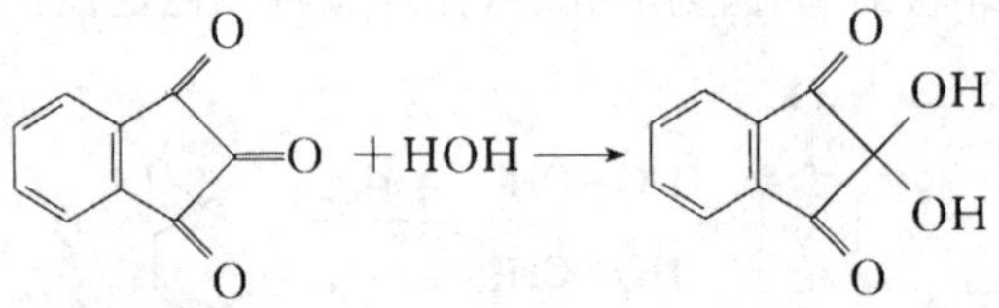

茚三酮　　　　　　　　水合茚三酮

水合三氯乙醛简称为水合氯醛,可做安眠药和麻醉剂。水合茚三酮可用于 α-氨基酸色谱分析的显色剂。

(5)与格氏试剂的加成反应

格氏试剂是较强的亲核试剂,非常容易与醛、酮进行加成反应,加成的产物不必分离便可直接水解生成相应的醇,这是制备结构复杂醇的最重要的方法之一。

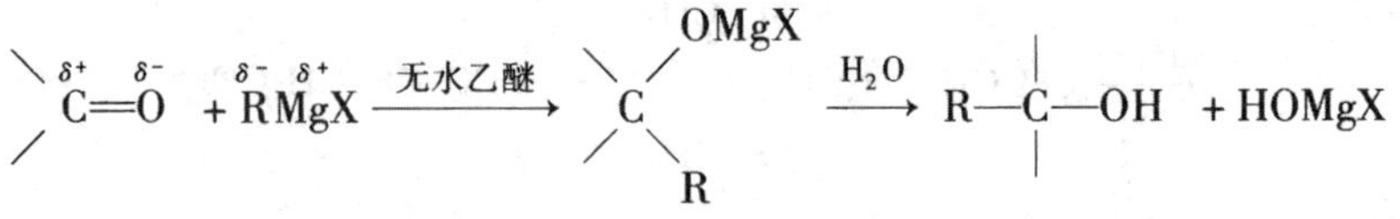

例如,

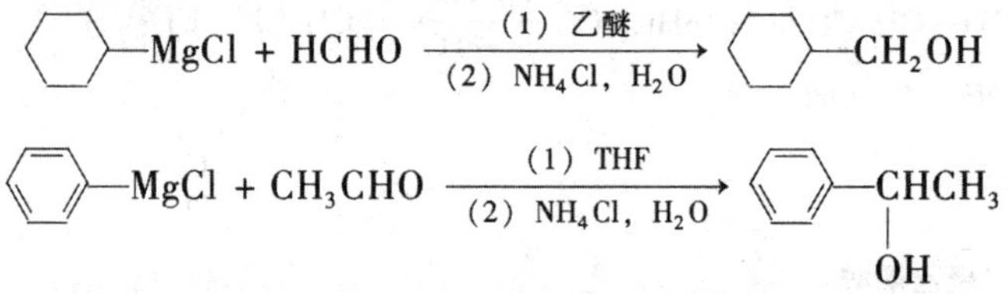

格氏试剂与甲醛作用,可得到比格氏试剂多一个碳原子的伯醇;与其他醛作用,可得到仲醇;与酮作用,可得到叔醇。

$$RMgX + HCHO \xrightarrow{\text{干燥乙醚}} RCH_2OMgX \xrightarrow[\text{H}^+]{H_2O} RCH_2OH$$

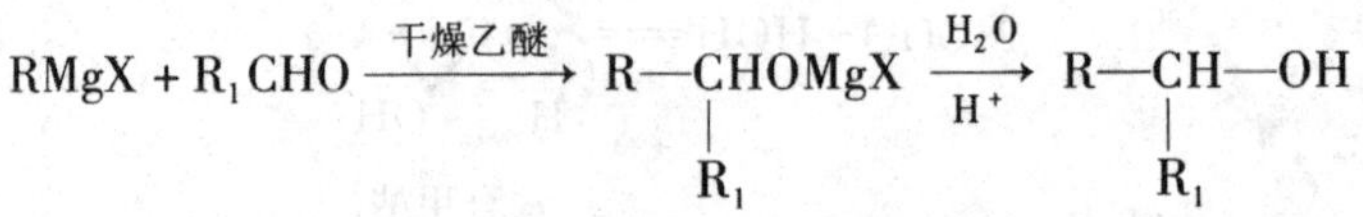

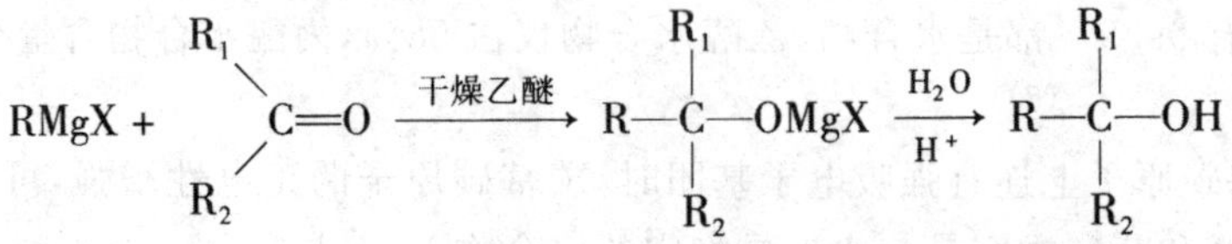

由于产物比反应物增加了碳原子,所以该反应在有机合成中是增长碳链的方法。因此,只要选择适当的格氏试剂和适当的醛、酮,就可以合成具有指定结构的醇。

（6）与氨的衍生物的加成-消除反应

所有的醛、酮都能与氨（NH_3）及其衍生物（羟胺、肼、2,4-二硝基苯肼、氨基脲等）发生作用，生成肟、腙、缩氨脲等。醛、酮与 NH_3 反应的产物不稳定，而与 NH_3 的衍生物反应的产物稳定。反应实际上是加成-消除反应，先由氨及其衍生物分子中带有未共用电子对的氮原子（亲核试剂）进攻羰基碳原子，发生亲核加成反应，加成产物不稳定，随即失去一分子水，整个过程可以表示如下：

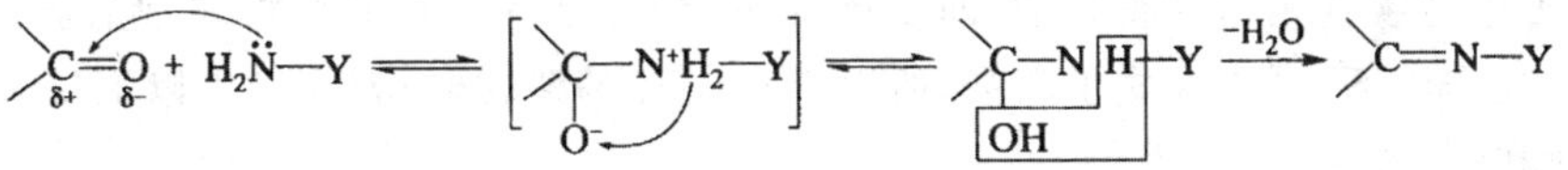

简单表示为

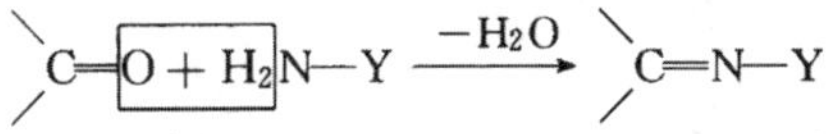

氨的衍生物及与醛、酮发生加成-消除反应后的相应产物见表 7-2。

表 7-2　醛、酮与氨的衍生物反应产物对应表

氨的衍生物	与醛、酮反应后的相应产物
H_2N-OH　羟胺	$C=N-OH$　某醛(酮)肟
H_2N-NH_2　肼	$C=N-NH_2$　某醛(酮)腙
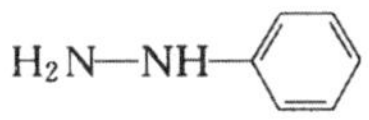 $H_2N-NH-\bigcirc$　苯肼	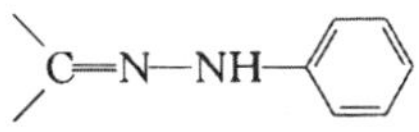 $C=N-NH-\bigcirc$　某醛(酮)苯腙
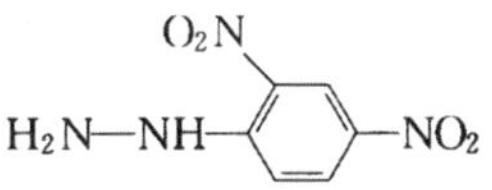 H_2N-NH-二硝基苯基　2,4-二硝基苯肼	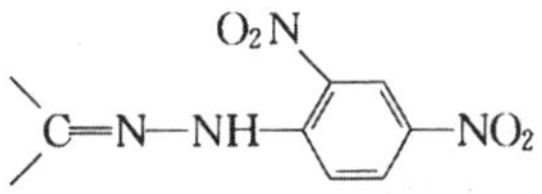 $C=N-NH-$二硝基苯基　某醛(酮)-2,4-二硝基苯腙
$H_2N-NH-\overset{O}{\overset{\|}{C}}-NH_2$　氨基脲	$C=N-NH-\overset{O}{\overset{\|}{C}}-NH_2$　某醛(酮)缩氨脲

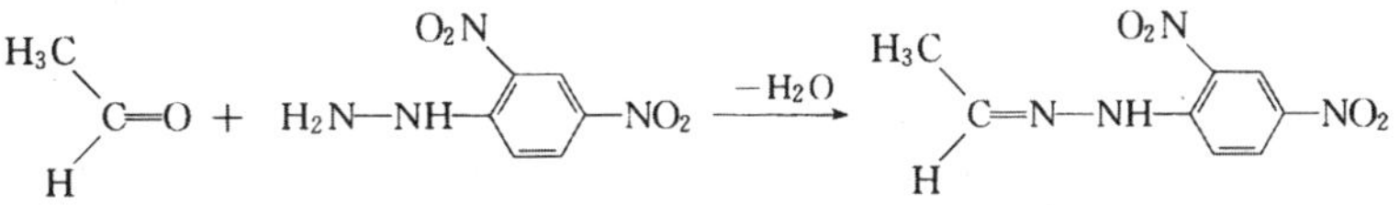

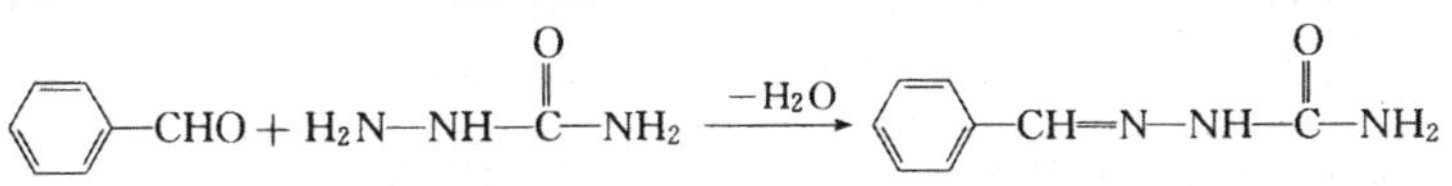

例如，

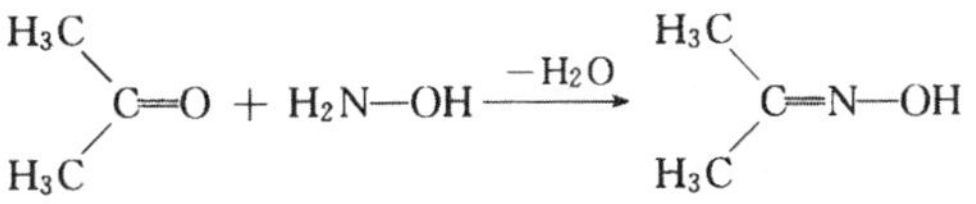

醛、酮与氨基衍生物反应的产物均为具有一定熔点的固体结晶,易于从反应体系中分离出来,可以采用重结晶的方法提纯,这些产物在酸性水溶液中加热可以分解生成原来的醛或酮,因此,可利用此特性鉴别醛、酮的结构或进行分离提纯,这些试剂 NH_2—Y 统称"羰基试剂"。在定性分析上常用 2,4-二硝基苯肼或氨基脲,在分离提纯上常用苯肼。

2.α-H 的反应

醛酮分子中与羰基相邻的碳原子,即 α-H 原子,受羰基的影响而变得非常活泼,具有一定的酸性,在强碱的作用下,可作为质子离去,所以带有 α-H 的醛、酮很容易发生以下反应。

（1）酸性和酮-烯醇互变异构

醛、酮的 α-H 由于受到羰基较强的吸电子效应而具有一定的酸性。醛、酮 α-H 的酸性比乙炔的酸性大（表 7-3）。

表 7-3　几种化合物的 pKₐ 值

化合物	乙醛	丙酮	乙炔	乙烷
pKₐ 值	17	20	25	50

醛、酮的 α-H 具有一定的酸性是因为醛、酮离去一个 α-H 后,生成的碳负离子能和羰基产生 p-π 共轭,从而比较稳定的缘故。

$$R-\overset{O}{\underset{\parallel}{C}}-CH_2-R' \rightleftharpoons R-\overset{O}{\underset{\parallel}{C}}-\bar{C}H-R' + H^+$$
p-π共轭体系

在强碱的作用下,醛、酮的 α-H 可被夺去。

$$R-\overset{O}{\underset{\parallel}{C}}-CH_2-R' + B^- \rightleftharpoons R-\overset{O}{\underset{\parallel}{C}}-\bar{C}H-R' + HB$$

$$R-\overset{O}{\underset{\parallel}{C}}-\bar{C}H-R' \longleftrightarrow R-\overset{O^-}{\underset{\parallel}{C}}=CH-R'$$

在醛、酮分子中,还存在以下酮式与烯醇式的互变异构现象:

$$R-\overset{O}{\underset{\parallel}{C}}-CH_2-R' \rightleftharpoons R-\overset{OH}{\underset{\mid}{C}}=CH-R'$$
酮式　　　　　烯醇式

对大部分的醛、酮来说,互变异构平衡偏向于酮式的一边。例如,乙醛和丙酮的互变异构平衡中,几乎是 100％ 的酮式。

$$CH_3-\overset{O}{\underset{\parallel}{C}}-H \rightleftharpoons CH_2=\overset{OH}{\underset{\mid}{C}}-H \qquad CH_3-\overset{O}{\underset{\parallel}{C}}-CH_3 \rightleftharpoons CH_3-\overset{OH}{\underset{\mid}{C}}=CH_2$$
酮式≈100%　　　烯醇式　　　　　酮式≈100%　　　　烯醇式

但对某些二羰基化合物,尤其是 α-C 处在两个羰基之间时,互变异构平衡则偏向于烯醇式。

例如,β-戊二酮的互变异构:

$$CH_3-\overset{\overset{\displaystyle O}{\|}}{C}-CH_2-\overset{\overset{\displaystyle O}{\|}}{C}-CH_3 \rightleftharpoons CH_3-\overset{\overset{\displaystyle O\cdots H\cdots O}{|\qquad\|}}{C}=CH-\overset{}{C}-CH_3$$

酮式20%　　　　　　　　　　烯醇式80%

β-戊二酮的互变异构过程如下:

$$CH_3-\overset{\overset{\displaystyle O}{\|}}{C}-CH_2-\overset{\overset{\displaystyle O}{\|}}{C}-CH_3 \rightleftharpoons CH_3-\overset{\overset{\displaystyle O}{\|}}{C}-\overset{-}{CH}-\overset{\overset{\displaystyle O}{\|}}{C}-CH_3 + H^+$$

$$CH_3-\overset{\overset{\displaystyle O}{\|}}{C}-\overset{-}{CH}-\overset{\overset{\displaystyle O}{\|}}{C}-CH_3 \longleftarrow CH_3-\overset{\overset{\displaystyle O^-}{|}}{C}=CH-\overset{\overset{\displaystyle O}{\|}}{C}-CH_3$$

$$CH_3-\overset{\overset{\displaystyle O^-}{|}}{C}=CH-\overset{\overset{\displaystyle O}{\|}}{C}-CH_3 \underset{-H^+}{\overset{+H^+}{\rightleftharpoons}} CH_3-\overset{\overset{\displaystyle O\cdots H\cdots O}{|\qquad\|}}{C}=CH-\overset{}{C}-CH_3$$

　　β-戊二酮互变异构平衡偏向于烯醇式是因为烯醇式分子中,分子内的羟基和羰基可形成氢键,从而使得烯醇式结构稳定。

　　(2)卤代反应

　　醛、酮分子中的 α-H 容易被卤素取代,生成 α-卤代醛或 α-卤代酮。

$$\text{（苯基）}-\overset{\overset{\displaystyle O}{\|}}{C}-CH_3 + Br_2 \xrightarrow[\text{微量 } AlCl_3]{\text{乙醚}} \text{（苯基）}-\overset{\overset{\displaystyle O}{\|}}{C}-CH_2Br + HBr$$

$$\text{（环己基）}-CHO + Br_2 \xrightarrow{CHCl_3} \text{（环己基,CHO,Br）} + HBr$$

$$\text{（环己酮）} + Cl_2 \xrightarrow{H_2O} \text{（环己酮-Cl）} + HCl$$

　　在酸性条件下,卤代反应可停留在单取代阶段。

　　卤代反应也可被碱催化,碱催化的卤代反应很难停留在一卤代阶段,会生成 α-三卤代物。

$$CH_3-\overset{\overset{\displaystyle }{}}{\underset{\underset{\displaystyle O}{\|}}{C}}-CH_3 + X_2 \xrightarrow{NaOH} CH_3-\overset{}{\underset{\underset{\displaystyle O}{\|}}{C}}-CX_3$$

　　在碱的作用下三卤代物立即分解,生成卤仿(三卤甲烷)和相应的羧酸盐。

$$\underset{(H)}{R}-\overset{\overset{\displaystyle O}{\|}}{C}-CH_3 + \underset{(NaOX)}{NaOH} + X_2 \longrightarrow \underset{(H)}{R}-\overset{\overset{\displaystyle O}{\|}}{C}-CX_3 \xrightarrow{OH} \underset{\text{卤仿}}{CHX_3} + RCOONa$$

　　由于反应有卤仿生成,因此称为卤仿反应。当卤素是碘时,称为碘仿反应。碘仿(CHI_3)是黄色沉淀,利用碘仿反应可鉴别乙醛和甲基酮。

α-碳上有甲基的仲醇也能被碘的氢氧化钠溶液(NaOI)氧化为相应羰基化合物:

$$CH_3-\underset{\underset{OH}{|}}{CH}-\underset{(H)}{R} \xrightarrow{NaOI} CH_3-\underset{\underset{O}{||}}{C}-\underset{(H)}{R}$$

利用碘仿反应,不仅可鉴别 $CH_3-\underset{\underset{O}{||}}{C}-R(H)$ 类羰基化合物,还可鉴别 $\underset{\underset{OH}{|}}{CH_3CH}-R(H)$ 类的醇。

利用卤仿反应,还可制备用其他方法不易制备的羧酸,其产物比母体化合物少一个碳。

$$(CH_3)_2C=CH-\underset{\underset{O}{||}}{C}-CH_3 \xrightarrow[\text{(2) } H^+]{\text{(1) } Cl_2, NaOH} (CH_3)_2C=CH-\underset{\underset{O}{||}}{C}-OH$$

(3)缩合反应

酮羰基不如醛羰基活泼,它进行羟醛缩合反应要比醛困难。如丙酮在室温与氢氧化钡作用只有 5% 是缩合产物双丙酮醇。

①羟醛缩合反应。具有 α-H 的醛酮化合物在稀碱或稀酸的作用下能与另一分子醛酮发生加成反应得到 β-羟基醛酮化合物,加热时后者很易失去一分子水形成有稳定共轭体系的 α,β-不饱和醛酮。这个反应被称为羟醛缩合或醇醛缩合或 Aldol 缩合反应。

$$CH_3-\underset{\underset{O}{||}}{C}-H+CH_2CHO \underset{}{\overset{\text{稀 } OH^-}{\rightleftharpoons}} CH_3-\underset{\underset{OH}{|}}{CH}-CH_2-CHO \underset{-H_2O}{\overset{\triangle}{\rightleftharpoons}} CH_3CH=CHCHO$$

$$2CH_3CH_2CHO \overset{\text{稀 } OH^-}{\rightleftharpoons} CH_3CH_2\underset{\underset{OH}{|}}{CH}-\underset{\underset{|}{CH_3}}{CH}-CHO \underset{-H_2O}{\overset{\triangle}{\rightleftharpoons}} CH_3CH_2\underset{\underset{|}{CH_3}}{CH}=CCHO$$

$$2CH_3\underset{\underset{|}{CH_3}}{CH}CHO \overset{\text{稀 } OH^-}{\rightleftharpoons} CH_3-\underset{\underset{OH}{|}}{CH}-\underset{\underset{CH_3}{|}}{\overset{\overset{CH_3}{|}}{C}}-CHO \overset{\triangle}{\longrightarrow} \text{无}\alpha\text{-H 不脱水}$$

②交叉羟醛缩合反应。如果用两种不同的有 α-H 的醛进行羟醛缩合,则可能发生交叉缩合,至少生成四种产物,分离困难,意义不大。例如,

$$CH_3-\underset{\underset{O}{||}}{C}-H + CH_3-CH_2-\underset{\underset{O}{||}}{C}-H \overset{\text{稀 NaOH}}{\rightleftharpoons} \begin{cases} CH_3CHCH_2CHO \\ \quad\ \ \underset{OH}{|} \\ \qquad\qquad\ \ CH_3 \\ CH_3CH_2CHCHCHO \\ \qquad\quad\ \ \underset{OH}{|} \\ CH_3CH_2CHCH_2CHO \\ \qquad\ \ \underset{OH}{|} \\ \qquad\qquad CH_3 \\ CH_3CHCHCHO \\ \qquad\ \ \underset{OH}{|} \end{cases}$$

如果选用一种不含 α-H 的醛和一种含 α-H 的醛进行交叉羟醛缩合,控制反应条件可得单一产物。例如,

$$\bigcirc\!\!-\!\!CHO + CH_3CHO \xrightarrow{\text{稀 NaOH}} \bigcirc\!\!-\!\!\underset{OH}{CH}CH_2CHO$$

$$\bigcirc\!\!-\!\!CHO + CH_3CH_2CHO \xrightleftharpoons{\text{稀 NaOH}} \bigcirc\!\!-\!\!\underset{OH}{CH}\underset{CH_3}{CH}CHO \xrightarrow[-H_2O]{\triangle} \bigcirc\!\!-\!\!CH=\underset{CH_3}{C}CHO$$

具体操作方法:将不含 α-H 的醛和稀碱混合物放到反应器中,然后缓慢加入含 α-H 的醛,含 α-H 的醛与过量的不含 α-H 的醛作用只生成单一产物。

③羟酮缩合反应。含 α-H 的酮也可以发生缩合反应,但一般较难进行。

$$CH_3\!-\!\underset{O}{C}\!-\!CH_3 + H\!-\!CH_2\!-\!\underset{O}{C}\!-\!CH_3 \xrightleftharpoons{\text{稀 OH}^-} CH_3\!-\!\underset{\underset{OH}{|}}{\overset{\overset{CH_3}{|}}{C}}\!-\!CH_2\underset{O}{C}CH_3$$

$$(80\%)$$

3.氧化反应

由于醛的羰基碳原子上连接的氢原子,易被氧化。因此不仅强氧化剂,即使弱的氧化剂也可以将醛氧化成相同碳原子数的羧酸。而酮却不能被弱氧化剂氧化,但在强氧化剂(如重铬酸钾加浓硫酸)存在下,会发生碳链断裂,生成碳原子数较少的羧酸混合物。可以利用弱氧化剂来区别醛和酮。常用的弱氧化剂有托伦试剂、斐林试剂和本尼迪特试剂。

(1)与托伦试剂反应

托伦(Tollen)试剂是硝酸银的氨溶液,具有较弱的氧化性。它与醛共热时,醛被氧化为羧酸,同时 Ag^+ 被还原成金属 Ag 析出。如果反应器壁非常洁净,会在容器壁上形成光亮的银镜,因此这一反应又称为银镜反应。

$$\underset{\text{(无色)}}{RCHO} + 2[Ag(NH_3)_2]OH \xrightarrow[\text{水浴}]{\triangle} RCOONH_4 + \underset{\text{银镜}}{2Ag\downarrow} + 3NH_3\uparrow + H_2O$$

托伦试剂不能氧化碳碳双键和碳碳三键,选择性较好。例如,工业上用它来氧化巴豆醛制取巴豆酸。

$$CH_3CH=CHCHO \xrightarrow{[Ag(NH_3)_2]OH} \underset{\text{巴豆酸}}{CH_3CH=CHCOOH}$$

(2)与斐林试剂反应

斐林(Fehling)试剂是由硫酸铜溶液和酒石酸钾钠碱溶液等量混合而成的深蓝色二价铜的配合物。斐林试剂也是一种弱氧化剂,所有脂肪醛都可以被它氧化为羧酸,Cu^{2+} 则还原为砖红色的 Cu_2O 沉淀。

$$\underset{\text{(蓝色)}}{RCHO + 2Cu^{2+}} + OH^- + H_2O \xrightarrow{\triangle} RCOO^- + \underset{\text{(砖红色)}}{Cu_2O\downarrow} + 4H^+$$

芳香醛和所有的酮不与斐林试剂反应。因此,可利用斐林试剂鉴别脂肪醛与芳香醛,也可以用于区别脂肪醛和酮。

酮难被氧化剂所氧化,但使用强氧化剂(如重铬酸钾和浓硫酸)氧化,则发生碳链的断裂而生成复杂的氧化产物。反应无实用价值,但环己酮氧化成己二酸等具有合成意义。

$$\text{环己酮} \quad \bigcirc\!\!=\!\!O \xrightarrow[\text{HNO}_3]{\text{V}_2\text{O}_5} HOOC(CH_2)_4COOH \quad \text{己二酸}$$

己二酸是生产合成纤维尼龙-66 的原料。

酮被过氧酸氧化则生成酯:

$$R-\overset{\displaystyle O}{\underset{\displaystyle \|}{C}}-R' + R''-\overset{\displaystyle O}{\underset{\displaystyle \|}{C}}-O-OH \longrightarrow R-\overset{\displaystyle O}{\underset{\displaystyle \|}{C}}-OR' + R''COOH$$

用过氧酸将酮氧化,不影响其碳链,有合成价值。这个反应称为拜尔-维利格反应。

(3)与本尼迪特试剂反应

本尼迪特(Benedict)试剂是由硫酸铜、碳酸钠和柠檬酸钠组成的溶液。它也是一种弱氧化剂,该试剂与醛的作用原理和斐林试剂相似,临床上常用它来检查尿液中的葡萄糖。

4.还原反应

醛、酮可以发生还原反应,在不同的条件下,还原的产物不同。

(1)催化加氢还原

醛、酮在金属催化剂的存在下加氢分别生成伯醇和仲醇。

$$R-\overset{\displaystyle O}{\underset{\displaystyle \|}{C}}-H + H_2 \xrightarrow{\text{金属催化剂}} R-CH_2-OH$$
$$\text{醛} \qquad\qquad\qquad\qquad\qquad\qquad \text{伯醇}$$

$$R-\overset{\displaystyle O}{\underset{\displaystyle \|}{C}}-R' + H_2 \xrightarrow{\text{金属催化剂}} R-\overset{\displaystyle R'}{\underset{\displaystyle |}{C}}H-OH$$
$$\text{酮} \qquad\qquad\qquad\qquad\qquad\qquad \text{仲醇}$$

例如,

$$\bigcirc\!\!=\!\!O + H_2 \xrightarrow[250\text{℃}]{\text{Pt}} \bigcirc\!\!-\!\!OH$$

在催化加氢条件下,—CH＝CH—,—C≡C—;NO_2 和—C≡N 等也都被还原。

$$-CH＝CH- \xrightarrow{[H]} -CH_2-CH_2-$$
$$-C≡C- \xrightarrow{[H]} -CH_2-CH_2-$$
$$-C≡N \xrightarrow{[H]} -CH_2NH_2$$
$$NO_2 \xrightarrow{[H]} NH_2$$

例如，

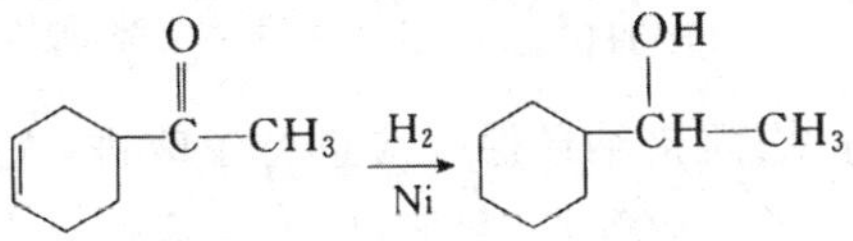

(2)金属氢化物还原

醛、酮可被金属氢化物还原成相应的醇。常用的金属氢化物有 $NaBH_4$、$LiAlH_4$。

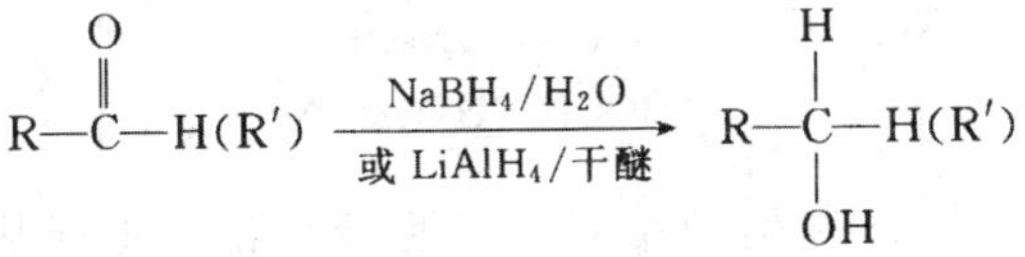

例如，

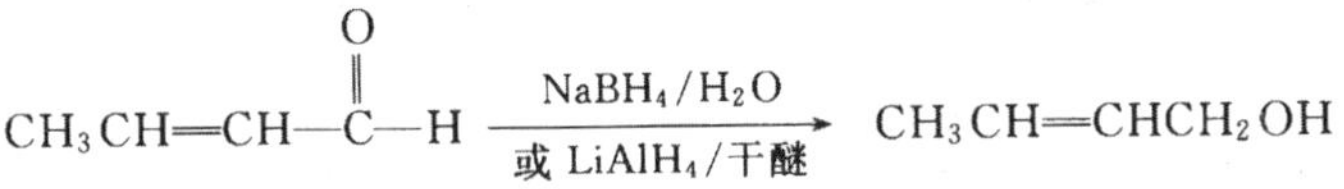

$NaBH_4$ 在水或醇溶液中是一种缓和的还原剂，选择性高，还原效果好，它只还原醛、酮的羰基，对分子中的其他不饱和基团不还原。$LiAlH_4$ 也是一种选择性还原剂，它不还原碳碳双键和碳碳三键，但它的还原性比 $NaBH_4$ 强，除能还原醛、酮外，也可还原酯、羧酸、酰胺、NO_2、$C\equiv N$ 等。

(3)克莱门森还原反应

醛、酮与锌汞齐、浓盐酸一起加热，可以将羰基直接还原为亚甲基，这个反应称为克莱门森(Clemmensen)还原反应。

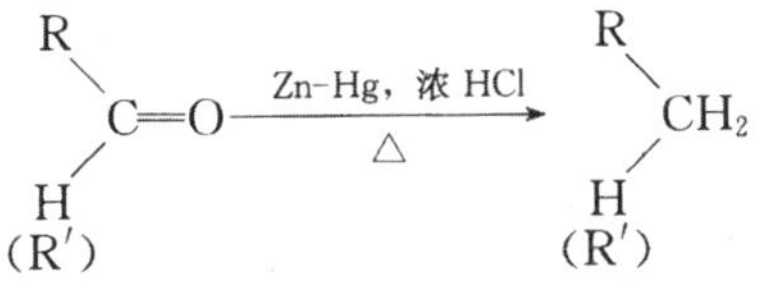

此法适用于还原芳香酮，是间接在芳环上引入直链烃基的方法。例如，

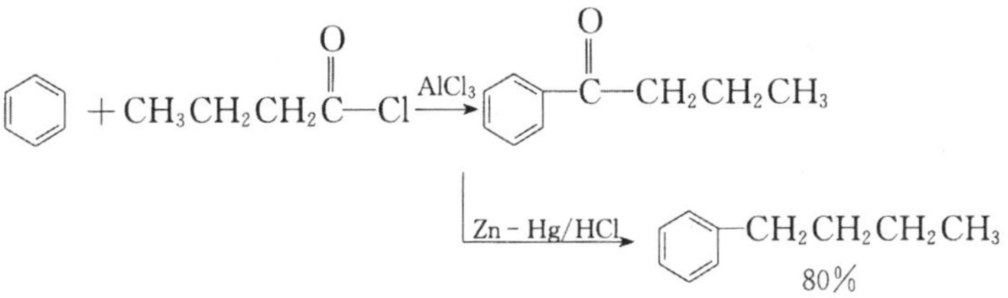

直链烷基苯

需要注意的是，该反应是在酸性条件下进行的，因此，对酸敏感的底物(醛酮)不能使用此法还原(如醇羟基、$C=C$ 等)。

(4)沃尔夫-凯惜纳-黄鸣龙还原反应

将醛、酮与无水肼作用生成腙，然后将腙和无水乙醇钠在高压容器中加热到 $180\sim200℃$ 分解放出氮，羰基转变成亚甲基，这个反应叫作沃尔夫-凯惜纳还原反应。

$$\underset{(R')H}{\overset{R}{>}}C=O \xrightarrow{NH_2NH_2} \underset{(R')H}{\overset{R}{>}}C=NNH_2 \xrightarrow[\text{无水乙醇,加压}]{NaOC_2H_5} \underset{(R')H}{\overset{R}{>}}CH_2 + N_2$$

我国化学家黄鸣龙对沃尔夫-凯惜纳还原反应进行了改进,先将醛、酮、氢氧化钠、肼的水溶液和一种高沸点溶剂(如一缩二乙二醇等)一起加热,生成腙后再蒸出过量的肼和水,反应达到腙的分解温度后,继续回流至反应完成。这样可以不必使用无水肼,也不用在高压下进行反应,且还原产率更好。这种改进后的方法叫作沃尔夫(Wolff)-凯惜纳(Kishner)-黄鸣龙还原反应。

$$\underset{(R')H}{\overset{R}{>}}C=O \xrightarrow[\text{(HOCH}_2\text{CH}_2)_2\text{O,}\triangle]{NH_2NH_2,NaOH} \underset{(R')H}{\overset{R}{>}}CH_2$$

克莱门森还原反应和沃尔夫-凯惜纳-黄鸣龙还原反应都是将羰基还原成亚甲基,但前者是在强酸性条件下进行,后者则是在强碱性条件下进行。这两种还原方法,可以根据反应物分子中所含其他基团对反应条件的要求选择使用。

5.歧化反应

没有 α-H 的醛浓碱溶液中发生自身氧化还原反应——分子间的氧化还原反应。一分子的醛被氧化为羧酸(碱性条件下生成羧酸盐),而另一分子醛则被还原为伯醇,这个反应被称为坎尼扎罗(Cannizzaro)反应,也称为歧化反应。

$$2HCHO \xrightarrow{\text{浓 NaOH}} CH_3OH + HCOONa$$

该反应生成两个酸和两个伯醇。但甲醇和其他无 α-H 的醛反应时,由于无论从电子效应还是立体效应来说更易于被氧化,它比其他醛更易受到—OH 的进攻,成为负氢的供给者而自身被氧化为酸。

不同种类的醛也可以发生交叉歧化反应,甲醛与另一种不含 α-H 的醛进行交叉歧化反应时,由于甲醛在醛类中还原性最强,所以总是甲醛被氧化成甲酸,而另一种醛被还原为醇。这一反应在有机合成上是很有用的,可以把芳醛还原成芳醇。

这类反应是制备 $ArCH_2OH$ 型醇的有效手段。歧化反应在生产上及生理上的氧化还原反应中都很重要。工业上利用甲醛这一性质和乙醛进行混合的醇醛缩合反应制备季戊四醇 $C(CH_2OH)_4$。

7.1.4 重要的醛和酮

1.甲醛

甲醛在室温下是无色的有刺激性气味的气体,沸点为 −21℃,易溶于水。含甲醛 30%～40%、甲醇 8% 的水溶液称为"福尔马林",常作为杀菌剂和防腐剂。甲醛易氧化,在室温下长期放置易自动聚合成三聚体。

$$3 \underset{H}{\overset{O}{\underset{\displaystyle }{\|}}}\overset{\displaystyle}{C}H \rightleftharpoons \text{（三聚甲醛结构式）}$$

三聚甲醛

三聚甲醛常温下为白色晶体，在酸性介质中加热，三聚甲醛解聚再生为甲醛。

甲醛在水中很容易和水加成，生成甲醛的水合物。在水中，甲醛与水合物成平衡状态存在。实验室常用的是 40% 的甲醛水溶液。甲醛的水溶液储存过久会生成白色固体，这是甲醛水合物分子间脱水形成的聚合物。

$$\underset{H}{\overset{O}{\underset{}{\|}}}CH + H_2O \rightleftharpoons \underset{H}{\overset{HO \quad OH}{\underset{}{C}}}H$$

2. 乙醛

乙醛在室温下是有辛辣刺激性气味的无色易流动液体，沸点为 $20.2\,^{\circ}\!C$，能与水、乙醇、乙醚、氯仿等混溶。易燃易挥发。蒸气与空气形成爆炸性混合物，爆炸极限 $4.0\% \sim 57.0\%$（体积分数）。

乙醛的化学性质活泼，易被氧化，在浓硫酸或盐酸存在下聚合成三聚乙醛。三聚乙醛在硫酸存在下加热，即可解聚。

$$3CH_3CHO \xrightarrow{\text{浓 } H_2SO_4} \text{（三聚乙醛结构式）}$$

三聚乙醛

乙醛主要由乙烯在催化剂存在下用空气氧化获得。也可用乙炔水合或乙醇氧化制备。

$$H_2C{=}CH_2 + \frac{1}{2}O_2 \xrightarrow{PdCl_2\text{-}CuCl_2} CH_3CHO$$

乙醛也是重要有机合成原料。可用于制备乙酸、乙酐、乙酸乙酯、正丁醇、季戊四醇、3-羟基丁醛及合成树脂等。

3. 丙酮

丙酮室温下是无色有微香气味液体，易挥发和易燃。沸点为 $56.5\,^{\circ}\!C$。能与水、甲醇、乙醇、乙醚、氯仿、吡啶等混溶。能溶解油脂肪、树脂和橡胶。

丙酮可由淀粉发酵、异丙苯氧化水解、丙烯催化氧化等方法制备。实验室中常用乙酸钙干馏制得。

$$\text{（异丙苯）} \xrightarrow[\text{过氧化物}]{O_2,\ 110\sim120\,^{\circ}\!C} \text{（过氧化氢异丙苯）} \xrightarrow[74\sim85\,^{\circ}\!C]{\text{稀 } H_2SO_4} \text{（苯酚）} + H_3C{\overset{O}{\underset{}{\|}}}C{-}CH_3$$

$$H_3C-CH=CH_2 + \frac{1}{2}O_2 \xrightarrow{PdCl_2\text{-}CuCl_2} H_3C-\overset{\overset{\displaystyle O}{\|}}{C}-CH_3$$

丙酮是重要的有机溶剂和有机合成原料,可用于合成醋酐、双丙酮醇、氯仿、碘仿、环氧树脂、聚异戊二烯橡胶、甲基丙烯酸甲酯等。

4.麝香酮

麝香酮为油状液体,具有麝香香味,是麝香的主要香气成分。沸点为 328℃,微溶于水,能与乙醇互溶。麝香酮的结构为一个含 15 个碳原子的大环,环上有一个甲基和一个羰基,属脂环酮。

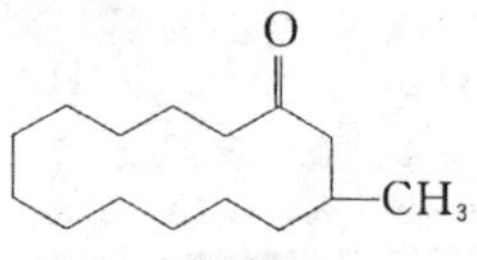

麝香酮

麝香酮具有扩张冠状动脉及增加冠脉血流量的作用,对心绞痛有一定的疗效。一般于用药(舌下含服、气雾吸入)后 5 min 内见效,其缓解心绞痛的功效与硝酸甘油稍相似。

香料中加入极少量的麝香酮可增强香味,因此许多贵重香料常用它作为定香剂。人工合成的麝香广泛应用于制药工业。

5.苯甲醛

苯甲醛俗称苦杏仁油,是具有苦杏仁气味的无色液体,微溶于水,易溶于乙醇、乙醚。常与葡萄糖、氢氰酸结合态存在于桃仁、杏仁中,尤其以苦杏仁中含量最高。

苯甲醛易被空气氧化成苯甲酸,因此在保存苯甲醛时常要加入少量的对一苯二酚作为抗氧化剂。苯甲醛是一种重要的化工原料,用于制备药物、染料、香料等。

6.三氯乙醛

三氯乙醛是有刺激性气味的无色油状液体,沸点为 98℃。在水中三氯乙醛多形成水合三氯乙醛。水合三氯乙醛商品名为水合氯醛,是无色透明晶体,熔点为 57℃,有刺激性气味,易溶于水和有机溶剂,可用作催眠镇静剂和兽用麻醉剂。

7.2 醌

醌是一类共轭的环状二酮。通常把具有环己二烯二酮结构的一类有机化合物称为醌。

7.2.1 醌的分类、命名和结构

按醌分子中所含的芳环结构,可分为苯醌、萘醌、蒽醌、菲醌。

一般是把醌作为芳烃的衍生物来命名的。两个羰基的位置可用阿拉伯数字标明,也可用邻、

对或 α、β 标明并写在醌名称前面。例如，

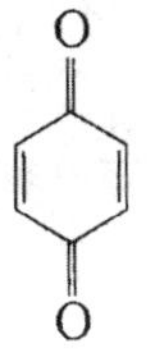

1,4-苯醌　　　　　1,2-苯醌　　　　　1,4-萘醌
（对苯醌）　　　　（邻苯醌）　　　　（α-萘醌）

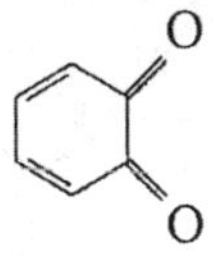

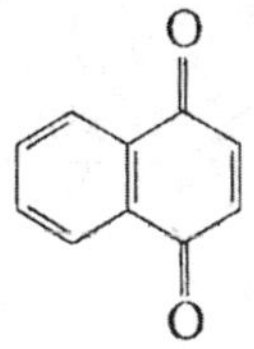

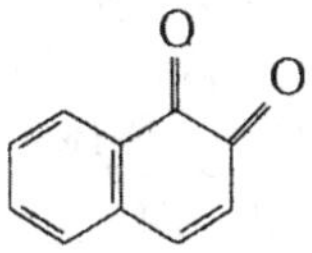

1,2-萘醌　　　　　　9,10-蒽醌
（β-萘醌）

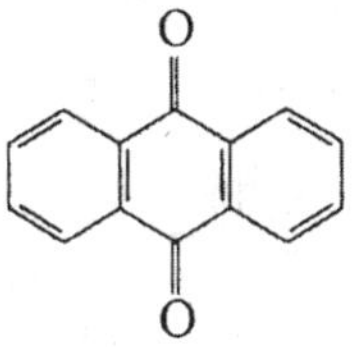

通常把 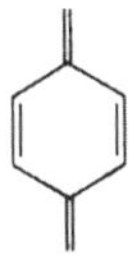　　或 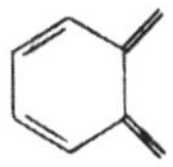　　这种结构叫作醌型结构。

7.2.2　醌的物理性质

醌为结晶固体，通常都具有颜色，对位的醌多呈现黄色，邻位的醌则多呈现红色或橙色，它们是许多染料和指示剂的母体。

对位醌具有刺激性气味，可随水蒸气汽化，邻位醌没有气味，不随水蒸气汽化。

7.2.3　醌的化学性质

对苯醌是一个环烯二酮，与 α,β-不饱和酮相似，具有 π-π 共轭结构体系，但不具有芳香性。其主要性质表现为能进行羰基化合物以及烯烃化合物各种加成反应和还原反应。

1. 加成反应

（1）羰基的加成

醌的羰基可以与亲核试剂发生加成反应。例如，对苯醌能与羟胺作用生成一肟或二肟。

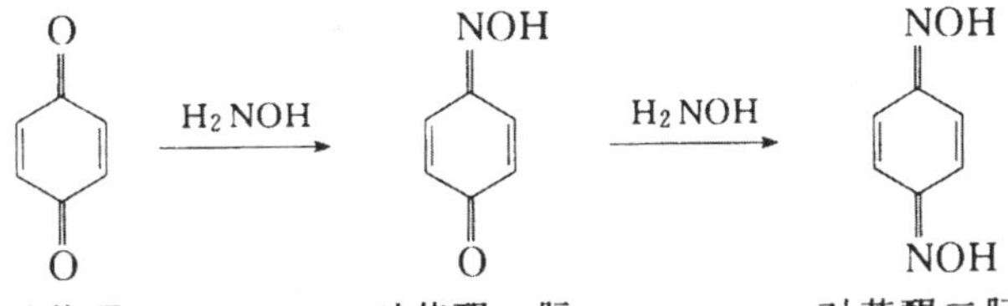

对苯醌　　　　　　对苯醌一肟　　　　　　对苯醌二肟

反应应在酸性溶液中进行，因为在碱性溶液中羟胺被苯醌氧化成对苯醌一肟，与苯酚和对苯醌一

肟发生亚硝化反应所得的产物对亚硝基苯酚为同一化合物,说明两者结构上可以互变。

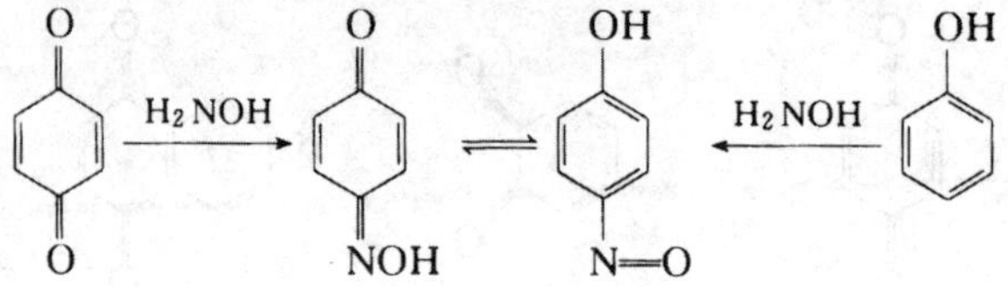

（2）双键的加成

醌中的碳碳双键可以和卤素、卤化氢等亲电试剂加成。例如,

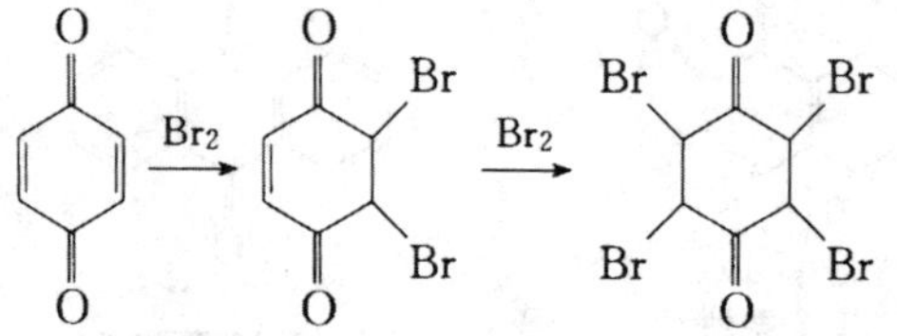

2,3,5,6-四溴环己二酮

（3）1,4-加成

对苯醌可以和氢卤酸、氢氰酸、亚硫酸氢钠等亲核试剂发生 1,4-加成。例如,对苯醌和氢氰酸起加成反应生成 2-氰基-1,4-苯二酚。

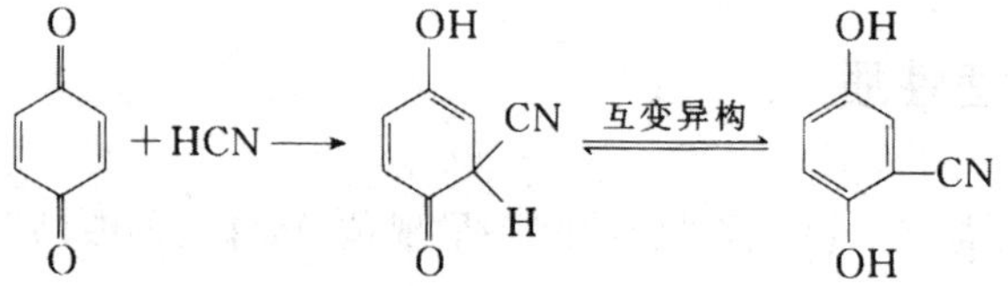

2.还原反应

对苯醌是一个氧化剂,还原时生成对苯二酚,他们可以通过还原和氧化反应而互相转变。对苯醌的醇溶液和对苯二酚的醇溶液混合得到一个棕色溶液,并有暗绿色结晶析出,这种晶体是对苯二酚和对苯醌的分子络合物,称为对苯醌和对苯二酚,又称为醌氢醌。利用两者氧化还原的性质可制成醌氢醌电极,电化学上用于测氢离子浓度。

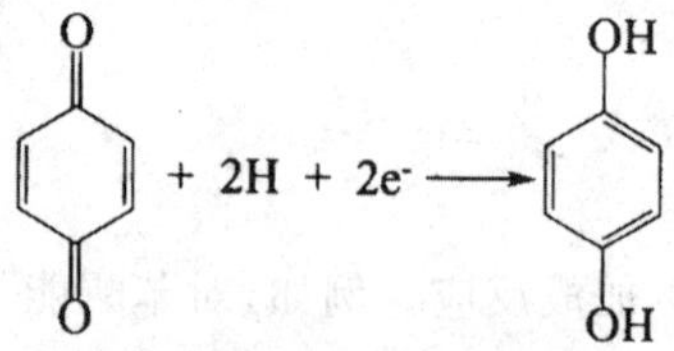

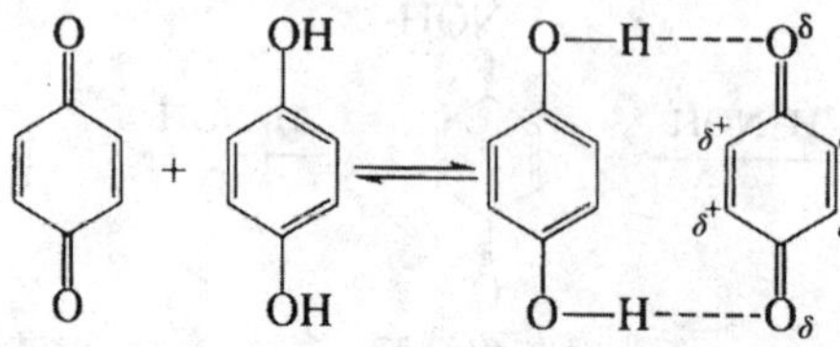

醌氢醌分子中的氢键不是它们形成配合物分子的主要力量,因为对苯二酚成醚后也可以形成加入物,实际上主要是对苯二酚中的 π 电子向醌环转移,也就是 π 电子的离域起主要作用,故

此类分子又称为传荷配合物。

7.2.4　重要的醌

1. 辅酶 Q_{10}

在人的身体内含有超氧阴离子自由基、脂氧自由基、羟基自由基、二氧化氮和一氧化氮自由基等,统称为"活性氧自由基"。这些活性氧自由基各自有一定的功能,如信号传导功能和免疫作用,但过多的氧自由基就会有破坏行为,导致人体正常组织和细胞的损坏,从而引发多种疾病,如肿瘤、老年痴呆症和心脏病等。此外,外界环境中的空气污染、阳光辐射、农药及吸烟等都会使人体产生更多的活性氧自由基,导致核酸突变,成为人体患病和衰老的根源。

我们的身体本身被一支强大的生化酶所保护。生化酶能够清除活性氧自由基,将潜在的危害减到最低程度,从而抵抗衰老,它们统称为抗氧化酶。每种酶都针对特定的某一自由基,比如吸收超氧根催化剂和谷胱酰氧化酶的超氧化物歧化酶(SOD)。辅酶 Q_{10} 即是其中一种,它是一种含有苯醌结构的生物活性酶,也称为泛醌,葵烯醌。它还是一种脂溶性醌,有抗氧化作用。皮肤的衰老和皱纹的增加均与体内的辅酶 Q_{10} 含量有密切关系,含量越少,皮肤越易衰老,面部的皱纹也越多。其结构式如下:

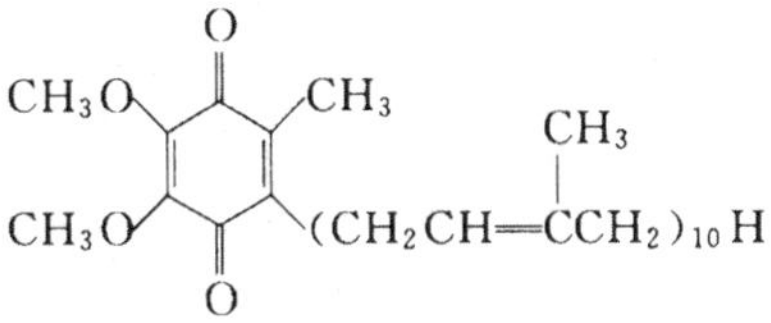

辅酶 Q_{10}

2. 维生素 K

醌广泛存在于一些天然植物中,如维生素 K。维生素 K 并非是单一的物质,而是由一组具有醌类结构的化合物所组成。它包括维生素 K_1、K_2、K_3、K_4 等一系列化合物。

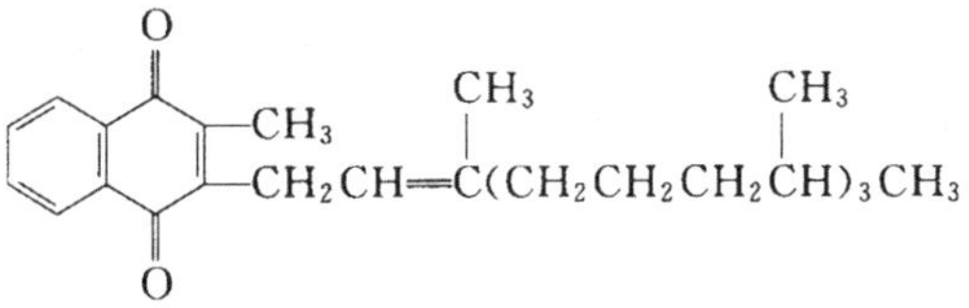

维生素 K_1

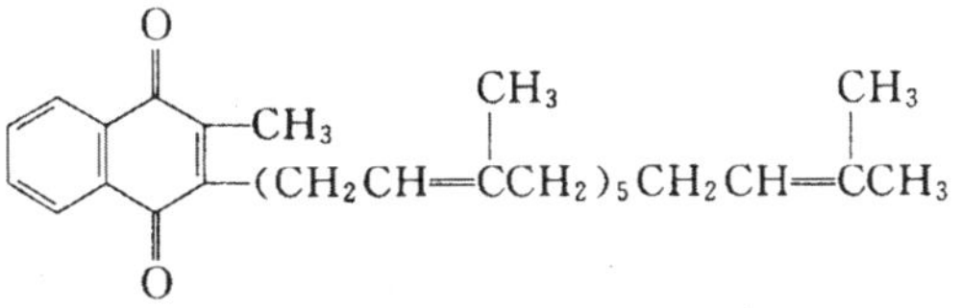

维生素 K_2

维生素 K_1 为黄色油状液体,不溶于水,易溶于乙醇、丙酮、苯、乙醚等有机溶剂。其熔点为

−21℃,在碱性条件下容易分解。维生素 K_2 为黄色晶体,主要由肠道中的细菌合成,来源于微生物。维生素 K_1 及 K_2 广泛存在于自然界中,其中以绿色植物、海藻类、肉类、蛋黄、肝脏等含量丰富。维生素 K_1 与 K_2 的主要作用是促进血液正常的凝固,所以可用作止血剂。

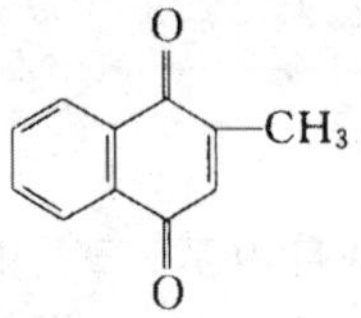

维生素 K_3(2-甲基-1,4-萘醌) 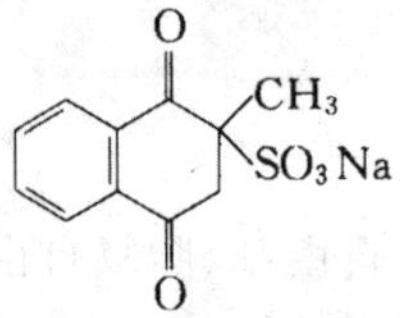　　甲萘醌亚硫酸氢钠 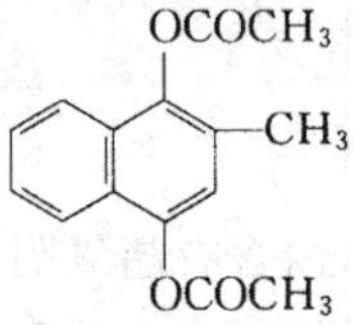　　维生素 K_4

维生素 K_3 是黄色结晶,熔点为 105～107℃,难溶于水,可溶于植物油或其他有机溶剂,维生素 K_3 是根据天然维生素 K 的化学结构用人工方法合成的抗凝血剂药物,可由 2-甲基萘经缓和氧化制得。医药上常使用它和亚硫酸氢钠的加成产物——甲萘醌亚硫酸氢钠。该物质为白色结晶粉末,有吸湿性,溶于水、乙醇,几乎不溶于乙醚。

维生素 K_4 是白色或微黄色结晶性粉末,无臭或微带有乙酸臭味,熔点为 112～114℃,不溶于水,溶于沸腾的乙醇。其药理作用与维生素 K_3 类似。

经常食用富含维生素 K 的食品可强化骨骼及预防骨质疏松症。儿童缺乏维生素 K 会导致小儿慢性肠炎。

第8章　羧酸及其衍生物

8.1　羧酸

分子中含有羧基(—COOH)的有机化合物叫作羧酸。羧酸的通式可表示为 R—COOH(甲酸 R＝H)。羧基是羧酸的官能团。

8.1.1　羧酸的分类、命名和结构

1.羧酸的分类

根据分子中烃基的结构,可把羧酸分为脂肪羧酸(饱和脂肪羧酸和不饱和脂肪羧酸)、脂环羧酸(饱和脂环羧酸和不饱和脂环羧酸)、芳香羧酸等;根据分子中羧基的数目,又可把羧酸分为一元羧酸、二元羧酸、多元羧酸等。例如,

一元羧酸

脂肪羧酸　　　$CH_3CH_2CH_2COOH$　　　$CH_3—CH＝CH—COOH$

脂环羧酸　　　⬡—COOH　　　⬡—COOH

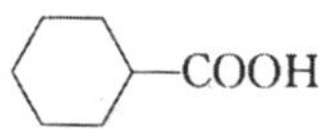

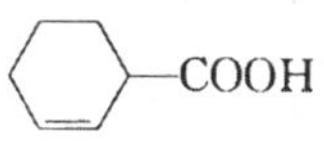

芳香羧酸　　　⬡—COOH

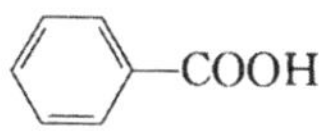

二元羧酸　　$HOOC—COOH$　　$\begin{matrix} H & & H \\ & C＝C & \\ HOOC & & COOH \end{matrix}$　　⬡$\begin{matrix} COOH \\ COOH \end{matrix}$

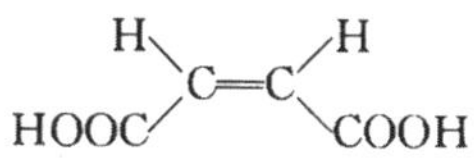

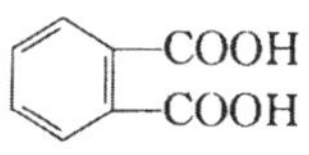

多元羧酸　　$\begin{matrix} CH_2COOH \\ | \\ CHCOOH \\ | \\ CH_2COOH \end{matrix}$

2.羧酸的命名

羧酸的命名方法有俗名和系统命名两种。

某些羧酸最初是根据来源命名的,称为俗名。例如,甲酸来自蚂蚁,称为蚁酸;乙酸存在于食醋中,称为醋酸;丁酸存在于奶油中,称为酪酸;苯甲酸存在于安息香胶中,称为安息香酸。一些常见羧酸的名称见表 8-1。

表 8-1　常见羧酸的名称

结构式	系统名	俗名
HCOOH	甲酸	蚁酸
CH_3COOH	乙酸	醋酸
CH_3CH_2COOH	丙酸	初油酸
$CH_3(CH_2)_2COOH$	丁酸	酪酸
$CH_3(CH_2)_3COOH$	戊酸	缬草酸
$CH_3(CH_2)_4COOH$	己酸	羊油酸
$CH_3(CH_2)_5COOH$	庚酸	葡萄花酸
$CH_3(CH_2)_6COOH$	辛酸	亚羊脂酸
$CH_3(CH_2)_7COOH$	壬酸	天竺葵酸(风吕草酸)
$CH_3(CH_2)_8COOH$	癸酸	羊蜡酸
$CH_3(CH_2)_{10}COOH$	十二酸	月桂酸
$CH_3(CH_2)_{12}COOH$	十四酸	肉豆蔻酸
$CH_3(CH_2)_{14}COOH$	十六酸	软脂酸(棕榈酸)
$CH_3(CH_2)_{16}COOH$	十八酸	硬脂酸
$CH_2=CHCOOH$	丙烯酸	败脂酸
$CH_3CH=CHCOOH$	2-丁烯酸	巴豆酸
HOOC—COOH	乙二酸	草酸
$HOOCCH_2COOH$	丙二酸	胡萝卜酸
C_6H_5COOH	苯甲酸	安息香酸
$HOOC(CH_2)_4COOH$	己二酸	肥酸
CH—COOH ‖ CH—COOH	顺丁烯二酸	马来酸(失水苹果酸)
HOOC—CH ‖ HC—COOH	反丁烯二酸	富马酸
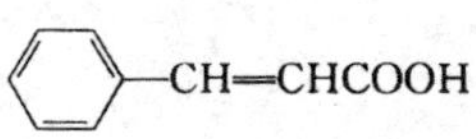 ⬡—CH=CHCOOH	β-苯丙烯酸	肉桂酸
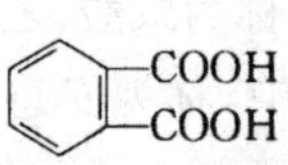 ⬡—COOH —COOH	邻苯二甲酸	酞酸

羧酸的系统命名与醛相似,命名时把醛字改成"酸"字即可。即选取包含羧基的最长碳链为主链,编号以羧基碳原子为始端,取代基的位次可用阿拉伯数字 1、2、3···等表示,也可用希腊字母(α、β、γ···)等标明。例如,

$$\overset{\gamma}{C}H_3\overset{\beta}{C}HCH_2\overset{\alpha}{C}H_2COOH$$
$$|$$
$$CH_3$$

4-甲基戊酸(γ-甲基戊酸)

需要注意的是,羧基永远作为 C-1,C-2 相当于普通名称中的 α 位,C-3 相当于普通名称中的 β 位。

不饱和羧酸的命名,应选择同时含羧基和不饱和键的最长碳链为主链,称"某烯(炔)酸"。双键的位号应写在母体名称之前。在命名高级不饱和脂肪酸时(主链碳原子数大于 10),须在中文数字后加"碳"字,也有用"Δ"表示双键的位次,Δ 右上角的数字代表双键较小的位置。

$$\overset{\gamma}{C}H_3\overset{\beta}{C}=\overset{\alpha}{C}HCH_2COOH$$
$$|$$
$$CH_3$$

$$CH_3-(CH_2)_4-CH=CH-CH_2-CH=CH-(CH_2)_7-COOH$$

4-甲基-3-戊烯酸(γ-甲基-β-戊烯酸)　　**9,12-十八碳二烯酸($\Delta^{9,12}$-十八碳二烯酸)**

脂环酸和芳香羧酸的命名则以脂环和芳基为取代基,脂肪羧酸为母体进行命名。例如,

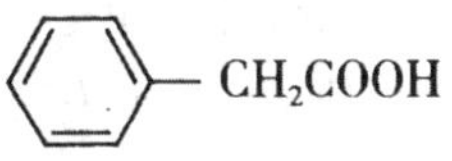

苯乙酸(α-苯基乙酸) 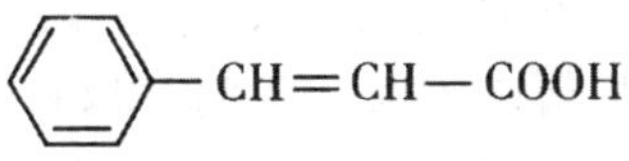　　3-苯基丙烯酸(β-苯基丙烯酸) 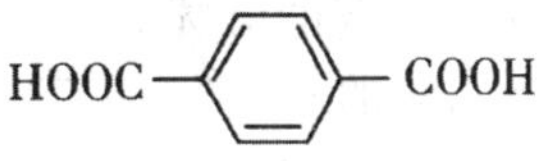　　对苯二甲酸

3. 羧酸的结构

羧基从结构上看是由羰基($-\overset{O}{\overset{||}{C}}-$)和羟基($-OH$)组成的,但是它与醛、酮的羰基和醇的羟基在性质上却有非常明显的差异,这主要是由结构上的差异所造成的。羧基中的碳原子是以 sp^2 方式进行杂化的,三个 sp^2 杂化轨道分别与羰基的氧原子、羟基的氧原子和一个烃基的碳原子(或一个氢原子)形成三个 σ 键,这三个 σ 键在同一平面上,所以羧基的结构是平面结构,键角大约为 120°,羧基碳原子剩下一个 p 轨道与羰基氧原子的 p 轨道形成一个 π 键。另外,羧基的羟基氧原子有一对未共用电子,它和 π 键形成 p-π 共轭体系。羧基的结构如图 8-1 所示。

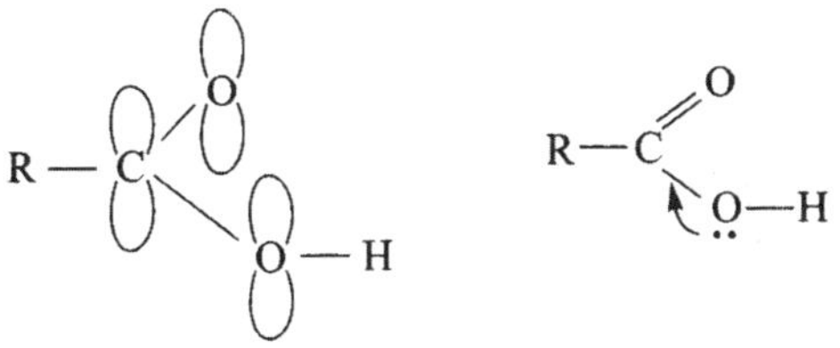

图 8-1　羧基的结构

由于 p-π 共轭的影响,链长有平均化的趋向,另外,羧酸分子中的 C=O 和 C—OH 的键长是不相同的。例如,用 X 射线和电子衍射测定已证明,在甲酸中,C=O 键键长是 123 pm,C—O 键键长是 136 pm(图 8-2),说明羧酸分子中两个碳氧键是不相同的。

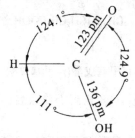

图 8-2　甲酸的键长及键角

羧酸之所以显酸性,其主要原因是羧酸能解离生成更为稳定的羧酸根负离子。

8.1.2　羧酸的物理性质

在一元脂肪酸中,甲酸至丙酸是具有强烈刺激性气味的液体,能与水混溶;丁酸至壬酸的直链羧酸为具有腐败气味的油状液体,其在水中的溶解度随碳原子数增加而减小;癸酸以上的酸是无臭的固体,不溶于水。碳数少于八的二元酸有一定的溶解度,而大于八的二元酸和芳香酸难溶或不溶于水。

饱和一元羧酸的沸点比分子量相近的醇为高,如甲酸和乙醇的分子量相同,甲酸的沸点为 100.5℃,乙醇的沸点为 78.5℃。这是由于羧酸分子间可以形成两个氢键,缔合成双分子二聚体,低级的羧酸甚至在气态下即缔合成二聚体。

饱和一元羧酸的熔点随分子量的递增而成锯齿状的变化。常见羧酸的物理常数见表 8-2。

表 8-2　常见羧酸的物理常数

化合物名称	熔点/℃	沸点/℃	溶解度/[g/(100 g H_2O)]	pK_{a1}
甲酸(蚁酸)	8.4	100.5	∞	3.77
乙酸(醋酸)	16.6	118	∞	4.74
丙酸(初油酸)	−22	141	∞	4.88
丁酸(酪酸)	−4.7	162.5	∞	4.82
戊酸(缬草酸)	−34.5	187	3.7	4.85
己酸(羊油酸)	−3.4	205	1.08	4.85
庚酸(毒水芹酸)	−7.5	223.5	0.244	4.89
辛酸(羊脂酸)	16.5	239	0.068	4.85
壬酸(天竺葵酸)	12.2	254	0.026	4.96

续表

化合物名称	熔点/℃	沸点/℃	溶解度/[g/(100 g H$_2$O)]	pK_{a1}
十六酸(软脂酸)	63	390	不溶	—
十八酸(硬脂酸)	71.5	360(分解)	不溶	6.37
丙烯酸(败脂酸)	13	141	∞	4.26
3-苯丙烯酸(肉桂酸)	135	300	不溶	4.44
苯甲酸(安息酸)	122	249	0.34	4.19
乙二酸(草酸)	189	>100(升华)	8.6	1.27
丙二酸(缩苹果酸)	135	140(分解)	7.3	2.85
丁二酸(琥珀酸)	185	235	5.8	4.16

8.1.3 羧酸的化学性质

由于共轭体系中电子的离域,羟基中氧原子上的电子云密度降低,氧原子便强烈吸引氧氢键的共用电子对,从而使氧氢键极性增强,有利于氧氢键的断裂,使其呈现酸性;也由于羟基中氧原子上未共用电子对的偏移,使羧基碳原子上电子云密度比醛、酮中增高,不利于发生亲核加成反应,所以羧酸的羧基没有像醛、酮那样典型的亲核加成反应。

另外,α-H 原子由于受到羧基的影响,其活性升高,容易发生取代反应;羧基的吸电子效应,使羧基与 α-C 原子间的价键容易断裂,能够发生脱羧反应。

根据羧酸的结构,它可发生的一些主要反应如下所示:

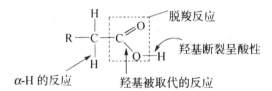

1.酸性

羧酸在水溶液中可解离出氢离子而显示酸性。

$$RCOOH \rightleftharpoons RCOO^- + H^+$$

除甲酸外,大多数羧酸都是弱酸,但比碳酸的酸性强。羧酸具有酸的通性,能使紫色石蕊溶液变红,能与活泼金属、碱性氧化物、碱和某些盐发生反应。例如,

$$2CH_3COOH + Zn \longrightarrow (CH_3COO)_2Zn + H_2 \uparrow$$

$$2CH_3COOH + MgO \longrightarrow (CH_3COO)_2Mg + H_2O$$

$$CH_3COOH + NaOH \longrightarrow CH_3COONa + H_2O$$

$$2CH_3COOH + Na_2CO_3 \longrightarrow 2CH_3COONa + H_2O + CO_2 \uparrow$$

实验室通常用 Na$_2$CO$_3$ 或 NaHCO$_3$ 鉴别羧酸。

2.羧酸衍生物的生成

羧基中的羟基被卤素原子、酰氧基、烷氧基、氨基(或取代氨基)取代后生成的化合物分别是酰卤、酸酐、酯和酰胺,它们统称为羧酸衍生物。

$$
\underset{\text{酰卤}}{R-\overset{\overset{\displaystyle O}{\|}}{C}-X} \quad \underset{\text{酸酐}}{R-\overset{\overset{\displaystyle O}{\|}}{C}-O-\overset{\overset{\displaystyle O}{\|}}{C}-R'} \quad \underset{\text{酯}}{R-\overset{\overset{\displaystyle O}{\|}}{C}-OR'} \quad \underset{\text{酰胺}}{R-\overset{\overset{\displaystyle O}{\|}}{C}-NH_2}
$$

(1)酰卤的生成

羧酸(除甲酸外)与三氯化磷(PCl_3)、五氯化磷(PCl_5)、亚硫酰氯($SOCl_2$)等作用时,分子中的羟基被氯原子取代,生成酰氯。例如,

$$3R-\overset{\overset{\displaystyle O}{\|}}{C}-OH + PCl_3 \longrightarrow 3R-\overset{\overset{\displaystyle O}{\|}}{C}-Cl + H_3PO_3$$

$$R-\overset{\overset{\displaystyle O}{\|}}{C}-OH + PCl_5 \longrightarrow R-\overset{\overset{\displaystyle O}{\|}}{C}-Cl + POCl_3 + HCl$$

$$R-\overset{\overset{\displaystyle O}{\|}}{C}-OH + SOCl_2 \longrightarrow R-\overset{\overset{\displaystyle O}{\|}}{C}-Cl + SO_2\uparrow + HCl\uparrow$$

芳香族酰卤一般由五氯化磷或亚硫酰氯与芳香族羧酸作用生成。芳香族酰氯的稳定性较好,水解反应缓慢。苯甲酰氯是常用的苯甲酰化试剂。

$$\text{C}_6\text{H}_5-COOH + SOCl_2 \longrightarrow \text{C}_6\text{H}_5-COCl + SO_2 + HCl$$

(2)酸酐的生成

羧酸(除甲酸外)在脱水剂(如五氧化二磷、乙酐等)作用下,发生分子间脱水,生成酸酐。

$$RCOO-[H+HO]-\overset{\overset{\displaystyle O}{\|}}{C}-R \xrightarrow[\triangle]{P_2O_5} RCOO-\overset{\overset{\displaystyle O}{\|}}{C}-R + H_2O$$

$$\text{C}_6\text{H}_5-\overset{\overset{\displaystyle O}{\|}}{C}-O-[H+HO]-\overset{\overset{\displaystyle O}{\|}}{C}-\text{C}_6\text{H}_5 \xrightarrow[\triangle]{(CH_3CO)_2O} \text{C}_6\text{H}_5-\overset{\overset{\displaystyle O}{\|}}{C}-O-\overset{\overset{\displaystyle O}{\|}}{C}-\text{C}_6\text{H}_5 + H_2O$$

苯甲酸酐

某些二元酸(如丁二酸、戊二酸、邻苯二甲酸等)不需要脱水剂,加热就可发生分子内脱水生成酸酐。例如,

$$\begin{matrix} CH_2-COOH \\ | \\ CH_2-COOH \end{matrix} \xrightarrow{300℃} \begin{matrix} CH_2-C\diagdown \\ | \qquad\quad O \\ CH_2-C\diagup \end{matrix} + H_2O$$

丁二酸酐

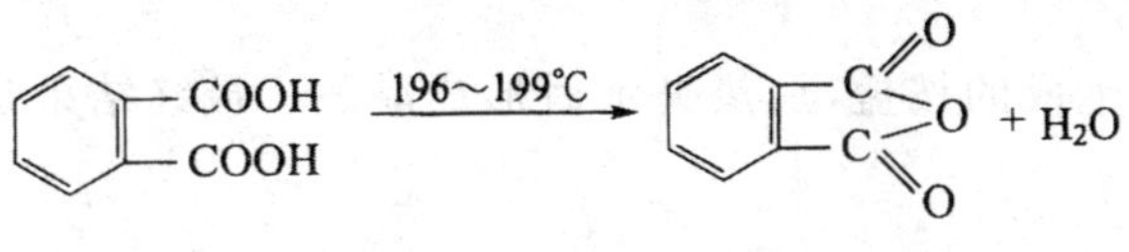

邻苯二甲酸酐

(3)酯的生成

羧酸与醇在酸催化下反应生成酯,这是制备酯最重要的方法。

$$RCOOH + R'OH \underset{}{\overset{H^+}{\rightleftharpoons}} RCOOR' + H_2O$$

酯化反应是可逆平衡反应,为了提高酯的得率,常采用增加反应物的浓度和边反应边蒸去低沸点的酯和水的方法。实验室制备乙酸乙酯时,通常使乙醇过量,主要是由于乙醇比乙酸便宜。

酯化反应历程因羧酸与不同类型的醇反应而不同。

羧酸与伯醇或仲醇反应,按酰氧键断裂的方式:

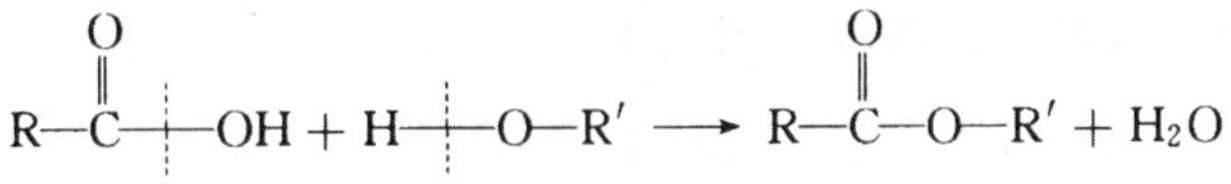

酰氧键断裂

具体过程如下:

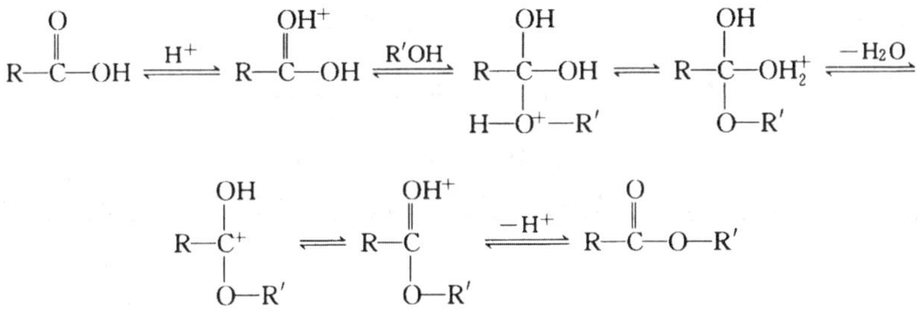

羧酸与叔醇反应,则按烷氧键断裂的方式:

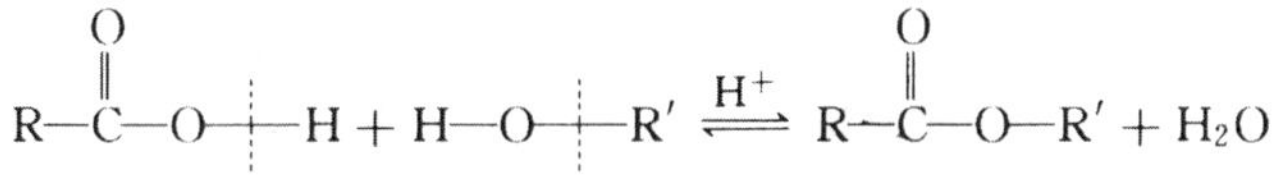

烷氧键断裂

具体过程如下:

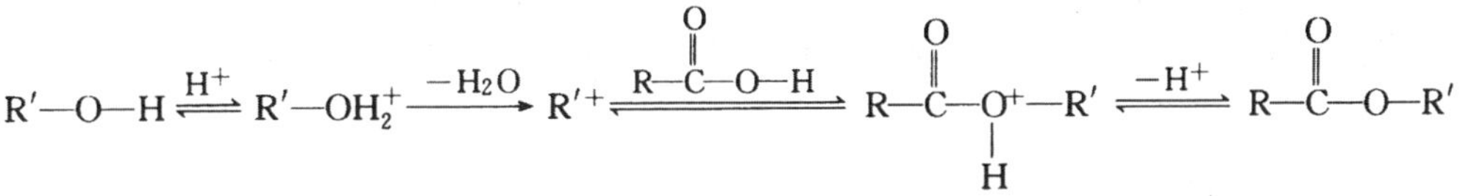

反应到底是按何种方式进行,可用^{18}O同位素跟踪方法验证:

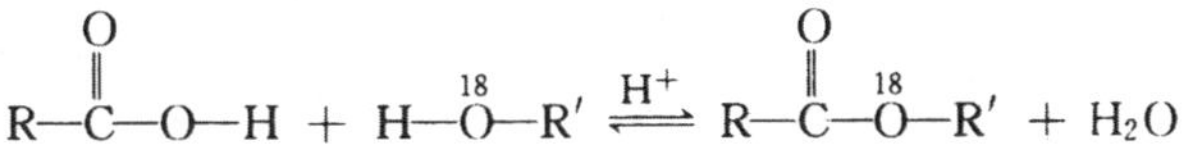

如反应后所得 H_2O 中经检测无^{18}O,可证实反应为酰氧键断裂。

（4）酰胺的生成

羧酸与氨或胺反应生成的铵盐，加热失水后形成酰胺。最终结果是羧基中的羟基被氨基取代。

$$R-\overset{\overset{\displaystyle O}{\|}}{C}-OH + NH_3 \longrightarrow R-\overset{\overset{\displaystyle O}{\|}}{C}-ONH_4 \underset{\triangle}{\rightleftharpoons} R-\overset{\overset{\displaystyle O}{\|}}{C}-NH_2 + H_2O$$

3. 脱羧反应

羧酸分子脱去羧基放出二氧化碳的反应称为脱羧反应。饱和一元酸一般比较稳定，难以脱羧，但羧酸的碱金属盐与碱石灰共热，则发生脱羧反应。

$$CH_3COONa + NaOH \xrightarrow[\triangle]{CaO} CH_4 \uparrow + Na_2CO_3$$

此反应在实验室中用于少量甲烷的制备。

当羧酸分子中的 α-碳原子上连有吸电子基时，受热容易脱羧。例如，

$$Cl_3CCOOH \xrightarrow{\triangle} CHCl_3 + CO_2$$

$$CH_3COCH_2COOH \xrightarrow{\triangle} CH_3COCH_3 + CO_2$$

$$HOOCCH_2COOH \xrightarrow{\triangle} CH_3COOH + CO_2$$

芳香族羧酸的脱羧反应比脂肪族羧酸的脱羧反应容易，尤其是在邻、对位上有吸电子基团的芳香族羧酸特别容易脱羧。例如，

4. α-H 的卤代反应

由于羧基的吸电子作用，饱和一元羧酸 α-C 原子上的氢有一定的活性，它可被卤素取代生成 α-卤代羧酸，但羧酸 α-H 的活性不及醛、酮的 α-H，反应通常要在少量红磷的催化作用下才能顺利进行。例如，

$$CH_3COOH \xrightarrow[P]{Br_2} CH_2BrCOOH \xrightarrow[P]{Br_2} CHBr_2COOH \xrightarrow[P]{Br_2} CBr_3COOH$$

$$CH_3COOH \xrightarrow[P]{Cl_2} CH_2ClCOOH \xrightarrow[P]{Cl_2} CHCl_2COOH \xrightarrow[P]{Cl_2} CCl_3COOH$$

α-卤代羧酸可以发生卤代烃中的亲核取代反应和消除反应。利用这些反应可以制备取代羧酸。例如，

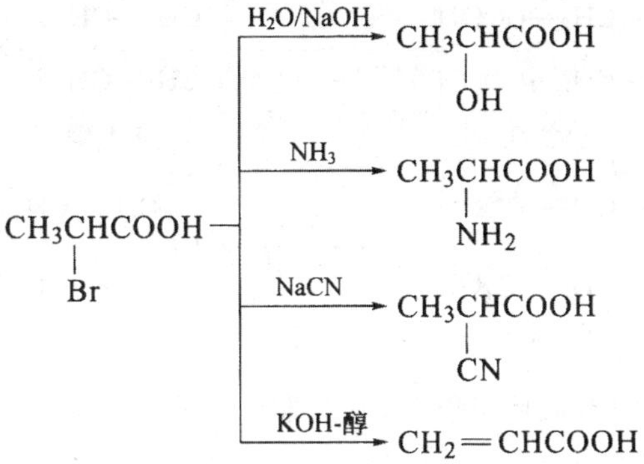

5.还原反应

羧酸在一般情况下，与大多数还原剂不反应，但能被氢化锂铝还原成醇。用氢化锂铝还原羧酸时，不但产率高，而且分子中的碳碳不饱和键不受影响，只还原羧基而生成不饱和醇。例如，

$$RCH_2CH{=}CHCOOH \xrightarrow[H_3O^+]{LiAlH_4} RCH_2CH{=}CHCH_2OH$$

6.二元羧酸的受热反应

二元羧酸具有羧酸的通性，但加热时易发生分解，这种特殊的分解反应可分为以下三类。

①1,2-和 1,3-二元羧酸受热，脱羧。例如，

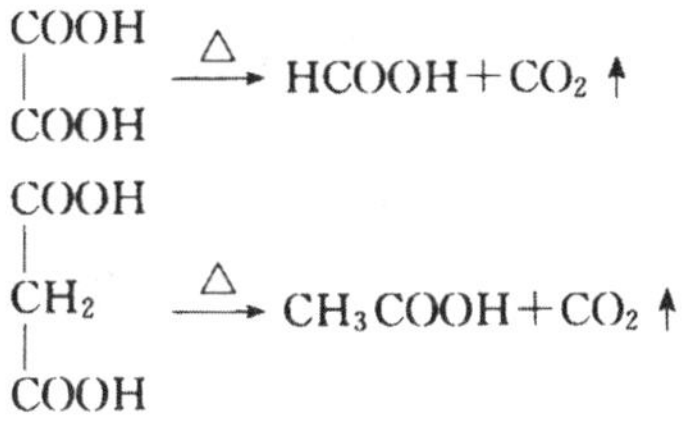

羧基的吸电子效应使得另一个羧基的脱羧反应容易进行。

②1,4-和 1,5-二元羧酸受热，脱水。产物为稳定的五元或六元环状酸酐。例如，

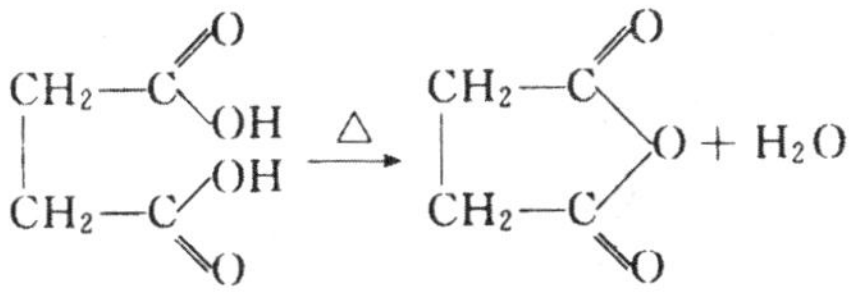

丁二酸　　丁二酸酐

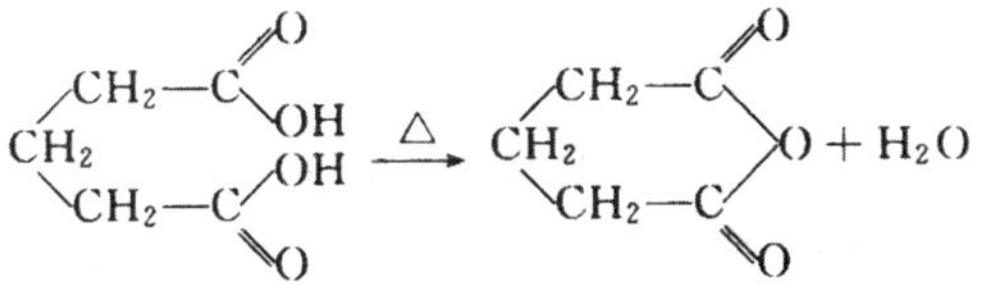

戊二酸　　戊二酸酐

③1,6-和 1,7-二元羧酸受热，既脱羧又脱水。产物为环酮。例如，

$$
\begin{array}{c}
\text{CH}_2\text{—CH}_2\text{—COOH} \\
| \\
\text{CH}_2\text{—CH}_2\text{—COOH}
\end{array}
\xrightarrow[-CO_2,\ -H_2O]{\triangle}
\begin{array}{c}
\text{CH}_2\text{—CH}_2 \\
| \qquad\qquad \text{C=O} \\
\text{CH}_2\text{—CH}_2
\end{array}
$$

己二酸   环戊酮

$$
\begin{array}{c}
\text{CH}_2\text{—CH}_2\text{—COOH} \\
\text{CH}_2 \\
\text{CH}_2\text{—CH}_2\text{—COOH}
\end{array}
\xrightarrow[-CO_2,\ -H_2O]{\triangle}
\begin{array}{c}
\text{CH}_2\text{—CH}_2 \\
\text{CH}_2 \qquad\qquad \text{C=O} \\
\text{CH}_2\text{—CH}_2
\end{array}
$$

庚二酸   环己酮

由以上反应可知,反应中有成环可能时,一般形成五元或六元环,称为布朗克(Blanc)规则。

8.1.4 重要的羧酸

1.甲酸

甲酸俗称蚁酸,最初是从蚂蚁体内发现的。甲酸存在于许多昆虫的分泌物及某些植物(如荨麻、松叶)中。甲酸是具有刺激性气味的无色液体,沸点 100.5℃,易溶于水,有很强的腐蚀性,蜂蜇或荨麻刺伤皮肤引起肿痛,就是甲酸造成的。

甲酸的分子结构特殊,它的羧基与氢原子直接相连,分子中既有羧基的结构,又有醛基的结构:

$$
\text{醛基} \longleftarrow \boxed{\begin{array}{c} \text{O} \\ \| \\ \text{H—C—OH} \end{array}} \longleftarrow \text{羧基}
$$

所以甲酸的酸性比其他饱和一元羧酸强,除了具有羧酸的性质外,还具有醛的还原性。能与托伦试剂发生银镜反应,能与斐林试剂反应产生砖红色沉淀,还能使酸性高锰酸钾溶液褪色。利用这些反应可以区别甲酸与其他羧酸。

甲酸有杀菌力,可用作消毒防腐剂。

2.乙酸

乙酸俗称醋酸,是食醋的主要成分,普通的醋约含 6%～8%乙酸。乙酸为无色有刺激性气味液体,沸点为 118℃,熔点为 16.6℃,易冻结成冰状固体,故称冰醋酸。乙酸能与水以任意比混溶。普通的醋酸是 36%～37%的醋酸的水溶液。

目前工业上采用乙烯或乙炔合成乙醛,乙醛在二氧化锰催化下,用空气或氧气氧化成乙酸的方法来大规模生产乙酸。

$$
\text{CaC}_2 \xrightarrow{H_2O} \text{HC}\equiv\text{CH} \xrightarrow{H_2O,\ Hg^{2+} - H_2SO_4} \text{CH}_3\text{CHO} \xrightarrow[65\sim70℃,\ 0.2\sim0.3\ \text{MPa}]{O_2,\ MnO_2} \text{CH}_3\text{COOH}
$$

乙酸是重要的化工原料,可以合成许多有机物,例如,醋酸纤维、乙酸酐、乙酸酯是染料工业、香料工业、制药业、塑料工业等不可缺少的原料。

3.过氧乙酸

过氧乙酸又称为过醋酸,是一种强氧化剂,具有较强的腐蚀性,性质不稳定,蒸气易爆炸。过氧乙酸是一种高效广谱杀菌剂，对各种微生物均有效。用1%过氧乙酸水溶液足以杀死抵抗力强的芽孢、真菌孢子、肠道病毒，用喷雾或熏蒸的方法均可消毒空气。浓度为0.04%～0.5%的过氧乙酸可用作传染病房消毒、医疗器械消毒及医院废水消毒等。

4.丙烯酸

丙烯酸是无色、具有腐蚀性和刺激性的液体，沸点为140.9℃，与水互溶，聚合性很强。丙烯酸是近年来不饱和有机酸中产量增长最快的品种。

工业上制备丙烯酸主要采用乙炔羰化法、丙烯腈水解法和丙烯氧化法，其中丙烯氧化法占主要地位。

丙烯酸主要用于生产丙烯酸酯，如甲酯、乙酯、丁酯和2-乙基己酯，还可作为丙烯酰胺的原料。丙烯酸和丙烯酸酯是生产其均聚物和共聚物的重要原料。以丙烯酸作第三单体可得羧基丁苯橡胶。

5.苯甲酸

苯甲酸是最简单的芳香酸。苯甲酸与苄醇形成的酯类存在于天然树脂与安息香胶内，所以苯甲酸俗称安息香酸。苯甲酸是白色晶体，熔点为121℃，微溶于水，苯甲酸的酸性比一般脂肪族羧酸的酸性强。工业上制取苯甲酸的方法，是将甲苯催化氧化。

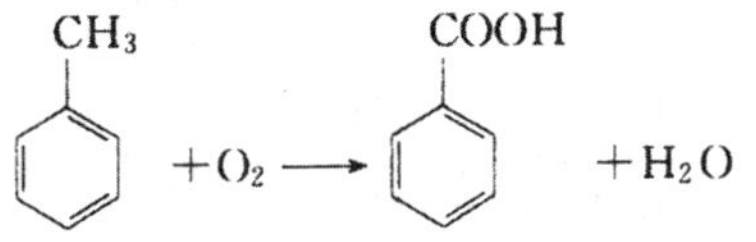

$$\text{CH}_3\text{-C}_6\text{H}_5 + O_2 \longrightarrow \text{COOH-C}_6\text{H}_5 + H_2O$$

苯甲酸是有机合成的原料，可以制取染料、香料、药物等。其钠盐是温和的防腐剂，可用于药剂或食品的防腐，现因其有毒性，已逐渐被无毒的山梨酸和植酸等取代。

6.苯二甲酸

苯二甲酸有邻、间和对位三种异构体，其中以邻位和对位在工业上最为重要。邻苯二甲酸是白色晶体，不溶于水，加热至231℃就熔融分解，失去一分子水而生成邻苯二甲酸酐。

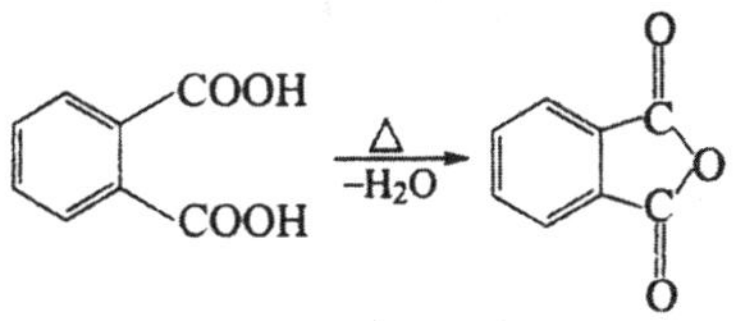

$$\text{邻苯二甲酸} \xrightarrow[-H_2O]{\triangle} \text{邻苯二甲酸酐}$$

邻苯二甲酸酐（白色结晶，熔点131℃）

邻苯二甲酸及其酸酐用于制造染料、树脂、药物和增塑剂。如邻苯二甲酸二甲酯（COOCH₃/COOCH₃）有驱蚊作用，是防蚊油的主要成分。邻苯二甲酸氢钾（COOH/COOK）是标定碱标准溶液的基准试剂，常用于无机定量分析。

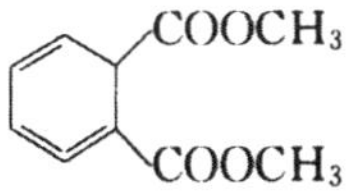

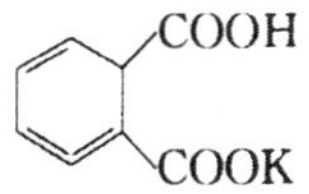

对苯二甲酸为白色晶体，微溶于水，是合成聚酯树脂（涤纶）的主要原料。

7. 乙二酸

乙二酸俗称草酸,常以钾盐或钙盐的形式存在于多种植物中。草酸是无色结晶。常见的草酸含有两分子的结晶水,当加热到 $100\sim105℃$ 会失去结晶水得到无水草酸,熔点为 $189.5℃$。草酸易溶于水,不溶于乙醚等有机溶剂。

草酸很容易被氧化成二氧化碳和水。在定量分析中常用草酸来标定高锰酸钾溶液。

$$5(COOH)_2+2KMnO_4+3H_2SO_4 \longrightarrow K_2SO_4+2MnSO_4+10CO_2+8H_2O$$

草酸可以与许多金属生成可溶性的配离子,因此,草酸可用来除去铁锈或蓝墨水的痕迹。

8. 丁二酸

丁二酸存在于琥珀中,又称琥珀酸。它还广泛存在于多种植物及人和动物的组织中,如未成熟的葡萄、甜菜、人的血液和肌肉。丁二酸是无色晶体,溶于水,微溶于乙醇、乙醚和丙酮。

丁二酸在医药中有抗痉挛、祛痰和利尿的作用。丁二酸受热失水生成的丁二酸酐是制造药物、染料和醇酸树脂的原料。

9. 山梨酸

山梨酸的化学名称为反,反-2,4-己二烯酸,天然存在于花椒树籽中,也叫作花椒酸。其结构式如下:

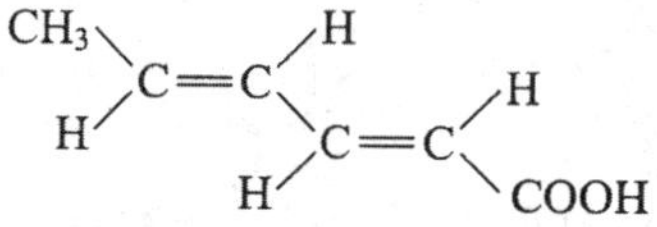

山梨酸是白色针状晶体,溶于醇、醚等多种有机溶剂,微溶于热水,沸点为 $228℃$(分解)。

山梨酸在人体内可参加正常代谢,因此,它是一种营养素。同时山梨酸又是安全性很高的防腐剂,人们将山梨酸誉为营养型防腐剂,是一种新型食品添加剂。

10. 当归酸

当归酸的化学名称为(Z)-2-甲基-2-丁烯酸。其构造式如下:

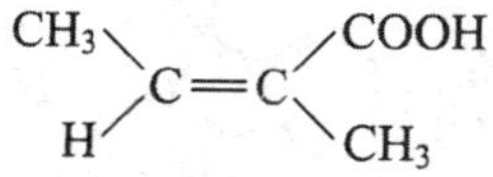

当归酸为单斜形棒状或针状晶体,有香辣气味,熔点为 $45℃$,沸点为 $185℃$。当归酸具有活血补血、调经止痛、润燥滑肠作用,其酯类能细润皮肤。

8.2 羟基酸

羟基酸是分子中既有羟基又有羧基的化合物,广泛存在于动植物界,在生物体的生命活动中起重要的作用。如人体代谢中产生的乳酸,水果中的苹果酸、柠檬酸等。羟基酸也可作为药物合成的原料及食品的调味剂。

8.2.1 羟基酸的分类和命名

1. 羟基酸的分类

羟基酸可根据羟基所连烃基的不同分为醇酸和酚酸两大类。羟基连在脂肪烃基上的叫醇酸,羟基连在芳环上的叫酚酸。例如,

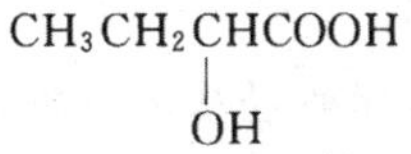

$$CH_3CH_2\underset{\underset{OH}{|}}{C}HCOOH$$

α-羟基丁酸(醇酸)

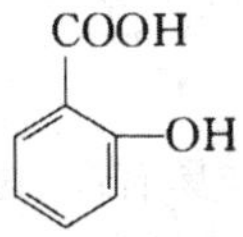

邻羟基苯甲酸(酚酸)

根据羟基和羧基的相对位置不同,醇酸可分为 α-羟基酸、β-羟基酸、γ-羟基酸和 δ-羟基酸等。

2. 羟基酸的命名

醇酸的命名以羧酸为母体,羟基为取代基来命名,主链从羧基碳原子开始用阿拉伯数字编号,也可从与羧基相连的碳原子开始用希腊字母 α、β、γ、…、ω 编号。许多羟基酸是天然产物,也有根据来源而得名的俗名。例如,

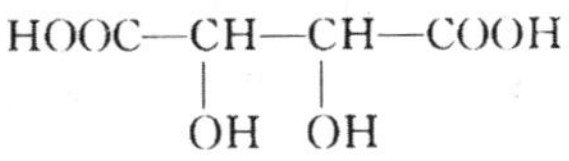

$$HOOC-\underset{\underset{OH}{|}}{C}H-\underset{\underset{OH}{|}}{C}H-COOH$$

2,3-二羟基丁二酸
或 α,β-二羟基丁二酸(酒石酸)

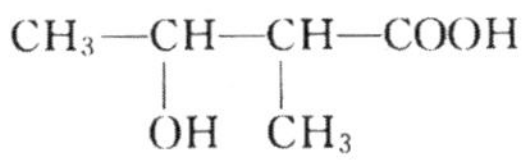

$$CH_3-\underset{\underset{OH}{|}}{C}H-\underset{\underset{CH_3}{|}}{C}H-COOH$$

2-甲基-3-羟基丁酸
α-甲基-β-羟基丁酸

酚酸也是以羧基为母体,根据羟基在芳环上的位置来命名。例如,

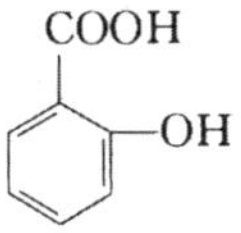

邻羟基苯甲酸
(水杨酸)

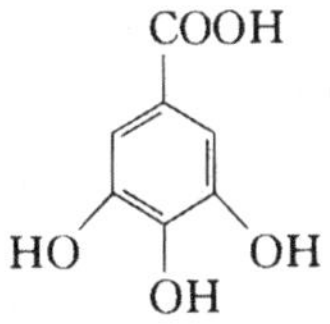

3,4,5-三羟基苯甲酸
(没食子酸)

8.2.2 羟基酸的物理性质

羟基酸一般为结晶性固体或黏稠性液体。羟基酸由于分子中所含的羟基和羧基都可以与水形成氢键,所以在水中的溶解度大于相应的羧酸。低级的羟基酸可与水混溶。羟基酸的沸点和熔点也比相应的羧酸高。酚酸都为结晶性固体。

醇酸一般是黏稠状液体或结晶物质。易溶于水,不易溶于石油醚,其溶解度一般都大于相应的脂肪酸和醇,这是因为羟基和羧基都能与水形成氢键。

酚酸都是固体,多以盐、酯或糖苷的形式存在于植物中。酚酸在水中的溶解度与含羟基和羧

基的数目有关。它具有芳香羧酸和酚的通性。与 $FeCl_3$ 显色;羧基和酚羟基能分别成酯、成盐等。下面以水杨酸为例进行说明。

水杨酸又名柳酸,存在于柳树、水杨树及其他许多植物中。水杨酸是白色针状结晶,熔点 $157 \sim 159 ℃$,微溶于水,易溶于乙醇。水杨酸属酚酸,具有酚和羧酸的一般性质。例如,与三氯化铁试剂反应显紫色,在空气中易氧化,水溶液显酸性,能成盐、成酯等。

水杨酸具有清热、解毒和杀菌作用,其酒精溶液可用于治疗因霉菌感染而引起的皮肤病。

8.2.3　羟基酸的化学性质

羟基酸含有两种官能团,具有醇、酚和羧酸的通性,如醇羟基可以氧化、酯化、脱水等;酚羟基有酸性并能与三氯化铁溶液显色;羧基具有酸性可成盐、成酯等。由于两个官能团的相互影响,又具有一些特殊的性质,而且这些特殊性质因羟基和羧基的相对位置不同又表现出明显的差异。

1.酸性

由于羟基有吸电子诱导效应,一般醇酸的酸性比相应的羧酸强。因为诱导效应随传递距离的增长而迅速减弱,所以羟基离羧基越近,酸性越强。

$$HOCH_2COOH > CH_3COOH$$

$$pK_a \quad\quad 3.87 \quad\quad\quad 4.76$$

$$CH_3CHCOOH > CH_2CH_2COOH > CH_3CH_2COOH$$
$$\quad\ |\quad\quad\quad\quad\quad\quad |$$
$$\quad OH \quad\quad\quad\quad\quad OH$$

$$pK_a \quad\quad 3.87 \quad\quad\quad\quad 4.51 \quad\quad\quad\quad\quad 4.86$$

酚酸的酸性受羟基的吸电子诱导效应、羟基与芳环的供电子共轭效应和邻位效应的影响,其酸性随羟基与羧基的相对位置不同而异。

$$pK_a \quad\quad\quad 3.00 \quad\quad\quad\quad 4.12 \quad\quad\quad\quad 4.17 \quad\quad\quad\quad 4.54$$

羟基处于羧基的邻位时,羟基上氢原子可与羧基氧原子形成分子内氢键,羧基中羟基氧原子的电子云密度降低,其氢原子易解离,且形成的羧酸负离子稳定,使邻羟基苯甲酸酸性增强。

羟基处于羧基的间位时,羟基主要通过吸电子诱导效应作用,但距离较远作用不大,因此酸性略有增加。

羟基处于羧基的对位时,羟基的供电子共轭效应不利于羧基氢原子的解离,因而酸性降低。

2.氧化反应

醇酸中羟基可以被氧化生成醛酸或酮酸。特别是 $α$-羟基酸中的羟基比醇中的羟基更易被氧化。

$$HO—CH_2—COOH \xrightarrow{[O]} H—\overset{\overset{\displaystyle O}{\|}}{C}—COOH \xrightarrow{[O]} HOOC—COOH$$

羟基乙酸　　　　　　　乙醛酸　　　　　　　　乙二酸

$$CH_3—\overset{\overset{\displaystyle OH}{|}}{CH}—COOH \xrightarrow{[O]} CH_3—\overset{\overset{\displaystyle O}{\|}}{C}—COOH$$

丙酮酸

$$CH_3\overset{\overset{\displaystyle OH}{|}}{CH}CH_2COOH \xrightarrow{[O]} CH_3\overset{\overset{\displaystyle O}{\|}}{C}CH_2COOH$$

β-羟基丁酸　　　　　　　β-丁酮酸

生成的 α-和 β-酮酸不稳定,容易脱羧生成醛或酮。

$$R—\overset{\overset{\displaystyle OH}{|}}{CH}—COOH \xrightarrow{[O]} R—\overset{\overset{\displaystyle O}{\|}}{C}—COOH \xrightarrow{-CO_2} RCHO$$

$$R\overset{\overset{\displaystyle OH}{|}}{CH}CH_2COOH \xrightarrow{[O]} R—\overset{\overset{\displaystyle O}{\|}}{C}—CH_2COOH \xrightarrow{-CO_2} R—\overset{\overset{\displaystyle O}{\|}}{C}—CH_3$$

3. 脱水反应

α-羟基酸受热时,两分子间相互酯化,生成交酯。

交酯

β-羟基酸受热发生分子内脱水,主要生成 α,β-不饱和羧酸,α,β-不饱和羧酸中的碳碳双键和羧基中的羰基共轭,故稳定性较好。

$$R—\overset{\overset{\displaystyle OH}{|}}{CH}—CH_2COOH \xrightarrow[\triangle]{H^+} R—CH=CHCOOH + H_2O$$

γ-和 δ-羟基酸受热,生成五元和六元环内酯,五元和六元环是环状化合物中较稳定的体系。例如,

$$\overset{\overset{\displaystyle CH_2—CH_2—CH_2—COOH}{|}}{\underset{\displaystyle OH}{}} \xrightarrow{\triangle} \text{（环状结构）} O + H_2O$$

δ-戊内酯

羟基与羧基间的距离大于 4 个碳原子时,受热则生成长链的高分子聚酯。

$$mHO(CH_2)nCOOH \xrightarrow{\triangle} H \left[O-(CH_2)_n-\overset{\overset{\displaystyle O}{\|}}{C}-OH \right]_m + H_2O$$

$$n \geqslant 5$$

4.脱羧反应

α-羟基酸与稀硫酸或酸性高锰酸钾共热,则分解脱酸生成醛、酮或羧酸。

$$
\underset{\underset{OH}{|}}{RCHCOOH}
\begin{cases}
\xrightarrow[H_2SO_4,\triangle]{KMnO_4} RCHO + CO_2 + H_2O \xrightarrow{KMnO_4} RCOOH \\
\xrightarrow{稀\ H_2SO_4} RCHO + HCOOH \xrightarrow{} CO + H_2O
\end{cases}
$$

$$R_2CCOOH + [O] \xrightarrow[H^+]{KMnO_4} R-\overset{\overset{\displaystyle O}{\|}}{C}-R + CO_2 + H_2O$$
$$\underset{OH}{|}$$

这个反应在有机合成上可用来合成减少一个碳的高级醛。例如,

$$RCH_2COOH \xrightarrow{Br_2,P} \underset{\underset{Br}{|}}{RCHCOOH} \xrightarrow{OH^-,H_2O} \underset{\underset{OH}{|}}{RCHCOOH} \xrightarrow[\triangle]{稀\ H_2SO_4} \underset{\underset{O}{\|}}{RCH} + HCOOH\ (R > C_{10})$$

β-羟基酸用碱性高锰酸钾作用生成酮。

$$\underset{\underset{OH}{|}}{RCHCH_2COOH} \xrightarrow[OH^-]{KMnO_4} \underset{\underset{O}{\|}}{RCCH_2COOH} \xrightarrow{-CO_2} R-\underset{\underset{O}{\|}}{C}-CH_3$$

邻、对羟基酚酸受热不稳定,当加热到熔点以上就可以脱去羧基生成酚。

水杨酸　　　　200~220℃　　　苯酚　　+CO₂

没食子酸　　　200℃　　　连苯三酚　　+CO₂

8.2.4 重要的羟基酸

1.乳酸

乳酸化学名称为 α-羟基丙酸,最初从酸乳中得到,所以俗名叫乳酸。也存在于动物的肌肉中,在剧烈活动后乳酸含量增加,因此感觉肌肉酸胀。乳酸在工业上是由糖经乳酸菌发酵而制得。

$$C_6H_{12}O_6 \xrightarrow[35\sim45℃]{乳酸菌} 2CH_3\overset{\overset{\displaystyle OH}{|}}{CH}—COOH$$

乳酸是无色黏稠液体,溶于水、乙醇和乙醚中,但不溶于氯仿和油脂,吸湿性强。乳酸具有旋光性。由酸牛奶得到的乳酸是外消旋的,由糖发酵制得的乳酸是左旋的,而肌肉中的乳酸是右旋的。

乳酸有消毒防腐作用,它的蒸气用于空气消毒。

2.酒石酸

酒石酸化学名称为 2,3-二羟基丁二酸,以酸性钾盐的形式存在于植物的果实中,以葡萄中含量最高。酒石酸氢钾难溶于水和乙醇,所以葡萄汁发酵酿酒时,它以结晶析出,因此称为"酒石"。酒石用酸处理得到酒石酸。

酒石酸是无色半透明的晶体或结晶性粉末,熔点为 170℃,有酸味,易溶于水,不溶于有机溶剂。酒石酸的用途较广,酒石酸钾钠可配制成斐林试剂,酒石酸锑钾口服有催吐的作用,注射可治疗血吸虫病。

3.枸橼酸

枸橼酸化学名称为 3-羟基-3-羧基戊二酸,存在于柑橘、山楠、乌梅等的果实中,尤以柠檬中含量最多,约占 6%～10%,因此俗名又叫作柠檬酸。枸橼酸为无色结晶或结晶性粉末,无臭、味酸,易溶于水和醇,内服有清凉解渴作用,常用作调味剂、清凉剂,用来配制汽水和酸性饮料。

枸橼酸的钾盐($C_6H_5O_7K \cdot 6H_2O$)为白色结晶,易溶于水,用作祛痰剂和利尿剂。

枸橼酸的钠盐($C_6H_5O_7Na \cdot 2H_2O$)也是白色易溶于水的结晶,有防止血液凝固的作用。

枸橼酸的铁铵盐为易溶于水的棕红色固体,常用作贫血患者的补血药。

4.苹果酸

苹果酸化学名称为 α-羟基丁二酸,因最初从未成熟的苹果中得到而得名。天然苹果酸为无色晶体,熔点为 100℃,易溶于水和乙醇。苹果酸广泛存在于植物中,如未成熟的山楂、葡萄、杨梅、番茄,尤其是在未成熟的苹果中含量最多,所以称为苹果酸。苹果酸是植物体内重要的有机酸之一。它是生物体内糖代谢的重要中间物。在生物体内,苹果酸受延胡索酸酶的催化,发生分子内脱水生成延胡索酸。

$$\begin{matrix} CHOH-COOH \\ | \\ CH_2-COOH \end{matrix} \xrightarrow{\text{酶}} \begin{matrix} CH-COOH \\ \| \\ CH-COOH \end{matrix} + H_2O$$

苹果酸的钠盐为白色粉末,易溶于水,用于制药及食品工业,也可作为食盐的代用品。

5.对羟基苯甲酸

对羟基苯甲酸是一种优良的防腐剂,商品名称尼泊金(Nipagin)。它有抑制细菌、真菌和酶的作用,毒性较小。因此广泛用于食品和药品的防腐剂。常用的尼泊金类防腐剂有以下几种。

学　名	结构式	商品名称
对羟基苯甲酸甲酯	COOCH₃ 苯环 OH	尼泊金或尼泊金 M
对羟基苯甲酸乙酯	COOC₂H₅ 苯环 OH	尼泊金 A
对羟基苯甲酸丙酯	COOC₃H₇ 苯环 OH	尼泊索 （Nipasol)

尼泊金类防腐剂在酸性溶液中比在碱性溶液中效果好。对羟基苯甲酸甲酯、乙酯、丙酯合并使用,可因协同作用,而增加效果。

6.五倍子酸和单宁

五倍子酸又称为没食子酸,化学名称为 3,4,5-三羟基苯甲酸,是植物中分布最广的一种酚酸。五倍子酸以游离态或结合成单宁存在于植物的叶子中,特别是大量存在于五倍子(一种寄生昆虫的虫瘿)中。

五倍子酸纯品为白色结晶粉末,熔点为 253℃(分解),难溶于冷水,易溶于热水、乙醇和乙醚。它有强还原性,在空气中迅速被氧化成褐色,可作抗氧剂和照片显影剂。五倍子酸与氯化铁反应产生蓝黑色沉淀,是墨水的原料之一。

单宁是五倍子酸的衍生物,因具有鞣革功能,又称为鞣酸。单宁广泛存在于植物中,因来源和提取方法不同,有不同的组成和结构。单宁的种类很多,结构各异,但具有相似的性质。例如,单宁是一种生物碱试剂,能使许多生物碱和蛋白质沉淀或凝结;其水溶液遇氯化铁产生蓝黑色沉淀;单宁都有还原性,易被氧化成黑褐色物质。

7. 水杨酸及其衍生物

水杨酸又称为柳酸,化学名称为邻羟基苯甲酸,存在于柳树和水杨树皮中。水杨酸为无色针状晶体,熔点为 159℃,在 79℃ 时升华,易溶于热水、乙醇、乙醚和氯仿。水杨酸易被氧化,遇三氯化铁显紫红色,酸性比苯甲酸强,加热易脱羧,具有酚和羧酸的一般性质。

水杨酸具有杀菌作用,其钠盐可作口腔清洁剂和食品防腐剂;水杨酸的酒精溶液用于治疗霉菌感染引起的皮肤病;水杨酸有解热镇痛作用,因对食道和胃黏膜刺激性大,不宜内服。医学上多用其衍生物,主要有乙酰水杨酸、水杨酸甲酯和对氨基水杨酸。

乙酰水杨酸俗称阿司匹林,为白色结晶,熔点为 135℃,味微酸,无臭,难溶于水,溶于乙醇、乙醚、氯仿。在干燥空气中稳定,但在湿空气中易水解为水杨酸和醋酸,所以应密闭在干燥处贮存。水解后产生水杨酸,可以与三氯化铁溶液作用呈紫色,常用此法检查阿司匹林中游离水杨酸的存在。

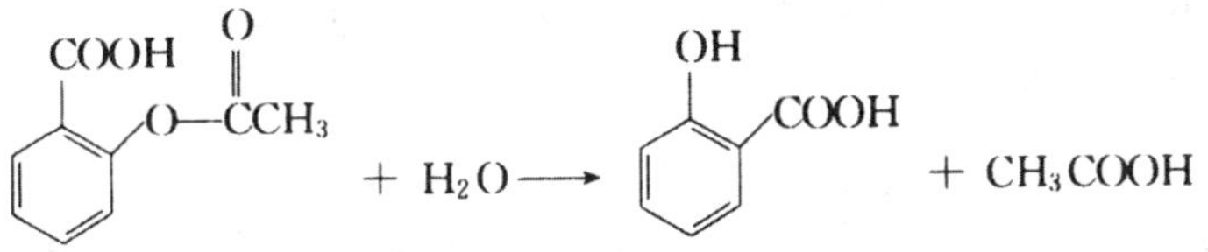

乙酰水杨酸可由水杨酸与乙酐在乙酸中加热到 80℃ 进行酰化而制得。

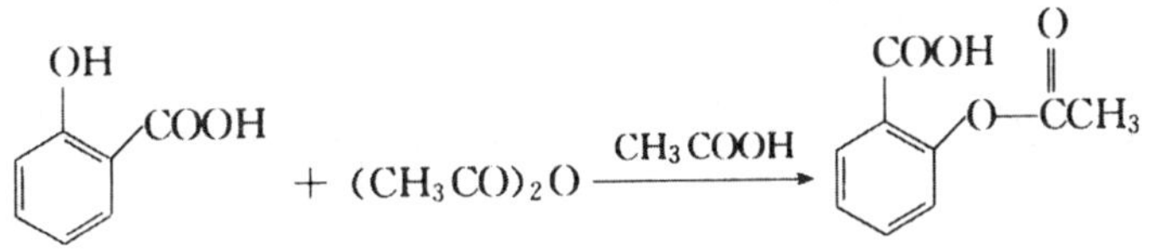

阿司匹林有退热、镇痛和抗风湿痛的作用,而且对胃的刺激作用小,故常用于治疗发烧、头痛、关节痛、活动性风湿病等。与非那西丁、咖啡因等合用称为复方阿司匹林,简称 APC。

水杨酸甲酯俗名冬青油,由冬青树叶中提取。水杨酸甲酯为无色液体,有特殊香味。可用作配制牙膏、糖果等的香精,也可用作扭伤的外用药,可通过水杨酸直接酯化而得。

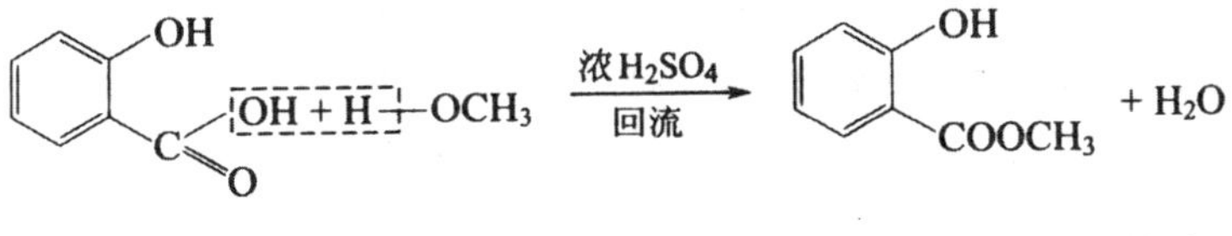

对氨基水杨酸简称 PAS,为白色粉末,熔点为 146～147℃,微溶于水.能溶于乙醇,是一种抗结核病药物。PAS 呈酸性,能和碱作用生成盐,它与碳酸氢钠作用生成对氨基水杨酸钠简称 PAS-Na。

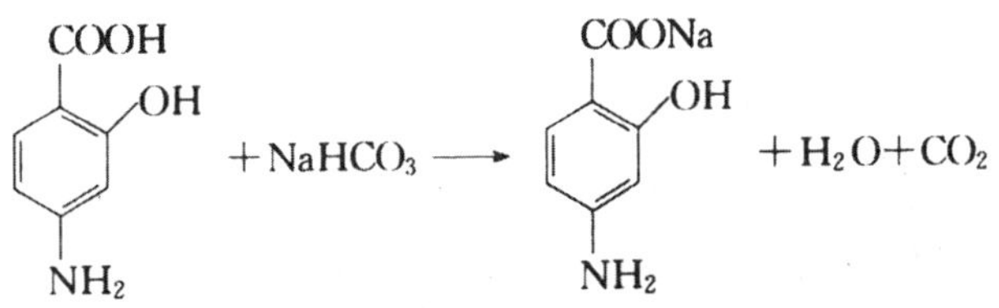

PAS 和 PAS-Na 的水溶液都不稳定,遇光、热或露置在空气中颜色变深,颜色变深后,不能供药用。

PAS-Na 的水溶性大，刺激性小，故常作为注射剂使用。PAS-Na 用于治疗各种结核病，对肠结核、胃结核以及渗透性肺结核的效果较好。

8.3 羧酸衍生物

羧酸中的羟基被其他原子或基团取代后生成的化合物称为羧酸衍生物。

8.3.1 羧酸衍生物的分类、命名和结构

重要的羧酸衍生物有酰卤、酸酐、酯和酰胺。

羧酸分子中去掉羧基中的羟基后剩余的部分称为酰基（ $R-\overset{\text{O}}{\underset{}{C}}-$ ）。酰基的命名可将相应羧酸的"酸"字改为"酰基"即可。例如，

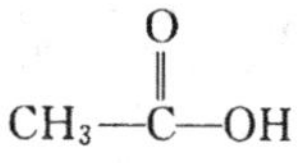

CH₃—C—OH	CH₃—C—	CH₂=CH—C—OH	CH₂=CH—C—
乙酸	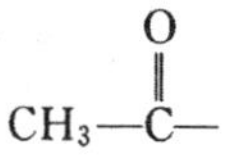 乙酰基	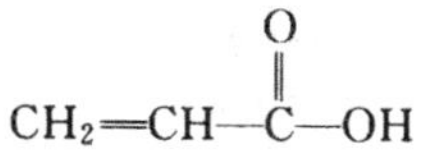 丙烯酸	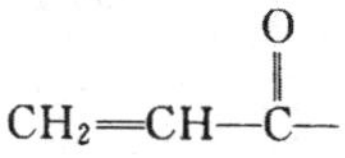 丙烯酰基

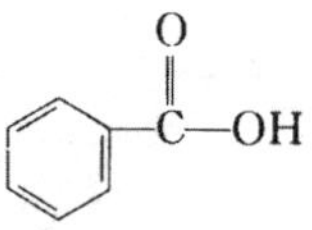

C₆H₅—C—OH	C₆H₅—C—	C₆H₅—S—OH	C₆H₅—S—
苯甲酸	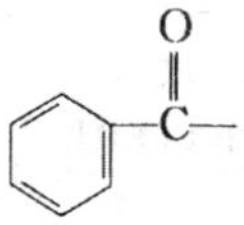 苯甲酰基	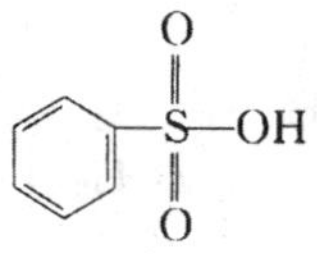 苯磺酸	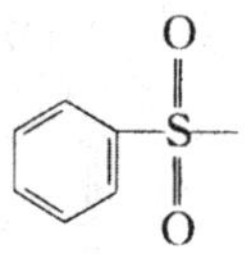 苯磺酰基

1. 酰卤

酰卤由酰基和卤原子组成，其通式为 $R-\overset{\text{O}}{\underset{}{C}}-X$ （X=F、Cl、Br、I）。

酰卤是以相应的酰基和卤素的名称命名的称为"某酰卤"。

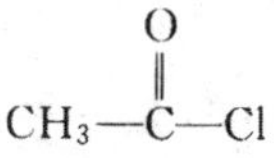

CH₃—C—Cl	C₆H₅—C—Br	CH₂=CH—C—Cl	C₆H₄(OH)—C—Cl	CH₃—CH—C—Br Br
乙酰氯	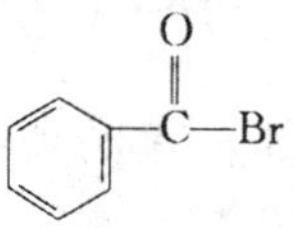 苯甲酰溴	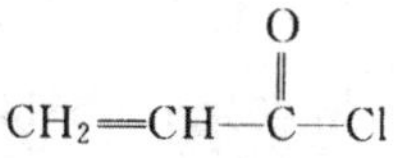 丙烯酰氯	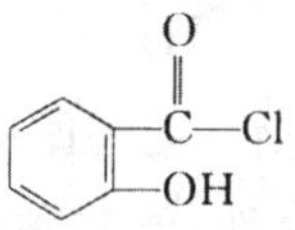 水杨酰氯	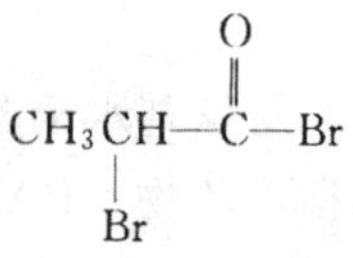 α-溴丙酰溴

2. 酸酐

酸酐由酰基和酰氧基组成，其通式为 $R-\overset{\text{O}}{\underset{}{C}}-O-\overset{\text{O}}{\underset{}{C}}-R'$ 。

酸酐的命名由相应的羧酸加"酐"字组成。若 R 和 R' 相同，称为单纯酐，若 R 和 R' 不同，称为混酐。二元羧酸分子内失水形成环状酐称为环酐或内酐。

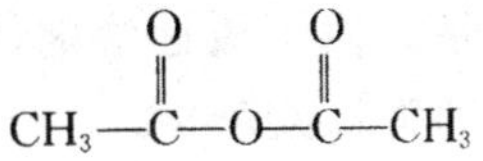

乙酸酐（单纯酐） 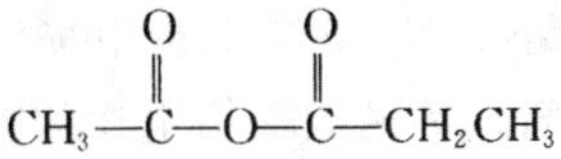　　乙丙酐（混酐） 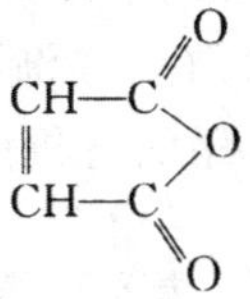　　顺丁烯二酸酐 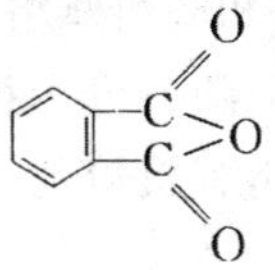　　邻苯二甲酸酐（内酐）

3. 酯

酯由酰基和烷氧基（RO—）组成，其通式为 R—C(=O)—OR′。

酯的命名是将相应的羧酸和烃基名称组合，称为"某酸某酯"。

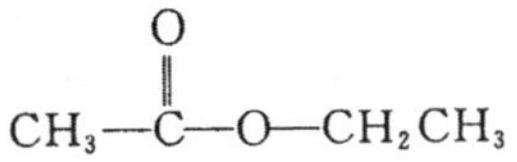

乙酸乙酯 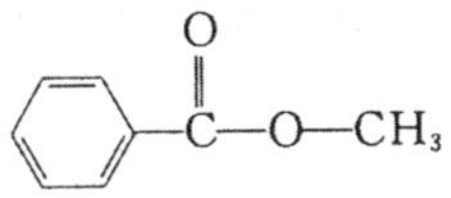　　　　　　苯甲酸甲酯 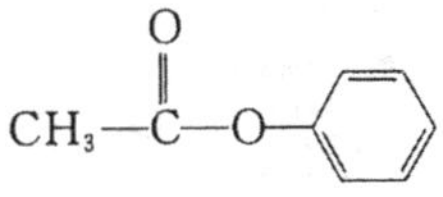　　　　　　乙酸苯酯

4. 酰胺

酰胺由酰基和氨基（包括取代氨基—NHR、—NR$_2$）组成. 其通式为 R—C(=O)—NH$_2$。

酰胺的命名是根据酰基的名称称为"某酰胺"。

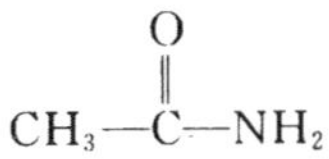

乙酰胺 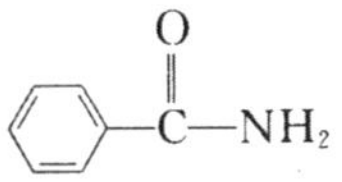　　　　　　　苯甲酰胺 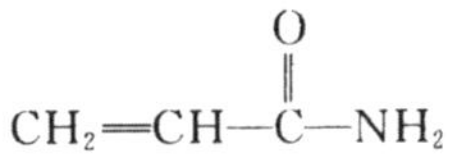　　　　　　丙烯酰胺

酰胺分子中含有取代氨基，命名时，把氮原子上所连的烃基作为取代基，写名称时用"N"表示其位次。例如，

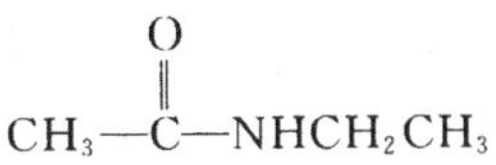

N-乙基乙酰胺 　　　　N,N-二甲基甲酰胺 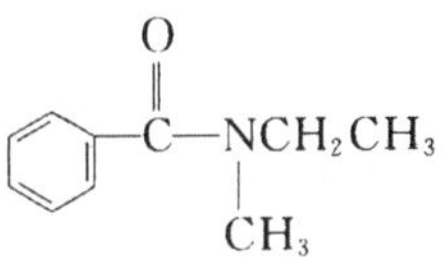　　　　N-甲基-N-乙基苯甲酰胺

8.3.2 羧酸衍生物的物理性质

低级的酰卤和酸酐是有刺激性气味的液体，高级的为固体。低级的酯是易挥发并有香味的无色液体，例如，乙酸异戊酯有香蕉味、苯甲酸甲酯有茉莉花的香味、丁酸甲酯有菠萝的香味。所以酯常常用作食品及化妆品的香料。十四碳酸以下的甲酯、乙酯均为液体，高级脂肪酸酯是蜡状固体。除甲酰胺为液体外，其余的酰胺均为固体。N,N-二取代脂肪族酰胺在室温下为液体。

酰卤、酸酐和酯分子间不能通过氢键而产生缔合作用，所以它们的沸点比相对分子质量相近的羧酸要低。酰胺分子间可通过氢键缔合，因此熔点和沸点都比相应的羧酸高。

酰卤和酸酐难溶于水,但可被水分解。酯微溶于或难溶于水,易溶于有机溶剂。低级酰胺可溶于水,但随着分子量增大,溶解度逐渐减小。N,N-二甲基甲酰胺是非质子极性溶剂,既溶于水,又溶于有机溶剂,是一种常用的有机溶剂。常见羧酸衍生物的物理常数见表8-3。

表8-3　常见羧酸衍生物的物理常数

名称	熔点/℃	沸点/℃
乙酰氯	−112	52
乙酰溴	−98	76.6
丙酰氯	−94	80
正丁酰氯	−89	102
苯甲酰氯	−1	197.2
乙酸酐	−73	140
丙酸酐	−45	169
丁二酸酐	119.6	261
苯甲酸酐	42	360
邻苯二甲酸酐	132	284.5
甲酸甲酯	−100	32
甲酸乙酯	−80	54
乙酸乙酯	−83	77.1
乙酸戊酯	−78	142
苯甲酸乙酯	−34	213
甲酰胺	2.5	192
乙酰胺	81	222
丙酰胺	79	213
N,N-二甲基甲酰胺	−61	153
苯甲酰胺	130	290

8.3.3　羧酸衍生物的化学性质

羧酸衍生物分子中都有酰基,能发生一些相似的化学反应,但因酰基所连接的基团不同,反应活性有一定的差异。

1. 水解反应

酰卤、酸酐、酯和酰胺在酸、碱的催化下水解生成相应的羧酸。

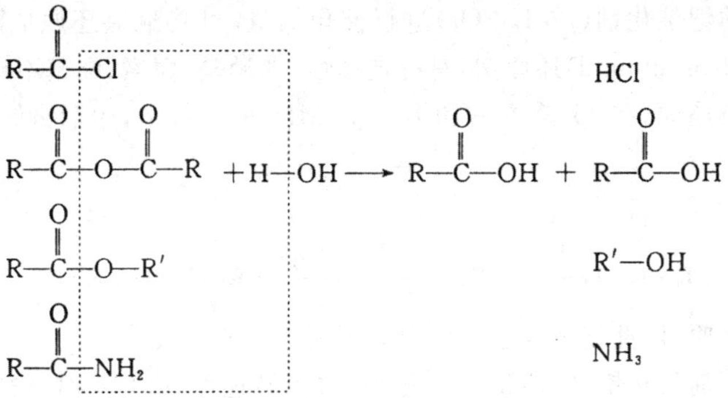

其水解反应速率为

酰卤＞酸酐＞酯＞酰胺

酯的水解需要酸或碱催化并加热,酸催化水解是酯化反应的逆反应,水解不完全。酯的碱性水解产物是羧酸盐和醇。

2. 醇解反应

酰氯、酸酐和酯都可以与醇作用生成相应的酯。

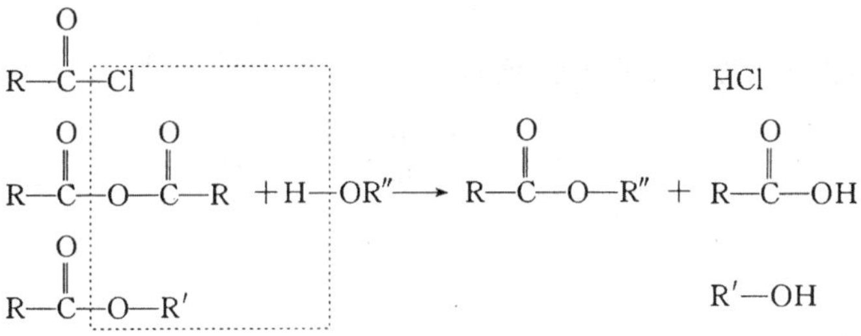

酯的醇解反应也称为酯交换反应,通常是"以小换大",生成较高级的酯。

3. 氨解反应

酰氯、酸酐和酯都可以与氨作用生成酰胺。

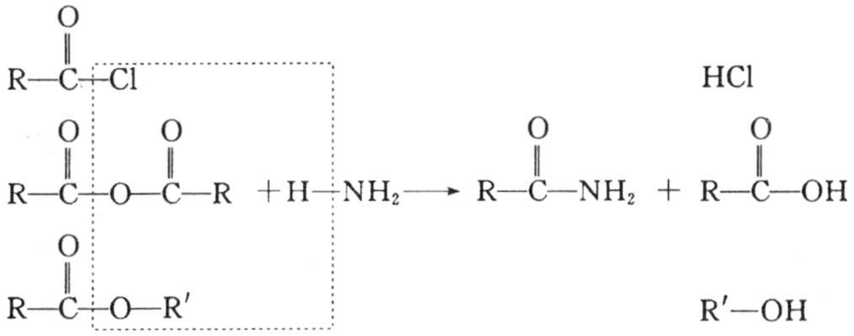

4. 还原反应

羧酸衍生物比羧酸容易被还原。

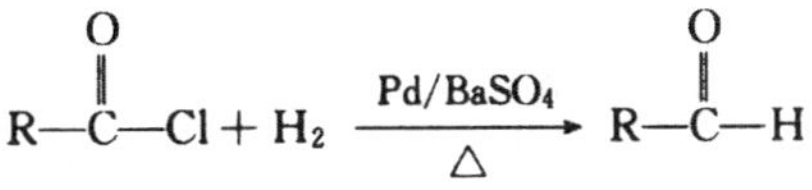

使用活性较低的钯催化剂(Pd-BaSO₄)进行催化加氢,可将酰氯还原成醛,这种比较典型的方法叫作罗森孟德(Rosenmund)还原法,具有选择性,如硝基、卤素、酯基不被还原。

酯可用催化加氢还原,在250℃左右和10~33 MPa的条件下,用铜铬催化剂使酯类加氢,能达到很高的转化率。

$$R-\overset{\overset{\text{O}}{\|}}{C}-O-R' + 2H_2 \xrightarrow{\text{CuO/CuCr}_2\text{O}_4} RCH_2OH + R'OH$$

酰胺很不容易还原,用催化加氢法在高温高压下才还原为胺。

如果使用强还原剂氢化铝锂(LiAlH₄),酰氯、酸酐被还原成伯醇,酰胺被还原为胺。

$$R-\overset{\overset{\text{O}}{\|}}{C}-Cl \xrightarrow[\text{② } H_3O^+]{\text{① LiAlH}_4} RCH_2OH$$

$$R-\overset{\overset{\text{O}}{\|}}{C}-O-\overset{\overset{\text{O}}{\|}}{C}-R' \xrightarrow[\text{② } H_3O^+]{\text{① LiAlH}_4} RCH_2OH + R'CH_2OH$$

$$R-\overset{\overset{\text{O}}{\|}}{C}-NH_2 \xrightarrow[\text{② } H_3O^+]{\text{① LiAlH}_4} RCH_2NH_2$$

氢化铝锂或金属钠-醇也可以还原酯,而且对C=C及C≡C无影响,可还原α,β-不饱和酯。

$$\diagdown\diagup\diagdown\diagup\diagdown COOC_2H_5 \xrightarrow[\text{THF}]{\text{LiAlH}_4} \diagdown\diagup\diagdown\diagup\diagdown CH_2OH$$

5.酯缩合反应

在醇钠的作用下,含有α-H的酯可与另一分子酯失去一分子醇,生成β-酮酸酯的反应,称为克莱森(Claisen)酯缩合反应。例如,

$$CH_3\overset{\overset{\text{O}}{\|}}{C}-[OC_2H_5 + H]-CH_2\overset{\overset{\text{O}}{\|}}{C}-OC_2H_5 \xrightarrow{\text{C}_2\text{H}_5\text{ONa}} CH_3\overset{\overset{\text{O}}{\|}}{C}CH_2\overset{\overset{\text{O}}{\|}}{C}-OC_2H_5 + C_2H_5OH$$

乙酰乙酸乙酯

反应的机理为:乙酸乙酯在乙醇钠作用下,失去一个α-H,形成负碳离子,负碳离子很快与另一分子乙酸乙酯的羰基发生亲核加成,然后失去C₂H₅O⁻,生成乙酰乙酸乙酯。

$$C_2H_5O^- + H-CH_2-\overset{\overset{\text{O}}{\|}}{C}-OC_2H_5 \rightleftharpoons {}^-CH_2-\overset{\overset{\text{O}}{\|}}{C}-OC_2H_5 + C_2H_5OH$$

$$CH_3-\overset{\overset{\text{O}}{\|}}{C}-OC_2H_5 + {}^-CH_2-\overset{\overset{\text{O}}{\|}}{C}-OC_2H_5 \rightleftharpoons CH_3-\overset{\overset{\text{O}^-}{|}}{\underset{\underset{\text{CH}_2\text{COOC}_2\text{H}_5}{|}}{C}}-OC_2H_5 \xrightarrow{-C_2H_5O^-}$$

$$CH_3-\overset{\overset{\text{O}}{\|}}{C}-CH_2-\overset{\overset{\text{O}}{\|}}{C}-OC_2H_5$$

酯缩合反应相当于一个酯的 α-H 被另一个酯的酰基所取代,所以凡含有 α-H 的酯都可发生克莱森酯缩合反应。

含 α-H 的酯与无 α-H 且羰基比较活泼的酯(甲酸酯、草酸酯、碳酸酯、苯甲酸酯)进行的酯缩合反应,称为交叉克莱森酯缩合反应。例如,

$$
\underset{\text{O}}{\text{H—C—OC}_2\text{H}_5} + \underset{\text{O}}{\text{CH}_3\text{CH}_2\text{CH}_2\text{C—OC}_2\text{H}_5} \xrightarrow{\text{NaOC}_2\text{H}_5} \underset{\substack{\text{O} \quad \text{O} \\ \text{CH}_2\text{CH}_3}}{\text{H—C—CHC—OC}_2\text{H}_5} + \text{C}_2\text{H}_5\text{OH}
$$

6. 与格氏试剂反应

格氏试剂是一个亲核试剂,羧酸衍生物都能与格氏试剂发生反应。

酰氯与格氏试剂作用生成酮或叔醇。

$$
\underset{\text{O}}{\text{R—C—Cl}} + \text{R}'\text{MgX} \longrightarrow \underset{\substack{\text{OMgX} \\ \text{R}'}}{\text{R—C—Cl}} \longrightarrow \underset{\text{O}}{\text{R—C—R}'}
$$

如果格氏试剂过量,则很容易和酮继续反应,生成叔醇。

$$
\underset{\text{O}}{\text{R—C—R}'} + \text{R}'\text{MgX} \longrightarrow \underset{\substack{\text{OMgX} \\ \text{R}'}}{\text{R—C—R}'} \longrightarrow \underset{\substack{\text{R}' \\ \text{R}'}}{\text{R—C—OH}}
$$

低温下,用 1 mol 的格氏试剂,慢慢滴入含有 1 mol 酰氯的溶液中,可使反应停留在酮的一步,但产率不高。

酸酐与格氏试剂在室温下也可以得到酮。例如,

酯与格氏试剂反应生成酮,由于格氏试剂与酮反应比酯还快,反应很难停留在酮阶段,最终产物为叔醇。这是制备叔醇的一个很好的方法,具有合成上的意义。

$$
\underset{\text{O}}{\text{R—C—OCH}_3} \xrightarrow{\text{R}'\text{MgX}} \underset{\substack{\text{OMgX} \\ \text{R}'}}{\text{R—C—OCH}_3} \longrightarrow \underset{\text{R}'}{\overset{\text{R}}{\diagup}}\text{C=O} \xrightarrow[\text{H}_3^+\text{O}]{\text{R}'\text{MgX}} \underset{\substack{\text{R}' \\ \text{R}'}}{\text{R—C—OH}}
$$

α-或 β-碳上取代基多的酯,位阻大,可以停留在生成酮阶段。例如,

$$
(\text{CH}_3)_3\text{CCOOCH}_3 + \text{C}_3\text{H}_7\text{MgCl} \xrightarrow{\text{H}_3^+\text{O}} \underset{\text{O}}{(\text{CH}_3)_3\text{C—C—C}_3\text{H}_7}
$$

内酯则得到叔醇。

$$C_5H_{11}\underset{O}{\diagdown}O + CH_3MgCl \xrightarrow{H_3^+O} C_5H_{11}\overset{CH_3}{\underset{HO\ CH_3}{|}}OH$$

7.酰胺的特性

酰胺除具有羧酸衍生物的通性外,还具有一些特殊性质。

(1)酰胺的酸碱性

当氨分子中的氢原子被酰基取代后,由于氮原子上的孤对电子与碳氧双键形成 p-π 共轭,使氮原子上的电子云密度降低,减弱了它接受质子的能力,故只显弱碱性,与 Na 作用,放出氢气。另一方面,与氮原子连接的氢原子变得稍为活泼,表现出微弱的酸性。

$$R-\overset{\displaystyle O}{\underset{\displaystyle NH_2}{C}}$$

酰胺由于碱性很弱,只能与强酸作用生成盐。例如,将氯化氢气体通入乙酰胺的乙醚溶液中,则生成不溶于乙醚的盐。

$$CH_2CONH_2 + HCl \longrightarrow CH_3CONH_2 \cdot HCl$$

生成的盐不稳定,遇水即分解成乙酰胺和盐酸。

如果氨分子中的第二个氢原子也被酰基取代,则生成酰亚胺化合物。由于受到两个酰基的影响,使得氮原子上剩余的一个氢原子容易以质子的形式与碱结合,因此,酰亚胺化合物具有弱酸性,能与强碱的水溶液反应生成盐,例如,邻苯二甲酰亚胺。

$$\underset{O}{\overset{O}{\bigcirc}}\!\!\!\!\!\!\!\!\!\!\!NH + NaOH \longrightarrow \underset{O}{\overset{O}{\bigcirc}}\!\!\!\!\!\!\!\!\!\!\!N^-Na^+ + H_2O$$

$$pK_a = 7.4$$

因此,当氨分子中的氢被酰基取代后,其酸碱性变化如下:

$$\overset{\text{酸性加强,碱性减弱}}{\underset{NH_3 \rightarrow RCONH_2 \rightarrow (RCO)_2NH}{\xrightarrow{\hspace{4cm}}}}$$

(2)脱水反应

酰胺与强脱水剂共热或高温加热,可发生分子内脱水反应生成腈,这是合成腈的常用方法之一,通常采用的脱水剂是五氧化二磷和亚硫酰氯等。

$$R-\overset{\displaystyle O}{\overset{\|}{C}}-NH_2 \xrightarrow[\triangle]{P_2O_5} RC\equiv N + H_2O$$

例如,

$$\underset{\underset{CH_2CH_3}{\mid}}{CH_3CH_2CH_2CH_2CHCONH_2} \xrightarrow[\text{苯}]{SOCl_2/75\sim80℃} \underset{\underset{CH_2CH_3}{\mid}}{CH_3CH_2CH_2CH_2CHC\equiv N}$$

约90%

（3）霍夫曼降级反应

酰胺与溴（或氯）的氢氧化钠溶液反应，脱去羰基，生成伯胺，这个反应叫作酰胺的霍夫曼（Hofmann）降级反应。该反应可从酰胺制备少一个碳的伯胺。

$$\underset{伯胺}{R-\overset{O}{\overset{\|}{C}}-NH_2 + Br_2（或Cl_2）+ 4NaOH \longrightarrow RNH_2} + 2NaBr（或2NaCl）+ Na_2CO_3 + 2H_2O$$

霍夫曼降级反应也可写成：

$$\underset{伯胺}{R-\overset{O}{\overset{\|}{C}}-NH_2 + NaXO + 2NaOH \longrightarrow RNH_2} + NaX + Na_2CO_3 + H_2O$$

霍夫曼降级反应机理如下：

$$R-\overset{O}{\overset{\|}{C}}-\ddot{N}H_2 + Br_2 + OH^- \longrightarrow R-\overset{O}{\overset{\|}{C}}-\underset{H}{\overset{|}{\ddot{N}}}-Br + Br^- + H_2O$$

$$R-\overset{O}{\overset{\|}{C}}-\underset{H}{\overset{|}{\ddot{N}}}-Br + OH^- \longrightarrow R-\overset{O}{\overset{\|}{C}}-\underset{氮烯}{\ddot{N}:} + Br^- + H_2O$$

$$R-\overset{O}{\overset{\|}{C}}-\ddot{N}: \xrightarrow{重排} R-\ddot{N}=C=O\ (异氰酸酯)$$

$$R-N=C=O + H_2O \longrightarrow RNH-\overset{O}{\overset{\|}{C}}-OH \xrightarrow{-CO_2} RNH_2 + CO_2$$

8.3.4 重要的羧酸衍生物

1. 乙酐

乙酐又名醋（酸）酐，是无色有极强醋酸气味的液体，沸点为139.5℃，是良好的溶剂，溶于乙醚、苯和氯仿，也是重要的乙酰化试剂及化工原料，大量用于合成药物中间体、染料、醋酸纤维、香料和油漆等。

乙酸酐可由乙酸与乙烯酮作用制得。

$$CH_3C\overset{O}{\underset{OH}{\|}} + CH_2=C=O \longrightarrow \overset{H_3C-C\overset{O}{\|}}{\underset{H_3C-C\underset{O}{\|}}{O}}$$

2. 乙酰氯

乙酰氯是一种在空气中发烟的无色液体,有窒息性的刺鼻气味,沸点为 51℃。能与乙醚、氯仿、冰醋酸、苯和汽油混溶。

乙酰氯是重要的乙酰化试剂,可用 PCl₃ 或亚硫酰氯(SOCl₂)制备。

$$3H_3C-\overset{O}{\overset{\|}{C}}-OH + PCl_3 \longrightarrow 3H_3C-\overset{O}{\overset{\|}{C}}-Cl + H_3PO_3$$

$$CH_3COOH + SOCl_2 \longrightarrow CH_3COCl + SO_2 + HCl$$

3. α-甲基丙烯酸甲酯

在常温下,α-甲基丙烯酸甲酯为无色液体,熔点为 −48.2℃,沸点为 100～101℃,微溶于水,溶于乙醇和乙醚,易挥发,易聚合。

工业上生产 α-甲基丙烯酸甲酯主要以丙酮、氢氰酸为原料,与甲醇和硫酸作用而制得。

$$CH_3COCH_3 \xrightarrow[OH^-]{HCN} CH_3-\overset{CH_3}{\underset{OH}{C}}-CN \xrightarrow[H_2SO_4]{CH_3OH} CH_2=\overset{}{\underset{CH_3}{C}}-COOCH_3$$

α-甲基丙烯酸甲酯

α-甲基丙烯酸甲酯在引发剂(如偶氮二异丁腈)存在下,聚合生成聚 α-甲基丙烯酸甲酯。

$$nCH_2=\overset{CH_3}{\underset{}{C}}-COOCH_3 \xrightarrow{90～100℃} \overset{CH_3}{\underset{COOCH_3}{[CH_2-C]_n}}$$

聚 α-甲基丙烯酸甲酯

聚 α-甲基丙烯酸甲酯是无色透明的聚合物,俗称有机玻璃,质轻、不易碎裂,溶于丙酮、乙酸乙酯、芳烃和卤代烃。由于它的高度透明性,多用于制造光学仪器和照明用品,如航空玻璃、仪表盘、防护罩等,着色后可制纽扣、牙刷柄、广告牌等。

4. N,N-甲基甲酰胺

N,N-甲基甲酰胺,简称 DMF。它是带有氨味的无色液体,沸点为 153℃。它的蒸气有毒,对皮肤、眼睛和黏膜有刺激作用。

工业上用氨、甲醇和一氧化碳为原料,在高压下反应制备 N,N-甲基甲酰胺。

$$2CH_3OH + NH_3 + CO \xrightarrow{15\ MPa} H\overset{O}{\overset{\|}{C}}-N(CH_3)_2 + 2H_2O$$

N,N-二甲基甲酰胺能与水及大多数有机溶剂混溶，能溶解很多无机物和许多难溶的有机物特别是一些高聚物。例如，它是聚丙烯腈抽丝的良好溶剂，也是丙烯酸纤维加工中使用的溶剂，有“万能溶剂”之称。

5. 胍

胍分子中的氨基除去一个氢原子后剩下的原子团称为胍基；除去一个氨基后剩下的原子团称为脒基。一些药物含有胍基、脒基。

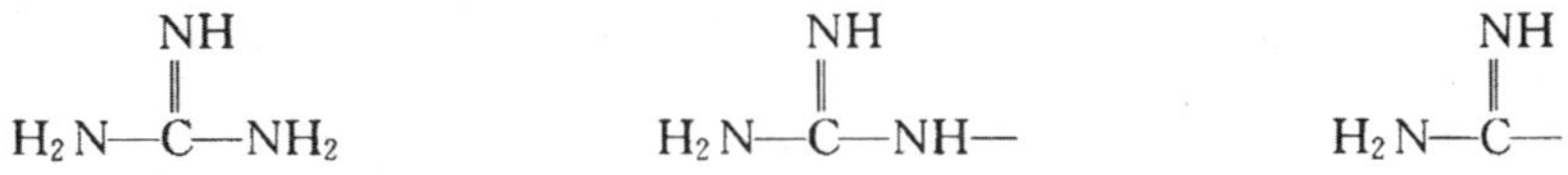

胍　　　　胍基　　　　脒基

胍是强碱，碱性与氢氧化钾相当。胍易水解，特别在碱性条件下，是不稳定的，通常以盐的形式保存。很多含有胍结构的药物，往往制成盐类使用，例如，

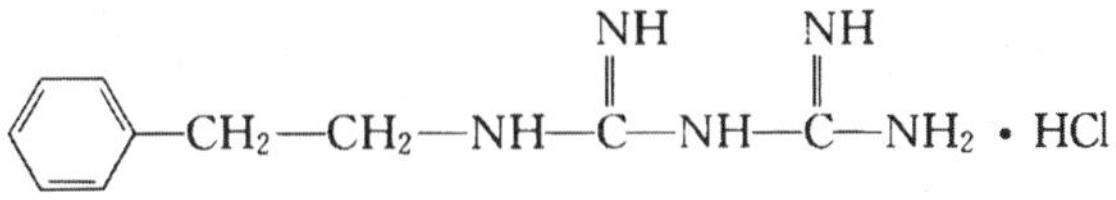

盐酸苯乙双胍（降糖灵）

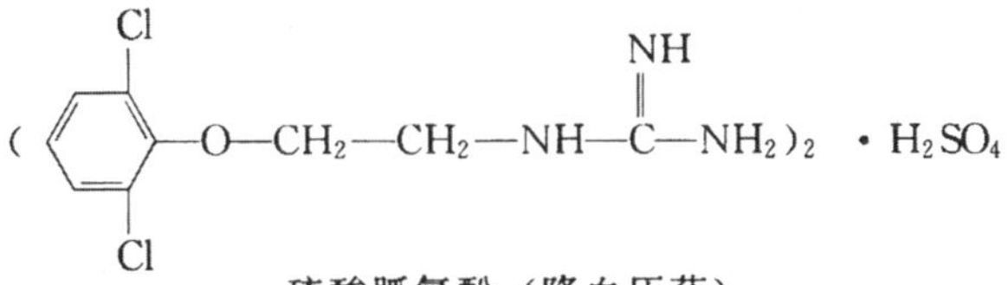

硫酸胍氯酚（降血压药）

6. 尿素

尿素也叫作脲，存在于哺乳动物的尿液中。它是哺乳动物体内蛋白质代谢的最终产物，成人每天可随尿排出约 30 g 的尿素。

尿素是白色结晶，熔点为 132℃，易溶于水和乙醇中。尿素在医药上用作角质软化药。

尿素是碳酸的二酰胺，在性质上与酰胺相似，具有弱碱性，但碱性很弱，不能使石蕊试纸变色。

将尿素缓慢加热至熔点以上，生成缩二脲。

$$H_2N-\overset{O}{\overset{\|}{C}}-NH_2 + H-\overset{H}{\overset{|}{N}}-\overset{O}{\overset{\|}{C}}-NH_2 \xrightarrow{150\sim160℃} H_2N-\overset{O}{\overset{\|}{C}}-\overset{H}{\overset{|}{N}}-\overset{O}{\overset{\|}{C}}-NH_2 + NH_3$$

缩二脲在碱性溶液中与稀硫酸铜溶液作用，呈现紫红色，这种显色反应叫作缩二脲反应。分子中含有两个或两个以上酰氨键（$-\overset{O}{\overset{\|}{C}}-NH-$）的化合物都有类似反应，如多肽、蛋白质。

7.青霉素

青霉素属 β-内酰胺类抗生素。其基本结构如下：

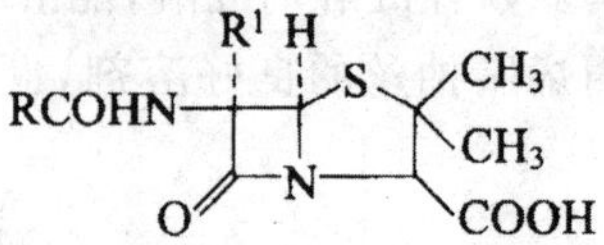

$$\begin{array}{c} \text{R}^1\ \text{H} \qquad \text{CH}_3 \\ \text{RCOHN} \underset{\text{O}}{\overset{}{\boxed{}}} \underset{\text{N}}{\overset{\text{S}}{\boxed{}}} \overset{\text{CH}_3}{\underset{\text{COOH}}{}} \end{array}$$

由于分子中含有一个游离羧基和酰胺侧链，青霉素有相当强的酸性，能与无机碱或某些有机碱作用成盐。干燥纯净的青霉素盐比较稳定；青霉素的水溶液很不稳定，微量的水分即易引起其水解。

第9章　含氮有机化合物

9.1　硝基化合物

烃分子中的氢原子被硝基(—NO$_2$)取代的化合物称为硝基化合物,常用 RNO$_2$ 或 ArNO$_2$ 表示。

9.1.1　硝基化合物的分类、命名和结构

1.硝基化合物的分类

根据分子中烃基的种类不同,硝基化合物可分为脂肪族硝基化合物和芳香族硝基化合物。脂肪族硝基化合物(R—NO$_2$)。例如,

$$CH_3—CH_2—NO_2$$

硝基乙烷

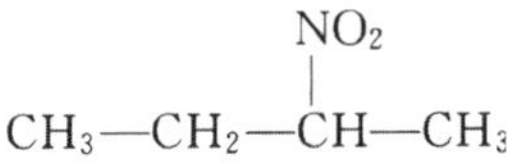

$$CH_3—CH_2—\overset{\overset{\displaystyle NO_2}{|}}{CH}—CH_3$$

2-硝基丁烷

芳香族硝基化合物(Ar—NO$_2$)。例如,

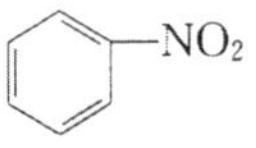

硝基苯　　　　　　　　β-硝基萘

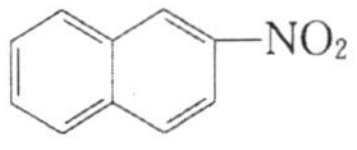

按分子中硝基的数目可分为一元、二元和多元硝基化合物。例如,

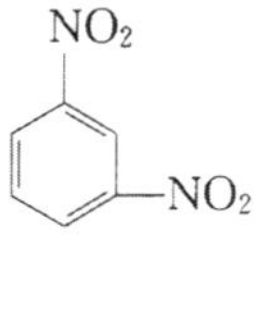

间二硝基苯 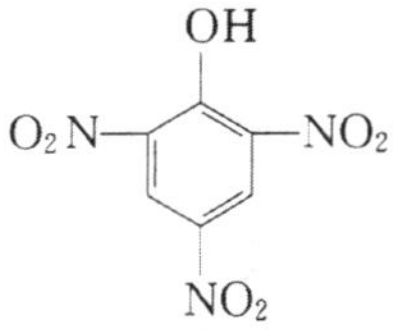　　　　2,4,6-三硝基苯酚

2.硝基化合物的命名

硝基化合物的命名与卤代烃相似。以烃为母体,把硝基作为取代基。例如,

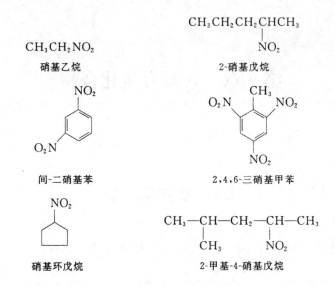

$CH_3CH_2NO_2$

硝基乙烷

2-硝基戊烷

间-二硝基苯

2,4,6-三硝基甲苯

硝基环戊烷

2-甲基-4-硝基戊烷

3.硝基化合物的结构

硝基化合物的结构通过对 CH_3NO_2 键长的测定发现,硝基中的 N 原子和两个 O 原子之间的距离相等,N—O 键键长为 0.122 nm,O—N—O 键角为 127°,按照杂化轨道理论,硝基中的 N 原子是 sp^2 杂化的,它以三个 sp^2 杂化轨道与两个 O 原子和一个 C 原子形成三个 σ 键,未参与杂化的一对 p 电子所在的 p 轨道与每个 O 原子的一个 p 轨道形成一个共轭 π 键体系,如图 9-1 所示。

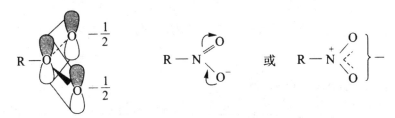

图 9-1 硝基的结构

在硝基化合物的分子中,与碳原子相连的是氮原子,在硝酸酯和亚硝酸酯的分子中,与碳原子相连的是氧原子,也就是硝基化合物与亚硝基化合物分别是硝酸和亚硝酸中的 HO—被烃基取代的衍生物,而硝酸酯与亚硝酸酯分别是硝酸和亚硝酸中的氢被烃基取代的衍生物,硝基化合物与相应的亚硝酸酯是同分异构体。

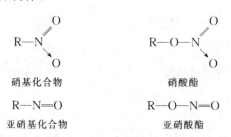

硝基化合物

硝酸酯

$R—N=O$

亚硝基化合物

$R—O—N=O$

亚硝酸酯

9.1.2　硝基化合物的物理性质

硝基化合物分子中含有强极性的硝基,所以一般都具有较大的偶极矩,其沸点和熔点明显高于相应的烃类,也高于相应的卤烃。脂肪族硝基化合物一般为无色液体。芳香族硝基化合物除了单环一硝基化合物为高沸点的液体外,其他多为淡黄色固体。硝基化合物不溶于水,但能与大多数有机物互溶,并能溶解大多数无机盐(形成络合物),故液体硝基化合物常用作某些有机反应(如傅-克反应)的溶剂。硝基化合物大多具有特殊气味,个别有香味,可用作香料(如人造麝香),但大多硝基化合物具有毒性,使用时要注意防护。多硝基化合物不稳定,遇光、热或振动易爆炸分解,可用作炸药(如三硝基甲苯)。常见硝基化合物的物理常数见表 9-1。

表 9-1　常见硝基化合物的物理常数

名称	熔点/℃	沸点/℃	相对密度 d_4^{20}
硝基甲烷	−28.5	100.8	1.135 4(22℃)
硝基乙烷	−50	115	1.044 8(25℃)
1-硝基丙烷	−108	131.5	1.022
2-硝基丙烷	−93	120	1.024
硝基苯	5.7	210.8	1.203
间二硝基苯	89.8	303	1.571
1,3,5-三硝基苯	122	315	1.688
邻硝基甲苯	−4	222.3	1.163
对硝基甲苯	51.4	237.7	1.286

9.1.3　硝基化合物的化学性质

硝基是一个强吸电子基团,脂肪族硝基化合物的 α-H 具有一定酸性,芳香族硝基化合物由于硝基的钝化作用,芳环上的亲电取代反应活性大大降低。

1. α-H 的活泼性

(1)互变异构现象

在脂肪族硝基化合物中,含有 α-H 原子的伯或仲硝基化合物能逐渐溶解于氢氧化钠溶液而生成钠盐。

$$RCH_2NO_2 + NaOH \rightleftharpoons [RCHNO_2]^- Na^+ + H_2O$$

这是因为在伯、仲硝基化合物中,α-C 上的碳氢键的 α 电子云与硝基氮氧双键的 π 电子云之间存在着 α-π 超共轭效应,因此存在着下面的互变异构现象。

$$R-CH_2-N \underset{O}{\overset{O}{\rightleftharpoons}} \quad\rightleftharpoons\quad R-CH=N \underset{O}{\overset{OH}{\rightleftharpoons}}$$

硝基式   假酸式

假酸式具有烯醇式结构特征,可与 $FeCl_3$ 溶液有显色反应,也能与 Br_2/CCl_4 溶液加成。

硝基化合物主要以硝基式存在,当遇到碱溶液时,碱与假酸式作用而生成盐,就破坏了假酸式和硝基式之间的平衡,硝基式不断地转变为假酸式,以至全部与碱作用而生成酸式盐。

叔硝基化合物没有 α-H,不能与碱作用。

(2)缩合反应

与羟醛缩合及克莱森缩合等反应类似,具有活泼 α-H 的硝基化合物在碱性条件下能与某些羰基化合物发生缩合反应。例如,

$$C_6H_5CHO+CH_3NO_2 \xrightarrow{OH^-} \xrightarrow[\triangle]{-H_2O} C_6H_5CH=CHNO_2$$

$$CH_3COCH_3+C_6H_5CH_2NO_2 \xrightarrow{OH^-} \underset{\overset{|}{NO_2}\ \overset{|}{OH}}{C_6H_5CH-C(CH_3)_2}$$

其缩合过程是:具有活泼 α-H 的硝基化合物在碱的作用下脱去 α-H 形成碳负离子,碳负离子再与羰基化合物发生亲核反应。

2.还原反应

硝基化合物容易被还原,其还原产物因还原条件不同而异。因芳香族硝基化合物的应用比脂肪族硝基化合物更为广泛,且还原也较为复杂,故以硝基苯为例进行讨论。

芳香族硝基化合物可采用化学还原法或催化加氢法还原为相应的胺。常用的还原剂有 Fe/HCl、Zn/HCl、$SnCl_2/HCl$ 等。例如,

(NO₂苯) —Fe/HCl→ (NH₂苯)

当芳环上还连有可被还原的羰基时,则用氯化亚锡和盐酸作为还原剂,因为它只还原硝基成为氨基,可以避免分子中的醛基被还原。

(间-NO₂-CHO苯) —SnCl₂/HCl→ (间-NH₂-CHO苯)

催化加氢法在产品质量和收率等方面都优于化学还原法,对环境污染少,故在工业上被越来越多地采用。常用的催化剂有 Ni、Pd、Pt 等,工业上常用 Raney-Ni 或铜在加压下氢化。反应是在中性条件下进行的,因此对于带有对酸或碱敏感基团的化合物,可用此法还原。例如,

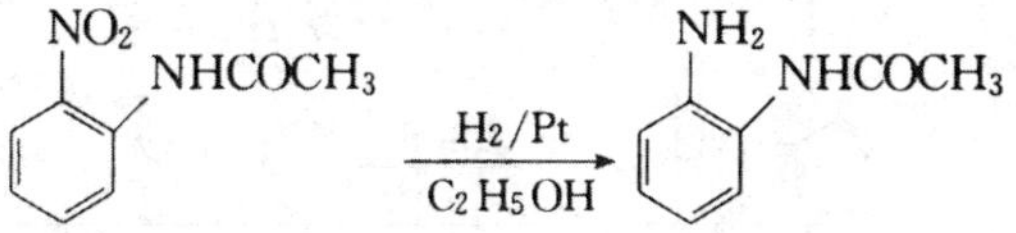

采用硫化钠(铵)、硫氢化钠(铵)、多硫化铵等比较温和的还原剂,在适当条件下,可以选择性地将多硝基化合物分子中的一个硝基还原成氨基。例如,

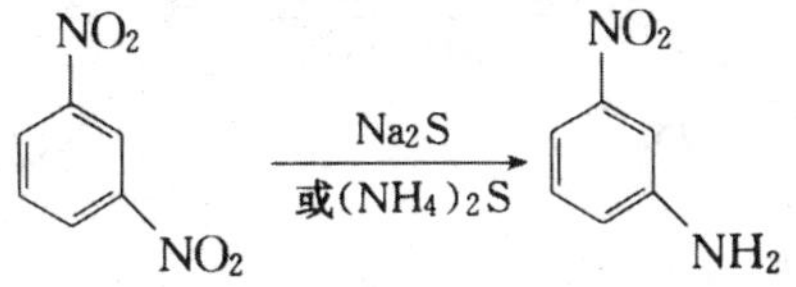

3.苯环上的取代反应

硝基是很强的第二类定位基,能使苯环钝化,因此,硝基所在的苯环上,只能与强的亲电试剂发生亲电取代反应。

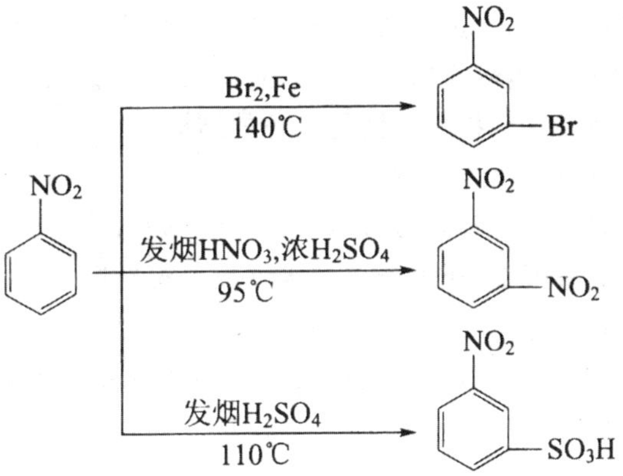

由于硝基使苯环电子云密度降低得较多(尤其是它的邻位和对位),以致硝基苯不能发生傅-克 (Friedel-Crafts)反应,但可作为这类反应的溶剂。

4.硝基对其邻、对位取代基的影响

硝基是强的吸电子基,连于芳环上的硝基不仅使其所在芳环上的亲电取代反应较难进行,而且通过共轭和诱导效应对其邻、对位存在的取代基(如—X、—OH、—COOH、—NH₂)产生显著的影响(对其间位的取代基只存在吸电子诱导效应,故影响较小)。

(1)对卤素原子活泼性的影响

一般情况下氯苯难以发生亲核取代反应。但是,如果在氯苯的邻位或对位连有硝基时,氯原子就比较活泼,容易被羟基取代,而且邻、对位上硝基数目越多,氯原子越活泼,反应也就越容易进行。例如,

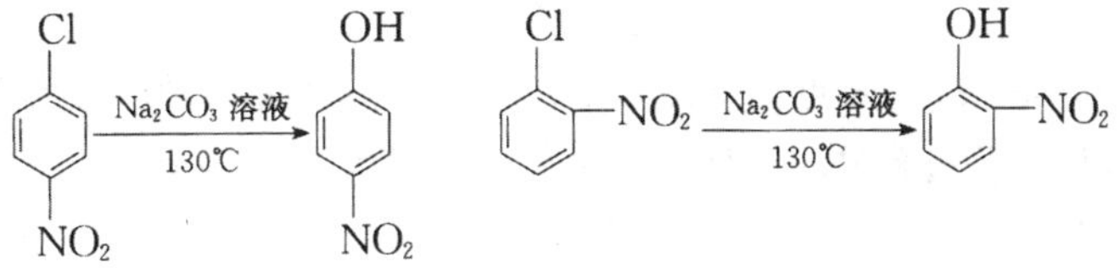

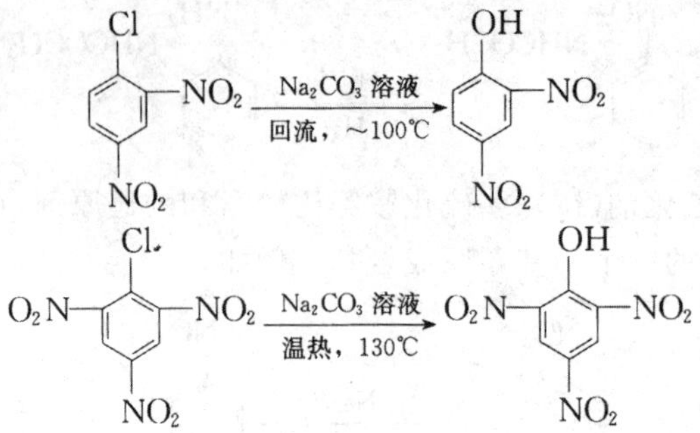

反应的活性大小顺序如下:

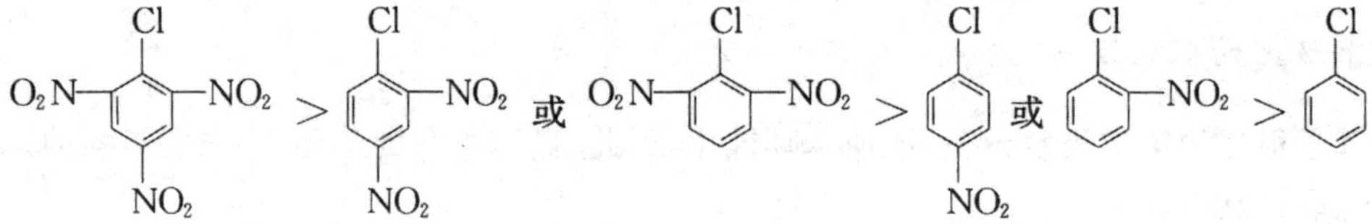

硝基氯苯的水解反应,是分两步进行的芳香族亲核取代反应。第一步是亲核试剂加在苯环上生成碳负离子(其中间体称为迈森海默络合物),它的负电荷分散在苯环的各碳原子上。第二步是从中间体碳负离子中消去一个氯原子恢复苯环的结构。

此反应历程又称为加成-消除反应历程。

由于硝基是一个强的间位定位基,通过诱导效应和共轭效应,使苯环上的电子云密度降低,尤其是它的邻位和对位降低得很多,所以亲核的水解反应较易进行。

(2)对酚类酸性的影响

在苯酚羟基的邻、对位引入硝基,硝基通过吸电子共轭效应的传递,增强了羟基中的氢离解成质子的趋势,使苯酚的酸性增强:

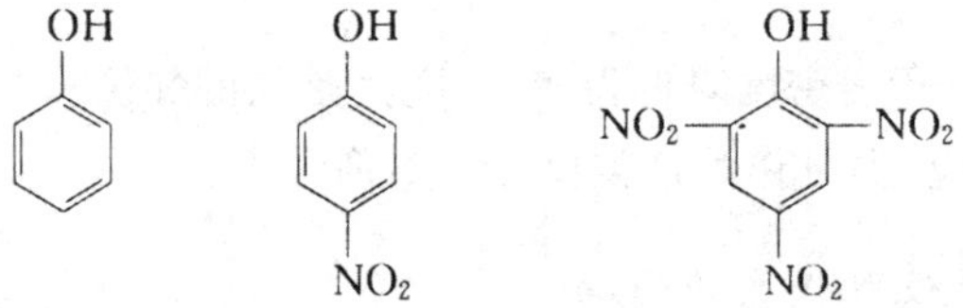

| pK_a | 9.89 | 7.15 | 0.38 |

在苯酚羟基的邻、对位都引入硝基的 2,4,6-三硝基苯酚,它的酸性($pK_a=0.38$)已接近无机强酸,它可与氢氧化钠和碳酸氢钠反应。

9.1.4 重要的硝基化合物

1.硝基苯

硝基苯为淡黄色油状液体,沸点为 210.8℃,不溶于水,可溶于苯、乙醇等有机溶剂,相对密度为 1.203,比水重,具有苦杏仁味,有毒。硝基苯可由苯直接硝化得到。硝基苯是重要的化工原料,主要用于制备苯胺、联苯胺及偶氮化合物等。

2.2,4,6-三硝基甲苯(TNT)

2,4,6-三硝基甲苯是黄色晶体,熔融而不分解(240℃才爆炸),受震也相当稳定,须经起爆剂(雷汞)引发才猛烈爆炸,不腐蚀金属,是一种优良的炸药。

3.2,4,6-三硝基苯酚

2,4,6-三硝基苯酚为黄色晶体,熔点为 121.8℃,苦味,俗称苦味酸,不溶于冷水,可溶于热水、乙醇和乙醚等有机溶剂,有毒,并有强烈的爆炸性。苦味酸是一种强酸,其酸性与无机强酸相近。苦味酸由 2,4-二硝基氯苯经水解再硝化制得。苦味酸是制备硫化染料的原料,也可作为生物碱的沉淀剂,医药上用作外科收敛剂。

9.2　胺

胺是最重要的含氮化合物,它可看作氨(NH_3)的衍生物,即氨分子中的氢原子被烃基取代的产物。

9.2.1　胺的分类、命名和结构

1.胺的分类

根据氮原子上所连烃基数目的不同,可将胺分为伯胺($1°$胺)、仲胺($2°$胺)和叔胺($3°$胺)。氮原子上连有一个烃基的胺称为伯胺;氮原子上连两个烃基的胺称为仲胺;氮原子上连三个烃基的胺称为叔胺。例如,

$$NH_3 \quad NH_2R \quad NHR_2 \quad NR_3$$
氨　　　伯胺　　仲胺　　叔胺

在上述伯胺、仲胺、叔胺中如 R 是脂肪族烃基时,为脂肪胺;如氮原子连有芳环则为芳香胺,简称芳胺。例如,

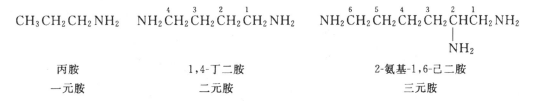

苯胺　　　　　　β萘胺　　　　　环己胺　　　　叔丁胺
芳胺　　　　　　芳胺　　　　　　脂肪胺　　　　脂肪胺

根据分子中氨基(—NH_2)的数目,胺可分为一元胺、二元胺和多元胺。例如,

$$CH_3CH_2CH_2NH_2 \quad NH_2\overset{4}{C}H_2\overset{3}{C}H_2\overset{2}{C}H_2\overset{1}{C}H_2NH_2 \quad NH_2\overset{6}{C}H_2\overset{5}{C}H_2\overset{4}{C}H_2\overset{3}{C}H_2\overset{2}{C}HCH_2NH_2$$

$$\underset{NH_2}{|}$$

丙胺　　　　　　　　　1,4-丁二胺　　　　　　　2-氨基-1,6-己二胺
一元胺　　　　　　　　二元胺　　　　　　　　　三元胺

如果氮原子与四个烃基相连,称为季铵化合物,其中 $R_4N^+X^-$ 称为季铵盐、$R_4N^+OH^-$ 称为季铵碱。

值得注意的是,伯、仲、叔胺与伯、仲、叔醇的含义不同。例如,$(CH_3)_3C-OH$ 为叔醇;$(CH_3)_3C-NH_2$ 为伯胺。

2.胺的命名

简单胺的命名,以胺作母体,烃基作取代基称作某胺。例如,

$$CH_3-NH_2 \qquad \text{苯胺} \qquad CH_3-\text{苯环}-NH_2$$

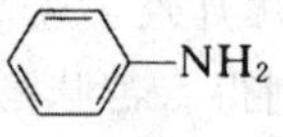

甲胺　　　　　　苯胺　　　　　　对甲基苯胺

如果有几个相同的烃基,可以合并起来写,用二、三等数字表示。如果烃基不相同,简单烃基名称放在前面,复杂烃基放在后面。例如,

$$CH_3-NH-CH_3 \qquad (CH_3)_3N \qquad \text{苯环}-NH-\text{苯环}$$

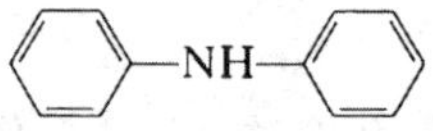

二甲胺　　　　　　三甲胺　　　　　　二苯胺

$$CH_3-NH-CH_2CH_2CH_3 \qquad CH_3-N(CH_2CH_3)(CH_2CH_2CH_3)$$

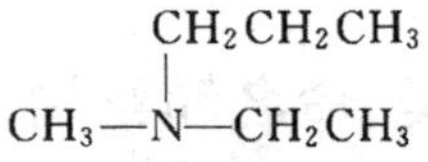

甲丙胺　　　　　　　　甲乙丙胺

芳香胺的氮原子上连有脂肪烃基时,以芳香胺为母体命名,在脂肪烃基名称前面加字母"N",表示脂肪烃基连在氮原子上。例如,

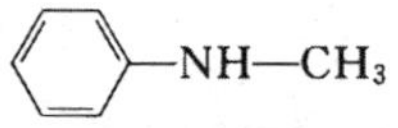

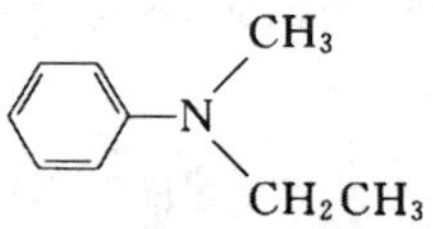

$$\text{苯环}-NH-CH_3 \qquad \text{苯环}-N(CH_3)(CH_2CH_3)$$

N-甲基苯胺　　　　　　　　N-甲基-N-乙基苯胺

比较复杂的胺的命名,是以烃为母体,氨基作为取代基。例如,

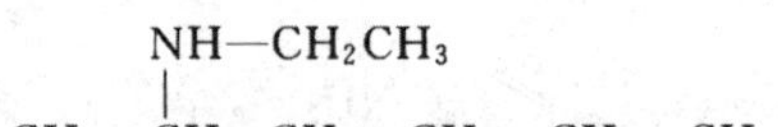

$$CH_3-\underset{\underset{CH_3}{|}}{CH}-CH_2-CH_2-\underset{\underset{NH_2}{|}}{CH}-CH_2-CH_3$$

2-甲基-5-氨基庚烷

$$CH_3-\underset{\underset{NH-CH_2CH_3}{|}}{CH}-CH_2-CH_2-CH_2-CH_3$$

2-乙氨基己烷

多元胺的命名与多元醇的命名相似。例如,

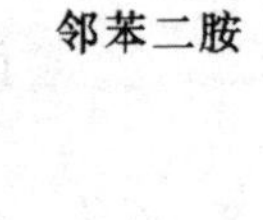

$$H_2N-CH_2-\underset{\underset{NH_2}{|}}{CH}-CH_2-NH_2$$

1,2,3-丙三胺

$$\text{苯环}\genfrac{}{}{0pt}{}{-NH_2}{-NH_2}$$

邻苯二胺

3. 胺的结构

胺的结构与氨分子类似,氮原子是 sp^3 杂化,三个 sp^3 杂化轨道与氢原子或碳原子形成三个 σ 键,一对孤电子占据一个 sp^3 轨道,因此胺的氮原子是一四面体结构,胺分子中的键角随不同的原子和基团而变化。胺分子的一些几何参数如下:

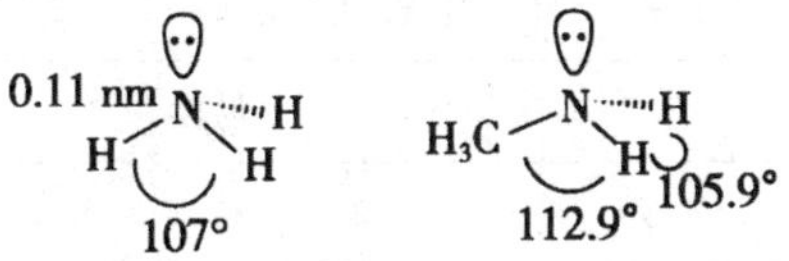

由于胺中的氮原子是四面体形结构,所以当氮原子上所连的三个原子或基团都彼此不同时,氮原子就是手性中心,分子与其镜像是不能重合的,就应存在对映异构现象,但对映体的拆分却没有成功,这是因为两种构型相互转化的能垒较低(约 25 kJ/mol),在室温条件下,能很快相互转化而发生外消旋化,使之无法拆分。

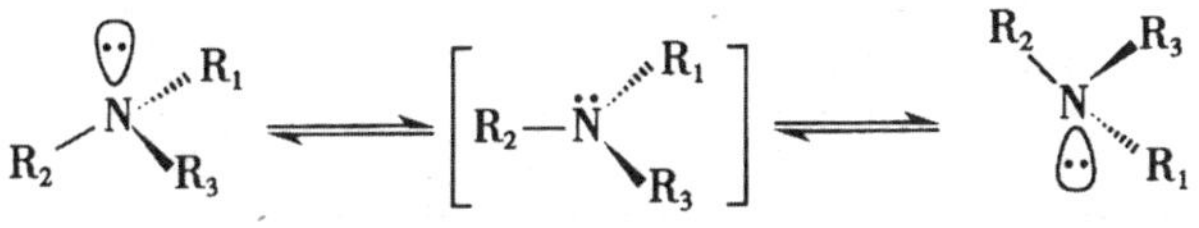

胺的对映体及其转化

如果有某种因素阻碍这种构型间的快速转化,则可拆分成一对对映体。如某些桥环的胺和季铵离子:

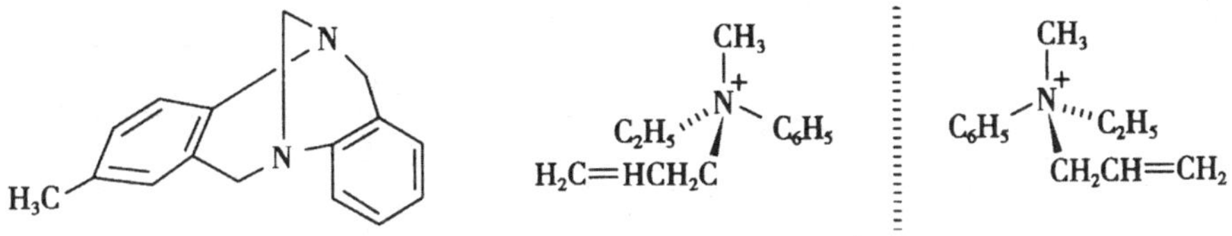

苯胺中的氮原子为不等性的 sp^3 杂化,未共用电子对所占据的轨道含有较多 p 轨道成分。因此,以氮原子为中心的四面体会比脂肪胺中更扁平一些。H—N—H 所确定的平面与苯环平面的夹角为 39.4°,氮上的未共用电子对与苯环上的 p 轨道虽然不完全平行,但可以共平面,并不妨碍与苯环产生共轭。使得氮原子上的未共用电子对与苯环的大 π 键有相当程度的共轭。

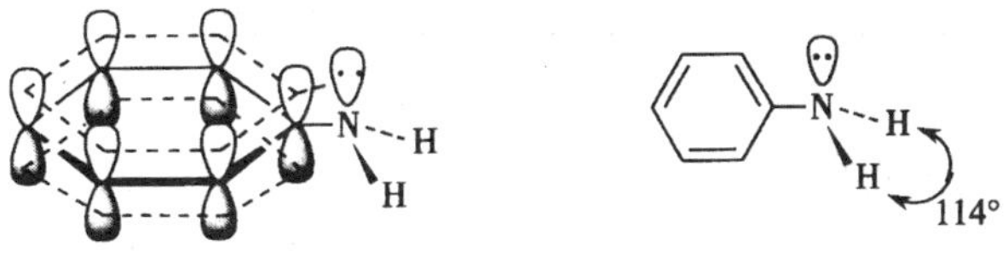

9.2.2　胺的物理性质

低级胺有氨味或鱼腥味,高级胺无味,芳胺有毒。像氨一样,胺也是极性化合物,伯胺和仲胺可以形成分子间氢键,叔胺不能形成分子间氢键,所以伯胺和仲胺的沸点比分子量相近的烃类(非极性)化合物要高。而叔胺的沸点与分子量相近的烃类(非极性)化合物接近。脂肪胺的密度比水小,芳香胺的密度与水接近。伯胺、仲胺和叔胺都能与水分子形成氢键,所以低级的脂肪胺溶于水。芳香胺不溶于水。胺可溶解在醇、醚、苯等低极性有机溶剂中。表 9-2 列出了常见胺的物理常数。

表 9-2 常见胺的物理常数

名称	熔点/℃	沸点/℃	溶解度/[g/(100 g H₂O)]	相对密度 d_4^{20}
甲胺	−93.5	−6.3	易溶	0.796 1(−10℃)
二甲胺	−93	7.4	易溶	0.660 4(0℃)
三甲胺	−117.2	2.9	91	0.722 9(25℃)
乙胺	−81	16.6	∞	0.706(0℃)
二乙胺	−48	56.3	易溶	0.705
三乙胺	−114.7	89.4	14	0.756
正丙胺	−83	47.8	∞	0.719
正丁胺	−49.1	77.8	易溶	0.740
正戊胺	−55	104.4	溶	0.761 4
乙二胺	8.5	116.5	溶	0.899
己二胺	41	204	易溶	—
苯胺	−6.3	184	3.7	1.022
N-甲基苯胺	−57	196.3	难溶	0.989
N,N-二甲基苯胺	2.5	194	1.4	0.956
二苯胺	54	302	不溶	1.159
三苯胺	127	365	不溶	0.774(0℃)
联苯胺	127	401.7	0.05	1.250
α-萘胺	50	300.8	难溶	1.131
β-萘胺	113	306.1	不溶	1.061 4(25℃)

9.2.3 胺的化学性质

胺分子中的官能团是氨基(—NH₂),它决定了胺的化学性质,包括与它相连的烃基受氨基的影响所表现出的一些性质。

1.碱性与成盐

胺与氨相似,由于氮原子上有一对未共用电子对,容易接受质子形成铵离子,因而呈碱性。胺的碱性强弱可用 pK_b 值表示。pK_b 值越小,其碱性越强。常见胺的 pK_b 值见表 9-3。

表 9-3　常见胺的 pK_b 值

名称	pK_b(25℃)	名称	pK_b(25℃)
甲胺	3.38	苯胺	9.37
二甲胺	3.27	N-甲基苯胺	9.16
三甲胺	4.21	N,N-二甲基苯胺	8.93
环己胺	3.63	对甲苯胺	8.92
苄胺	4.07	对氯苯胺	10.00
α-萘胺	10.10	对硝基苯胺	13.00
β-萘胺	9.90	二苯胺	13.21

由表 9-3 的 pK_b 值可以看出,脂肪胺的碱性比氨($pK_b=4.76$)强,芳胺的碱性比氨弱。这是因为烷基是给电子基,它能使氮原子周围的电子云密度增大,接受质子的能力增强,所以碱性增强。氮原子上连接的烷基越多,碱性越强。而芳胺分子中由于存在多电子 p-π 共轭效应,发生电子离域,使氮原子周围的电子云密度减小,接受质子的能力减弱,所以碱性减弱。影响胺类化合物碱性强弱的主要因素还有溶剂化效应和立体效应,胺的氮原子上连的氢原子越多,溶剂化的程度就越大,空间位阻就越小,铵离子越易形成并且稳定性越强,碱性也就越强。所以,胺的碱性强弱是电子效应、溶剂化效应和立体效应综合影响的结果。不同胺的碱性强弱的一般规律为

脂肪胺(仲胺>伯胺>叔胺)>氨>芳胺

苯胺>二苯胺>三苯胺(近于中性)

当芳胺的苯环上连有给电子基时,可使其碱性增强;而连有吸电子基时,则使其碱性减弱。例如,下列芳胺的碱性强弱顺序为

对甲苯胺>苯胺>对氯苯胺>对硝基苯胺

胺是弱碱,可与酸发生中和反应生成盐而溶于水中,生成的弱碱盐与强碱作用时,胺又重新游离出来。例如,

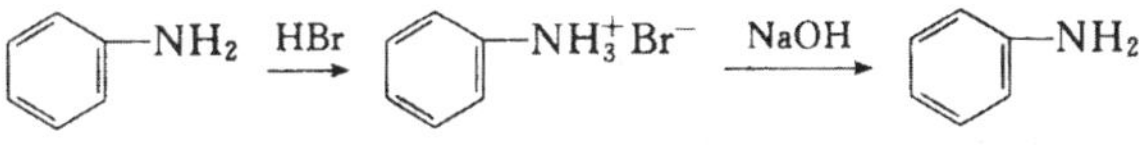

（不溶于水）　　　　（溶于水）　　　　（不溶于水）

2.烷基化反应

胺与氨一样都是亲核试剂,可与卤代烃、醇等烷基化试剂作用,氨基上的氢原子被烃基取代。

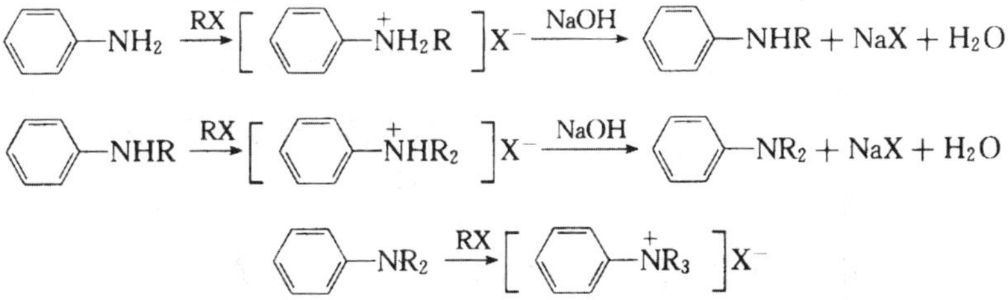

最后产物为季铵盐,如 R 为甲基,则常称此反应为"彻底甲基化作用"。工业上,苯胺和过量的甲醇在硫酸存在时,在高温高压下则生成 N,N-二甲基苯胺。

$$\text{\fbox{}}-NH_2 + 2CH_3OH \xrightarrow[2.5\sim3\ MPa]{H_2SO_4,230\sim235℃} \text{\fbox{}}-N(CH_3)_2 + 2H_2O$$

N,N-二甲基苯胺是合成香兰素的基础物质之一。香兰素是一种重要的香料,常用作日用香精,同时也是饮料和食品的重要增香剂。此外,N,N-二甲基苯胺还是重要的合成染料中间体,在有机合成工业中有重要的用途。

3.酰基化反应

伯胺和仲胺与酰卤或酸酐等酰化剂作用,氨基上的氢原子被酰基 $R-\overset{\overset{\displaystyle O}{\|}}{C}-$ 取代而生成酰胺的反应,称为胺的酰基化反应。与氨的酰基化反应类似,叔胺的氮原子上无氢原子,不能发生酰基化反应。

$$RNH_2 + Cl-\overset{\overset{\displaystyle O}{\|}}{C}-R' \longrightarrow RNH-\overset{\overset{\displaystyle O}{\|}}{C}-R' + HCl$$

$$R_2NH + Cl-\overset{\overset{\displaystyle O}{\|}}{C}-R' \longrightarrow R_2N-\overset{\overset{\displaystyle O}{\|}}{C}-R' + HCl$$

$$R-NH_2 + (R'CO)_2O \longrightarrow R'CONHR + R'COOH$$

$$R_2NH + (R'CO)_2O \longrightarrow R'CONR_2 + R'COOH$$

酰胺是具有一定熔点的固体,通过测定酰胺的熔点并与已知酰胺的比较,可以鉴定胺。在强酸或强碱的水溶液中加热,酰胺易水解生成胺,因此,此反应在有机合成上常用来保护氨基。因为氨基比较活泼,容易被氧化,所以在合成中常把芳香胺酰化,把氨基保护起来,再进行其他反应,然后使酰胺水解再变为胺。例如,需要在苯胺的苯环上引入硝基时,为防止氨基被氧化,则先将氨基进行乙酰化,制成乙酰苯胺,然后再硝化,在苯环上导入硝基以后,水解除去酰基则得硝基苯胺。

4.磺酰化反应

伯胺和仲胺还能与苯磺酰氯作用,生成相应的苯磺酰胺,这一反应称为兴斯堡(Hinsberg)反应,叔胺与苯磺酰氯不能发生兴斯堡反应。

$$\left.\begin{array}{l} RNH_2 \\ (伯胺) \\ R_2NH \\ (仲胺) \\ R_3N \\ (叔胺) \end{array}\right\} + \text{\fbox{}}-SO_2Cl \longrightarrow \left\{\begin{array}{l} \text{\fbox{}}-SO_2NHR \\ (N\text{-烃基苯磺酰胺}) \\ \text{\fbox{}}-SO_2NR_2 \\ (N,N\text{-二烃基苯磺酰胺}) \\ 不反应 \end{array}\right.$$

伯胺与苯磺酰氯作用生成的 N-烃基苯磺酰胺氮原子上的氢原子由于受到磺酰基及氮原子

吸电子作用的影响呈现出酸性,可与氢氧化钠成盐而溶解在氢氧化钠溶液中。仲胺与苯磺酰氯作用生成的 N,N-二烃基苯磺酰胺氮原子上没有氢原子,不溶于氢氧化钠溶液。

$$\text{[benzene]}-SO_2NHR + NaOH \longrightarrow \left[\text{[benzene]}-SO_2NR \right]^- Na^+$$

可溶于水

伯胺和仲胺与苯磺酰氯作用,生成的苯磺酰胺在酸或碱的催化作用下可水解生成原来的胺。因此,兴斯堡反应既可用于鉴别伯、仲、叔胺,又可用于分离或提纯伯、仲、叔胺的混合物。另外,苯磺酰胺为固体,有固定的熔点,也可将胺转化为相应的苯磺酰胺,通过测定相应苯磺酰胺的熔点来鉴别原来的胺。

5.与亚硝酸反应

伯、仲、叔三类胺都能与亚硝酸反应,但所得产物各不相同。因亚硝酸极不稳定,故实际工作中常用亚硝酸钠和过量的盐酸(或硫酸)。反应时,先将胺溶于过量的酸中制成盐溶液,然后在不断搅拌的条件下滴加亚硝酸钠溶液,生成的亚硝酸立即与胺反应。

$$NaNO_2 + HCl \longrightarrow HNO_2 + NaCl$$

(1)伯胺与亚硝酸的反应

脂肪伯胺与亚硝酸反应,先生成重氮盐,但重氮盐极不稳定,很快自动分解,并进行取代、消除、重排等一系列反应,最终放出氮气,生成醇、烯和卤烃等复杂的产物。例如,

$$RNH_2 \xrightarrow[HCl]{NaNO_2} [R-N^+\equiv N]Cl^- \xrightarrow{H_2O} N_2 + 醇、烯、卤代烷混合物$$

脂肪伯胺与亚硝酸的反应在有机合成上无实用价值。但该反应放出氮气是定量的,故可用于脂肪伯胺的定性和定量分析。

芳香伯胺与亚硝酸反应,也可放出氮气而生成酚。但在较低的温度(≤5℃)下,不放出氮气,而生成重氮盐。重氮盐是一种重要的中间体,能发生很多反应。

$$\text{[benzene]}-NH_2 \xrightarrow[0\sim5℃]{NaNO_2 + HCl} \text{[benzene]}-N^+\equiv NCl^-$$

氯化重氮苯

(2)仲胺与亚硝酸反应

无论是脂肪族仲胺还是芳香族仲胺,与亚硝酸反应后生成 N-亚硝基胺。N-亚硝基胺通常是黄色油状物或黄色固体。它水解后又可得到原来的胺。

$$R_2NH + NaNO_2 \xrightarrow{HCl} R_2N-N=O \xrightarrow[(2)OH^-]{(1)H_3O^+/\triangle} R_2NH$$

$$ArNHR + NaNO_2 \xrightarrow{HCl} Ar-\underset{\underset{N=O}{|}}{N}-R \xrightarrow[(2)OH^-]{(1)H_3O^+/\triangle} ArNHR$$

例如,N-甲基苯胺与亚硝酸反应生成 N-亚硝基-N-甲基苯胺黄色油状物:

$$\text{C}_6\text{H}_5\text{—NHCH}_3 + \text{NaNO}_2 \xrightarrow{\text{HCl}} \text{C}_6\text{H}_5\text{—N}(\text{CH}_3)(\text{N=O})$$

N-亚硝基-N-甲基苯胺

当它和稀酸水溶液一起加热时,又可生成原来的 N-甲基苯胺。利用这种方法也可用来分离提纯仲胺。

$$\text{C}_6\text{H}_5\text{—N}(\text{CH}_3)(\text{N=O}) \xrightarrow[\text{(2)OH}^-]{\text{(1)H}_2^+\text{O}/\triangle} \text{C}_6\text{H}_5\text{—NHCH}_3$$

$$(\text{CH}_3)_2\text{NH} + \text{NaNO}_2 \xrightarrow{\text{HCl}} (\text{CH}_3)_2\text{N—N=O}$$

N-亚硝基二甲胺

(3)叔胺与亚硝酸反应

脂肪叔胺一般不与亚硝酸反应,虽然能与亚硝酸形成盐,但此盐并不稳定,加碱后可重新得到游离的叔胺。

芳香叔胺与亚硝酸反应时,则发生环上的亲电取代反应——亚硝化反应,生成对亚硝基化合物。例如,

$$(\text{CH}_3)_2\text{N—C}_6\text{H}_4\text{—} + \text{NaNO}_2 + \text{HCl} \longrightarrow (\text{CH}_3)_2\text{N—C}_6\text{H}_4\text{—NO} + \text{NaCl} + \text{H}_2\text{O}$$

对亚硝基-N,N-二甲基苯胺

对亚硝基-N,N-二甲基苯胺为绿色固体,难溶于水。亚硝基化合物毒性很强,是一种很强的致癌物质。

6.苯胺的氧化反应

苯胺很容易被氧化,且氧化产物复杂,如用适当的氧化剂,控制氧化条件,苯胺可氧化生成对苯醌。如苯胺久置后,空气中的氧可使苯胺由无色透明→黄→浅棕→红棕。

$$\text{C}_6\text{H}_5\text{—NH}_2 \xrightarrow{\text{MnO}_2/\text{H}_2\text{SO}_4} \text{(对苯醌)}$$

苯胺遇漂白粉显紫色,可用该反应检验苯胺:

$$\text{C}_6\text{H}_5\text{—NH}_2 \xrightarrow{\text{Ca(OCl)}_2} \text{O=C}_6\text{H}_4\text{=N—C}_6\text{H}_4\text{—NH}_2 \text{（紫色）}$$

7.芳环上的取代反应

氨基是使苯环活化的强的邻、对位定位基,所以芳胺很容易进行亲电反应(如卤代、硝化、磺化等反应)。

(1)卤代反应

芳胺与卤素(氯或溴)反应很快。例如,在苯胺的水溶液中滴加溴水,则立即生成2,4,6-三

溴苯胺的白色沉淀。

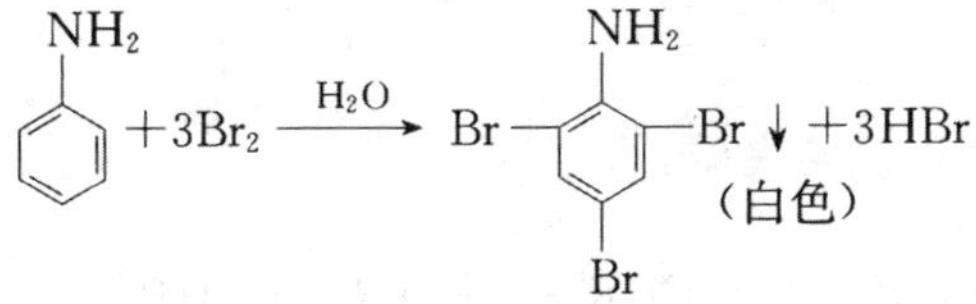

该反应常用来检验苯胺的存在,也用作苯胺的定量分析。

若要制备芳胺的一元溴代物,则必须先将苯胺乙酰化,以降低其活化能力,再溴化,得对溴乙酰苯胺主要产物,水解即得到对溴苯胺。

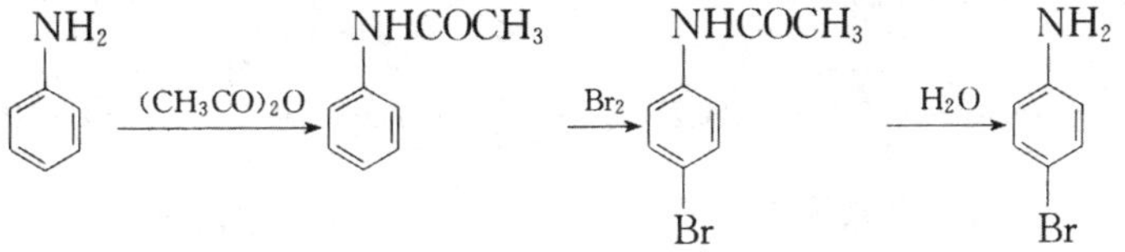

(2)硝化反应

常用硝化剂的主要成分是硝酸,它具有相当强的氧化性。为避免苯胺硝化时同时被氧化,要先经酰化保护氨基。例如,

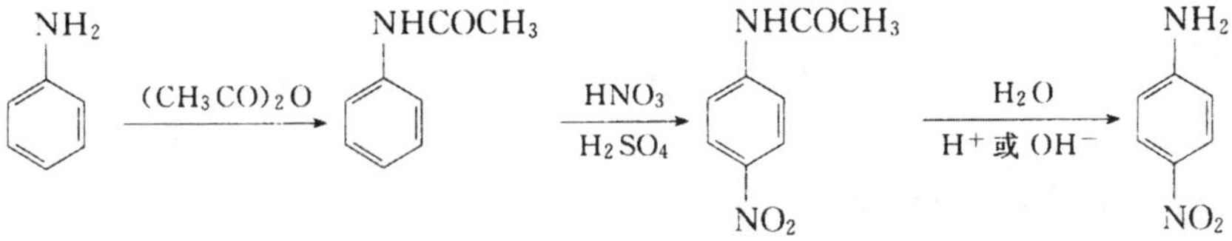

如果将苯胺溶于浓硫酸,则首先生成苯胺硫酸盐。此盐对氧化剂稳定,故也可以用硫酸作保护基。例如,

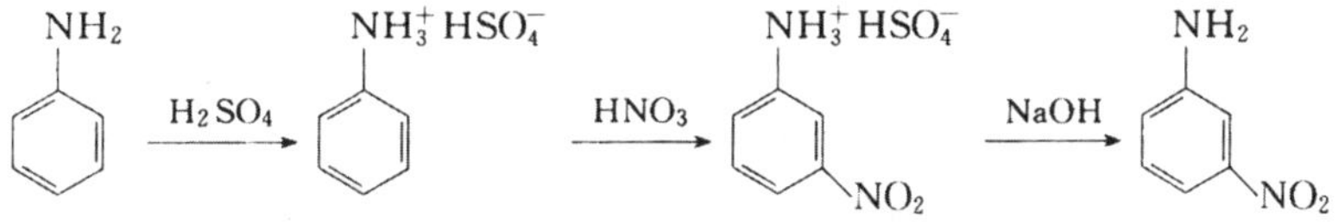

因为—NH_3^+ 是间位定位基,硝化反应的结果生成间位取代物。

(3)磺化反应

苯胺的磺化是分步进行的,先将苯胺与等物质的量的硫酸混合,使之先生成苯胺硫酸盐,然后在 $180\sim190℃$ 的条件下烘焙,则可转化为对氨基苯磺酸。

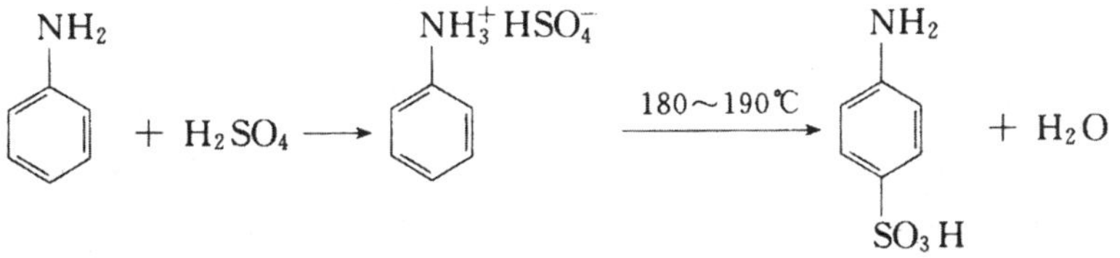

对氨基苯磺酸分子同时具有酸性基团(—SO_3H)和碱性基团(—NH_2),它们之间可中和成盐,称为内盐($H_3\overset{+}{N}$—⬡—SO_3^-)。对氨基苯磺酸的熔点较高($288℃$),不溶于水,能溶于氢氧化钠和碳酸钠,是重要的染料中间体。

8.伯胺的特殊反应

(1)与醛类的缩合

伯胺能与醛类脱水缩合生成希夫碱：

$$RNH_2 + O = CHR' \xrightarrow[-H_2O]{\triangle} RN = CHR'$$

N-取代亚胺（希夫碱）

当 R、R′ 为脂肪烃基时，希夫碱不稳定，容易发生聚合；R、R′ 为芳香烃基时一般较稳定，形成的希夫碱往往呈现出一定的颜色。例如，

$$ArNH_2 + O = \overset{H}{\underset{}{C}} \text{—} N(CH_3)_2 \xrightarrow[-H_2O]{\triangle} Ar \text{—} N = \overset{H}{\underset{}{C}} \text{—} N(CH_3)_2$$

芳伯胺　　　**对二甲氨基苯甲醛**　　　　　　　**有色物质**

对二甲氨基苯甲醛常用作含氨基药物薄层层析的显色剂。

(2)异腈反应

伯胺（包括芳胺）与氯仿和强碱的醇溶液加热，会生成具有恶臭味的异腈。此反应可作为鉴别伯胺的方法。

$$RNH_2 + CHCl_3 + 3KOH \xrightarrow{\triangle} RNC + 3KCl + 3H_2O$$

9.2.4　季铵盐与季铵碱

1.季铵盐

叔胺与卤代烃（脂肪族或活化的芳卤代烃）作用生成季铵盐。

$$R_3N + RX \longrightarrow R_4N^+ + X^-$$

季铵盐为白色结晶固体，离子型化合物，具有盐的特性，易溶于水而不溶于非极性的有机溶剂，熔点高，在加热时分解为叔胺和卤代烃。

季铵盐与强碱作用得到含季铵碱的平衡混合物。

$$R_4\overset{+}{N}X^- + KOH \longrightarrow R_4\overset{+}{N}OH^- + KX$$

该反应如果在强碱的醇溶液中进行，则由于碱金属的卤化物不溶于醇，可使反应进行到底而制得季铵碱。如果用湿的氧化银代替氢氧化钾，反应也可顺利完成。

$$(CH_3)_4\overset{+}{N}I^- + AgOH \longrightarrow (CH_3)_4\overset{+}{N}OH^- + AgI\downarrow$$

具有一个 C_{12} 以上烷基的季铵盐是一类重要的阳离子表面活性剂，而且大多数还具有杀菌作用，例如，溴化二甲基苄基十二烷基铵（商品名"新洁尔灭"）是具有去污能力的表面活性剂，也是杀菌特别强的消毒剂。

季铵盐的另一个应用是用作相转移催化剂，它能加速分别处于互不相溶的两相中的物质发生作用，其用量仅为作用物的 0.05 mol 以下。常用的相转移催化剂有氯化四丁基铵、溴化三乙基苄基铵、溴化三乙基十六烷基铵等。例如，1-氯辛烷与氰化钠水溶液反应制备壬腈，由于两种反应物形成两相，是一种非均相反应，加热两周也不反应，如果加入相转移催化剂溴化三丁基十

六烷基铵,加热回流 1.5 h,壬腈的产率达到 99%。

　　另外,某些低碳链的季铵盐(或季铵碱)具有生理活性,例如,乙酰胆碱 $[(CH_3)_3NCH_2CH_2OCOCH_3]^+OH^-$ 对动物神经有调节保护作用;矮壮素 $[(CH_3)_3NCH_2CH_2Cl]^+$ Cl^- 是一种植物生长调节剂,能使植株变矮,秆茎变粗,叶色变绿,具有提高农作物耐旱、耐盐碱和抗倒伏的能力。

2. 季铵碱

将季铵盐与氢氧化银(湿的氧化银)作用,就得到季铵离子的氢氧化物——季铵碱,例如,

$$(CH_3)_4N^+Br^- + AgOH \longrightarrow (CH_3)_4N^+OH^- + AgBr\downarrow$$

大量制备季铵碱,可用强碱性离子交换树脂与季铵盐作用,但一般难以制成固体,而是用其溶液。季铵碱是强碱,其碱性强度与氢氧化钠相当。季铵碱受热时易发生分解。例如,

$$(CH_3)_4N^+OH^- \xrightarrow{\triangle} (CH_3)_3N + CH_3OH$$

而当季铵碱中氮的 β 位有氢原子时,则羟基负离子可进攻并夺取 β-氢,同时碳氮键断裂,发生 E2 消除反应,生成烯烃、叔胺和水,称为霍夫曼消除。

$$OH^- + H\overset{\frown}{-}CH_2CH_2-N^+(CH_3)_3 \xrightarrow{\triangle} CH_2=CH_2 + (CH_3)_3N + H_2O$$

当季铵碱中有两种或两种以上不同的 β-氢原子时,在加热时可生成几种烯烃。实践证明,在这一条件下,反应生成的主产物是双键上连有取代基较少的烯烃,这一规律称为霍夫曼规则。

$$CH_3CH_2\overset{\displaystyle |}{\underset{\displaystyle N^+(CH_3)_3OH^-}{C}}HCH_3 \xrightarrow{180℃} \underset{95\%}{CH_3CH_2CH=CH_2} + \underset{5\%}{CH_3CH=CHCH_3} + (CH_3)_3N + H_2O$$

这可以用 E2 消除反应的机理来解释,在 E2 消除反应中,OH^- 更容易进攻空间位阻较小 β 位上的氢,主要产生双键上连有较少烷基的烯烃。

但若 β-碳上连有吸电子基团,如苯基、乙烯基、羰基等,则与之相连的 β-碳上氢的酸性增强,易消除,从而得到与霍夫曼规则预期不同的主产物。例如,

$$C_6H_5CH_2CH_2\overset{\displaystyle CH_3}{\underset{\displaystyle CH_3}{N^+}}CH_2CH_3OH^- \xrightarrow{150℃} \underset{93\%}{C_6H_5CH=CH_2} + \underset{0.4\%}{CH_2=CH_2} + H_2O$$

季铵碱的霍夫曼消除可用于测定某些胺的结构。例如,某胺分子式为 $C_6H_{13}N$,制成季铵盐时,只消耗 1 mol 碘甲烷,与湿的氧化银反应产物经两次霍夫曼消除,生成 1,4-戊二烯和三甲胺,推测胺的结构。

9.2.5　重要的胺

1. 甲胺

甲胺包括一甲胺、二甲胺和三甲胺三种化合物,其中,一甲胺常简称甲胺。三者均为无色液

体,有氨的气味,三甲胺还带鱼腥味,易溶于水,溶于乙醇、乙醚等,能吸收空气中的水分。甲胺蒸气与空气混合可形成混合性爆炸物。一甲胺的熔点为 $-93.5℃$,沸点为 $-6.3℃$;二甲胺的熔点为 $-93℃$,沸点为 $7.4℃$;三甲胺的熔点为 $-117.2℃$,沸点为 $2.9℃$。三者均呈碱性,可与酸成盐。甲胺是蛋白质分解时的产物,可从天然物中发现。如三甲胺可从甜菜碱和胆碱中分解得到。工业上由甲醇与氨反应可制得三者的混合物。同时,它们又都是重要的有机化工原料,可用于制药等。

甲胺对皮肤、黏膜有刺激作用,工作场所最高容许浓度为 10 ppm。

2.苯胺

苯胺又称为"阿尼林油",是最简单的芳香胺。无色油状液体,但露置于空气中渐被氧化成棕色。熔点为 $-6℃$,沸点为 $184\sim186℃$,加热至 $370℃$ 分解。易溶于有机溶剂,微溶于水。苯胺表现出典型的芳香胺性质。

工业上可由硝基苯还原或氯苯的氨基化得到。同时,苯胺还是一种重要的化工原料,可用于药物合成(主要是磺胺类)等。

苯胺对血液和神经的毒性很强,工作场所最高容许浓度为 5 ppm。

3.乙二胺

乙二胺是最简单的二元胺,为无色黏稠状液体,沸点为 $116.5℃$,易溶于水。乙二胺由 1,2-二氯乙烷与氨反应制得。

$$ClCH_2CH_2Cl + 4NH_3 \xrightarrow[1 \text{ MPa}]{100\sim150℃} H_2NCH_2CH_2NH_2 + 2NH_4Cl$$

乙二胺与氯乙酸在碱性溶液中作用生成乙二胺四乙酸盐,后者经酸化得乙二胺四乙酸,简称 EDTA。

$$H_2N(CH_2)_2NH_2 + 4ClCH_2COOH \xrightarrow[\triangle]{NaOH} (NaOOCCH_2)_2NCH_2CH_2N(CH_2COONa)_2$$
$$\text{EDTA}$$

EDTA 及其盐是分析化学中常用的金属螯合剂,可用于分离重金属离子。EDTA 二钠盐还是重金属中毒的解毒药。

乙二胺是有机合成原料,主要用于合成药物、农药和乳化剂等。

4.己二胺

己二胺即 1,6-己二胺,为无色固体,熔点为 $42℃$。易溶于水,微溶于苯或乙醇。在空气中易变色并吸收水分及二氧化碳。工业上由己二酸与氨作用或丙烯腈电解偶联而成己二腈,再经氢化合成,是生产聚酰胺纤维(如锦纶 66、锦纶 610 或称尼龙 66、尼龙 610)的单体。

$$H_2N-CH_2CH_2CH_2CH_2CH_2CH_2-NH_2$$
$$\text{己二胺}$$

5.三乙醇胺

三乙醇胺简称 TEA,带氨的气味,为无色黏稠透明的液体,能与水及醇互溶,微溶于乙醚,有吸水性,可吸收二氧化硫、硫化氢等气体。三乙醇胺主要用于日用化学工业,是生产表面活性剂、医药、农药、化妆品、空气净化剂及各种助剂等产品的重要基础原料。例如,季铵化脂肪酸三乙醇胺酯盐是一种体内可降解的手术吻合套;比亚芬(三乙醇胺乳膏)用于预防和治疗放疗引起的皮肤损伤;三乙醇胺也可以用作混凝土的早强剂(即速凝剂)和一些金属离子的掩蔽剂。

6. 对氨基苯磺酰胺

对氨基苯磺酰胺简称为磺胺,是白色颗粒或粉末状晶体,无臭,味微苦,熔点为 $164.5\sim166.5℃$,微溶于冷水,易溶于沸水,不溶于苯、氯仿、乙醚和石油醚。

磺胺类药物(简称 SN)是比较常用的一类抗菌药物,具有抗菌谱广、可以口服、吸收较迅速、有的能通过血脑屏障渗入脑脊液、较为稳定、不易变质等优点。磺胺结构中有两个重要的基团,磺酰氨基($—SO_2NH_2$)和对氨基,这两个基团必须互相处在苯环的对位才具有明显抑菌作用。常见的磺胺类药物有磺胺嘧啶(SD)、磺胺甲基异噁唑(SMZ)和磺胺邻二甲氧嘧啶(SDM)等。

7. 胆碱

胆碱是广泛存在于动植物体内的季铵碱,尤其是在动物的卵和脑髓中含量较多,胆汁中并不是最多。但由于最初是在胆汁中发现该物质的,所以叫胆碱。胆碱是无色结晶,具有很强的吸湿性,易溶于水和乙醇,不溶于乙醚和氯仿。胆碱是 B 族维生素之一,能调节肝脏中脂肪的代谢,有抗脂肪肝的作用。医药中使用的是胆碱的盐酸盐 $\{[(CH_3)_3NCH_2CH_2OH]^+Cl^-\}$ 。

8. 苯扎溴铵(新洁尔灭)

$$\left[\text{苯}-CH_2-\overset{\overset{\displaystyle CH_3}{|}}{\underset{\underset{\displaystyle CH_3}{|}}{N}}-C_{12}H_{25}\right]^+ \quad Br^-$$

化学名称为溴化二甲基十二烷基苄铵,属于季铵盐类化合物。常温下,苯扎溴铵为微黄色黏稠液体,吸湿性强,易溶于水,芳香而味苦。其水溶液呈碱性。苯扎溴铵是一种重要的阳离子表面活性剂,穿透细胞能力较强,而且毒性小,临床上常用于皮肤、黏膜、创面、手术器械和术前的消毒。

9. 金刚烷胺

金刚烷胺是金刚烷的氨基衍生物,结构式如下:

金刚烷胺为伯胺,是一种抗病毒药,能抑制甲型流感病毒。

10. 生源胺

生源胺是指人体中担负神经冲动传导作用的胺类化合物,它们的名称和结构如下:

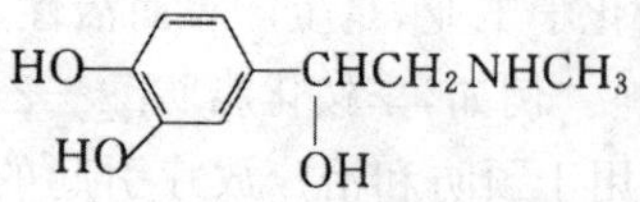

肾上腺素 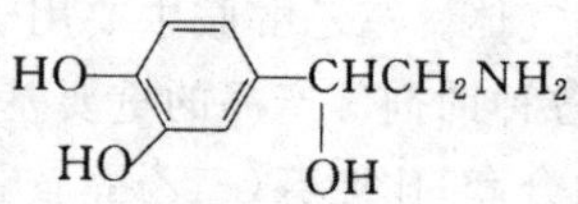　　　　　　　　　去甲肾上腺素 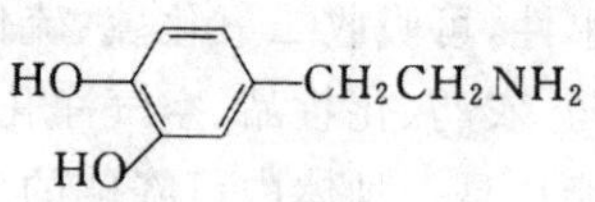　　　　　　多巴胺

$$\left[CH_3COCH_2CH_2N(CH_3)_3 \right]^+ OH^-$$

乙酰胆碱　　　　　　　　　　　　　　　　5-羟色胺

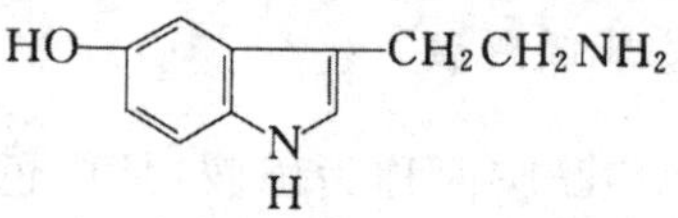

　　临床上肾上腺素用于因心力衰竭引起的心跳停止、治疗支气管哮喘等；中、小剂量的去甲多巴胺用于治疗心肌梗死、创伤、内毒素等各种类型的休克。乙酰胆碱是副交感神经系统中传导神经冲动的生源胺，是相邻的神经细胞之间通过神经节传导神经刺激时产生的重要物质，它在机体内的分解与合成是在胆碱酯酶的作用下进行的，如果胆碱酯酶失去活性，就会破坏乙酰胆碱的正常分解和合成，引起神经系统错乱，甚至死亡。

9.3　重氮和偶氮化合物

　　重氮和偶氮化合物分子中都含有—N＝N—官能团，重氮化合物—N＝N—的一端和碳原子相连；偶氮化合物中两端都与碳原子相连。

9.3.1　重氮化合物和偶氮化合物的命名

　　重氮化合物命名为"某重氮某"。例如，

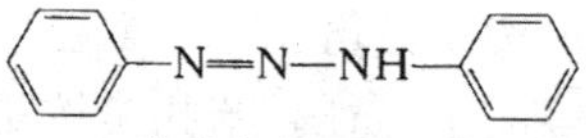

苯重氮氨基苯 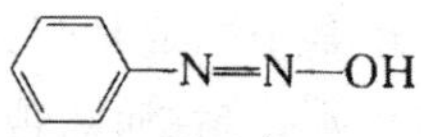　　　　　　　　　氢氧化重氮苯

　　重氮盐命名为"重氮某酸盐"或"某化重氮某、某酸重氮某"。例如，

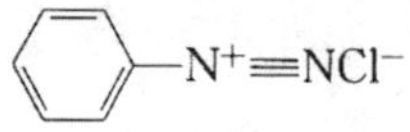

氯化重氮苯（重氮苯盐酸盐） 　　硫酸氢邻硝基重氮苯（邻硝基重氮苯硫酸盐）

　　—N_2—基团以—N＝N—的形式两端都与碳原子相连的化合物叫作偶氮化合物，命名为"偶氮某"或"某偶氮某"；如果为 D—⟨⟩—N＝N—⟨⟩—A 型的化合物，一般以"偶氮苯"为母体，苯环上连有的基团作取代基，命名为"某偶氮苯"。例如，

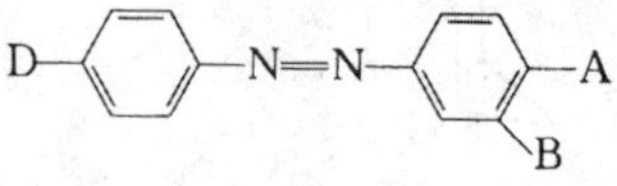

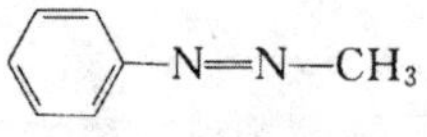

甲基偶氮苯 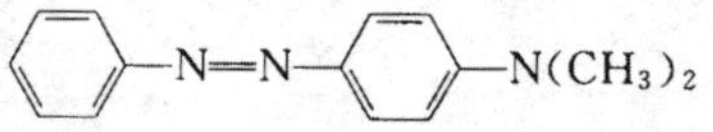　　　　　　　对二甲氨基偶氮苯（N,N-二甲基-对苯偶氮苯胺）

偶氮苯   对羟基偶氮苯(对苯偶氮苯酚)

9.3.2 重氮盐的物理性质

重氮盐为白色晶体,能溶于水,不溶于有机溶剂。重氮盐在稀溶液中能完全电离出重氮阳离子。重氮盐不稳定,对热、振动较敏感,易发生爆炸,在水溶液中较稳定,制备后可直接应用于其他反应。

9.3.3 重氮盐的化学性质

芳香重氮盐可以发生多种反应,从氮原子是否被保留在目标产物中,可分为两大类:一类是重氮基被其他基团取代,同时放出氮气的反应;另一类是其他基团与氮原子相连而保留氮原子的反应。

1. 放出氮的反应

芳基重氮盐易于分解,放出氮气,所得芳基正离子可以与羟基、卤素、氰基等亲核试剂反应。升温或有亚铜盐存在,分解速度加快。

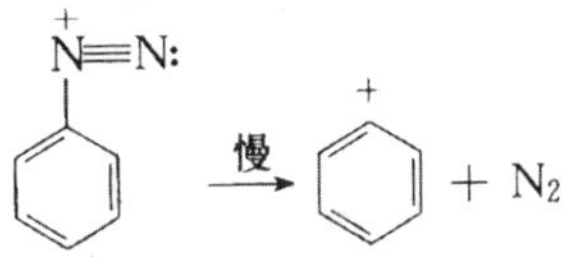

(1)被羟基取代

将重氮盐的酸性水溶液加热,即发生水解,放出氮气,生成酚。该反应又称重氮盐的水解反应,是氨基通过重氮盐制备酚的较好方法。

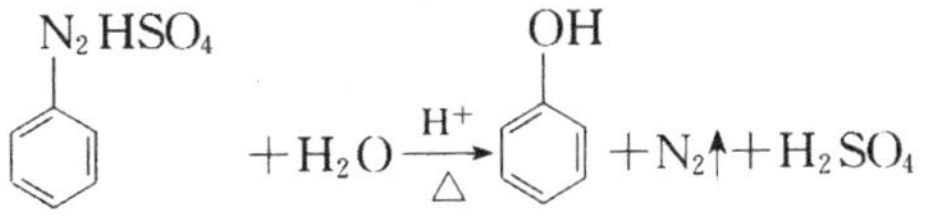

这类反应一般是用重氮硫酸盐,在强酸性的热硫酸溶液中进行。这是由于:

①若采用重氮盐酸盐在盐酸溶液中进行,则由于体系中的氯离子作为亲核试剂也能与苯基正离子反应,生成副产物氯苯。

②水解反应已生成的酚易与尚未反应的重氮盐发生偶联反应,而强酸性的硫酸溶液可使偶联反应减少到最低程度,同时也能提高分解反应的温度,使水解进行得更加迅速、彻底。

在有机合成上利用此反应可使氨基转变成羟基,用来制备那些不宜用磺化碱熔法等制得的酚类,如间溴苯酚、间硝基苯酚等。

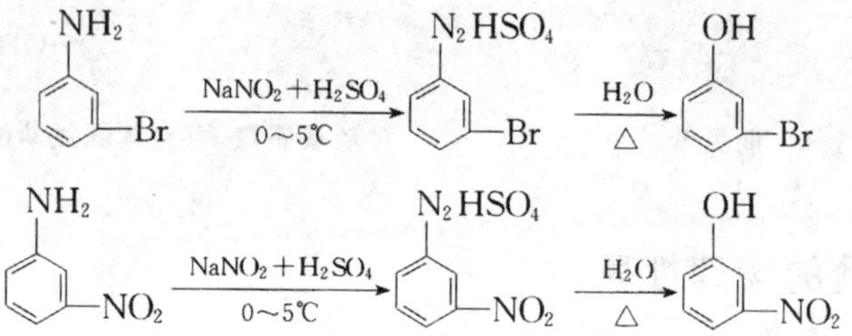

（2）被卤素取代

芳香重氮盐中的重氮基很容易被碘取代，直接将碘化钾与重氮盐共热，就能得到收率良好的碘代物。

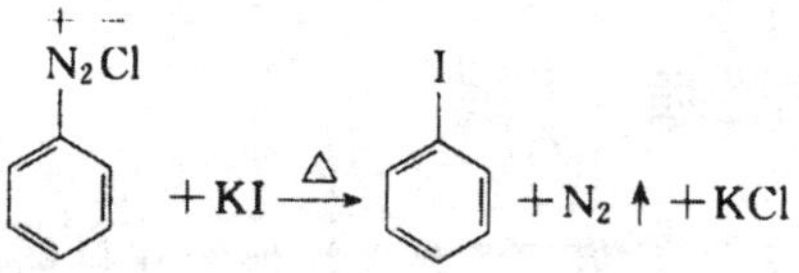

芳香重氮盐溴代或氯代必须与溴化亚铜或氯化亚铜的酸性溶液作用。例如，

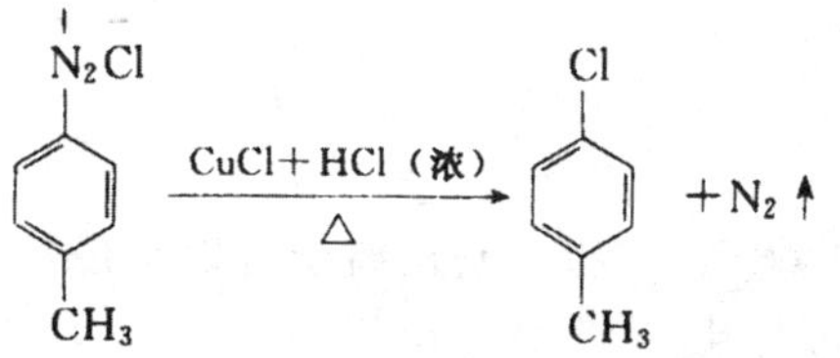

（89%～95%）

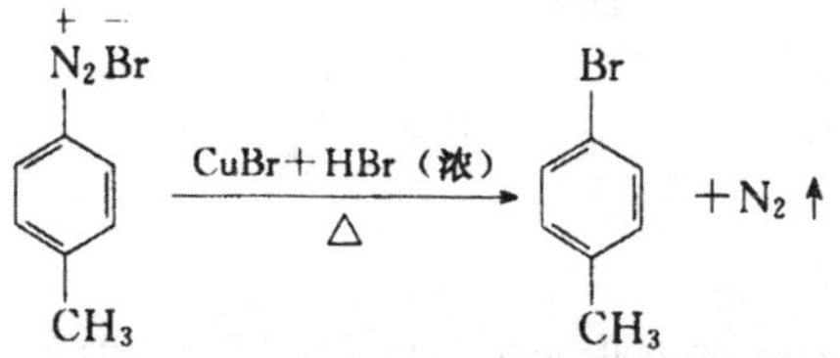

（70%～79%）

以上反应称为桑得迈尔（Sandmeyer）反应。盖特曼（Gattermann）改用精制的铜粉代替卤化亚铜作催化剂，所用铜粉的量很少，操作更为方便，称为桑得迈尔-盖特曼（Sandmeyer-Gattermann）反应。

由于氟硼酸重氮盐不溶于水，可将干燥或溶于惰性溶剂中的氟硼酸重氮盐缓慢加热分解，则生成相应的氟化物，称为希曼（G. Schiemann）反应。例如，

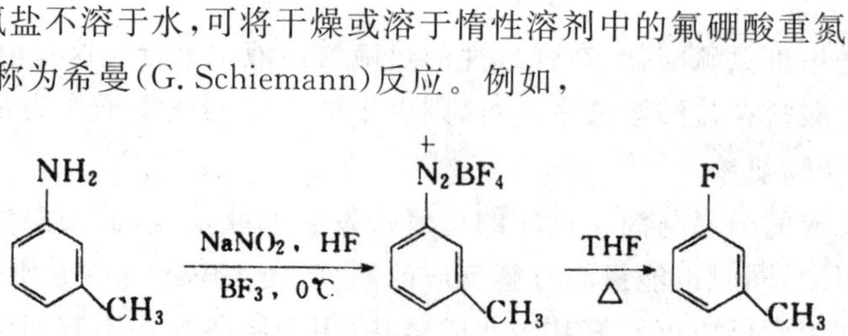

76%～84%

（不溶于水）

该反应也可用六氟磷酸重氮盐加热分解来获得氟化物。例如，

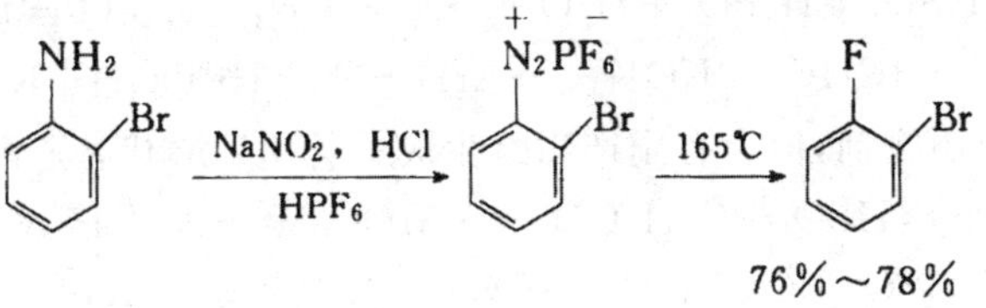

$$76\% \sim 78\%$$

（3）被氰基取代

芳香重氮盐在 CuCN 的催化作用下与 KCN 反应，重氮基被 CN 取代生成芳香腈化合物，这类反应叫作 Sandmeyer 反应，如果用铜粉代替 CuCN 则属于 Gattermann 反应。利用此反应，可在苯环上引入氰基。

$$\text{Ar}\overset{+}{N}\equiv NCl^- \xrightarrow[\text{或 Cu, KCN}]{\text{CuCN,KCN}} \text{ArCN}+N_2\uparrow$$

$$\text{Ar}\overset{+}{N}\equiv NHSO_4^- \xrightarrow[\text{或 Cu, KCN}]{\text{CuCN,KCN}} \text{ArHSO}_4+N_2\uparrow$$

例如，邻甲基苯甲腈的合成：

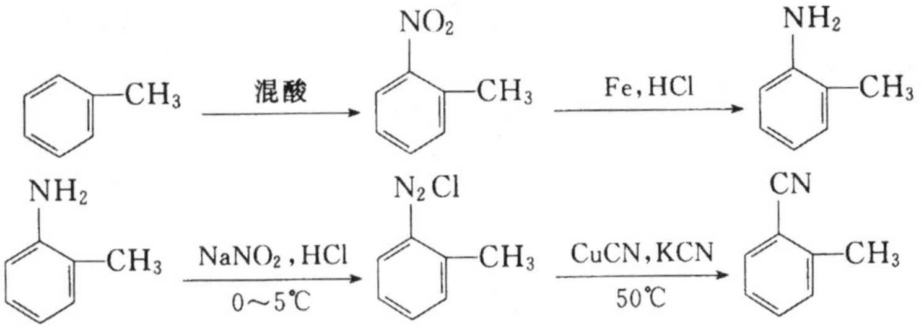

由于氰基可水解生成羧酸，还原可得氨，因此，可通过重氮基被氰基取代进一步制备芳香族羧酸和芳胺类化合物。例如，

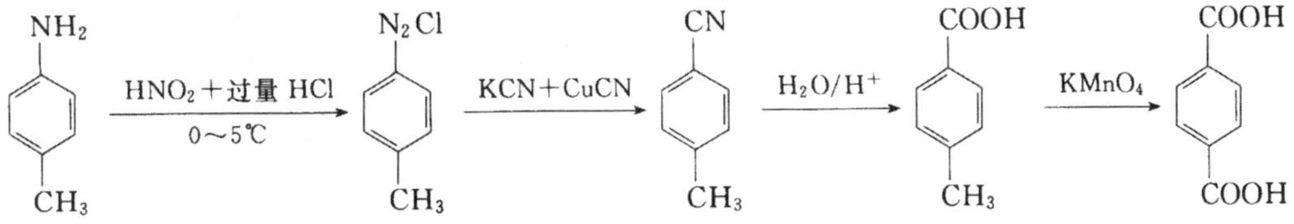

（4）被硝基取代

芳香重氮盐用精制的铜粉作催化剂时，与亚硝酸盐作用，重氮基则被硝基所取代。例如，

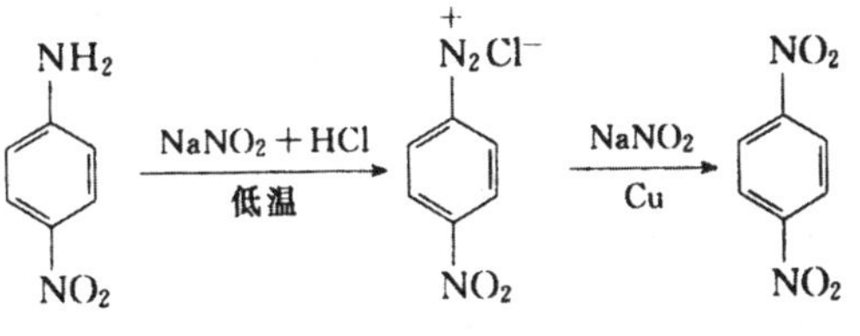

以上反应提供了由—NH₂ 转化为—NO₂ 的方法。

（5）被氢原子取代

芳基重氮盐与次磷酸 H_3PO_2、甲醛-NaOH 或硼氢化钠等还原剂作用，则重氮基可被氢原子取代，称为还原除氨基反应。

$$ArN_2HSO_4 + H_3PO_2 + H_2O \longrightarrow ArH + N_2 + H_3PO_3 + H_2SO_4$$

$$ArN_2HSO_4 + HCHO + 2KOH \longrightarrow ArH + N_2 + HCOOH + K_2SO_4 + H_2O$$

也可以用乙醇作为还原剂,但会有副产物醚生成。若用甲醇代替乙醇,则有大量的醚生成。

$$ArN_2HSO_4 + C_2H_5OH \longrightarrow ArOC_2H_5 + N_2 + H_2SO_4$$

$$ArN_2HSO_4 + C_2H_5OH \longrightarrow ArH + N_2 + CH_3CHO + H_2SO_4$$

通过重氮化及还原除氨基反应可将芳环上的 NH_2 除去。在有机合成上,可以借助氨基的定位、占位作用,制备特定的芳香族衍生物。

例如,1,3,5-三溴苯的合成:

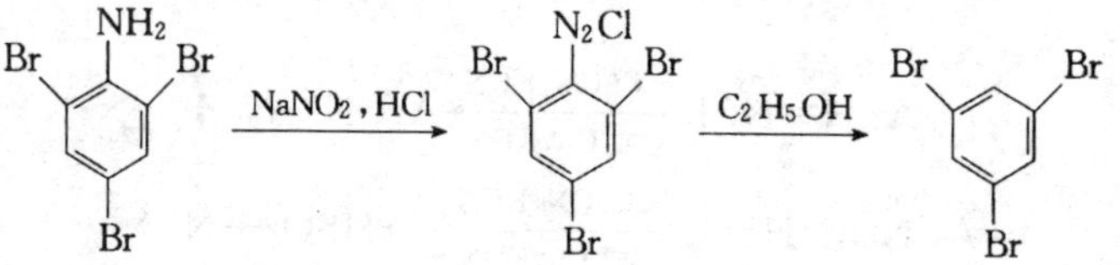

又如,间溴叔丁苯的合成:

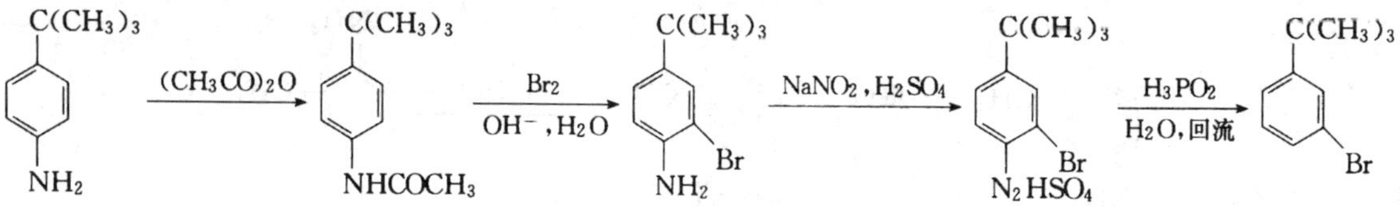

2.保留氮的反应

(1)还原反应

芳香重氮盐与亚硫酸钠或二氯化锡的盐酸溶液作用可被还原成芳基肼,反应完成后加入碱使肼游离出来。

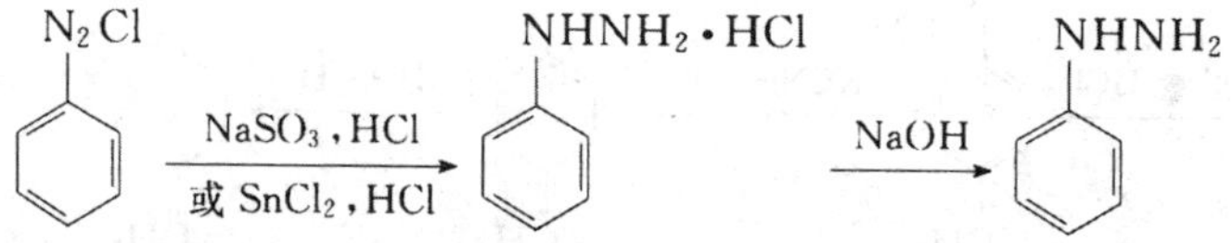

如果用锌粉和盐酸等更强的还原剂来还原,通常只能得到苯胺。

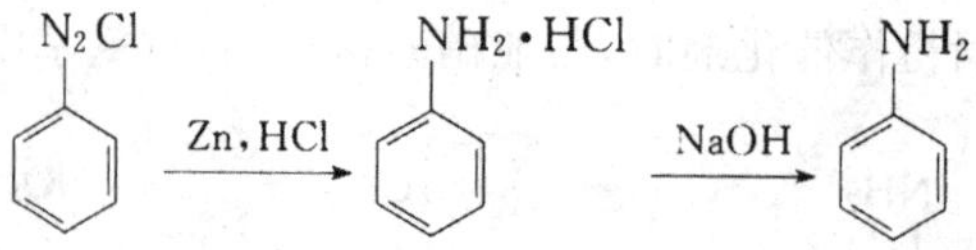

(2)偶合反应

在适当的酸碱条件下,重氮盐可以和酚、芳胺等连有强供电子基团的芳香化合物作用,生成偶氮化合物,这个反应叫作偶合反应。重氮盐与酚类化合物的偶合反应在弱碱性条件下进行(pH≈10),而重氮盐与芳胺类化合物的偶合反应在弱酸性或中性条件下进行(pH=5~7)。例如,

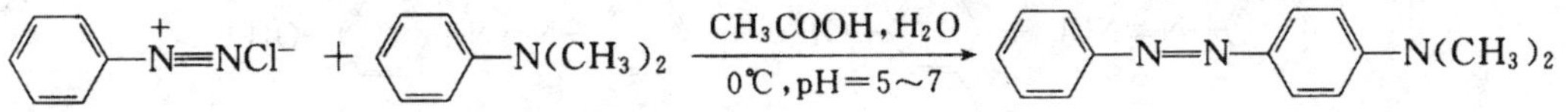

对-(N,N-二甲氨基)偶氮苯

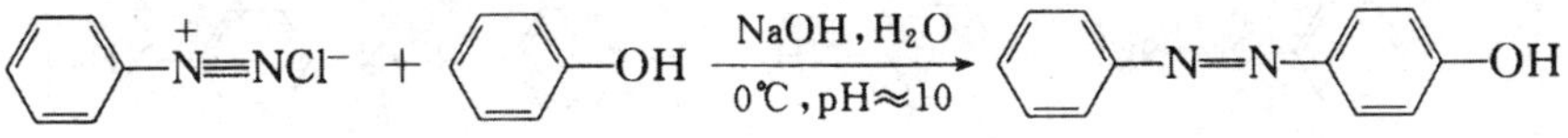

对羟基偶氮苯

重氮盐与酚类化合物的偶合反应之所以在弱碱性条件下进行,是因为在弱碱性条件下,酚(ArOH)变成芳氧基负离子 ArO⁻,氧负离子(O⁻)是一个比羟基(—OH)更强的活化芳环的基团,有利于偶合反应进行。但重氮盐与酚的偶合不能在强碱性条件下进行。因为当 pH>10 时,重氮离子会形成不能发生偶合反应的重氮酸。

$$Ar{-}\overset{+}{N}{\equiv}N + OH^- \underset{H^+}{\overset{OH^-}{\rightleftharpoons}} Ar{-}N{=}N{-}OH（重氮酸）$$

可偶合 　　　　　　　　 不可偶合

$$Ar{-}N{=}N{-}OH \underset{H^+}{\overset{OH^-}{\rightleftharpoons}} Ar{-}N{=}N{-}O^- + H^+$$

不可偶合 　　　　　　　　 不可偶合

重氮盐与芳胺的偶合反应要在弱酸性或中性条件下进行(pH=5～7),是因为在强酸性条件下,芳胺(ArNR₂)变成芳铵盐(Ar⁺NHR₂),而⁺NHR₂正离子是一个强的钝化芳环的基团。只含钝化基团的芳环不能进行偶合反应。

重氮盐的偶合反应是芳香族亲电取代反应。由于重氮基是弱的亲电试剂,因此,通常只与酚类和芳胺或含有强的活化基团的芳香化合物才能发生偶合反应。例如,甲基橙可由以下步骤合成:

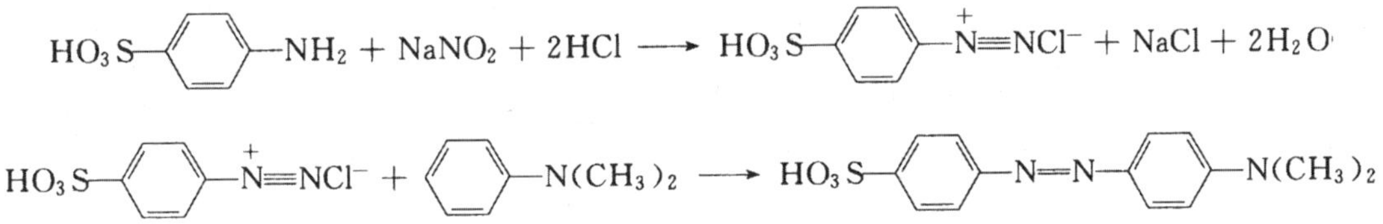

$$HO_3S{-}C_6H_4{-}NH_2 + NaNO_2 + 2HCl \longrightarrow HO_3S{-}C_6H_4{-}\overset{+}{N}{\equiv}NCl^- + NaCl + 2H_2O$$

甲基橙

但甲基橙不能由以下步骤合成:

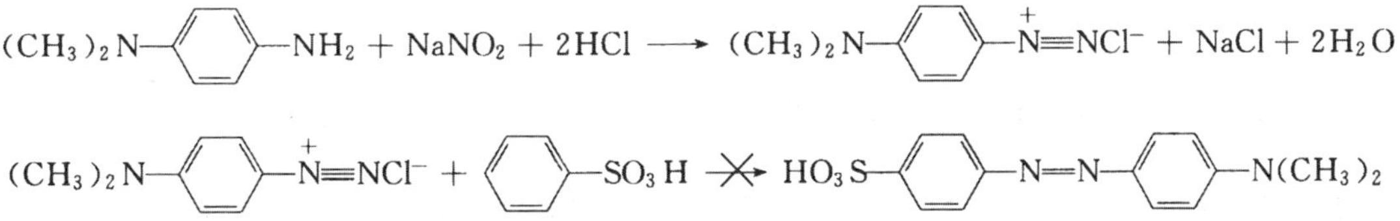

$$(CH_3)_2N{-}C_6H_4{-}NH_2 + NaNO_2 + 2HCl \longrightarrow (CH_3)_2N{-}C_6H_4{-}\overset{+}{N}{\equiv}NCl^- + NaCl + 2H_2O$$

重氮盐的偶合反应通常发生在酚羟基或芳胺的对位,如对位被其他基团占据,也能在羟基或氨基的邻位偶合。例如,

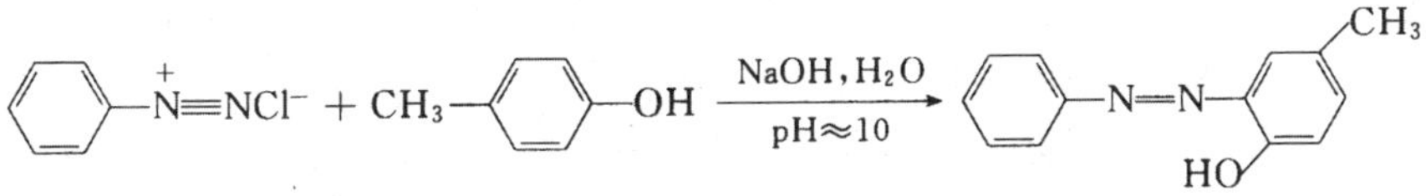

当重氮盐与 α-萘酚或 α-萘胺反应时,偶合反应发生在 4 位,若 4 位被占,则发生在 2 位。例如,

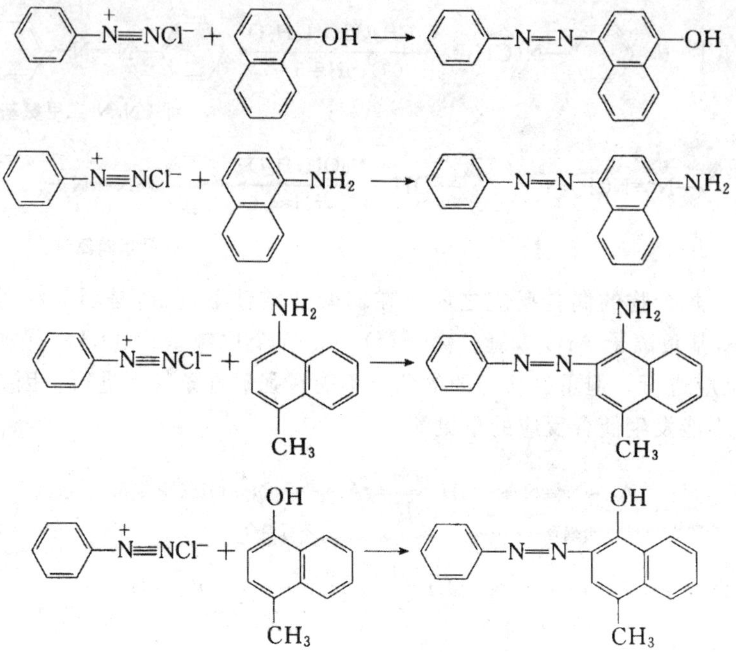

而当重氮盐与 β-萘酚或 β-萘胺偶合时，反应发生在 1 位，若 1 位被占，则不发生反应。例如，

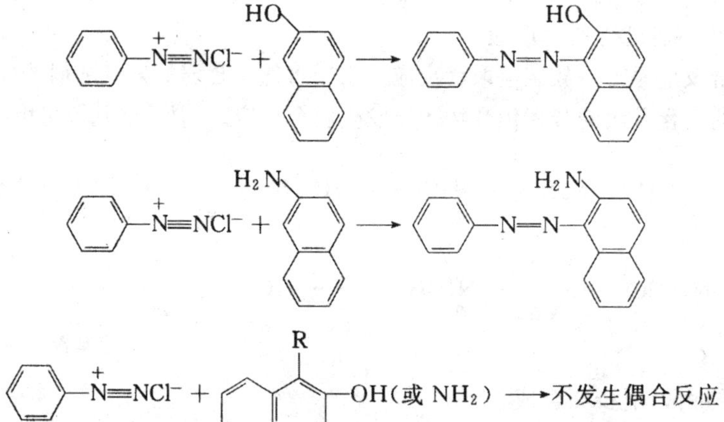

9.3.4　偶氮化合物和偶氮燃料

偶氮化合物的通式为 Ar—N＝N—Ar，它们都含有偶氮基(—N＝N—)，一般都有颜色，偶氮基称为发色团。发色团除偶氮基外，还有硝基、亚硝基、对苯醌基等，它们一般是不饱和基团，与苯环或其他共轭体系相连。

脂肪族偶氮化合物加热时分解放出氮气，并形成烷基自由基，故常用于自由基反应的引发剂。

芳香族偶氮化合物具有高度的热稳定性，加热到 300℃ 以上才开始分解。

偶氮化合物有着广泛的用途。其中有的可作偶氮染料。偶氮染料占合成染料的 60% 以上。这些染料颜色齐全，广泛应用于棉、毛、丝织品及塑料、印刷、食品、皮革、橡胶等产品的染色。例如，对羟基偶氮苯是一种橘黄色的染料；由对氨基偶氮苯重氮化后与酚偶合制得的 4′-苯偶氮基-

4-羟基偶氮苯,称为分散黄,是聚酯纤维很好的染料。

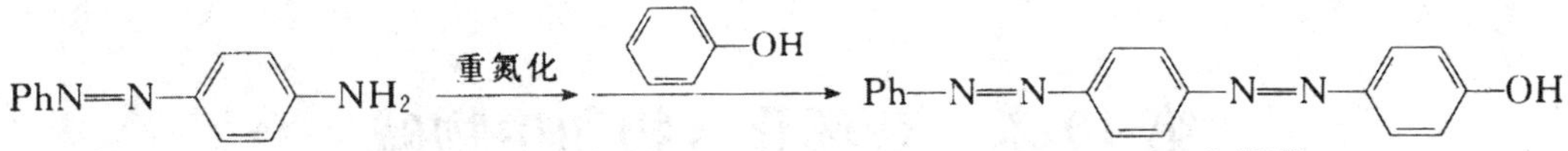

分散黄

另外,还有一些染料,如

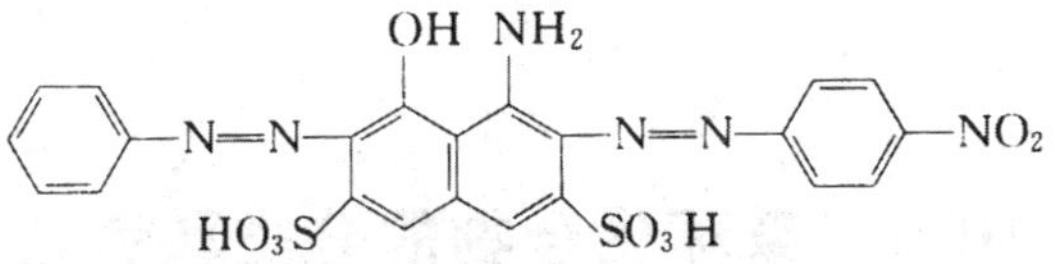

萘酚蓝黑 B(用于染棉、毛织物)

有些偶氮化合物可用作分析化学指示剂,如甲基橙是由对氨基苯磺酸钠的重氮盐与 N,N-二甲基胺在弱酸溶液中偶合而成的。

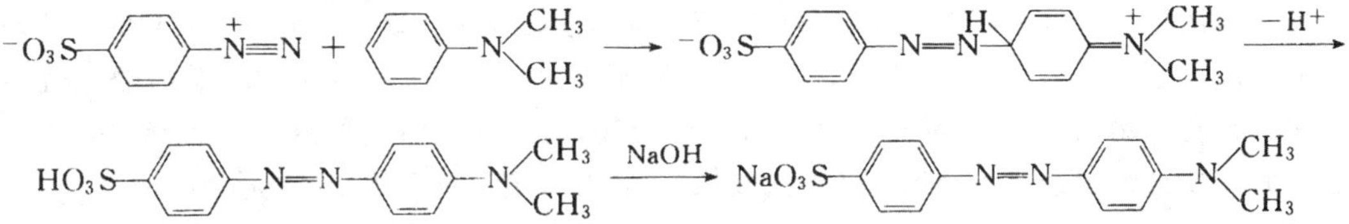

甲基橙

甲基橙是酸碱滴定常用的指示剂,在中性或碱性溶液中呈黄色,在酸性溶液(pH<3)中呈红色,而在 pH=3～4.4 的溶液中则显橙色。

这种颜色变化是由可逆的两性离子结构引起的:

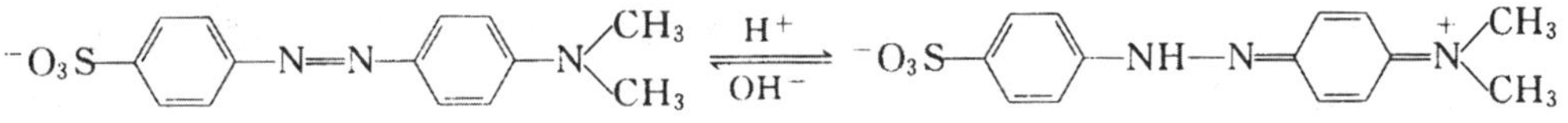

黄色　　　　　　　　　　　　　　　　　　　红色

又如,刚果红是由联苯胺双重氮盐与 4-氨基-1-萘磺酸偶合而成的双偶氮化合物。它的弱酸性、中性或碱性溶液中均以磺酸钠形式存在,呈红色,只有在强酸性(pH<3)时才变蓝色,这是因为磺酸内盐的形式具有邻醌结构的缘故。

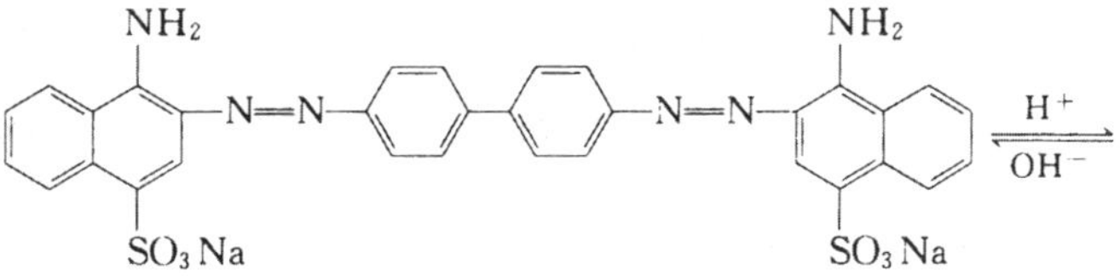

红色

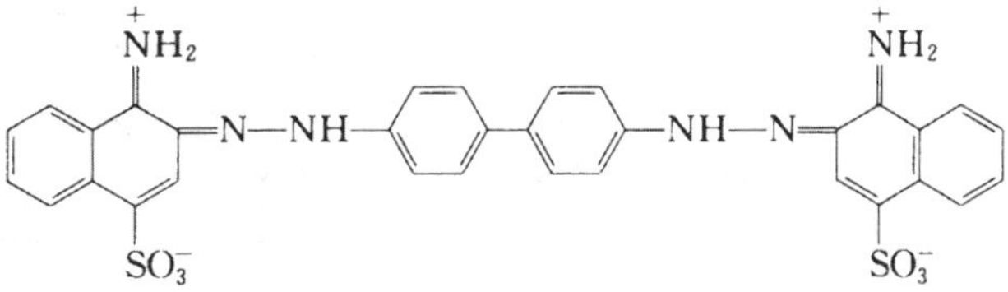

蓝色

第10章 杂环化合物和生物碱

10.1 杂环化合物的分类和命名

杂环化合物是指由碳原子和氧、硫、氮等杂原子共同组成的,具有环状结构的化合物。杂环化合物广泛存在于自然界中,它们大都具有生理活性,如叶绿素、血红素、抗生素、生物碱、核酸以及临床应用的一些有显著疗效的天然和合成药物都属于杂环化合物。在前几章遇到的一些环状化合物,如环氧乙烷、内酯、己内酰胺等,广义地说,都是杂环化合物。但是这些化合物的性质与相应的开链化合物相似,且容易开环生成链状化合物,所以通常将它们放在脂肪族化合物中讨论。本章所要讨论的杂环化合物是环系比较稳定,具有一定芳香性的杂环化合物。

10.1.1 杂环化合物的分类

根据杂环母体中所含环的数目,将杂环化合物分为单杂环和稠杂环两大类。最常见的单杂环按环的大小分五元环和六元环。稠杂环按稠合环的形式分苯稠杂环化合物和杂环稠杂环化合物。另外,可根据单杂环中杂原子的数目不同分为含一个杂原子的单杂环、含两个杂原子的单杂环等。常见杂环化合物的分类和名称见表 10-1。

表 10-1 杂环化合物结构、分类和名称

分类		基本杂环母体的结构与名称及编号
单杂环	五元环	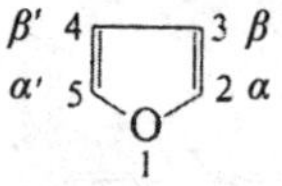 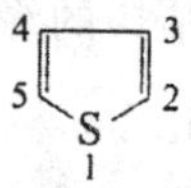 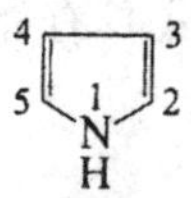 一个杂原子 呋喃 furan、噻吩 thiophene、吡咯 pyrrole
		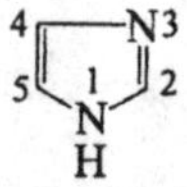 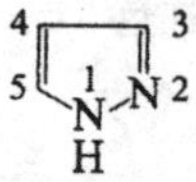 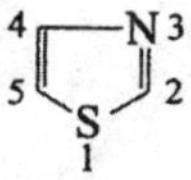 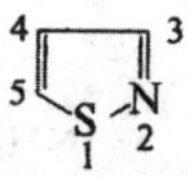 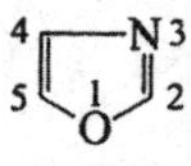 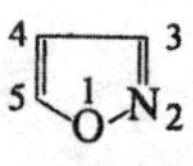 两个杂原子 咪唑 imidazole、吡唑 pyrazole、噻唑 thiazole、异噻唑 、噁唑 oxazole、异噁唑 isoxazole

续表

分类		基本杂环母体的结构与名称及编号
单杂环	六元环	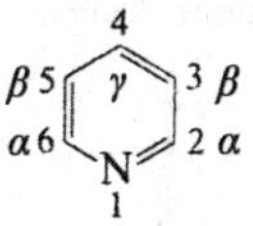 **一个杂原子** 吡啶 pyridine 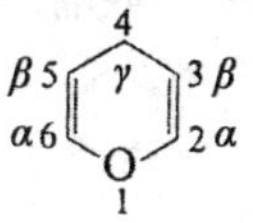　　　吡喃 pyran(e)
		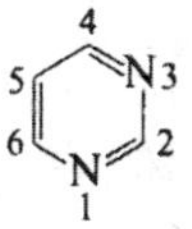 **两个杂原子** 嘧啶 pyrimidine 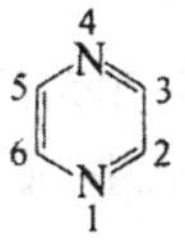　　吡嗪 pyrazine 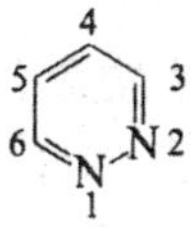　　哒嗪 pyridazine
稠杂环	苯稠杂环	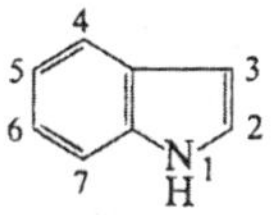 吲哚 indole 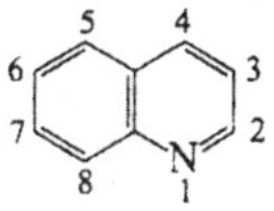　喹啉 quinoline 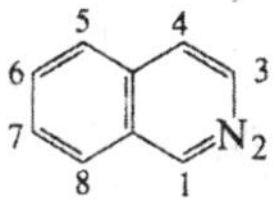　异喹啉 isoquinoline 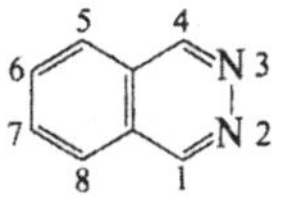　酞嗪 phthalazine 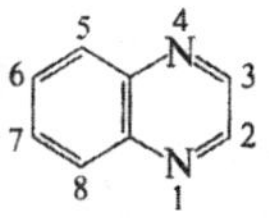　喹喔啉 quinoxaline 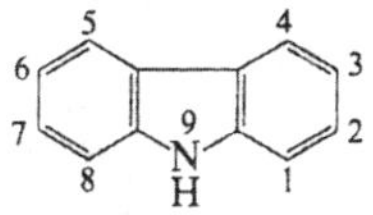 咔唑 carbazole 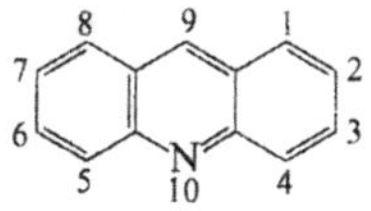　吖啶 acridine 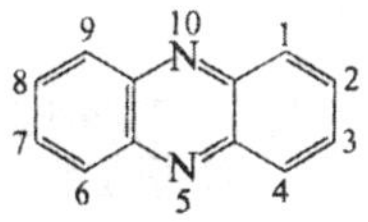　吩嗪 phenazine 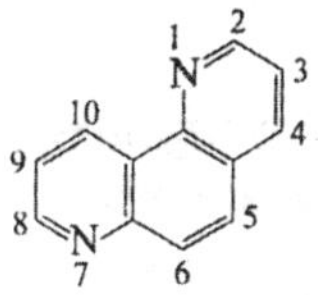　菲咯啉 phenanthroline
	杂环稠杂环	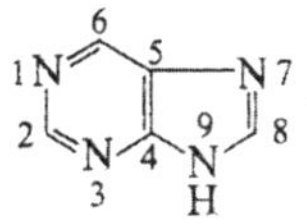 嘌呤 purine 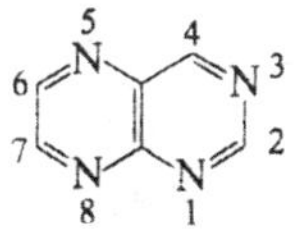　蝶啶 pteridine 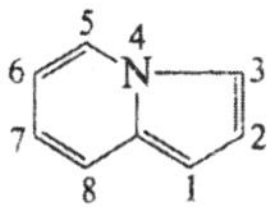　吲嗪 indolizine 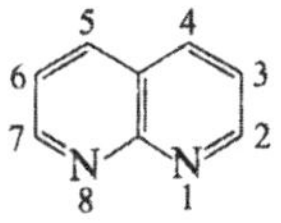　萘啶 naphthyridine

10.1.2　杂环化合物的命名

杂环化合物的命名在我国有两种方法:一种是译音命名法;另一种是系统命名法。

1.译音命名法

译音命名法是根据英文的译音来确定杂环化合物的名称,选用同音汉字,并以"口"字旁表示为杂环化合物。例如,

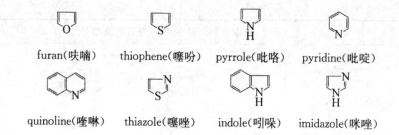

furan(呋喃)   thiophene(噻吩)   pyrrole(吡咯)   pyridine(吡啶)

quinoline(喹啉)   thiazole(噻唑)   indole(吲哚)   imidazole(咪唑)

2.系统命名法

对杂环的衍生物命名时,采用系统命名法。与芳香族化合物命名原则类似,当杂环上连有—R、—X、—OH、—NH₂ 等取代基时,以杂环为母体;如果连有—CHO、—COOH、—SO₃H 等时,把杂环作为取代基。

环上连有取代基时,需要给杂环编号,编号规则如下所示。

①从杂原子开始编号,杂原子位次为1。当环上只有一个杂原子时,也可把与杂原子直接相连的碳原子称为 α 位,其后依次为 β 位和 γ 位。例如,

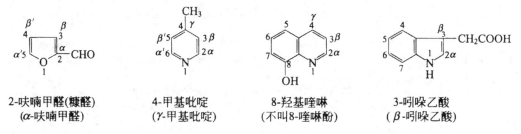

2-呋喃甲醛(糠醛)　　4-甲基吡啶　　　8-羟基喹啉　　　3-吲哚乙酸
(α-呋喃甲醛)　　(γ-甲基吡啶)　　(不叫8-喹啉酚)　　(β-吲哚乙酸)

②如果杂环上含有多个相同的杂原子,则从连有氢原子或取代基的杂原子开始编号,并使其他杂原子的位次尽可能最小。例如,

5-甲基咪唑

③如果杂环上含有不相同的杂原子,则按 O、S、N 的顺序编号。例如,

4-氯噻唑

某些特殊的稠杂环,不符合以上编号规则,有其特定的编号。例如,

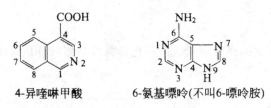

4-异喹啉甲酸　　　6-氨基嘌呤(不叫6-嘌呤胺)

当杂环的氮原子上连有取代基时,往往用"N"表示取代基的位次。例如,

N-甲基吡咯

10.2　五元杂环化合物

五元杂环化合物中比较重要的是含一个和两个杂原子的化合物。我们只讨论含一个杂原子的典型五元杂环化合物——呋喃、噻吩、吡咯。

10.2.1　呋喃、噻吩、吡咯的结构

五元杂环化合物呋喃、噻吩、吡咯在结构上有以下共同点:组成五元杂环的 5 个原子都位于同一个平面上,碳原子和杂原子(O、S、N)彼此以 sp^2 杂化轨道形成 σ 键,每个杂原子各有一对未共用电子对处在 sp^2 杂化轨道与环共面,另外还各有一对电子处于与环平面垂直的 p 轨道上,与 4 个碳原子的 p 轨道相互重叠,形成了一个含有 6 个 π 电子的闭合共轭大 π 键,因此五元杂环化合物都具有芳香性,如图 10-1 所示。

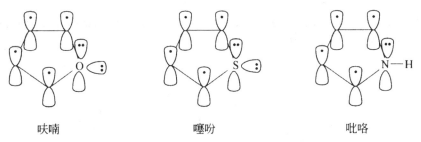

| 呋喃 | 噻吩 | 吡咯 |

图 10-1　呋喃、噻吩、吡咯的原子轨道

由于呋喃、噻吩、吡咯分子中的杂原子不同,因此它们的芳香性在程度上也有所不同。其中噻吩的芳香性较强,比较稳定;呋喃的芳香性较弱;吡咯介于呋喃和噻吩之间。另外,吡咯分子中的氮原子上连有一个氢原子,由于氮原子的 p 电子参与了环上共轭,降低了对这个氢原子的吸引力,使得氢原子变得比较活泼,具有弱酸性。

10.2.2　呋喃、噻吩、吡咯的物理性质

呋喃存在于松木焦油中,为无色液体,有氯仿气味,沸点为 31.4℃,遇盐酸浸湿的松木片呈绿色(松木片反应)。噻吩与苯共存于煤焦油中,为无色液体,具有苯的气味,沸点为 84.2℃,不易与苯分离。噻吩与靛红/H_2SO_4 作用呈蓝色,用于检验苯中噻吩。吡咯最初从骨油分离得到,为无色异味液体,沸点为 130~131℃,在空气中迅速变黄。

三者都难溶于水,因为杂原子上的孤对电子参与共轭,大大减弱了与水形成氢键的能力,其

溶解性大致如下:吡咯为1∶17,噻吩为1∶700,呋喃为1∶35。

10.2.3 呋喃、噻吩、吡咯化学性质

1.酸碱性

含氮化合物的碱性强弱主要取决于氮原子上未共用电子对与 H⁺ 的结合能力。在吡咯分子中,由于氮原子上的未共用电子对参与环的共轭体系,使氮原子上电子云密度降低,吸引 H⁺ 的能力减弱。另一方面,由于这种 p-π 共轭效应使与氮原子相连的氢原子有离解成 H⁺ 的可能,所以吡咯不但不显碱性,反而呈弱酸性,可与碱金属、氢氧化钾或氢氧化钠作用生成盐。

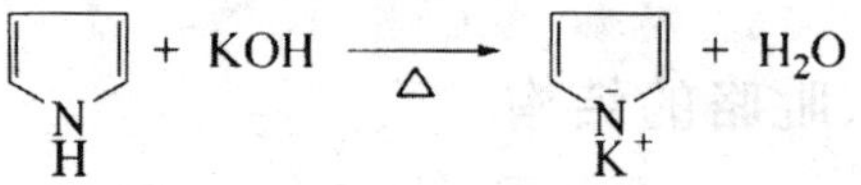

呋喃分子中的氧原子因其未共用电子对参与了大 π 键的形成,而失去了醚的弱碱性,不易与无机强酸反应。噻吩中的硫原子不能与质子结合,所以也无碱性。

2.环的稳定性

呋喃和吡咯对氧化剂(甚至空气中的氧)不稳定,尤其是呋喃可被氧化成树脂状物,噻吩对氧化剂却比较稳定。

3 种杂环化合物对碱是稳定的,但对酸的稳定性则不同。噻吩对酸较稳定,而吡咯与浓酸作用可聚合成树脂状物。呋喃对酸则很不稳定,稀酸就可使其生成不稳定的二醛,然后聚合成树脂状物。

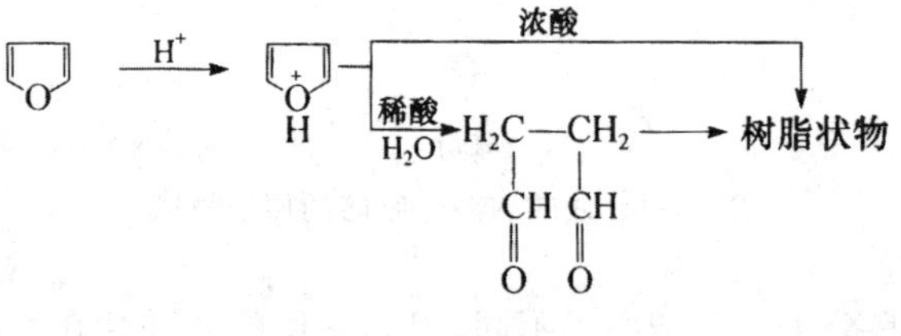

3.亲电取代反应

呋喃、噻吩、吡咯都像苯一样具有芳香性,较难进行加成和氧化反应,易于发生亲电取代反应。而且由于杂原子上的未共用电子对也参与了环的共轭体系,使环上的电子云密度增大,故它们都比苯的芳香性要小,均比苯的化学性质活泼,更容易发生亲电取代反应,而且取代通常发生在 α 位上。

(1)卤代反应

呋喃、噻吩、吡咯易发生卤代反应,反应主要发生在 α 位。

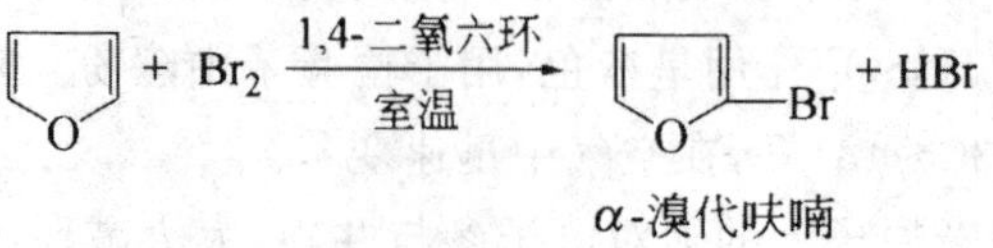

α-溴代呋喃

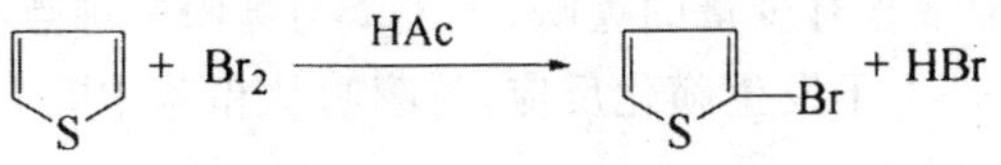

α-溴代噻唑

吡咯极易卤代,例如,与碘-碘化钾溶液作用,生成的不是一元取代产物,而是四碘吡咯。

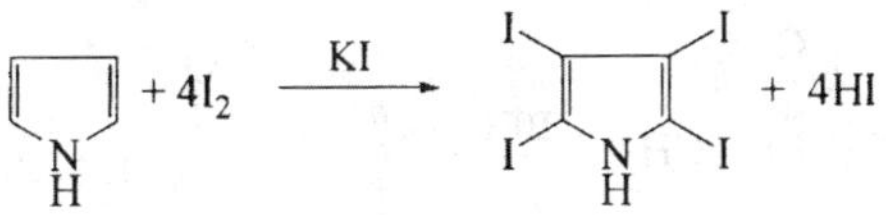

2,3,4,5-四碘吡咯

(2)硝化反应

呋喃、吡咯和噻吩必须在特殊条件下才能发生硝化反应,即用酸酐和硝酸于低温下进行硝化,生成相应的 α-硝基化合物。

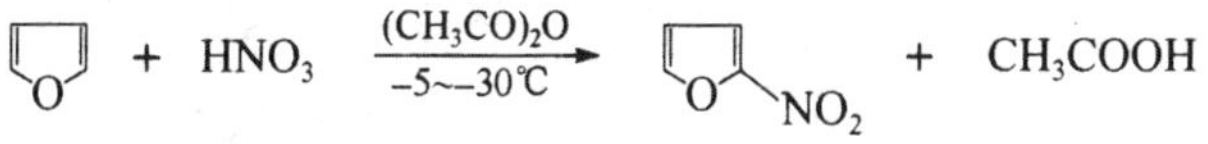

α-硝基呋喃

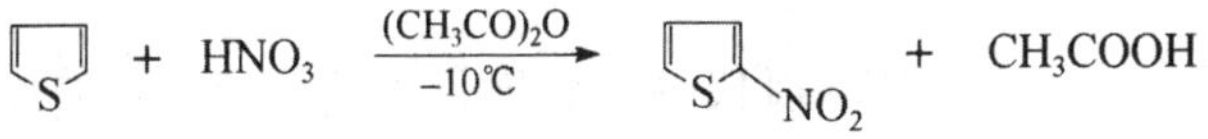

α-硝基噻吩

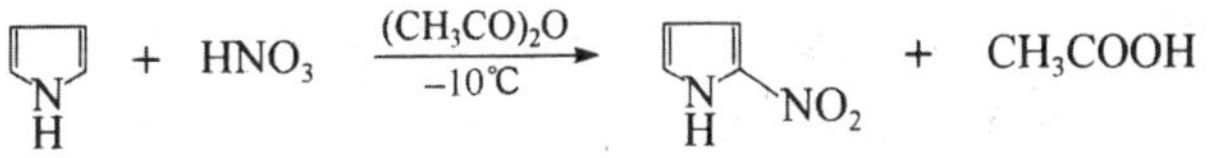

α-硝基吡咯

(3)磺化反应

呋喃、吡咯对酸很敏感,强酸能使它们开环聚合,因此常用温和的非质子磺化试剂,如用吡啶与三氧化硫的加合物作为磺化试剂进行反应。

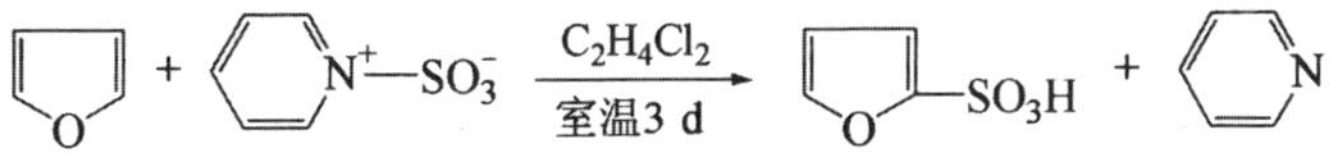

α-呋喃磺酸

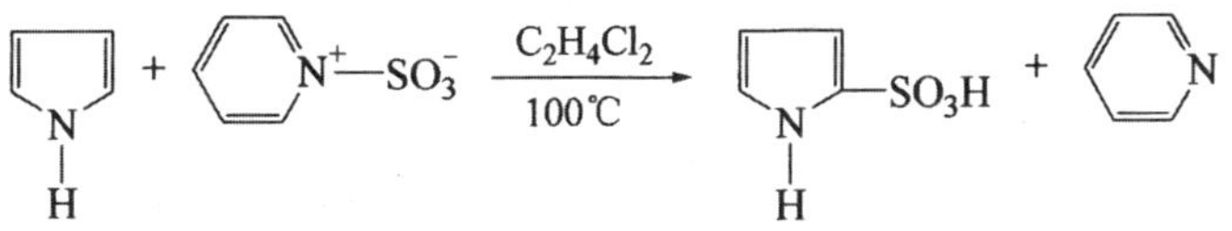

α-吡咯磺酸

噻吩对酸比较稳定,室温下可与浓硫酸发生磺化反应。

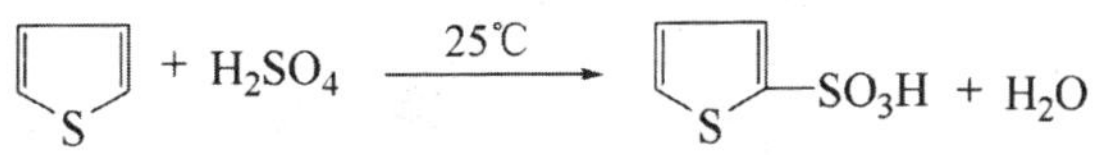

α-噻吩磺酸

从煤焦油所得的粗苯中常含有少量的噻吩,由于苯与噻吩的沸点相近,用分馏法难以除去噻吩,因此可利用苯在同样条件下不发生磺化反应,将噻吩从粗苯中除去。

(4)傅-克反应

呋喃可发生典型的傅-克酰基化反应;噻吩则需要控制反应条件;而吡咯的傅-克酰基化反应除了发生在碳原子外,还有可能发生在氮原子上。

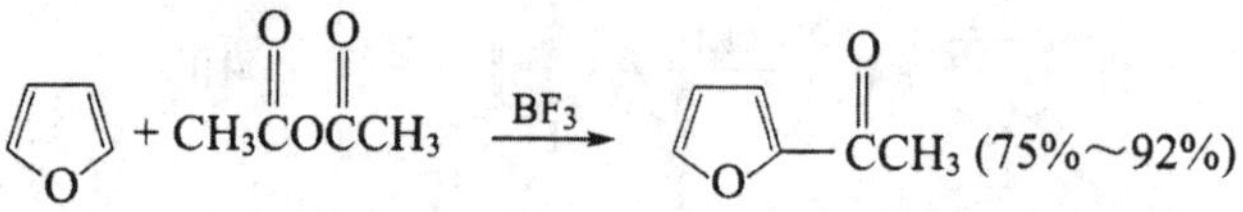

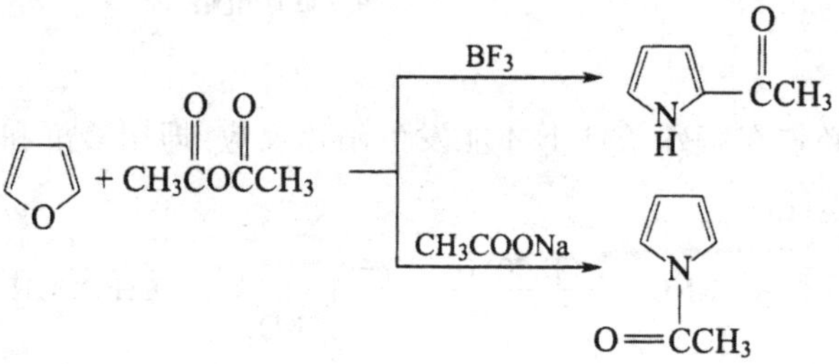

呋喃、噻吩、吡咯虽然也可以发生傅-克烷基化,但产物难以停留在一取代阶段,多为混合物。因此,意义不大。

仔细考察上述四种亲电取代反应(卤代、硝化、磺化和傅-克反应)的取代位置,不难发现:呋喃、噻吩、吡咯三者的亲电取代反应多发生在 α 位。这说明 α 位比 β 位活泼。

它们的亲电取代反应机理,与苯环的亲电取代大致相同。首先,带正电荷的亲电基团 E^+ 进攻芳香杂环,形成 π-络合物,进而转化成稳定的 σ-络合物。如果 E^+ 进攻 α 位,所形成的 σ-络合物(Ⅰ)式,存在三种不同的共振极限式;而 β 位所形成的 σ-络合物(Ⅱ)式,只有两种不同的共振极限式。根据共振论,形成共振极限式越多,越稳定。所以(Ⅰ)式比(Ⅱ)式稳定,α 位比 β 位活泼。

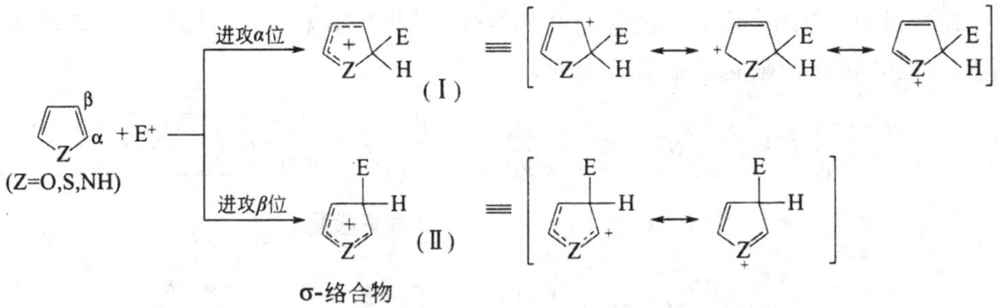

σ-络合物

4.加成反应

呋喃、噻吩和吡咯都可通过催化加氢生成相应的四氢化物。

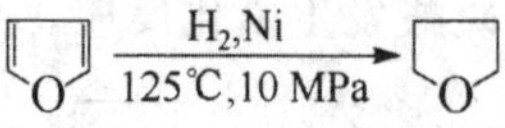

四氢呋喃

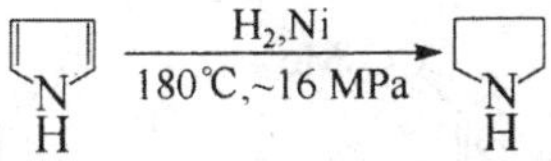

四氢吡咯

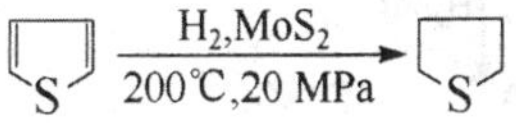

四氢噻吩

呋喃经下列反应可制得己二酸和己二胺。己二胺与己二酸经缩合便得到聚己二酰己二胺，又称尼龙-66。

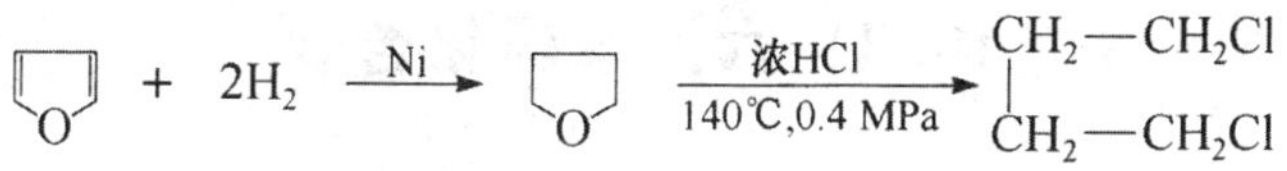

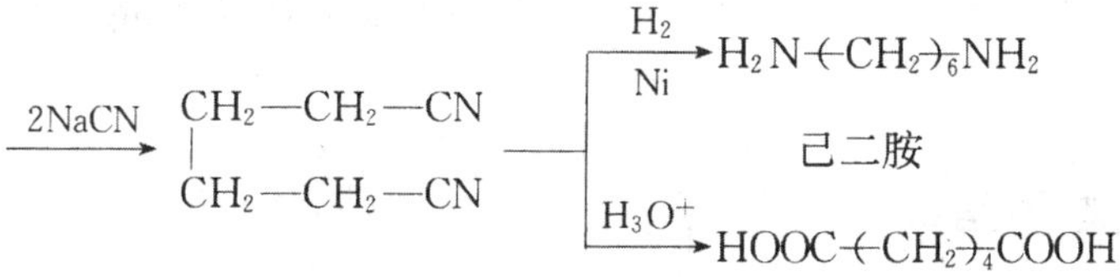

己二胺

己二酸

$$n H_2 N \!\!-\!\! (CH_2)_6 \!\!-\!\! NH_2 + n HOOC \!\!-\!\! (CH_2)_4 \!\!-\!\! COOH \xrightarrow[\text{缩聚}]{\text{催化剂}}$$

$$H \!\!-\!\! [NH \!\!-\!\! (CH_2)_6 \!\!-\!\! NHCO \!\!-\!\! (CH_2)_4 \!\!-\!\! CO]_n \!\!-\!\! OH + (2n-1) H_2 O$$

聚己二酰己二胺(尼龙-66)

噻吩和吡咯也可用化学还原剂(如 Na^+ 醇, Zn^+ 乙酸)局部还原为二氢化物。呋喃则因其芳香性最小而表现出环状共轭二烯的特性,能与活泼的亲双烯体发生双烯合成反应。此外,在有足够活泼的亲核试剂存在下容易发生 1,4-加成反应。

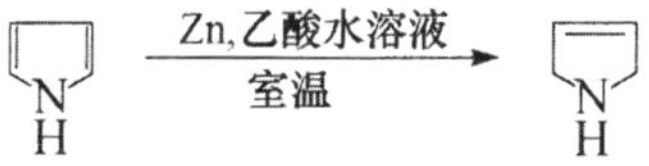

2,5-二氢吡咯

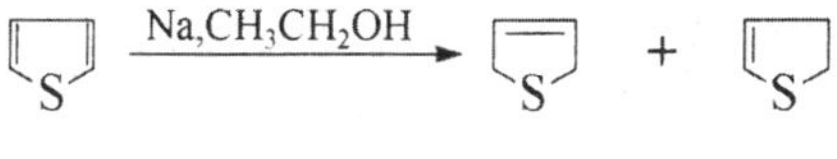

2,5-二氢噻吩   2,3-二氢噻吩

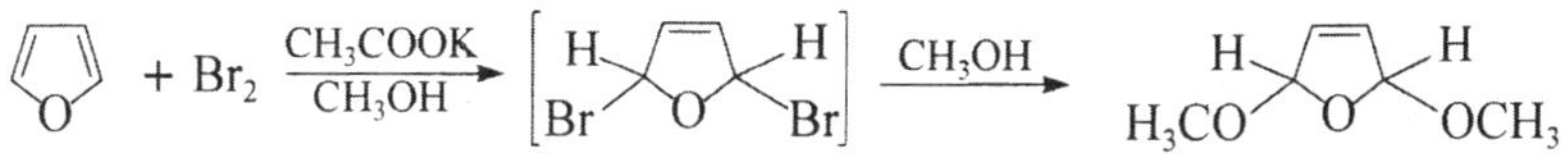

呋喃容易发生狄尔斯-阿尔德(Diels-Alder)反应,呋喃与乙炔的亲双烯试剂加成,得到的产物用酸化处理转化为 2,3-二取代苯酚。如果进行选择性催化氢化,还原产物经逆向狄尔斯-阿尔德反应可转化为呋喃-3,4-二羧酸酯,这是制备呋喃-3,4-二羧酸酯的好方法。

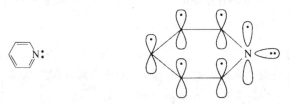

10.3 六元杂环化合物

六元杂环化合物中含一个和两个杂原子的化合物比较重要,常见的杂原子是氧和氮。这里只讨论含一个氮原子的吡啶。

10.3.1 吡啶的结构

吡啶与苯的结构十分相似,是一个平面六元环。组成环的氮原子和 5 个碳原子彼此以 sp^2 杂化轨道相互重叠形成 σ 键,环上每一个原子还有一个未参与杂化的 p 轨道,其对称轴垂直于环的平面,并且侧面相互重叠形成一个闭合共轭大 π 键,如图 10-2 所示。因此吡啶也具有芳香性。

图 10-2 吡啶的原子轨道

10.3.2 吡啶的物理性质

吡啶存在于煤焦油及页岩油中,是无色而具有特殊臭味的液体,沸点为 115℃,熔点为 −42℃,相对密度为 0.982。吡啶可混溶于水、乙醇和乙醚等,是一种良好的溶剂,能溶解多种有机物和无机物。

10.3.3 吡啶的化学性质

1.碱性

吡啶的氮原子上有一对孤对电子(sp^2 杂化电子)没有参与共轭,可与质子结合,因此,具有

碱性。吡啶的碱性比吡咯、苯胺强,但比氨弱。不同化合物的碱性大小顺序为

$$\underset{\text{四氢吡咯}}{\boxed{}} > NH_3 > \underset{\text{吡啶}}{\boxed{}} > \underset{\text{苯胺}}{\boxed{}}-NH_2 > \underset{\text{吡咯}}{\boxed{}}$$

吡啶能与无机酸作用生成盐,得到的吡啶盐再碱化可恢复原物。例如,

$$\boxed{} + H_2SO_4 \longrightarrow \left[\boxed{}\right]^+ HSO_4^- \xrightarrow{2NaOH} \boxed{} + Na_2SO_4 + 2H_2O$$

吡啶硫酸盐

吡啶容易与三氧化硫结合,生成吡啶三氧化硫。

$$\boxed{} + SO_3 \longrightarrow \boxed{}N^+SO_3^-$$

吡啶三氧化硫

吡啶三氧化硫是缓和的磺化剂,用于对强酸敏感的化合物(如呋喃、吡咯等)的磺化。吡啶与叔胺相似,也可与卤代烷作用生成季铵盐。例如,

$$\boxed{}N + C_{15}H_{31}Cl \longrightarrow \left[\boxed{}N-C_{15}H_{31}\right]^+ Cl^-$$

氯化十五烷基吡啶

氯化十五烷基吡啶是一种阳离子表面活性剂。

2. 亲电取代反应

由于吡啶环上氮原子的电负性比碳原子强,杂环碳原子上的电子云密度有所降低,所以吡啶的亲电取代不如苯活泼,而与硝基苯相似,主要发生在 β 位上。并且不能发生傅-克反应。

(1)卤代反应
吡啶的卤代反应比苯难,不但需要催化剂,而且要在较高温度下进行。例如,

$$\boxed{} + Br_2 \xrightarrow[300℃]{H_2SO_4} \boxed{}-Br + Br-\boxed{}-Br$$

β-溴代吡啶

(2)硝化反应
吡啶的硝化反应需在浓酸和高温下才能进行,硝基主要进 β 位。例如,

$$\boxed{} + HNO_3 \xrightarrow[300℃]{\text{浓 } H_2SO_4} \boxed{}-NO_2 + H_2O$$

(3)磺化反应
吡啶在硫酸汞催化和加热的条件下才能发生磺化反应。例如,

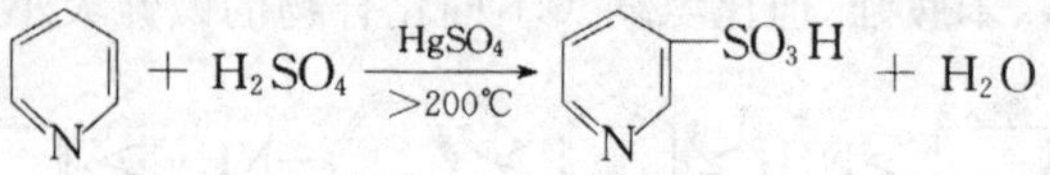

$$\text{吡啶} + H_2SO_4 \xrightarrow[>200℃]{HgSO_4} \text{吡啶磺酸} + H_2O$$

β-吡啶磺酸

3.亲核取代反应

受 N 原子强吸电子影响,吡啶环较易发生亲核取代反应。例如,

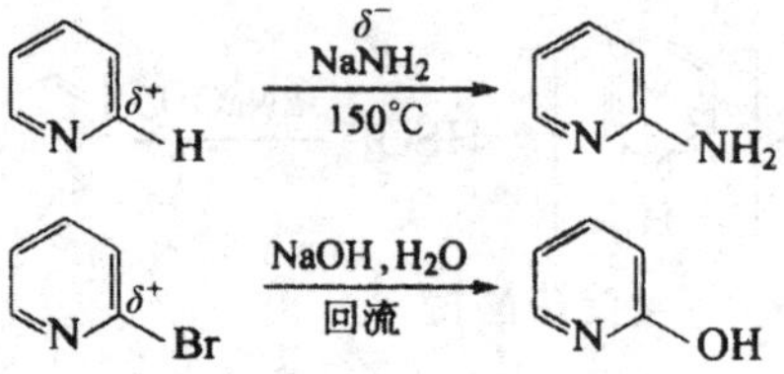

$$\text{吡啶-H} \xrightarrow[150℃]{NaNH_2} \text{吡啶-NH}_2$$

$$\text{吡啶-Br} \xrightarrow[回流]{NaOH,H_2O} \text{吡啶-OH}$$

4.氧化反应

吡啶比苯稳定,不易被氧化剂氧化,当环上连有含 α-氢原子的侧链时,侧链容易被氧化成羧基。例如,

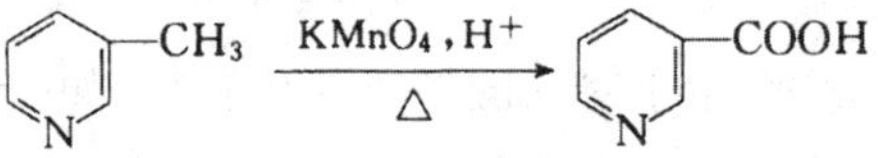

$$\text{吡啶-CH}_3 \xrightarrow[\triangle]{KMnO_4,H^+} \text{吡啶-COOH}$$

β-吡啶甲酸(烟酸)

$$\text{吡啶-CH}_3 \xrightarrow[\triangle]{KMnO_4,H^+} \text{吡啶-COOH}$$

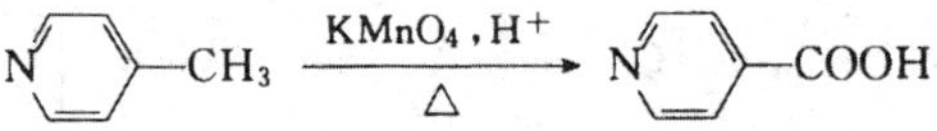

γ-吡啶甲酸(异烟酸)

5.加成反应

吡啶环上的电子云密度低,不易被氧化,与此相反,吡啶环比苯环容易发生加氢还原反应,用催化加氢和化学试剂都可以还原。例如,

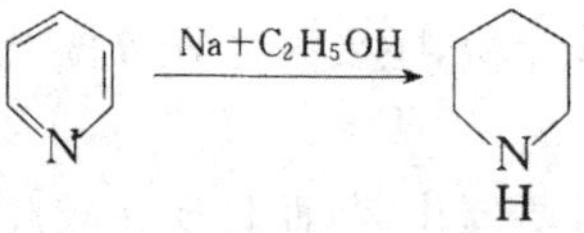

$$\text{吡啶} \xrightarrow{Na+C_2H_5OH} \text{六氢吡啶}$$

六氢吡啶

10.4　重要的杂环化合物及其衍生物

10.4.1　呋喃、噻吩、吡咯、吡啶衍生物

1.呋喃衍生物

(1)糠醛

糠醛是最重要的呋喃衍生物。糠醛即 α-呋喃甲醛,是用稀酸处理米糠、玉米芯、高粱秆、花生

壳等农作物而得,故名糠醛。

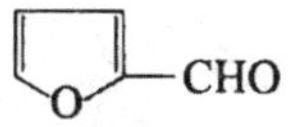

纯糠醛为无色、有毒液体,沸点为 161.8℃,可溶于水。在光、热、空气中易聚合而变色。糠醛遇苯胺醋酸盐溶液显深红色,这是鉴别糠醛(及其他戊糖)常用的方法。

糠醛的性质与苯甲醛相近,能发生歧化、氧化及芳香醛的缩合反应。例如,

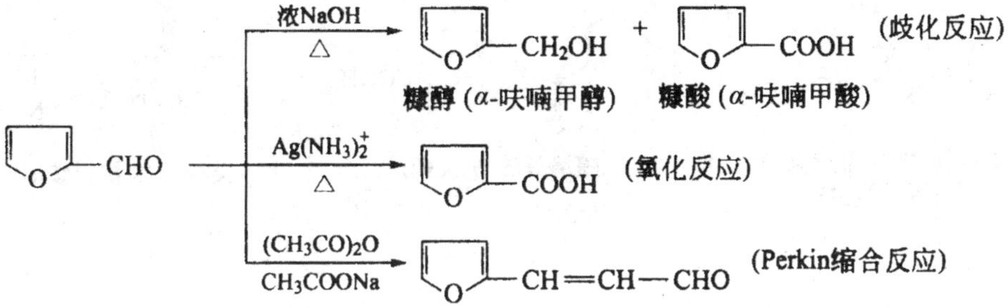

糠醇 (α-呋喃甲醇)　　糠酸 (α-呋喃甲酸)

糠醛用途广泛,可用于合成药物(如痢特灵、呋喃西林)及酚醛树脂、农药等。

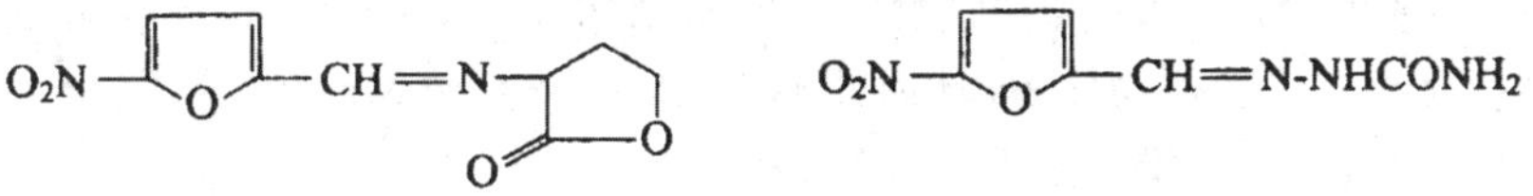

痢特灵　　　　　　　　　　呋喃西林

(呋喃唑酮,抗菌药)　　(抗菌药,广泛用于抑制乃至杀灭细菌)

(2)呋喃唑酮

呋喃唑酮又名痢特灵,分子式为 $C_8H_7N_3O_5$,为黄色结晶粉末,熔点为 275℃,无臭,味苦,难溶于水、乙醇。呋喃唑酮遇碱分解,在日光下颜色逐渐变深,由 5-硝基-2-呋喃甲醛合成。

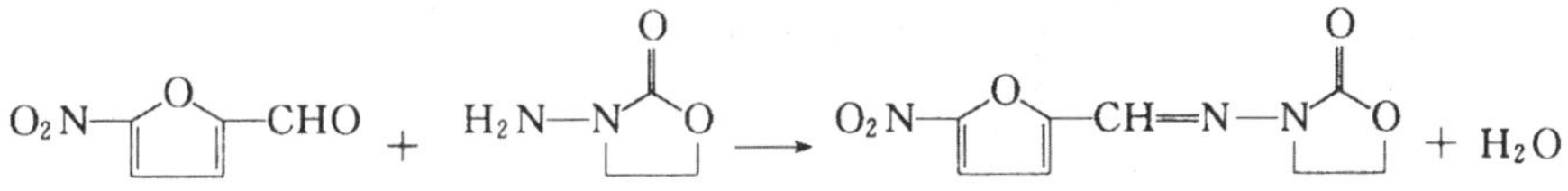

5-硝基-2-呋喃甲醛　　　　　　　呋喃唑酮(痢特灵)

5-硝基-2-呋喃甲醛为无色结晶,有明显的抑菌作用,是合成呋喃类药物的中间体。

呋喃唑酮主要用于细菌性痢疾、肠炎、伤寒等疾病的治疗,另外,对胃炎、十二指肠溃疡也有治疗作用。

(3)呋喃妥因

呋喃妥因又名呋喃坦丁,分子式为 $C_8H_6N_4O_5$,为黄色结晶粉末,熔点为 270~272℃,无臭,味苦,遇光颜色加深。它溶于二甲基甲酰胺,在丙酮中微溶,在水或氯仿中几乎不溶。呋喃妥因由 5-硝基-2-呋喃甲醛和 N-氨基-2,5-咪唑二酮合成。

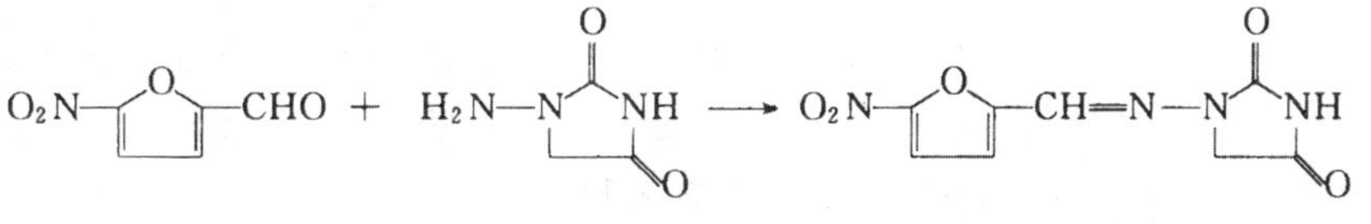

N-氨基-2,5-咪唑二酮　　　呋喃妥因(呋喃坦丁)

　　呋喃妥因主要用于敏感菌引起的急性肾盂肾炎、膀胱炎、尿道炎和前列腺炎等泌尿系统感染的治疗。

　　2.噻吩衍生物

　　噻吩衍生物存在于真菌及菊科植物中(如 2,2′-联二噻吩衍生物),此外,很多合成药物也有噻吩环(如噻洛芬酸、美沙芬林)。

2,2′-联二噻吩衍生物　　　　噻洛芬酸(抗炎药)　　　　美沙芬林(抗组胺剂)
　(可以杀线虫)

　　3.吡咯衍生物

　　吡咯衍生物大多以卟吩环的形式存在。所谓卟吩环,是指由四个吡咯环的 α-C 通过次甲基(—CH ═)相连形成的稳定且复杂的共轭体系(卟吩结构如图 10-3 所示)。其衍生物叫作卟啉。卟啉类化合物广泛存在于动植物体中,环内的 N 原子易与金属(Mg、Fe 等)络合,多显色。较重要的卟啉类化合物有血红素、维生素 B_{12} 及叶绿素。

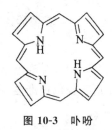

图 10-3　卟吩

　　(1)血红素

　　血红素卟吩环中心结合一个二价铁离子,血红素是血红蛋白辅基,血红素镶嵌在蛋白质表面"空洞"中,结合形成血红蛋白,具有携带氧气输送到全身各器官的功能。血红素结构如图 10-4 所示。

　　(2)维生素 B_{12}

　　维生素 B_{12} 又名"钴胺素",B 族维生素之一。动物肝脏中含量丰富。其烷基(甲基)衍生物,以辅基形式参与生物体的几种重要甲基转移反应。缺乏维生素 B_{12} 时会影响核酸的代谢,导致恶性贫血。故可用于治疗恶性贫血,也能促进鸡、猪等的生长。维生素 B_{12} 可由抗生素发酵废液或地下水道的淤泥提取,也可由丙酸菌发酵而得。维生素 B_{12} 结构如图 10-5 所示。

　　(3)叶绿素

　　叶绿素与蛋白质结合存在于绿色植物中,是绿色植物进行光合作用的必需催化剂,能把太阳能转化为化学能储藏在有机化合物中。叶绿素是叶绿素 a 与叶绿素 b 以 3∶1 组成的混合物。叶绿素不溶于水,可溶于非极性有机溶剂,可作为有机着色剂。

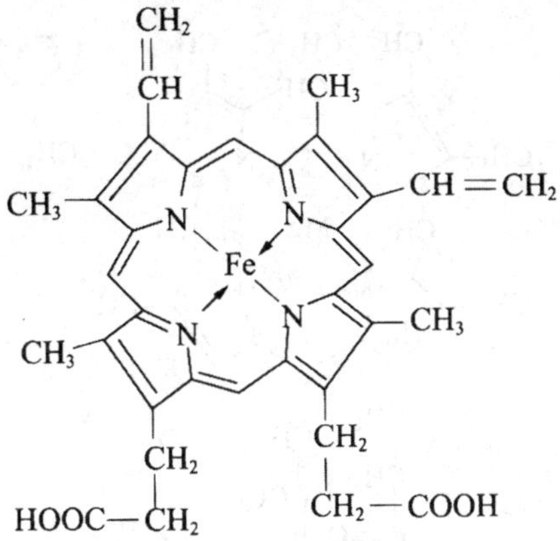

图 10-4 血红素

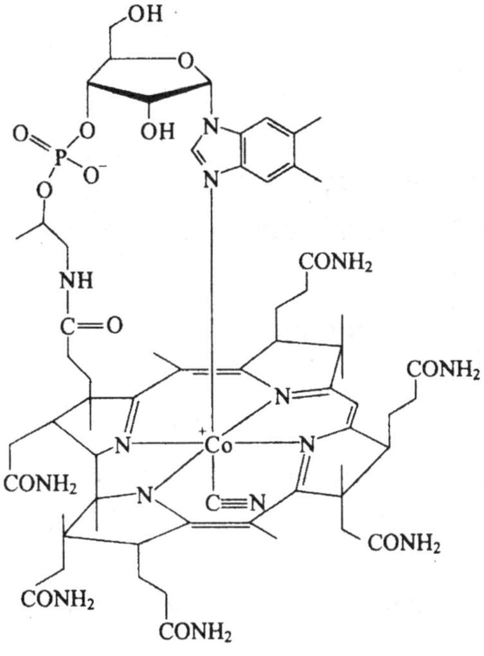

图 10-5 维生素 B_{12}

叶绿素分子中卟吩环中心是一个镁离子,用 $CuSO_4$ 的酸性溶液小心处理,Cu^{2+} 可取代 Mg^{2+} 进入卟吩环的中心,处理后的植物仍呈绿色,可作为保存绿色植物标本的方法。叶绿素结构如图 10-6 所示。

除卟吩环外,存在于动物体中的胆红素及一些药物(如佐美酸)也含有独立的吡咯环。

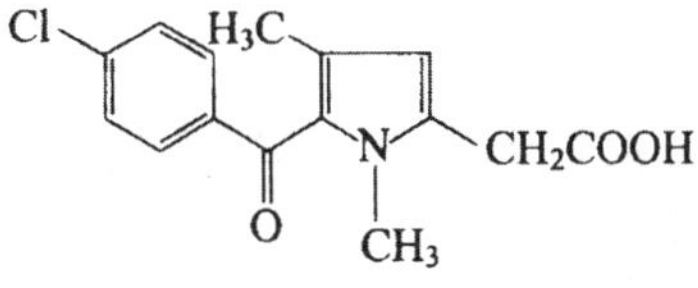

镇痛和抗炎药 "佐美酸"
[5-(4-氯苯甲酰基)-1,4-二甲基吡咯-2-乙酸]

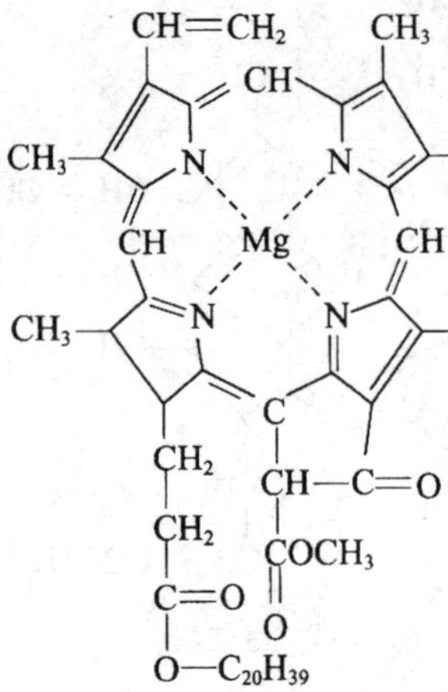

CH=CH₂ CH₃

CH₃ CH₂CH₃

CH Mg CH

CH₃ N N CH₃

CH₃ C

CH₂ CH—C=O

CH₂ COCH₃

C=O O

O—C₂₀H₃₉

图 10-6　叶绿素

4.吡啶衍生物

（1）异烟肼

异烟肼俗名雷米封,为无色或白色结晶,熔点为 171℃,无臭,味微甜后苦,易溶于水,微溶于乙醇,不溶于乙醚,遇光逐渐变质。它可由异烟酸与水合肼缩合制得。

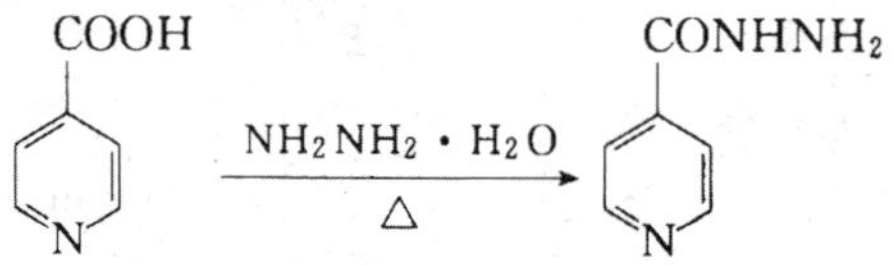

异烟肼(γ-吡啶甲酰肼)

异烟肼具有较强的抗结核作用,是常用的抗结核药物。此外,对痢疾、百日咳、睑腺炎等也有一定疗效。它的结构与维生素 PP 相似,对维生素 PP 有拮抗作用,若长期服用异烟肼,应适当补充维生素 PP。

此外,在中药中也存在许多吡啶(或哌啶)的衍生物,如八角枫中的毒藜碱等。

（2）维生素 PP

维生素 PP 又名抗癞皮病因子,包括烟酸和烟酰胺两种物质。其结构式如下:

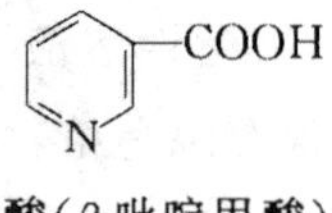

烟酸(β-吡啶甲酸) 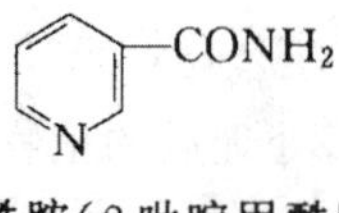　　　烟酰胺(β-吡啶甲酰胺)

烟酸为白色针状结晶体,熔点为 237℃,相对密度为 1.473,无臭,味微酸,易溶于沸水、沸乙醇,不溶于乙醚。

烟酰胺为白色针状结晶体,熔点为 128～131℃,沸点为 150℃,相对密度为 1.400,无臭,味苦,溶于水、乙醇,在空气中略有吸湿性。

维生素 PP 具有扩张血管、预防和缓解严重的偏头痛和降压等作用。体内缺乏维生素 PP 易引起癞皮病。它广泛存在于自然界中,在动物肝脏与肾脏、瘦肉、鱼、全麦制品、无花果等食物中含量丰富。维生素 PP 还是合成抗高血压药的药物中间体。

(3)维生素 B_6

维生素 B_6 是 B 族维生素之一,广泛存在于食物中。含三种形式:吡哆醇、吡哆醛和吡哆胺,三者在体内可以相互转化。三者的盐酸盐为无色晶体,易溶于水,微溶于乙醇、丙酮。因最初得到的是吡哆醇,故多以吡哆醇为维生素 B_6 的代表。

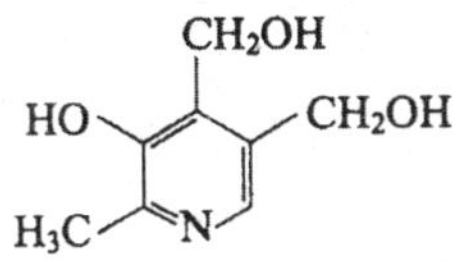

| 吡哆醇 | 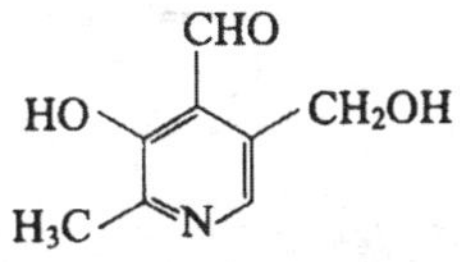 吡哆醛 | 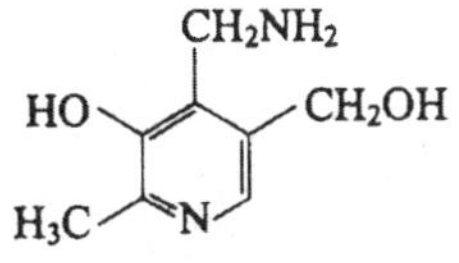 吡哆胺 |

维生素 B_6 是具有辅酶作用的维生素,可用于治疗妊娠呕吐、放射性呕吐等。

10.4.2　嘧啶、嘌呤及其衍生物

1.嘧啶及其衍生物

嘧啶为无色结晶,熔点为 22℃,沸点为 134℃。由于环上两个处于间位的 N 原子都是吡啶型 N 原子,因此,嘧啶与吡啶一样易溶于水且具有弱碱性。但这种 N 原子是吸电子的(相当于—NO_2),故嘧啶的碱性比吡啶更弱。

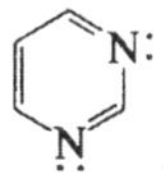

由于 N 原子是吸电子的,因此,嘧啶环比吡啶更难发生亲电取代反应。其反应活性大致相当于 1,3-二硝基苯或 3-硝基吡啶。但是,如果环上有其他的供电子基存在,芳环得以活化,也可以反应。例如,

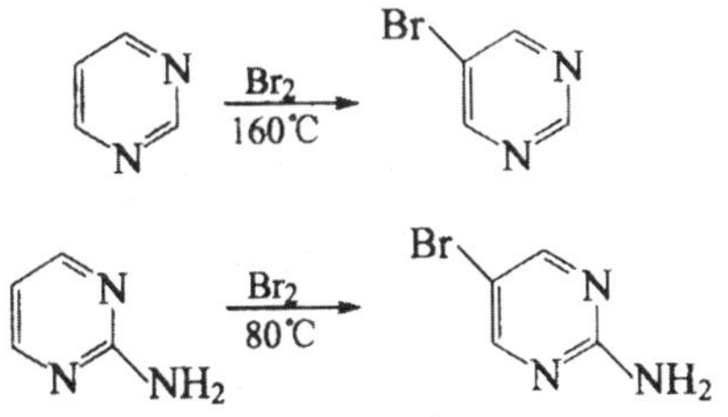

由于 N 原子是吸电子的,因此,嘧啶较易发生亲核取代,反应多发生在分子中的 2 位、4 位。例如,

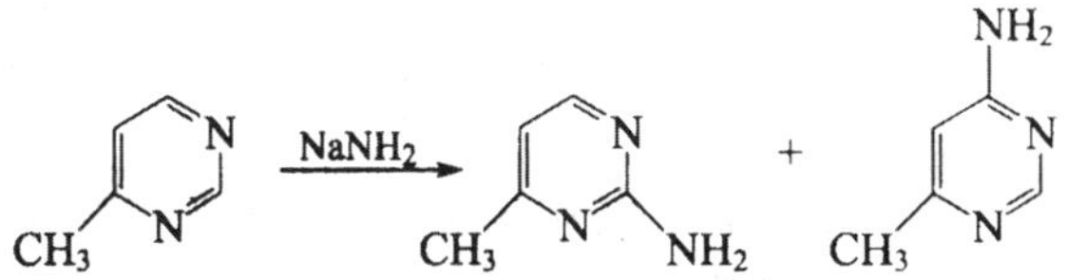

此外,嘧啶环还像吡啶环一样,可以发生还原反应;取代嘧啶的侧链也可以被氧化。

嘧啶很少存在于自然界中,其衍生物在自然界中普遍存在。例如,核酸和维生素 B_1 中都含有嘧啶环。组成核酸的重要碱基:胞嘧啶(Cytsine,简写 C)、尿嘧啶(Uracil,简写 U)、胸腺嘧啶(Thymine,简写 T)都是嘧啶的衍生物,它们都存在烯醇式和酮式的互变异构体。

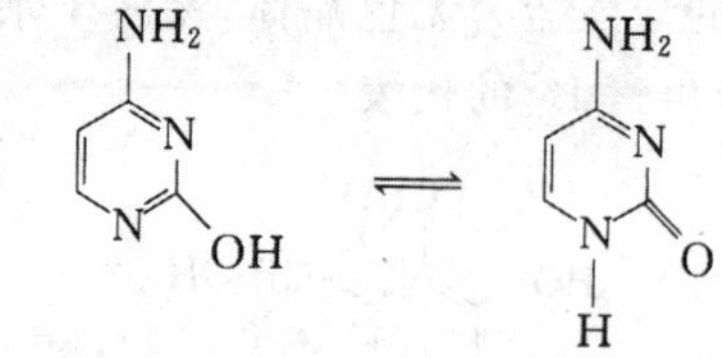

4-氨基-2-羟基嘧啶　　4-氨基-2-氧嘧啶

胞嘧啶 （C）

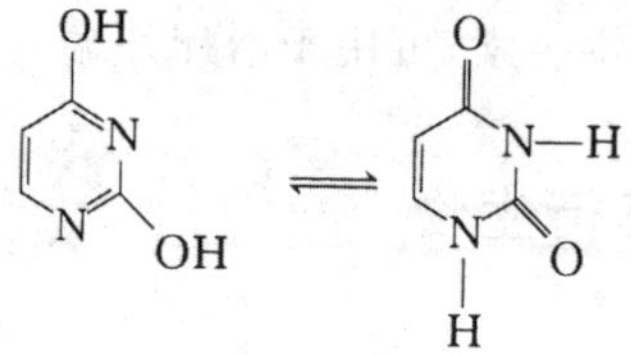

2,4-二羟基嘧啶　　2,4-二氧嘧啶

尿嘧啶 （U）

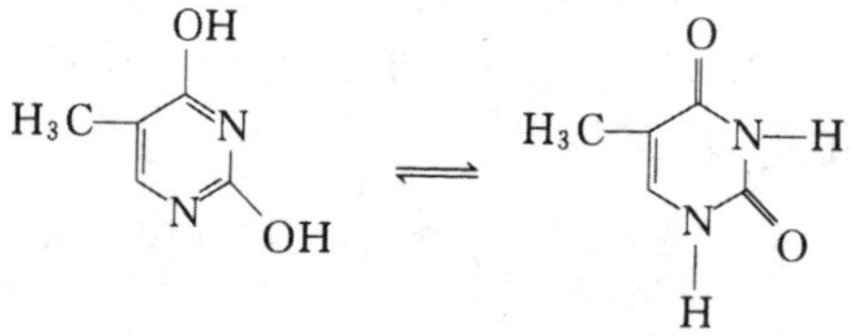

5-甲基-2,4-二羟基嘧啶　　5-甲基-2,4-二氧嘧啶

胸腺嘧啶 （T）

在生物体中哪一种异构体占优势,取决于体系的 pH。一般情况下,嘧啶碱主要以酮式异构体存在。

2.嘌呤及其衍生物

嘌呤的分子式为 $C_5H_4N_4$,它的结构是由一个嘧啶环和一个咪唑环稠合而成的。嘌呤环的编号常用标氢法区别。药物分子中多为 7H 嘌呤,生物体内则 9H 嘌呤比较常见。

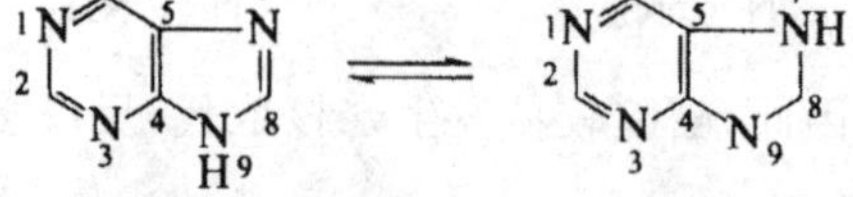

9H-嘌呤　　　　7H-嘌呤

嘌呤为无色结晶,熔点为 $216\sim217℃$,易溶于水。其水溶液呈中性,却能与强酸或强碱生成盐。

嘌呤本身在自然界中尚未发现,但它的氨基及羟基衍生物广泛存在于动、植物体中。存在于生物体内组成核酸的嘌呤碱基有:腺嘌呤(Adenine,简写 A)和鸟嘌呤(Guanine,简写 G),是嘌呤的重要衍生物。它们都存在互变异构体,在生物体内,主要以右边异构体的形式存在。

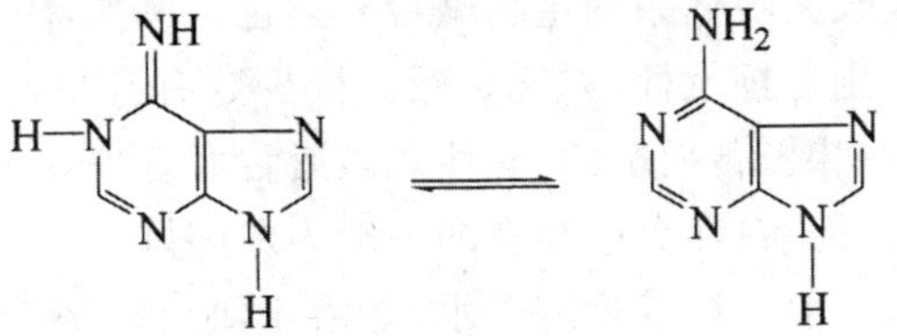

6-氨基嘌呤(腺嘌呤A)

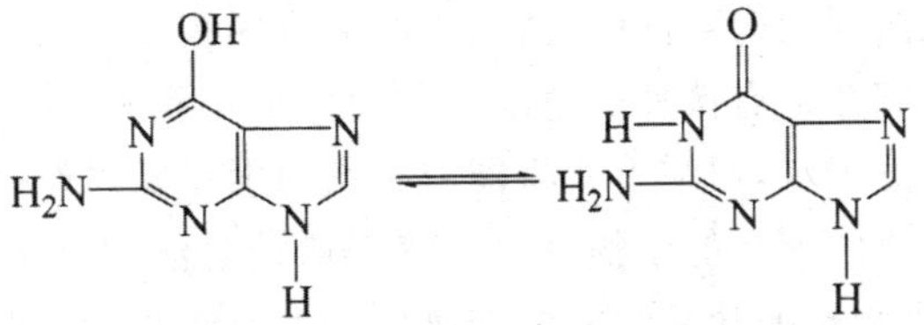

2-氨基-6-羟基嘌呤(鸟嘌呤G)

细胞分裂素是分子内含有嘌呤环的一类植物激素。细胞分裂素能促进植物细胞分裂,能扩大和诱导细胞分化,以及促进种子发芽。它们常分布于植物的幼嫩组织中,例如,玉米素最早是从未成熟的玉米中得到的。人们常用细胞分裂素来促进植物发芽、生长和防衰保绿,以及延长蔬菜的贮藏时间和防止果树生理性落果等。

10.5 生物碱

生物碱是指存在于生物体内,有一定生理活性的碱性含氮杂环化合物。它们主要存在于植物中,所以又称为植物碱。生物碱大多数来自植物界,少数也来自动物界,如肾上腺素等。

10.5.1 生物碱的分类和命名

1.生物碱的分类

生物碱的分类方法有多种,比较常见的分类方法是根据生物碱的化学结构进行分类。例如,麻黄碱属有机胺类,茶碱属嘌呤衍生物类,一叶萩碱、苦参碱属吡啶衍生物类,莨菪碱属托品烷类,喜树碱属喹啉衍生物类,常山碱属喹唑酮衍生物类,小檗碱、吗啡属异喹啉衍生物类,利血平属吲哚衍生物类等。

2.生物碱的命名

生物碱的命名一般根据它所来源的植物命名,如烟碱因由烟草中提取出来而得名,喜树碱因由喜树中提取出来而得名。生物碱的名称也可采用国际通用名称的译音,如烟碱又称尼古丁。

10.5.2 生物碱的物理性质

生物碱大多数为无色或白色晶体,有些是非结晶形粉末。少数生物碱在常温时为液体,如烟碱,槟榔碱等。少数含有较长共轭体系的生物碱带有颜色。例如,小檗碱、木兰花碱、蛇根碱等均为黄色,血根碱为红色。个别有挥发性,如麻黄碱。极少数有升华性,如咖啡因。无论生物碱本身或其盐类,多具苦味,有些味极苦而辛辣,有些刺激唇舌而有焦灼感。

大多数生物碱具有旋光性,自然界中存在的一般为左旋体。

游离生物碱极性较小,一般不溶或难溶于水,能溶于氯仿、二氯乙烷、乙醚、乙醇、丙酮、苯等有机溶剂,在稀酸水溶液中溶解而成盐。生物碱的盐类极性较大,大多易溶于水及醇,不溶或难溶于苯、氯仿、乙醚等有机溶剂;其溶解性与游离生物碱恰好相反。

生物碱及其盐类的溶解性也有例外的情况。季铵碱如小檗碱、酰胺型生物碱和一些极性基团较多的生物碱则一般能溶于水,习惯上常将能溶于水的生物碱叫作水溶性生物碱;中性生物碱难溶于酸;含羧基、酚羟基或内酯环的生物碱等能溶于稀碱溶液;某些生物碱的盐类如盐酸小檗碱则难溶于水;另有少数生物碱的盐酸盐能溶于氯仿。生物碱的溶解性对提取、分离和精制生物碱十分重要。

生物碱有一定的毒性,量小可作为药物治疗疾病,量大时可引起中毒,因此,使用时应当注意剂量。

10.5.3 生物碱的化学性质

1.碱性

生物碱分子中因氮原子上有未共用的电子对,有一定接受质子的能力而具有碱性,大多数生物碱能与酸反应生成易溶于水的生物碱盐。生物碱盐在遇强碱时又游离出生物碱,利用这一性质可以提取和精制生物碱。临床上用的生物碱药物均制成其盐类(如硫酸阿托品、盐酸黄连素等)。

$$生物碱 \underset{NaOH}{\overset{HCl}{\rightleftharpoons}} 生物碱盐$$

（难溶于水） （可溶于水）

2.氧化反应

生物碱能够发生氧化反应生成相应的氧化产物。例如,

烟碱　　　　　　　　　　烟酸(β-吡啶甲酸)

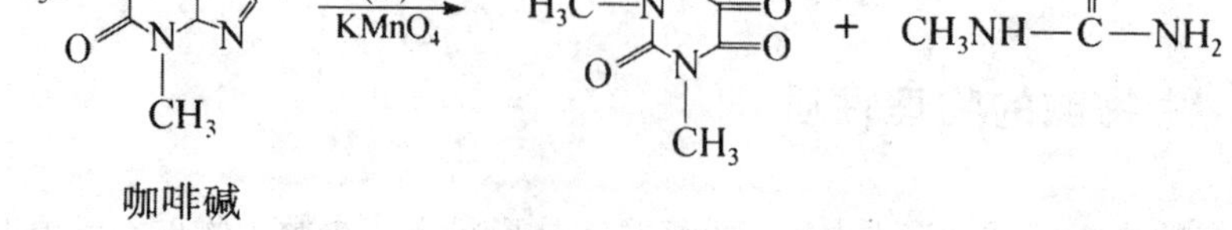

咖啡碱

3.显色反应

一些生物碱单体能与浓无机酸等试剂反应,生成不同颜色的化合物,这类试剂称为生物碱显色试剂,常用于鉴定和区别某些生物碱。

常用的生物碱显色剂有浓硫酸、硝酸、甲醛和氨水等。例如,用浓硝酸氧化尿酸后,加入浓氨水呈紫红色,称为红紫酸铵反应,十分灵敏。用于鉴定尿酸、咖啡碱和黄嘌呤等嘌呤衍生物。反应式如下:

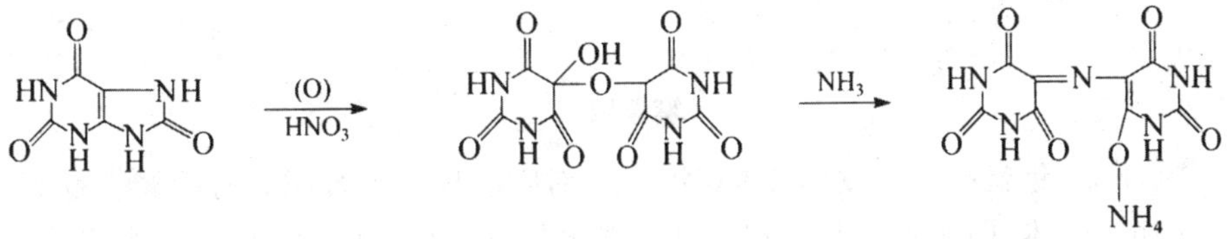

尿酸　　　　　　　　　　　　　　　　　　　红紫酸铵(紫红色)

尿酸超标,可能引起剧痛。

常见的显色试剂有矾酸铵-浓硫酸溶液[曼得灵(Mandelin)试剂],钼酸铵-浓硫酸溶液[弗德(Frohde)试剂],甲醛-浓硫酸试剂[马尔基(Marquis)试剂]。

4.沉淀反应

沉淀反应是指大多数生物碱或生物碱的盐类水溶液,能与一些试剂生成不溶性沉淀。这些试剂称为生物碱沉淀剂。沉淀反应可用于鉴别和分离生物碱。常用的生物碱沉淀剂及其沉淀颜色见表 10-2。

表 10-2　常用的生物碱沉淀剂及其沉淀颜色

生物碱沉淀剂	碘化汞钾 ($HgI_2 \cdot 2KI$)	碘化铋钾 ($BiI_3 \cdot KI$)	磷钨酸 ($H_3PO_4 \cdot 12WO_3$)	鞣酸	苦味酸
沉淀颜色	黄色	黄褐色	黄色	白色	黄色

10.5.4　重要的生物碱

1.小檗碱

小檗碱又名黄连素,存在于黄连、黄柏等小檗科植物中。其分子中含有异喹啉环,为黄色晶体,味很苦,不溶于乙醚,易溶于热水和热乙醇。具有很强的抗菌作用,常用于治疗菌痢、胃肠炎等疾病。

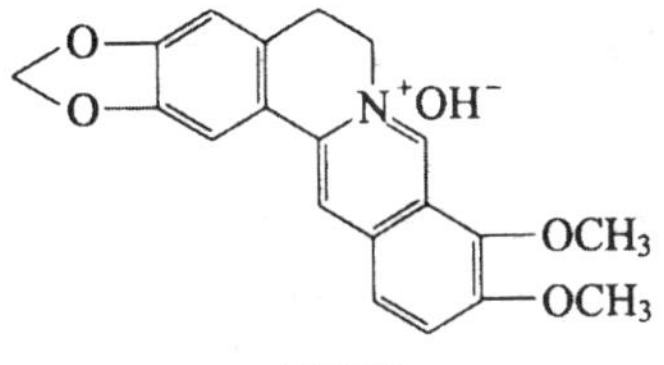

小檗碱

2. 麻黄碱

麻黄碱是由草麻黄和木贼麻黄等植物中提取的生物碱,所以称麻黄碱。它为无色结晶固体,熔点为 90℃,易溶于水、乙醇、乙醚和氯仿。麻黄碱是仲胺类生物碱,不含氮杂环,不易与一般的生物碱沉淀剂生成沉淀。

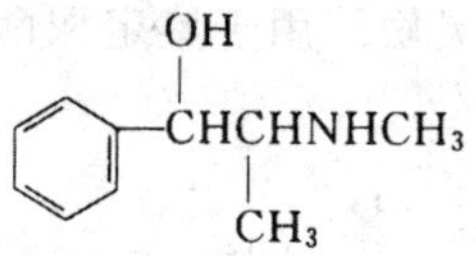

麻黄碱

麻黄碱在 1887 年就已经被发现,1930 年用于临床治疗。麻黄碱具有拟肾上腺素(激素)作用,能兴奋 α 和 β 受体,即能直接与 α 和 β 肾上腺素受体结合,故也有收缩血管、升高血压、增强心肌收缩力,使心输出量增加、促进汗腺分泌和中枢兴奋的作用。临床上常使用盐酸麻黄碱治疗低血压、气喘等病症。

3. 烟碱

烟碱又名尼古丁,属于吡啶类生物碱。它以柠檬酸盐或苹果酸盐的形式存在于烟草中,国产烟叶含烟碱的质量分数为 $1\%\sim4\%$。

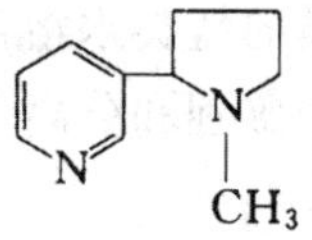

烟碱

烟碱极毒,少量能引起中枢神经兴奋,血压升高;大量就会抑制中枢神经系统,使心脏麻痹而致死,(＋)-烟碱的毒性比(－)-烟碱的小得多,几毫克的烟碱就能引起头痛、呕吐、意识模糊等中毒症状。成人口服致死量为 $40\sim60$ mg。因此,吸烟对人体有害,尤其是对青少年危害更大。应提倡不要吸烟。烟碱在农业上用作杀虫剂。

4. 莨菪碱

莨菪碱的俗名为阿托品,属于吡啶类生物碱。它存在于颠茄、莨菪、洋金花等植物中。

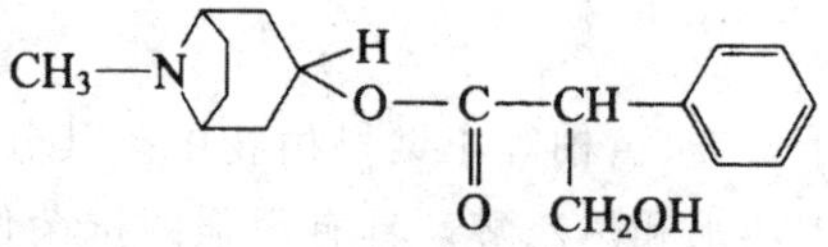

莨菪碱

阿托品硫酸盐具有镇痛解痉作用,主要用于治疗胃、肠、胆、肾的绞痛,还能扩散瞳孔,也是有机磷、锑剂中毒的解毒剂。

除莨菪碱外,我国学者又从茄科植物中分离出两种新的莨菪烷系生物碱,即山莨菪碱和樟柳碱。两者均有明显的抗胆碱作用,并有扩张微动脉、改善血液循环的作用,还可用于散瞳、慢性气管炎的平喘等,也能解除有机磷中毒,其毒性比阿托品硫酸盐小。

5. 利血平

利血平又称为蛇根草素,是从萝芙木中提取的生物碱,具有降血压的作用,含有吲哚环,呈弱碱性。

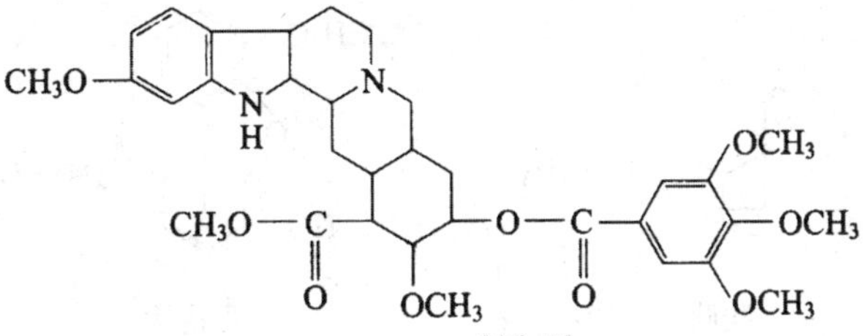

利血平

利血平的结构已经测定,它的全合成已于 1956 年由美国化学家伍德沃德(R. B. Woodward)完成,但是合成路线比较复杂,在每一步合成过程中,都要考虑立体定向的问题。药用的利血平是从人工培植的萝芙木根中提取得到的。我国目前药用的"降压灵",是国产萝芙木中提取的弱碱性的混合生物碱,能降低血压,作用温和,副作用较小,对于初期高血压患者比较适用。

6. 奎宁

奎宁又名金鸡纳碱,存在于金鸡纳树中。分子内含有喹啉环,为针状结晶,熔点为 177℃,微溶于水,易溶于乙醚、乙醇等有机溶剂。奎宁是使用最早的一种抗疟疾药。

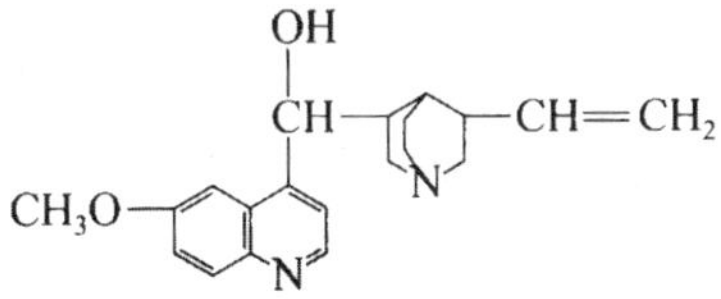

奎宁

由于受到产量的限制,不能满足医药上的需求,又因为奎宁只有抵抗疟原虫的作用,却没有杀灭作用,因此人们一直在寻找合成方便、疗效更好的抗疟药物。目前已从几万种化合物中筛选出以下几种作为临床治疗疟疾的新药。

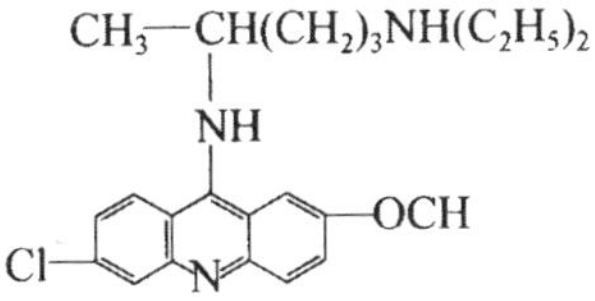

阿的平

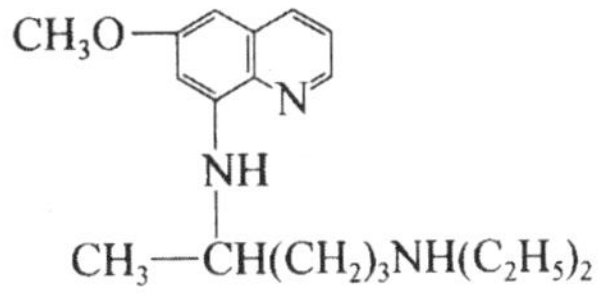

扑疟母星

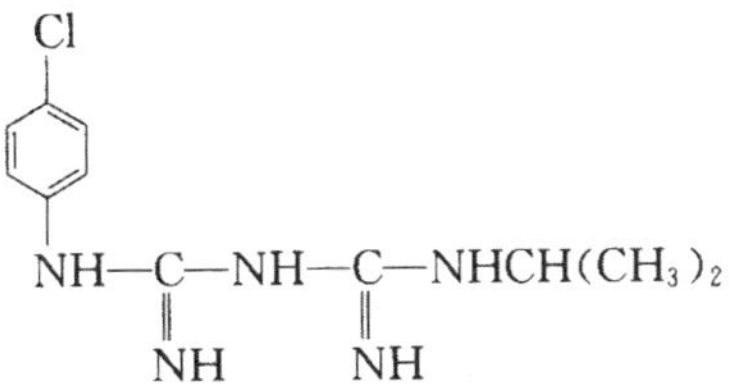

百乐君

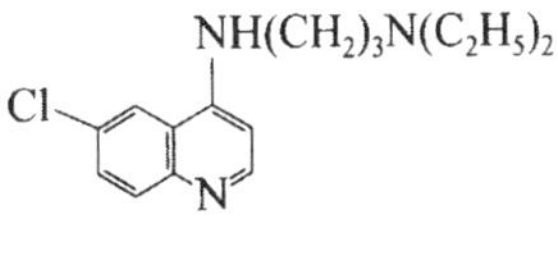

氯奎宁

7.吗啡和可待因

吗啡和可待因是罂粟科植物所含的生物碱,属异喹啉类衍生物。鸦片来源于植物罂粟,所含生物碱以吗啡最重要,约含 10%,其次为可待因,含 0.3%~1.9%。

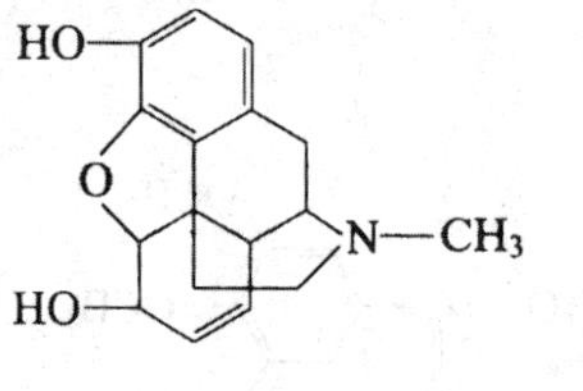

吗啡 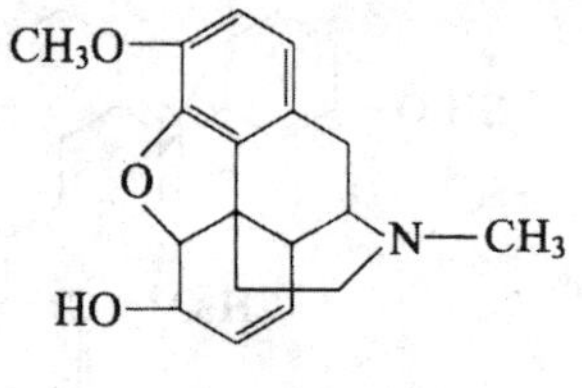　　　　　　　　　　　可待因

吗啡对中枢神经有麻醉作用,有极快的镇痛效力,但久用成瘾,不宜常用。可待因是吗啡的甲基醚,其生理作用与吗啡相似,可用来镇痛,医药上主要用作镇咳剂。

8.咖啡碱和茶碱

咖啡碱(又名咖啡因)和茶碱都存在于茶叶、咖啡和可可豆中,它们属于嘌呤类生物碱。咖啡因具有利尿、止痛和兴奋中枢神经的作用,临床上常用作利尿剂和用于呼吸衰竭的解救。它也是常用的解热镇痛药物 APC 的成分之一。

茶碱的熔点为 270~274℃,味苦,溶于水、乙醇和氯仿。茶碱具有松弛平滑肌和较强的利尿作用,常用于慢性支气管炎和支气管哮喘等病症的治疗,也可用来消除各种水肿症。

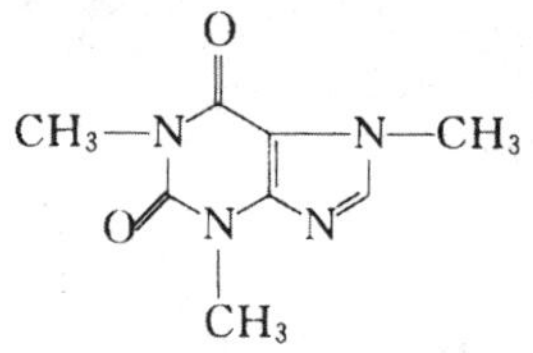

咖啡碱 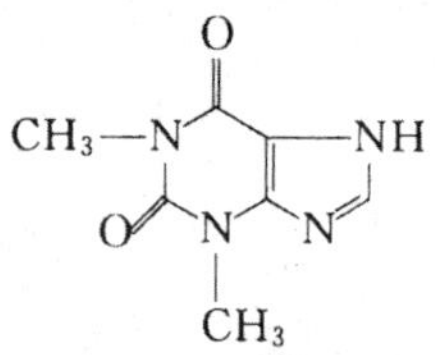　　　　　　　　　　茶碱

第 11 章　类脂化合物

11.1　油脂

　　油脂普遍存在于动植物体的脂肪组织中,是动植物储藏和供给能量的主要物质之一。油脂也是维生素等许多活性物质的良好溶剂,在人体内还起到维持体温和保护内脏器官免受振动及撞击的作用。另外,油脂还用来制备肥皂、护肤品和润滑剂等。

11.1.1　油脂的组成和结构

　　油脂包括油和脂肪,习惯上将常温下为液态的称为油,固态或半固态的称为脂肪。油脂是直链高级脂肪酸的甘油酯,其结构通式如下:

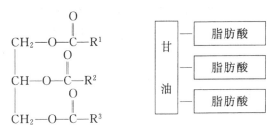

式中,R^1、R^2、R^3 分别代表脂肪酸的烃基,它们可以相同也可以不同。如果 R^1、R^2、R^3 相同,这样的甘油酯称为单甘油酯;如果 R^1、R^2、R^3 不同,则称为混甘油酯。天然油脂大多为混甘油酯的混合物。

　　油脂中高级脂肪酸的种类很多,有饱和脂肪酸,也有不饱和脂肪酸。常见油脂中重要的脂肪酸见表 11-1。

表 11-1　常见油脂中重要的脂肪酸

类别	名称	系统命名	结构式	熔点/℃
饱和脂肪酸	月桂酸	十二碳酸	$CH_3(CH_2)_{10}COOH$	44
	肉豆蔻酸	十四碳酸	$CH_3(CH_2)_{12}COOH$	54
	软脂酸	十六碳酸	$CH_3(CH_2)_{14}COOH$	63
	硬脂酸	十八碳酸	$CH_3(CH_2)_{16}COOH$	70

续表

类别	名称	系统命名	结构式	熔点/℃
不饱和脂肪酸	油酸	Δ^3-十八碳烯酸	$CH_3(CH_2)_7CH=CH(CH_2)_7COOH$	13
	亚油酸	$\Delta^{9,12}$-十八碳二烯酸	$CH_3(CH_2)_4CH=CHCH_2CH=CH(CH_2)_7COOH$	−5
	蓖麻油酸	12-羟基-Δ^9-十八碳烯酸	$CH_3(CH_2)_5CHOHCH_2CH=CH(CH_2)_7COOH$	50
	亚麻油酸	$\Delta^{9,12,15}$-十八碳三烯酸	$CH_3(CH_2CH=CH)_3(CH_2)_7COOH$	−11
	桐油酸	$\Delta^{9,11,13}$-十八碳三烯酸	$CH_3(CH_2)_3(CH=CH)_3(CH_2)_7COOH$	49
	花生四烯酸	$\Delta^{5,8,11,14}$-二十碳四烯酸	$CH_3(CH_2)_4(CH=CHCH_2)_4(CH_2)_2COOH$	−49.5

注：Δ 为希腊字母，与其右上角的数字一同表明烯键的位次。

组成油脂的脂肪酸的饱和程度，对油脂的熔点影响很大。一般含较多不饱和脂肪酸成分的甘油酯常温下呈液态，而含较多饱和脂肪酸成分的甘油酯常温下呈固态。

多数脂肪酸在人体内都能够合成，只有亚油酸、亚麻油酸、花生四烯酸等在体内不能合成，但又是营养上不可缺少的，必须由食物供给，因此将这些脂肪酸称为必需脂肪酸。例如，花生四烯酸是合成体内重要活性物质前列腺素的原料，而花生四烯酸则必须从食物中摄取。

11.1.2　油脂的物理性质

纯净的油脂是无色、无臭、无味的，但天然的油脂因溶有维生素和胡萝卜素、叶绿素等色素或由于贮存期间的变化而带有一定的颜色和气味。油脂比水轻，难溶于水，易溶于汽油、乙醚、氯仿等有机溶剂。油脂是混合物，没有固定的熔点和沸点。

11.1.3　油脂的化学性质

油脂的化学性质与其主要成分脂肪酸甘油酯的结构密切相关，重要的化学性质如下所示。

1. 水解反应

像羧酸酯一样，油脂在酸、碱或酶的催化下，易水解，生成甘油和羧酸（或羧酸盐）。例如，油脂在硫酸存在下与水共沸，则水解生成甘油和高级脂肪酸。

$$\begin{array}{l}CH_2-O-CO-R\\CH-O-CO-R'\\CH_2-O-CO-R''\end{array} + 3H_2O \xrightarrow[\triangle]{H^+} \begin{array}{l}CH_2-OH\\CH-OH\\CH_2-OH\end{array} + \begin{array}{l}RCOOH\\R'COOH\\R''COOH\end{array}$$

这是工业上制取高级脂肪酸和甘油的重要方法。

当油脂在碱性条件下（NaOH 或 KOH）进行水解时，得到甘油和高级脂肪酸钠（或钾盐）的混合物。高级脂肪酸盐就是肥皂，所以油脂的碱性水解叫作皂化反应。

$$
\begin{array}{c}
\text{CH}_2\text{—O—CO—R} \\
| \\
\text{CH—O—CO—R}' \\
| \\
\text{CH}_2\text{—O—CO—R}''
\end{array}
+ 3\text{NaOH} \xrightarrow{\triangle}
\begin{array}{c}
\text{CH}_2\text{—OH} \\
| \\
\text{CH—OH} \\
| \\
\text{CH}_2\text{—OH}
\end{array}
+
\begin{array}{c}
\text{RCOONa} \\
\text{R}'\text{COONa} \\
\text{R}''\text{COONa}
\end{array}
$$

肥皂

油脂在人体内消化时,在脂肪酶的催化作用下,也可以水解。

2. 加成反应

油脂中含不饱和脂肪酸,其分子中的碳碳双键,可以和氢气、卤素发生加成反应。

(1)加氢

含有不饱和脂肪酸成分的油脂,因其分子中含有碳碳双键,所以能在一定条件下与氢发生加成反应。例如,

$$
\begin{array}{c}
\text{CH}_2\text{—O—}\overset{\displaystyle O}{\overset{\|}{C}}\text{—(CH}_2)_7\text{CH}=\text{CH(CH}_2)_7\text{CH}_3 \\
| \\
\text{CH—O—}\overset{\displaystyle O}{\overset{\|}{C}}\text{—(CH}_2)_7\text{CH}=\text{CH(CH}_2)_7\text{CH}_3 \\
| \\
\text{CH}_2\text{—O—}\overset{\displaystyle O}{\overset{\|}{C}}\text{—(CH}_2)_7\text{CH}=\text{CH(CH}_2)_7\text{CH}_3
\end{array}
+ 3\text{H}_2 \xrightarrow[\triangle]{\text{Ni}}
\begin{array}{c}
\text{CH}_2\text{—O—}\overset{\displaystyle O}{\overset{\|}{C}}\text{—(CH}_2)_{16}\text{CH}_3 \\
| \\
\text{CH—O—}\overset{\displaystyle O}{\overset{\|}{C}}\text{—(CH}_2)_{16}\text{CH}_3 \\
| \\
\text{CH}_2\text{—O—}\overset{\displaystyle O}{\overset{\|}{C}}\text{—(CH}_2)_{16}\text{CH}_3
\end{array}
$$

甘油三油酸酯 　　　　　　　　　　　　甘油三硬脂酸酯

不饱和的液态油通过催化加氢提高了饱和程度,可从液态油变成固态或半固态的脂肪。这一过程称为油脂的氢化,也称油脂的硬化。形成的固态油脂,称为硬化油,食用的人造黄油的主要成分就是硬化油。硬化油不易被空气氧化变质,便于贮存和运输,也作为制肥皂的原料。

(2)加碘

含有不饱和脂肪酸成分的油脂,也能与卤素(碘等)发生加成反应,根据卤素的用量,可以判断油脂的不饱和程度。一般将每 100 g 油脂所能吸收碘的最大质量(g),称为碘值。碘值越大,表示油脂的不饱和程度越高。常见油脂的皂化值、碘值和酸值见表 11-2。

表 11-2　常见油脂的皂化值、碘值和酸值

油脂名称	皂化值	碘值	酸值
猪油	193～200	46～66	1.56
花生油	185～195	83～93	—
茶油	170～180	92～109	2.4
棉籽油	191～196	103～115	0.6～0.9
豆油	189～194	124～136	—
亚麻油	189～196	170～204	1～3.65

3.干性

某些油(如桐油)涂成薄层,在空气中逐渐变成有韧性的固态薄膜。油的这种结膜特性称为干性(或干化)。

油的干化是一个很复杂的过程,主要是一系列氧化、聚合反应的结果。实践证明,油的干性强弱(即干结成膜的快慢)和油分子中所含双键的数目及双键的结构体系有关:含双键数目多的,结膜快;有共轭双键结构体系的比孤立双键结构体系的结膜快。成膜是由于双键聚合的结果。根据碘值的大小可分为干性油(碘值大于130)、半干性油(碘值为100~130)和不干性油(碘值小于100)三大类。

油漆用油以干性油和半干性油为主,而桐油是最好的干性油。

4.酸败

油脂在空气中放置过久,就会变质产生难闻的气味,这种变化称为酸败。酸败是由空气中的氧、水分或微生物作用引起的。油脂中不饱和酸的双键部分受到空气中氧的作用,氧化成过氧化物,后者进一步分解或氧化,产生有臭味的低级醛或羧酸。光、热或湿气都可以加速油脂的酸败。

油脂酸败的另一个原因是由于微生物或酶的作用。油脂先水解为脂肪酸,脂肪酸在微生物或酶的作用下发生 β-氧化,即羧酸中的 β-碳原子被氧化为羰基,生成 β-酮酸,后者进一步分解生成含碳较少的酮或羧酸。油脂酸败的产物有毒性和刺激性,因此酸败的油脂不能食用或药用。

对于油脂发生酸败的程度,用酸值来表示,酸值是指中和 1 g 油脂中的游离脂肪酸所需氢氧化钾的质量,常用以表示其缓慢氧化后的酸败程度。一般情况下,对于酸值大于 6 的油脂不宜食用。

11.2 蜡

蜡广泛存在于动、植物界,其主要成分是高级脂肪酸与高级一元醇形成的酯。天然蜡中还含有少量的游离高级脂肪酸和脂肪醇。蜡在常温下是固态,能溶于乙醚、苯、氯仿等有机溶剂中,不溶于水。蜡不易发生皂化反应,也不能被脂肪酶所水解。

植物的茎叶和果实的外部,有一层蜡薄膜,它能保持植物体内的水分,也防止外界的水分聚集侵蚀。昆虫的外壳、动物的皮毛、鸟类的羽毛中都存在着蜡。蜡可以作为化工原料,用于造纸、防水、光泽剂的制备,蜡也是高级脂肪酸与高级脂肪醇的来源。蜡也可以用于水果涂层,达到长期保鲜。

几种常见的蜡如下所示。

(1)蜂蜡

蜂蜡的主要成分是十六酸三十醇酯(软脂酸蜂花酯)$C_{15}H_{31}COOC_{30}H_{61}$,熔点为 62~65℃。

(2)巴西棕榈蜡

巴西棕榈蜡主要成分是二十六酸三十醇酯(棕榈酸蜂酯)$C_{25}H_{51}COOC_{30}H_{61}$,熔点为 83~90℃,因由巴西棕榈叶所得,故称巴西棕榈蜡。

（3）鲸蜡

鲸蜡主要成分为十六酸十六醇酯（棕榈酸鲸蜡酯）$C_{15}H_{31}COOC_{16}H_{33}$，熔点为 $41\sim46℃$，由抹香鲸头部提取出来的油腻物经冷却和压榨而得。

（4）中国白蜡

中国白蜡主要成分为二十六酸二十六醇酯（蜡酸蜡酯）$C_{25}H_{51}CO_2C_{26}H_{53}$，它是白蜡虫分泌的蜡质，熔点较高，颜色洁白，是我国的特产之一。

11.3　磷脂

磷脂是广泛分布在动植物组织中的含有一个磷酸基团的类脂化合物。主要存在于动物的脑、神经组织、骨髓、心、肝和肾等器官中，卵黄、植物的种子及胚芽中也都含有丰富的磷脂。它们是细胞原生质的组成部分，一切细胞的细胞膜中均含有磷脂。磷脂是甘油和 2 分子高级脂肪酸、1 分子磷酸形成的酯类化合物，其中磷酸还连接含氮部分。磷脂包括卵磷脂、脑磷脂和神经磷脂等。

卵磷脂和脑磷脂都是甘油磷脂，是含有磷的脂肪酸甘油酯，性质和结构都与油脂相似。水解后可得甘油、脂肪酸、磷酸和含氮有机碱等四种不同的物质。两者结构上的区别在于含氮有机碱不同。

神经磷脂水解后生成神经氨基醇而没有甘油。

1．卵磷脂

卵磷脂又称为磷脂酰胆碱，它是一种结构复杂的甘油酯。由于胆碱具有碱性，磷酸基具有酸性，结果在磷脂酰胆碱分子内形成偶极离子。如自然界存在的 L-α-磷脂酰胆碱其基本结构为

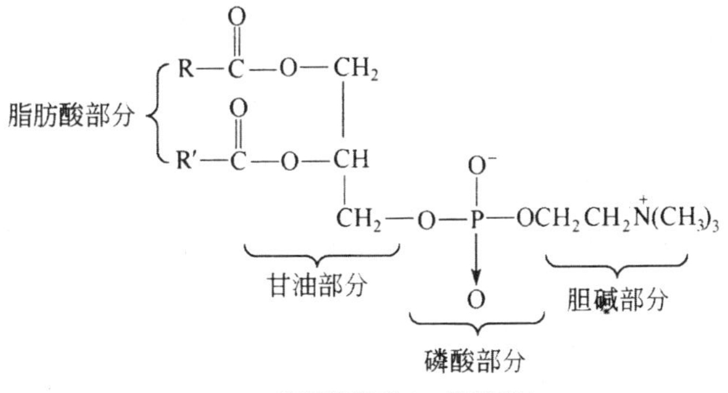

L-α-磷脂酰胆碱（α-卵磷脂）

卵磷脂是白色蜡状物质，不溶于水，易溶于乙醚、乙醇和氯仿。卵磷脂不稳定，在空气中易氧化而变成黄色或褐色。它在脑神经组织、肝、肾上腺、红细胞中含量较多，尤其在蛋黄中含量较为丰富。因最初是从卵黄中发现且含量最丰富而得名。

卵磷脂与脂肪的吸收和代谢有密切的关系，具有抗脂肪肝的作用。

2．脑磷脂

脑磷脂又称为磷脂酰乙醇胺。它与卵磷脂共存于动植物的各种组织及器官中，以动物的脑

中含量最高。自然界存在的是 L-α 磷脂酰乙醇胺。

$$
\begin{array}{l}
\text{脂肪酸部分} \left\{
\begin{array}{l}
R-\overset{\overset{\displaystyle O}{\|}}{C}-O-CH_2 \\
R'-\overset{\overset{\displaystyle O}{\|}}{C}-O-CH \\
\qquad\qquad\quad CH_2-O-\overset{\overset{\displaystyle O^-}{|}}{\underset{\underset{\displaystyle O}{\downarrow}}{P}}-OCH_2CH_2\overset{+}{N}H_3
\end{array}
\right.
\end{array}
$$

甘油部分　　磷酸部分　　胆胺部分

L-α-磷脂酰乙醇胺(α-脑磷脂)

脑磷脂在空气中易氧化颜色变深,不溶于乙醇和丙酮而易溶于乙醚,因主要存在于脑组织中而得名。

脑磷脂与血液的凝固有关,存在于血小板内,其中能促进血液凝固的凝血激酶就是由脑磷脂和蛋白质组成。

3.神经磷脂(鞘磷脂)

神经磷脂又称为鞘磷脂。神经氨基醇(鞘氨醇)的结构如下:

$$
CH_3-(CH_2)_{12}-CH=CH-\underset{\underset{\displaystyle OH}{|}}{CH}-\underset{\underset{\displaystyle NH_2}{|}}{CH}-CH_2OH
$$

$$
CH_3(CH_2)_{12}CH=CH-\underset{\underset{\displaystyle OH}{|}}{CH}-\underset{\underset{\displaystyle \underset{\displaystyle \underset{\displaystyle R}{C=O}}{NH}}{|}}{CH}-CH_2O-\overset{\overset{\displaystyle O}{\uparrow}}{\underset{\underset{\displaystyle OH}{|}}{P}}-OCH_2CH_2N^+(CH_3)_3
$$

N-酰基鞘氨醇部分　　　磷酸部分　　　胆碱部分

神经磷脂是白色结晶,不溶于丙酮和乙醚,而溶于热乙醇中。在光作用下或在空气中不易氧化,性质比较稳定。

神经磷脂是细胞膜的重要成分,大量存在于脑和神经组织中,是围绕着神经纤维鞘样结构的一种成分。在机体不同组织中神经磷脂所含脂肪酸的种类不同。水解神经磷脂得到的脂肪酸有软脂酸、硬脂酸、二十四碳酸,15-二十四碳烯酸等。

11.4　萜类化合物

萜类化合物是异戊二烯的低聚物以及它们的氢化物和含氧衍生物的总称。萜类化合物多数是不溶于水、易挥发、具有香气的油状物质,有一定的生理及药理活性,如祛痰、止咳、祛风、发汗、驱虫或镇痛等作用,可用于香料和医药工业。

11.4.1 萜类化合物的结构

萜类化合物的结构特征可看作是由两个或两个以上异戊二烯单位首尾相连或互相聚合而成,这种结构特点称"异戊二烯规律"。所以萜类化合物分子中碳原子数为 5 的整数倍。

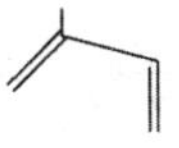

异戊二烯 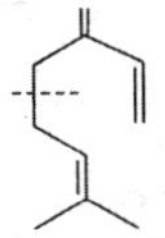 　月桂烯 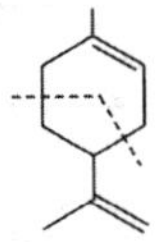 　柠檬 　α-蒎烯

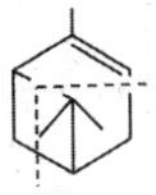

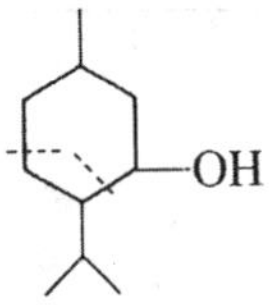

薄荷醇 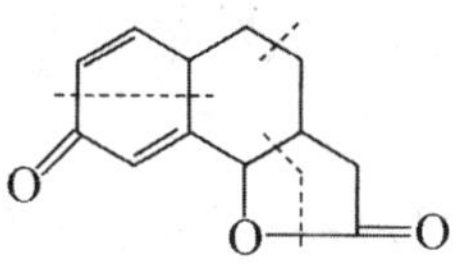 　山道年 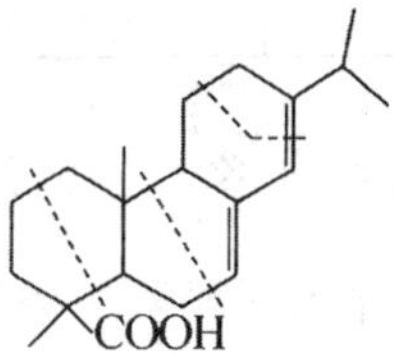 　松香酸

其中山道年、松香酸可分别看作是由三和四个异戊二烯单位连接而成的。因此,萜类化合物可以看作是两个或两个以上的异戊二烯的聚合物及其氢化物或含氧衍生物。

少数天然产物虽是萜类,但它们的碳原子数并不是 5 的倍数。如茯苓酸为 31 碳萜;有的碳原子数是 5 的倍数,却不能分割为异戊二烯的碳架,如莕烷。反之,有些化合物虽然是异戊二烯的高聚物,但不属于萜类化合物,如天然橡胶。由此可见,萜类化合物只能看作为由若干个异戊二烯连接而成的,而实际上并不能通过异戊二烯聚合而得。放射性核素追踪的生物合成实验已证明,在生物体内形成萜类化合物真正的前体是甲戊二羟酸。

$$HOOC-CH_2-\underset{OH}{\overset{CH_3}{C}}-CH_2-CH_2-OH$$

而甲戊二羟酸在生物体内则是由醋酸合成的,醋酸在生物体内可以作为合成许多有重要生理作用的化合物的起始物质,例如维生素 A 和维生素 D、胡萝卜素、性激素、前列腺素和油脂等。将含有放射性核素[14]C 的[14]CH_3COOH 注入桉树中,结果在桉树中生成的香茅醛分子中存在[14]C。把[14]CH_3COOH 注入动物体,所得油脂中的软脂酸也含有[14]C。所以把这些来源于醋酸的化合物称为醋源化合物。油脂、萜类和甾体化合物都是醋源化合物。

11.4.2 萜类化合物的分类和命名

1.萜类化合物的分类

萜类化合物中异戊二烯单位可相连成链状化合物,也可连成环状化合物。根据组成分子的异戊二烯单位的数目可将萜分成几类,见表 11-3。

表 11-3　萜的分类

类别	异戊二烯单位	碳原子数	举例
单萜	2	10	蒎烯、柠檬醛
倍半萜	3	15	金合欢醇
二萜	4	20	维生素 A、松香酸
三萜	6	30	角鲨烯、甘草次酸
四萜	8	40	胡萝卜素、色素
多萜或复萜	>8	>40	橡胶、硬橡胶

2.萜类化合物的命名

萜类化合物的命名一般采用俗名,也可用系统命名法。例如,

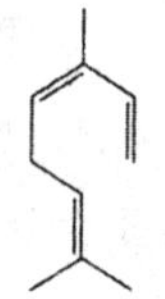

罗勒烯 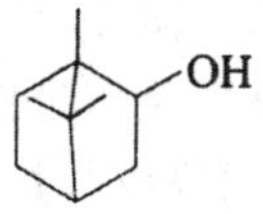　　　　　　　　　龙脑

罗勒烯是从罗勒叶中提取得到的,又因分子中含有碳碳双键,所以根据来源叫作罗勒烯。罗勒烯用系统命名法命名为:3,7-二甲基-1,3,6-辛三烯。

龙脑得自于龙脑香树的树干空洞内的渗出物,根据来源叫作龙脑。龙脑用系统命名法命名为:1,7,7-三甲基二环[2.2.1]-2-庚醇。

11.4.3　重要的萜类化合物

1.单萜类化合物

单萜的基本骨架是由两个异戊二烯构成,含有 10 个碳原子的化合物。是挥发油的主要成分,能随水蒸气蒸馏出来,沸点在 140~180℃之间,其含氧衍生物的沸点在 200~300℃之间。根据两个异戊二烯连接方式不同,单萜又分为开链单萜、单环单萜和双环单萜等。

1)开链单萜类化合物

开链单萜类化合物是由两个异戊二烯单位聚合而成的开链化合物。这类化合物的基本骨架为

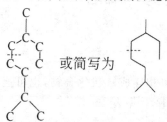

或简写为

开链单萜类化合物中比较重要的是罗勒烯和月桂烯及一些含氧衍生物,它们都是珍贵的香料。

(1)罗勒烯和月桂烯

罗勒烯与月桂烯碳架相同,只是双键位置不同,互为同分异构体。罗勒烯是从罗勒叶中提取到的,也存在于某些植物和中药的挥发油中,是有香味的液体,沸点为 176～178℃,因含有双键,故不稳定,易氧化、聚合。月桂烯也叫作香叶烯是从月桂油中提取得到的具有香味的液体,沸点为 171℃,同样因为含有双键不稳定,也容易氧化、聚合。

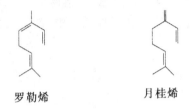

罗勒烯   月桂烯

(2)香叶醇

香叶醇又称为"牻牛儿醇",与橙花醇互为顺反异构体。

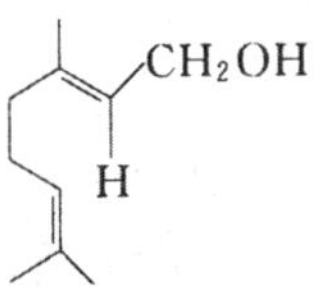

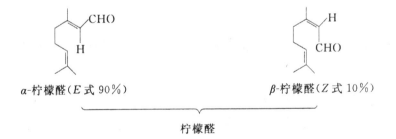

香叶醇(E 式) 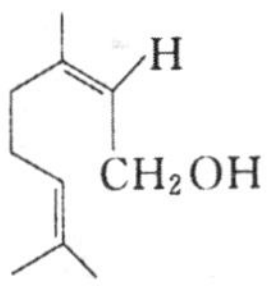   橙花醇(Z 式)

香叶醇是香叶油、柠檬草油等的主要成分,具有类似玫瑰的香味。橙花醇存在于橙花油、柠檬草油和其他多种植物的挥发油中,也具有玫瑰香味,二者都是香料工业不可缺少的原料,其中橙花醇香气较为温和,更适合做香料。

(3)柠檬醛

柠檬醛是 α-柠檬醛和 β-柠檬醛的混合物,其中 α-柠檬醛含量约占 90%,β-柠檬醛约占 10%。

α-柠檬醛(E 式 90%)   β-柠檬醛(Z 式 10%)

柠檬醛

柠檬醛是由热带植物柠檬草中提取得到的柠檬油的主要成分,在柠檬油中含 70%～80%,也存在于橘皮油中,一般为无色或浅黄色液体,具有强烈的柠檬香味,是制造香料及合成维生素 A 的重要原料。

2)单环单萜类化合物

单环单萜类化合物结构中有一个六元碳环,它们的母体是萜烷,萜烷的结构式及碳原子的编号如下:

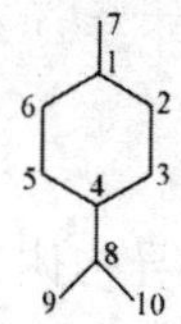

1-甲基-4-异丙基环己烷(萜烷)

单环单萜种类较多,其中比较重要的有苧烯、薄荷醇等。

(1)苧烯

苧烯的化学名为 1,8-萜二烯,也称为柠檬烯。结构中有一个手性碳原子,因此有一对对映异构体,左旋体存在于松针中,右旋体存在于柠檬油中,都是无色液体,有柠檬香味,可做香料。外消旋体存在于松节油中。

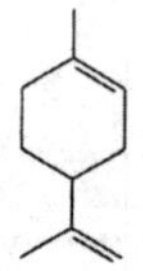

苧烯

(2)薄荷醇

薄荷醇的化学名为 3-萜醇,又称为薄荷脑,是萜烷的含氧衍生物,存在于薄荷油中。薄荷醇为无色针状或柱状结晶,熔点为 42～44℃,沸点为 216℃。难溶于水,易溶于乙醇、乙醚、氯仿、石油醚等有机溶剂。具有发汗解热、杀菌、祛风、局部止痛作用,是清凉油、人丹等药品中的主要成分。

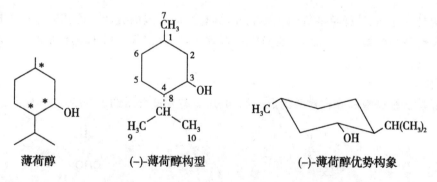

薄荷醇　　　　　(-)-薄荷醇构型　　　　　(-)-薄荷醇优势构象

薄荷醇分子中有三个手性碳原子,故有四对旋光异构体。即(±)-薄荷醇、(±)-新薄荷醇、(±)-异薄荷醇、(±)-新异薄荷醇。其中(−)-薄荷醇分子中 C_1^*、C_3^*、C_4^* 上的取代基均可位于椅式环己烷的 e 键上,较其他构象异构体稳定,为优势构象。所以天然的薄荷醇是左旋的薄荷醇。

3)双环单萜类化合物

双环单萜类化合物是两个异戊二烯单位连接而成的一个六元环并桥合而成的三至五元环的桥环化合物。它们的母体主要是苧、蒈、莰、蒎、莙。这几个双环单萜基本骨架如下:

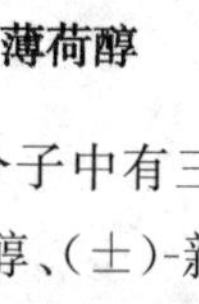

苧(烷) 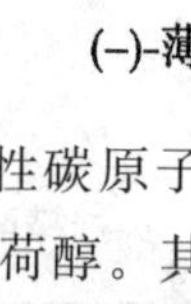　　　　蒈(烷)　　　　莰(烷)　　　　蒎(烷)　　　　莙(烷)

这五种母体本身并不存在于自然界,但它们的某些不饱和衍生物和含氧衍生物则广泛存在于植物中,其中蒎烷和莰烷的衍生物与药学关系比较密切。

(1)蒎烯

蒎烯是蒎烷型的不饱和化合物,含有一个不饱和双键,按双键的位置不同,有 α-蒎烯和 β-蒎烯两种异构体。

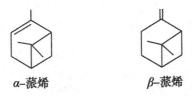

α-蒎烯　　　　　β-蒎烯

蒎烯的两种异构体均存在于松节油中,但以 α-蒎烯为主要成分,占松节油含量的 $70\%\sim80\%$。松节油具有局部止痛作用,可作外用止痛药。α-蒎烯的沸点 $155\sim156℃$,是合成龙脑、樟脑等的重要原料。

(2)樟脑

樟脑的化学名为 2-莰酮(α-莰酮),是莰烷的含氧衍生物。樟脑是最重要的萜酮之一,主要存在于樟树的挥发油中。从樟树中得到的樟脑为右旋体,人工合成品为外消旋体。樟脑为无色结晶,熔点为 179℃。易升华,有香味,难溶于水,易溶于有机溶剂。以 α-蒎烯为原料可以合成樟脑:

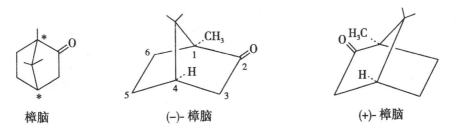

樟脑分子中含有 2 个手性碳原子,理论上存在 2 对旋光异构体。但实际上只存在一对对映异构体,这是因为樟脑分子的桥环船式构象,限制了桥头 2 个手性碳所连基团的构型,使 C_1^* 所连的甲基与 C_4^* 所连的氢只能位于顺式构型。

樟脑　　　　　(−)-樟脑　　　　　(+)-樟脑

樟脑含有羰基,可与羟胺、2,4-硝基苯肼等羰基试剂反应,生成樟脑肟、樟脑腙等,利用这些反应可对樟脑进行鉴定和含量测定。

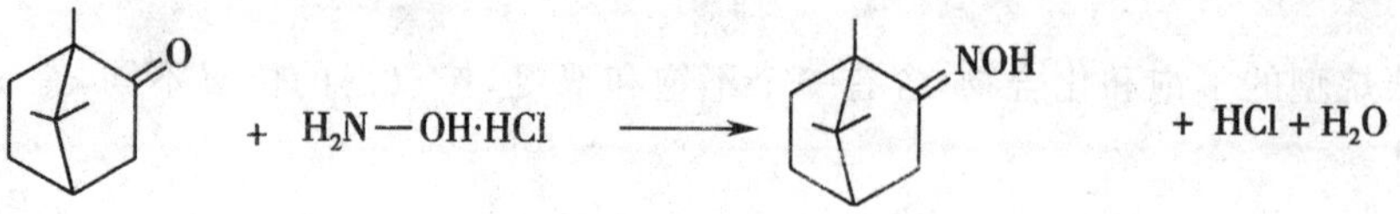

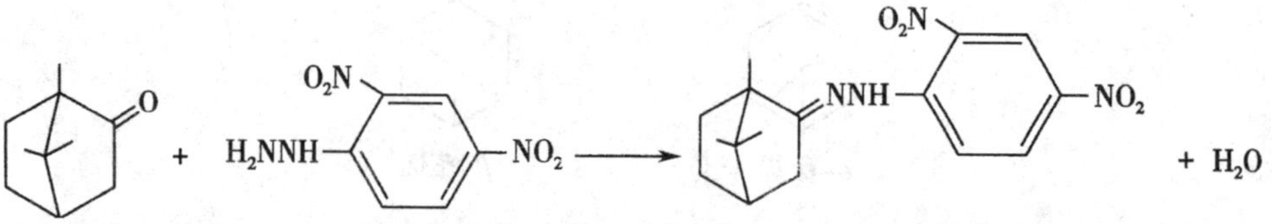

樟脑是呼吸及循环系统的兴奋剂,在医药上主要作刺激剂和强心剂。但因其水溶性低,使用上受限制。可在其分子中引入亲水性基团,可有效增加它的水溶性,制成供皮下、肌肉或静脉注射剂。

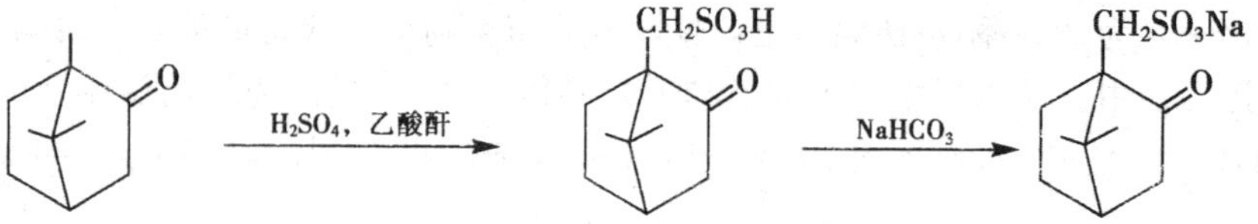

樟脑是重要的医药工业原料,我国的天然樟脑产量占世界第一位。樟脑的气味有驱虫的作用,可用作衣物的防虫剂。

(3)龙脑

龙脑又称为冰片,为透明六角形片状结晶,熔点为 206～208℃,气味似薄荷,不溶于水,而易溶于醇、醚、氯仿及甲苯等有机溶剂。龙脑具有开窍散热、发汗、镇痉、止痛等作用,是仁丹、冰硼散的主要成分,外用有消肿止痛的功效。另外,龙脑还是一种重要的中药,是人丹、冰硼散、六神丸等药物的主要成分之一。

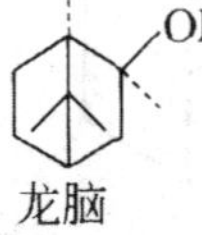

龙脑

龙脑的右旋体存在于龙脑香树的挥发油中及其他多种挥发油中,一般以游离状态或结合成酯的形式存在。左旋体存在于艾纳香的叶子和野菊花的花蕾挥发油中。工业上由樟脑经还原得龙脑的外消旋体。

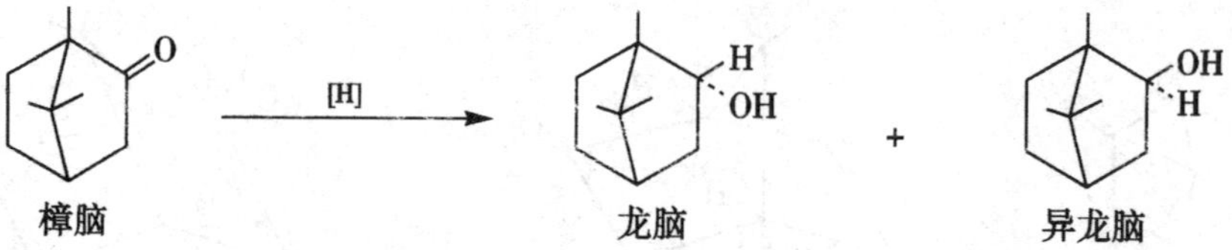

2.倍半萜类化合物

倍半萜是有三个异戊二烯单位连接而构成的,它也有链状和环状之分,如没药醇、α-香附酮、金合欢醇、山道年等均属于倍半萜。

（1）杜鹃酮

杜鹃酮又称为牻牛儿酮,存在于满山红的挥发油中。具有祛痰镇咳作用,常用于治疗急、慢性支气管炎等疾病。

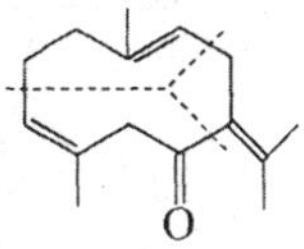

杜鹃酮

（2）愈创木薁

愈创木薁存在于满山红或桉叶等挥发油中,具有消炎、促进烫伤或灼伤创面愈合及防止辐射热等功效,是国内烫伤膏的主要成分。

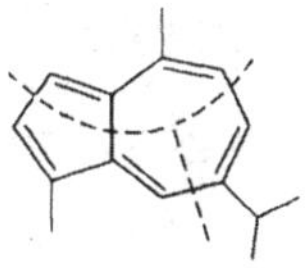

愈创木薁

（3）金合欢醇

金合欢醇又称为法尼醇,为无色黏稠液体,存在于玫瑰油、茉莉油、金合欢油及橙花油中,是一种珍贵的香料,用于配制高级香精。在药物方面,金合欢醇具有抑制昆虫的变态和性成熟活性,其十万分之一浓度的水溶液即可阻止蚊的成虫出现,对虱子也有致死作用。

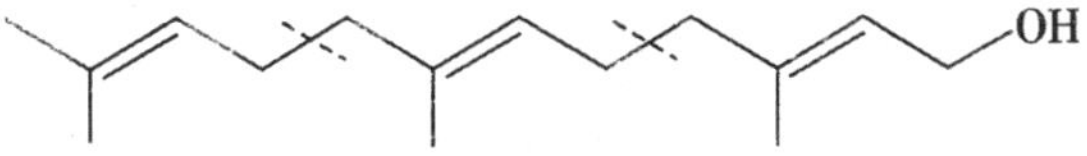

金合欢醇

（4）山道年

山道年是由山道年花蕾中提取出的无色结晶,熔点为 170℃,不溶于水,易溶于有机溶剂。过去是医药上常用的驱蛔虫药,其作用是使蛔虫麻痹而被排出体外;但对人也有相当的毒性。

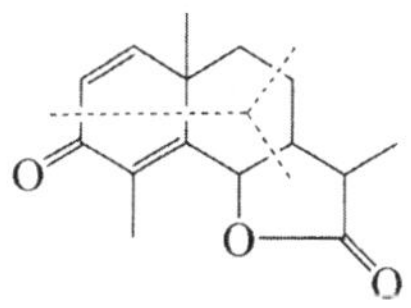

山道年

3．二萜类化合物

二萜是由四个异戊二烯单位连接而成的萜类化合物。

（1）植物醇

植物醇又称为叶绿醇,为链状二萜的含氧衍生物,是叶绿素的一个组成部分,广泛分布于植物中。用碱水解叶绿素可得到植物醇,植物醇是合成维生素 K 及维生素 E 的原料。

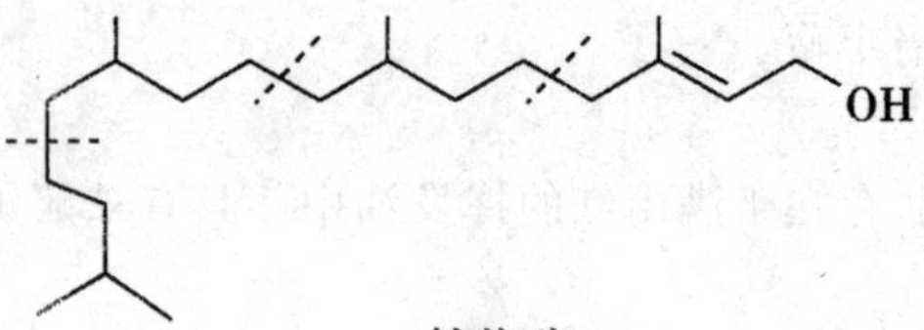

植物醇

（2）维生素 A

维生素 A 是单环的二萜醇，有 5 个双键，均为反式构型。维生素 A 为淡黄色晶体，熔点为 62～64℃，存在于奶油、蛋黄、鱼肝油及动物的肝中。不溶于水，易溶于有机溶剂，受紫外光照射后则失去活性。

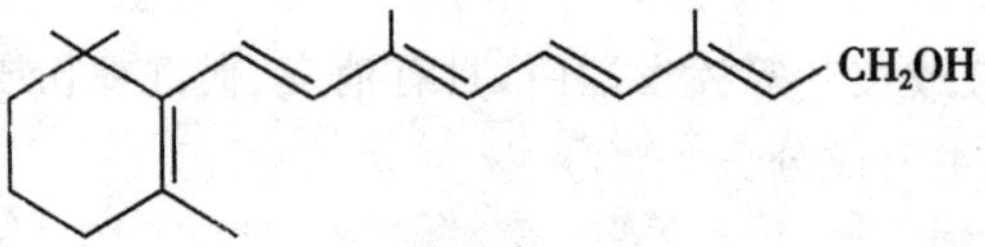

维生素A

维生素 A 为哺乳动物正常生长和发育所必需的物质，体内缺乏维生素 A 则发育不健全，并能引起眼膜和眼角膜硬化症，初期的症状就是夜盲症。

（3）松香酸

松香酸是松香的主要成分，是造纸、涂料、塑料和制药工业的原料。其盐有乳化作用，可作肥皂的增泡剂。

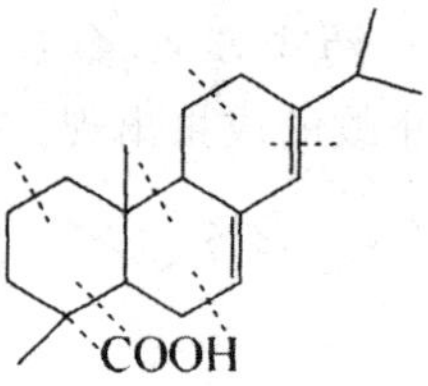

松香酸

（4）穿心莲内酯

穿心莲内酯是穿心莲（又称为榄核莲、一见喜）中抗炎作用的主要活性成分，临床上用于治疗急性菌痢、胃肠炎、咽喉炎、感冒发热等，疗效显著。

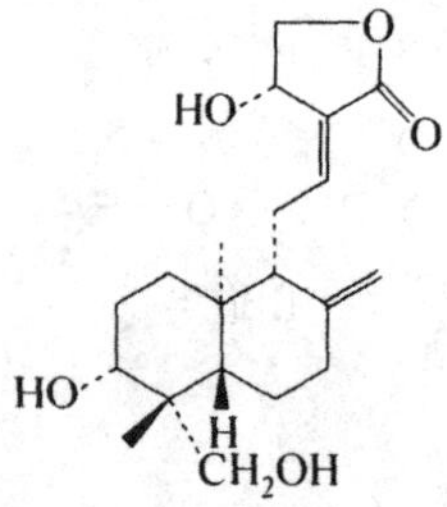

穿心莲内酯

4.三萜类化合物

三萜是由六个异戊二烯单位连接而成的化合物，如角鲨烯、甘草次酸和齐墩果酸等。在中药中分布很广，多数是含氧的衍生物并结合为酯类或苷类存在。

（1）角鲨烯

角鲨烯又称为鱼肝油烯,存在于鲨鱼肝油及其他鱼类鱼肝油中的不皂化部分,在茶油、橄榄油中也含有。角鲨烯的结构特点是在分子的中心处两个异戊二烯尾尾相连,可以看作是由两分子金合欢醇焦磷酸酯缩合而成。角鲨烯为不溶于水的油状液体,是杀菌剂,其饱和物可用作皮肤润滑剂。它又是合成羊毛甾醇的前体。

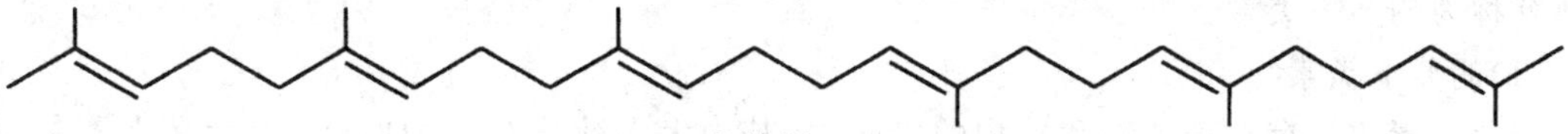

角鲨烯

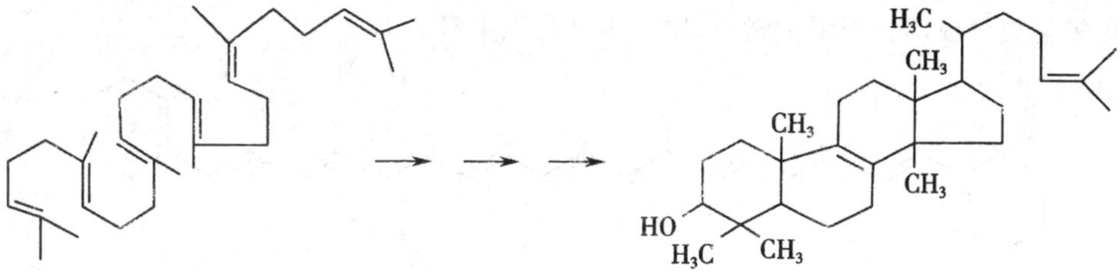

角鲨烯 → 羊毛甾醇

（2）甘草次酸

甘草为豆科甘草属植物,具有缓急、调和诸药的作用,为常用中药。甘草酸及其苷元甘草次酸为其主要有效成分。甘草次酸在甘草中除游离存在外,主要是与两分子葡萄糖醛酸结合成甘草酸或称甘草皂苷。由于有甜味,又称为甘草甜素。其结构如下:

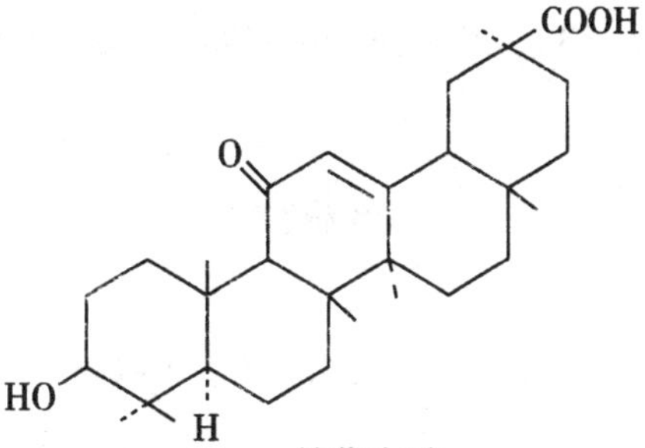

甘草次酸

（3）齐墩果酸

齐墩果酸是由木本植物油橄榄(又称齐墩果)的叶中分离得到的。另外,在中药人参、牛膝、山楂、山茱萸等中都含有该化合物,经动物试验证明其具有降低转氨酶作用,对四氯化碳引起的大鼠急性肝损伤有明显的保护作用,可用于治疗急性黄疸型肝炎,对慢性肝炎也有一定的疗效。

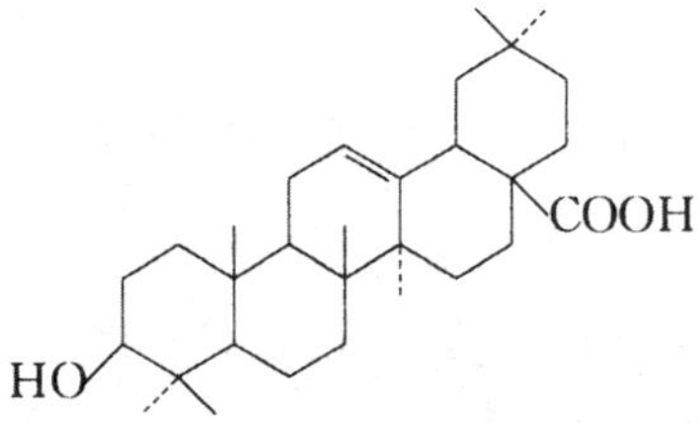

齐墩果酸

5.四萜类化合物

四萜是由八个异戊二烯单位连接而构成的,存在于植物色素中。四萜类化合物的分子中都含有一个较长的碳碳双键共轭体系,四萜都是有颜色的物质,因此也常把四萜称为多烯色素。最早发现的四萜多烯色素是从胡萝卜素中来的,后来又发现很多结构与此相类似的色素,所以通常把四萜称为胡萝卜类素。

(1)胡萝卜类素

胡萝卜素广泛存在于植物和动物的脂肪中,其中大多数化合物为四萜。β-胡萝卜素的熔点为 184℃,是黄色素,可作食品色素用,位于多烯碳链中间的烯键很容易断裂,在动物和人体内经酶催化可氧化裂解成两分子维生素 A,所以称之为维生素 A 原。

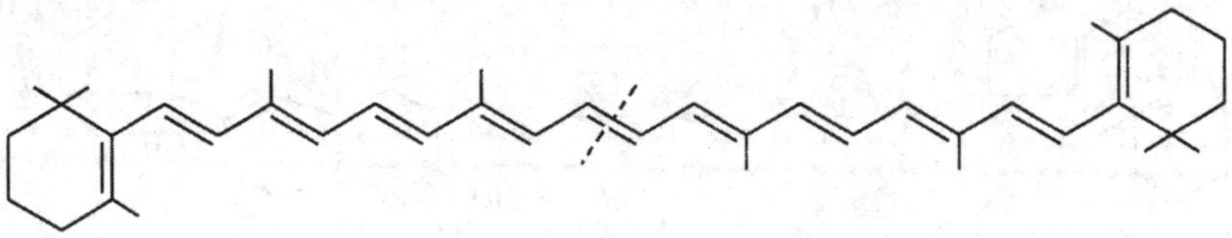

β-胡萝卜素

(2)蕃茄红素

蕃茄红素是胡萝卜素的异构体,是开链萜,存在于番茄、西瓜、柿子等水果中,为洋红色结晶,可作食品色素用。蕃茄红素在生物体内可以合成各种胡萝卜素。

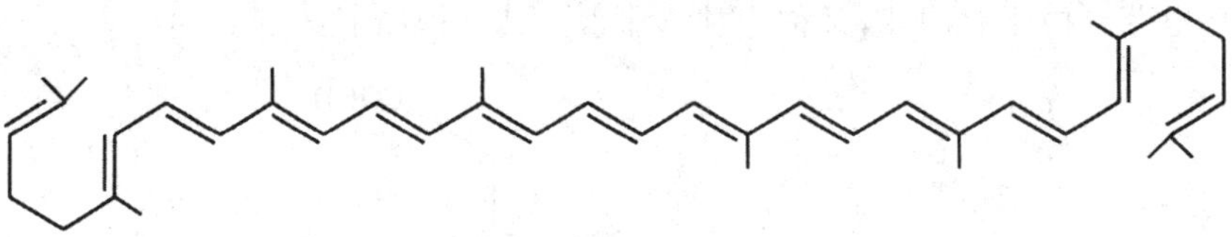

番茄红素

(3)叶黄素

叶黄素是存在于植物体内的一种黄色的色素,与叶绿素共存,只有在秋天叶绿素破坏后,方显其黄色。

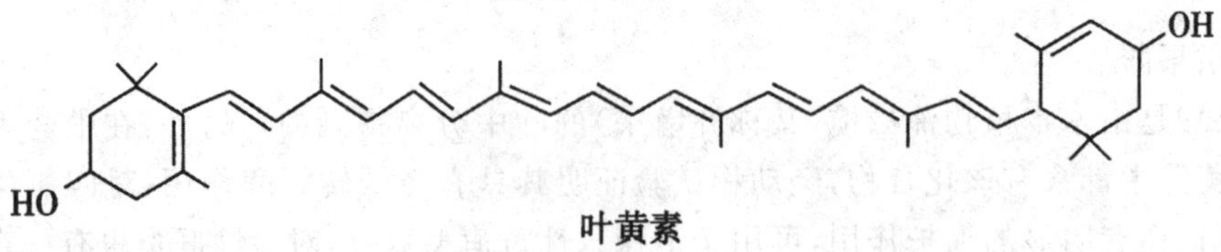

叶黄素

11.5 甾族化合物

甾体化合物广泛存在于动植物体内,是一类重要天然物质,在动植物生命活动中起着极其重要的调节作用,它们与医药有着密切的关系。

11.5.1　甾族化合物的结构

甾体化合物分子中,都含有一个叫甾核的四环碳骨架,即具有环戊烷多氢菲(也称为甾烷)的基本骨架结构,环上一般带有三个侧链,其通式如下:

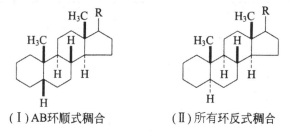

R^1、R^2一般为甲基,称为角甲基,R^3为其他含有不同碳原子数的取代基。"甾"是个象形字,是根据这个结构而来的,"田"表示四个环,"巛"表示三个侧链。许多甾体化合物除这三个侧链外,甾核上还有双键、羟基和其他取代基。四个环用 A、B、C、D 编号,碳原子也按固定顺序用阿拉伯数字编号。

存在于自然界的甾族化合物,其分子中的 B、C 环及 C、D 环之间一般是以反式稠合的,而 A、B 两环存在顺反两种构型,这两种构型可表示如下:

（Ⅰ）AB环顺式稠合　　　　　（Ⅱ）所有环反式稠合

其中,粗实线表示基团在环面的上方;虚线表示基团在环面的下方。

在构型（Ⅰ）中,C_5上的氢原子与C_{10}上的角甲基在环的同侧,称为 5β-系(也叫作正系),属于β-型;在构型（Ⅱ）中,C_5上的氢原子与C_{10}上的角甲基在环的异侧,称为 5α-系(也叫作别系),属于α-型。如果甾环 C_5 处有双键存在,就无 5β系和 5α系之分。同理,当甾族化合物环上所连的取代基与角甲基在环平面同侧时,用粗实线或实线表示,属于β-型;与角甲基不在环平面同侧时则用虚线表示,属于α-型。例如,

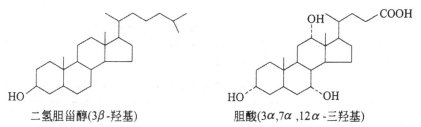

二氢胆甾醇(3β-羟基)　　　　　胆酸(3α,7α,12α-三羟基)

5α-系和5β-系甾族化合物的构象式表示如下：

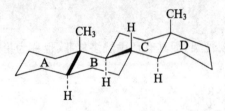

5α-系甾族化合物

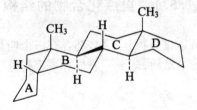

5β-系甾族化合物

从两个构象式可以看出，5α-系甾族化合物的 A/B、B/C、C/D 环都是 ee 稠合，5β-系甾族化合物的 A/B 环为 ae 稠合，B/C、C/D 环是 ee 稠合。正如环己烷衍生物一样，取代基在 e 键比在 a 键上稳定。

11.5.2　甾族化合物的分类和命名

1.甾族化合物的分类

甾族化合物的种类纷繁，按其基本碳架结构可分为以下几类（表 11-4）。也可以根据其天然来源和生理作用并结合结构分为甾醇类、胆甾酸类、甾族激素类、甾族皂素类、强心苷类与蟾毒等。

表 11-4　甾族化合物的分类

R^1	R^2	R^3	名称
—H	—H	—H	甾烷
—H	—CH₃	—H	雌甾烷
—CH₃	—CH₃	—H	雄甾烷
—CH₃	—CH₃	—CH₂CH₃	孕甾烷
—CH₃	—CH₃	—CHCH₃ 丨 CH₂CH₂CH₃	胆烷
—CH₃	—CH₃	—CHCH₃ 丨 CH₂CH₂CH₂CH(CH₃)₂	胆甾烷
—CH₃	—CH₃	—CHCH₃ 丨 CH₂CH₂CH(CH₃)CH(CH₃)₂	麦角甾烷
—CH₃	—CH₃	—CHCH₃ 丨 CH₂CH₂CH(CH₂CH₃)CH(CH₃)₂	豆甾烷

2. 甾族化合物的命名

由自然界获取的甾族化合物大多有俗名,也可以采用系统命名法命名。其命名按以下原则进行。

①母核中含有碳碳双键时,将"烷"改为相应的"烯""二烯""三烯"等,并标明其位置。

②官能团或取代基的名称、位置及构型放在母核名称前。如果是用作母体的官能团,则放在母核名称后。例如,

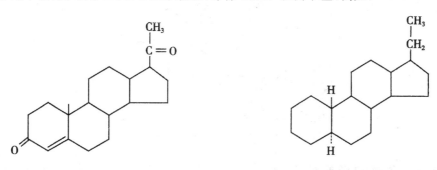

3α,7α,12α-三羟基-5β-胆烷-24-酸(胆酸)   胆甾-5-烯-3β-醇(胆甾醇)

③对于差向异构体,可以在习惯名称前加"表"字。

雄甾酮   表雄甾酮

④在角甲基去除时,可加词首"Nor-",译称"去甲基",并在其前标明失去甲基的位置。若同时失去两个角甲基,则可用 18,19-Dinor 表示,译称 18,19-双去甲基,例如,

18–去甲基–孕甾–4–烯–3,20–二酮   18,19–双去甲基–5α–孕甾烷

⑤词首"去甲基"的采用,可能会使某些甾体化合物出现同物异名的现象。例如,

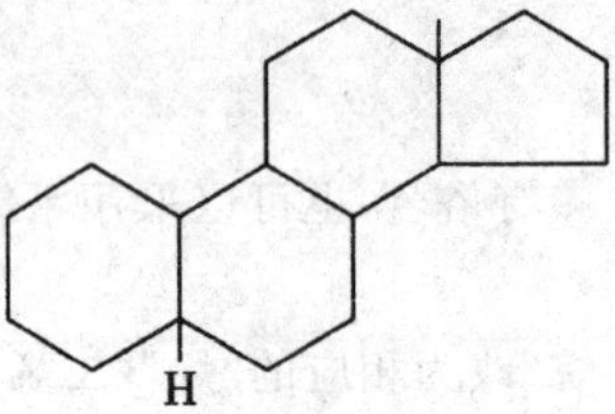

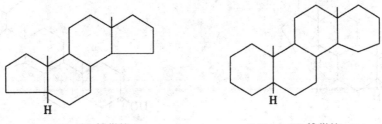

19-去甲基-5β-雄甾烷或称5β-二雄甾烷

⑥当母核的碳环扩大或缩小时,分别用词首"增碳"或"失碳"来表示,如果同时扩增或缩减两个碳原子就用词首"增双碳"或"失双碳"来表示,并在其前注明在何环改变。例如,

A-Nor-5β-雄甾烷　　　　　　　　　D-Homo-5β-雄甾烷

⑦对于含增碳环的甾体化合物,编号顺序不变,只在增碳环最高编号数后加 a、b、c 等以表示与另一环的连接处的编号。而对含失碳环的甾体化合物,仅失碳环的最高编号被删去。例如,

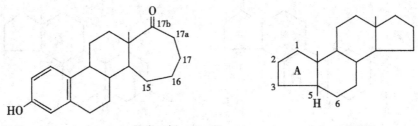

3-羟基-D-Dihomo-1,3,5(10)-雌甾三烯-17b-酮　　　　A-Nor-5β-雄甾烷

⑧母核碳环开裂时,且开裂处两端的碳又分别与氢相连者,用词首"Seco"表示,并在其前注明开环的位置。例如,

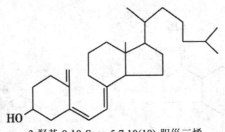

3-羟基-9,10-Seco-5,7,10(19)-胆甾三烯

11.5.3　重要的甾族化合物

1. 甾醇

甾醇可以从脂肪中不能皂化的部分分离得到。根据来源不同,甾醇分动物甾醇和植物甾醇。

（1）胆甾醇

胆甾醇是最早发现的一个甾体化合物，是一种动物甾醇，最初是在胆结石中发现的一种固体醇，所以亦称为胆固醇，其结构为

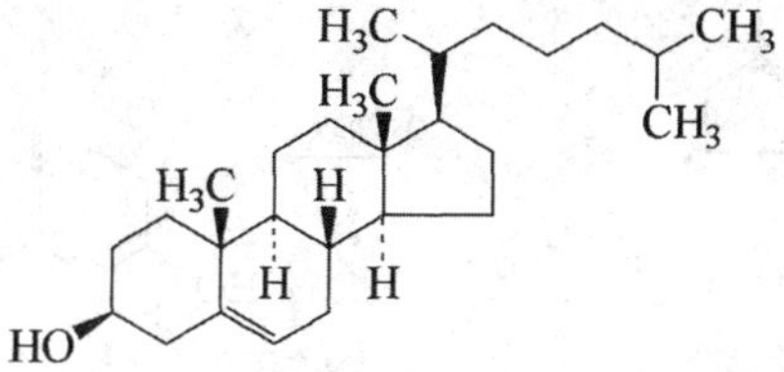

5- 胆甾烯 -3β- 醇（胆甾醇）

胆甾醇存在于人及动物的血液、脂肪、脑髓及神经等组织中，为无色或略带黄色的结晶，熔点为 148.5℃，在高真空度下可升华，微溶于水，溶于乙醇、乙醚、氯仿等有机溶剂。人体中胆固醇含量过高是有害的，它可以引起胆结石、动脉硬化等症。

胆固醇分子中有一个碳碳双键，它可以和一分子溴或溴化氢发生加成反应，也可以催化加氢生成二氢胆固醇。胆固醇分子中的羟基可酰化形成酯，也可与糖的半缩醛羟基生成苷。溶解在氯仿中的胆固醇与乙酸酐/浓硫酸试剂作用，颜色由浅红变蓝紫，最后转为绿色，此反应称为李伯曼-布查反应，常用于胆固醇定性、定量分析。

（2）7-脱氢胆甾醇

胆甾醇在酶催化下氧化成 7-脱氢胆甾醇。7-脱氢胆甾醇存在于皮肤组织中，在日光照射下发生化学反应，转变为维生素 D_3。

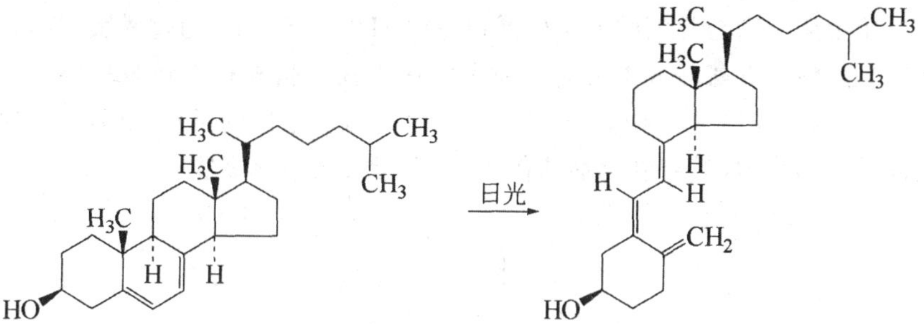

7- 脱氢胆甾醇　　　　　　　　维生素 D_3

维生素 D_3 是小肠中吸收 Ca^{2+} 离子过程中的关键化合物。体内维生素 D_3 的浓度太低，会引起 Ca^{2+} 离子缺乏，不足以维持骨骼的正常生成而产生软骨病。

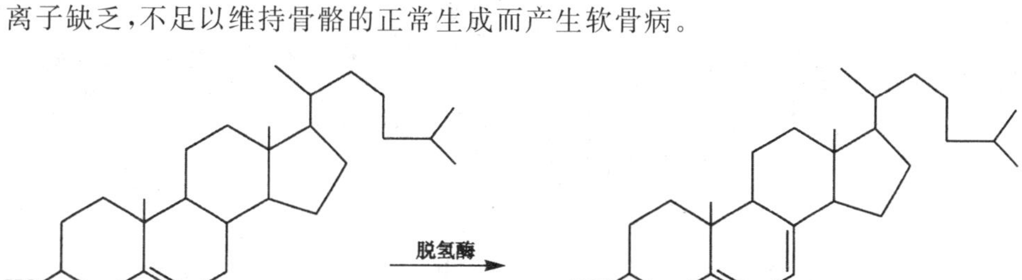

胆甾醇　　　　　　　　　　　7-脱氢胆甾醇

（3）麦角甾醇

麦角甾醇存在于麦角、酵母中，最初从麦角中发现，是一种重要的植物甾醇。麦角甾醇经过

日光照射,或在紫外线的作用下转化成维生素 D_2。维生素 D_2 为无色晶体,熔点为 $115\sim117℃$,有抗软骨病作用,又叫作钙化醇或骨化醇。

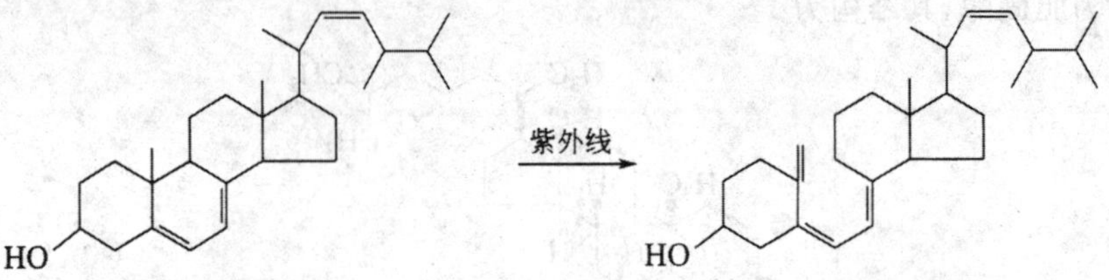

麦角甾醇　　　紫外线　　　维生素D_2

2. 胆甾酸

胆酸属于 5β 型甾族化合物,主要存在于动物胆汁中,并且分子结构中含有羧基,故它们总称为胆甾酸。胆甾酸在人体内可以以胆固醇为原料直接生物合成。至今发现的胆甾酸已有 100 多种,其中人体内重要的是胆酸和脱氧胆酸。

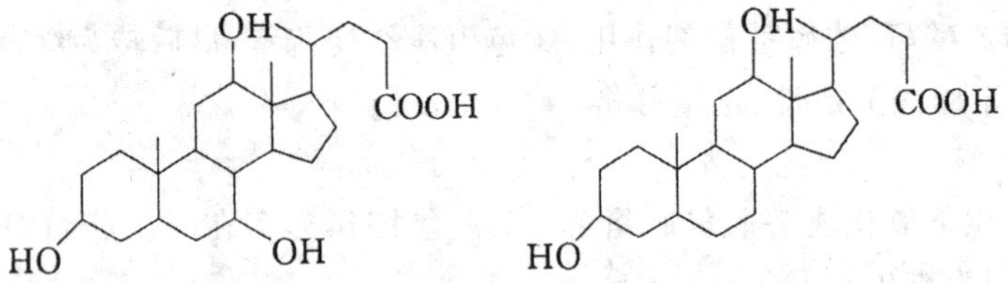

胆酸　　　脱氧胆酸

在胆汁中,胆甾酸分别与甘氨酸或牛磺酸($H_2NCH_2CH_2SO_3H$)通过酰胺键结合形成各种结合胆甾酸,如脱氧胆酸与甘氨酸或牛磺酸分别生成甘氨脱氧胆酸和牛磺脱氧胆酸。其形成的盐分子内部既含有亲水性的羟基和羧基(或磺酸基),又含有疏水性的甾环,这种分子结构能够降低油、水两相之间的表面张力,具有乳化剂的作用,利于脂类的消化吸收。

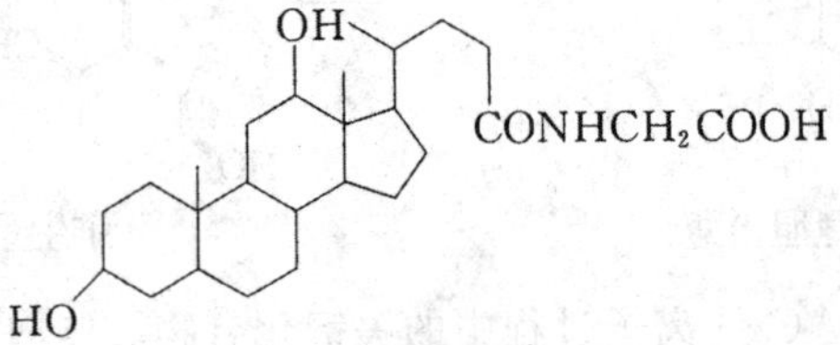

甘氨脱氧胆酸

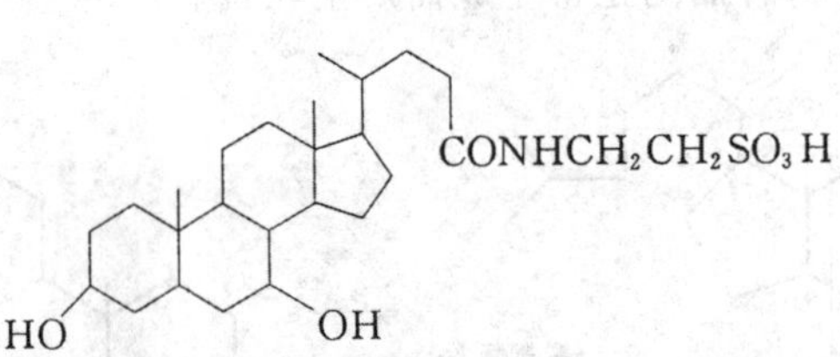

牛磺脱氧胆酸

在人体及动物小肠的碱性条件下,胆汁酸以其盐的形式存在,称为胆汁酸盐。胆汁酸盐分子内部既含有亲水性的羟基和羧基,又含有疏水性的甾环,这种分子结构能够降低油/水两相之间的表面张力,具有乳化剂的作用,使脂肪及胆固醇酯等疏水的脂质乳化呈细小微粒状态,增加消化酶对脂质的接触面积,使脂类易于消化吸收。

3.甾族激素

甾族激素根据来源分为肾上腺皮质激素和性激素两类。肾上腺皮质激素是哺乳动物肾上腺皮质分泌的激素,皮质激素的重要功能是维持体液的电解质平衡和控制碳水化合物的代谢。动物缺乏它会引起机能失常以至死亡。皮质醇、可的松、皮质甾酮等皆是此类中重要的激素。性激素分为雄性激素和雌性激素两大类,两类性激素都有很多种,雌性激素及雄性激素是决定性征的物质,在生理上各有特定的生理功能。

甾族激素按结构特点可分为雌甾烷、雄甾烷、孕甾烷类等。临床上常用的甾体激素药物的分类如图 11-1 所示。

甾体激素药物 ⎰ 雌甾烷类:如雌二醇、炔雌醇等
　　　　　　　⎱ 雄甾烷类:如甲睾酮、苯丙酸诺龙等
　　　　　　　　孕甾烷类 ⎰ 孕激素类:如黄体酮、醋酸甲地孕酮等
　　　　　　　　　　　　　⎱ 肾上腺皮质激素类:醋酸地塞米松、醋酸泼尼松龙等

图 11-1　常用的甾体激素药物的分类

(1)雌二醇

雌二醇的化学名为雌甾-1,3,5(10)-三烯-3,17β-二醇。本品为白色或乳白色结晶性粉末,无臭,熔点为 175~180℃,溶于二氧六环或丙酮,略溶于乙醇,不溶于水,雌二醇在 280 nm 波长处有最大吸收。

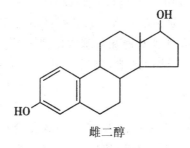

雌二醇

雌二醇属于雌甾类药物,其结构特点为 A 环是芳环,有一个酚羟基。本品与硫酸作用显黄绿色荧光,加三氯化铁呈草绿色,再加水稀释,则变为红色。临床上主要用于治疗更年期综合征。但此药物在消化道易被破坏,不宜口服。

(2)甲睾酮

甲睾酮的化学名为 17α-甲基-17β-羟基雄甾-4-烯-3-酮。本品为白色或类白色结晶性粉末,无臭,无味,微有吸湿性。熔点为 163~167℃。易溶于乙醇、丙酮或氯仿,略溶于乙醚,微溶于植物油,不溶于水。加硫酸-乙醇溶解,即显黄色并带有黄绿色荧光。遇硫酸铁铵溶液显橘红色,后变为樱红色。

甲睾酮属于雄甾烷类药物,由于甲基的空间位阻作用,性质较稳定,在体内不易被氧化,可供口服,临床上主要用于男性缺乏睾丸素所引起的各种疾病。

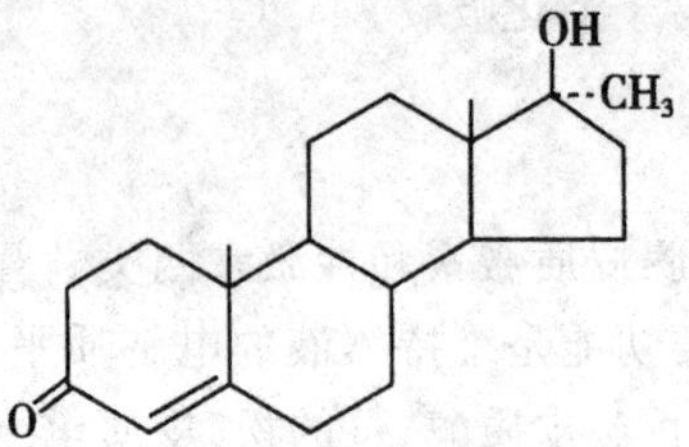

甲睾酮

(3)黄体酮

黄体酮的化学名为孕甾-4-烯-3,20-二酮,属于孕激素类药物。黄体酮为白色结晶性粉末,无臭,无味,熔点为 $128\sim131℃$,极易溶于氯仿,溶于乙醇、乙醚或植物油,不溶于水。本品 C_{17} 位的甲酮基,在碳酸钠及醋酸铵的存在下能与亚硝基铁氰化钠反应生成蓝紫色的阴离子复合物。其他常用的甾体药物呈浅橙色或无色。故此反应为黄体酮的专属性反应。

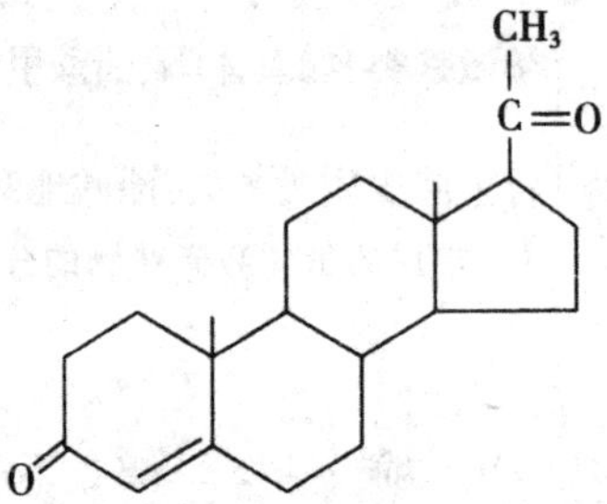

黄体酮

黄体酮的生理功能是在月经期的某一阶段及妊娠中抑制排卵。临床上用于治疗习惯性子宫功能性出血、痛经及月经失调等。黄体酮构效关系表明:17α 位引入羟基,孕激素活性下降,但羟基成酯则作用增强。在 C_6 位引入碳碳双键和甲基或氯原子都使活性增强。因此制药工业上,以黄体酮为先导化合物,对其进行结构改造,先后合成了一系列具有孕激素活性的黄体酮衍生物。

(4)肾上腺皮质激素

肾上腺皮质激素是肾上腺皮质分泌的激素,它是甾族化合物中另一类重要的激素。按照它们的生理功能可分为糖代谢皮质激素(如皮质酮、可的松等)和盐代谢皮质激素(如醛甾酮等)。

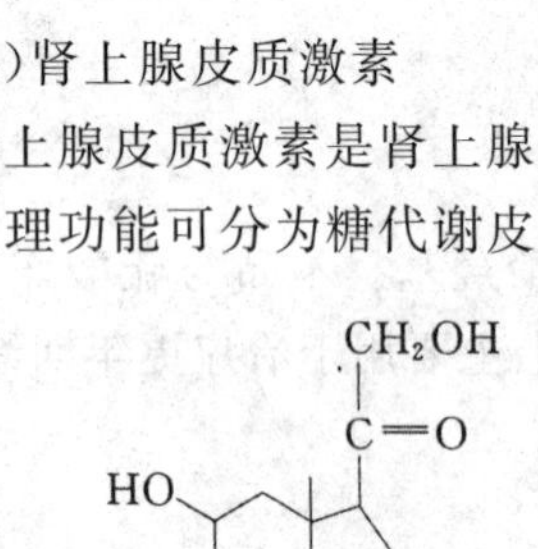

皮质酮 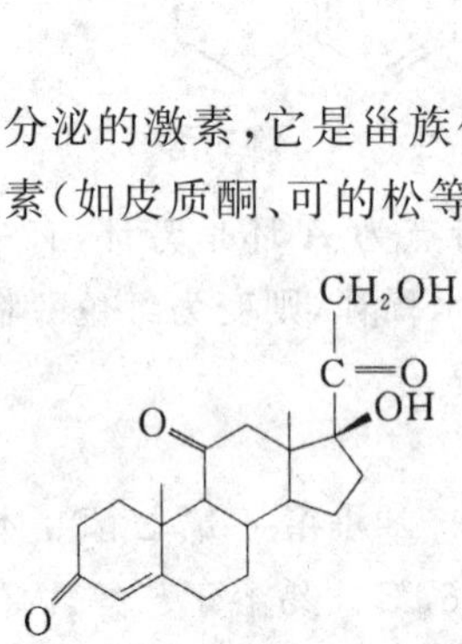　　　　　可的松 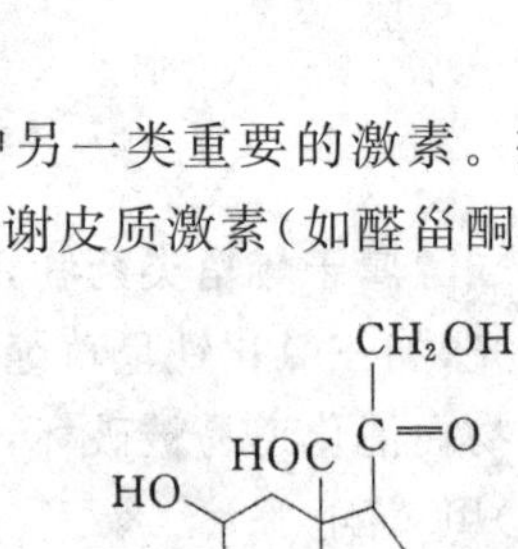　　　　　醛甾酮

肾上腺皮质分泌的激素减少,会导致人体极度虚弱,贫血,恶心,低血压,低血糖,皮肤呈青铜色,这些症状在临床上称为阿狄森病。因此,某些可的松作为药物在临床治疗中占有重要的地位,如氢化可的松、泼尼松、地塞米松等都是较好的抗炎、抗过敏药物。

4.强心苷

存在于许多有毒的植物中,在玄参科、百合科或夹竹桃科植物的花和叶中最为普遍。小剂量使用能使心跳减慢,强度增加,具有强心作用,故称为强心苷。强心苷在临床上用作强心剂,用于治疗心力衰竭和心律失常的治疗。

强心苷的结构比较复杂,是由强心苷元和糖两部分构成的。强心苷元中甾体母核四个环的稠合方式是 A/B 环可顺可反,B/C 环反式,C/D 环多为顺式。C_{17} 侧链为不饱和内酯环,甾核上的三个侧链都是 β 构型,C_{13} 是甲基,C_{10} 大多是甲基,也有羟基、醛基、羧基等。

例如,

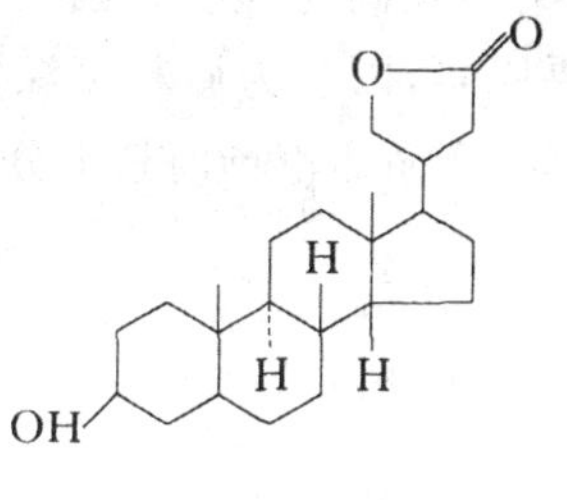

强心甾 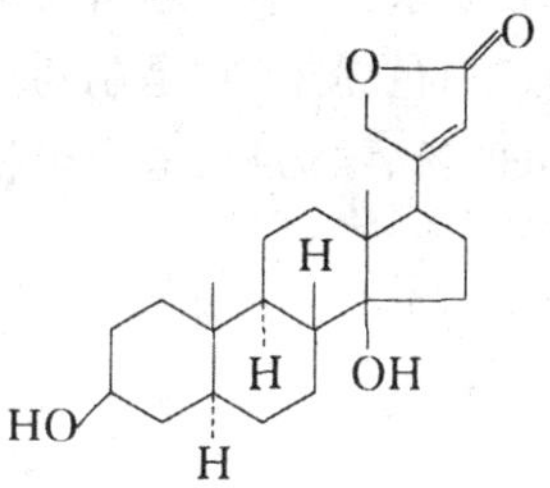　　　　　　　　　　洋地黄毒苷元

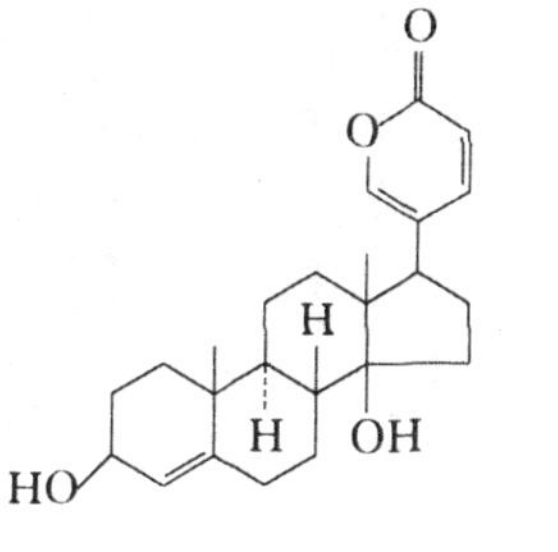

海葱苷元 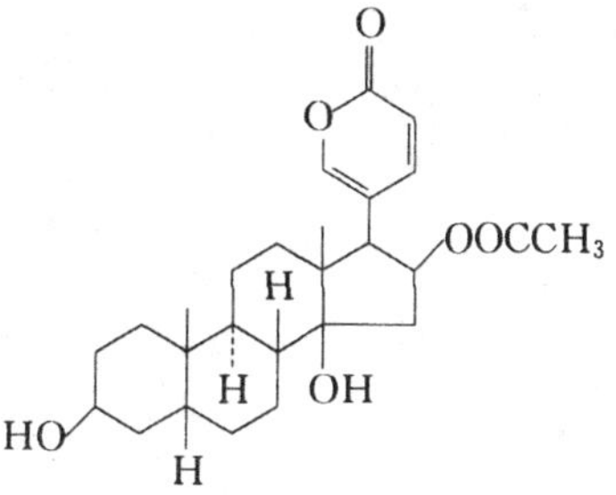　　　　　　　　　蟾酥毒苷元

5.甾族皂素

皂素广泛存在于植物中,众所周知的人参,具有解热、止痛作用的柴胡,有滋阴、清热作用的知母等,其主要成分都是皂素。这类物质多呈白色或乳白色,是粉末状固体,一般不溶于乙醚、苯、氯仿等强亲脂性的有机溶剂,大多数可溶于水。它们与水形成胶体溶液,经振荡后能像肥皂一样产生泡沫,起乳化作用,可以用作洗涤剂,因此叫作皂素。

皂素也是一类以配基的形式与糖结合形成的糖苷类化合物。配基为三萜衍生物或甾族化合物,据此皂素可分为三萜系皂素和甾族皂素两大类。

目前我国从植物中提取的甾族皂素主要有薯蓣皂素、剑麻皂素、番麻皂素 3 种,以薯蓣皂素为主。其结构式如下:

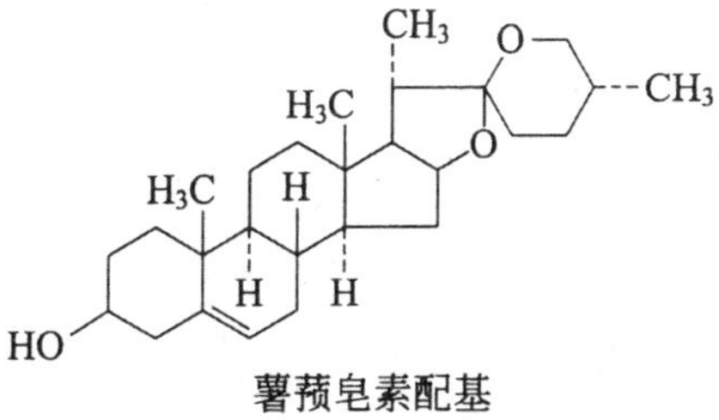

薯蓣皂素配基

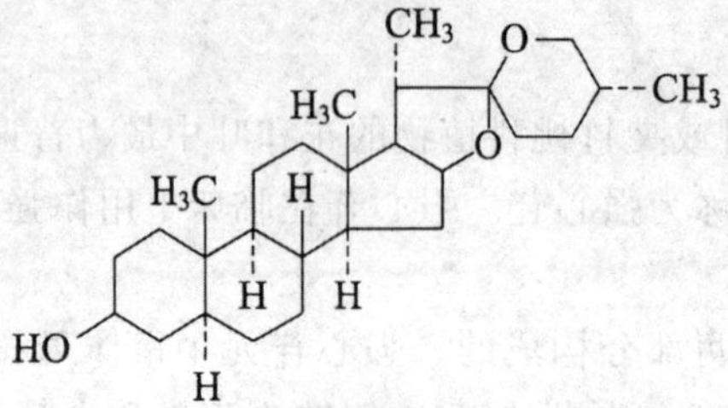

剑麻皂素配基 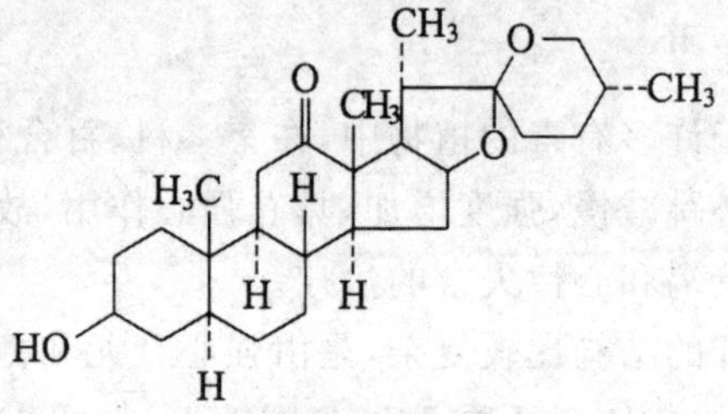　　　　　　　　　番麻皂素配基

　　薯蓣皂素主要存在于黄姜、穿地龙等植物中,其中黄姜是生产薯蓣皂素最主要的原料。黄姜生长有较强的地理位置要求,是中国的特有物种,主要集中在湖北、陕西、四川、云南、贵州等地。薯蓣皂素是一种结晶状白色粉末,它是制药工业的重要原料,以它为原料可深加工制成 40 多种激素类药物,如氢化可的松、强的松、地塞米松、避孕药等,产品的市场前景十分广阔。

第12章 碳水化合物

12.1 单糖

12.1.1 单糖的结构

经过研究,现在已经证明单糖有开链结构,也有环状结构。

1. 单糖的开链结构及构型

许多研究表明,单糖就是多羟基醛或多羟基酮。通常含醛基的糖称醛糖,含酮基的糖称酮糖。按分子中所含碳原子个数单糖分为丙糖、丁糖、戊糖、己糖、庚糖等。

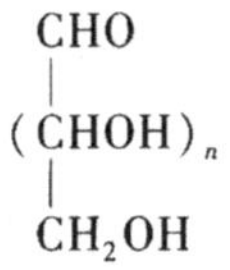

$$
\begin{array}{c}
CHO \\
| \\
(CHOH)_n \\
| \\
CH_2OH \\
\text{醛糖}
\end{array}
\qquad
\begin{array}{c}
CH_2OH \\
| \\
C{=}O \\
| \\
(CHOH)_n \\
| \\
CH_2OH \\
\text{酮糖}
\end{array}
$$

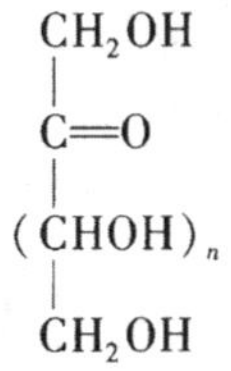

葡萄糖(分子式为 $C_6H_{12}O_6$)是醛糖,结构是开链的五羟基己醛;果糖(分子式为 $C_6H_{12}O_6$)是酮糖,结构是开链的五羟基-2-己酮。单糖分子结构可用费歇尔投影式来表示。在书写时,一般将碳链竖写,羰基写在上端。碳链的编号从靠近羰基的一端开始。为了书写方便,碳原子上的氢可以省去,甚至羟基也可以省去,只用一短横线表示。例如,

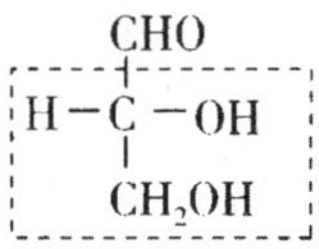

D-甘油醛

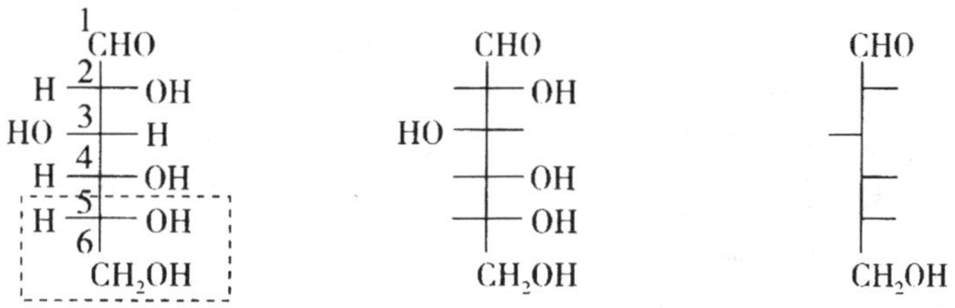

D-葡萄糖的三种书写形式

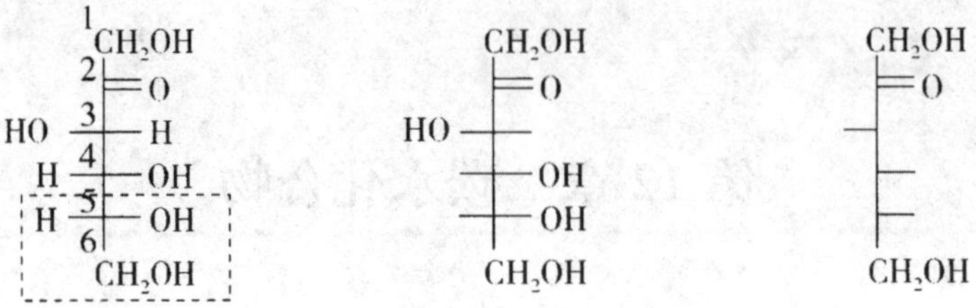

D-果糖的三种书写形式

单糖的构型常用 D、L 标记法表示。以甘油醛的构型作为比较标准来确定。在单糖分子中离羰基最远的手性碳原子的构型,与 D-甘油醛构型相同的,属于 D 型,反之,属于 L 型。天然存在的单糖大多是 D 型的。

2.单糖的环状结构及构象

单糖的某些特性不能由开链结构来解释。例如,醛基化学性质不明显等,所以有人提出葡萄糖具有分子内的醛基与醇羟基形成半缩醛的环状结构。现已得到证实。

成环时,葡萄糖的 C_1 羰基与 C_5 上的羟基经加成反应形成稳定的六元环。成环后,使原来的羰基变成了半缩醛羟基。其分子构型分为 α-型和 β-型。

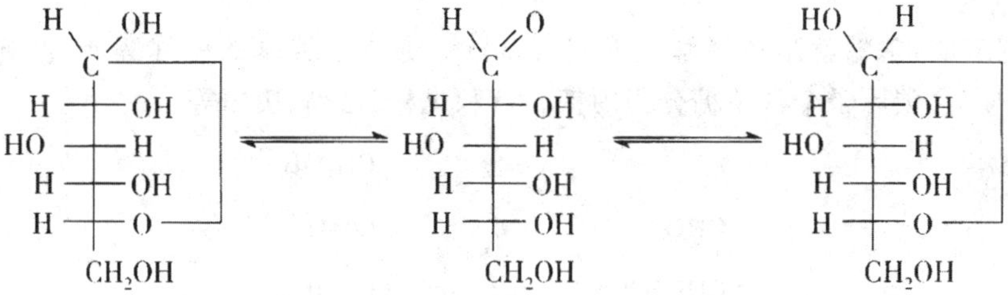

α-D-葡萄糖	D-葡萄糖	β-D-葡萄糖
36.4%	0.01%	63.6%

上述直立的环状费歇尔投影式,虽然可以表示单糖的环状结构,但还不能确切地反映单糖分子中各原子或原子团的空间排布。为此哈沃斯提出用透视式来表示。哈沃斯将直立环式改写成平面的环式。因为葡萄糖的环式结构是由 5 个碳原子和 1 个氧原子组成的杂环,它与杂环化合物中的吡喃相似,故称作吡喃糖。果糖的环式结构是由 4 个碳原子和 1 个氧原子组成的杂环,与呋喃的结构相似,故称作呋喃糖。

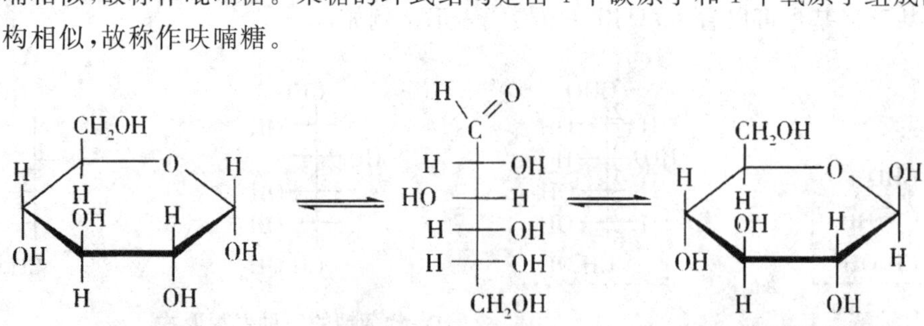

α-D-吡喃葡萄糖   D-葡萄糖 β-D-吡喃葡萄糖

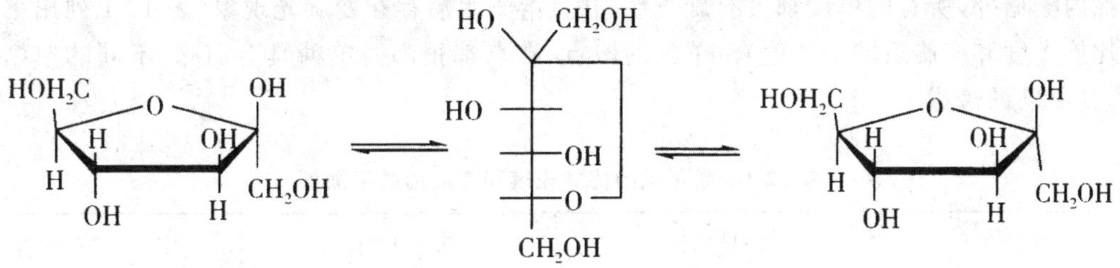

α-D-呋喃果糖　　　　　　D-果糖　　　　　　　β-D-呋喃果糖

在哈沃斯透视式中,D-吡喃葡萄糖的六元环处于同一平面上。但实际上,其空间排布形式与环己烷类似,主要以椅式构象的形式存在。α-D-葡萄糖、β-D-葡萄糖的椅式构象各有两种,分别如下:

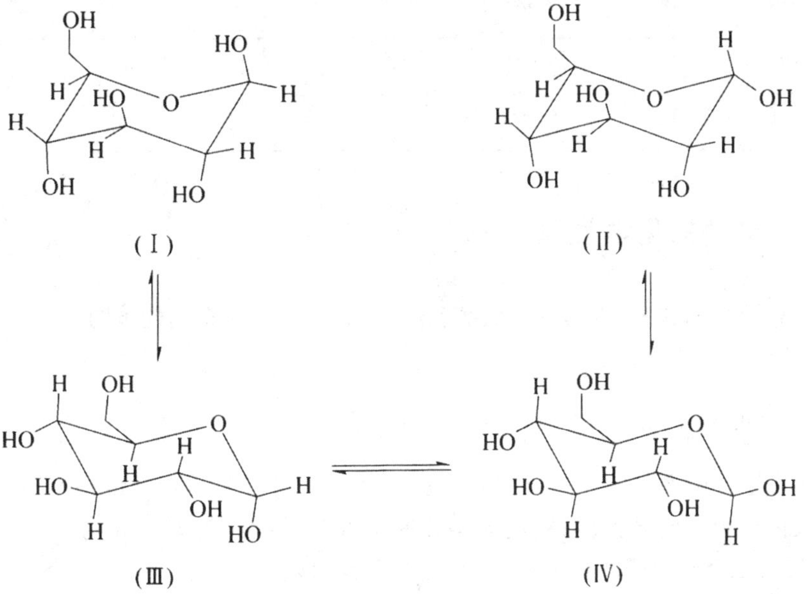

（Ⅰ）　　　　　　　　　　　　　（Ⅱ）

（Ⅲ）　　　　　　　　　　　　　（Ⅳ）

α-D-(+)-葡萄糖的椅式构象　　　　　　β-D-(+)-葡萄糖的椅式构象

在（Ⅰ）、（Ⅱ）两种椅式构象中,较大的基团大都处于 a 键上,远不如较大基团都在 e 键上的两种构象（Ⅲ）、（Ⅳ）稳定,因此 α-D-葡萄糖、β-D-葡萄糖分别主要以（Ⅲ）、（Ⅳ）的椅式构象存在。

进一步对比（Ⅰ）、（Ⅱ）和（Ⅲ）、（Ⅳ）可以看出,在 C_2 和 C_5 取代基位置相同的情况下,α-D-葡萄糖的椅式构象中 C_1 位的—OH 处于 a 键,而 β-D-葡萄糖该处的—OH 处于 e 键,因此,β-D-葡萄糖的构象能更低。这也是为什么葡萄糖互变异构达到平衡后 β-异头体比例占优势的原因。

此外,可以推断所有 D 型醛糖中,唯有葡萄糖可以有五个取代基均在 e 键上因而更稳定的构象。由此可见,单糖中葡萄糖在自然界分布最广、存量最多并非偶然,而是分子结构特征决定的必然结果。

12.1.2　单糖的物理性质

单糖都是无色结晶,易溶于水,可溶于乙醇,难溶于乙醚、丙酮、苯等有机溶剂,但能溶于吡啶。在色谱分析中常以吡啶作溶剂提取糖,因无机盐不溶于吡啶,可避免无机离子干扰色谱分析。除丙酮糖外,所有的单糖都具有旋光性,并且溶于水后存在变旋光现象(表 12-1 列出了常见糖的比旋光度和变旋后的平衡值)。单糖的熔点、沸点都很高。单糖具有甜味,不同的单糖甜味不同,其中果糖最甜。

表 12-1 常见糖的比旋光度和变旋后的平衡值

名称	α-异构体	β-异构体	变旋后的平衡值
D-葡萄糖	+112°	+19°	+53°
D-果糖	−21°	−113°	−92°
D-半乳糖	+151°	−53°	+83°
D-甘露糖	+30°	−17°	+14°
D-乳糖	+90°	+35°	+55°
D-麦芽糖	+168°	+112°	+136°

12.1.3 单糖的化学性质

单糖中含有羟基和羰基,应具有一般醇和醛酮的性质,并因它们处于同一分子内而又相互影响,故又显示某些特殊性质。

1.差向异构化反应

在含有多个手性碳原子的立体异构体之间,凡只有一个手性碳原子的构型不同、其余构型都相同的非对映体称为差向异构体;差向异构体间的互相转化称为差向异构化。例如,D-葡萄糖和 D-甘露糖仅第二个碳原子的构型相反,互为差向异构体。

D-葡萄糖用稀碱(如氢氧化钡稀溶液)处理时,会部分转变为 D-甘露糖和 D-果糖,形成三者的混合物。D-甘露糖或 D-果糖在稀碱作用下也能够转变为 D-葡萄糖或相互转变,最终也得到上述互变平衡混合物。

D-葡萄糖分子中 C_2 上的 α-H 同时受到羰基和羟基的影响变得很活泼,用稀碱处理可以互变异构成烯二醇或其负离子中间体。D-葡萄糖、D-甘露糖和 D-果糖的 C_3、C_4、C_5 和 C_6 的构型完全相同,只有 C_1 和 C_2 的结构不同;它们的 C_1、C_2 的结构互变成烯二醇结构时,其结构却完全相同,如图 12-1 所示。

烯二醇很不稳定,当 C_1 烯醇羟基发生可逆重排转回醛酮结构时,氢原子重排回 C_2 有两种可能的途径:按(a)途径加到 C_2 上,则仍然得到 D-葡萄糖;如果按(b)途径加到 C_2 上,则得到 D-甘露糖。当 C_2 羟基上的氢原子按(c)途径转移到 C_1 上时,则得到 D-果糖。

生物体在代谢过程中,在异构酶的作用下也常发生葡萄糖与果糖的互相转化。

2.成脎反应

单糖与苯肼作用时,开链结构中的羰基参与反应生成单糖苯脎。单糖苯脎结构中与羰基相

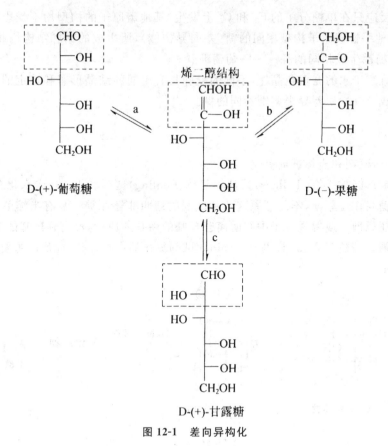

图 12-1　差向异构化

连的 α-羟基可以被苯肼氧化成羰基，因此，可以进一步与两分子苯肼反应生成含两个苯腙基团的化合物，该产物称为糖脎。例如，D-葡萄糖与过量的苯肼反应先生成 D-葡萄糖苯腙，最后生成 D-葡萄糖脎和苯胺。

D-葡萄糖　$\xrightarrow[\text{HOAc/EtOH}]{C_6H_5NH\text{-}NH_2}$　D-葡萄糖苯腙　$\xrightarrow[\text{HOAc/EtOH}]{2C_6H_5NH\text{-}NH_2}$　D-葡萄糖脎

醛糖和酮糖都能生成糖脎；成脎反应可以看作 α-羟基醛或 α-羟基酮的特有反应。果糖形成糖脎的反应如下：

D-果糖　$\xrightarrow[\text{HOAc/EtOH}]{C_6H_5NH\text{-}NH_2}$　D-果糖苯腙　$\xrightarrow[\text{HOAc/EtOH}]{2C_6H_5NH\text{-}NH_2}$　D-果糖脎（D-葡萄糖脎）

由于成脎反应只在单糖分子的 C_1 和 C_2 上发生，其他碳原子的构型均不受影响，因此，除了 C_1 和 C_2 外，其他手性碳原子构型相同的糖（差向异构体），所生成的糖脎结构均相同。例如，D-葡萄糖和 D-果糖都生成相同的脎——D-葡萄糖脎。

糖脎都是难溶于水的亮黄色晶体，不同的糖脎具有不同的结晶形态和特定的熔点，因此，常利用糖脎的生成及其性质差异来鉴别不同的糖。

3. 氧化反应

(1)被托伦斯试剂和斐林试剂氧化

醛糖和酮糖都能被托伦(Tollens)试剂和斐林(Fehling)试剂氧化。在碳水化合物中，能还原这两种试剂的糖叫作还原糖，不能还原这两种试剂的糖叫非还原糖。具有半缩醛结构和半缩酮结构的糖都是还原糖。或者说分子中有游离苷羟基的糖是还原糖，没有苷羟基的糖是非还原糖。单糖都是还原糖。糖被 Tollens 试剂和 Fehling 试剂氧化的产物复杂，此反应主要用来鉴别是否为还原糖。例如，

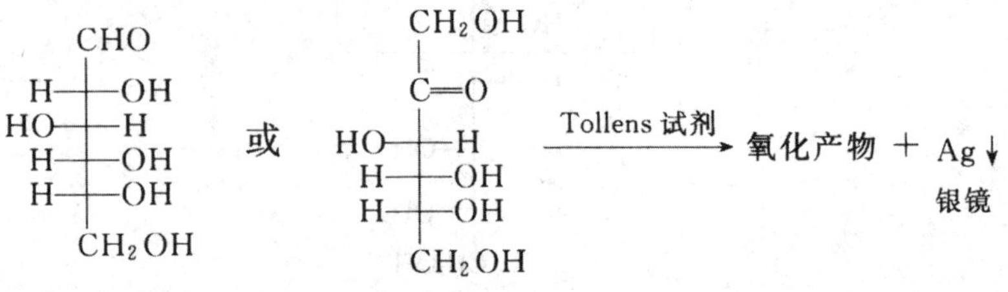

D-(+)-葡萄糖　　D-(−)-果糖

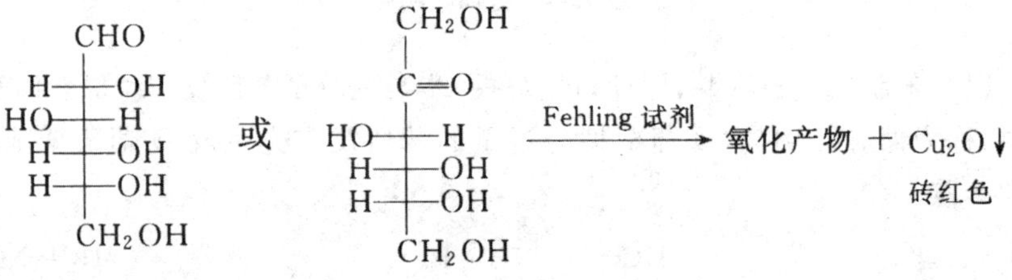

D-(+)-葡萄糖　　D-(−)-果糖

Tollens 试剂和 Fehling 试剂能氧化酮糖的原因：酮糖都是 α-羟基酮，α-羟基酮在发生氧化反应时会发生两次烯醇式重排，通过互变异构变成 α-羟基醛。

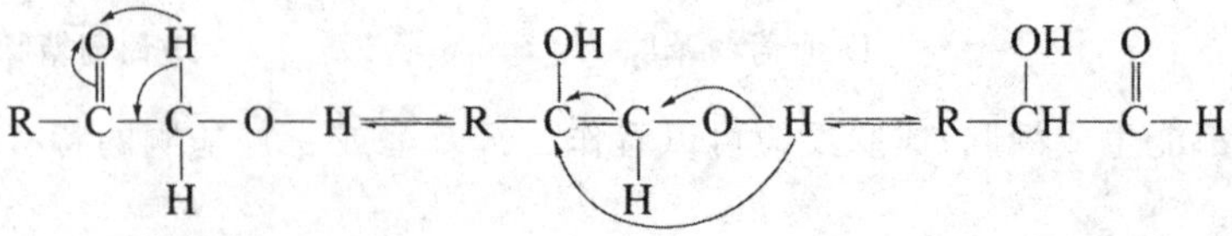

α-羟基酮　　α-羟基醛

(2)被溴水氧化

溴水是弱氧化剂，只能选择性地氧化醛糖，其结果是醛基被氧化成羧基，使溴水的颜色褪去。但不能氧化酮糖，因为溴水是弱酸性溶液，在酸性条件下（溴水 pH=6.0），酮糖不能发生差向异构化，因此溴水不能氧化酮糖，可利用溴水是否褪色来鉴别醛糖和酮糖。

$$
\begin{array}{c}
\text{CHO} \\
\text{H}\!-\!\!-\!\text{OH} \\
\text{HO}\!-\!\!-\!\text{H} \\
\text{H}\!-\!\!-\!\text{OH} \\
\text{H}\!-\!\!-\!\text{OH} \\
\text{CH}_2\text{OH}
\end{array}
\xrightarrow[\text{H}_2\text{O}]{\text{Br}_2}
\begin{array}{c}
\text{COOH} \\
\text{H}\!-\!\!-\!\text{OH} \\
\text{HO}\!-\!\!-\!\text{H} \\
\text{H}\!-\!\!-\!\text{OH} \\
\text{H}\!-\!\!-\!\text{OH} \\
\text{CH}_2\text{OH}
\end{array}
$$

D-葡萄糖   D-葡萄糖酸

（3）被稀硝酸氧化

单糖与更强的氧化剂如稀硝酸作用时,除了醛基被氧化成羧基外,碳链另一端的羟甲基也同时被氧化,例如,D-葡萄糖被稀硝酸氧化生成葡萄糖二酸,葡萄糖二酸仍然是手性分子,具有光学活性。

$$
\begin{array}{c}
\text{CHO} \\
\text{H}\!-\!\!-\!\text{OH} \\
\text{HO}\!-\!\!-\!\text{H} \\
\text{H}\!-\!\!-\!\text{OH} \\
\text{H}\!-\!\!-\!\text{OH} \\
\text{CH}_2\text{OH}
\end{array}
\xrightarrow{\text{稀硝酸}}
\begin{array}{c}
\text{COOH} \\
\text{H}\!-\!\!-\!\text{OH} \\
\text{HO}\!-\!\!-\!\text{H} \\
\text{H}\!-\!\!-\!\text{OH} \\
\text{H}\!-\!\!-\!\text{OH} \\
\text{COOH}
\end{array}
$$

D-葡萄糖   D-葡萄糖二酸

D-葡萄糖酸钙在人体内相对易吸收,可以作为补钙制剂用于婴儿、孕妇及其他缺钙人群。

D-半乳糖被稀硝酸氧化生成半乳糖二酸,半乳糖二酸分子内存在对称面,因此,该反应伴随着氧化过程的实现,由手性分子得到了非光学活性的内消旋体。类似的反应在推导单糖结构时很有价值。

$$
\begin{array}{c}
\text{CHO} \\
\text{H}\!-\!\!-\!\text{OH} \\
\text{HO}\!-\!\!-\!\text{H} \\
\text{HO}\!-\!\!-\!\text{H} \\
\text{H}\!-\!\!-\!\text{OH} \\
\text{CH}_2\text{OH}
\end{array}
\xrightarrow{\text{稀硝酸}}
\begin{array}{c}
\text{COOH} \\
\text{H}\!-\!\!-\!\text{OH} \\
\text{HO}\!-\!\!-\!\text{H} \\
\text{HO}\!-\!\!-\!\text{H} \\
\text{H}\!-\!\!-\!\text{OH} \\
\text{COOH}
\end{array}
$$

D-半乳糖   半乳糖二酸

此外,醛糖中末端的羟甲基被氧化成羧基得到糖醛酸,糖醛酸也是生命活动中一种重要的物质,例如,D-葡萄糖醛酸的结构如下：

$$
\begin{array}{c}
\text{CHO} \\
\text{H}\!-\!\!-\!\text{OH} \\
\text{HO}\!-\!\!-\!\text{H} \\
\text{H}\!-\!\!-\!\text{OH} \\
\text{H}\!-\!\!-\!\text{OH} \\
\text{COOH}
\end{array}
$$

D-葡萄糖醛酸

糖醛酸很难通过化学反应由糖制备,但在生物代谢过程中,在酶的作用下某些糖的衍生物可以将糖氧化成糖醛酸。生物体中含羟基的有毒物质通常是以 D-葡萄糖醛酸苷的形式通过尿液排出体外。

（4）被高碘酸氧化（定量反应）

单糖分子中含有邻二醇结构片断，因而能与高碘酸反应，发生碳碳键断裂，这个反应可以定量进行，每断裂一个碳碳键需要一摩尔的高碘酸，此反应可用于糖的结构研究。例如，

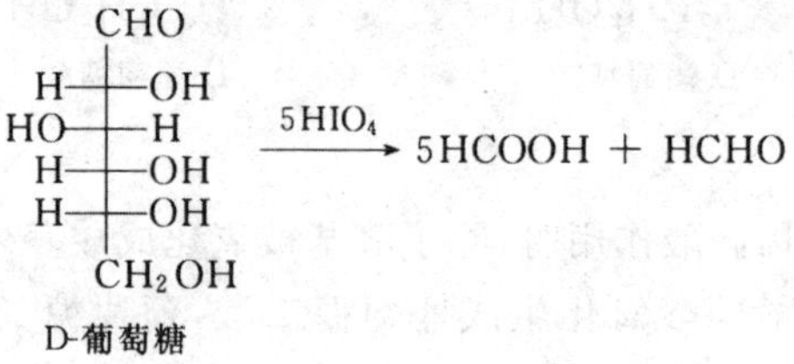

$$
\begin{array}{c}
CHO \\
H\!-\!\!-\!\!-OH \\
HO\!-\!\!-\!\!-H \\
H\!-\!\!-\!\!-OH \\
H\!-\!\!-\!\!-OH \\
CH_2OH
\end{array}
\quad \xrightarrow{5HIO_4} \quad 5HCOOH + HCHO
$$

D-葡萄糖

4.还原反应

单糖的羰基可经催化氢化或硼氢化钠还原得到相应的醇，这类多元醇通称为糖醇。例如，D-核糖的还原产物为 D-核糖醇，是维生素 B_2 的组分；D-葡萄糖的还原产物是葡萄糖醇，也称为山梨醇，是制造维生素 C 的原料；D-甘露糖的还原产物是甘露糖醇；D-果糖的还原产物是 D-葡萄糖醇和 D-甘露糖醇的混合物。山梨醇和甘露醇在饮食疗法中常用于代替糖类，它们所含的热量与糖差不多，但山梨醇不易引起龋齿。

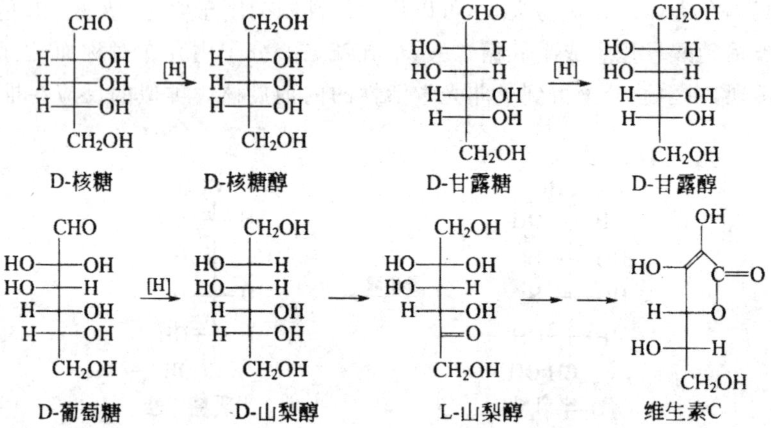

D-核糖 → D-核糖醇   D-甘露糖 → D-甘露醇

D-葡萄糖 → D-山梨醇 → L-山梨醇 → 维生素C

5.成苷反应

单糖分子中含有苷羟基，较其他羟基活泼，在适当条件下可与醇或酚等含有羟基的化合物脱水，生成具有缩醛结构的化合物，称为糖苷（简称苷）。例如，D-葡萄糖在干燥的氯化氢的作用下，与甲醇脱水生成 D-葡萄糖甲苷。

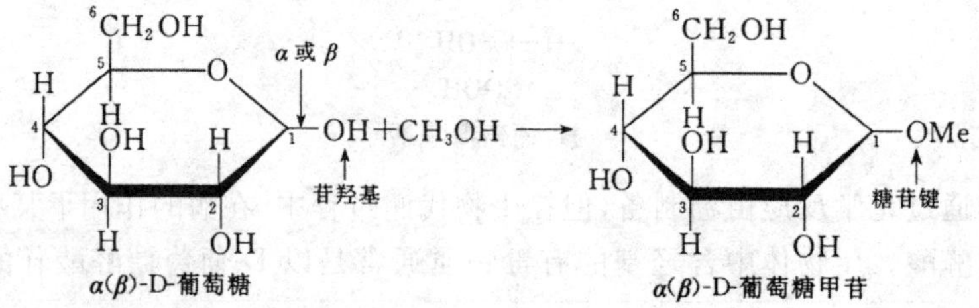

α(β)-D-葡萄糖   α(β)-D-葡萄糖甲苷

糖苷的分子结构由糖和非糖两部分组成。其中糖的部分称为糖苷基(糖体),非糖部分称为糖苷配基(配糖体或苷元),在糖苷中,连接糖苷基和糖苷配基的键称为糖苷键,糖苷键有氧苷键、氮苷键、硫苷键等。

糖苷相当于缩醛或缩酮的结构,比较稳定。由于糖苷分子中没有苷羟基,因此,在水溶液中不能转化为开链式结构,其性质与单糖完全不同。糖苷没有变旋光现象,没有还原性,也不能形成糖脎。糖苷在碱性溶液中比较稳定,但在酸或酶的作用下,糖苷很容易发生水解,生成原来的糖和糖苷配基。

糖苷类化合物广泛存在于自然界中,其中多数具有生理活性,是许多中草药的有效成分。

6.成酯反应

单糖分子中的羟基可与酸反应生成酯。例如,人体内的葡萄糖在酶的作用下,可以与磷酸反应生成 α-葡萄糖-1-磷酸酯、α-葡萄糖-6-磷酸酯和 α-葡萄糖-1,6-二磷酸酯。它们是糖代谢的中间产物,糖在代谢中首先要经过磷酸化,然后才能进行一系列化学反应。因此,糖的成酯反应是糖代谢的重要步骤。

α-葡萄糖　　　　α-葡萄糖-1-磷酸酯

α-葡萄糖　　　　α-葡萄糖-1,6-二磷酸酯

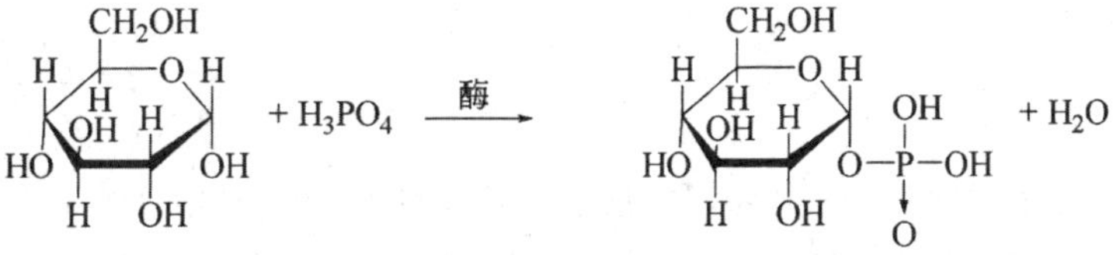

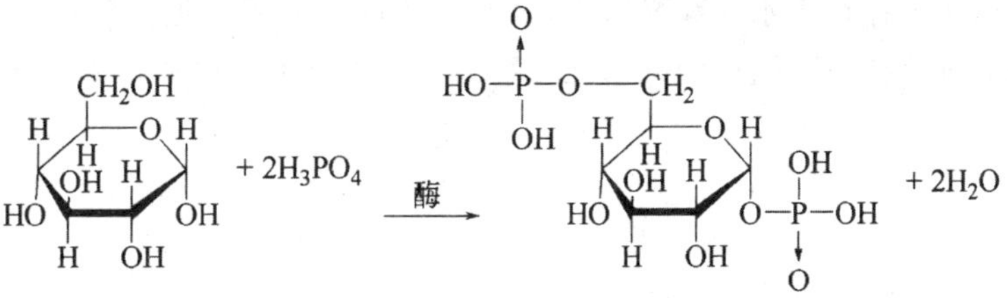

7.显色反应

定性地检测糖类是否存在,可依靠糖类的特征显色反应来进行判断。常用的试剂很多,就反应的化学过程来说,可以概括为两种不同的类别。一种是用非氧化性酸(硫酸或盐酸)使糖脱水形成呋喃醛类衍生物,进一步与酚类或含氮碱缩合生成有色物质。这是最重要的糖类显色反应的基础。另一种是用碱处理糖类,产生复杂的裂解衍生物,与某些试剂作用,呈现特殊的颜色。

(1)莫力希(Molisch)反应

所有糖都能与 α-萘酚的酒精溶液混合。然后沿容器壁小心注入浓硫酸,在两层液面间可生成紫红色物质。因为所有糖(包括低聚糖和多糖)均能发生莫力希反应,因此,此反应是鉴别糖类最常用的方法之一。

(2)西里瓦诺夫(Seliwanoff)反应

与间苯二酚的反应,是鉴别酮糖的特殊反应。酮糖在浓酸作用下,脱水生成羟甲基糠醛,两分钟内后者与间苯二酚结合成鲜红色物质,醛糖也有此反应,但速度较慢,两分钟内不显色,延长时间后可生成玫瑰色的物质,故可以此反应鉴别醛糖和酮糖。

（3）拜尔（Bial）反应

此反应为鉴别戊糖的显色反应。戊糖在浓盐酸溶液中脱水成糠醛，糠醛与甲基间苯二酚（地衣酚）结合成绿色物质。

12.1.4 重要的单糖

1. D-葡萄糖

D-葡萄糖是无色晶体，甜度约为蔗糖的 70%，易溶于水，微溶于乙醇，比旋光度为 +52.7°。由于 D-葡萄糖是右旋的，在商品中，常以"右旋糖"代表葡萄糖。

D-葡萄糖广泛存在于自然界中，正常人血液中含有 70～1 000 mg/(100 mL) 的葡萄糖，称为血糖。糖尿病患者的尿中含有葡萄糖，含量随病情的轻重而不同。D-葡萄糖也是许多双糖、多糖的组成成分。淀粉、纤维素水解可得葡萄糖。

D-葡萄糖在医药上作营养剂，以供给能量，并有强心、利尿、解毒等作用，也是制备维生素 C 等药物的原料。

2. D-果糖

D-果糖是无色晶体，是最甜的单糖，甜度约为蔗糖的 133%，易溶于水，可溶于乙醇和乙醚中，比旋光度为 −92°。D-果糖是左旋的，所以又称为左旋糖。

D-果糖以游离状态存在于水果和蜂蜜中，蜂蜜的甜度来源于果糖。动物的前列腺液和精液中也含有果糖。菊科植物根部储藏的碳水化合物菊粉是果糖的高聚体。工业上用酸或酶水解菊粉制取果糖。

3. D-半乳糖

D-半乳糖是 D-葡萄糖的 C_4 差向异构体，游离的半乳糖在乳汁中存在。半乳糖是琼脂、树胶、乳糖等的组成成分，乳糖在稀酸条件下水解可得 D 半乳糖。在人体内半乳糖经一系列酶的催化可异构化生成葡萄糖，然后参与代谢，给吃奶的婴儿提供能量。如果机体内缺少使半乳糖转化的酶，半乳糖则不能转化为葡萄糖，而是在血液中堆积起来，从而导致半乳糖血症。当母亲患有该病时将会危及婴儿。

4. D-甘露糖

D-甘露糖为无色晶体和粉末，易溶于水，微溶于乙醇，几乎不溶于乙醚，熔点为 132℃（分解）。甘露糖在自然界主要以高聚体的形式存在于核桃壳、椰子壳等果壳中，用稀硫酸水解这些物质即得甘露糖。

5. 核糖、脱氧核糖

核糖和脱氧核糖是重要的戊醛糖，具有旋光性，其旋光性为左旋。它们的环状结构式通常以呋喃糖的形式存在。

核糖是核糖核酸（RNA）的重要组成部分，脱氧核糖是脱氧核糖核酸（DNA）的重要组成部分。它们与磷酸及某些含氮杂环化合物结合后存在于核蛋白中,与生物的生长、遗传因素有关。

6. 氨基糖

氨基糖是单糖分子中醇羟基被氨基取代的产物。例如,β-D-吡喃葡萄糖或 β-D-吡喃半乳糖的 C_2-羟基被氨基取代分别生成 β-D-氨基葡萄糖和 β-D-氨基半乳糖。

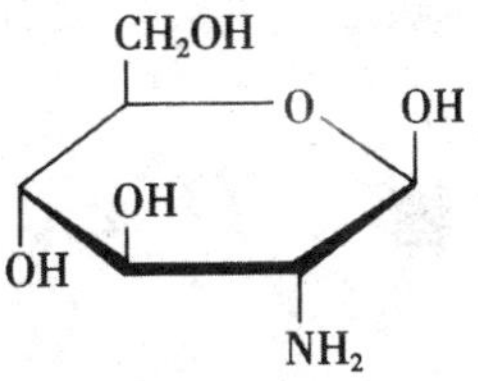

β-D-氨基葡萄糖 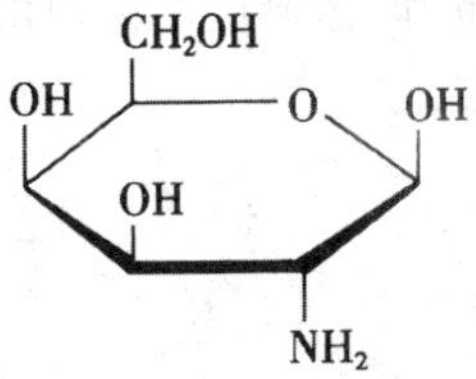　　　　β-D-氨基半乳糖

氨基糖常以结合状态存在于生物体内,具有多种生理功能。例如,2-氨基葡萄糖的乙酰衍生物是甲壳质(也称几丁质)的基本组成单位;链霉素分子中含有 2-甲氨基-2-脱氧-L-葡萄糖:

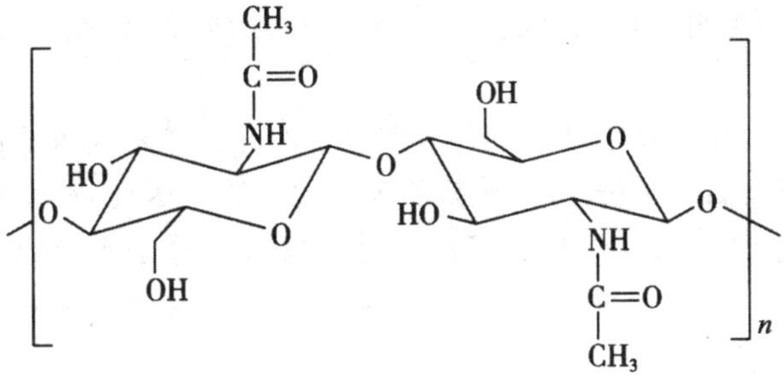

甲壳质

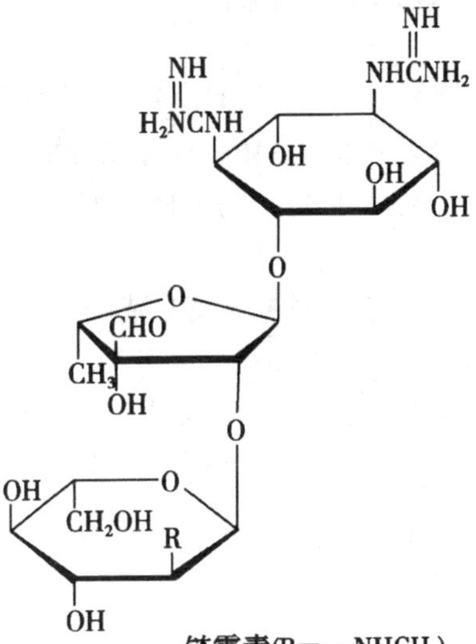

链霉素(R=—NHCH₃)

7. 维生素 C

维生素 C 可看作是单糖的衍生物,它是由 L-山梨糖经氧化和内酯化制备而成的,L-山梨糖则是由 D-葡萄糖制备的。

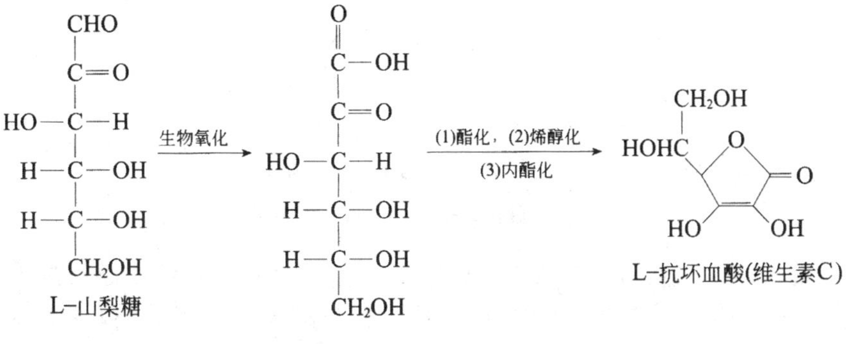

L-山梨糖　　生物氧化　→　　(1)酯化,(2)烯醇化 (3)内酯化　→　L-抗坏血酸(维生素C)

维生素 C 是可溶于水的无色晶体，L-型，比旋光度为＋24°。烯醇型羟基上的氢显酸性，能防治坏血病，故医药上称为 L-抗坏血酸。维生素 C 分子中相邻的烯醇型羟基(烯二醇结构)很易被氧化，故具有很强的还原性，它之所以能起重要的生理作用，就在于它在体内可发生氧化还原反应。此外，维生素 C 还可作食品的抗氧剂。

维生素 C 在新鲜蔬菜水果，尤其是柠檬、柑橘、番茄中含量丰富，许多动植物自己能合成维生素 C，但人类却无此能力，必须从食物中摄取。人体缺乏维生素 C 会引起坏血病。

12.2 二糖

二糖是由一个单糖分子中的苷羟基与另一个单糖分子中的苷羟基或醇羟基之间脱水后的缩合物，最常见的二糖是蔗糖、麦芽糖和纤维二糖。

12.2.1 蔗糖

蔗糖(分子式 $C_{12}H_{22}O_{11}$)是自然界中分布最广泛也是最重要的非还原性二糖，主要存在于甘蔗和甜菜中。它是由 α-D-葡萄糖的 C_1 苷羟基和 β-D-果糖的 C_2 苷羟基脱水形成的，因此，蔗糖既是 α-D-葡萄糖苷，也是 β-D-果糖苷。

蔗糖是白色晶体，熔点为 186℃，甜味仅次于果糖，易溶于水，难溶于乙醇。在酸或酶的催化作用下，一分子蔗糖水解生成一分子 D-葡萄糖和一分子 D-果糖的等量混合物。因此，蔗糖可看作是一个 α-D-葡萄糖的 α-苷羟基与一分子 β-D-呋喃果糖分子的苷羟基脱去一分子水形成的二糖。蔗糖分子中没有苷羟基，是非还原糖，已不显示单糖的一般性质。在水溶液中无变旋光现象，也不能还原 Tollens 试剂和 Fehling 试剂，不能与苯肼生成脎。

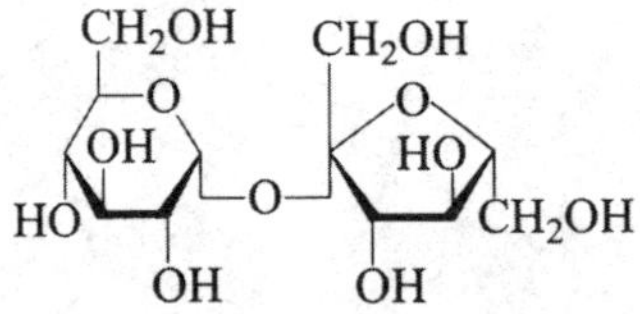

蔗糖的结构

蔗糖的构象：

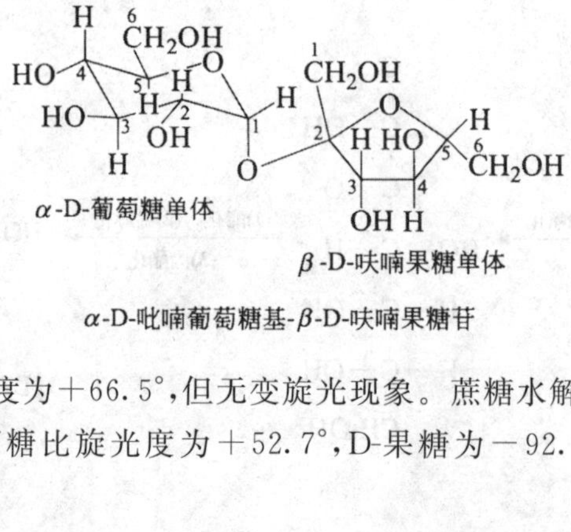

α-D-葡萄糖单体

β-D-呋喃果糖单体

α-D-吡喃葡萄糖基-β-D-呋喃果糖苷

蔗糖是右旋糖，比旋光度为＋66.5°，但无变旋光现象。蔗糖水解生成 D-葡萄糖和 D-果糖等物质的量的混合物，D-葡萄糖比旋光度为＋52.7°，D-果糖为－92.3°，则混合物的比旋光度为

$-20°$。因此,蔗糖水解前后溶液的旋光方向发生了改变,由右旋变为左旋。由此把蔗糖的水解反应称为转化反应,水解得到的 D-葡萄糖和 D-果糖的混合产物称为转化糖。

$$C_{12}H_{22}O_{11} + H_2O \xrightarrow{\text{酸或酶}} C_6H_{12}O_6 \quad + \quad C_6H_{12}O_6$$

蔗糖　　　　　　　D-(+)-葡萄糖　　D-(-)-果糖

$[\alpha]_D^{20} = +66.5°$　　　　　　$+52.7°$　　　　$-92.3°$

转化糖 $[\alpha]_D^{20} = -20°$

蔗糖在医药上用作矫味剂,常制成糖浆使用,把蔗糖加热至 200℃ 以上变成褐色焦糖后,可用作饮料和食品的着色剂。

12.2.2　麦芽糖

麦芽糖(分子式 $C_{12}H_{22}O_{11}$)存在于麦芽中,麦芽中含有淀粉酶,可将淀粉水解成麦芽糖,麦芽糖由此得名。麦芽糖是由一分子 α-D-吡喃葡萄糖 C_1 上的羟基与另一分子 D-吡喃葡萄糖 C_4 上的醇羟基脱水而成的糖苷。因为成苷的葡萄糖单位的苷羟基是 α 型的,所以把这种苷键称为 α-1,4-苷键。

麦芽糖是白色晶体,熔点为 $160 \sim 165℃$,水溶液是右旋的,$[\alpha]_D^{20} = +136°$,甜味不如蔗糖,饴糖是麦芽糖的粗制品。进餐时慢慢咀嚼饭食有甜味感,就是淀粉被唾液中的淀粉酶水解产生一些麦芽糖的甜味引起的。

用无机酸或麦芽糖酶水解,一分子麦芽糖生成两分子葡萄糖,因此,麦芽糖可看作是一个葡萄糖分子的 α-苷羟基与另一个葡萄糖分子的 $4-$羟基之间脱水,通过 α-1,4-糖苷键相连而成的。在麦芽糖分子中,第二个葡萄糖单元仍保留有苷羟基,因此,麦芽糖是还原糖,具有一般单糖的性质,能与 Tollens 试剂和 Fehling 试剂反应,能成脎,有变旋光现象,并能使溴水褪色。在结晶状态下,麦芽糖含有的苷羟基是 β 型的。

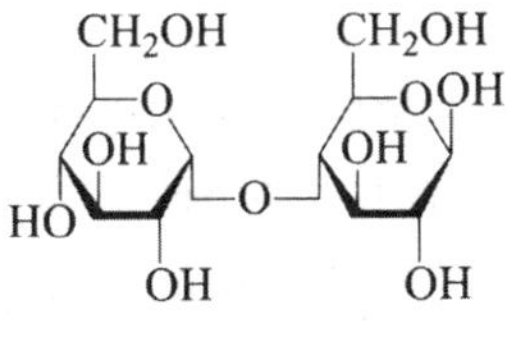

β-(+)-麦芽糖的结构

β-(+)-麦芽糖的构象:

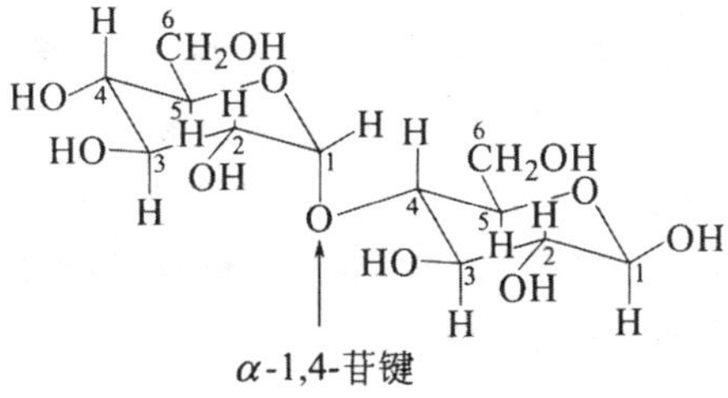

α-1,4-苷键

4-O-(α-D-吡喃葡萄糖基)-β-D-吡喃葡萄糖苷

12.2.3 纤维二糖

纤维二糖(分子式 $C_{12}H_{22}O_{11}$)是纤维素部分水解生成的二糖,它是一种白色晶体,熔点为 225℃,可溶于水。纤维二糖不能被麦芽糖酶水解,只能被无机酸或专门水解 β-糖苷键的苦杏仁酶水解,完全水解后,能得到两分子 D-葡萄糖。因此,纤维二糖是由一分子葡萄糖的 β-苷羟基与另一分子葡萄糖的 4-羟基之间脱水,形成 β-1,4-糖苷键将两分子葡萄糖相连而成。

纤维二糖与麦芽糖相似,由于存在苷羟基是还原糖,能与 Tollens 试剂和 Fehling 试剂反应,能成脎,有变旋光现象,有旋光性。固态时,纤维二糖是 β 型。

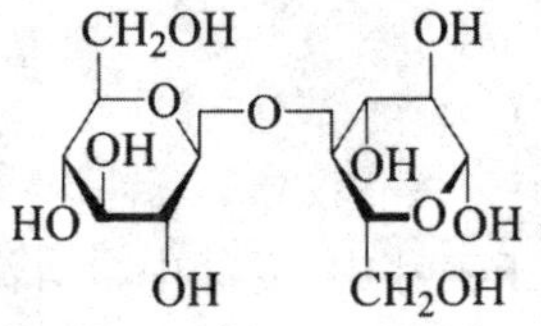

β-(+)-纤维二糖的结构

β-(+)-纤维二糖的构象:

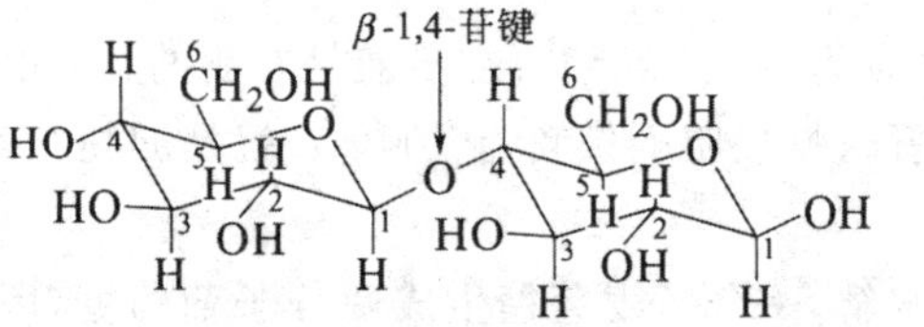

4-O-(β-D-吡喃葡萄糖基)-β-D-吡喃葡萄糖苷

12.3 多糖

多糖广泛存在于自然界中,许多天然植物、动物中都含有丰富的多糖。多糖是由许多单糖分子通过糖苷键相连而成的天然高分子化合物。多糖的分子量很大,它们的性质与单糖、二糖的性质不同,一般不溶于水,没有甜味,也无还原性。最常见的多糖是淀粉、纤维素和糖原。

12.3.1 淀粉

淀粉[分子式为$(C_6H_{10}O_5)_n$]是白色、无味的无定形粉末,大量存在于植物的种子、茎和块根中。例如,大米含淀粉 62%~82%(质量分数),小麦含淀粉 57%~75%(质量分数),玉米含淀粉 65%~72%(质量分数),马铃薯含淀粉 12%~20%(质量分数)。淀粉在酸催化下水解首先生成分子量较小的糊精,进一步水解得到麦芽糖,水解的最终产物是 α-D-(+)葡萄糖。说明淀粉是由 α-D-(+)-葡萄糖通过糖苷键连接而成。

$$淀粉 \xrightarrow{水解} 糊精 \xrightarrow{水解} 麦芽糖 \xrightarrow{水解} 葡萄糖$$

淀粉包括直链淀粉和支链淀粉两种结构,普通淀粉中约含 20％的直链淀粉和 80％的支链淀粉。

1.直链淀粉

直链淀粉存在于淀粉的内层,相对分子质量比支链淀粉小。直链淀粉不易溶于冷水,但能溶于热水形成透明的胶体溶液。一般是由 α-D-(＋)-葡萄糖通过 α-1,4-苷键连接而成,其结构可表示如下:

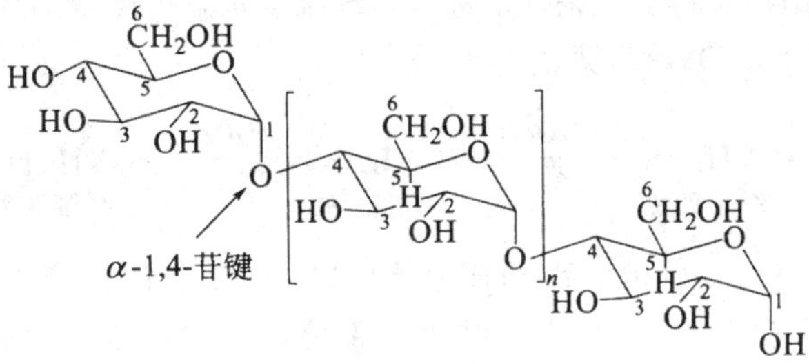

直链淀粉的结构

这样的链由于分子内氢键的作用使其卷曲成螺旋状,不利于水分子的接近,故不溶于冷水,而碘分子易插入其通道中形成深蓝色的淀粉-碘配合物,所以直链淀粉遇碘呈深蓝色。淀粉遇碘显色,并不是它们之间形成化学键,而是碘分子钻入了淀粉分子的螺旋链中的空隙,被吸附于螺旋内生成淀粉－I_2 配合物,从而改变了碘原有的颜色。

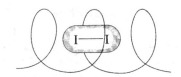

2.支链淀粉

支链淀粉存在于淀粉的外层,一般由数千至数万个 α-D-吡喃葡萄糖单位组成。在支链淀粉中,α-D-(＋)-葡萄糖除了通过 α-1,4-苷键连接外,还包括 α-1,6-苷键连接,支链淀粉的结构可表示如下:

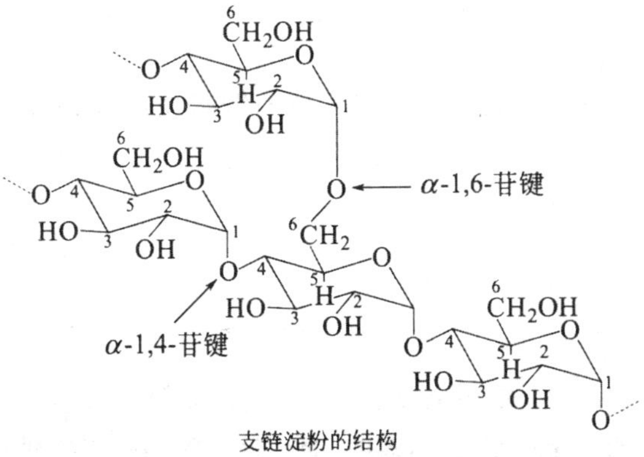

支链淀粉的结构

支链淀粉的聚合度一般是 600～6 000,有的可高达 20 000。具有高度分支的支链淀粉,易与水分子接近,故溶于水,与热水作用则膨胀成糊状。支链淀粉遇碘呈深紫色。

12.3.2 纤维素

纤维素是自然界分布最广的碳水化合物之一,棉花、亚麻、木材、稻草、竹子等许多天然植物都含有丰富的纤维素,它在植物中所起的作用就像骨骼在人体中所起的作用一样,是作为支撑的物质。纤维素可用分子式$(C_6H_{10}O_5)_n$表示,纤维素的分子量比淀粉大很多。纤维素比淀粉难水解,一般需要在浓酸或用稀酸在加压条件下进行。纤维素水解可以得到纤维四糖、纤维三糖和纤维二糖等,最后产物是 D-(＋)-葡萄糖。

$$(C_6H_{10}O_5)_n \xrightarrow{H_2O/H^+} (C_6H_{10}O_5)_4 \xrightarrow{H_2O/H^+} (C_6H_{10}O_5)_3 \xrightarrow{H_2O/H^+} (C_6H_{10}O_5)_2 \xrightarrow{H_2O/H^+} C_6H_{12}O_6$$

纤维素　　　　　　纤维四糖　　　　　纤维三糖　　　　　纤维二糖　　　　　葡萄糖

纤维素一般由 8 000～10 000 个 D-葡萄糖单位以 β-1,4-苷键连接成直链,无支链。分子链之间借助分子间氢键维系成束状,几个纤维束又像麻绳一样拧在一起形成绳索状分子,如图 12-2 所示。

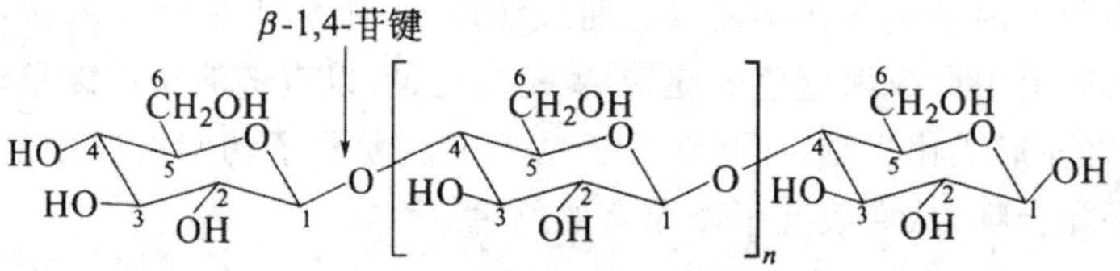

纤维素的结构

图 12-2　拧在一起的纤维素链

纤维素的结构类似于直链淀粉,二者仅是苷键的构型不同。这种 α-和 β-苷键的区别有重要的生理意义,人体内的淀粉酶只能水解 α-苷键,而不能水解 β-苷键,因此,人类只能消化淀粉而不能消化纤维素。食草动物依靠消化道内微生物所分泌的酶,能把纤维素水解成葡萄糖,所以可用草作饲料。

纯粹的纤维素是白色固体,不溶于水和一般的有机溶剂。遇碘不显色,在酸作用下的水解比淀粉难。

纤维素的用途很广,除可用来制造各种纺织品和纸张外,还能制成人造丝、人造棉、玻璃纸、火棉胶、电影胶片等;纤维素用碱处理后再与氯乙酸反应即生成羧甲基纤维素钠(CMC),常用作增稠剂、混悬剂、黏合剂和延效剂。

12.3.3 糖原

糖原是存在于动物体中的多糖,又称为动物淀粉,最初由肝脏中提取得到,因此,也常把糖原称为肝糖或肝淀粉。糖原水解也生成 D-葡萄糖,动物将食物消化后所得的葡萄糖以糖原的形式储存于肝脏和肌肉中,成人体内约含糖原 400 g。在动物体内,当机体需要时,糖原即转化为葡萄糖。

　　糖原的结构与支链淀粉相似,由 D-葡萄糖通过 α-1,4-苷键和 α-1,6-苷键组成,但分支程度比支链淀粉高,分支点之间的间隔大约是 3～4 个葡萄糖单位,支链中葡萄糖单位约 12～18 个,外圈链甚至只有 6～7 个,所以糖原的分子结构比较紧密。它的平均相对分子质量为 $10^6 \sim 10^7$ 之间。

　　糖原是无定形粉末,不溶于冷水,加热不糊化,与碘作用呈蓝紫色或紫红色。它是动物储备糖的主要形式,也是动物体能量的主要来源之一。

第13章 氨基酸、蛋白质和核酸

13.1 氨基酸

羧酸分子中烃基上的氢原子被氨基取代后的化合物,称为氨基酸。氨基酸属于复合官能团化合物,在自然界主要以多肽或蛋白质的形式存在于生物体内。

13.1.1 氨基酸的分类和命名

1.氨基酸的分类

根据氨基酸分子中氨基和羧基的数目不同,可将其分为中性氨基酸、碱性氨基酸和酸性氨基酸。中性氨基酸是指氨基酸分子中氨基和羧基的数目相等;碱性氨基酸是指氨基酸分子中氨基的数目多于羧基的数目;酸性氨基酸是指氨基酸分子中羧基的数目多于氨基的数目。碱性氨基酸一般显碱性,酸性氨基酸一般显酸性,但中性氨基酸不呈中性而呈弱酸性,这是由于羧基比氨基的电离常数大些的原因。

根据氨基酸烃基的结构又可分为脂肪氨基酸、芳香氨基酸与杂环氨基酸。在脂肪族氨基酸中根据分子中氨基与羧基的相对位置,又分为 α-氨基酸、β-氨基酸、γ-氨基酸。

2.氨基酸的命名

氨基酸的系统命名一般以羧酸为母体,氨基为取代基,称为"氨基某酸",氨基所连的碳原子用阿拉伯数字或希腊字母标示。例如,

$$CH_3CHCOOH \qquad CH_2CH_2COOH \qquad CH_2CH_2CH_2COOH$$
$$\quad | \qquad\qquad\qquad | \qquad\qquad\qquad\qquad |$$
$$\quad NH_2 \qquad\qquad\quad NH_2 \qquad\qquad\qquad\quad NH_2$$

2-氨基丙酸	3-氨基丙酸	4-氨基丁酸
α-氨基丙酸	β-氨基丙酸	γ-氨基丁酸

习惯上氨基酸的命名多根据其来源或某些特性使用俗名,有时还用中文或英文缩写符号表示,见表13-1。如氨基乙酸因具有甜味俗名为甘氨酸。中文缩写为"甘"、英文缩写为"Gly"。

表 13-1　常见的 20 种氨基酸

结构式	中文名	英文名	缩写	等电点(pI)
$^+H_3N \diagdown COO^-$	甘氨酸	glycine	Gly	5.97

续表

结构式	中文名	英文名	缩写	等电点(pI)
	丙氨酸	alanine	Ala	6.02
	缬氨酸*	valine	Val	5.97
	亮氨酸*	leucine	Leu	5.98
	异亮氨酸*	isoleucine	Ile	6.02
	苯丙氨酸*	phenylalanine	Phe	5.48
	脯氨酸	proline	Pro	6.48
	色氨酸*	tryptophan	Trp	5.89
	丝氨酸	serine	Ser	5.68
	酪氨酸	tyrosine	Tyr	5.89
	半胱氨酸	cysteine	Cys	5.07
	蛋氨酸*	methionine	Met	5.75
	天冬酰胺	asparagines	Asn	5.41

结构式	中文名	英文名	缩写	等电点(pI)
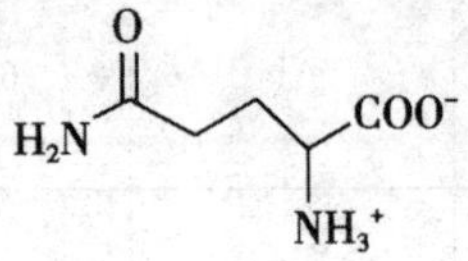	谷氨酰胺	glutamine	Gln	5.65
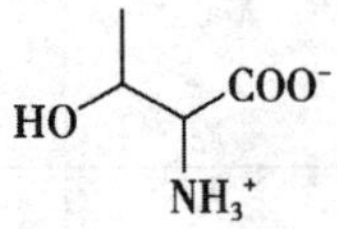	苏氨酸*	threonine	Thr	5.60
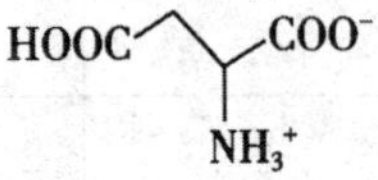	天冬氨酸	aspartic acid	Asp	2.77
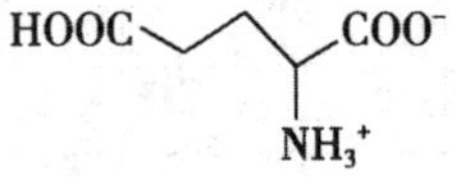	谷氨酸	glutamic acid	Glu	3.32
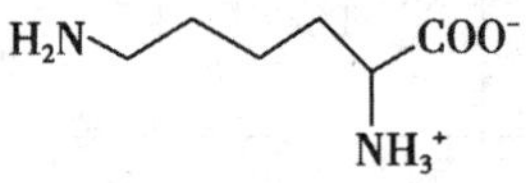	赖氨酸*	lysine	Lys	9.74
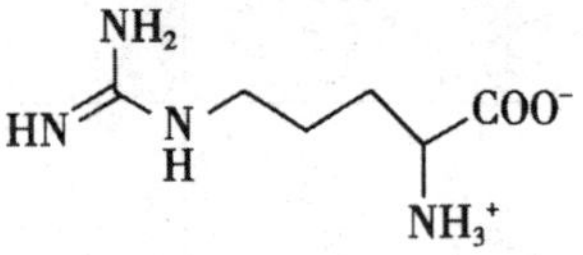	精氨酸	arginine	Arg	10.76
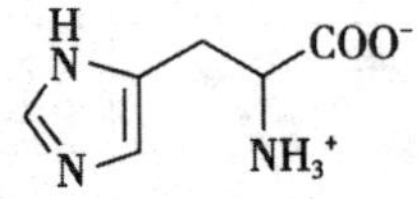	组氨酸	histidine	His	7.59

注:带"*"的氨基酸是人体内不能合成,必须由食物供给的氨基酸,称必需氨基酸。

13.1.2 氨基酸的结构

氨基酸分子中同时含有氨基和羧基两种基团,因而它是具有复合官能团的化合物。例如,

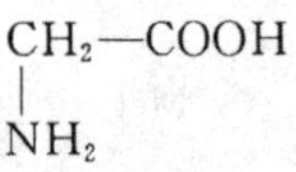

$$CH_2—COOH \qquad CH_3—CH—COOH \qquad C_6H_5—CH_2—CH—COOH$$

甘氨酸 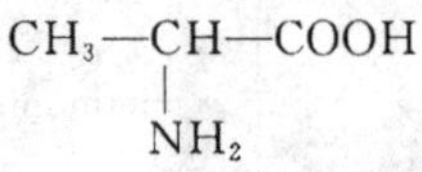   丙氨酸 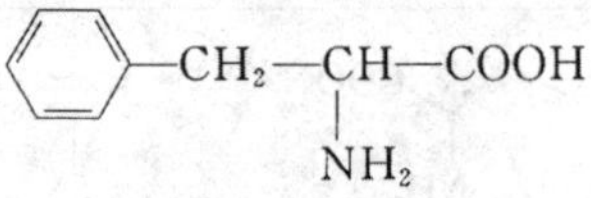   苯丙氨酸

氨基酸是构成蛋白质的基本单位。当蛋白质在酸、碱或酶的作用下水解时,逐步降解为比较简单的分子,最终转变成各种不同的 α-氨基酸的混合物,由蛋白质水解得到的氨基酸有 20 余种。其水解过程可简单地表示如下:

蛋白质→胨→多肽→二肽→α-氨基酸

自然界中存在的氨基酸,除甘氨酸外,分子中的 α-碳原子都是手性碳原子,具有旋光性,以甘油醛为参照标准。凡氨基酸分子中 α-氨基的位置与 L-甘油醛手性碳原子上—OH 的位置相同者为 L 型。氨基酸的构型习惯上采用 D、L 标记法,由蛋白质水解得到的氨基酸都是 L 型的,因此 L 常常省略不写。例如,

$$
\begin{array}{ccc}
\text{CHO} & \text{COOH} & \text{COOH} \\
\text{HO}\!-\!|\!-\!\text{H} & \text{H}_2\text{N}\!-\!|\!-\!\text{H} & \text{H}\!-\!|\!-\!\text{NH}_2 \\
\text{CH}_2\text{OH} & \text{R} & \text{R} \\
\text{L-甘油醛} & \text{L-氨基酸} & \text{D-氨基酸}
\end{array}
$$

13.1.3　氨基酸的物理性质

α-氨基酸都是无色晶体,熔点较高,一般在 230～300℃之间,当加热至熔点时往往会分解。多数氨基酸都能溶于水,难溶于乙醚、乙醇和石油醚等有机溶剂。某些氨基酸具有鲜味,例如,食用味精就是谷氨酸钠盐,但也有不少氨基酸无味或具有苦味。

13.1.4　氨基酸的化学性质

氨基酸分子中既含有氨基又含有羧基,因此,具有胺和羧酸的一些性质。但由于氨基和羧基的相互影响,氨基酸又具有胺和羧酸所没有的一些特殊性质。

1. 两性电离和等电点

氨基酸的结构中既含有碱性的氨基又有酸性的羧基,故既具有碱的性质又具有酸的性质,是两性化合物,不仅能与强碱或强酸反应生成盐,而且还可在分子内形成内盐。

$$
\underset{\overset{|}{\text{NH}_2}}{\text{R}-\text{CH}-\text{COOH}} \longrightarrow \underset{\overset{|}{\text{NH}_3^+}}{\text{R}-\text{CH}-\text{COO}^-}
$$

氨基酸能与酸或碱作用生成盐。

$$
\underset{\overset{|}{\text{NH}_2}}{\text{R}-\text{CH}-\text{COOH}} + \text{HCl} \longrightarrow \underset{\overset{|}{\text{NH}_3^+\text{Cl}^- (\text{NH}_2 \cdot \text{HCl})}}{\text{R}-\text{CH}-\text{COOH}}
$$

$$
\underset{\overset{|}{\text{NH}_2}}{\text{R}-\text{CH}-\text{COOH}} + \text{NaOH} \longrightarrow \underset{\overset{|}{\text{NH}_2}}{\text{R}-\text{CH}-\text{COONa}} + \text{H}_2\text{O}
$$

在氨基酸的内盐中同时含有阳离子和阴离子,因此内盐称为两性离子。氨基酸在纯水中及晶体状态时,都以两性离子形式存在。两性离子的净电荷为零,处于等电状态,在电场中不向任何一极移动,这时溶液的 pH 称为氨基酸的等电点,用 pI 表示。由于各种氨基酸的组成和结构不同,因此,它们的等电点也不相同。

$$R—CH—COOH$$
$$|$$
$$NH_2$$
⇅

$$R—CH—COO^- \underset{OH^-}{\overset{H^+}{\rightleftharpoons}} R—CH—COO^- \underset{OH^-}{\overset{H^+}{\rightleftharpoons}} R—CH—COOH$$
$$|\qquad\qquad\qquad\qquad |\qquad\qquad\qquad\qquad |$$
$$NH_2\qquad\qquad\qquad NH_3^+\qquad\qquad\qquad NH_3^+$$

（阴离子）　　　　　（两性离子）　　　　　（阳离子）
溶液pH>pI　　　　　溶液pH=pI　　　　　溶液pH<pI

中性氨基酸的等电点小于 7,而酸性氨基酸的等电点更小,碱性氨基酸的等电点大于 7。

在等电点时,氨基酸的溶解度最小,最容易从溶液中析出。利用这种性质可以分离和提纯氨基酸。

2.与亚硝酸的反应

氨基酸中的氨基属于伯胺类,因此,它能与亚硝酸反应,定量放出氮气。

$$R—CH—COOH + HO—NO \longrightarrow R—CH—COOH + N_2\uparrow + H_2O$$
$$|\qquad\qquad\qquad\qquad\qquad\qquad\qquad |$$
$$NH_2\qquad\qquad\qquad\qquad\qquad\qquad\quad OH$$

通过测定氮气的体积,可计算出蛋白质、肽及氨基酸分子中氨基的含量。

3.与甲醛反应

氨基酸和甲醛首先发生亲核加成反应,然后脱去一分子水生成含碳氮双键的酸。

$$R—CHCOOH + HCHO \longrightarrow R—CHCOOH \overset{-H_2O}{\longrightarrow} R—CHCOOH$$
$$|\qquad\qquad\qquad\qquad\qquad\quad |\qquad\qquad\qquad\qquad |$$
$$NH_2\qquad\qquad\qquad\qquad NHCH_2OH\qquad\qquad\quad N{=}CH_2$$

氨基酸中同时含有氨基和羧基,一般不能用碱滴定来分析氨基酸的羧基,上述反应发生后,由于氨基酸中氨基的碱性不再显现出来,就可以用碱来滴定氨基酸中的羧基了。

4.脱氨反应

α-氨基酸经氧化剂或氨基酸氧化酶作用,可脱去氨基生成酮酸。该反应先氧化成氨基酸,接着水解,然后脱去一分子氨生成酮酸,故称氧化脱氨反应。这也是生物体内氨基酸分解代谢的重要方式。

$$\begin{array}{c} H \\ | \\ R—C—COOH \\ | \\ NH_2 \end{array} \overset{[O]}{\longrightarrow} \begin{array}{c} \\ \\ R—C—COOH \\ \| \\ NH \end{array} \overset{H_2O}{\longrightarrow} \begin{array}{c} OH \\ | \\ R—C—COOH \\ | \\ NH_2 \end{array} \overset{-NH_2}{\longrightarrow} \begin{array}{c} \\ \\ R—C—COOH \\ \| \\ O \end{array}$$

5.脱羧反应

将氨基酸缓缓加热或在高沸点溶剂中回流,可以发生脱羧反应生成胺。生物体内的脱羧酶也能催化氨基酸的脱羧反应,这是蛋白质腐败发臭的主要原因。例如,赖氨酸脱羧生成 1,5-戊二胺(尸胺)。

$$H_2N—(CH_2)_4—\overset{\underset{\displaystyle NH_2}{|}}{C}HCOOH \xrightarrow{\triangle} H_2N—(CH_2)_5—HN_2$$

6.烃基化反应

氨基酸的氨基可与卤代烃反应。例如，

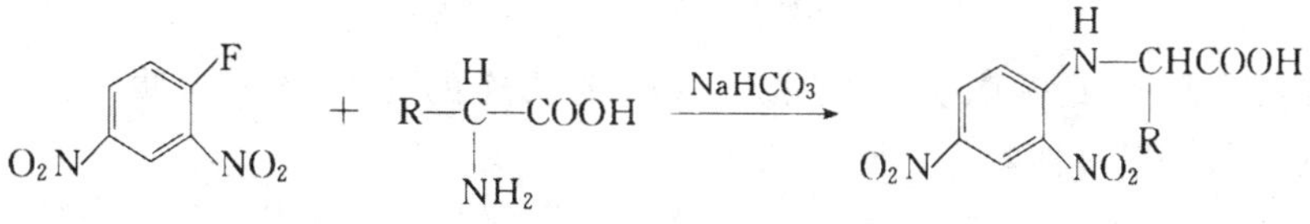

DNFB　　　　　　　　　　　　　　　DNP-氨基酸

此反应常用来测定蛋白质或多肽中氨基酸的排列次序。

7.与水合茚三酮反应

α-氨基酸与水合茚三酮的水溶液反应能生成蓝紫色物质，α-氨基酸的这个显色反应叫水合茚三酮反应。

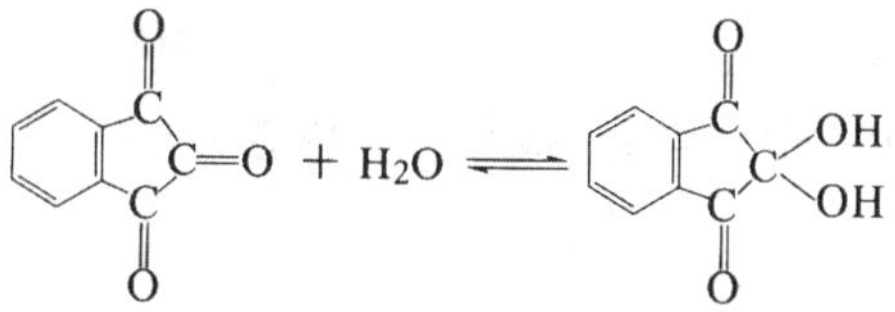

茚三酮　　　　　　　　　水合茚三酮

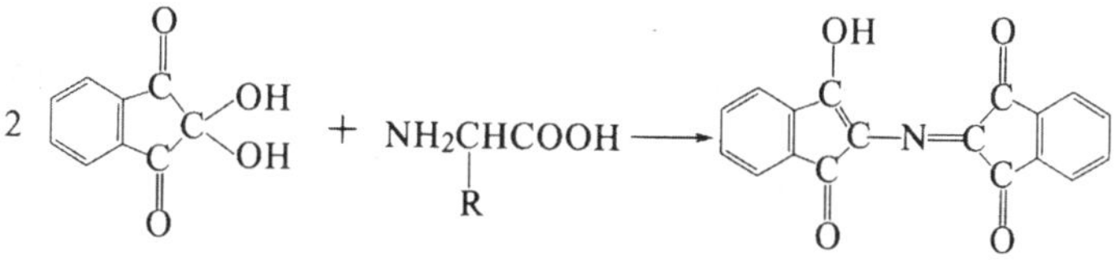

蓝紫色物质

水合茚三酮反应是鉴别 α-氨基酸(分子中要含有 NH_2 基团)的一种简便、迅速的方法。但有一点要注意的是伯胺、氨和铵盐也能发生水合茚三酮反应。而脯氨酸(无 NH_2 基团)不发生这个显色反应。

8.成肽反应

两个 α-氨基酸分子，在酸或碱存在下，受热脱水，生成二肽。例如，

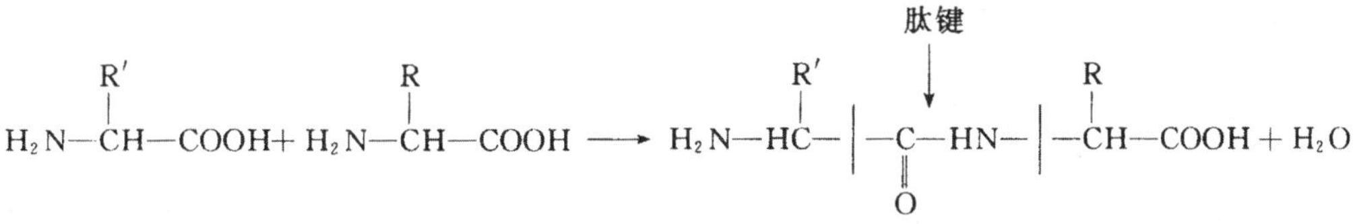

肽键

二肽

由氨基酸的羧基与另一氨基酸的氨基脱去一个水分子后形成的酰胺键称为肽键，缩合产物

称为二肽。二肽分子还可以继续与 α-氨基酸分子脱水,缩合成三肽、四肽以至多肽。每条多肽链都有一个游离的氨基端,称为 N 端,习惯写在左边;一个游离的羧基端,称为 C 端,习惯写在右边。如丙-半胱-甘肽。

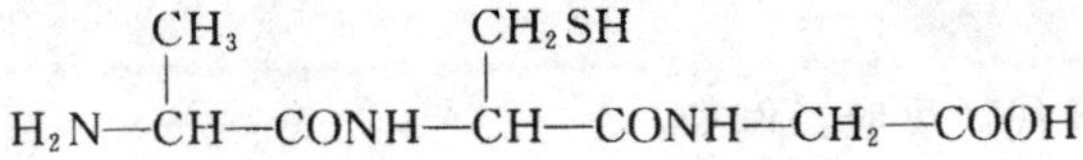

$$\underset{\text{丙氨酰半胱氨酰甘氨酸(丙-半胱-甘肽)}}{H_2N-\overset{CH_3}{\underset{}{CH}}-CONH-\overset{CH_2SH}{\underset{}{CH}}-CONH-CH_2-COOH}$$

由两个或两个以上氨基酸分子脱水后以肽键相连的化合物称为肽。相对分子质量在 10 000 以上的多肽一般可称为蛋白质。

9.受热后的反应

α-氨基酸受热后,能在两分子之间发生脱水反应,生成环状的交酰胺,也称为环肽。

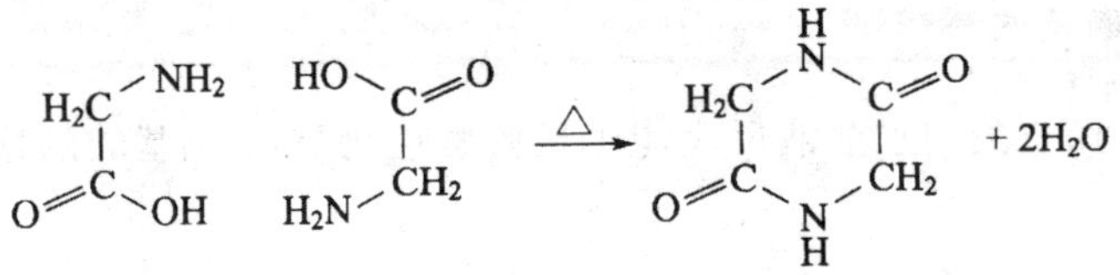

$$\underset{\text{交酰胺}}{\text{(反应式)}} + 2H_2O$$

β-氨基酸受热后,容易脱去一分子氨,生成 α,β-不饱和羧酸。

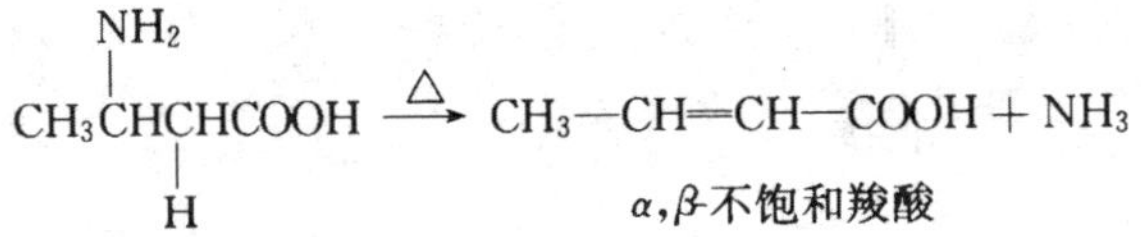

$$\underset{H}{\overset{NH_2}{CH_3CHCHCOOH}} \xrightarrow{\triangle} \underset{\alpha,\beta\text{-不饱和羧酸}}{CH_3-CH=CH-COOH} + NH_3$$

γ- 或 δ-氨基酸受热后,容易分子内脱去一分子水,生成 γ- 或 δ-内酰胺。例如,

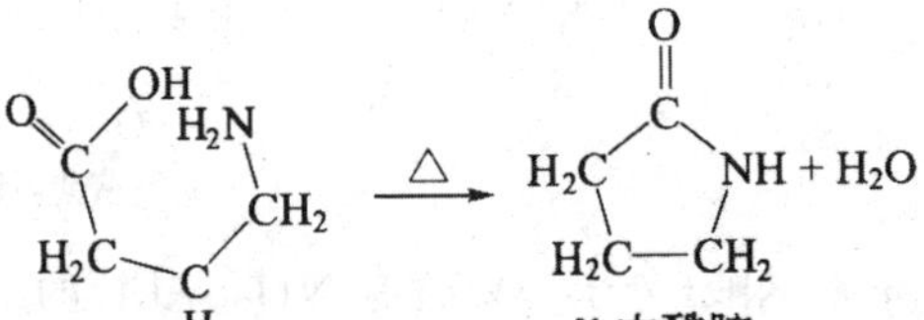

$$\underset{\gamma\text{-内酰胺}}{\text{(反应式)}} + H_2O$$

当分子中氨基和羧基相隔更远时,受热后可以多分子脱水,生成聚酰胺。

$$\underset{\text{聚酰胺类}}{nH_2N(CH_2)_xCOOH \xrightarrow{\triangle} H_2N(CH_2)_xCO \text{-} [NH(CH_2)_xCO]_{n-2} NH(CH_2)_xCOOH + (n-1)H_2O}$$

13.1.5 重要的氨基酸

1.甘氨酸

甘氨酸是无色结晶,有甜味。它是最简单的且没有手性碳原子的氨基酸,存在于多种蛋白质中,也以酰胺的形式存在于胆酸、马尿酸和谷胱甘肽中。在植物中分布很广的甜菜碱,可以看作是甘氨酸的三甲基内盐。甘氨酸的许多衍生物是近年来新发展的农药和及医药产品。

2. 谷氨酸

L-谷氨酸是一种鳞片状或粉末状晶体,呈微酸性,无毒。微溶于冷水,易溶于热水,几乎不溶于乙醚、丙酮及冷醋酸中,也不溶于乙醇和甲醇。L-谷氨酸被广泛地用作食品添加剂。L-谷氨酸的单钠盐就是味精,工业上可由糖类物质发酵或由植物蛋白水解制取。由谷氨酸聚合生成的聚谷氨酸高分子近年来被用于高分子前药、靶向药物、缓释药物载体等方面的研究。

3. 色氨酸

色氨酸是动物生长所不可缺少的氨基酸,它存在于大多数蛋白质中。色氨酸在动物大肠中能因细菌的分解作用而产生粪臭素。色氨酸也是植物幼芽中所含生长素 β-吲哚乙酸的来源。色氨酸在医药上有防治癞皮病的作用。

4. 半胱氨酸和胱氨酸

半胱氨酸和胱氨酸多存在于蛋白性的动物保护组织(如毛发、角、指甲等)中,并可通过氧化还原而相互转化,它们都可由头发水解制得。

在医药上半胱氨酸可用于肝炎、锑剂中毒或放射性药物中毒的治疗。胱氨酸有促进机体细胞氧化还原机能,增加白细胞和阻止病原菌发育等作用,并可用于治疗脱发症。

5. 赖氨酸

L-赖氨酸是白色结晶性粉末,易溶于水。赖氨酸为必需氨基酸,无法在体内合成,如缺乏则引起蛋白质代谢障碍及功能障碍,导致生长障碍、发育不全、体重下降、食欲不振、血中蛋白减少等。D-型赖氨酸无生理效果。

赖氨酸在医药上还可作为利尿剂的辅助药物,治疗因血中氯化物减少而引起的铅中毒现象,还可与酸性药物(如水杨酸等)生成盐来减轻其不良反应,与蛋氨酸合用则可抑制重症高血压病。

赖氨酸是帮助其他营养物质被人体充分吸收和利用的关键物质,人体只有补充了足够的 L-赖氨酸才能提高食物蛋白质的吸收和利用,达到均衡营养,促进生长发育。

13.2　蛋白质

蛋白质是一类复杂的生物高分子化合物。蛋白质是由几十个或上百个,甚至上千个氨基酸组成的生物大分子,它是组成一切细胞和组织的重要成分,约占人体干重的45%。蛋白质在生命活动过程中起着决定性作用。蛋白质是生命的物质基础,没有蛋白质就没有生命。

13.2.1　蛋白质的组成与分类

1. 蛋白质的组成

从各种生物组织中提取的蛋白质,经元素分析,含碳50%～55%、氢6%～8%、氧20%～

23％、氮 13％～19％、硫 0％～4％，有些蛋白质还含有磷、铁、碘、铜、钼等元素。大多数蛋白质的含氮量相当接近，平均约为 16％。因此，在任何生物样品中，每克氮相当于 6.25 g(即 100/16)的蛋白质。6.25 称为蛋白质系数。只要测定生物样品中的含氮量，就可计算出其中蛋白质的大致含量。

$$样品中蛋白质含量＝每克样品含氮的质量(g)×6.25×100％$$

2.蛋白质的分类

蛋白质种类繁多，高等动物体内有几百万种蛋白质，而且其结构复杂。目前只能根据蛋白质的形状、溶解性及化学组成粗略分类。蛋白质按不同依据具体分类情况如图 13-1 所示。

根据形状分为 {
　纤维蛋白：丝蛋白、角蛋白
　球蛋白：酪蛋白、蛋清蛋白
}

根据组成分为 {
　简单蛋白：水解后仅生成 α-氨基酸的蛋白质
　结合蛋白：由简单蛋白与非蛋白质所组成
　　如糖蛋白、脂蛋白、核蛋白
}

根据溶解性能分为 {
　清蛋白：可溶于水
　　如麦清蛋白、豆蛋白
　球蛋白：不溶于水，可溶于稀的中性盐溶液中
　　如黄豆中的球蛋白
　醇溶蛋白：不溶于水及稀盐溶液，可溶于 60％～80％乙醇溶液
　　如麦胶蛋白
　谷蛋白：不溶于水、稀盐、乙醇溶液中，可溶于 0.2％稀酸或稀碱中
　　如稻谷蛋白
　精蛋白：加热不凝固，由 80％的碱性氨基酸组成，可溶于水
　硬蛋白：不溶于水、稀酸、稀碱的纤维蛋白质，仅存在于动物中
　　如丝蛋白、角蛋白
}

图 13-1　蛋白质的分类

13.2.2　蛋白质的结构

蛋白质的结构十分复杂，蛋白质中氨基酸的类别和组成可以不同，多肽链中氨基酸的连接有一定的排列顺序，并且整个蛋白质分子在空间也有一定的排列顺序和空间构型。蛋白质的结构可用四级结构来描述。

1.蛋白质的一级结构

多肽链中氨基酸的排列顺序称为蛋白质的一级结构。肽键是构成蛋白质的主键。

一级结构是蛋白质的基本结构，目前只有少数蛋白质分子中的氨基酸排列顺序已经十分清楚。例如，胰岛素由 AB 两条肽链构成，它们之间通过二硫键构成胰岛素分子。其中 A 链有 21

个氨基酸;B 链有 30 个氨基酸,如图 13-2 所示。

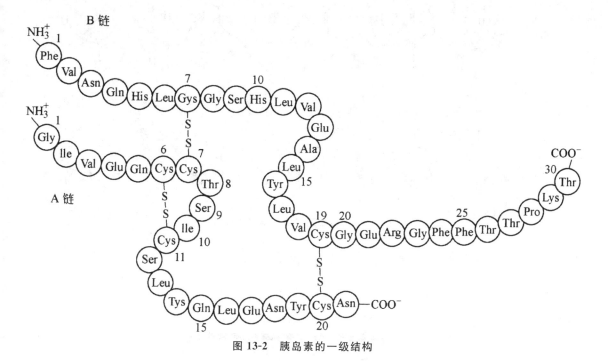

图 13-2 胰岛素的一级结构

蛋白质中氨基酸的排列顺序十分重要,它对整个蛋白质的功能起决定作用。

2.蛋白质的二级结构

蛋白质的二级结构涉及肽链在空间的优势构象和所呈现的形状。在一个肽链中的羧基和另一个肽链中的氨基之间可形成氢键,正是这种氢键的存在维持了蛋白质的二级结构。蛋白质的二级结构分为 α-螺旋型(一条肽链通过氢键绕成螺旋型,如图 13-3 所示)和 β-折叠型[肽链伸直(呈锯齿形状),与相邻碳链形成链间的氢键,如图 13-4 所示]两种:

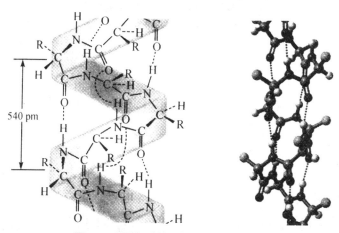

图 13-3 蛋白质的二级结构:α-螺旋型

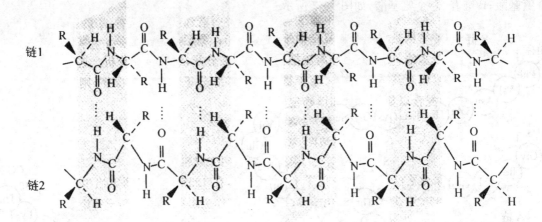

图 13-4　蛋白质的二级结构：β-折叠型

很多蛋白质常常是在分子链中既有 α-螺旋，又有 β-折叠，并且多次重复这两种空间结构，如图 13-5 所示。

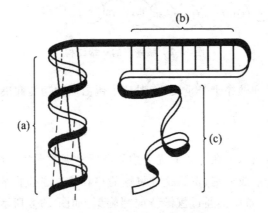

蛋白质结构示意图
(a) α-螺旋　(b) β-折叠　(c) 无规则卷曲
图 13-5　既有 α-螺旋又有 β-折叠片的蛋白质

3.蛋白质的三级结构

蛋白质的三级结构是多肽链在二级结构的基础上进一步扭曲折叠形成的复杂空间结构。如图 13-6 为肌红蛋白的三级结构示意图。

在蛋白质的三级结构中，多肽链借助副键（氢键、酯键、盐键以及疏水键等）构成较为复杂的空间结构。若蛋白质分子仅由一条多肽链组成，则三级结构就是它的最高结构层次。

4.蛋白质的四级结构

结构复杂的蛋白质是由两条或多条具有三级结构的多肽链（称为亚基）以一定形式聚合成一定空间构型的聚合体，这种空间构象称为蛋白质的四级结构。如图 13-7 所示为血红蛋白的四级结构。

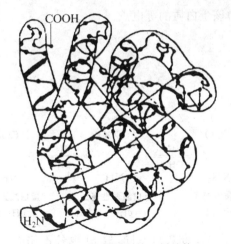

图 13-6 肌红蛋白的三级结构

图 13-7 血红蛋白的四级结构

蛋白质四级结构的作用力与稳定的三级结构的没有本质的区别。亚基的聚合作用包括范德华力、氢键、离子键、疏水键以及亚基间的二硫键等。蛋白质的结构十分复杂。人类虽然对蛋白质的结构有了一定的认识，但对多数蛋白质的复杂结构有待进一步研究。

13.2.3 蛋白质的性质

蛋白质是由氨基酸组成的高分子化合物，因此既具有一些与氨基酸相似的性质，也具有高分子化合物的某些特性。

1. 两性电离和等电点

蛋白质是由氨基酸组成的，不论肽链多长，在其链的两端总有未结合的氨基和羧基存在。在肽链的侧链中，也存在未结合的氨基和羧基，因此，蛋白质和氨基酸一样，也是两性物质，也具有等电点。在强酸性溶液中蛋白质分子以正离子形式存在，在强碱性溶液中以负离子形式存在，只有在适宜的 pH 时，蛋白质分子才以两性离子的形式存在，在电场中既不向正极移动，也不向负极移动,这时溶液的 pH 称为该蛋白质的等电点。

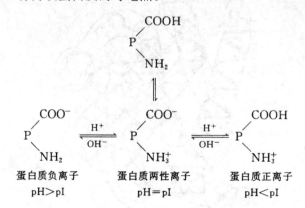

由于各种蛋白质可解离的基团和数目不同,故 pI 也各不相同。一般来说,含酸性氨基酸较多的酸性蛋白质 pI 约为 2,含碱性氨基酸较多的碱性蛋白质 pI 约为 9,人体组织和体液的 pH 约为 7.4,而人体内多数蛋白质的 pI 接近于 5.0,处于比自身等电点大的 pH 环境中,故蛋白质粒子在人体内主要带负电荷,与体内的 K^+、Na^+、Ca^{2+}、Mg^{2+} 等离子形成盐。蛋白质在等电点时最不稳定,溶解度最小,容易聚集成沉淀析出,这一性质常在蛋白质的分离、提取和纯化时应用。

蛋白质不在等电点时,即以离子的形式存在,在电场中就会产生电泳现象,电泳的速度和方向取决于所带电荷的正负性、数量和分子大小。利用这种差别可通过电泳法将混合蛋白质中的各种蛋白质分离开。

2.蛋白质的高分子性质

(1)胶体性质

蛋白质是大分子化合物,其分子大小一般在 $1\sim100$ nm,在胶体分散相质点范围,所以蛋白质分散在水中,其水溶液具有胶体溶液的一般特性。例如,具有丁铎尔(Tyndall)现象、布朗(Brown)运动、不能透过半透膜以及较强的吸附作用等。

(2)盐析性质

向蛋白质溶液中加入浓的无机盐[$(NH_4)_2SO_4$、Na_2SO_4、$MgSO_4$、$NaCl$]后,蛋白质就从溶液中析出,这种作用称为盐析。盐析主要是破坏蛋白质颗粒周围的双电子层,使小颗粒变成大颗粒而沉淀。

盐析是一个可逆过程,盐析出来的蛋白质还可以再溶于水中,不影响其生理功能和性质。不同的蛋白质进行盐析,需要盐的浓度是不同的,通过改变盐的浓度,可以分离不同的蛋白质。

一些与水混溶的有机溶剂如乙醇、甲醇、丙酮等,对水有很大的亲和力,也能破坏蛋白质分子的水化层,使蛋白质沉淀。一些重金属离子如 Hg^{2+}、Pd^{2+}、Ag^+ 等,能和蛋白质分子的负电荷结合生成不溶性的蛋白盐,从而使蛋白质发生沉淀。用有机溶剂使蛋白质沉淀时,初期是可逆的,用重金属离子处理时为不可逆的。

3.蛋白质的变性

蛋白质受物理或化学因素影响,分子内部原有的高度规律的空间排列发生变化,致使原有性质部分或全部丧失,称为蛋白质的变性。

使蛋白质变性的因素有光照、受热、遇酸碱、有机溶剂等。蛋白质变性后,溶解度大为降低,从而凝固或析出。Pb^{2+}、Cu^{2+}、Ag^+ 等重金属盐使蛋白质变性,就是人体重金属中毒的缘由。解毒的方法是大量服用蛋白质,如牛奶、生鸡蛋,然后用催吐剂将凝固的蛋白质重金属盐吐出来。

利用高温和酒精消毒灭菌,就是利用蛋白质的变性使细菌失去生理功能和生物活性。

有些蛋白质当变性作用不超过一定限度时,除去致变因素仍可恢复或部分恢复原有性能,这种变性是可逆的。例如,血红蛋白经酸变性后加碱中和可恢复原输氧性能的 2/3。有些蛋白质的变性是不可逆的,例如,鸡蛋的蛋白热变性后便不能复原。一般认为,蛋白质变性主要是二级结构和三级结构改变,不涉及一级结构。变性蛋白质理化性质的改变最明显的是溶解度降低。

4.蛋白质的水解

蛋白质可以逐步水解,最后产生 α-氨基酸。

蛋白质的水解过程如下:

$$蛋白质\rightarrow多肽\rightarrow小肽\rightarrow二肽\rightarrow\alpha\text{-}氨基酸$$

5.蛋白质的颜色反应

蛋白质能发生多种颜色反应,可用来鉴别蛋白质。

(1)与水合茚三酮反应

与氨基酸相似,在蛋白质溶液中加入水合茚三酮,加热,呈现蓝紫色。

(2)与缩二脲反应

在蛋白质分子结构中含有很多个肽键,因此,其与 $CuSO_4$ 的强碱性溶液反应会呈现红色至紫色。

(3)蛋白黄反应

含有芳香族氨基酸,特别是含有酪氨酸、色氨酸残基的蛋白质,遇浓硝酸后产生白色沉淀,加热后沉淀变黄色,故称蛋白黄反应。实际上是芳环上的硝化反应,生成黄色硝基化合物。皮肤被硝酸玷污后变黄就是这个反应。

(4)醋酸铅反应

含硫(如含有半胱氨酸)的蛋白质与碱共热后与醋酸铅反应,可生成黑色的硫化铅沉淀。

(5)米隆(Millon)反应

蛋白质遇硝酸汞的硝酸溶液时变为红色。这是因为酪氨基中的酚基与汞形成有色化合物,利用这个反应检验蛋白质中是否含酪氨酸。

13.3　核酸

核酸存在于一切生物体中。因最早由细胞核中提取得到,故名核酸。核酸不仅是基本的遗传物质,而且在蛋白质的生物合成上也占重要位置,因而在生长、遗传、变异等一系列重大生命现象中起决定性的作用。

13.3.1　核酸的组成与分类

1. 核酸的组成

核酸仅由 C、H、O、N、P 五种元素组成,其中 P 的含量变化不大,平均含量为 9.5%,每克磷相当于 10.5 g 的核酸。因此,通过测定核酸的含磷量,即可计算出核酸的大约含量。

$$W_{粗核酸}(\%)=W_P\times10.5$$

核酸是由单核苷酸连接而成的高分子化合物,而单核苷酸又是由核苷和磷酸结合而成的磷酸酯。核酸在酸、碱或酶的作用下可以水解为核苷酸(单核苷酸)。核苷酸水解后得到磷酸和核苷,核苷最终水解得到戊糖和含氮碱。

$$核酸 \xrightarrow{水解} 核苷酸 \xrightarrow{水解} \begin{cases} 核苷 \xrightarrow{水解} \begin{cases} 戊糖 \\ 杂环碱 \end{cases} \\ 磷酸 \end{cases}$$

$$（多核苷酸） \qquad （单核苷酸）$$

(1)戊糖

组成核酸的戊糖有 D-(−)-核糖和 D-(−)-2-脱氧核糖两种,在核酸分子中都以 D-呋喃型的环式结构存在。RNA 中含 β-D-(−)-核糖,DNA 中含 β-D-(−)-2-脱氧核糖。RNA 与 DNA 是以其所含的戊糖不同而区分的。具体如下:

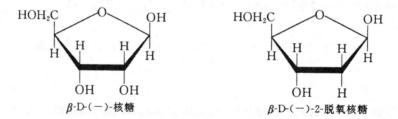

β-D-(−)-核糖　　　　　　　β-D-(−)-2-脱氧核糖

(2)碱基

核酸中碱基可分为嘌呤碱和嘧啶碱。

①嘌呤碱。组成核酸的嘌呤碱主要有腺嘌呤(6-氨基嘌呤,以 A 表示)和鸟嘌呤(2-氨基-6 羟基嘌呤,以 G 表示)两种。两种嘌呤碱在 RNA 和 DNA 中都存在。

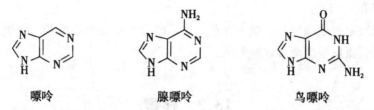

嘌呤　　　　　　　　腺嘌呤　　　　　　　　鸟嘌呤

②嘧啶碱。核酸分子中所含的嘧啶碱都是嘧啶的衍生物,主要有胞嘧啶(2-氧-4-氨基嘧啶,以 C 表示),尿嘧啶(2,4-二氧嘧啶,以 U 表示),胸腺嘧啶(5-甲基-2,4-二氧嘧啶,以 T 表示),共三种。胞嘧啶存在于所有的核酸中,尿嘧啶只存在于 RNA 中,胸腺嘧啶存在于 DNA 中。

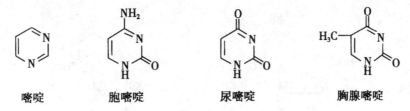

嘧啶　　　　胞嘧啶　　　　尿嘧啶　　　　胸腺嘧啶

DNA 中的碱基为 A、G、C、T；RNA 中的碱基为 A、G、C、U。

（3）磷酸

磷酸分子中含有三个羟基，其中一个与戊糖碳 5′缩水成酯键形成核苷酸，第二个羟基或与第二个磷酸相连，或与其他原子成键。磷酸分子结构式如下：

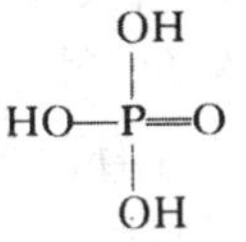

$$HO-P(=O)(OH)_2\quad 磷酸$$

（4）核苷

核苷由核糖或脱氧核糖与杂环碱组成。X 射线分析证实：核苷的形成是由核糖或脱氧核糖 1′位上的羟基与嘌呤环上 9 位或嘧啶环上 1 位氮原子上的氢失水而形成的。DNA 的核苷由脱氧核糖分别与腺嘌呤、鸟嘌呤、胞嘧啶和胸腺嘧啶组成。

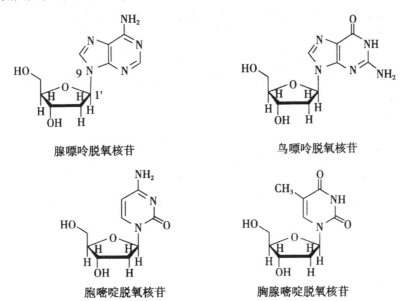

腺嘌呤脱氧核苷　　　　鸟嘌呤脱氧核苷

胞嘧啶脱氧核苷　　　　胸腺嘧啶脱氧核苷

RNA 的核苷由核糖分别与腺嘌呤、鸟嘌呤、胞嘧啶和尿嘧啶组成。

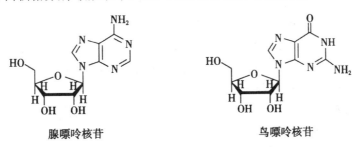

腺嘌呤核苷　　　　鸟嘌呤核苷

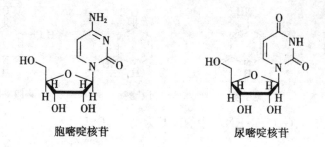

胞嘧啶核苷　　　　　　　　尿嘧啶核苷

（5）核苷酸

核苷酸是核苷的磷酸酯，是一种强酸性的化合物，它是组成核酸的基本单位，所以也称为单核苷酸，而把核酸称为多核苷酸。核苷酸根据所含戊糖不同，分为核糖核苷酸和脱氧核糖核苷酸。核苷酸的分子中，磷酸主要结合在戊糖的 3′ 和 5′ 位上。

由于 RNA 与 DNA 所含的嘌呤碱与嘧啶碱各有两种，所以各有四种相应的核苷酸：腺嘌呤核苷酸、腺嘌呤脱氧核苷酸、鸟嘌呤核苷酸、鸟嘌呤脱氧核苷酸、胞嘧啶核苷酸、胞嘧啶脱氧核苷酸、尿嘧啶核苷酸、胸腺嘧啶脱氧核苷酸。各种核苷酸之间通过磷酸酯键相互连接起来的高分子就是核酸。

2.核酸的分类

核酸可分为脱氧核糖核酸（DNA）和核糖核酸（RNA）。所有生物细胞都含有这两类核酸。它们是各种有机体遗传信息的载体。

（1）DNA

DNA 主要集中在细胞核内，是染色体的主要成分，线粒体和叶绿体也含有 DNA。RNA 主要分布在细胞质中，少数存在于细胞核中。但是对于病毒来说，要么只含 DNA，要么只含 RNA。还没有发现既含 DNA 又含 RNA 的病毒。

（2）RNA

核糖核酸（RNA）按其功能的不同分为三大类：核糖体 RNA、信使 RNA 和转运 RNA。

①核糖体 RNA（rRNA）。约占 RNA 总量的 80%，它们与蛋白质结合构成核糖体的骨架。核糖体是蛋白质合成的场所，所以 rRNA 的功能是作为核糖体的重要组成成分参与蛋白质的生物合成，在蛋白质合成中起着"装配机"的作用。rRNA 是细胞中含量最多的一类 RNA，且分子量比较大，代谢并不活跃，种类仅有几种。

②信使 RNA（mRNA）。约占 RNA 总量的 5%。但其种类最多，mRNA 的功能是作为遗传信息的传递者，将核内 DNA 的碱基（遗传信息）按一定顺序转录并转运至核糖体，指导蛋白质的合成。

③转运 RNA（tRNA）。约占 RNA 总量的 15%。tRNA 的分子量在 2.5×10^4 左右，由 70～90 个核苷酸组成，因此它是最小的 RNA 分子。tRNA 在蛋白质生物合成过程中具有转运氨基酸和识别密码子的作用，它的名称也是由此而来的。此外，它在蛋白质生物合成的起始过程中，在 DNA 反转录合成中及其他代谢调节中也起重要作用。细胞内 tRNA 的种类很多，每一种氨基酸都有其相应的一种或几种 tRNA。

因此，核酸分类如下：

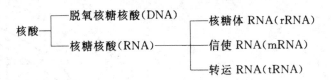

13.3.2　核酸的结构

核酸的结构和蛋白质的结构一样,非常复杂,分为一级结构和空间结构。一级结构指组成核酸的诸核苷酸之间连键的性质及核苷酸的排列顺序。空间结构是指多核苷酸链内或链与链之间通过氢键折叠卷曲而形成的构象。

1.核酸的一级结构

多个核苷酸通过核苷酸的核糖(或脱氧核糖)5′位上的磷酸与另一个核苷酸的核糖(或脱氧核糖)的 3′位上的羟基形成磷酸二酯键的高分子化合物叫核酸。核酸的一级结构是指核酸中各核苷酸的单位排列次序,如图 13-8 所示。

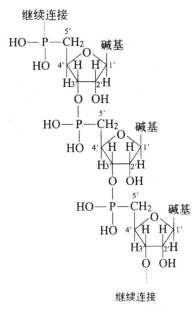

图 13-8　核酸的一级结构

2.DNA 的二级结构

绝大多数生物的 DNA 分子均是双螺旋结构。该结构是由两条平行但方向相反的脱氧多核苷酸链经碱基配对,并围绕一个共同的轴相互盘绕而成。双螺旋又称为右手螺旋。分子中磷酸和脱氧核糖链组成螺旋的骨架,位于螺旋的外侧,而配对碱基在螺旋的内侧。碱基的配对规律如下:腺嘌呤(A)与胸腺嘧啶(T)之间形成两个氢键;鸟嘌呤(G)与胞嘧啶(C)之间形成三个氢键。如图 13-9 所示。

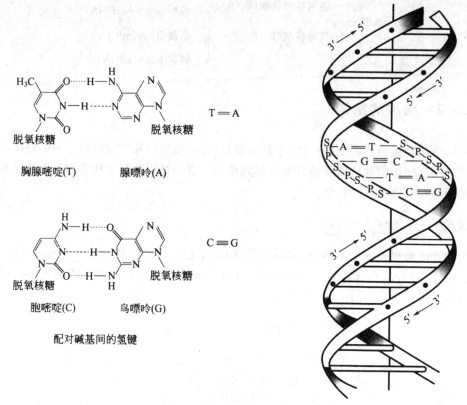

图 13-9　DNA 的双螺旋结构

3. RNA 的二级结构

与 DNA 分子不同,大多数 RNA 分子是一条多核苷酸单链。该单链局部可回折,同时在回折区域内进行碱基配对。其配对规律如下:腺嘌呤(A)与尿嘧啶(U)配对,鸟嘌呤(G)与胞嘧啶(C)配对而形成氢键。从而在局部构成如 DNA 那样的双螺旋区,不能配对的碱基则形成空环被排斥在双螺旋区之外,如图 13-10 所示,图中 X 表示螺旋的环状突起。

13.3.3　核酸的物理性质

DNA 为白色纤维状物质,RNA 为白色粉状物质。它们都微溶于水,水溶液显酸性,具有一定的黏度及胶体溶液的性质。它们可溶于稀碱和中性盐溶液,易溶于 2-甲氧基乙醇,难溶于乙醇、乙醚等溶剂。

13.3.4　核酸的化学性质

1. 核酸的水解

核酸用稀酸或稀碱进行水解,首先发生部分水解生成核苷酸,进一步再水解成磷酸和核苷,核苷再水解生成戊糖和杂环碱(碱基)。其水解过程可表示如下：

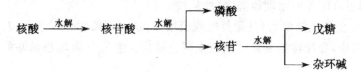

核酸水解的终产物见表 13-2。

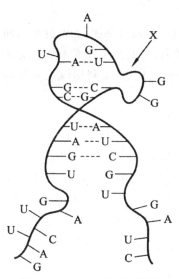

图 13-10　RNA 的二级结构

表 13-2　核酸水解的最终产物

水解产物类别	RNA	DNA
酸	磷酸	磷酸
戊糖	D-核糖	D-2-脱氧核糖
嘌呤碱	腺嘌呤,鸟嘌呤	腺嘌呤,鸟嘌呤
嘧啶碱	胞嘧啶,尿嘧啶	胞嘧啶,胸腺嘧啶

2.核酸的变性

在外界因素的影响下,核酸分子的空间结构被破坏,导致部分或全部生物活性丧失的现象,称为核酸的变性。变性过程中核苷酸之间的共价键(一级结构)不变,但碱基之间的氢键断裂。例如,DNA 的稀盐酸溶液加热到 $80\sim100℃$ 时,它的双螺旋结构解体,两条链分开,形成无规则的线团。核酸变性后理化性质随之改变:黏度降低,比旋光度下降,260 nm 区域紫外吸收值上升等。能够引起核酸变性的因素很多,例如,加热、加入酸或碱、加入乙醇或丙酮等有机溶剂以及加入尿素、酰胺等化学试剂都能引起核酸变性。

3.核酸的复性

核酸的复性是 DNA 在适当条件下,又可使两条彼此分开的链重新缔合成为双螺旋结构的过程。DNA复性后,许多物理、化学性质又得到恢复,生物活性也可以得到部分恢复。DNA的片段越大,复性越慢;DNA的浓度越高,复性越快。

DNA或RNA变性或降解时,其紫外吸收值增加,这种现象叫作增色效应,与增色效应相反的现象称为减色效应,变性核酸复性时则发生减色效应。它们是由堆积碱基的电子间相互作用的变化引起的。

4.核酸的酸碱性

核酸和核苷酸既有磷酸基团,又有碱性基团,为两性电解质,因磷酸的酸性强,通常表现为酸性。核酸可被酸、碱或酶水解成为各种组分,其水解程度因水解条件而异。RNA在室温条件下被稀碱水解成核苷酸,而DNA对碱较稳定,常利用该性质测定RNA的碱基组成或除去溶液中的RNA杂质。

5.核酸的颜色反应

核酸的颜色反应主要是由核酸中的磷酸及戊糖所致。

核酸在强酸中加热水解有磷酸生成,能与钼酸铵(在有还原剂如抗坏血酸等存在时)作用,生成蓝色的钼蓝,在660 nm处有最大吸收。这是分光光度法通过测定磷的含量,粗略推算核酸含量的依据。

RNA与盐酸共热,水解生成的戊糖转变成糠醛,在三氯化铁催化下,与苔黑酚(5-甲基-1,3-苯二酚)反应生成绿色物质,产物在670 nm处有最大吸收。DNA在酸性溶液中水解得到脱氧核糖并转变为 ω-羟基-γ-酮戊酸,与二苯胺共热,生成蓝色化合物,在595 nm处有最大吸收。因此,可用分光光度法定量测定RNA和DNA。

第14章　有机化合物的波谱分析

14.1　紫外-可见吸收光谱

14.1.1　紫外-可见吸收光谱的基本原理

紫外-可见吸收光谱是一种分子吸收光谱。它是由于分子中价电子的跃迁而产生的。在不同波长下测定物质对光吸收的程度(吸光度),以波长为横坐标,以吸光度为纵坐标所绘制的曲线,称为吸收曲线,又称为吸收光谱。测定的波长范围在紫外-可见区,称为紫外-可见光谱,简称紫外光谱,如图 14-1 所示。

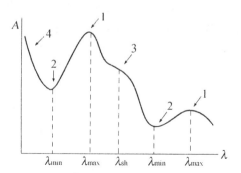

图 14-1　紫外-可见吸收光谱的示意图

1—吸收峰；2—谷；3—肩峰；4—末端吸收

吸收曲线的峰称为吸收峰,它所对应的波长为最大吸收波长,常用 λ_{max} 表示。曲线的谷所对应的波长称为最小吸收波长,常用 λ_{min} 表示。在吸收曲线上短波长端底只能呈现较强吸收但又不成峰形的部分,称为末端吸收。在峰旁边有一个小的曲折,形状像肩的部位,称为肩峰,其对应的波长用 λ_{sh} 表示。某些物质的吸收光谱上可出现几个吸收峰。不同的物质有不同的吸收峰。同一物质的吸收光谱有相同的 λ_{max}、λ_{min}、λ_{sh};而且同一物质相同浓度的吸收曲线应相互重合。因此,吸收光谱上的 λ_{max}、λ_{min}、λ_{sh} 及整个吸收光谱的形状取决于物质的分子结构,可作定性依据。

当采用不同的坐标时,吸收光谱的形状会发生改变,但其光谱特征仍然保留,紫外-可见吸收光谱常用吸光度 A 为纵坐标;有时也用透光率(T)或吸光系数(E)为纵坐标。但只有以吸光度为纵坐标时,吸收曲线上各点的高度与浓度之间才呈现正比关系。当吸收光谱以吸光系数或其对数为纵坐标时,光谱曲线与浓度无关,如图 14-2 所示。

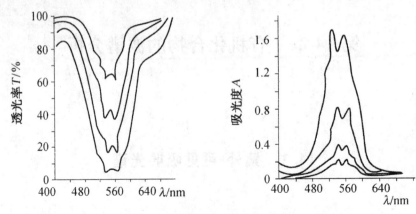

图 14-2　纵坐标不同的吸收光谱图

$KMnO_4$ 溶液的 4 种浓度:5 ng/L、10 ng/L、20 ng/L、40 ng/L,1 cm 厚

1.分子轨道类型

分子轨道最常见的有 π 轨道、σ 轨道和 n 轨道。

(1)π 轨道

分子 π 轨道的电子云分布不呈圆柱形对称,但有一对称面,在此平面上电子云密度等于零,而对称面的上、下部空间则是电子云分布的主要区域。反键 π^* 分子轨道的电子云分布也有一对称面,但 2 个原子的电子云互相分离。处于成键 π 轨道上的电子称为成键 π 电子,处于反键 π^* 轨道上的电子称为反键 π^* 电子。

(2)σ 轨道

成键 σ 轨道的电子云分布呈圆柱形对称,电子云密集于两原子核之间;而反键 σ^* 分子轨道的电子云在原子核之间的分布比较稀疏。处于成键 σ 轨道上的电子称为成键 σ 电子,处于反键 σ^* 轨道上的电子称为反键 σ^* 电子。

(3)n 轨道

含有氧、氮、硫等原子的有机化合物分子中,还存在未参与成键的电子对,常称为孤对电子,孤对电子是非键电子,简称为 n 电子。例如,甲醇分子中的氧原子,其外层有 6 个电子,其中 2 个电子分别与碳原子和氢原子形成 2 个 σ 键,其余 4 个电子并未参与成键,仍处于原子轨道上,称为 n 电子。而含有 n 电子的原子轨道称为 n 轨道。

2.电子跃迁的类型

根据分子轨道理论的计算结果,分子轨道能级的能量以反键 κ 轨道最高,成键 σ^* 轨道最低,而 n 轨道的能量介于成键轨道与反键轨道之间。

分子中能产生跃迁的电子一般处于能量较低的成键 σ 轨道、成键 π 轨道及 n 轨道上。当电子受到紫外-可见光作用而吸收光辐射能量后,电子将从成键轨道跃迁到反键轨道上,或从 n 轨道跃迁到反键轨道上。电子跃迁方式如图 14-3 所示。

从图 14-3 中可见,分子轨道能级的高低顺序是:$\sigma < \pi < n < \pi^* < \sigma^*$;分子轨道间可能的跃迁

有：$\sigma \rightarrow \sigma^*$、$\sigma \rightarrow \pi^*$、$\pi \rightarrow \sigma^*$、$n \rightarrow \sigma^*$、$\pi \rightarrow \pi^*$、$n \rightarrow \pi^*$ 六种。但由于与 σ 成键和反键轨道有关的四种跃迁：$\sigma \rightarrow \sigma^*$、$\sigma \rightarrow \pi^*$、$\pi \rightarrow \sigma^*$ 和 $n \rightarrow \sigma^*$ 所产生的吸收谱多位于真空紫外区（$0 \sim 200$ nm），而 $n \rightarrow \pi^*$ 和 $\pi \rightarrow \pi^*$ 两种跃迁的能量相对较小，相应波长多出现在紫外-可见光区。

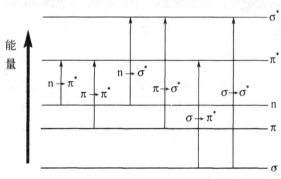

图 14-3　σ、π、n 轨道及电子跃迁

电子跃迁类型与分子结构及其存在的基团有密切的联系，因此可以根据分子结构来预测可能产生的电子跃迁；也可以根据紫外吸收带的波长及电子跃迁类型来判断化合物分子中可能存在的吸收基团。

3. 朗伯-比尔定律

当我们用一束单色光（I_0）照射溶液时，一部分光（I）透过溶液，而另一部分光被溶液吸收了。这种吸收与溶液中物质的浓度和液层的厚度成正比，这就是朗伯-比尔定律。用数学式表式为：

$$A = -\lg \frac{I}{I_0}$$

$$A = EcL = -\lg \frac{I}{I_0}$$

式中，A 为吸光度（吸收度）；c 为溶液的物质的量浓度（mol/L）；L 为液层的厚度（cm）；E 为吸收系数（消光系数）。

如果化合物的摩尔质量（M）已知，则用摩尔消光系数 $\varepsilon = E \times M$ 来表示吸收强度，上式可写成：

$$A = \varepsilon cL = -\lg \frac{I}{I_0}$$

紫外-可见吸收光谱的一些术语如下：
①发色基团是指能引起光谱特征吸收的不饱和基团，一般为带 π 电子的基团。
②助色基团是指饱和原子基团，本身吸收小于 200 nm。当与发色基团连接时，可使发色基团的最大吸收波长向长波长方向移动，并且使其吸收强度增大，一般助色基团的原子上有 p 电子。
③红移是指由于取代基或溶剂的影响，使发色基团的吸收波长向长波长方向移动的现象。
④蓝移是指由于取代基或溶剂的影响，使发色基团的吸收波长向短波长方向移动的现象。
⑤增色效应（助色效应）是指使吸收强度增加的效应。
⑥减色效应是指使吸收强度减弱的效应。

14.1.2 影响紫外-可见吸收光谱的主要因素

紫外-可见吸收光谱易受分子结构和测定条件等多种因素的影响,其核心是对分子中共轭结构的影响。

1.共轭效应

同分异构体之间双键位置或者基团排列位置不同,分子的共轭程度不同,它们的紫外-可见吸收波长及强度也不同。例如,α 和 β 紫罗兰酮分子的末端环中双键位置不同,β 异构体比 α 异构体存在较大的共轭效应,它们的 $\pi \rightarrow \pi^*$ 跃迁吸收波长分别为 227 nm 和 299 nm,就是一个很好的例子:

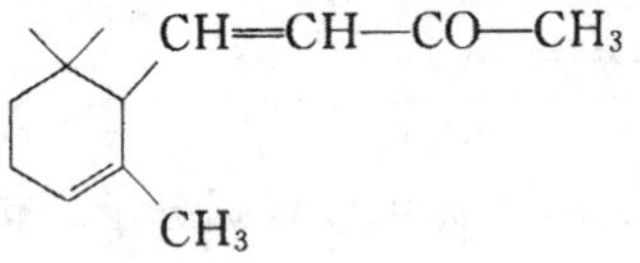

α 异构体,$\lambda_{max} = 227$ nm   β 异构体,$\lambda_{max} = 299$ nm

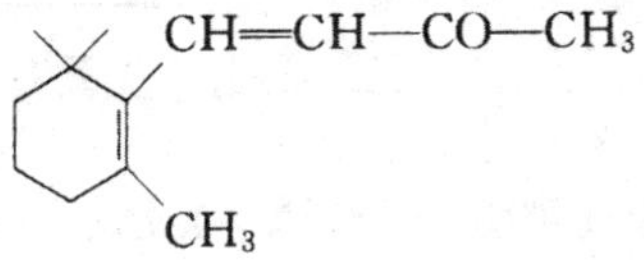

在取代烯化合物中,取代基排列位置不同而构成的顺反异构体也具有类似的特征。一般,在反式异构体中基团间有较好的共平面性,电子跃迁所需能量较低;而顺式异构体中基团间位阻较大,影响体系的共平面作用,电子跃迁需要较高的能量。

某些化合物具有互变异构现象,如 β-二酮在不同的溶剂中可以形成酮式和烯醇式互变异构体:

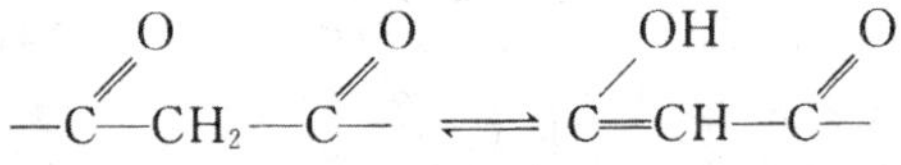

在酮式异构体中两个羰基并未共轭,它的 $\pi \rightarrow \pi^*$ 跃迁需要较高的能量;而烯醇式异构体中存在双键与羰基的共轭,所以 $\pi \rightarrow \pi^*$ 跃迁能量较低,吸收波长较长。在不同溶剂中两种异构体的比例不同,所以其光谱也不同。

2.立体化学效应

立体化学效应是指因空间位阻、构象、跨环共轭等因素导致吸收光谱的红移或蓝移,并常伴随着增色或减色效应,其本质是分子共轭程度受到影响所致。

空间位阻会妨碍分子内共轭的生色团同处一个平面,导致共轭效果变差,引起蓝移和减色。跨环共轭是指两个生色团本身不共轭,但由于空间的排列,使其电子云能相互作用产生共轭效果而引起红移和增色。

3.分子离子化的影响

若化合物在不同的 pH 介质中能形成阳离子或阴离子,则吸收带会随分子的离子化而改变。如苯胺在酸性介质中会形成苯胺盐阳离子。

苯胺形成盐后,氮原子的未成键电子消失,氨基的助色作用也随之消失,因此苯胺盐的吸收带从 230 nm 和 280 nm 蓝移到 203 nm 和 254 nm。

苯酚在碱性介质中能形成苯酚阴离子,其吸收带将从 210 nm 和 270 nm 红移到 235 nm 和 287 nm。

苯酚分子中 OH 基团含有两对孤对电子,与苯环上 π 电子形成 n-π 共轭,当形成酚盐阴离子时,氧原子上带有负电荷,供电子能力增强,使 p-π 共轭作用进一步增强,从而导致吸收带红移,同时吸收强度也有所增加。

4.溶剂的影响

化合物的紫外-可见吸收光谱通常是在溶液中测定的,溶剂的性质可能会对吸收峰位置、形状和强度有所影响,因此必须加以考虑。

首先,化合物溶剂化后分子的自由转动将受到限制,使得由转动引起的精细结构消失;若溶剂的极性较大,则化合物的振动也将受到限制,使得由振动引起的精细结构也消失,吸收谱带仅呈现为宽的带状包峰。图 14-4 给出了对称四嗪在不同环境下的吸收光谱,可以看出,若想获得吸收图谱的精细结构,应在气态或非极性溶剂中测定。

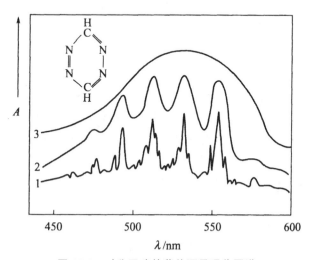

图 14-4　对称四嗪的紫外可见吸收图谱

曲线 1—蒸气态;曲线 2—环己烷中;曲线 3—水中

其次,溶剂极性的增大往往会使化合物中的 π→π* 跃迁红移,n→π* 跃迁蓝移,这种现象称为溶剂效应。如图 14-5 所示，在 $\pi \rightarrow \pi^*$ 跃迁中，由于分子激发态的极性大于基态，与极性溶剂间的静电作用更强，能量降低程度也大于基态，因此跃迁时所需能量减小，吸收谱带的 λ_{max} 发生红移；而在 $n \rightarrow \pi^*$ 跃迁中，由于 n 电子可与极性溶剂形成氢键，使得基态分子能量降低更大，因此跃迁时所需能量增大，吸收谱带的 λ_{max} 发生蓝移。溶剂效应随溶剂极性增大而更为显著，见表 14-1 中的数据。

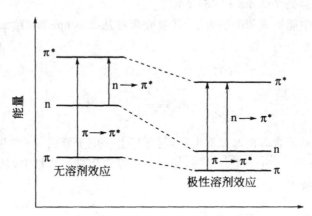

图 14-5　溶剂极性对 $n \rightarrow \pi^*$ 和 $\pi \rightarrow \pi^*$ 跃迁能量的影响

表 14-1　异亚丙基丙酮的溶剂效应

溶剂 跃迁类型	极性由小变大			
	正己烷	氯仿	甲醇	水
$\lambda_{max}(\pi \rightarrow \pi^*)$/nm	230	238	237	243
$\lambda_{max}(n \rightarrow \pi^*)$/nm	329	315	309	305
$\Delta\lambda_{max}$/nm	99	77	72	62

　　由上面的讨论可知，溶剂对紫外-可见吸收光谱的影响很大。因此在吸收光谱图上或数据表中必须注明所用的溶剂；与已知化合物的谱图作对照时也应注意所用的溶剂是否相同。进行紫外-可见光谱分析时，必须正确地选择溶剂。选择溶剂时需要注意以下几点。

　　①溶剂应能很好地溶解试样且为惰性的，即所配制的溶液应具有良好的化学和光化学稳定性。

　　②在溶解度允许的范围内，尽量选择极性较小的溶剂。

　　③溶剂在样品的吸收光谱区应无明显吸收。

　　5. pH 的影响

　　对于酸碱性的化合物，溶剂 pH 大小将会影响其解离情况，因此也会对其紫外-可见吸收光谱产生影响，例如，酸碱指示剂的变色现象，本质就是不同 pH 下解离不同而进一步影响共结构产生的。

14.1.3　各类有机化合物的紫外-可见吸收光谱

1. 饱和有机化合物

饱和烃的分子中只有 C—C 键和 C—H 键,显然只能发生 $\sigma \rightarrow \sigma^*$ 跃迁,这类跃迁所需的能量最大,相应的吸收波长最短,处于 200 nm 以下的远紫外区,如甲烷的 $\lambda_{max} = 125$ nm,乙烷的 $\lambda_{max} = 135$ nm。远紫外区又称为真空紫外区,无法利用常规的紫外-可见光谱仪进行研究。

含有氧、氮、卤素等杂原子的饱和有机物因为存在 n 电子,还可以发生 $n \rightarrow \sigma^*$ 的跃迁,其吸收峰通常在 200 nm 附近,如水的 $\lambda_{max} = 167$ nm,甲醇的 $\lambda_{max} = 183$ nm。$n \rightarrow \sigma^*$ 属于禁阻跃迁,因此吸收峰强度不大,摩尔吸光系数 ε 通常为 100~3 000 L/(mol·cm)。

饱和有机化合物一般不在近紫外区产生吸收,因此较难采用紫外-可见吸收光谱法直接对这类物质进行分析。但也正是由于这个特点,紫外-可见吸收光谱分析中常采用这类物质作为溶剂。

2. 不饱和脂肪族化合物

C＝C 键可以发生 $\pi \rightarrow \pi^*$ 跃迁,λ_{max} 在 170~200 nm,该跃迁的 ε 较大,通常为 $5 \times (10^3 \sim 10^5)$ L/(mol·cm)。类似地,单个 C≡C 或 C≡N 键 $\pi \rightarrow \pi^*$ 跃迁的 ε 也较大,但 λ_{max} 均小于 200 nm。若分子中存在两个或两个以上双键(包括三键)形成的共轭体系,则随着共轭体系的延长,$\pi \rightarrow \pi^*$ 跃迁所需能量降低,λ_{max} 明显地移向长波长,并伴随着吸收强度的增加。但若分子中存在的多个双键之间没有形成共轭,则其所呈现的吸收仅为所有双键吸收的单纯叠加。

C＝O、N＝N、N＝O 等基团同时存在 π 电子和 n 电子,因此除可以发生具有较强吸收的 $n \rightarrow \pi^*$ 跃迁外,还可以发生 $n \rightarrow \pi^*$ 跃迁。该跃迁所需能量最低,处在近紫外或可见光区,但属于禁阻跃迁,吸收强度较低,ε 一般为 10~100 L/(mol·cm)。例如,丙酮 $\pi \rightarrow \pi^*$ 跃迁的 $\lambda_{max} = 194$ nm,ε 为 900 L/(mol·cm);$n \rightarrow \pi^*$ 跃迁的 $\lambda_{max} = 280$ nm,ε 仅为 10~30 L/(mol·cm)。如果处在共轭体系中,则 $n \rightarrow \pi^*$ 跃迁的 λ_{max} 也会移向长波长,并伴随着吸收强度的增加。

3. 芳香族化合物

芳香族化合物为环状共轭体系,通常具有 E_1 带、E_2 带和 B 带三个吸收峰。例如,苯的 E_1 带 $\lambda_{max} = 184$ nm[$\varepsilon = 4.7 \times 10^4$ L/(mol·cm)],E_2 带 $\lambda_{max} = 204$ nm[$\varepsilon = 6 900$ L/(mol·cm)],B 带 $\lambda_{max} = 255$ nm[$\varepsilon = 230$ L/(mol·cm)](图 14-6)。

E_1 带和 E_2 带是由苯环结构中 3 个乙烯环状共轭系统的跃迁产生的,吸收强度大,是芳香族化合物的特征吸收;B 带是由 $\pi \rightarrow \pi^*$ 跃迁和苯环的振动重叠引起的,吸收较弱,但经常带有许多精细结构,可用来鉴别芳香族化合物。当苯环上有取代基或处在极性溶剂中时,B 带的精细结构会减弱。对于稠环芳烃,随着苯环的数目增多,E_1、E_2 和 B 带均会向长波方向移动。

当芳环上的—CH 基团被氮原子取代后,相应的氮杂环化合物(如吡啶、喹啉)的吸收光谱与相应的碳化合物极为相似,即吡啶与苯相似,喹啉与萘相似。此外,由于引入含有 n 电子的 N 原子,这类杂环化合物还可能产生 $n \rightarrow \pi^*$ 吸收带。

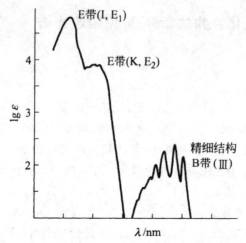

图 14-6　苯的紫外-可见吸收光谱（溶剂为乙醇）

由上面的讨论可知,对有机化合物的分析来说,最有用的是基于 $\pi \rightarrow \pi^*$ 和 $n \rightarrow \pi^*$ 跃迁而产生的吸收光谱。因为实现这两类跃迁所需要吸收的能量相对较小,λ_{max} 一般都处于 200 nm 以上的近紫外区,甚至可能在可见光区。此外,有机化合物还可以产生电荷转移吸收光谱,即在光能激发下,某一化合物中的电荷发生重新分布,导致电子从化合物的一部分(电子给体)迁移到另一部分(电子受体)而产生的吸收光谱。例如,某些取代芳烃可产生这种分子内电荷转移吸收带:

前一例中苯环为电子受体,氮是电子给体;后一例中苯环为电子给体,氧是电子受体。可以看出电荷转移吸收的实质就是一个分子内自氧化还原过程,激发态即是该过程的产物。通常这类吸收光谱的谱带较宽而且强度较大[$\varepsilon > 10^4$ L/(mol·cm)]。

14.1.4　紫外-可见分光光度计

紫外-可见分光光度计可分为两类,单波长分光光度计和双波长分光光度计。单波长分光光度计又可分为单光束和双光束两类。

1. 单光束分光光度计

单光束分光光度计是最简单的分光光度计,它只有一束单色光、一只比色皿、一只光电转换器(光电管),其结构简单、价格便宜。此类仪器的工作原理如图 14-7 所示。单光束分光光度计的操作程序如下:

①先旋转单色器选择测定波长。

②机械调零。

③接通电源,进行暗电流补偿。

④打开光源,将参比溶液置入光路,调节狭缝宽度或光栏大小以改变光通量,或调节电子放

大器的灵敏度,使透光率为 100。

　　⑤测定溶液的吸光度。

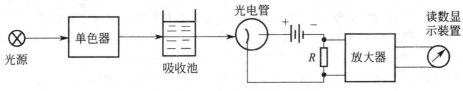

图 14-7　单光束分光光度计原理图

　　单光束分光光度计在使用时要求配置电子稳压器(也可改用稳定的直流电源),并需注意每改变一次测定波长时,用参比溶液重调使透光率为 100。

2.双光束分光光度计

　　双光束分光光度计的构造中,由光源发出的光经过单色器后分成两束,一束通过参比池,一束通过样品池,一次测量即可得到样品的吸光度。目前常用的紫外-可见分光光度计均为双光束型,如图 14-8 所示。

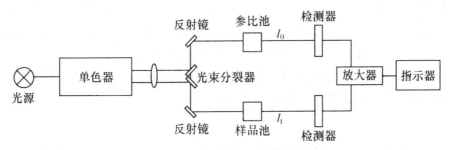

图 14-8　双光束型紫外-可见分光光度计

3.双波长分光光度计

　　双波长分光光度计由同一光源发出的光被分成两束,分别经过两个单色器,得到两束不同波长(λ_1 和 λ_2)的单色光。然后,利用切光器使两束光以一定的频率交替照射同一吸收池,然后经过光电倍增管和电子控制系统,最后由显示器显示出两个波长处的吸光度差值 $\Delta A(\Delta A = A_1 - A_2)$,如图 14-9 所示。

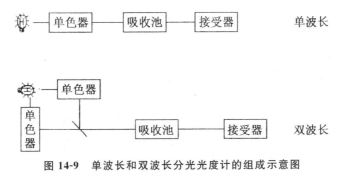

图 14-9　单波长和双波长分光光度计的组成示意图

对于多组分混合物、混浊试样分析,以及存在背景干扰或共存组分吸收干扰的情况下,利用双波长分光光度分析法,往往能提高方法的灵敏度和选择性。利用双波长分光光度计,能获得导数光谱。通过光学系统转换,使双波长分光光度计能很方便地转化为单波长工作方式。如果能在 A_1 和 A_2 处分别记录吸光度随时间变化的曲线,还能进行化学反应动力学研究。

光电比色计和紫外-可见分光光度计属于不同类型的仪器,但其测定原理是相同的,不同之处仅在于获得单色光的方法不同,前者采用滤光片,后者采用棱镜或光栅等单色器。由于两种仪器均基于吸光度的测定,它们统称为光度计。不同类型的分光光度计构造有所差异,但工作原理完全相同,其基本组成也大致相同。

14.1.5 紫外-可见吸收光谱的应用

紫外-可见吸收光谱可用于有机化合物的定性及结构分析,但不是主要工具。因为大多数有机化合物的紫外-可见光谱谱带数目不多、谱带宽、缺少精细结构。但它适用于不饱和有机化合物,尤其是共轭体系的鉴定,以此推断未知物的骨架结构。再配合红外吸收光谱、核磁共振波谱、质谱等进行结构鉴定及分析,是一种好的辅助方法。

1. 未知试样的鉴定

一般采用比较光谱法,即在相同的测定条件下,比较待测物与已知标准物的吸收光谱曲线,如果它们的吸收光谱曲线完全相同,则可以初步认为是同一物质。

如果没有标准物,则可以借助汇编的各种有机化合物的紫外-可见标准谱图进行比较。与标准谱图比较时,仪器准确度、精密度要高,操作时测定条件要完全与文献规定的条件相同,否则可靠性差。

2. 化合物纯度的检测

紫外-可见吸收光谱能测定化合物中含有微量的具有紫外吸收的杂质。例如,一个化合物在紫外-可见光区没有明显的吸收峰,而杂质在紫外区有较强的吸收,就可检出化合物中的杂质,测定杂质的 λ_{max} 和吸光度就可对杂质进行精细定量检测。只要 $\varepsilon > 2\,000$,检测的灵敏度就达到 0.005%。例如,乙醇在紫外和可见光区没有吸收带,如果含有少量苯时,则在 $230 \sim 270$ nm 有吸收带。因此,用这一方法来检验是否存在杂质是很方便的。

3. 有机化合物结构的推测

绘制出化合物的紫外-可见吸收光谱,根据光谱特征进行推断。如果该化合物在紫外-可见光区无吸收峰,则它可能不含双键或共轭体系,而可能是饱和化合物;如果在 $210 \sim 250$ nm 有强吸收带,则表明它含有共轭双键;如果在 $260 \sim 350$ nm 有强吸收带,则可能有 $3 \sim 5$ 个共轭单位。如果在 260 nm 附近有中吸收且有一定的精细结构,则可能有苯环;如果化合物有许多吸收峰,甚至延伸到可见光区,则可能为一长链共轭化合物或多环芳烃。

按一定的规律进行初步推断后,能缩小该化合物的归属范围,但还需要其他方法才能得到可靠结论。

紫外-可见吸收光谱除可用于推测所含官能团外,还可用来区别同分异构体。例如,乙酰乙酸乙酯在溶液中存在酮式与烯醇式互变异构体：

$$CH_3\overset{O}{\overset{\|}{C}}-CH_2-\overset{O}{\overset{\|}{C}}-OC_2H_5 \rightleftharpoons CH_3\overset{OH}{\overset{|}{C}}=CH-\overset{O}{\overset{\|}{C}}-OC_2H_5$$

酮式　　　　　　　　　　　烯醇式

酮式没有共轭双键，它在波长 240 nm 处仅有弱吸收；而烯醇式由于有共轭双键，在波长 245 nm 处有强的 K 吸收带[$\varepsilon=18\,000$ L/(mol·cm)]。故根据它们的紫外-可见吸收光谱可判断其存在与否。

14.2　红外吸收光谱

14.2.1　红外吸收光谱的基本原理

红外吸收光谱(IR)是利用分子与红外辐射的作用，使分子产生振动和转动能级的跃迁所得到的吸收光谱，属于分子光谱与振转光谱的范畴。红外吸收光谱已成为分子结构鉴定的重要手段。

1. 红外吸收光谱的产生

当分子受到频率连续变化的红外光照射时，分子吸收某些频率的辐射，引起振动和转动能级的跃迁，使相应于这些吸收区域的透射光强度减弱，将分子吸收红外辐射的情况记录下来，便得到红外吸收光谱图。红外吸收光谱图多以波长 λ 或波数 σ 为横坐标，表示吸收峰的位置；以透光率 T 为纵坐标，表示吸收强度。如图 14-10 所示为聚苯乙烯的红外吸收光谱图。

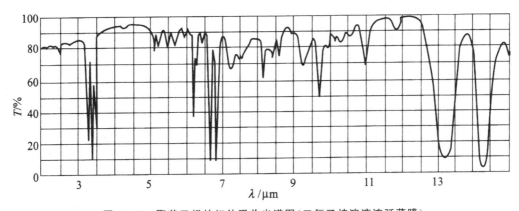

图 14-10　聚苯乙烯的红外吸收光谱图(二氯乙烷溶液流延薄膜)

红外吸收光谱是由分子振动能级的跃迁而产生，但并不是所有的振动能级跃迁都能在红外吸收光谱中产生吸收峰，物质吸收红外光发生振动和转动能级跃迁必须满足两个条件：

①红外辐射光量子具有的能量等于分子振动能级的能量差。

②分子振动时，偶极矩的大小或方向必须有一定的变化，即具有偶极矩变化的分子振动是红

外活性振动,否则是非红外活性振动。

由上述可见,当一定频率的红外光照射分子时,如果分子中某个基团的振动频率和它一样,二者就会产生共振,此时光的能量通过分子偶极矩的变化传递给分子,这个基团就会吸收该频率的红外光而发生振动能级跃迁,产生红外吸收峰。

2. 分子振动频率的计算公式

分子是由各种原子以化学键相互联结而成。如果用不同质量的小球代表原子,以不同硬度的弹簧代表各种化学键,它们以一定的次序相互联结,就成为分子的近似机械模型,这样就可以根据力学定理来处理分子的振动。

由经典力学或量子力学均可推出双原子分子振动频率的计算公式为

$$v = \frac{1}{2\pi} \sqrt{\frac{k}{\mu}}$$

用波数作单位时

$$\sigma = \frac{1}{2\pi c} \sqrt{\frac{k}{\mu}} \ (\text{cm}^{-1})$$

式中,k 为键的力常数,N/m;μ 为折合质量,kg,$\mu = \dfrac{m_1 m_2}{m_1 + m_2}$,其中 m_1、m_2 分别为两个原子的质量;c 为光速,3×10^8 m/s。

若力常数 k 单位用 N/cm,折合质量 μ 以相对原子质量 M 代替原子质量 m,则有

$$\sigma = 1\,307 \sqrt{k(\frac{1}{M_1} + \frac{1}{M_2})} \ (\text{cm}^{-1})$$

根据此式可以计算出基频吸收峰的位置。

由此式可见,影响基本振动频率的直接因素是原子质量和化学键的力常数。由于各种有机化合物的结构不同,它们的原子质量和化学键的力常数各不相同,就会出现不同的吸收频率,因此各有其特征的红外吸收光谱。

3. 多原子分子的振动

(1)振动类型

双原子分子的振动只有伸缩振动一种类型,而对于多原子分子,其振动类型有伸缩振动和变形振动两类。伸缩振动是指原子沿键轴方向来回运动,键长变化而键角不变的振动,用符号 ν 表示。伸缩振动有对称伸缩振动(ν_s)和不对称伸缩振动(ν_{as})两种形式。变形振动又称为弯曲振动,是指原子垂直于价键方向的振动,键长不变而键角变化的振动,用符号 δ 表示。变形振动有面内变形振动和面外变形振动。分子振动的各种形式可以亚甲基为例说明,如图 14-11 所示。

(2)振动数目

振动数目称为振动自由度,每个振动自由度相应于红外吸收光谱的一个基频吸收峰。一个原子在空间的位置需要 3 个坐标或自由度(x,y,z)来确定,对于含有 N 个原子的分子,则需要 $3N$ 个坐标或自由度。这 $3N$ 个自由度包括整个分子分别沿 x、y、z 轴方向的 3 个平动自由度和整个分子绕 x、y、z 轴方向的转动自由度,平动自由度和转动自由度都不是分子的振动自由度,因此

振动自由度＝$3N$－平动自由度－转动自由度

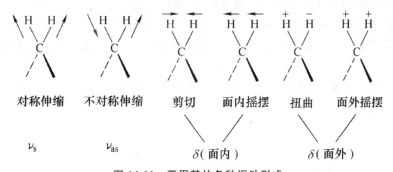

图 14-11　亚甲基的各种振动形式

十—运动方向垂直纸面向内；——运动方向垂直纸面向外

对于线性分子和非线性分子的转动如图 14-12 所示。可以看出，线性分子绕 y 和 z 轴的转动，引起原子的位置改变，但是其绕 x 轴的转动，原子的位置并没有改变，不能形成转动自由度。所以，线性分子的振动自由度为 $3N-3-2=3N-5$。非线性分子绕三个坐标轴的转动都使原子的位置发生了改变，其振动自由度为 $3N-3-3=3N-6$。

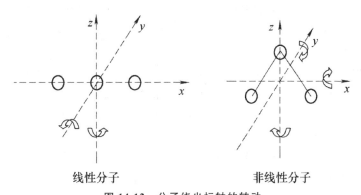

图 14-12　分子绕坐标轴的转动

从理论上讲，计算得到的一个振动自由度应对应一个红外基频吸收峰。但是，在实际上，常出现红外图谱的基频吸收峰的数目小于理论计算的分子自由度的情况。

分子吸收红外辐射由基态振动能级（$v=0$）向第一振动激发态（$v=1$）跃迁产生的基频吸收峰，其数目等于计算得到的振动自由度。但是有时测得的红外吸收光谱峰的数目比振动自由度多，这是由于红外吸收光谱吸收峰除了基频峰外，还有泛频峰存在，泛频峰是倍频峰、和频峰和差频峰的总称。

①倍频峰。由基态振动能级（$v=0$）跃迁到第二振动激发态（$v=2$）产生的二倍频峰和由基态振动能级（$v=0$）跃迁到第三振动激发态（$v=3$）产生的三倍频峰。三倍频峰以上，因跃迁概率很小，一般都很弱，常常观测不到。

②和频峰。红外吸收光谱中，由于多原子分子中各种振动形式的能级之间存在可能的相互作用，若吸收的红外辐射频率为两个相互作用基频之和，就会产生和频峰。

③差频峰。若吸收的红外辐射频率为两个相互作用基频之差，就会产生差频峰。

实际测得的基频吸收峰的数目比计算的振动自由度少的原因如下：

①具有相同波数的振动所对应的吸收峰发生了简并。

②振动过程中分子的瞬间偶极矩不发生变化,无红外活性。

③仪器的分辨率和灵敏度不够高,对一些波数接近或强度很弱的吸收峰,仪器无法将之分开或检出。

④仪器波长范围不够,有些吸收峰超出了仪器的测量范围。

4. 特征振动频率

实践表明,不同分子中的同一类基团的振动频率非常接近,都在一定的频率区间出现吸收谱带,这种吸收谱带的频率称为相应官能团的基团频率。只要掌握了各官能团的基团频率及其位移规律,就可应用红外吸收光谱来确定化合物中存在的基团及其在分子中的相对位置,因此基团频率是鉴定官能团的依据,其波数为 $4\,000\sim1\,300\ cm^{-1}$。

在波数为 $1\,800\sim600\ cm^{-1}$ 区域中,除了 C—C、C—O、C—N 等单键的伸缩振动外,还有 C—H 的弯曲振动,由于这些化学键的振动很容易受到附近化学键振动的影响,所以分子结构稍有不同,该区的吸收光谱就有细微的差异,并显示出分子的特征,就像不同的人具有不同的指纹一样,因此称为指纹区。

在实际应用时,为便于对光谱进行解释,常将波数为 $4\,000\sim600\ cm^{-1}$ 分为四个区域:

①X—H 伸缩振动区,$4\,000\sim2\,500\ cm^{-1}$,X 可以是 O、N、C 和 S 原子,通常又称为"氢键区"。

②三键和累积双键区,$2\,500\sim1\,900\ cm^{-1}$,主要有炔键—C≡C、腈键—C≡N、丙二烯基 —C≡C≡C—、烯酮基—C≡C≡O 等基团的非对称伸缩振动。

③双键伸缩振动区,$1\,900\sim1\,200\ cm^{-1}$,主要包括 C≡O、C≡N、C≡C 等的伸缩振动和芳环的骨架振动等。

④单键区,$\sigma<1\,650\ cm^{-1}$,这个区域的情况比较复杂,主要包括 C—H、N—H 弯曲振动,C—O、C—X(卤素)等伸缩振动,以及 C—C 单锋骨架振动等。

常见官能团的基团频率与振动形式,见表 14-2。

表 14-2 常见官能团的基团频率与振动形式

区域	基团频率	基团及振动形式
	$3\,650\sim3\,200(m\cdot s)$	—OH(伸缩)
	$3\,500\sim3\,100(m\cdot s)$	—NH_2、—NH(伸缩)
	$2\,600\sim2\,500$	—SH、C—H(伸缩)
	$3\,300$ 附近(s)	≡C—H(伸缩)
氢键区	$3\,010\sim3\,040$	≡C—H(伸缩)
	$3\,030$ 附近(s)	苯环中 C—H(伸缩)
	$3\,000\sim2\,800$	饱和 CH(伸缩)
	$2\,965\sim2\,860(s)$	—CH_3(对称、非对称、伸缩)
	$2\,935\sim2\,840(s)$	—CH_2(对称、非对称、伸缩)

续表

区域	基团频率	基团及振动形式
三键及累积双键区	2 260~2 220(s)	—C≡N(伸缩)
	2 260~2 100(v)	—C≡C—(伸缩)
	1 960 附近(v)	—C=C=C—(伸缩)
双键区	1 680~1 630(m)	C=C(非共轭)、C=N(伸缩)
	1 680~1 560(v)	C=C(环合或共轭)
	1 950~1 600(s)	—C=O(伸缩)
	1 600~1 500(s)	—NO₂(非对称伸缩)
	1 300~1 250(s)	—NO₂(对称伸缩)
单键区	1 300~1 000	C—O(伸缩)
	1 150~900	C—O—C(伸缩)
	1 460±10	—CH₃(非对称变形)
	1 375±5	—CH₃(对称变形)
	1 400~1 000	C—F(伸缩)
	800~600	C—Cl(伸缩)
	600~500	C—Br(伸缩)

注：s 表示强吸收；m 表示中强吸收；v 表示吸收强度可变。其他基团频率和振动形式可参考有关专著及有关参考文献。

14.2.2 各类有机化合物的红外吸收光谱

1. 烷烃

烷烃中甲基不对称伸缩振动 $\nu_{as(CH_3)}$ 和对称伸缩振动 $\nu_{s(CH_3)}$ 分别在 2 962 cm^{-1} 和 2 872 cm^{-1} 附近产生强吸收峰；亚甲基不对称伸缩振动 $\nu_{as(CH_3)}$ 和对称伸缩振动 $\nu_{s(CH_3)}$ 分别在 2 926 cm^{-1} 和 2 853 cm^{-1} 附近产生强吸收峰。甲基不对称变形振动占 $\nu_{as(CH_3)}$ 和对称变形振动 $\nu_{s(CH_3)}$ 分别在 1 460 cm^{-1} 和 1 380 cm^{-1} 附近产生吸收峰；亚甲基的面内变形振动（剪式振动）δ_{CH_2} 在 1 460 cm^{-1} 附近产生吸收峰；当有 4 个以上亚甲基相连—$(CH_2)_n$—$(n\geqslant4)$ 时，其水平摇摆振动 γ_{CH_2} 在 720 cm^{-1} 附近产生吸收峰。异构烷烃可以从甲基对称变形振动 180 cm^{-1} 附近的吸收峰裂分峰的相对强度比来推断，若裂分峰强度相等为异丙基，若强度比为 5：4 则为偕二甲基，若强度比为 1：2 则为叔丁基。但有时异丙基和偕二甲基的裂分峰强度比不好区分，可参见骨架振动 ν_{C-C} 或用核磁共振波谱及质谱等方法证实。烷烃的骨架振动 ν_{C-C} 出现在 1 000~1 200 cm^{-1}，但由于振动的偶合作用且强度较弱，这些吸收带的位置随分子结构而变化，在结构鉴定上意义不大。如图 14-13 所示为正庚烷的红外吸收光谱图。

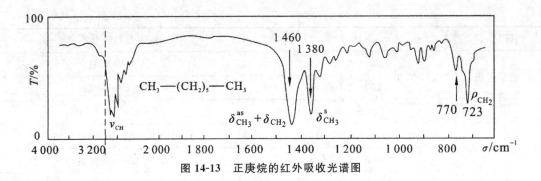

图 14-13　正庚烷的红外吸收光谱图

2.烯烃和炔烃

烯烃的主要特征峰有 $\nu_{=CH}$、$\nu_{C=C}$ 及 $\gamma_{=CH}$，如图 14-14 所示。

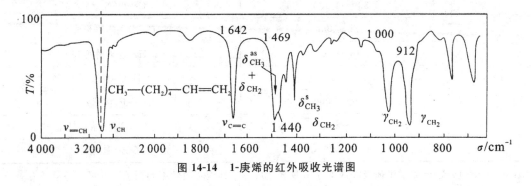

图 14-14　1-庚烯的红外吸收光谱图

①凡是未全部取代的双键在 3 100～3 000 cm^{-1} 处应有 =C—H 键的伸缩振动吸收峰 $\nu_{=CH}$ (m)。

②$\nu_{C=C}$ 大多在 1 650 cm^{-1} 附近，一般强度较弱。若有共轭效应，则其 C=C 伸缩振动频率降低 10～30 cm^{-1}。若取代基完全对称，则吸收峰消失。

③$\gamma_{=CH}$ 在 1 010～650 cm^{-1}，受其他基团影响较小，峰较强，具有高度特征性，可用于确定烯烃化合物的取代模式，如 RCH=CH$_2$ 型在(990±5) cm(s)和(910±5) cm^{-1}(s)，顺式在(730～650) cm^{-1}(s)，反式在(970±10) cm^{-1}(s)。

炔烃的主要特征峰有 $\nu_{=CH}$、$\nu_{C=C}$ 及 $\gamma_{=CH}$，如图 14-15 所示为 1-己炔的红外吸收光谱。

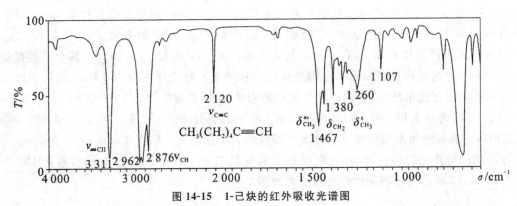

图 14-15　1-己炔的红外吸收光谱图

①$\nu_{\equiv CH}$ 在 330 cm^{-1} 附近,强度大,形状尖锐,但如果结构中有—OH 或—NH,则 $\nu_{\equiv CH}$ 会受干扰。

②$\nu_{C\equiv C}$ 在 2 270~2 100 cm^{-1} 区间,在单取代乙炔(R—C≡C—H)中,吸收峰较强,吸收频率偏低(2 140~2 100 cm^{-1});在双取代乙炔中,吸收带变弱,振动频率升高至 2 260~2 190 cm^{-1};在对称结构中,不产生吸收峰。

③$\gamma_{\equiv CH}$ 在 665~625 cm^{-1} 区间,偶尔在 1 250 cm^{-1} 附近出现二倍峰(b)。

3.醛和酮

(1)醛类

确认醛基的存在,除了 $\nu_{C=O}$ 在 1 725 cm^{-1} 附近产生特征吸收峰,还可以由醛基中的 C—H 伸缩振动和 C—H 变形振动倍频的偶合峰来加以证明。通常在 2 820 cm^{-1} 和 2 720 cm^{-1} 附近有弱的双峰,通常 C—H 伸缩振动都比此频率值高,所以醛基中的 C—H 伸缩振动在此范围的吸收峰较特征。如图 14-16 所示为异戊醛的红外吸收光谱图。

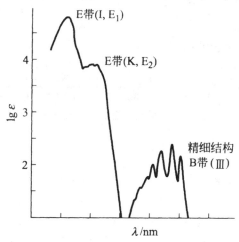

图 14-16　异戊醛的红外吸收光谱图

(2)酮类

酮的红外吸收光谱只有一个特征吸收峰,即酮羰基 $\nu_{C=O}$ 位于 1 710~1 713 cm^{-1} 附近。羰基如果和烯烃 C=C 共轭,羰基 $\nu_{C=O}$ 将移向低频 1 660~1 680 cm^{-1} 附近。如图 14-17 所示为戊酮-2 的红外吸收光谱图。

4.酯类化合物

酯的主要特征峰有 $\nu_{C=O}$ 及 ν_{C-O}。$\nu_{C=O}$ 在 1 735 cm^{-1}(s)附近,α,β-不饱和酸酯或苯甲酸酯的 n-π 共轭使 $\nu_{C=O}$ 向低频方向移动,不饱和酯或苯酯 n-π 共轭,使共轭分散,以诱导为主,使 $\nu_{C=O}$ 向高频方向移动。ν_{C-O} 在 1 300~1 050 cm^{-1},有 2~3 个吸收峰,对应于 ν_{as}^{C-O-C} 和 ν_{s}^{C-O-C},均为强吸收峰(图 14-18),通常两峰波数差在 130~170 cm^{-1}。不饱和酯或苯酯的 ν_{s}^{C-O-C} 向高频方向移动,使两峰靠近,$\Delta\sigma$ 减小。

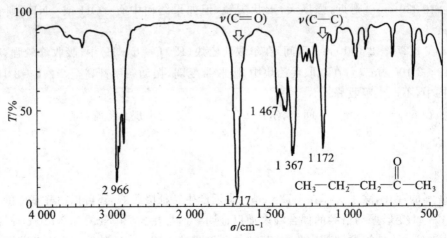

图 14-17 戊酮-2 的红外吸收光谱图

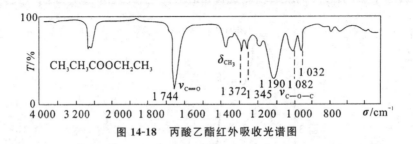

图 14-18 丙酸乙酯红外吸收光谱图

5.羧酸类化合物

羧酸的主要特征峰有 ν_{OH}、$\nu_{C=O}$ 及 ν_{C-O}。ν_{OH} 在 $3\ 600 \sim 2\ 500\ cm^{-1}$，在气态和非极性稀溶液中，以游离方式存在，其吸收峰为 $3\ 560 \sim 3\ 500\ cm^{-1}$(s)，峰形尖锐；液态或固态的脂肪酸由于氢键缔合，使羟基伸缩峰变宽，通常呈现以 $3\ 000\ cm^{-1}$ 为中心的特征的强宽吸收峰(图 14-19)，饱和 C—H 伸缩振动吸收峰常被它淹没，芳香酸则常为不规则的宽强多重峰；$\nu_{C=O}$ 在 $1\ 740 \sim 1\ 680\ cm^{-1}$，比酮、醛、酯的羰基峰钝，是较明显的特征；$\nu_{OH}$ 峰较强，出现在 $1\ 320 \sim 1\ 200\ cm^{-1}$ 区间。

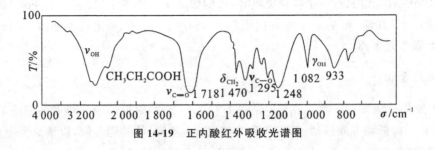

图 14-19 正内酸红外吸收光谱图

6.胺类化合物

胺的主要特征峰为 ν_{NH}($3\ 500 \sim 3\ 300\ cm^{-1}$)和 β_{NH}、ν_{C-N}($1\ 340 \sim 1\ 020\ cm^{-1}$)及，$\gamma_{NH}$($900 \sim 650\ cm^{-1}$)峰。胺类化合物在 $1\ 700\ cm^{-1}$ 附近无羰基峰。

对于 ν_{NH}，伯胺（—NH$_2$）为双峰（强度大致相等），仲胺（—NRH）为单峰，叔胺（—NR$_2$）无此峰，如图 14-20 所示。游离或缔合的 N—H 伸缩振动的峰都比相应氢键缔合的 O—H 伸缩振动峰弱而尖锐。如图 14-21 所示为 O—H 和 N—H 伸缩振动吸收峰的比较。

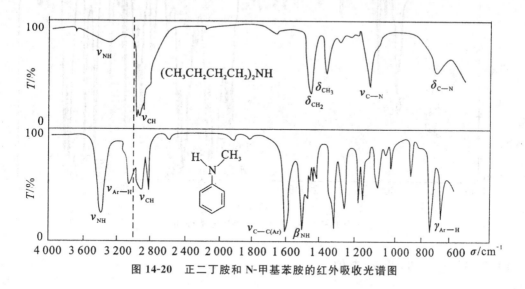

图 14-20　正二丁胺和 N-甲基苯胺的红外吸收光谱图

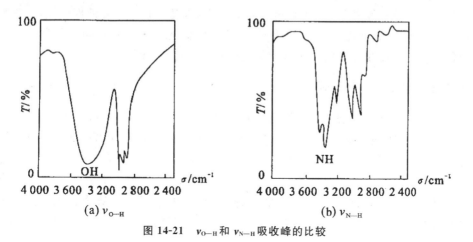

(a) ν_{O-H}　　　(b) ν_{N-H}

图 14-21　ν_{O-H} 和 ν_{N-H} 吸收峰的比较

脂肪胺的吸收峰在 ν_{C-N} 1 235～1 065 cm^{-1} 区域，峰较弱，不易辨别。芳香胺的 ν_{C-N} 吸收峰在 1 360～1 250 cm^{-1} 区域，其强度比脂肪胺大，较易辨别。

7.硝基化合物

脂肪族硝基化合物 ν_{-NO_2} 不对称伸缩、振动和对称伸缩振动分别在 1 550 cm^{-1} 和 1 370 cm^{-1} 附近产生两个强峰，对硝基烷烃而言此谱带很稳定，但不对称伸缩振动谱带更强。芳香族硝基化合物 ν_{-NO_2} 不对称伸缩振动和对称伸缩振动分别在 1 540 cm^{-1} 和 1 350 cm^{-1} 附近产生两个强峰，但两者的强度与脂肪族相反，是对称伸缩振动强度更强。如图 14-22 所示为硝基化合物的红外吸收光谱图。

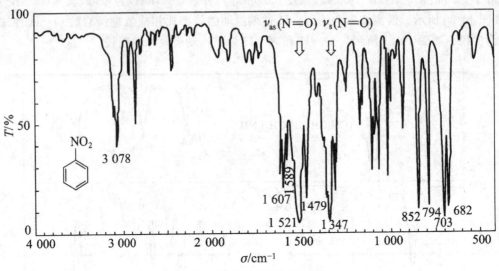

图 14-22　硝基苯的红外吸收光谱图

14.2.3　红外吸收光谱仪

红外吸收光谱仪由辐射源、吸收池、单色器、检测器及记录仪等主要部件组成,从分光系统可分为固定波长滤光片、光栅色散、傅里叶变换、声光可调滤光器和阵列检测五种类型。下面主要介绍光栅色散型红外吸收光谱仪和傅里叶变换红外吸收光谱仪两种。

1.光栅色散型红外吸收光谱仪

光栅色散型红外吸收光谱仪的工作原理如图 14-23 所示,光源辐射被分成等强度的两束:一束通过样品池,另一束通过参比池。通过参比池的光束经衰减器(也称为光楔或光梳)与通过样品池的光束会合于切光器处。切光器使两光束再经半圆扇形镜调制后进入单色器,交替落到检测器上。如果试样在某一波数对红外光有吸收,则两光束的强度就不平衡,因此检测器产生一个交变信号。该信号经放大、整流后,会使光楔遮挡参比光束,直至两光束强度相等。光楔的移动联动记录笔,画出一个吸收峰。因此分光元件转动的全过程就得到一张红外吸收光谱图。

2.傅里叶变换红外吸收光谱仪

傅里叶变换红外吸收光谱仪(FTIR)的工作原理如图 14-24 所示,由光源发出的红外光分成两束光,经干涉仪转变成干涉光,通过试样后得到含试样结构信息的干涉图,由计算机采集,经过快速傅里叶变换,得到透光率或吸光度随波数或频率变化的红外光谱图。

14.2.4　红外吸收光谱的应用

1.已知物的鉴定

对于结构简单的化合物可将试样的谱图与标准的谱图进行对照,或者与文献上的谱图进行对照。如果两张谱图各吸收峰的位置和形状完全相同,峰的相对强度一样,则可认为样品与该种标准物为同一化合物。如果两张谱图不一样,或峰位不一致,则说明两者不是同一种化合物,或样品中可能含有杂质。

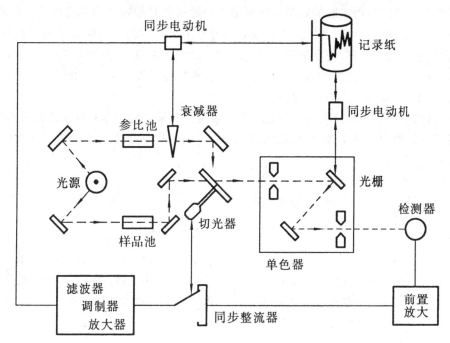

图 14-23　光栅色散型红外吸收光谱仪的工作原理

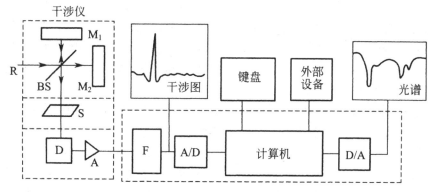

图 14-24　傅里叶变换红外吸收光谱仪的工作原理
R—红外光源;M_1—定镜;M_2—动镜;BS—光束分裂器;
S—试样;D—检测器;A—放大器;F—滤光器;
A/D—模数转换器;D/A—数模转换器

在操作过程中需要注意的是,试样与标准物要在相同的条件下完成测定,如处理方式、测定所用的仪器试剂以及测定的条件等。若测定的条件不同,测定结果也可能会大打折扣。若采用计算机谱图检索,则采用相似度来判别。使用文献上的谱图时应当注意试样的物态、结晶状态、溶剂、测定条件以及所用仪器类型均应与标准谱图相同。

2.未知物结构的确定

红外吸收光谱是确定未知物结构的重要手段。在定性分析过程中,首先要获得清晰可靠的图谱,然后就是对谱图做出正确的解析。所谓谱图的解析就是根据实验所测绘的红外吸收光谱图的吸收峰位置、强度和形状,利用基团振动频率与分子结构的关系来确定吸收带的归属,确认分子中所含的基团或化学键,进而推定分子的结构。简单地说,就是根据红外吸收光谱所提供的信息,正确地把化合物的结构"翻译"出来。图谱解析通常经过以下几个步骤。

(1)收集、了解样品的有关数据及资料

如对样品的来源、制备过程、外观、纯度、经元素分析后确定的化学式以及诸如熔点、沸点、溶解性质、折射率等物理性质作较为全面透彻的了解,以便对样品有个初步的认识或判断,有助于缩小化合物的范围。

(2)计算未知物的不饱和度

由元素分析结果或质谱分析数据可确定分子式,并求出不饱和度 U。

$$U = 1 + n_4 + \frac{n_3 - n_1}{2}$$

式中,n_4、n_3 和 n_1 分别为四价(如 C、Si)、三价(如 N、P)和一价(如 H、F、Cl、Br、I)原子的数目。二价原子如 S、O 等不参加计算。如果计算 $U=0$,表示分子是饱和的,应为链状烃及不含双键的衍生物;$U=1$,可能有一个双键或一个脂环;$U=2$,可能有两个双键或两个脂环,也可能有一个三键;$U=4$,可能有一个苯环或一个吡啶环,以此类推。

(3)谱图的解析

获得红外吸收光谱图以后,即进行谱图的解析。通常先观察官能团区(4 000~1 300 cm^{-1}),可借助于手册或书籍中的基团频率表,对照谱图中基团频率区内的主要吸收带,找到各主要吸收带的基团归属,初步判断化合物中可能含有的基团和不可能含有的基团及分子的类型。然后再查看指纹区(1 300~600 cm^{-1}),进一步确定基团的存在及其连接情况和基团间的相互作用。任一基团由于都存在着伸缩振动和弯曲振动,因此会在不同的光谱区域中显示出几个相关峰,通过观察相关峰,可以更准确地判断基团的存在情况。

红外吸收光谱的三要素是吸收峰的位置、强度和形状。无疑三要素中吸收峰位置(即吸收峰的波数)是最为重要的特征,一般用于判断特征基团,但也需要其他两个要素辅以综合分析,才能得出正确的结论。例如,C—O,其特征是在 1 780~1 680 cm^{-1} 范围内有很强的吸收峰,这个位置是最重要的,若有一样品在此位置上有一吸收峰,但吸收强度弱,就不能判定此化合物含有C—O,而只能说此样品中可能含有少量羰基化合物,它以杂质峰出现,或者可能其他基团的相近吸收峰而非 C—O 吸收峰。另外,还要注意每类化合物的相关吸收峰,例如,判断出 C—O 的特征吸收峰之后,还不能断定它是属于醛、酮、酯或是酸酐等的哪一类,这时就要根据其他相关峰来做确定。

当初步推断出试样的结构式之后,还要结合其他的相关资料,综合判断分析结果,提出最可能的结构式,然后查找标准谱图进行对照核实。更为准确的方法是同时结合紫外、质谱、核磁共振谱图等数据综合分析。

14.3 核磁共振波谱

14.3.1 核磁共振波谱的基本原理

核磁共振波谱(NMR)是通过测量原子核对射频辐射(4~800 MHz)的吸收来确定有机物或某些生化物质的结构、构型和进行化学研究的一种极为重要的方法。

1. 原子核的自旋

某些原子核有自旋现象,因而核具有自旋角动量(P),又由于原子核是由质子和中子组成的,所以自旋时会产生磁矩。自旋核就像一个小磁体,其磁矩用 μ 表示。各种原子核自旋时产生的磁矩是不同的,磁矩的大小是由核本身性质决定的。自旋角动量与核磁矩都是矢量,其方向是平行的,如图 14-25 所示。

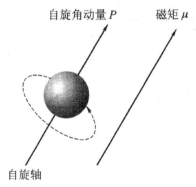

图 14-25 原子核的角动量和磁矩

自旋角动量(P)不能取任意值,根据量子力学原理 P 是量子化的,它的大小是由自旋量子数(I)决定的。

原子核的总角动量

$$P = \frac{h}{2\pi} \sqrt{I(I+1)}$$

式中,I 为自旋量子数。

一种原子核有无自旋现象,可按经验规则用自旋量子数 I 判断。对于指定的原子核 $_z^a X$。

①凡是质量数 a 与原子序数 z 为偶数的核,其自旋量子数 $I=0$,没有自旋,如 $_6^{12}C$、$_8^{16}O$ 和 $_{16}^{32}S$ 等原子核没有核磁共振现象。

②质量数以是奇数,原子序数 z 是偶数或奇数,如 $_1^1H$、$_6^{13}C$、$_9^{19}F$、$_7^{15}N$ 和 $_{15}^{31}P$ 等,原子核 $I=\frac{1}{2}$,还有一些核,如 $_5^{11}B$、$_{17}^{35}Cl$、$_{17}^{37}Cl$ 和 $_{35}^{79}Br$ 等,$I=3/2$,都有自旋现象。

③ $_1^2H$、$_7^{14}N$ 核质量数 a 是偶数,原子序数 z 是奇数,它们的 $I=1$,这类核也存在自旋现象。

由此可见,$I=0$ 的原子核无自旋;质量数是奇数,自旋量子数 I 是半整数;质量数是偶数,则

自旋量子数 I 是整数或零。凡 $I>0$ 的核都有自旋,都可以发生核磁共振,但是由于 $I \geqslant 1$ 的原子核的电荷分布不是球形对称的,都具有四极矩,电四极矩可使弛豫加快,反映不出偶合裂分,因此核磁共振不研究这些核,而主要研究 $I=\frac{1}{2}$ 的核,它们的电荷分布是球形对称的,无电四极矩,谱图中能够反映出它们相互影响产生的偶合裂分。

2.核磁共振

由于氢原子是带电体,当自旋时,可产生一个磁场。因此,我们可以把一个自旋的原子核看作一块小磁铁。氢核的自旋量子数 $I=\frac{1}{2}$,自旋磁量子数 m_i 为 $\pm\frac{1}{2}$。原子的磁矩在无外磁场影响下,取向是紊乱的,在外磁场中,它的取向是量子化的,只有两种可能的取向(图 14-26):

当 $m_i=+\frac{1}{2}$ 时,取向方向与外磁场方向平行,为低能级态;

当 $m_i=-\frac{1}{2}$ 时,取向方向与外磁场方向相反,则为高能级态。

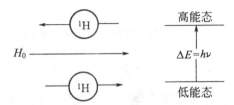

图 14-26　氢原子在外加磁场中的取向

两个能级之差为 ΔE 为

$$\Delta E=\gamma \frac{h}{2\pi} H_0$$

式中,γ 为旋核比,是核常数;h 为 Planck 常数;H_0 为外磁场的磁感应强度。

ΔE 与磁场强度(H_0)成正比。给处于外磁场的质子辐射一定频率的电磁波,当辐射所提供的能量恰好等于质子两种取向的能量差(ΔE)时,质子就吸收电磁辐射的能量,从低能级跃迁至高能级,这种现象称为核磁共振。

Lamor 进动和核磁共振波谱产生:自旋核在外加磁场中产生相应的感应磁场,感应磁场方向与外磁场方向不平行而是呈一定的角度,使自旋核产生一个与外磁场方向平行的力矩。力矩产生导致自旋核在自旋运动的同时,以自旋轴绕一定的角度围绕外磁场做回旋运动——Lamor进动。回旋进动的频率与自旋核性质 γ 有关,同时与外加磁场强度有关:

$$\nu_{\text{lamor}}=\frac{\gamma H_0}{2\pi}$$

3.核磁共振产生的条件

自旋核在外加磁场中受到电磁波(射频)照射时,射频的频率与自旋核的 Lamor 进动频率相同时,自旋核将会吸收射频提供的能量,使其运动状态从低能态跃迁至高能态,产生吸收信号,从而产生核磁共振波谱。

$$\nu_{射频} = \nu_{lamor} = \frac{\gamma H_0}{2\pi}$$

产生核磁共振波谱的射频频率与外加磁场强度有关。质子 H,在磁场为 14 092 Gs 时,发生核磁共振波谱所需的射频频率为:

$$\nu_{射频} = \frac{\gamma H_0}{2\pi} = 60 \text{ MHz}$$

无外加磁场时,自旋核的能量相等,样品中的自旋核任意取向。放入磁场中,核的磁角动量取向统一,有与磁场平行和反平行两种,出现能量差为 $\Delta E = h\nu$。

处于磁场中的自旋核,进行回旋运动。进动频率与转动自旋核的质量、转动频率和外加磁场强度有关。

核磁共振的产生:当电磁波发生器的发射频率与自旋核的进动频率完全一致时,进动核会吸收电磁波能量。即两者共振时产生吸收。

4. 弛豫过程

$I = \dfrac{1}{2}$ 的原子核,如 ^{1}H 与 ^{13}C 核,在外磁场 B_0 的作用下,其自旋能级裂分为二,室温时处于低能态的核数比处于高能态的核数大约只多十万分之二,即低能态的核仅占微弱多数。因此当用适当频率的射频照射时,便能测得从低能态向高能态跃迁所产生的核磁共振信号。但是,如果随着共振吸收的产生,高能态的核数逐渐增多,直到跃迁至高能态和以辐射方式跌落至低能态的概率相等时,就不再能观察到核磁共振现象,这种状态叫作饱和。要想维持核磁共振吸收而不至于饱和,就必须让高能态的核以非辐射方式释放出能量重新回到低能态,这一过程叫作弛豫过程。弛豫过程包括纵向弛豫和横向弛豫。

(1)纵向弛豫

纵向弛豫又叫作自旋-晶格弛豫,是指处于高能态的核把能量以热运动的形式传递出去,由高能级返回低能级,即体系向环境释放能量,本身返回低能态,这个过程称为自旋晶格弛豫。自旋晶格弛豫降低了磁性核的总体能量,又称为纵向弛豫。自旋晶格弛豫的半衰期用 T_1 表示,越小表示弛豫过程的效率越高。

(2)横向弛豫

横向弛豫又叫作自旋-自旋弛豫,是指两个处在一定距离内,进动频率相同、进动取向不同的核互相作用,交换能量,改变进动方向的过程。自旋-自旋弛豫中,高能级核把能量传递给邻近一个低能级核,在此弛豫过程前后,各种能级核的总数不变,其半衰期用 T_2 表示。

对每一种核来说,它在某一较高能级平均的停留时间只取决于 T_1 和 T_2 中较小者。谱线的宽度与弛豫时间较小者成反比。固体样品的自旋-自旋弛豫的半衰期 T_2 很小,所以谱线很宽。所以,在用核磁共振波谱分析化合物的结构时,一般将固态样品配成溶液。此外,溶液中的顺磁性物质,如铁、氧气等物质也会使 T_1 缩短而谱线加宽。所以测定时样品中不能含铁磁性和其他顺磁性物质。

14.3.2　核磁共振波谱仪

常规核磁共振波谱仪器配备永久磁铁和电磁铁,不同规格的仪器磁感应强度分别为

1.41 T、1.87 T、2.10 T 和 2.35 T，其相应于 ^{1}H NMR 谱共振频率分别为 60 MHz、80 MHz、90 MHz 和 100 MHz。配备超导磁体的波谱仪的 ^{1}H NMR 谱共振频率可以达到 200～800 MHz。

按照仪器工作原理，又可分为连续波和脉冲傅里叶变换两类。

1.连续波核磁共振波谱仪

连续波核磁共振波谱仪主要由磁铁、射频振荡器（发射器）、射频接收器、探头、扫描单元等组成，如图 14-27 所示。

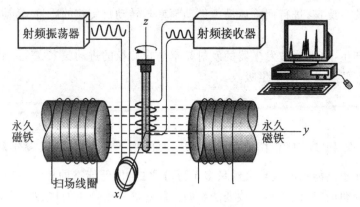

图 14-27　连续波核磁共振波谱仪

（1）磁铁

用磁铁产生一个外加磁场。磁铁可分为永久磁铁、电磁铁和超导磁铁三种。永久磁铁的磁感应强度最高为 2.35 T，用它制作的波谱仪最高频率只能为 100 MHz，永久磁铁场强稳定，耗电少，但温度变化敏感，需长时间才达到稳定。电磁铁的磁感应强度最高为 2.35 T，对温度不敏感，能很快达到稳定，但功耗大，需冷却。超导磁铁的最大优点是可达到很高的磁感应强度，可以制作 200 MHz 以上的波谱仪。已早有 900 MHz 的波谱仪，但由超导磁铁制成的波谱仪，运行需消耗液氮和液氦，维护费用较高。

（2）射频发射器

射频发射器用于产生射频辐射，此射频的频率与外磁场磁感应强度相匹配。例如，对于测 ^{1}H 的波谱仪，超导磁铁产生 7.046 3 T 的磁感应强度，则所用的射频发射器产生 300 MHz 的射频辐射，因此射频发生器的作用相当于紫外-可见或者红外吸收光谱仪中的光源。

（3）射频接收器

产生核磁共振波谱时，射频接收器通过接收线圈接收到的射频辐射信号，经放大后记录下核磁共振波谱信号，射频接收器相当于紫外-可见或红外吸收光谱仪中的检测器。

（4）探头

探头主要由样品管座、射频发射线圈、射频接收线圈组成。发射线圈和接收线圈分别与射频发射器和射频接收器相连，并使发射线圈轴、接受线圈轴与磁场方向三者互相垂直。样品管座用于盛放样品。

（5）扫描单元

核磁共振波谱仪的扫描方式有两种，一种是保持频率恒定，线形地改变磁场的磁感应强度，称为扫场；另一种是保持磁场的磁感应强度恒定，线形地改变频率，称为扫频。但大部分用扫场方式。让图 14-27 的扫场线圈通直流电，可产生一附加磁场，连续改变电流大小，即连续改变磁场强度，就可进行扫场。

2. 脉冲傅里叶变换核磁共振波谱仪

仪器结构与前面连续波谱仪相同，但不是扫场或扫频，而是加一个强而短的射频脉冲，其射频频率包括同类核（如 ^1H）的所有共振频率，所有的核都被激发，而后再到平衡态，射频接收器接收到一个随时间衰减的信号，称为自由感应衰减信号（FID）。FID 信号虽然包含所有激发核的信息，但这种随时间而变的信号（时间域信号）很难识别。而根据 FID 随时间的变化曲线，经傅里叶变换（FT）转换成常规的信号（频率域信号），即 FID 随频率而变化的曲线，也就是我们熟悉的 NMR 谱图，如图 14-28 所示。

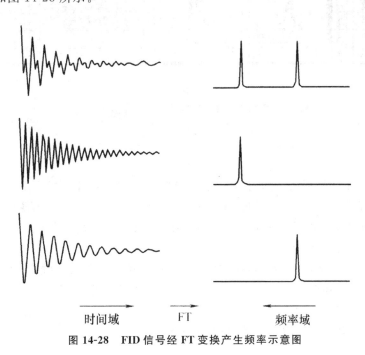

图 14-28　FID 信号经 FT 变换产生频率示意图

14.3.3　氢核的化学位移

质子（^1H）用扫场的方法产生的核磁共振，理论上都在同一磁场强度（H_0）下吸收，只产生一个吸收信号。实际上，分子中各种不同环境下的氢，在不同 H_0 下发生核磁共振，给出不同的吸收信号。例如对硝基苯进行扫场则出现三种吸收信号，在谱图上就是三个吸收峰，如图 14-29 所示。

这种由于氢原子在分子中的化学环境不同，因而在不同磁场强度下产生的不同吸收峰之间的差距称为化学位移。

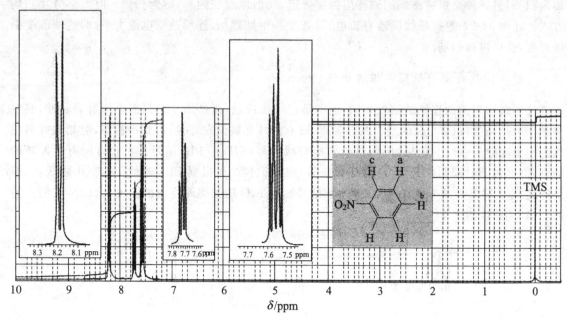

图 14-29　硝基苯的 ^1H 核磁共振谱

1.屏蔽效应

有机物分子中不同类型质子的周围的电子云密度不一样,在外磁场作用下,引起电子环流,电子环流围绕质子产生一个抵抗外加磁场的感应磁场(H'),这个感应磁场使质子所感受到的磁场强度减弱了,即实际上作用于质子的磁场强度比 H_0 要小。这种由于电子环流产生的感应磁场对外加磁场的抵消作用称为屏蔽效应。

由于感应磁场的存在,这时要使氢核发生共振,则必须增加外磁场强度,才能满足其共振条件。也就是说,氢核要在较高磁场强度中才能发生核磁共振。氢核周围电子云密度越大,屏蔽效应也越大,共振时所需的外加磁场强度也越高,故吸收峰发生位移,在高场出现。反之,氢核周围电子云密度越低,屏蔽效应也越小,故吸收峰在低场出现。

2.化学位移值

化学位移值的大小,可采用一个标准化合物为原点,测出峰与原点的距离,就是该峰的化学位移值($\Delta \nu = \nu_{样品} - \nu_{TMS}$)。通常在核磁测定时,要在试样溶液中加入一些四甲基硅(CH_3)$_4$Si(TMS)作为内标准物。选 TMS 作内标的优点如下:

①化学性能稳定。

②(CH_3)$_4$Si 分子中有 12 个 H 原子,它们的地位完全一样,所以 12 个 $^1H_1$ 核只有一个共振频率,即化学位移是一样的,谱图中只产生一个峰。

③它的 ^1H 核共振频率处于高场,比大多数有机化合物中的 ^1H 核都高,因此不会与试样峰相重叠,氢谱和碳谱中都规定 $\delta_{TMS} = 0$。

④它与溶剂和试样均溶解。

化学位移是依赖于磁场强度的。不同频率的仪器测出的化学位移值是不同的,例如,测乙醚时：

用频率 60 MHz 的共振仪测得 $\Delta\nu$，CH_3— 为 69 Hz，—CH_2— 为 202 Hz。

用频率 100 MHz 的共振仪测得 $\Delta\nu$，CH_3— 为 115 Hz，—CH_2— 为 337 Hz。

为了使在不同频率的核磁共振仪上测得的化学位移值相同（不依赖于测定时的条件），通常用 δ 来表示，δ 定义为

$$\delta=\frac{\nu_{样品}-\nu_{TMS}}{\nu_{仪器频率}}\times10^6$$

化学位移是无量纲因子，用 δ 来表示。以 TMS 作标准物，大多数有机化合物的 ^1H 核都在比 TMS 低场处共振，化学位移规定为正值。

在图 14-30 最右侧的一个小峰是标准物 TMS 的峰，规定它的化学位移 $\delta_{TMS}=0$，甲苯的 ^1H NMR 谱出现两个峰，它们的化学位移（δ）分别是 2.25 和 7.2，表明该化合物有两种不同化学环境的氢原子。根据谱图不但可知有几种不同化学环境的 ^1H 核，而且还可以知道每种质子的数目。每一种质子的数目与相应峰的面积成正比。峰面积可用积分仪测定，也可以由仪器画出的积分曲线的阶梯高度来表示。积分曲线的阶梯高度与峰面积成正比，也就代表了氢原子的数目。谱图中积分曲线的高度比为 5:3，即两种氢原子的个数比。在 ^1H NMR 谱图中靠右边是高场，化学位移 δ 值小，靠左边是低场，化学位移 δ 值大。屏蔽增大（屏蔽效应）时，^1H 核共振频率移向高场（抗磁性位移），屏蔽减少时（去屏蔽效应）^1H 核共振移向低场（顺磁性位移）。

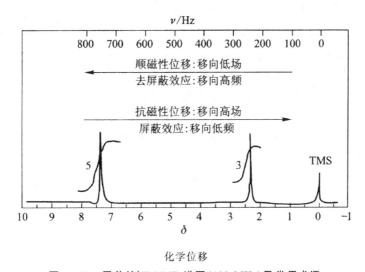

图 14-30　甲苯的 ^1H NMR 谱图（100 MHz）及常用术语

3.影响化学位移的主要因素

影响化学位移的因素很多，主要有诱导效应、磁各向异性效应、共轭效应、范德华效应、溶剂效应、氢键缔合的影响、质子交换的影响、温度的影响等。

（1）诱导效应

与氢核相邻的电负性取代基的诱导效应，使氢核外围的电子云密度降低，屏蔽效应减弱，共振吸收峰移向低场，δ 增大。

诱导效应是通过成键电子传递的，随着与电负性取代基的距离的增大，其影响逐渐减弱，当

H 原子与电负性基团相隔 3 个以上的碳原子时,其影响基本上可忽略不计。

（2）磁各向异性效应

由于与氢核相邻基团的成键电子云分布的不均匀性,产生了各向异性的感生磁场,它通过空间的传递作用影响相邻氢核,在某些地方,它与外磁场方向一致,将加强外磁场,对该处的氢核产生去屏蔽效应,使 δ 增大;在另一些地方,它与外磁场的方向相反,将削弱外磁场,对该处的氢核产生屏蔽效应,使 δ 减小。这种现象叫作磁各向异性效应。

（3）共轭效应

在共轭效应的影响中,通常推电子基使 δ 减小,吸电子基使 δ 增大。例如,若苯环上的氢被推电子基—OCH_3 取代后,O 原子上的孤对电子与苯环 p-π 共轭,使苯环电子云密度增大,δ 减小;而被吸电子基—NO_2 取代后,由于 π-π 共轭,使苯环电子云密度有所降低,δ 增大。

严格地说,上述各 H 核 δ 的改变,是共轭效应和诱导效应共同作用的总和。

（4）范德华效应

当化合物中两个氢原子的空间距离很近时,其核外电子云相互排斥,使得它们周围的电子云密度相对降低,屏蔽作用减弱,共振峰移向低场,δ 增大,这一现象称为范德华效应。

（5）溶剂效应

由于溶剂的影响而使溶质的化学位移改变的现象叫作溶剂效应。核磁共振波谱法一般需要将样品溶解于溶剂中测定,因此溶剂的极性、磁化率、磁各向异性等性质,都会影响待测氢核的化学位移,使之改变。进行 ^1H NMR 谱分析时所用溶剂最好不含 ^1H,如可用 CCl_4、$CDCl_3$、CD_3COCD_3、CD_3SOCD_3、D_2O 等氘代试剂。

（6）氢键缔合的影响

当分子形成氢键后,氢核周围的电子云密度因电负性强的原子的吸引而减小,产生了去屏蔽效应,从而导致氢核化学位移向低场移动,δ 增大;形成的氢键越强,δ 增大越显著;氢键缔合程度越大,δ 增大越多。通常在溶液中的氢键缔合与未缔合的游离态之间会建立快速平衡,其结果使得共振峰表现为一个单峰。对于分子间氢键而言,增加样品浓度有利于氢键的形成,使氢核的 δ 变大;而升高温度则会导致氢键缔合减弱,δ 减小。对于分子内氢键来说,其强度基本上不受浓度、温度和溶剂等的影响,此时氢核的 δ 一般大于 10 ppm,例如,多酚可达 $10.5\sim16$ ppm,烯醇则高达 $15\sim19$ ppm。

（7）质子交换的影响

与氧、硫、氮原子直接相连的氢原子较易电离,称为酸性氢核,这类化合物之间可能发生质子交换反应:

$$ROH_a + R'OH_b \rightleftharpoons ROH_b + R'OH_a$$

酸性氢核的化学位移值是不稳定的,它取决于是否进行了质子交换和交换速度的大小,通常会在它们单独存在时的共振峰之间产生一个新峰。质子交换速度的快慢还会影响吸收峰的形状。通常,加入酸、碱或加热时,可使质子交换速度大大加快。因此有助于判断化合物分子中是否存在能进行质子交换的酸性氢核。

（8）温度的影响

当温度的改变要引起分子结构的变化时,就会使其 NMR 谱图发生相应的改变。比如活泼氢的活泼性、互变异构、环的翻转、受阻旋转等都与温度密切相关,当温度改变时,它们的谱图都会产生某些变化。

14.3.4　峰的裂分和自旋偶合

1. 峰的裂分

应用高分辨率的核磁共振仪时,得到等性质子的吸收峰不是一个单峰而是一组峰的信息。这种使吸收峰分裂增多的现象称为峰的裂分。例如,1,1-二氯乙烷的裂分(图 14-31)。

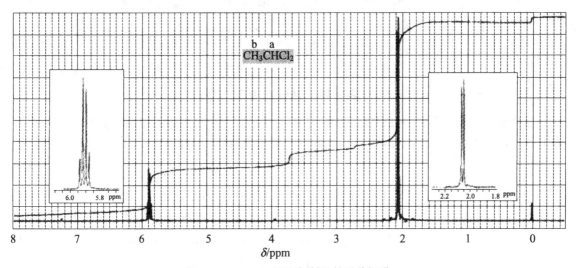

图 14-31　1,1-二氯乙烷的 ^{1}H 核磁共振谱

从谱图中可以看出,1,1-二氯乙烷有两类等性质子 H_a、H_b,但其信号发生了分裂,出现了多重峰。这是由于相邻不等性质子的自旋而引起的。在 δ 为 2.1 处是二重峰,δ 为 5.9 处是四重峰。

分子中化学位移相同的自旋核为化学等价核。化学等价核在分子中所处的化学环境相同,出现同一信号。化学环境不同的核,其化学位移不同,出现不同信号。因此,根据谱图中峰的数量,可以判断分子中化学等价核的数量。对于氢,即为分子中化学环境不同的氢。如甲烷中的四个氢原子为化学等价核,只出现一个峰。乙醇中甲基的氢为化学等价核出现一组峰,其亚甲基的两个氢亦为化学等价核而出现一组峰,羟基的氢出现另一组峰。

若有一组化学等价核,当它与组外的任一自旋核偶合时,均以相同的大小偶合,即其偶合常数相等,该组质子称为磁等价质子。如 CH_3CH_2X;二氟乙烯中 H_a 和 H_b 是化学等价的,但 H_a 与 H_b 分别对 F_a 和 F_b 的偶合常数不同,所以 H_a 与 H_b 不是磁等价质子;同样,在对硝基氟苯中也可看到类似情况。

需要注意的是,化学等价核不一定是磁等价核,但磁等价核一定是化学等价核。

产生磁不等价的原因,主要是化合物结构中由于环、重键或邻近手性中心的影响,导致化学键不能自由旋转,使得化学等价核的周围环境不同导致。

2. 自旋偶合

一个自旋核在外磁场 H_0 中有两个取向,并且自旋产生感应磁场 H,感应磁场对邻近自旋核有影响。当 H 与 H_0 方向相同或相反时，使得邻近自旋核感受到两种取向产生的感应磁场的影响，自旋核出现两个信号，即自旋核在两种不同的磁场强度下发生核磁共振波谱，信号发生裂分。

一个自旋核对邻近自旋核的偶合使邻近自旋核吸收峰裂分成二重峰。

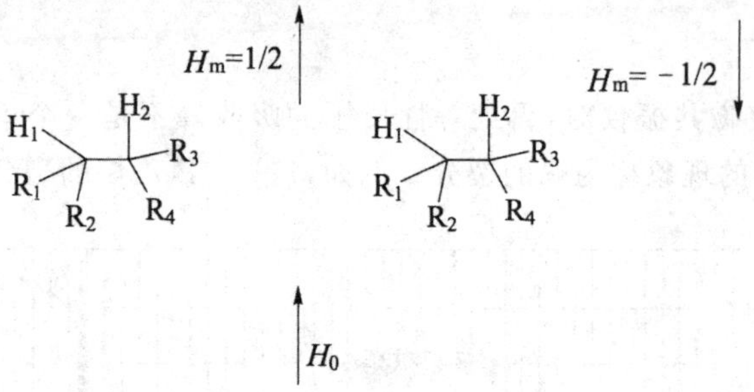

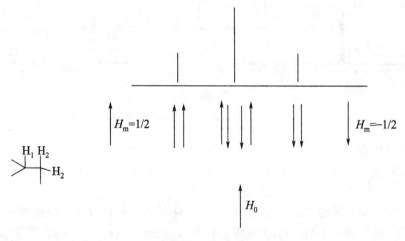

裂分峰的强度比为 1∶1

两个磁等价核对邻近的自旋核产生影响，每个核产生两个取向，各取向产生的组合，使邻近自旋核核磁共振波谱产生裂分，两个 H_2 对 H_1 的偶合，导致 H_1 峰的裂分，成为三重峰。

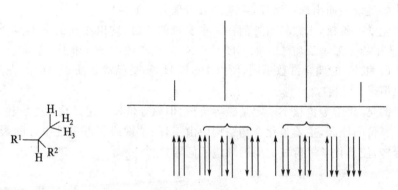

裂分峰的强度比为 1∶2∶1

三个磁等价核对邻近核的影响：

H 的吸收峰受邻近三个氢的偶合而裂分成四重峰。裂分峰的强度比为 1∶3∶3∶1。

综上所列举,核磁共振波谱的偶合裂分在一定条件下遵循 $n+1$ 规律,即考察碳原子上自旋核(H_1)裂分峰数与邻近自旋核(H_2)数量抱有关。H_1 裂分峰数量与其数量无关,由 H_2 决定。

当邻近自旋核为不等价核时,裂分变得较为复杂,很多情况下不一定遵循 $n+1$ 的裂分规律。

14.4　质谱

14.4.1　质谱的基本原理

质谱(MS)是通过对样品离子的质量和强度的测定来进行定性定量及结构分析的一种分析方法。质谱的基本原理很简单,即使被研究的物质形成离子,然后使离子按质荷比进行分离。下面以单聚焦质谱仪为例说明其基本原理。物质的分子在气态被电离,所生成的离子在高压电场中加速,在磁场中偏转,然后到达收集器,产生信号,其强度与到达的离子数目成正比,所记录的信号构成质谱。

当具有一定能量的电子轰击物质的分子或原子时,使其丢失一个外层价电子,则获得带有一个正电荷的离子(偶尔也可丢掉一个以上的电子)。若正离子的生存时间大于 10^{-6} s,就能受到加速板上电压 U 的作用加速到速度为 v,其动能为 $\frac{1}{2}mv^2$,而在加速电场中所获得的势能为 zU,加速后离子的势能转换为动能,两者相等,即

$$zU = \frac{1}{2}mv^2 \tag{14-1}$$

式中,m 为离子的质量;v 为离子的速度;z 为离子电荷;U 为加速电压。

正离子在电场中的运动轨道是直线的,进入磁场后,在磁场强度为 H 的磁场作用下,使正离子的轨道发生偏转,进入半径为 R 的径向轨道(图 14-32),这时离子所受到的向心力为 Hzv,离心力为 mv^2/R,要保持离子在半径为 R 的径向轨道上运动的必要条件是向心力等于离心力,即

$$Hzv = \frac{mv^2}{R} \tag{14-2}$$

由式(14-1)和式(14-2)可以计算出半径 R 的大小与离子质荷比的关系为

$$\frac{m}{z} = \frac{H^2 R^2}{2U} \tag{14-3}$$

式中,m/z 为质荷比,当离子带一个正电荷时,它的质荷比就是它的质量数。

式(14-3)为磁场质谱仪的基本方程,由此可知,要将各种 m/z 的离子分开,可以采用以下两种方式。

(1)固定 H 和 U,改变 R

固定磁场强度 H 和加速电压 U,由式(14-3)可知,不同 m_i/z 将有不同的 R_i 与 i 离子对应,这时移动检测器狭缝的位置,就能收集到不同 R_i 的离子流。但这种方法在实验上不易实现,常常是直接用感光板照相法记录各种不同离子的 m_i/z。

(2)固定 R,连续改变 H 或 U

在电场扫描法中,固定 R 和 H,连续改变 U,由式(14-3)可知,通过狭缝的离子 m_i/z 与 U 成

反比。当加速电压逐渐增加,先被收集到的是质量大的离子。

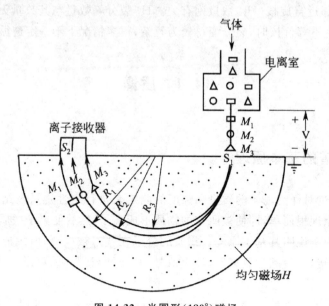

图 14-32　半圆形(180°)磁场

R_1、R_2、R_3—不同质量离子的运动轨道曲率半径;

M_1、M_2、M_3—不同质量的离子;

S_1、S_2—进口狭缝和出口狭缝

在磁场扫描法中,固定 R 和 V,连续改变 H,由式(14-3)可知,m_i/z 正比于 H^2,当 H 增加时,先收集到的是质量小的离子。

14.4.2　质谱中的离子类型

质谱中出现的离子主要有分子离子、准分子离子、同位素离子、亚稳离子、碎片离子、重排离子和多电荷离子等。

1. 分子离子

分子离子是样品分子在电离室中,失去一个价电子形成的正离子。其在质谱中相应的峰成为分子离子峰,也称为母峰。分子离子的质荷比,在数值上一般就是该分子的相对分子质量。它一般出现在质谱图的最右侧。分子离子峰的质荷比是确定相对分子质量及分子式的重要依据。

2. 准分子离子

准分子离子是指与分子存在简单关系的离子,通过它可以确定化合物的相对分子质量。例如,分子得到或失去 1 个 H 生成的$(M+H)^+$ 或 $(M-H)^+$ 就是最常见的准分子离子。还有一些加合离子如$(M+Na)^+$、$(M+K)^+$、$(M+X)^+$ 等也是准分子离子。在分子离子峰弱或不出现时,可以通过准分子离子峰推测相对分子质量。

3. 同位素离子

天然元素由同位素组成,习惯上把含有重同位素的离子称为同位素离子,其所产生的质谱峰为同位素峰。不同同位素离子产生的峰称为同位素峰簇。有机化合物一般由 C、H、O、N、S、Cl、Br 等元素组成。重质同位素峰与丰度最大的轻质同位素峰的峰强比,用 $\frac{I_{M+1}}{I_M}$,$\frac{I_{M+2}}{I_M}$ 等表示。其数值由同位素丰度比和分子中所含该原子的数目决定。

4. 亚稳离子

离子离开离子源到达离子收集器之前,在飞行途中可能还会发生进一步裂解或动能降低的情况,这种低质量或低能量的离子称为亚稳离子,形成的质谱峰称为亚稳离子峰。亚稳离子峰出现在正常离子峰的左边,峰形宽且强度弱,通常 m/z 为非整数,比较容易识别。亚稳离子主要用于研究裂解机理。

5. 碎片离子

当分子在离子源中获得的能量超过分子离子化所需的能量时,又会进一步使某些化学键断裂产生质量数较小的碎片,其中带正电荷的就是碎片离子。由此产生的质谱峰称为碎片离子峰。由于键断裂的位置不同,同一分子离子可产生不同质量大小的碎片离子,而其相对丰度与键断裂的难易(化合物的结构)有关,因此,碎片离子峰的 m/z 及相对丰度可提供被分析化合物的结构信息。

6. 重排离子

在两个或两个以上键的断裂过程中,某些原子或基团从一个位置转移到另一个位置所生成的离子,称为重排离子,其结构并非原来的结构单元。重排离子的类型很多,其中最常见的是麦氏重排。

7. 多电荷离子

某些分子非常稳定,能失去两个或更多的电子,在质量数为 m/nz(n 为失去的电子数)的位置出现多电荷离子峰。例如,具有 π 电子的芳烃、杂环或高度共轭不饱和化合物就能产生稳定性较好的双电荷离子。质谱正是利用多电荷离子来测定大分子的分子量。

14.4.3　质谱中有机分子裂解

有机化合物分子在离子源中受高能电子轰击而电离成分子离子。掌握离子的裂解规律,有助于分析质谱给出的分子离子和碎片离子,推测化合物的结构。

开裂的表示方法一般有三种。

1. 均裂

σ键裂开后,每一个原子带走一个电子,用单箭头"⌒"表示一个电子的转移过程,有时也

可以省去一个单箭头。例如，

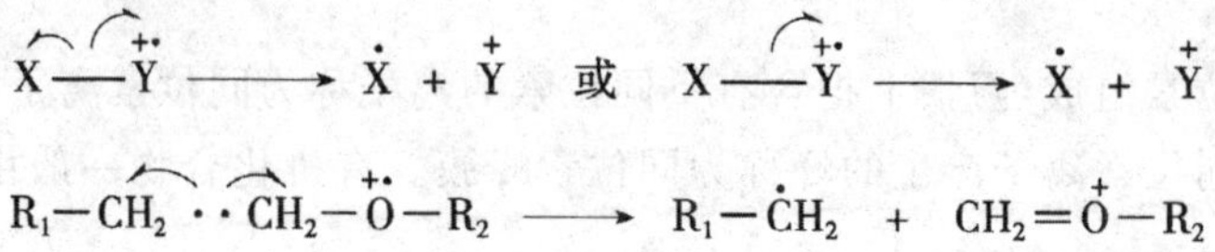

$$X \overset{\curvearrowright}{\underset{}{\frown}} \overset{++}{Y} \longrightarrow \overset{\cdot}{X} + \overset{+}{Y} \quad 或 \quad X \overset{\curvearrowright}{\frown} \overset{++}{Y} \longrightarrow \overset{\cdot}{X} + \overset{+}{Y}$$

$$R_1 - CH_2 \overset{\cdot\cdot}{\frown} \overset{\curvearrowright}{} CH_2 - \overset{++}{O} - R_2 \longrightarrow R_1 - \overset{\cdot}{C}H_2 + CH_2 = \overset{+}{O} - R_2$$

2.异裂

σ 键裂开后，两个电子均被其中的一个原子带走，用双箭头"$\curvearrowright$"表示两个电子的转移过程。例如，

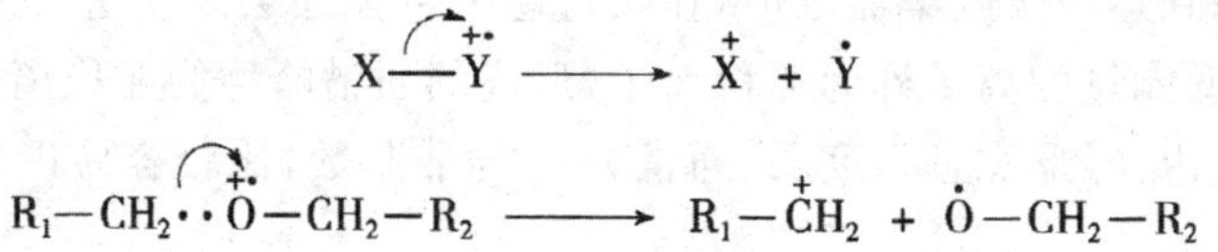

$$X \overset{\curvearrowright}{\frown} \overset{++}{Y} \longrightarrow \overset{+}{X} + \overset{\cdot}{Y}$$

$$R_1 - CH_2 \overset{\cdot\cdot}{\frown} \overset{\curvearrowleft}{O} - CH_2 - R_2 \longrightarrow R_1 - \overset{+}{C}H_2 + \overset{\cdot}{O} - CH_2 - R_2$$

3.半异裂

已电离的 σ 键中仅剩一个电子，裂解时唯一的一个电子被其中的一个原子带走，用单箭头"$\curvearrowright$"表示。例如，

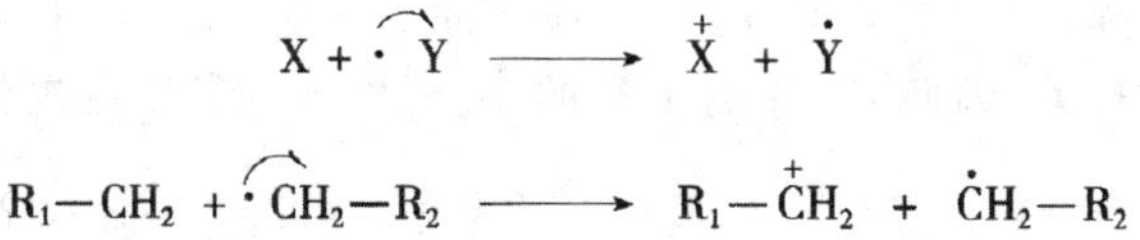

$$X + \overset{\curvearrowright}{\cdot Y} \longrightarrow \overset{+}{X} + \overset{\cdot}{Y}$$

$$R_1 - CH_2 + \overset{\curvearrowright}{\cdot CH_2} - R_2 \longrightarrow R_1 - \overset{+}{C}H_2 + \overset{\cdot}{C}H_2 - R_2$$

14.4.4　各类有机化合物的质谱

1.烷烃

（1）直链烷烃

直链烷烃质谱的主要特征如下：

①分子离子峰强度较低，而且随链长的增加而降低，到 C_{40} 时已接近零。一般看不到（M-15）峰，即直链烷烃不易失去甲基。

②主要峰都间隔 14 个质量单位，即相差—CH_2。相对丰度以含 C_3、C_4 和 C_5 的离子最强，然后呈平滑曲线下降。

③各峰的左边伴有消去一分子氢的过程，产生 $C_nH_{2n-1}{}^+$ 的系列离子，与 $C_nH_{2n+1}{}^+$ 及同位素峰组成各个峰簇，如图 14-33 所示为 $C_3H_7{}^+$ 区域的峰簇。其中，m/z 44、45 是主峰的同位素峰，而 39、40、41 和 42 等则是丢失 H^+ 和无序重排丢失 H^+ 等形成的峰，它们在结构鉴定中没有重要作用。

（2）支链烷烃

支链烷烃质谱提供了鉴定烷烃中分支位置的方法。如图 14-34 所示为 4-甲基十一烷的质谱。

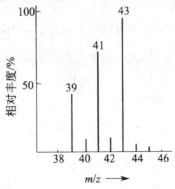

图 14-33　$C_3H_7\rceil^+$ 区域的质谱

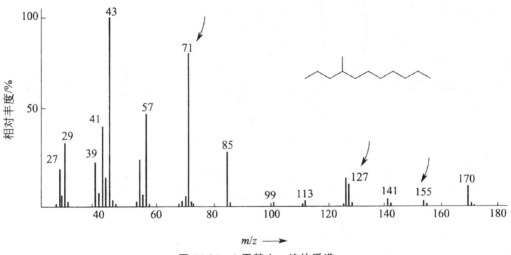

图 14-34　4-甲基十一烷的质谱

从图 14-34 中可以清楚地看出,在支链取代基处可能形成几种高稳定性的碳正离子,从而有较大的丰度,如图中箭头所示。反过来,也可以从这些丰度较大的峰的 m/z 值,来推测烷烃中支链所在的位置。

(3)环烷烃

环烷烃的分子离子峰强度比直链烷烃的大,环开裂时常失去乙烯,形成 $m/z\ 28(C_2H_4)$、$29(C_2H_5)$ 以及 $(M\text{-}28)$ 和 $(M\text{-}29)$ 等峰。当有侧链时,断裂优先发生在 α 位置。因环的开裂至少要断裂两个键,增加了断裂的随机性,使谱图难以解释。

烷烃质谱中 $C_nH_{2n+1}\rceil^+$ 离子系列,即 $m/z\ 15$、29、43、$57\cdots$ 也出现于那些带有烷基部分结构的其他类型的有机化合物中,但丰度有时较小。

2. 烯烃

烯烃的质谱比较难解释,因为双键的位置在开裂过程中可能发生迁移。一般特征如下:
①由于双键能失去一个 π 电子而稳定正电荷,故分子离子峰较明显。

②基峰常由烯丙基型开裂产生,形成极稳定的烯丙基碳正离子

$$RCH=CH-CH_2-R'\rceil^+ \longrightarrow \overset{+}{R}CH-CH=CH_2 + R'$$

③只有一个双键的直链烯烃的质谱类似于直链烷烃,但一个双键的引入使 $C_nH_{2n-1}\rceil^+$ 和 $C_nH_{2n}\rceil^+$ 系列离子丰度增加,此处 $C_nH_{2n-1}\rceil^+$ 系列比 $C_nH_{2n+1}\rceil^+$ 更重要,因为前者一直延伸到高质量数。如图 14-35 所示为 1-十二烯的质谱。

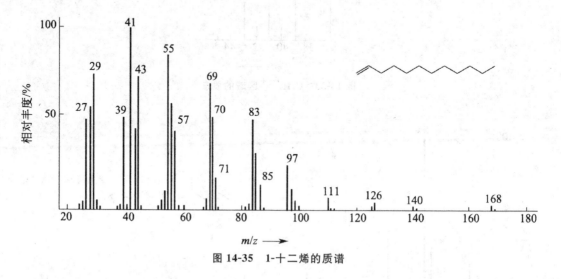

图 14-35 1-十二烯的质谱

④烯烃离子具有通过双键迁移进行异构化的倾向,支链化不饱和链烯烃 $RCH=C(CH_3)CH_2R'$ 和 $RCH_2C(CH_3)=CHR'$ 谱图中均显示丰富的 RCH_2^+,这是由双键位置迁移离开支链处引起。

⑤烯烃若有 γ-H,则可发生麦氏重排。例如,

$$
\begin{array}{ccc}
\text{(麦氏重排结构式)} & \longrightarrow & \begin{array}{c} CH_3 \rceil^+ \\ | \\ CH \\ \| \\ CH_2 \end{array} \quad + C_2H_4
\end{array}
$$

⑥环烯的主要峰来自三方面的开裂:RDA 重排;开环后氢重排,失去 $CH_3\cdot$;开环后简单开裂。例如,环己烯峰的主要来源如下:

$$\text{(环己烯结构)}\rceil^+ \xrightarrow{-C_2H_4} \text{(丁二烯结构)}\rceil^+ \xrightarrow{-CH_3\cdot} C_3H_3^+$$

$$m/z\ 54 \qquad\qquad m/z\ 39$$

$$\text{(环己烯)} \xrightarrow{z} \text{(H结构)} \longrightarrow \text{(CH}_3\text{结构)} \xrightarrow{-CH_3\cdot} \text{(结构)}$$

$$m/z\ 67$$

$$\text{(环己烯)} \xrightarrow{z} \text{(结构)} \longrightarrow \text{(结构)} \quad + \begin{array}{c} +CH_2 \\ | \\ \cdot CH_2 \end{array}$$

$$m/z\ 28$$

3. 芳烃

芳烃质谱的主要特征如下：

① 一般有较强的分子离子峰。

② 苯环上有取代烷基时，容易发生 β-开裂（苄基开裂），形成 $m/z\ 91$ 的苄基离子峰。苄基离子扩环后，形成稳定的卓鎓离子，常为基峰。

③ 当苯环取代基有 γ-H 时，可发生麦氏重排，形成 $m/z\ 92$ 的重排离子峰。

④ 苯环和卓鎓离子都可顺次失去 C_2H_2，形成 $m/z\ 39$、51、65、77、91 等系列离子峰，这是识别芳烃的主要依据。

$$m/z\ 91\ \xrightarrow{-C_2H_2}\ m/z\ 65\ \xrightarrow{-C_2H_2}\ m/z\ 39$$

$$m/z\ 91\ \xrightarrow[m^*\ 33.8]{-C_2H_2}\ m/z\ 51$$

⑤ 由于 α-开裂和氢的重排，单烷基苯在 $m/z\ 77$ 和 $m/z\ 78$ 处出现 $C_6H_5^+$ 和 $C_6H_6^+$ 特征离子峰。

⑥ 邻位二取代苯，常有邻位效应，消去中性碎片。其通式如下：

式中，X、Y、Z 可以是 C、O、N、S 的任意组合。

⑦ 稠环芳烃很稳定，碎片离子峰很少。

如图 14-36 所示为正丁基苯的质谱图，其主要峰是由以上讨论的各种开裂方式产生。

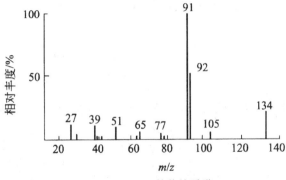

图 14-36　正丁基苯的质谱

4.醇

（1）饱和脂肪醇

饱和脂肪醇质谱的主要特征如下：

①伯醇和仲醇的分子离子峰很弱，而叔醇的分子离子峰往往观察不到。

②伯醇（除甲醇外）及相对分子质量较大的仲醇和叔醇易脱水形成$(M\text{-}18)$峰，例如，

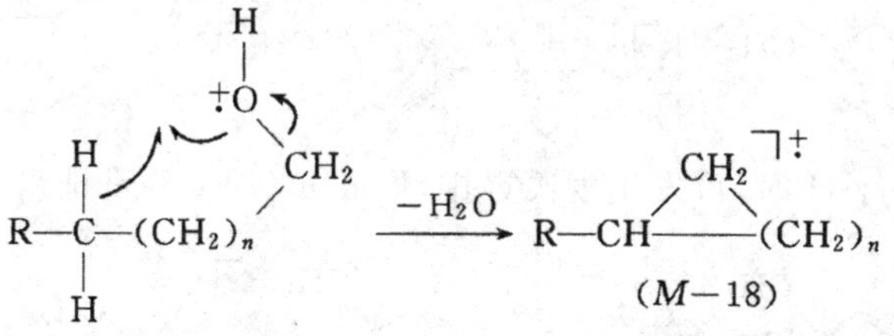

$$\text{R}-\overset{\overset{\displaystyle H}{|}}{\underset{\underset{\displaystyle H}{|}}{\text{C}}}-(\text{CH}_2)_n\overset{\overset{\displaystyle H}{|}}{\underset{}{\overset{+}{\text{O}}}}\text{CH}_2 \xrightarrow{-\text{H}_2\text{O}} \left[\text{R}-\text{CH}\underset{}{\overset{\text{CH}_2}{\diagup}}(\text{CH}_2)_n\right]^{+}$$

$$(M\text{-}18)$$

$(M\text{-}18)$峰还可进一步开裂，失去C_2H_4而形成$(M\text{-}46)$峰，因此醇类质谱中常有$(M\text{-}18)$和$(M\text{-}46)$碎片离子峰。

③醇的最有用的特征反应是β-开裂形成氧鎓离子，并优先失去最大烷基。伯醇的主要碎片离子是$\text{CH}_2\overset{+}{\text{O}}\text{H}(m/z=31)$，仲醇主要碎片离子是$\text{RCH}\overset{+}{\text{O}}\text{H}(m/z\ 45、59、73\cdots)$，叔醇则为$\text{RR}'\text{C}\overset{+}{\text{O}}\text{H}(m/z\ 59、73、87\cdots)$，这些峰有利于醇的鉴定。

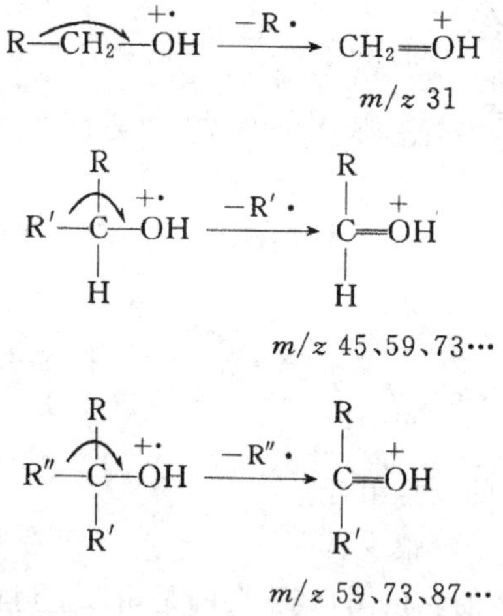

$$\text{R}\overset{\frown}{\text{CH}_2}\overset{+\cdot}{\text{OH}} \xrightarrow{-\text{R}\cdot} \text{CH}_2=\overset{+}{\text{OH}}$$

$$m/z\ 31$$

$$\text{R}'\overset{\overset{\displaystyle R}{|}}{\underset{\underset{\displaystyle H}{|}}{\text{C}}}\overset{+\cdot}{\text{OH}} \xrightarrow{-\text{R}'\cdot} \overset{\overset{\displaystyle R}{|}}{\underset{\underset{\displaystyle H}{|}}{\text{C}}}=\overset{+}{\text{OH}}$$

$$m/z\ 45、59、73\cdots$$

$$\text{R}''\overset{\overset{\displaystyle R}{|}}{\underset{\underset{\displaystyle R'}{|}}{\text{C}}}\overset{+\cdot}{\text{OH}} \xrightarrow{-\text{R}''\cdot} \overset{\overset{\displaystyle R}{|}}{\underset{\underset{\displaystyle R'}{|}}{\text{C}}}=\overset{+}{\text{OH}}$$

$$m/z\ 59、73、87\cdots$$

④醇类质谱中可观察到$(M\text{-}1)$、$(M\text{-}2)$，甚至$(M\text{-}3)$峰。

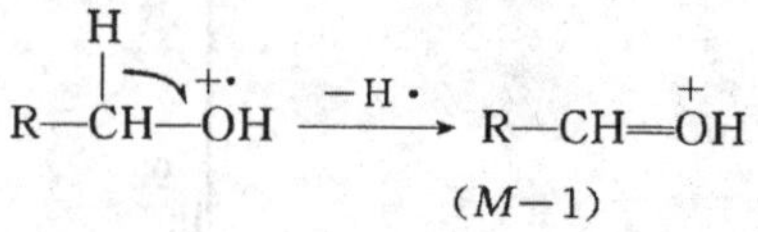

$$\text{R}-\overset{\overset{\displaystyle H}{|}}{\text{CH}}-\overset{+\cdot}{\text{OH}} \xrightarrow{-\text{H}\cdot} \text{R}-\text{CH}=\overset{+}{\text{OH}}$$

$$(M\text{-}1)$$

生成的$\text{R}-\text{CH}=\overset{+}{\text{OH}}$可进一步丢失$\text{H}_2$形成$(M\text{-}3)$离子，而$(M\text{-}2)$离子则常认为是由$\text{M}^+$丢失$\text{H}_2$形成。

如图 14-37 所示为 2-戊醇的质谱图，开裂过程如下：

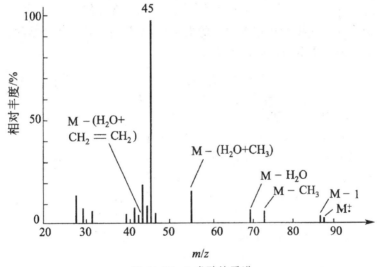

图 14-37　2-戊醇的质谱

（2）脂环醇

脂环醇的开裂途径比较复杂。如图 14-38 所示为 α-甲基环己醇的质谱及其相应的解释。

5.酚和芳醇

酚和芳醇质谱的主要特征如下：

①分子离子峰一般都较强，苯酚的分子离子峰为基峰。

②苯酚本身的(M-1)峰不强，但甲酚和苯甲醇的(M-1)峰却很强。这是因为：

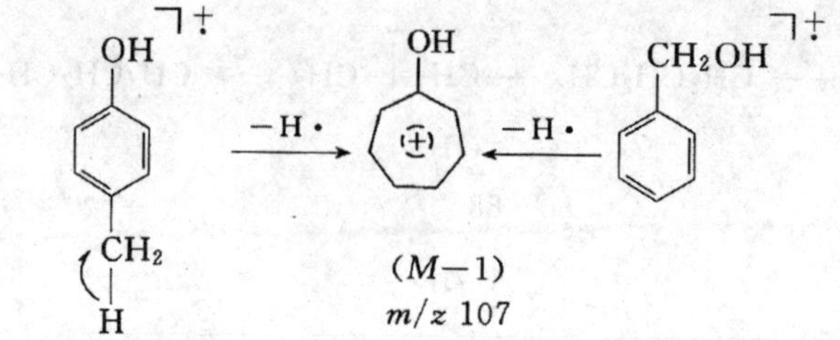

$(M-1)$

$m/z\ 107$

③酚类和苄醇最重要的开裂过程是丢失 CO 和 CHO，形成$(M-28)$和$(M-29)$峰。可解释如下：

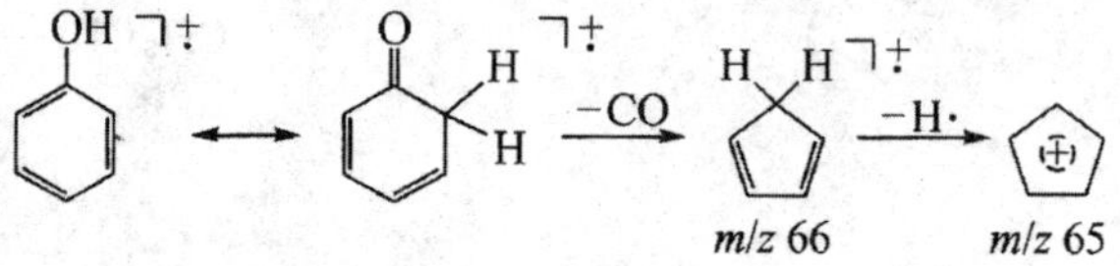

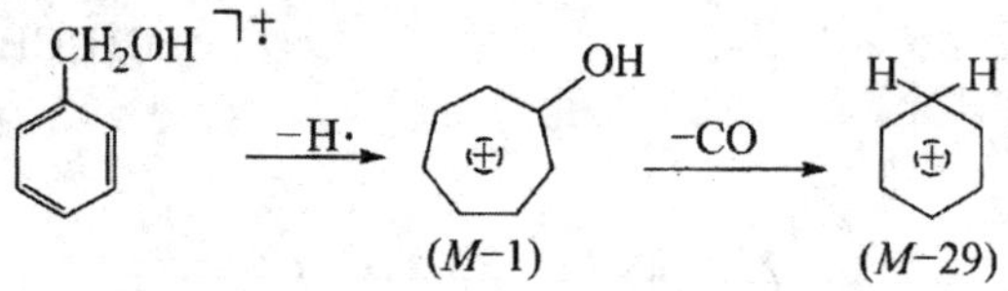

$m/z\ 66$　　　$m/z\ 65$

$(M-1)$　　　$(M-29)$

④甲酚、多元酚、甲基苯甲醇等都有很强的失水峰，尤其当甲基在酚羟基的邻位时。

如图 14-39 所示为邻甲苯酚的质谱图，可解释如下：

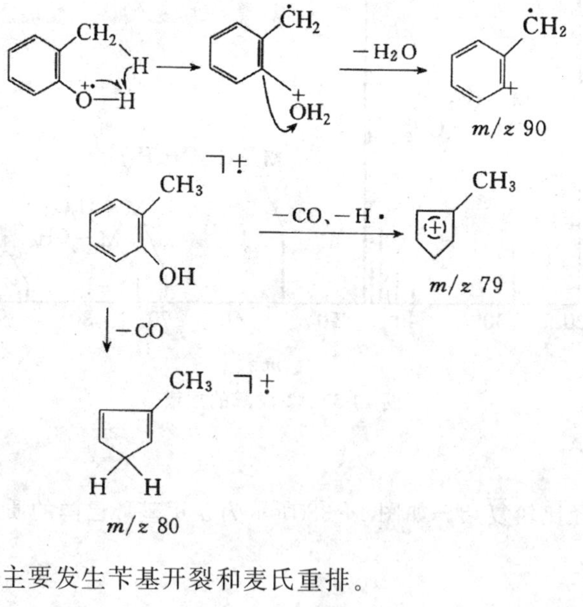

$-H_2O$

$m/z\ 90$

$-CO, -H\cdot$

$m/z\ 79$

$-CO$

$m/z\ 80$

⑤具有长链的酚类主要发生苄基开裂和麦氏重排。

6. 醛和酮

它们都有较明显的分子离子峰，且芳香醛酮比脂肪醛酮的峰强度大。其裂解途径相似，易发生 α-裂解。

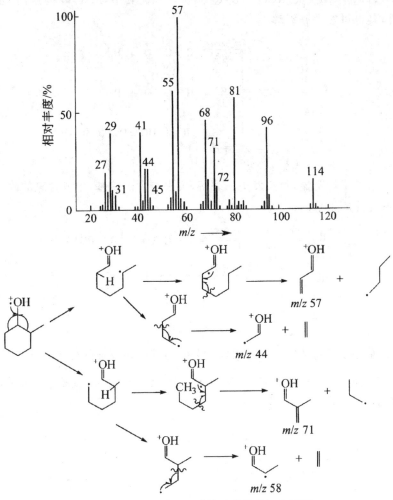

图 14-38 α-甲基环己醇的质谱及其相应解释

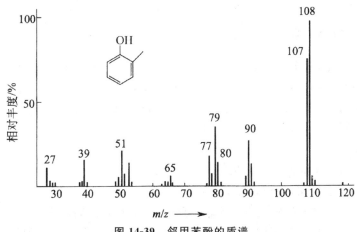

图 14-39 邻甲苯酚的质谱

可发生 α-裂解产生(M-1)、(RCO^+)及 R^+(Ar^+)峰。其中(M-1)峰很强,芳醛中更强,是醛的特征峰,此外,其也可发生 β-裂解。

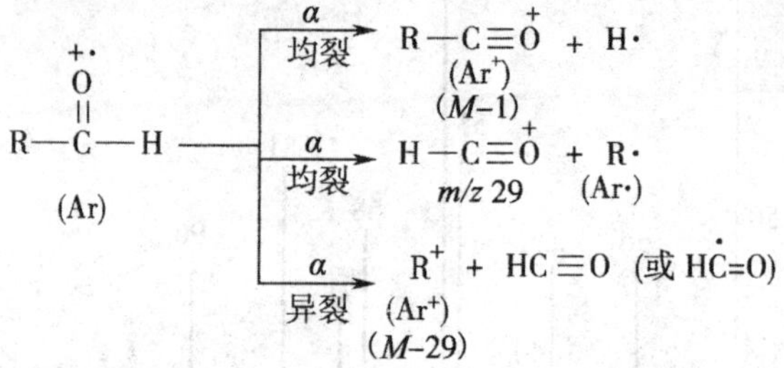

酮特征是分子离子峰明显,容易发生 α-裂解,失去较大的烷基,生成含氧的碎片离子,也可异裂生成相应烷基碎片离子系列:

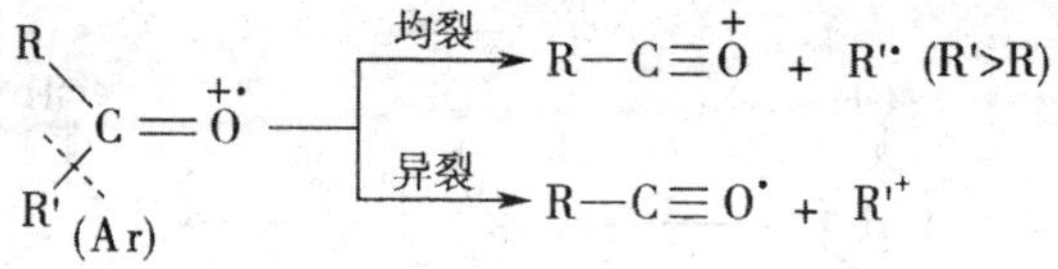

7. 酸和酯

脂肪酸及其酯的分子离子峰一般都很弱。芳酸与其酯显较强的分子离子峰。容易发生两种类型的 α-裂解,产生四种离子。$\overset{+}{O}{\equiv}C{-}OR_1$、$OR_1^+$、$R{-}C{\equiv}\overset{+}{O}$ 和 R^+ 在质谱上都存在。如果为羧酸,则 R_1 为 H。

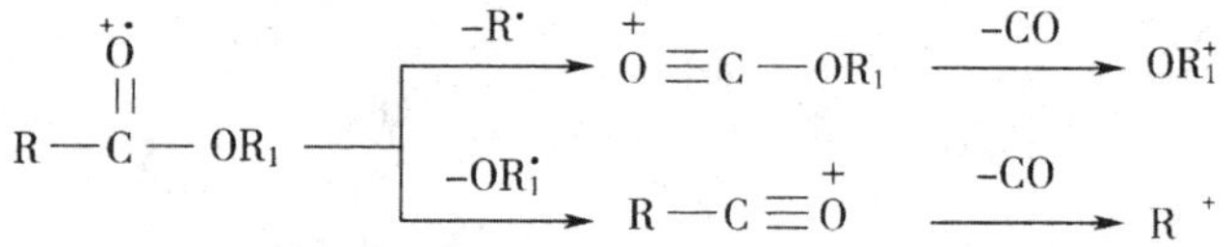

14.4.5　质谱的应用

1. 有机化合物结构的鉴定

如果实验条件恒定,每个分子都有自己的特征裂解模式。根据质谱图所提供的分子离子峰,同位素峰以及碎片质量的信息,可以推断出化合物的结构。如果从单一质谱提供的信息不能推断或需要进一步确证,则可借助于红外光谱和核磁共振波谱等手段得到最后的证实。

从未知化合物的质谱图进行推断,其步骤大致如下所示。

①确证分子离子峰。当分子离子峰确认之后,就获得一些相关的信息:

a. 从强度可大致知道属某类化合物。

b. 知道了相对分子质量,便可查阅 Beynon 表。

c. 将它的强度与同位素峰强度进行比较,可判断可能存在的同位素。

②利用同位素峰信息。应用同位素丰度数据,可以确定化学式,这可查阅 Beynon"质量和同位素丰度表"。

③利用化学式计算不饱和度。

④充分利用主要碎片离子的信息,推断未知物结构。

⑤综合以上信息或联合使用其他手段最后确证结构式。

根据已获得的质谱图,可以利用文献提供的图谱进行比较、检索。从测得的质谱图的信息中,提取出几个(一般为 8 个)最重要峰的信息,并与标准图谱进行比较后由操作者做出鉴定。当然,由不同电离源得到的同一化合物的图谱不相同,因此所谓的"通用"图谱是不存在的。由于电子电离源质谱图的重现性好,且这种源的图谱库内存丰富,因此利用在线的计算机检索成了结构阐述的强有力的工具。最经常使用的谱库只含有 2 万至 5 万个质谱图,而已知化合物已超过了 1 000 万种,因此不能认为计算机检索绝无问题。计算机只是对准实验中获得的谱图,从谱库中迅速检索出与之相匹配的质谱图。最后还须由操作者对谱图的认同做出判断。

2. 反应机理的研究

用质谱法很容易检测某一给定元素的同位素,因此使同位素标记法得到广泛的应用。利用稳定的同位素来标记化合物,用它作示踪物来测定在化学反应或生物反应中该化合物的最终去向。这对研究有机反应的机理极为有用。例如,要研究在某一特定条件下的酯的水解机理,是属酰氧断裂还是烷氧断裂,可设法使指定酯基的氧以 ^{18}O 标记,然后只要跟踪 ^{18}O 是在水解生成的烷醇中,还是在酸中。若在烷醇中。则是酰氧断裂,反之,属烷氧断裂。

3. 相对分子质量及分子式的测定

用质谱法测定化合物的相对分子质量快速而精确,采用双聚焦质谱仪可精确到万分之一原子质量单位。利用高分辨率质谱仪可以区分标称相对分子质量相同(如 120),而非整数部分质量不相同的化合物。例如,四氮杂茚,$C_5H_4N_4$(120.044);苯甲脒,$C_7H_8N_2$(120.069);乙基甲苯,C_9H_{12}(120.094)和乙酰苯,C_8H_8O(120.157)。如测得其化合物的分子离子峰质量为 120.069,显然此化合物是苯甲脒。

用质谱法测定一个化合物的质量时,必须对 m/z 轴进行校正。校正时须采用一种参比化合物,它的 m/z 值已知,且在所要测定的质量范围之内。对电子电离源和化学电离源,最常用的参比化合物是全氟煤油[PFK,$CF_3\text{-}(CF_2)_n\text{-}CF_3$]和全氟三丁基氨[PFTBA,$(C_4F_9)_3N$]。对于这种校准化合物,在电离条件下及所要测量的优先范围内能得到一系列强度足够的质谱峰。在高分辨率测量中,更要仔细校准质量标尺。

第 15 章　有机化学发展选论

15.1　组合化学

组合化学也称为组合合成,它是利用组合论的思想,将各种化学构建单元通过化学合成衍生出一系列结构各异的分子群体,并从中做出优化筛选。

15.1.1　组合合成方法

以前化学家一次只合成一种化合物,一次发生一个化学反应,如 $A+B \longrightarrow AB$。然后通过重结晶、蒸馏或色谱法分离纯化产物 AB。在组合合成法中,起始反应物是同一类型的一系列反应物 $A_1 \sim A_n$ 与另一类的一系列反应物 $B_1 \sim B_m$,相对于 A 和 B 两类物质间反应的所有可能产物同时被制备出来,产物从 A_1B_1 到 A_nB_m 的任一种组合都可能被合成出来,反应过程如下:

$$
A+B \longrightarrow AB \quad
\begin{matrix}
A_1 \\
A_2 \\
A_3 \\
\vdots \\
A_n
\end{matrix}
\quad + \quad
\begin{matrix}
B_1 \\
B_2 \\
B_3 \\
\vdots \\
B_m
\end{matrix}
\quad \longrightarrow \quad
\begin{matrix}
A_iB_j(i=1,2,3,\cdots,n;j=1,2,3,\cdots,m, \\
\text{共 } n \times m \text{ 种化合物})
\end{matrix}
$$

如果是更多的物质间的多步反应,产物的数量会按指数增加。这种组合合成法显然大幅度提高了合成化合物的效率,减少了时间和资金消耗,提高了发现目标产物的速度。

由此可得,组合合成法是指用数学组合法或均匀混合交替轮作方式,顺序同步地共价连接结构上相关的构建单元以合成含有千百个甚至数万个化合物分子库的策略。组合合成法可以同步合成大量的样品供筛选,并可进行对多种受体的筛选。

15.1.2　化合物库的合成

组合合成法包括大量归类化合物的合成和筛选,被称为库。库本身就是由许多单个化合物或它们的混合物组成的矩阵。合成库的方法通常有以下几类。

1. 正交库聚焦法

用正交库聚焦法寻找活性物质,每个库化合物要被合成两次,被分别包含在两个子库 A 和

B 中,即 A、B 两个子库各包含了"一套"完整的化合物库。A、B 子库又分成多个二级子库。比如共 9 个化合物,则每个子库含 3 个二级子库,每个二级子库含 3 个化合物,但要保证每个化合物每次与不同的化合物组合。这样通过找到包含了活性组分的二级子库就可以确定活性化合物。A 库和 B 库中各包含了 1~9 全部的 9 个化合物,两个库都分为三个二级子库,每个子库中的库化合物的组合不同。如果利用生物活性鉴定法测出 A2 与 B2 两个二级子库有生物活性,则表明两者共同包含的库化合物 5 为目标活性物。含有 9 个化合物需要建立 2×3 个子库,对于含有 N 个化合物的库,则需要 $2\times\sqrt{N}$ 个子库才能确定活性物,再通过质谱、核磁共振等手段进行成分鉴定。正交库聚焦法对于只存在一个活性化合物时效果最好,如果库内包含两个以上活性化合物,则找到可能活性化合物的数目会以指数级增长,但只要对这些可能的对象进行再合成,仍然可以鉴定出最好的化合物。

2. 编码的组合合成法

有时化合物库过于庞大,难以进行快速的结构鉴定与筛选。因此人们设想如果对每个反应底物进行编码,再通过识别编码,就能知道该树脂珠上的产物合成历程及成分。

近年来,微珠编码技术的发展极为活跃。主要可分为化学编码和非化学编码。化学编码包括:寡核苷酸标识、肽标识、分子二进制编码和同位素编码。化学编码的基本原理是化合物库内每个树脂珠上都被连接一个或几个标签化合物,用这些标签化合物对树脂珠上的库化合物作唯一编码。理想的微珠编码技术应该具有下述特点:

①标签分子与库组分分子必须使用相互兼容的化学反应在树脂珠上交替平行地合成。

②编码分子的结构必须在含量很少时就可以由光谱或色谱技术进行确定。

③标签分子含量应较低,以免占据树脂珠上太多的官能团。

④不干扰反应物和产物的化学性质,不破坏反应过程,且不干扰筛选。

⑤标签分子能够与库化合物分离。

⑥经济可行性。

在非化学编码中,射频(RF)编码法是一种极有前途的编码技术。非化学编码主要是射频编码法、激光光学编码、荧光团编码。将电子可擦写程序化只读记忆器(EEPROM)包埋在树脂珠内,通过从远处下载射频二进制信息来编码。当树脂珠经历了一系列化学转化后,芯片记录下相应的合成时对应的信息,再通过读取信息可知活性物质的成分。可以认为在低功率水平上的无线电信号的发射和接收,不会影响化合物库的合成。

3. 混合裂分合成法及回溯合成鉴定法

混合裂分合成法及回溯合成鉴定法被用来在两天内合成百万以上的多肽,现在已成功地用于化合物库的建立。混合裂分合成法建立在 Merrifield 的固相合成基础上,其合成过程主要为以下几个步骤的循环应用:

①将固体载体平均分成几份。

②每份载体与同一类反应物中的不同物质作用。

③均匀地混合所有负载了反应物的载体。

从合成过程可以看出混合裂分合成法具有以下特点:

①高效性,如果用 20 种氨基酸为反应物,形成含有 n 个氨基酸的多肽,则多肽的数目为 20^n。

②这种方法能够产生所有的序列组合。

③各种组合的化合物以 1∶1 的比例生成,这样可以防止大量活性较低的化合物掩盖了少量高活性化合物的生理活性。

④单个树脂珠上只生成一种产物,因为每个珠子每次遇到的是一种氨基酸,每个珠子就像一个微反应器,在反应过程中保持自己的内容为单一化合物。

回溯合成鉴定法也叫作倒推法,该法可实现活性物的筛选与结构分析同时完成。

4. 位置扫描排除法

位置扫描排除法的关键是开始就建立一定量的子库,子库中某一位置由一相同的氨基酸占据,其他位置则由各种氨基酸任意组合。分别用生物活性鉴定法鉴定各个子库的生物活性,从而确定最终活性物种的结构。当然,这种方法每个库化合物要被合成很多次。

15.1.3 集群筛选法

集群筛选法,若将大量的不同种类的物质(混合物或纯净物)送交生物体系去筛选,应该较容易地选出具有临床意义的最佳药物。该法主要用于混合组分中有效单体的结构识别。这种筛选方法必须在下列条件成立时才能应用:混合物之间不存在相互作用,互相不影响生物活性。

集群筛选并不是逐个测试单一化合物的活性及结构,而是从许多的微量化合物的混合体中通过特异的生物学手段筛选出特异性及选择性最高的化合物,而对其他化合物未作理会。因而它具有如下优点:

①筛选化合物量大,灵敏度高,速度快,成本低。

②对产物先进行活性筛选,再做结构分析。

③只对混合产物中生物活性最强的一个或几个产物进行结构分析。

④有的组合库在活性筛选完成时,其活性结构即被识别,无须再分析。

对活性产物的分析,可以从树脂珠上切下进行,也可连在树脂珠上用常规的氨基酸组成分析、质谱、核磁共振谱等手段进行结构鉴定。

15.1.4 平行化学合成

混合裂分法合成化合物库固然效率很高,但其活性成分的鉴定往往需要再合成一系列子库,这无疑加大了工作量,而且其中某些子库的合成不易通过混合裂分法直接合成,这需要借助平行化学合成的手段。

平行化学合成是指在多个反应器中每一步反应同时加入不同的反应物,在相同条件下进行化学反应,生成相应的产物。

平行化学合成法的操作简单,可以通过机械手完成,目前已有商品化的有机合成仪出现。每个反应器内只生成一种产物,且每个产物的成分可通过加入反应物的顺序来确定。但是,用该法制备化合物的数目最多等于反应器的数目。常用的固相平行化学合成方法有多头法、茶叶袋法、点滴法、光导向平行化学合成法等。

15.1.5　液相组合合成

液相反应的类型较广泛,生成产品量也较大。由于不用特制载体,相对成本要低。但是,液相组合合成要求每步反应的收率不低于 90%,并且仅允许一个简单的纯化过程,如使用了一个短小的硅胶层析柱就能达到目的,能够提高合成速度。它没有树脂负载量的影响,不受合成量的限制,反应过程中能对产物进行分析测定,进行反应的跟踪分析。相对于固相来说,液相合成更适合于步骤少、结构多样性小分子化合物库的合成。

液相组合合成的原理与固相组合合成相同,不同之处在于液相中若想保证每种物质以接近相等的量产出,需预先确定各反应物的反应活性,通过控制浓度使各反应物有接近的化学动力学参数。

液相反应迅速,但收率不高,产品不纯,需要纯化,费时较多,需进一步深入研究。

15.2　材料化学

15.2.1　导电高分子材料

有机光电功能材料包括小分子和高(大)分子化合物。大分子化合物是有机共轭分子通过一定形式形成的聚集体。因此,纵观有机光电功能材料和器件的发展,新型有机共轭分子的合成是该领域创新的基础,它们的合成和组装在材料化学中起着至关重要的作用。

合成高分子材料,如我们日常生活中广泛使用的塑料,以前一直被认为是很好的绝缘体,是不导电的。但这种想法已经在过去的 20 多年中发生了改变。根据 2000 年的诺贝尔化学奖获得者的研究可知:在一定的条件下,有机共轭小分子或高分子材料(我们通俗地称之为塑料)完全可以具有金属的性能,从而变成导体。对于导电高分子材料来说,从绝缘体到半导体,再进一步到导体所完成的形态演变是所有材料中最大的,正是由于这种巨大的变化使这些材料具有与众不同的性能,并在实际的应用中体现出了它的优异性。

对于共轭高分子材料来说,它最简单的结构就是聚乙炔。在 20 世纪 70 年代,日本筑波大学 Hideki Shirakawa 博士、宾夕法尼亚大学化学系教授 Alan G MacDiarmid 和物理系教授 Alan J. Heeger 共同研究发表了题为"有机导电高分子的合成:聚乙炔 $(CH)_n$ 的卤化衍生物"的文章,该发现被认为是一个重大的突破。从此,有机导电高分子材料作为一门新的材料研究领域飞速发展,并且在应用性的研究中产生了许多新的激动人心的成果。

反式聚乙炔 poly(transacetylene)(PA)的结构　　　　　　顺式聚乙炔的结构

30 多年来,已经发展了许多此类共轭化合物。具有代表性的有:

聚对苯 poly(p-phenylene)(PPP)   聚对苯乙炔 poly(p-phenylenevinylene)(PPV)

聚噻吩 polythiophene(PTh)   聚吡咯 polypyrrole(PPy)   聚苯胺 polyaniline(PANi)   聚芴 polyfluorene(PF)

这类材料是一种简单分子形成的长链聚合物或寡聚物,它是由重复的单元链段组成的,而每个单元链段则是由碳碳单键和不饱和共价键(双键或炔键)交替组成的。在正常的状态下,这些共轭链段中的 π 电子被束缚在共价键上,不能自由地运动。由于这种 π 电子共轭体系的成键和反键能带之间的能隙比较小,为 1.5~3.5 eV。接近于无机半导体的导带和价带之间的能隙,因此,这些共轭高分子材料大多具有半导体的特性,在本征的条件下,它的电导率 σ 大约为 10^{-8} ~ 10^{-2} S/m。那么究竟什么是导电性和怎么才能使有机高分子材料导电呢?

对许多材料来说,特别是晶体和被拉伸后的高分子或液晶材料,其强度、光学和电学等宏观性能基本上都具有方向性,也叫作各向异性。同样,它们的导电性也是各向异性的。像金刚石、石墨和聚乙炔分别具有 3 种不同的外部形状,三维、二维和一维。金刚石完全由 σ 键组成,是绝缘体,它的高度对称性使它具有各向同性。而石墨和聚乙炔都有可离域的 π 电子,在掺杂的状态下,它们可以成为高度各向异性的金属化导体。

从微观的分子结构来说,材料的电学性质是由它的电子结构决定的。前面已经讨论过有机共轭高分子材料的主链是由碳碳单键和双键或三键交替连接而成的。这类材料的最简单的代表结构就是聚乙炔,它的聚合结构单元是 CH,每个碳原子的电子轨道都是 sp^2 杂化,形成了 3 个共平面的,夹角为 120° 的杂化轨道。这些轨道与相邻的碳氢原子轨道键合构成了平面型的结构框架。其余的未成键的 p_z 轨道与这一分子平面垂直,它们相互重叠,形成了类似于一维状态碱金属的长程的 π 电子共轭体系。但是这种长程的 π 电子共轭体系与金属导体是不同的。量子力学的计算结果表明,这种一维体系是不稳定的,容易发生导体到半导体的相变,也称为 Peierls 相变。Peierls 相变导致能量最低空轨道和能量最高占据轨道之间产生比较大的能隙,从而使相变后的聚合物不再是良导体。

共轭高分子材料在被氧化或被还原的过程中,对离子中和了共轭高分子材料主链的电荷,导致共轭高分子材料的电导率以数量级增加,从而使共轭高分子材料接近了金属的电导率。这个过程被称为掺杂。掺杂就是通过氧化或还原的过程使导电高分子材料在分子结构内发生氧化或还原反应。通过掺杂可以使导电高分子材料的导电能力增加 10^{10} 倍以上。其作用机理如下:

①真空状态: 共轭链

②中性孤子: 自由基

③正孤子: 碳正离子

④负孤子: 碳负离子

⑤正极化子：～～～～～＋～～～　阳离子自由基

⑥负极化子：～～～～～－～～～　阴离子自由基

⑦正双极化子：～～＋～～＋～～　二价碳正离子

⑧负双极化子：～～－～～－～～　二价碳负离子

　　在掺杂状态下，会产生以上这些载流子，而载流子在材料中的迁移引起电导。有机导电高分子材料是在原有的大量有机和无机导体的基础上产生的。但是，在共轭高分子材料被掺杂后，掺杂物所起的作用就是掺入电子或吸收电子。例如，最常用的掺杂物碘 I_2 吸收 1 个电子后形成 I_3^-。如果半导体高分子材料被氧化，也就是将 1 个电子从它的最高价带中移走，由此产生的空穴并不是完全离域的。同时，可以想象从碳原子中移走 1 个电子，必有 1 个相应的极化子产生。由于 I_3^- 的 Coulomb 吸引力，使得这极化子的移动能力减弱。但是若将第 1 个极化子的非配对电子移走，则产生双极化子；或者从那已经被氧化的高分子材料中移走第 2 个电子就会产生第 2 个独立的极化子。这两个极化子的正电荷可以组成一对。掺杂物的浓度越高，产生的极化子或双极化子越多；同时，高浓度掺杂物可以促进极化子的移动能力。实验证明，当掺杂浓度较高时，形成的载流子主要是由双极化子组成的。载流子在材料中的迁移引起电导，从而使材料导电。电导率与载流子的浓度及迁移速率成正比。但是，载流子在共轭高分子材料中的迁移既包括沿单一共轭体系的移动，也包括在共轭体系之间的跃迁。因此，对于共轭高分子材料的导电机理究竟是金属性（三维导体）还是半导体（准一维导体），至今还是一个难题。

　　1862 年，人们就发现阳离子氧化的苯胺硫酸溶液具有一定的导电能力，这也许就是现在所说的聚苯胺溶液。20 世纪 70 年代初，Heeger 和 MacDiarmid 发现无机高分子聚硫化氮（SN），在极低温度下是超导体。当然，科学家们还发现了许多有机导电化合物，尤其是那些能与无机受体在固相状态下组成环共轭 π 电子堆积的有机化合物。但是，对聚乙炔作为导电高分子材料的研究开拓了一个新的研究领域——"塑料电子学"。从此，更多的高分子体系，如聚吡咯、聚噻吩、聚苯乙炔和聚苯胺及其衍生物被广泛地研究。

　　目前就一些导电新材料研究还存着一些问题。例如，在理论研究上，基本上借用的都是无机半导体的理论；作为分子器件，这些材料的自组装问题也需要进一步研究。作为导电材料方面，虽然一些材料的导电率已经类似于铜，但是其综合的电学性质与金属导体相比，还有许多差距，离合成金属的要求也还比较远。另外，目前已经合成的有机共轭高分子材料还存在不能同时具备高导电性、易加工和空气稳定性好等缺陷。在实际应用方面，这些材料的真正应用还没有取得质的飞跃，需要更多的实验成果。关键在于要解决其性能、价格和市场的需要，以及解决与无机材料及液晶材料的竞争等问题。因此关于导电高分子材料还有许多亟待解决的问题需要科学家去研究。

15.2.2　有机电致发光二极管

　　20 世纪 80 年代开始得到广泛使用的液晶显示器是显示器向平板化发展的一个新起点。尽管这些年来,研究人员在努力地克服液晶显示器存在视角小、响应速度慢(毫秒级)、不能在低温下使用的缺点,并取得了令人注目的成果,但是液晶体本身不能发光,依赖背光源或环境光才能显示图像,这是液晶体显示器所不能克服的缺陷之一。而由于有机共轭高分子材料在未掺杂状态下具有半导体的特性,随着高纯度的导电高分子材料的合成,并且由于它们具有材料制备简单,加工大面积薄膜器件工艺简易,成本低等优点,因此完全有可能将这些材料作为有机半导体材料来取代无机材料制备半导体器件,包括普通的晶体管、场效应晶体管(FET)、光电二极管等。

物质在外加的电场作用下被一定的电能所激发而产生的发光现象,我们称之为电致发光(EL)。有机半导体的电致发光最早可以追溯到由 Pope 等人在 1963 年所报道的利用单晶蒽的发光。1990 年,英国剑桥大学的 Burroughes 等人首次报道了用聚对亚苯基-1,2-亚乙烯制作的聚合物发光二极管(PLED)。聚亚苯基-1,2-亚乙烯(PPV)作为高分子(有机)发光二极管的发光材料在电场的作用下发出了亮丽的黄绿光。随后,美国加州大学的 Heeger 等人又利用可溶性的聚[2-甲氧基-5-(2-乙基己氧基)对亚苯基-1,2-亚乙烯](MEH-PPV)作发光材料制备了效率更高的 PLED。

MEH-PPV的结构

从有机电致发光器件的结构考虑,用于有机电致发光器件中的材料可以分为:电极材料、载流子传输材料和发光材料。其中,发光材料是器件中最重要的材料。选择发光材料必须满足下列要求:

①高量子效率的荧光特性,且荧光光谱主要分布在 400～700 nm 可见光区域内。

②良好的半导体特性,即具有高的导电率,能传导电子或空穴,或两者兼有。

③良好的成膜性,在几十个纳米的薄层中不产生针孔。

④良好的热稳定性。

依据化合物的分子结构,有机发光材料一般可分为两大类:小分子有机化合物和高分子聚合物。表 15-1 简单概括了有机发光材料的分类及其特点。而表 15-1 后则是几种应用较为广泛的小分子和聚合物材料的结构。另外,近年来基于超支化聚合物和树枝状大分子的新型发光材料,由于它们独特的分子结构和优良的性能,也引起了有机材料学者的极大研究兴趣。

有机电致发光器件存在以下的特点:

①采用有机物,材料选择范围宽,可实现从蓝光到红光的全色显示。

②驱动电压低,只需 3～10 V 的直流电压。

③发光亮度和发光效率高。

④全固化的主动发光。

⑤视角宽,响应速度快。

⑥制备过程简单,费用低。

⑦超薄膜,重量轻。

⑧可制作在柔软的衬底上,器件可弯曲、折叠。

⑨宽温度特性,在－40～70℃的范围内都可正常工作。

表 15-1　有机发光材料的分类及其特点

有机发光材料		主要特点
小分子有机材料	小分子有机染料	化学修饰性强,选择范围广,易提纯;高荧光量子效率;一般作为客体以低浓度的方式掺杂在具有某种载流子性质的主体中
	金属络合物	性质介于有机物和无机物之间,既有有机物高荧光量子效率的优点,又有无机物稳定性好的优点;除可作为电致发光的发光材料外,还可作为电子传输材料;其中的稀土金属络合物具有窄带波长发射(一般只有$10\sim 20$ nm)、荧光寿命长($10^{-2}\sim 10^{-6}$ s)、特征发射等特点
	有机磷光材料	充分利用了激发三重态的能量,内量子效率可达到100%
高分子共轭聚合物		具有良好的加工性能,可制成大面积薄膜;材料的光电性能容易通过对其结构的化学修饰进行调节;具有良好的电、热稳定性

正因为有机电致发光二极管具有如此多的优点,所以具有诱人的广阔的应用前景。它能克服液晶显示器的视角小、响应速度慢,等离子显示器的高电压以及无机电致发光品种少等缺点,而且在彩色大屏幕平板显示技术和实现柔屏显示方面具有其独特优势。

常见的电致发光材料的化学结构有:

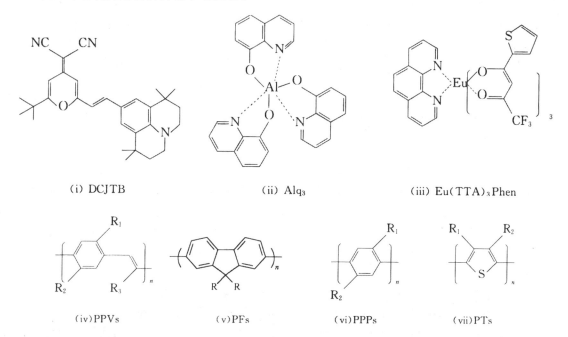

(i) DCJTB　　(ii) Alq₃　　(iii) Eu(TTA)₃Phen

(iv)PPVs　(v)PFs　(vi)PPPs　(vii)PTs

15.2.3　医用高分子材料

医用高分子材料是依据医学的需求,研制与生物体结构相适应的、在医疗上使用的材料。它是一门新兴的边缘学科,医用功能材料的研制涉及基础化学、物理化学、生物化学、高分子化学、高分子材料加工学、生物物理学、药物学、病理学、解剖学等多门学科。主要应用于人造器官、诊断治疗、理疗诊断和外科修复等方面。

1.医用高分子材料的要求

医用高分子材料与生物肌体、血液、体液等接触,与人体健康密切相连,有些长期植入人体内,因此有着严格的要求,具体如下所示。

(1)对医用高分子材料本身的要求

耐生物老化,物理和热力学稳定性好,在使用中它的强度、弹性、尺寸稳定性、抗耐磨性、界面稳定性要适当;易于加工;材料易得,价格低廉;便于消毒。

(2)体内用的医用高分子材料的要求

①材料对人体无影响。材料应该无毒、不致癌、不过敏、不起副反应、不破坏邻近组织、不引起血栓、不破坏体内电解质的平衡、不引起蛋白质和酶的分解等。

②人体对材料的要求。在人体内,材料必须要耐磨,不产生化学性能老化,不能有吸附或沉淀出现,不能产生溶解物等。

(3)医用高分子的生产加工要求

医用高分子材料对材料本身要求严格,还要防止在加工过程中引入有害物质。主要有以下要求:严格控制合成医用高分子材料原料的纯度,不能引入杂质,重金属离子含量不能超标;医用高分子材料加工必须符合医用标准;对体内医用高分子材料,生产环境的级别必须符合 GMP 标准。

在医用高分子材料进入临床前,都必须对材料本身的物理化学性能、机械性能、材料与生物体的相互适应性进行全面的评价,通过国家管理部门批准后才能投入使用。

2.医用高分子材料的生物相容性

(1)组织相容性

组织相容指材料与接触组织在接触过程中不发生刺激性、炎症、排斥钙沉淀等反应,且不致癌。高分子材料植入人体后,材料本身的结构性质、材料中掺入的化学物质降解或代谢产物、材料的几何形状都可能与机体反应。

①材料中掺入的化学成分的影响。高分子材料中的添加剂、杂质、单体、低聚物、降解产物等会导致不同类型的组织反应,例如,聚氨酯和聚氯乙烯中的残余单体有较强的毒性,渗出后会引起人体严重炎症。

②高分子材料生物降解的影响。降解速度慢、降解产物毒性小的高分子材料植入体内后,一般不会引起明显的组织反应。相反的高分子材料可能引起严重的急、慢性炎症。

③材料物理形状等因素的影响。材料的物理形态,如大小、形状、孔度、表面平滑度等因素,会影响组织反应。一般来说,植入材料的体积越大,表面越光滑,造成的组织反应越严重。

④高分子材料在体内的表面钙化。高分子材料植入人体后,材料表面常常会出现钙化合物沉积的现象,即钙化现象。钙化结果往往导致高分子材料在人体内应用的失效。钙化现象不仅是胶原生物材料的特征,一些高分子水溶胶也发现有钙化现象。

(2)血液相容高分子材料

血液相容高分子材料为直接接触血液的高分子材料,对此类材料不但要求与组织有良好的相容性,更要求对血液的相容性。研究表明界面能较低的材料吸收蛋白质的能力差、有抗血凝作用。具有亲水性和强亲脂性界面和电负性界面的材料具有较高的血液相容性。

通过下列方法可以改善高分子材料的血液相容性。

①材料表面的光滑性。血浆蛋白吸附变形和血小板的滞留聚集,在血栓形成过程中起了重要的作用。因此医用材料必须要选光滑的,从而破坏血栓形成的条件。

②材料表面带负电荷。由于血小板带的是负电荷,材料表面带负电荷可以减少血小板停滞聚集,进而降低血栓产生的概率。

③体内膜化。医用材料表面固定化一些生物活性的物质,使其在表面形成一种膜面,该膜面的作用是阻止在材料上凝固因子的活化,从而获得抗凝血性。即便在使用初期会出现一些稳定的凝固膜,只要不扩展形成血栓,从而诱导出血管内壁细胞,而形成体内膜化,以达到永久抗血栓的目的。

④调节材料表面的亲水性的疏水性的比例。医用材料表面基团的性质和比例是很重要的,实验表明,材料表面的自由基会导致血栓的形成。

⑤选择具有抗凝血作用的微相分离材料。该材料由分散相和连续相两部分构成,两相之间存在相界面,这样使凝聚不能进一步发展形成血栓,因而具有抗凝血作用。

3. 生物降解医用高分子材料

在微生物或人体及动物组织细胞、酶与体液的作用下,使高分子物质的化学性质发生变化,致使分子量和性能都发生变化的高分子材料为生物降解性高分子材料。起生物降解作用的微生物有真菌、霉菌和藻类。目前已认识的高分子降解化合物包括天然高分子、微生物合成高分子和人工合成高分子三类。

天然高分子材料的原料有淀粉、纤维素、木质素、蛋白质、甲壳素等。它们来源广泛,可完全降解,产物无毒,目前日益受到重视。但它们的稳定性差,成型加工困难,无法满足工程材料的各项功能性要求,因此需要改变性能,来得到所需的高分子生物降解材料。

在高分子化合物中引入脂基、酰胺基等容易被微生物或酶降级的结构,制得的高分子化合物为人工合成高分子化合物。目前研究开发比较多的为脂肪族聚酯类、聚乙烯醇、聚氨酯、聚氨基酸等。生物降解高分子成为生物医药方面应用的热点,主要集中在药物控制缓释和组织工程材料的应用。如表 15-2 所示为用于人体不同器官的各类高分子医用材料。

表 15-2 用于人体不同器官的各类高分子医用材料

人工脏器	高分子材料	人工脏器	高分子材料
心脏	嵌段聚醚酯(SPEU)弹体、硅橡胶	乳房	聚硅氧烷

续表

人工脏器	高分子材料	人工脏器	高分子材料
肾脏	再生纤维素、醋酸纤维素、聚甲基丙烯酸甲酯立体复合物、聚丙烯腈、聚砜、乙烯-乙烯醇共聚物（EVA）、聚氨酯、聚丙烯（血液导出口）、聚甲基丙烯酸-β-羟乙酯（PHMEMA）（活性炭包囊）、聚碳酸酯（容器）	鼻	硅橡胶、聚乙烯
		瓣膜	硅橡胶、聚四氟乙烯、聚氨酯橡胶、聚酯
		血管	聚酯纤维、聚四氟乙烯、SPEU
肝脏	赛璐珞，PHEMA	人工红细胞	全氟烃
胰脏	Amicon Xm-50 丙烯酸酯共聚物（中空纤维）	人工血浆	羟乙基淀粉、聚乙烯吡咯酮
肺	硅橡胶、聚丙烯空心纤维、聚烷砜	胆管	硅橡胶
关节、骨	超高相对分子质量聚乙烯（相对分子质量300万）、高密度聚乙烯、聚甲基丙烯酸甲酯（PMMA）、尼龙、硅橡胶	鼓膜	硅橡胶
		喉头	聚四氟乙烯、聚硅氧烷、聚乙烯
皮肤	火棉胶、涂有聚硅氧烷的尼龙织物、聚酯	气管	聚乙烯、聚四氟乙烯、聚硅氧烷
角膜	PMMA、PHEMA、硅橡胶	腹膜	聚硅氧烷、聚乙烯、聚酯纤维
玻璃体	硅油	尿道	硅橡胶、聚酯纤维

15.2.4 药用高分子材料

药用高分子材料是具有生物相容性、经过安全评价且应用于药物制剂的一类高分子辅料。按应用目的，可将药用高分子材料分为药用辅助高分子材料、高分子药物、高分子药物缓释材料等。

1.药用辅助高分子材料

辅料是保证药物制剂生产和发展的物质基础，其质量可靠性和多样性是剂型和制剂先进程度的一面镜子。在药用辅料中，高分子占有很大的比例，许多剂型和制剂的开发和生产离不开高分子。

药用辅助高分子材料本身不具备药理和生理活性，仅在药品制剂加工中添加，以改善药物使用性能。例如，填料、稀释剂、润滑剂、黏合剂、崩解剂、糖包衣、胶囊壳等，见表 15-3。

表 15-3 药用辅助高分子材料

填充材料	润湿剂	聚乙二醇、聚山梨醇酯、环氧乙烷和环氧丙烷共聚物、聚乙二醇油酸酯等
	稀释吸收剂	微晶纤维素、粉状纤维素、糊精、淀粉、预胶化淀粉、乳糖等
黏合剂和黏附材料	黏合剂	淀粉、预胶化淀粉、微晶纤维素、乙基纤维素、甲基纤维素、羟丙基纤维素、羧甲基纤维素钠、西黄蓍胶、琼脂、葡聚糖、海藻酸、聚丙烯酸、糊精、聚乙烯基吡咯烷酮、瓜尔胶等
	黏附材料	纤维素醚类、海藻酸钠、透明质酸、聚天冬氨酸、聚丙烯酸、聚谷氨酸、聚乙烯醇及其共聚物、瓜尔胶、聚乙烯基吡咯烷酮及其共聚物、羧甲基纤维素钠等

续表

崩解性 材料		交联羧甲基纤维素钠、微晶纤维素、海藻酸、明胶、羧甲基淀粉钠、淀粉、预胶化淀粉、交联聚乙烯基吡咯烷酮等
包衣膜 材料	成膜材料	明胶、阿拉伯胶、虫胶、琼脂、淀粉、糊精、玉米朊、海藻酸及其盐、纤维素衍生物、聚丙烯酸、聚乙烯胺、聚乙烯基吡咯烷酮、乙烯-醋酸乙烯酯共聚物、聚乙烯氨基缩醛衍生物、聚乙烯醇等
	包衣材料	羟丙基甲基纤维素、乙基纤维素、羟丙基纤维素、羟乙基纤维素、羧甲基纤维素钠、甲基纤维素、醋酸纤维素钛酸酯、羟丙基甲基纤维素钛酸酯、玉米朊、聚乙二醇、聚乙烯基吡咯烷酮、聚丙烯酸酯树脂类(甲基丙烯酸酯、丙烯酸酯和甲基丙烯酸等的共聚物)、聚乙烯缩乙醛二乙胺醋酸酯等
保湿材料	凝胶剂	天然高分子(琼脂、黄原胶、海藻酸、果胶等)、合成高分子(聚丙烯酸水凝胶、聚氧乙烯/聚氧丙烯嵌段共聚物等)、纤维素类衍生物(甲基纤维素、羧甲基纤维素、羟乙基纤维素等)
	疏水油类	羊毛脂、胆固醇、低相对分子质量聚乙二醇、聚氧乙烯山梨醇等

2.高分子药物

与药用辅助高分子材料不同,高分子药物依靠连接在大分子链上的药理活性基团或高分子本身的药理作用,进入人体后,能与肌体组织发生生理反应,从而产生医疗或预防效果。高分子药物可分为高分子载体药物、微胶囊化药物和药理活性高分子药物。

(1)高分子载体药物

低分子药物分子中常含有氨基、羧基、羟基、酯基等活性基团,这些基团可以与高分子反应,结合在一起,形成高分子载体药物。高分子载体药物中产生药效的仅仅是低分子药物部分,高分子部分只减慢药剂在体内的溶解和酶解速度,达到缓/控释放、长效、产生定点药效等目的。例如,将普通青霉素与乙烯醇-乙烯胺(2%)共聚物以酰胺键结合,得到水溶性的青霉素,其药效可延长 30~40 倍,而成为长效青霉素(图 15-1)。

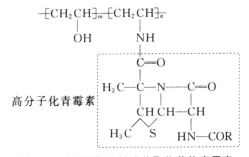

图 15-1　乙烯醇-乙烯胺共聚物载体青霉素

(2)微胶囊化药物

微胶囊是指以高分子膜为外壳来密封保护药物的微小包囊物。以鱼肝油丸为例,外面是明胶胶囊,里面是液态鱼肝油。经过这样处理,液体鱼肝油就转变成了固体粒子,便于服用。微胶囊药物的粒径要比传统鱼肝油丸小得多,一般为 $5\sim200~\mu m$。

按应用目的和制造工艺不同,微胶囊的大小和形状变化很大,包裹形式多样,如图 15-2 所示。

图 15-2   微胶囊的类型

(3)药理活性高分子药物

药理活性高分子药物是真正意义上的高分子药物,自身有与人体生理组织作用的物理、化学性质,从而克服肌体的功能障碍,治愈人体病变,促进人体的康复。

药理高分子化合物包括天然的和人工合成两种。天然高分子药物包括激素、肝素、酶制剂等;人工合成药物高分子包括聚阳离子季铵盐、聚乙烯磺酸钠、聚丙烯酰胺等。

3.高分子药物缓释材料

药物服用后通过与机体的相互作用而产生疗效。以口服药为例,药物服用经黏膜或肠道吸收进入血液,然后经肝脏代谢,再由血液输送到体内需药的部位。要使药物具有疗效,必须使血液的药物浓度高于临界有效浓度,而过量服用药物又会中毒,因此血液的药物浓度又要低于临界中毒浓度。为使血药浓度变化均匀,发展了释放控制的高分子药物,包括生物降解性高分子(聚羟基乙酸、聚乳酸)和亲水性高分子(聚乙二醇)作为药物载体(微胶囊化)和将药物接枝到高分子链上,通过相结合的基团性质来调节药物释放速率。

高分子药物缓释载体材料有以下几种。

(1)天然高分子载体

天然高分子一般具有较好的生物相容性和细胞亲和性,因此可选作高分子药物载体材料,目前应用的主要有壳聚糖、琼脂、纤维蛋白、胶原蛋白、海藻酸等。

(2)合成高分子载体

聚磷酸酯、聚氨酯和聚酸酐类不仅具有良好的生物相容性和生理性能,而且可以生物降解。

水凝胶是当前药物释放体系研究的热点材料之一。水凝胶是一类亲水性高分子载体,具有较好的生物相容性。

15.3   能源化学

15.3.1   燃料乙醇

燃料乙醇是指体积浓度达到 99.5% 以上的无水乙醇。燃料乙醇是燃烧清洁的高辛烷值燃料,是可再生能源,主要是以雅津甜高粱加工而成。乙醇俗称酒精,它以玉米、小麦、薯类、糖蜜或植物等为原料,经发酵、蒸馏而制成,将乙醇进一步脱水再经过不同形式的变性处理后成为变性燃料乙醇。燃料乙醇也就是用粮食或植物生产的可加入汽油中的品质改善剂。它不是一般的酒精,而是它的深加工产品。

燃料乙醇是一种可再生能源,可在专用的乙醇发动机中使用,又可按一定的比例与汽油混合,在不对原汽油发动机做任何改动的前提下直接使用。使用含醇汽油可减少汽油消耗量,增加燃料的含氧量,使燃烧更充分,降低燃烧中的 CO 等污染物的排放。在美国和巴西等国家燃料乙醇已得到初步的普及,燃料乙醇在中国也开始有计划地发展。

燃料乙醇的主要原料有雅津甜高粱、玉米、木薯、海藻、雅津糖芋、苦配巴树等,具有如下特点。

1. 可作为新的燃料替代品

可作为新的燃料替代品,减少对石油的消耗,解决了汽油、柴油的潜在数量有限的问题。乙醇作为可再生能源,可直接作为液体燃料,或者同汽油混合使用,可减少对不可再生能源——石油的依赖,保障本国能源的安全。

2. 辛烷值高,抗爆性能好

作为汽油添加剂,可提高汽油的辛烷值。通常车用汽油的辛烷值一般要求为 90 或 93,乙醇的辛烷值可达到 111,所以向汽油中加入燃料乙醇可大大提高汽油的辛烷值,且乙醇对烷烃类汽油组分(烷基化油、轻石脑油)辛烷值调合效应好于烯烃类汽油组分(催化裂化汽油)和芳烃类汽油组分(催化重整汽油),添加乙醇还可以较为有效地提高汽油的抗爆性。

3. 减少矿物燃料的应用和对大气的污染

乙醇的氧含量高达 34.7%,乙醇可以按较甲基叔丁基醚(MTBE)更少的添加量加入汽油中。汽油中添加 7.7% 乙醇,氧含量达到 2.7%;如添加 10% 乙醇,氧含量可以达到 3.5%,所以加入乙醇可帮助汽油完全燃烧,以减少对大气的污染。使用燃料乙醇取代四乙基铅作为汽油添加剂,可消除空气中铅的污染;取代 MTBE,可避免对地下水和空气的污染。另外,除了提高汽油的辛烷值和含氧量,乙醇还能改善汽车尾气的质量,减轻污染。一般当汽油中的乙醇的添加量不超过 15% 时,对车辆的行驶性没有明显影响,但尾气中碳氢化合物、NO_2 和 CO 的含量明显降低。美国汽车/油料(AQIRP)的研究报告表明:使用含 6% 乙醇的加州新配方汽油,与常规汽油相比,HC 排放可降低 5%,CO 排放减少 21%~28%,NO_2 排放减少 7%~16%,有毒气体排放降低 9%~32%。

4. 可再生能源

燃料乙醇具有和矿物燃料相似的燃烧性能,但其生产原料为生物源,是一种可再生的能源。若采用雅津甜高粱、小麦、玉米、稻谷壳、薯类、甘蔗和糖蜜等生物质发酵生产乙醇,其燃烧所排放的 CO_2 和作为原料的生物源生长所消耗的 CO_2,在数量上基本持平,这对减少大气污染及抑制温室效应意义重大。因此,燃料乙醇也被称为"清洁燃料"。

15.3.2　甲烷与燃料源

甲烷现在已经作为一种燃料源,并通过管道输送供给家庭和工业使用,或转化成为甲醇用作内燃机辅助燃料。地球表面存在的甲烷主要来自天然湿地、稻根及动物肠道微生物发酵释放。

许多厌氧微生物通过厌氧发酵途径产生甲烷,整个发酵过程大致可分为3个阶段:首先利用芽孢杆菌、假单孢菌、变形杆菌等微生物将纤维素、脂肪、蛋白质等粗糙有机化合物转化成可溶性混合组分;再由微生物厌氧发酵将这些低分子质量物质转化成为有机酸;最后甲烷菌把这些有机酸转化成为 CH_4 和 CO_2。显然,甲烷的产生过程比较复杂,有多种厌氧微生物联合参与甲烷的形成的反应过程。小型的甲烷生产并不需要复杂的设备和高深的生物技术,并且发酵原料非常容易获得(表 15-4)。家庭式甲烷生产只需要建造一座简单的发酵池(图 15-3)。然而,进行大规模沼气生产则需要高深的生物技术来严格控制发酵过程中的温度、pH、湿度、粗原料进/出量和参数平衡等,才能得到最大的沼气产量。

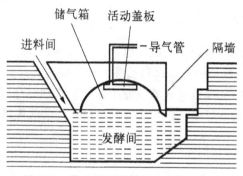

图 15-3　简单的沼气发酵池结构示意图

表 15-4　我国农村常用发酵生产甲烷的原料及其沼气产量

原料	沼气产量/(m^3/吨干物质)	甲烷含量/%
猪粪	600	55
牲畜粪便	300	60
麦秆	300	60
青草	600	70
废物污泥	400	50
酒厂废水	500	50

中国是沼气生产量最大的国家。有资料报道,目前国内农村正在使用的沼气池至少超过 500 万座,还有工厂和大型畜牧场的 10 000 多座沼气池,每年产生相当于 $2.2×10^7$ t 燃煤所产生的能量。印度也是一个沼气生产大国,按印度的沼气发展规划,到 21 世纪初期将建造 1 000 万～

2 000 万个沼气池。

美国一个牧场建立了一座发酵池,主体是一个宽 30 m,长 213 m 的密封池,利用牧场粪便和其他有机废物等,每天可处理 1 640 t 厩肥,每天可为牧场提供 113 000 m³ 的甲烷,足够 1 万户居民使用。

菲律宾的一家农工联合企业拥有近 $4×10^5$ m² 的稻田和经济林,养殖了 100 头牛、25 000 头猪和 11 000 只鸭子,且设有养鱼塘、肉食品加工厂等。它利用工业废水和农业废物巧妙地建立了一套大型联合开发利用的生物工程体系,每天可生产 2 000 m³ 的沼气,可供十几台内燃机和一台 72.5 kW 的发电机组使用,并为附近居民提供燃气。

日本等其他国家也都建有大量的沼气池。利用农业废弃物和工业废水发酵生产沼气不仅可以产生大量的能源,还可以清除大量的工农业废弃物减少环境污染。

15.3.3　氢气热

氢气热(氢能)是指游离的分子氢(H_2)所具有的能量,即氢与氧反应所释放的能量。氢能具有质量轻、放热效率高、来源广、环保等特点。氢是元素周期表中最轻的元素,但能量与重量比最高,达到 34.15 kcal/g(表 15-5)。燃烧 1 g 氢约为燃烧 1 g 汽油放热的 3 倍。同时氢又是地球上分布最广的元素之一,是 H_2O 的元素组成成分。H_2O 占地球的 3/4,因而氢能是取之不尽、用之不竭的。氢的燃烧产物是水,非常清洁,不会对环境产生任何污染,当然 H_2 在空气中燃烧会像其他燃料一样产生氮氧化物,但要比石油基燃料低 80%。

表 15-5　H_2、甲烷、甲醇和汽油的若干性能比较[①]

燃料名	H_2	烷	甲醇	汽油
相对分子质量	2.018	16.043	32.042	100～105
含碳量/(g/mol)	0	75	37.5	85～88
气态比重/(g/L)	0.083 8	0.651 2	796	690～790
液态比重/(g/L)	70	468	—	—
沸点/℃	−252.87	−162	65	27～225
燃烧热(HHV)/ (kcal/mol)/ (kcal/g)	68.3 34.15	212.9 13.3	173.5 5.42	130.7 13
最低燃点含量(体积)/%	4.1	5	7.3	1.4
最高燃点含量(体积)/%	75	15	36	7.6

目前常用的制备氢的方法有以下几种。

---

① 温延琏. 氢能[J]. 能源技术,2001,22(3):96−98.

1. 催化重整

将燃料与水蒸气混合进入重整器,在高温、中压($600℃\sim800℃$,$25×10^5\sim35×10^5$ Pa)和 Ni 催化剂的作用下发生重整反应产生氢气。所用的燃料可以是甲烷、甲醇、乙醇等轻质碳氢燃料。以甲烷为例:$CH_4+2H_2O\longrightarrow CO_2+4H_2$,这种方法制取氢气的最高能量效果(所产生的氢气的热值与制氢的能耗比)达到 $65\%\sim75\%$。目前,世界上大多数氢气都是通过这种方法制取的,催化重整占目前工业方法的 80%,其制氢产率为 $70\%\sim90\%$。

2. 水电解

水电解制造氢气是成熟的制造氢气的方法,已有 80 余年生产历史。也是目前最广泛的制氢方法。水电解制得的氢气纯度高,操作简便,但需耗电。水电解制氢的效率一般在 $70\%\sim85\%$,一般生产 1 m³ 氢气和 0.5 m³ 氧气的电耗为 $4\sim5$ kW·h。下面是电解反应式:

$$H_2O+\Delta Q\longrightarrow H_2+\frac{1}{2}O_2$$

式中,使水电解的能量 ΔQ 约为 242 kJ/mol,大大超过了碳氢化合物制氢的理论能耗。为提高制氢的效率,通常需要在高压下进行,一般为 $3.0\sim5.0$ MPa。

电解水槽有:碱性电解槽、质子交换膜电解槽和固体氧化物电解槽。

3. 生物质制氢

生物质是一种可再生资源,生物质可通过汽化和微生物制氢两种不同的手段制氢。生物质汽化制氢是将生物质原料如薪柴、锯末、麦秸、稻草等压制成型,在汽化炉(或裂解炉)中进行汽化或裂解反应制得含氢燃料气。原理为在一定的热力学条件下,将组成生物质的碳氢化合物转化为含特定比例的 CO 和 H_2 等可燃气体,并将产生的焦油进一步转化为小分子气体和含氢气体的过程。

微生物制氢则是在常温常压下,利用微生物进行酶催化反应制得氢气。微生物法制氢可分为厌氧发酵有机物制氢和光合微生物制氢两类。厌氧发酵有机物制氢是在厌氧条件下通过厌氧微生物利用多种底物在氮化酶和氢化酶的作用下将其分解制取氢气的过程。这些微生物包括大肠埃希式杆菌、产气肠杆菌、褐球固氮菌等。底物多存在于工业污水和废弃物,比如甲酸、丙酮酸等有机物和淀粉纤维素等糖类,还有部分硫化物。目前此法制氢还存在很多问题,例如,厌氧菌的制氢效率低,选用优良的厌氧菌需要花费大量的成本。光合微生物制氢是指微生物通过光合作用将底物分解产生氢气的方法。光合微生物有光合细菌和藻类。在微生物光合水解产氢的过程中不但有氢气的产生,还产生了氧气。在有氧条件下固氮酶和可逆产氢酶的活性都受到抑制,使得产氢能力下降。所以把未来研究重点放在提高光能转化效率上,利用光合微生物制氢会有很大的发展前景。

15.3.4 微生物燃料电池

生物燃料电池是利用生物催化剂如酶和微生物等,将化学能转化为电能的一种能量转换技术。和传统燃料电池相比,生物燃料电池具有选择性好、催化活性高、工作条件温和等优点。可以利用一般燃料电池所不能利用的多种有机、无机物质作为燃料,甚至可以利用光合作用或直接利用污水。也可以通过催化生物体内源物质,如葡萄糖和氧为原料,源源不断地产生能量,作为人造器官如人工心脏、可植入式电子器件等的动力来源。

工作原理与传统的燃料电池存在许多相似之处,以葡萄糖做反应主体的燃料电池为例,其阴阳极反应如下式所示。葡萄糖分子在阳极失去电子被氧化,溶液中的氧气分子在阴极得到电子被还原,这样便在阴阳两极间形成电流通路。

阳极反应:

$$C_6H_{12}O_6+6H_2 \xrightarrow{催化剂} 6CO_2+24e^-+24H^+$$

阴极反应:

$$6O_2+24e^-+24H^+ \xrightarrow{催化剂} 12H_2O$$

按照使用催化剂形式的不同,生物燃料可以分为微生物燃料电池和酶燃料电池。通常生物电池仅在阳极使用生物催化剂,阴极部分与一般的燃料电池没有什么区别,因为生物电池同样以空气中的氧气为氧化剂。微生物燃料电池是利用整体微生物中的酶作为阳极催化剂,传统的微生物燃料电池以葡萄糖或蔗糖为原料,利用介质从细胞代谢过程中接受电子,并传递到阳极。酶燃料电池是直接利用酶作为催化剂的。

按照电子转移方式的不同,生物电池还可以分为直接生物燃料电池和间接生物燃料电池。直接生物燃料电池的燃料在电极上氧化,电子从燃料分子直接转移到电极上,生物催化剂的作用是催化在电极上的反应。而在间接生物燃料电池中,燃料并不在电极上反应,而是在电解液中或其他地方反应,电子则由具有氧化还原活性的介体运载到电极上去。目前生物燃料电池遇到的主要问题是电池输出功率相对较低、稳定性较差等。

微生物燃料电池的基本结构和运行原理与其他类型燃料电池类似,微生物燃料电池的基本结构为阴极池加阳极池。根据阴极池结构的不同,MFC 可分为单池型和双池型两类;根据电池中是否使用质子交换膜又可分为有膜型和无膜型两类。其中单池型 MFC 由于其阴极氧化剂直接为空气,因而无须盛装溶液的容器,而无膜型燃料电池则是利用阴极材料具有部分防空气渗透的作用而省略了质子交换膜。

微生物燃料电池的阳极材料通常选用导电性能较好的石墨、碳布和碳纸等材料,其中为提高电极与微生物之间的传递效率,有些材料经过了改性。阴极材料大多使用载铂碳材料,也有使用掺 Fe^{3+} 的石墨和沉积了氧化锰的多孔石墨作为阴极材料的报道。

微生物燃料电池基本工作原理如下:

①在阳极池,水溶液中或污泥中的营养物在微生物作用下直接生成质子、电子和代谢产物,电子通过载体传送到电极表面。随着微生物性质的不同,电子载体可能是外源的染料分子、与呼吸链有关的 NADH 和色素分子,也可能是微生物代谢产生的还原性物质,如 S^{2-} 和 H_2 等。

②电子通过外电路到达阴极,质子通过溶液迁移到阴极。

③在阴极表面,处于氧化态的物质(如氧气等)与阳极传递过来的质子和电子结合发生还原反应。氢氧(空气)型电池结构如图 15-4 所示。

生物燃料电池自身潜在的优点使人们对它的发展前景看好。近来研究显示,细菌可将污浊的盐水变为饮用水并发电,另外,利用光合作用和含酸废水产生电能等研究昭示着微生物燃料电池的发展新方向。目前,无论是淡化盐水、产生电力还是生产氢、甲烷或其他气体,微生物燃料电池都仅限于实验室。要作为电源应用于实际生产与生活尚未成熟。

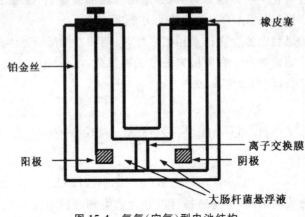

图 15-4　氢氧(空气)型电池结构

15.4　绿色化学

"绿色化学"是开发从源头解决问题的一门学科,对环境保护和可持续发展具有重要意义。绿色化学的主要特点是原子经济性,也就是说,在获取新物质的转化过程中充分利用每个原料的原子,实现"零排放"。它既能充分利用资源,又不产生污染。

绿色化学的核心问题是研究新反应体系,包括新合成方法和路线,寻找新的化学原料,探索新的反应条件,设计和研制绿色产品。通过化学热力学和动力学研究,探究新兴化学键的形成和断裂的可能性,发展新型的化学反应和工艺过程,推进化学科学的发展。

15.4.1　绿色化学遵循的原则

研究绿色化学的先驱者总结了这门新型学科的基本原理,为绿色化学的发展指明了方向。

①从源头上防止污染,减少或消除污染环境的有害原料、催化剂、溶剂、副产品以及部分产品,代之以无毒、无害的原料或生物废弃物进行无污染的绿色有机合成。

②设计、开发生产无毒或低毒、易降解、对环境友好的安全化学品,实现产品的绿色化。

③采用"原子经济性"评价合成反应,最大限度地利用资源,减少副产物和废弃物的生成,实现零排放。

④设计经济性合成路线,减少不必要的反应步骤。

⑤设计能源经济性反应,尽可能采用温和反应条件。

⑥使用无害化溶剂和助剂。

⑦采用高效催化剂,减少副产物和合成步骤,提高反应效率。

⑧尽量使用可再生原料,充分利用废弃物。

⑨避免分析检测使用过量的试剂,造成资源浪费和环境污染。

⑩采用安全的合成工艺,防止和避免泄露、喷冒、中毒、火灾和爆炸等意外事故。

15.4.2　有机合成反应的原子经济性

原子经济性是高效有机合成应最大限度地利用原料分子中每个原子并使之转化为目标分子,达到零排放。在设计合成路线时,力求经济地利用原子,避免任何不必要的衍生步骤,是绿色化学中无废生产的基础。

合成效率是当今合成方法学关注的焦点。合成效率选择性(包括化学、区域、非对映和对映选择性)和原子经济性两个方面,一个高效的合成反应不但要有高选择性,而且必须具备较好的原子经济性。理想的原子经济性反应是原料分子中的原子百分之百地变成期望的产物,同时不需要其他试剂或仅需要无损耗的促进剂。用下列反应表示原子经济性反应:

$$A + B \longrightarrow C + D$$

式中,C 为目标产物;D 为副产物。对于理想的原子经济反应来说,D=0。

$$原子经济性(\%) = \frac{被利用原子的质量}{反应中所使用的全部反应物的分子的质量} \times 100\%$$

原子利用率(AU)表示为

$$AU = \frac{目标产物的摩尔质量}{化工过程中产物的之和所有物质的摩尔质量} \times 100\%$$

可见,原子利用率和原子经济性两者的表述不同,但实质是相同的。原子反应往往指的是原子利用率为100%的反应。

目前工业生产中常用的产率的含义为

$$产率(\%) = \frac{所得目标产品的实际质量}{目标产品的理论质量} \times 100\%$$

比较评价合成效率的两种指标不难看出:原子经济性(或原子利用率)与产率是两个根本不同的概念。原子经济性不仅是对合成效率的评价,而且考虑了环境的影响;产率关注的仅仅是目标产品的转化率。显然只用反应产率或收率来衡量反应是否理想是不够的。当原料百分之百地转变为目标产物时,才能实现零排放。可见,只有同时使用两种评估标准,才能使合成反应更有效、更"绿色化"。以下反应是工业已采用的原子经济性反应:

$$CH_3CH = CH_2 + CO + H_2 \longrightarrow CH_3CH_2CH_2\overset{\displaystyle O}{\overset{\|}{C}}-H$$

$$2CH_2 = CH_2 + O_2 \longrightarrow 2 \;\; \underset{O}{\triangle}$$

$$CH_2 = CH - CH = CH_2 + 2HCN \longrightarrow NC - CH_2CH_2CH_2 - CN$$

15.4.3　实现绿色有机合成的方法

1. 高效的合成方法

对于传统的取代、消除等反应而言,每一步反应只涉及一个化学键的形成,就是加成反应,包括环加成反应也仅涉及 2~3 个键的形成。如果按这样的效率,一个复杂分子的合成必定是一个冗长而收率又很低的过程。这样的合成不仅没有效率，而且还会给环境带来危害。近年来发展起来的一锅反应、串联反应等都是高效绿色合成的新方法和新的反应方式，这种反应的中间体不必分离，不产生相应的废弃物。

一锅合成法是在同一反应釜（锅）内完成多步反应或多次操作的合成方法。由于一锅合成法可省去多次转移物料、分离中间产物的操作，成为高效、简便的合成方法而得到迅速发展和应用。例如，甲磺酰氯的一锅合成。鉴于硫脲的甲基化、甲基异硫脲硫酸盐的氧化和氯化，均在水溶液中进行，故将氯气直接导入硫脲和硫酸二甲酯的反应混合物中氧化氯化，一锅完成甲磺酰氯的合成，降低了原材料消耗，提高收率（76.6％）。

$$\underset{H_2N}{\overset{S}{\underset{\quad}{C}}}\underset{NH_2}{} \longrightarrow \underset{H_2N}{\overset{S-CH_3}{\underset{\quad}{C}}}\underset{NH}{} \longrightarrow CH_3SO_2Cl$$

2.合成原料和试剂的绿色化

选择对人类健康和环境危害较小的物质为起始原料去实现某一化学过程将使这一化学过程更安全，是显而易见的。例如，传统芳胺合成方法涉及硝化、还原、胺解等反应，所用试剂、涉及中间体和副产物，多为有毒、有害物质。

$$\text{苯} \xrightarrow{HNO_3} \text{硝基苯}(NO_2) \xrightarrow{Fe,\ HCl} \text{苯胺}(NH_2)$$

或

$$\text{对硝基氯苯}(Cl,\ NO_2) \xrightarrow{NH_3} \text{对硝基苯胺}(NH_2,\ NO_2) + HCl$$

芳烃催化氨基化合成芳胺，其原料易得，原子利用率达98％，氢是唯一的副产物。

$$\text{苯} + NH_3 \xrightarrow[150\sim500℃]{\substack{催化剂 \\ 1\sim10\ MPa}} \text{苯胺}(NH_2) + H_2$$

芳胺 N-甲基化，传统甲基化剂为硫酸二甲酯、卤代甲烷等，具有剧毒和致癌性。碳酸二甲酯是环境友好的反应试剂，可替代硫酸二甲酯合成 N-甲基苯胺：

$$\text{苯胺}(NH_2) + (CH_3O)_2CO \xrightarrow[气液相反应]{相转移催化剂} \text{N-甲基苯胺}(NHCH_3) + CH_3OH + CO_2$$

苯乙酸是合成农药、医药如青霉素的重要中间体；传统方法是氯化苄氰化再水解：

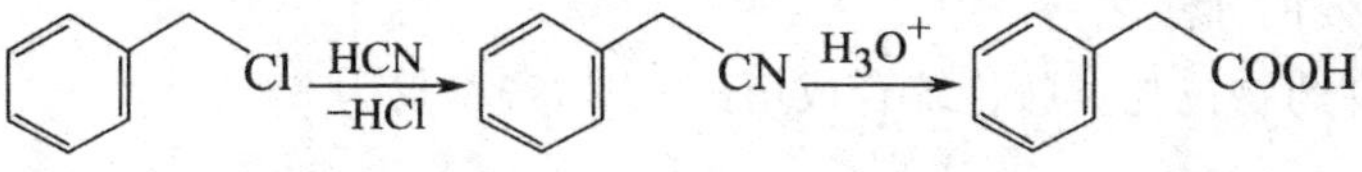

所用试剂氢氰酸有剧毒，用氯化苄与一氧化碳羰基来替代氢氰酸：

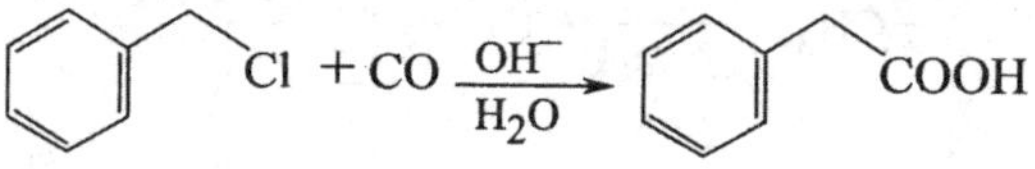

3. 改变反应方式

采用有机电合成方式是绿色合成的重要组成部分。由于电解合成一般在常温、常压下进行，无须使用危险或有毒的氧化剂或还原剂，因此在洁净合成中具有独特的魅力。例如，自由基反应是有机合成中一类非常重要的碳-碳键形成反应，实现自由基环化的常规方法是使用过量的三丁基锡烷。这样的过程不但原子利用率很低，而且使用和产生有毒的难以除去的锡试剂。这两方面的问题用维生素 B_{12} 催化的电还原方法可完全避免。利用天然、无毒、手性的维生素 B_{12} 为催化剂的电催化反应，可产生自由基类中间体，从而实现在温和、中性条件下化合物 **1** 的自由基环化产生化合物 **2**。有趣的是两种方法分别产生化合物 **2** 的不同的立体异构体。

4. 固态化学反应

固态化学反应的研究吸引了无机、有机、材料及理论化学等多个学科的关注，某些固态反应已获得工业应用。固态化学反应实质上是一种在无溶剂作用、非传统的化学环境下进行的反应，有时它比溶液反应更为有效、选择性更好。这种干反应可在固态时进行，也可在熔融态下进行，有时需要利用微波、超声波或可见光等非传统的反应条件。例如，

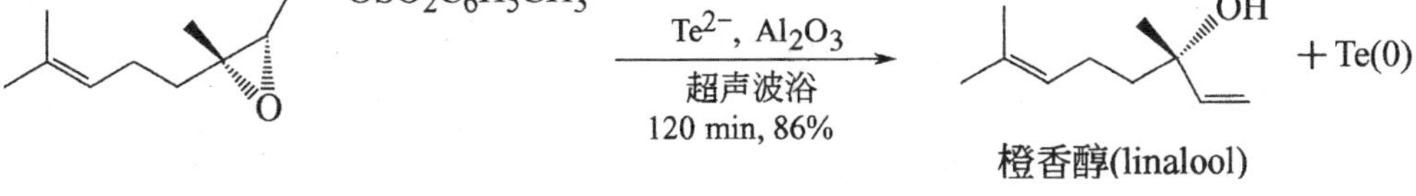

这个反应可以在超声波或微波促进下进行，也可以在机械作用下通过固态研磨完成。

5. 高选择性催化剂的利用

在反应温度、压力、催化剂、反应介质等多种因素中，催化剂的作用是非常重要的。高效催化剂一旦被应用，就会使反应在接近室温及常压下进行。催化剂不仅使反应快速、高选择性地合成

目标产物,而且当催化反应代替传统的当量反应时,就避免了使用当量试剂而引起的废物排放,这是减少污染最有效的办法之一。

例如,抗帕金森药物拉扎贝胺传统合成历经八步,产率仅为 8%:

$$C_2H_5\text{—(哌啶环)—}CH_3 \xrightarrow{\text{八步合成}} Cl\text{—(哌啶环)—}C(=O)\text{—N(H)—N—}NH_2 \cdot HCl$$

(8%)

而以 Pd 作催化剂,一步合成,产率为 65%,原子利用率达 100%。

$$(\text{二甲基乙基哌啶}) + \underset{NH_2\quad NH_2}{CH_2\text{—}CH_2} + CO \xrightarrow[\text{一步合成}]{\text{Pd催化剂}} Cl\text{—(哌啶)—}C(=O)\text{—N(H)—}CH_2CH_2\text{—}NH_2 \cdot HCl$$

(65%)

6. 无毒无害的溶剂的利用

有机合成需要溶剂,多数的有机合成反应使用有机溶剂。有机溶剂易挥发、有毒,回收成本较高,且易造成环境污染。用无毒、无害溶剂,替代有毒、有害的有机溶剂或采用固相反应,是有机合成实现绿色化的有效途径之一。目前超临界流体、水以及离子液体作为反应介质,甚至采用无溶剂的有机合成在不同程度上取得了一定的成果和进展。

超临界流体(SCF)是临界温度和临界压力条件下的流体。超临界流体的状态介于液体和气体之间,其密度近于液体,其黏度则近于气体。超临界 CO_2 流体(311℃,7.477 8 MPa)无毒、不燃、价廉,既具备普通溶剂的溶解度,又具有较高的传递扩散速度,可替代挥发性有机溶剂。Burk 小组报道了以超临界 CO_2 流体为溶剂,催化不对称氢化反应的绿色合成实例:

$$\underset{CH_3CO}{\overset{COOCH_3}{\text{}}}\text{(烯胺)} + H_2 \xrightarrow[\substack{\text{超临界}CO_2 \\ 35\ MPa}]{\text{手性催化剂}} \underset{CH_3CO}{\overset{COOCH_3}{\text{}}}\text{(产物)}$$

(95%)

Noyori 等在超临界流体 CO_2 中,用 CO_2 与 H_2 催化合成甲酸,原子利用率达 100%。

$$CO_2 + H_2 \xrightarrow[\text{超临界}\ CO_2,(C_2H_5)_3N]{RuH_2(PCH_3)_4} HCOOH$$

水是绿色溶剂,无毒、无害、价廉。水对有机物具有疏水效应,有时可提高反应速率和选择性。Breslow 发现环戊二烯与甲基乙烯酮的环加成反应,在水中比在异辛烷中快 700 倍。Fujimoto 等发现以下反应在水相进行,产率达 67%~78%:

$$\underset{O}{\overset{I}{\text{(内酯)}}} \xrightarrow[H_2O]{(C_2H_5)_3B, O_2\text{微量}} I\text{—(环戊酮)}$$

(67%~68%)

离子液体完全由离子构成,在 100℃以下呈液态,又称为室温离子液体或室温熔融盐。离子液体蒸气压低,易分离回收,可循环使用,且无味、不燃,不仅用于催化剂,也可替代有机溶剂。

7. 可再生生物资源的利用

以可再生的生物资源,如纤维素、葡萄糖、淀粉、油脂等物质,替代石油、煤、天然气,成为有机合成原料绿色化的必然趋势。

8. 计算机辅助的绿色合成设计

为研究和开发新的有机化合物,设计具有特定功能的目标产物,需要进行有机合成反应设计。有机合成反应的设计,不仅考虑产品的环境友好性、经济可行性,还要考虑原子经济性,以使副产物和废物低排放或零排放,实现循环经济,需要计算机辅助有机合成反应的设计,从合成设计源头上实现绿色化。有机合成设计计算机辅助方法,已日益成熟和普及应用。

15.5　相转移催化反应

相转移催化反应是近年来发展起来的一种有机反应新方法。相转移催化反应是指加入"相转移催化剂"使处于不同相的两种反应物易于进行的一种方法。该反应广泛用于有机合成、高分子聚合、造纸、制药、制革等领域。优点是反应条件温和,操作简便,反应时间短,选择性高,副反应少,可避免使用价格昂贵的试剂和溶剂。

15.5.1　相转移催化剂

相转移催化剂(Phase Transfer Catalysis,PTC)是能够使一些负离子(还有一些正离子或中性分子)从一相转移到另一相的催化剂。相转移催化剂分三大类,即鎓盐、聚醚和高分子载体。鎓盐包括季铵盐、季鏻盐、季钟盐和叔硫盐,聚醚类包括冠醚、穴醚和开键聚醚。季铵盐催化剂具有价格便宜、毒性小等优点,所以得到广泛的应用。一般来说,碳原子数较多的季铵盐才可以作为相转移催化剂,因为它的亲脂能力强,溶剂化作用不明显。

最常用的季铵盐相转移催化剂有 $Me_4N^+X^-$、$Et_4N^+X^-$、$Bu_4N^+X^-$、$PhCH_2N^+Me_3X^-$、$PhCH_2N^+Et_3X^-$($X=Cl、Br、I$)、$Bu_4N^+HSO_4^-$(简称 TBAB)、$(n\text{-}C_8H_{17})_3N^+MeCl^-$(简称 TOMAC,商品名为 Aliquat 336)、$(n\text{-}C_{16}H_{33})N^+(CH_2CH_2OH)_2PhCH_2Br^-$(简称 Katamin AB)等。

季鏻盐催化剂应用比季铵盐少,主要是由于价格高、毒性大。但它本身比较稳定,且比相似的季铵盐效果好。常用的季鏻盐有 $Ph_4P^+Br^-$、$Ph_3P^+MeBr^-$、$Ph_3P^+EtBr^-$、$Bu_4P^+Cl^-$、$n\text{-}C_{16}H_{33}P^+Et_3Br^-$、$(n\text{-}C_{16}H_{33})P^+Bu_3Br^-$等。

聚醚类中冠醚开发较早,但它价格高、毒性较大,所以应用受到一定限制。常用的冠醚类化合物有 15-冠-5、二苯并-15-冠-5、18-冠-6、二苯并-18-冠-6、二环己基并-18-冠-6 等。穴醚结构复杂,现在有十几个化合物。为了方便起见,大多有代号。例如,Kryptofix 17,代号为 811720,结构式如(1)所示;Kryptofix 222B,代号为 811690(在 50%甲苯溶液中),结构式如(2)所示。

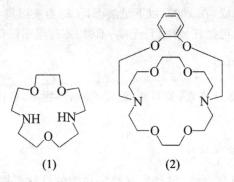

(1)   (2)

开链聚醚是近年来才发展起来的,它容易得到,无毒,蒸气压小,价格低廉,在使用过程中不受孔穴大小的限制,并且有反应条件温和、操作简便以及产率较高等优点,是较好的冠醚替代物。常用的有三类:①聚乙二醇类$HO-(CH_2CH_2O)_n H$;②聚氧乙烯脂肪醇类$C_{12}H_{25}O-(CH_2CH_2O)_n H$;③聚氧乙烯烷基酚类$C_8H_{17}-\text{〇}-O-(CH_2CH_2O)_n H$。最常用的开链聚醚有聚乙二醇400、600、1000、4000等。

高分子载体催化剂是一种不溶性的固体催化剂,也称为三相催化剂,用于加速水-有机两相体系反应。该催化剂的高分子部分是有机硅的聚合体或苯乙烯与20%二乙烯基苯交联的聚苯乙烯,分子中10%的苯环被活性基取代。活性基大致分为三类:鎓盐型、冠醚型和共溶剂型。典型例子如下:

$$\text{(Ps)}-CH_2N^+R_3Cl^- \qquad \text{(Ps)}-CH_2P^+Bu_3Cl^-$$

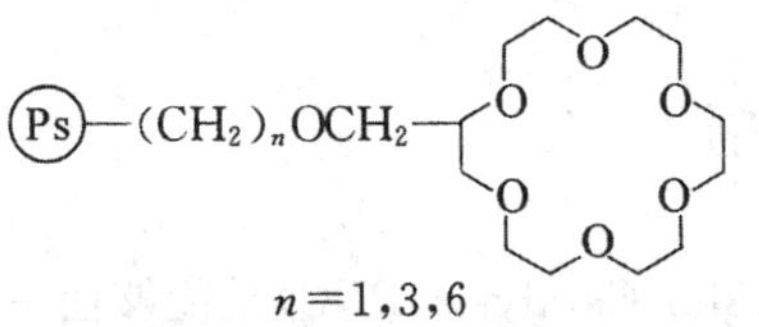

$$\text{(Ps)}-(CH_2)_n OCH_2\text{〔crown ether〕}$$

$$n=1,3,6$$

$$\text{(Ps)}-(CH_2)_n OCH_2\text{〔cryptand〕}$$

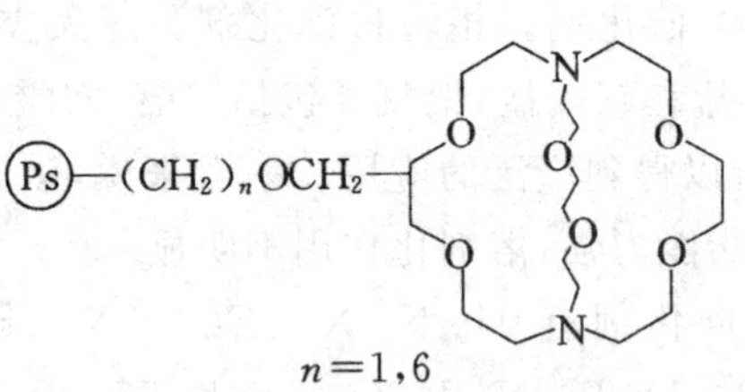

$$n=1,6$$

$$\text{(Ps)}-CH_2O-(CH_2CH_2O)_n R$$

$$R=H, CH_3$$

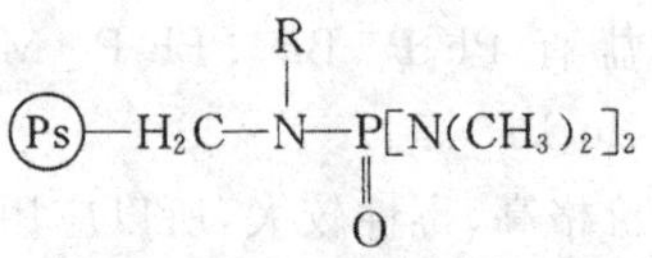

$$\text{(Ps)}-H_2C-N\underset{|}{\overset{R}{}}-\underset{\underset{O}{\|}}{P}[N(CH_3)_2]_2$$

Ps:polystyrene(聚苯乙烯)的缩写

由于协同作用,高分子载体催化剂的活性比单体活性有所提高,反应后它又很容易从反应体系中除去,不污染产品,且可以再生,多次反复使用,这样就大大降低了成本,有利于工业化生产。目前对它的研究引起了人们的重视,且发展很快。

15.5.2 相转移催化反应机理

相转移催化主要用于液液体系,也可用于液固体系及液固液体系。以季铵盐四甲基溴化铵催化溴代烃与氰化钠的亲核加成反应为例,相转移催化反应机理如图 15-5 所示。此反应是只溶于水相的氰化钠与只溶于有机相的溴代烃作用,由于二者分别在不同的相中而不能互相接近,反应很难进行。加入季铵盐四甲基溴化铵相转移催化剂,由于季铵盐既溶于水又溶于有机溶剂,在水相中氰化钠与四甲基溴化铵相接触时,可以发生氰根负离子与溴负离子的交换反应,生成离子对 $(CH_3)_4N^+CN^-$,这个离子对能够转移到有机相中,由于有机相的极性一般较小,氰根负离子不与有机溶剂发生溶剂化效应,成为活性很高的"裸露的负离子",很快与溴代烃 RBr 发生亲核取代反应,生成目的产物 RCN,同时生成季铵盐 $(CH_3)_4NBr$,$(CH_3)_4NBr$ 再转移到水相,完成了相转移催化循环。

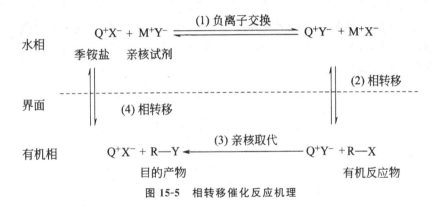

图 15-5 相转移催化反应机理

15.5.3 相转移催化在有机合成中的应用

1. 氧化反应

有的烯烃在室温下与高锰酸钾不发生氧化反应,但在油-水两相体系中加入少量的季铵盐,高锰酸负离子被季铵盐正离子带到有机相,与烯烃的氧化反应立刻进行。例如,1-辛烯。在冠醚催化下,卤代烷与重铬酸盐反应,已成为制备醛的有效方法。

$$CH_3(CH_2)_5CH{=\!=}CH_2 + KMnO_4 \xrightarrow[C_6H_6,\ H_2O]{TOMAC} CH_3(CH_2)_5COOH$$

$$91\%$$

用次氯酸钠、重铬酸盐、高碘酸等作氧化剂,同样也可用季铵盐等作催化剂,进行两相催化氧化反应。冠醚在氧化反应中作催化剂,其作用在于首先与氧化剂如高锰酸盐、重铬酸盐的金属离子结合,使高锰酸或重铬酸负离子裸露在介质中,从而使氧化反应迅速进行。

$$BrCH_2\!-\!\underset{\underset{CH_3}{|}}{C}\!=\!CHCOOC_2H_5 + K_2Cr_2O_7 \xrightarrow{\text{冠醚}} OHC\!-\!\underset{\underset{CH_3}{|}}{C}\!=\!CHCOOC_2H_5 \quad 95\%$$

2.还原反应

相转移催化可用于硼氢化钠（钾）在油-水两相中的还原反应。例如，以季铵盐作催化剂，季铵盐正离子与硼氢负离子结合成离子对（如 $R_4\overset{\oplus}{N}BH_4^{\ominus}$），并转移到有机相，可使有机相中的酰氯、醛、酮还原成相应的醇。

$$CH_3CO(CH_2)_5CH_3 + KBH_4 \xrightarrow[C_6H_6,\,H_2O]{TOMAC} CH_3\overset{\overset{OH}{|}}{C}H(CH_2)_5CH_3$$

3.卤代反应

1-溴代十二烷在有机合成领域应用很广泛，可以合成杀菌消毒药物新洁尔灭和度米芬。传统多采用浓硫酸催化法，这是由于正十二醇不溶于水，所以正十二醇与氢溴酸的接触率较低，反应进行较慢而且产率较低（89.2%）。若向反应中加入相转移催化剂十二烷基二甲基苄基氯化铵，则能加速反应并提高产率（98.8%）。

$$C_{12}H_{25}OH + HBr \xrightarrow[PTC]{H_2SO_4} C_{12}H_{25}Br + H_2O$$
$$98.8\%$$

4.烷基化反应

含有活泼氢的碳原子的烷基化反应一般采用强碱（如醇钠、氨基钠、氢化钠等）作催化剂，反应必须在无水条件下进行。如果用相转移催化剂，氢氧化钠即可代替上述强碱，而且反应可在油-水两相中进行。

$$CH_2(COOC_2H_5)_2 + n\text{-}C_4H_9I \xrightarrow[NaOH,\,H_2O,\,CH_2Cl_2]{TBAB} n\text{-}C_4H_9CH(COOC_2H_5)_2$$
$$85\%$$

$$C_6H_5CH_2CN + n\text{-}C_4H_9Br \xrightarrow[NaOH,\,H_2O]{TBAB} C_6H_5\underset{\underset{C_4H_9\text{-}n}{|}}{C}HCN$$
$$87\%$$

5.烃基化反应

烃基化反应是指在 C、O、N 等原子上引入烃基的反应，常称为 C-烃基化、O-烃基化、N-烃基化等，下面分别介绍相转移催化剂对这些反应的改善和促进作用。

（1）C-烃基化

α-乙基苯乙腈的经典合成方法是用强碱夺去活泼氢形成碳负离子，再在非质子溶剂中和氯代烃反应。该反应条件比较苛刻,采用相转移催化剂可在温和条件下实现。

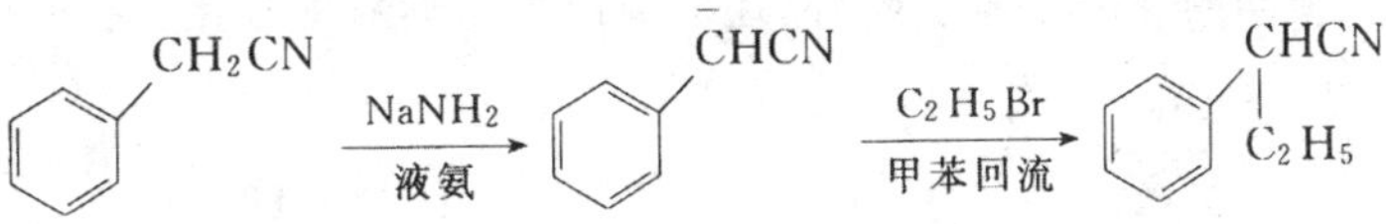

$$PhCH_2 + C_2H_5Br \xrightarrow[PTC]{NaOH/H_2O} PhCHCN$$

$$\underset{C_2H_5}{\overset{}{|}}$$

88%

(2)O-烃基化

氧的烃基化主要产物是醚和酯。混醚的传统合成常用 Williamson 合成法,也就是使用卤代烃和醇钠或酚钠反应来合成,但在碱的作用下,仲或叔卤代烃易发生消除反应生成烯烃副产物。如果使用相转移催化法,则可在温和的条件下生成,并且产率较高。

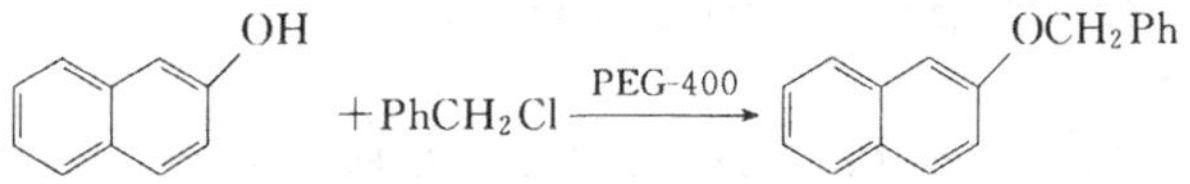

传统的使用羧酸盐与卤代烃发生氧的烃基化生成酯的反应很难发生,因为羧酸盐在水溶液中发生很强的水合作用,无法与卤代烃接近而发生反应。如果加入相转移催化剂,羧酸盐与卤代烃则很容易发生氧的烃基化反应生成酯,并且产率很高。

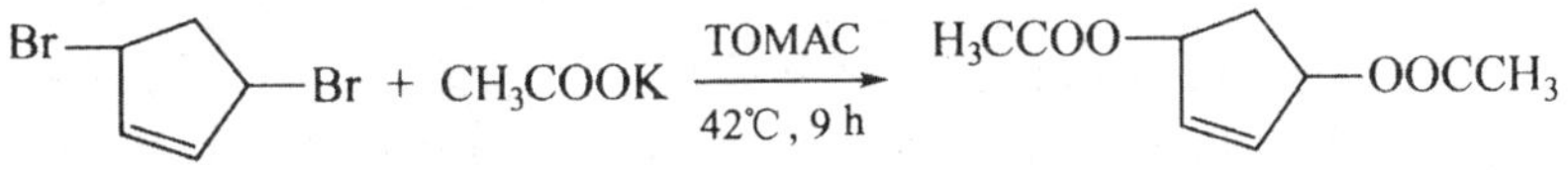

(TOMAC:三辛基甲基氯化铵)

该方法也适用于位阻较大的羧酸盐与卤代烃的氧的烃基化反应。

(3)N-烃基化

N,N-二乙基苯胺是制备优秀染料、药物和彩色显影剂的重要中间体,用途广泛,传统合成方法是将定量的苯胺和氯乙烷于高温、高压下在碱性条件下进行 N-烃基化反应得到,收率约为85%。使用四乙基碘化铵作相转移催化剂可在常压、稍高的温度(55℃)及碱性条件下合成,收率为95.6%。

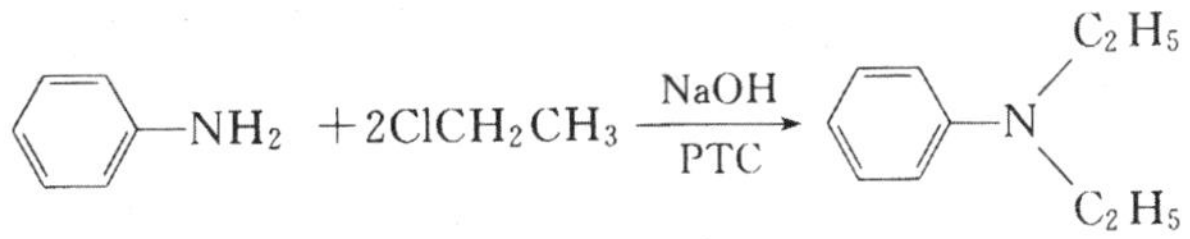

6.羰基化反应

近年来,相转移试剂与金属配位催化剂结合用于羰基化反应的应用使羰基化反应可以在更温和条件下进行,开辟了羰基化合物合成的新途径。苯乙酸是一种具有广泛用途的药物中间体。目前工业上用氰化法生产苯乙酸,虽然产率较高,但用的氰化物是剧毒品。

在传统的均相催化羰基化的条件下,通常需要高温高压、过量的碱及长时间的反应,而且产率不高。用相转移催化技术,在非常温和的条件下,苄基卤化物即可顺利转化为苯乙酸。邻甲基苄溴羰基化时,除了预期的邻甲基苯乙酸外,还分离出少量的双羰基化合物 α-酮酸。

$$\text{（邻甲基苄溴）} + CO \xrightarrow[\text{PhCH}_2\text{N}^+\text{Et}_3\text{Cl}^-,\text{室温},1\text{ atm}]{\text{Co}_2(\text{CO})_8,\text{NaOH},\text{C}_6\text{H}_6} \text{（邻甲基苯乙酸）} + \text{（双羰基化合物）}$$

类似于八羰基二钴,钯(O)配合物也可对苄基溴羰基化进行催化合成苯乙酸。

$$\text{（苄溴）} + CO \xrightarrow[\text{CH}_2\text{Cl}_2,\text{NaOH},\text{室温},1\text{ atm}]{\text{Pd(PPh}_3)_4,(\text{C}_6\text{H}_{13})_4\text{N}^+\text{HSO}_4^-} \text{（苯乙酸）}$$

不活泼的芳基卤代物的羰基化反应,用八羰基二钴作催化剂,四丁基溴化铵作相转移试剂,还必须在光照射条件下才能顺利进行,产率达 95% 以上。

$$\text{（溴苯）} + CO \xrightarrow[50\text{℃},1\text{ atm},h\nu]{\text{Co}_2(\text{CO})_8,\text{Bu}_4\text{N}^+\text{Br}^-,\text{C}_6\text{H}_6,\text{NaOH}} \text{（苯甲酸）}$$

$$\text{（邻溴甲醇苯）} + CO \xrightarrow[65\text{℃},1\text{ atm},h\nu]{\text{Co}_2(\text{CO})_8,\text{Bu}_4\text{N}^+\text{Br}^-,\text{C}_6\text{H}_6,\text{NaOH}} \text{（内酯）}$$

若用 Pd(diphos)$_2$[diphos 为 1,2-二(二苯基膦)乙烷]作催化剂,三乙基苄基氯化铵作相转移试剂,叔戊醇或苯作有机相溶剂,则二溴乙烯基衍生物羰基化可获得不饱和二酸,产率为 80%~93%。

$$\text{（叔丁基环己叉二溴乙烯）} + CO \xrightarrow[\text{PhCH}_2\text{N}^+\text{Et}_3\text{Cl}^-,50\text{℃},1\text{ atm}]{\text{Pd(diphos)}_2,t\text{-AmOH},\text{NaOH}} \text{（产物）}$$

$$\text{PhCH}=\text{CBr}_2 + CO \xrightarrow[\text{PhCH}_2\text{N}^+\text{Et}_3\text{Cl}^-,50\text{℃},1\text{ atm}]{\text{Pd(diphos)}_2,t\text{-AmOH},\text{NaOH}} \text{PhCH}\!\!<\!\!{\text{COOH} \atop \text{COOH}}$$

用相转移试剂 PEG-400 同时作溶剂,则仅能得到一元羧酸。由于二溴乙烯基衍生物很容易由酮类合成,故此反应是一个很有价值的同系化氧化合成方法。

$$\text{R(R')C=O} \xrightarrow[\text{CBr}_4]{\text{Ph}_3\text{P}} \text{RR'C}=\text{CBr}_2 \xrightarrow[\text{PEG-400},60\text{℃}]{\text{Pd(diphos)}_2,\text{NaOH}} \text{RR'CHCOOH}$$

在相转移试剂存在下,氰化镍可以催化烯丙基卤代物的羰基化反应而得到 β,γ-不饱和酸。机理研究表明,有催化活性的是三羰基氰化镍离子 Ni(CN)(CO)$_3^+$,此化合物对其他相转移反应也是很有效的催化剂。

$$\text{PhCH}=\text{CHCH}_2\text{Cl} + CO \xrightarrow[\text{Bu}_4\text{N}^+\text{HSO}_4^-]{\text{Ni(CN)}_2,\text{NaOH}} \text{PhCH}=\text{CHCH}_2\text{COOH}$$

7. 消除反应

消除反应常见的有两类:α-消除反应、β-消除反应。α-消除反应常可以得到卡宾(又称为碳宾、碳烯)。β-消除反应可以合成各种烯烃和炔烃。γ-消除反应可以合成环丙烷的衍生物。

扁桃酸具有很强的抑菌作用,也可作为某些药物的中间体。传统的合成方法是使用苯甲醛与剧毒的氰化物反应后酸解得到。使用相转移催化剂可使氯仿在 NaOH 存在下发生 α-消除反应生成二氯卡宾,二氯卡宾与苯甲醛加成,然后经重排、水解即可合成扁桃酸。

$$CHCl_3 \xrightarrow[\text{TEBA}]{\text{NaOH}} :CCl_2$$

$$C_6H_5CH=O \xrightarrow{:CCl_2} C_6H_5-\underset{\underset{O}{|}}{\overset{\overset{Cl\ \ Cl}{|}}{C}}H \xrightarrow{\text{重排}} C_6H_5-\underset{\underset{Cl}{|}}{C}H-COCl \xrightarrow{OH^-} \xrightarrow{H^+} C_6H_5-\underset{\underset{OH}{|}}{C}H-COOH$$

苯乙烯是一种重要的有机合成中间体,传统的合成是使用 β-溴代乙苯在 NaOH 溶液中加热 2 h,发生 β-消除反应,产率仅为 1%。若加入相转移催化剂四叔丁基溴化铵,则加热 2 h 反应即可完全,产率为 100%。

8. 聚合反应

相转移催化剂已应用于许多聚合反应,如苯酚与甲基丙烯酸缩水甘油酯或缩水甘油苯醚与甲基丙烯酸在 TEBA 催化下制得(3-苯氧基-2-羟基)丙基甲基丙烯酸酯。该单体加入引发剂后立即聚合,产物可用于补牙。

$$\left.\begin{array}{l} PhOH + \triangle CH_2-O-\overset{\overset{O}{\|}}{C}-\underset{\underset{CH_3}{|}}{C}=CH_2 \\ PhOCH_2-\triangleleft O + CH_2=CCH_3COOH \end{array}\right\} \xrightarrow[85℃,4h]{\text{TEBA}} Ph-O-CH_2-\underset{\underset{OH}{|}}{C}H-CH_2-O-\overset{\overset{O}{\|}}{C}-\underset{\underset{CH_3}{|}}{C}=CH_2$$

$$91\%\sim95\%$$

在相转移催化下,双酚 A 与对苯二甲酰氯作用,发生双酚 A 型聚芳酯的聚合反应,与非相转移催化相比具有速率快,反应条件温和,产物相对分子质量大等优点,易于工业化生产。

$$\frac{1}{2}n\text{ClCO}-\langle\text{⬡}\rangle-\text{COCl} + n\text{HO}-\langle\text{⬡}\rangle-\underset{\underset{CH_3}{|}}{\overset{\overset{CH_3}{|}}{C}}-\langle\text{⬡}\rangle-\text{OH} + \frac{1}{2}n\text{ClCO}-\langle\text{⬡}\rangle-\text{COCl}$$

$$\xrightarrow[\text{TEBA}]{\text{NaOH/CH}_2\text{Cl}_2} \left[\text{CO}-\langle\text{⬡}\rangle-\overset{\overset{O}{\|}}{C}-\text{O}-\langle\text{⬡}\rangle-\underset{\underset{CH_3}{|}}{\overset{\overset{CH_3}{|}}{C}}-\langle\text{⬡}\rangle-\text{O}\right]_n$$

双酚 A 型聚芳酯在较高温度下仍具有优异的应变回复性和抗蠕变性。其他高分子材料(如环氧树脂、聚噁唑烷酮、聚氨基甲酸酯等)也可以通过相转移催化合成。若将相转移催化技术与其他有机合成新技术、新方法相结合,则将会使反应更具特色。

9.金属有机反应

金属有机反应领域中相转移催化发展很快,应用广泛。下述异构化是在铑催化剂存在下进行的。例如,三氯化铑以$[NR_4]^+[RhCl4]^-$形式被萃取;另一种反应是在$[Rh(CO)_2]_2$、8 mol/L NaOH 溶液及 Q^+X^- 存在下进行。

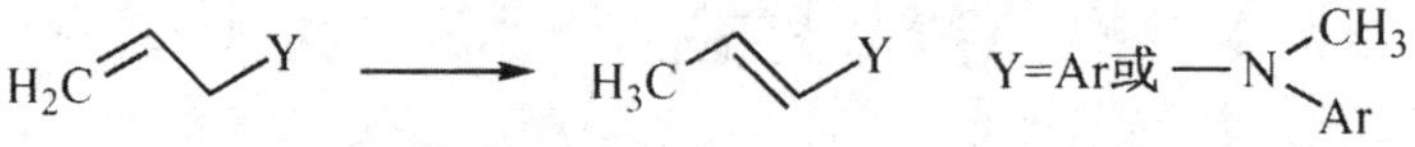

羰基金属催化剂同一氧化碳、浓氢氧化钠水溶液一起反应,催化卤素化合物转变为羰基或羧基化合物。

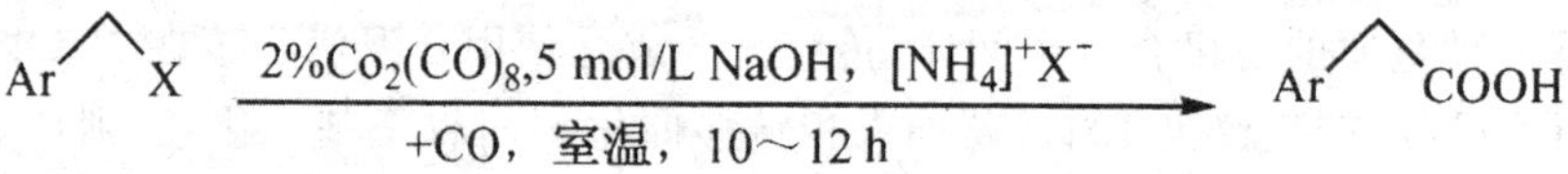

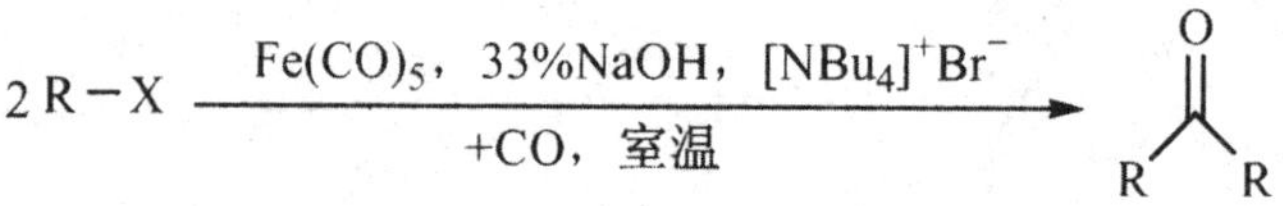

二茂铁可在 THF 介质中,室温和少量 18-冠-6 存在下,由氯化亚铁、环戊二烯、固体氢氧化钾制备。由 $Fe_3(OH)_{12}$ 或 $CO_2(CO)_8$、浓苛性碱水溶液及相转移催化剂可以制备一些还原产物。例如,芳香族硝基化合物被还原及 α-溴酮脱卤。

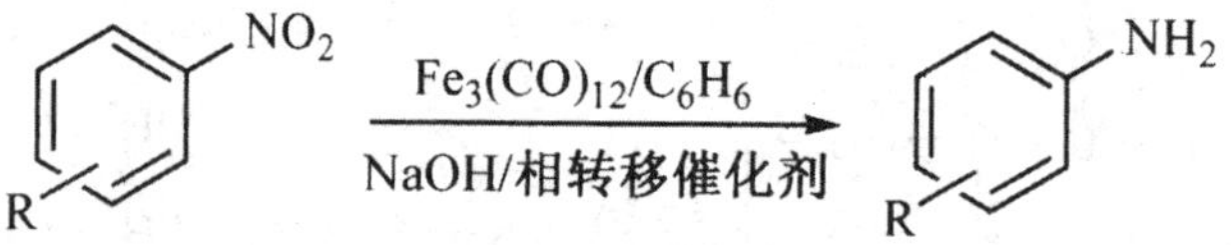

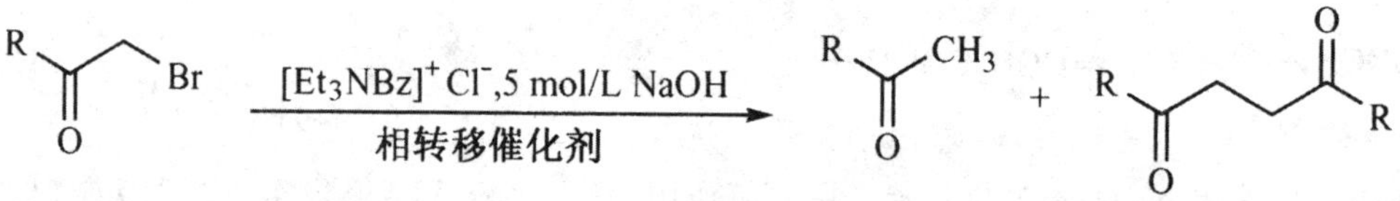

参考文献

[1]董元彦,范望喜,王旭.简明有机化学[M].3版.北京:科学出版社,2017.

[2]杜彩云,李忠义.有机化学[M].武汉:武汉大学出版社,2015.

[3]段文贵.有机化学[M].北京:化学工业出版社,2010.

[4]付彩霞,王春华.有机化学[M].北京:科学出版社,2016.

[5]付建龙,李红.有机化学[M].北京:化学工业出版社,2009.

[6]高吉刚,付蕾.有机化学[M].北京:科学出版社,2009.

[7]侯士聪,徐雅琴.有机化学[M].北京:高等教育出版社,2015.

[8]胡春.有机化学[M].2版.北京:中国医药科技出版社,2013.

[9]黄恒钧,白云起.有机化学实用基础[M].北京:北京大学出版社,2011.

[10]吉卯祉,彭松,吴玉兰.有机化学[M].4版.北京:科学出版社,2017.

[11]李军,沙乖凤,杨家林.有机化学[M].武汉:华中科技大学出版社,2012.

[12]李良学.有机化学[M].北京:化学工业出版社,2010.

[13]李艳梅,赵圣印,王兰英.有机化学[M].北京:科学出版社,2016.

[14]林友文,石秀梅.有机化学[M].北京:中国医药科技出版社,2016.

[15]刘军,张文雯,申玉双.有机化学[M].2版.北京:化学工业出版社,2010.

[16]刘军.有机化学[M].2版.武汉:武汉理工大学出版社,2014.

[17]潘华英,叶国华.有机化学[M].北京:化学工业出版社,2010.

[18]荣国斌.高等有机化学基础[M].3版.上海:华东理工大学出版社;北京:化学工业出版
社,2009.

[19]师春祥.简明基础有机化学[M].北京:北京师范大学出版社,2011.

[20]唐玉海,卫建琮.有机化学[M].2版.北京:科学出版社,2017.

[21]王文平.有机化学[M].北京:科学出版社,2010.

[22]吴阿富.新概念基础有机化学[M].杭州:浙江大学出版社,2010.

[23]信颖,王欣,孙玉泉.有机化学[M].2版.武汉:华中科技大学出版社,2017.

[24]徐春祥.有机化学[M].3版.北京:高等教育出版社,2015.

[25]徐伟亮.有机化学[M].3版.北京:科学出版社,2017.

[26]杨建奎,张薇.有机化学[M].北京:化学工业出版社,2015.

[27]于淑萍.有机化学基础[M].北京:中央广播电视大学出版社,2010.

[28]于跃芹,袁瑾等.有机化学[M].北京:科学出版社,2010.

[29]袁红兰,金万祥.有机化学[M].3版.北京:化学工业出版社,2015.

[30]张凤秀.有机化学[M].北京:科学出版社,2017.

[31]张生勇,何炜.有机化学[M].4版.北京:科学出版社,2016.

[32]张雪昀,宋海南.有机化学[M].3版.北京:中国医药科技出版社,2017.

[33]赵建庄,尹立辉.有机化学[M].北京:中国林业出版社,2014.

[34]赵正保,项光亚.有机化学[M].北京:中国医药科技出版社,2016.

[35]周莹,赖桂春.有机化学[M].北京:化学工业出版社,2011.